国家林业和草原局普通高等教育“十四五”规划教材

# 无机及分析化学

杨美红　张建刚　主编



中国林业出版社

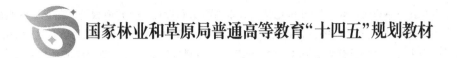

## 内 容 简 介

无机及分析化学是将无机化学和分析化学内容重新组织和设计，合并而成的一门重要的基础理论课程。全书共14章，主要包括物质的存在状态、化学反应的一般原理(热力学、动力学和化学平衡等)、分析化学概论、四大化学平衡及其滴定原理、吸光光度法、电势分析法、物质结构理论及元素化学。学生通过本书学习无机及分析化学课程知识，理解高等农林院校化学教育的基本框架，能运用化学的理论、观点、方法去审视公众关注的环境、能源、材料、资源、生命等社会热点论题；把化学的理论方法与生物技术观点结合起来，以利于全面提高学生素质，培养具有开拓创新能力的高级生物工程和农业科学技术人才。

本书可作为高等农林院校非化学化工类专业本科生的无机及分析化学教材，也可供理、工、医和师范类相关专业师生参考。

**图书在版编目(CIP)数据**

无机及分析化学/杨美红，张建刚主编. —北京：中国林业出版社，2021.8(2024.5重印)
国家林业和草原局普通高等教育"十四五"规划教材
ISBN 978-7-5219-1122-0

Ⅰ. ①无… Ⅱ. ①杨… ②张… Ⅲ. ①无机化学-高等学校-教材 ②分析化学-高等学校-教材 Ⅳ. ①O61 ②O65

中国版本图书馆CIP数据核字(2021)第062857号

**中国林业出版社·教育分社**
**策划、责任编辑**：高红岩　李树梅　　**责任校对**：苏　梅
**电话**：(010)83143554　　**传　　真**：(010)83143516

---

出版发行　中国林业出版社(100009　北京市西城区德内大街刘海胡同7号)
E-mail:jiaocaipublic@163.com　电话:(010)83143500
http://www.forestry.gov.cn/lycb.html
印　　刷　北京中科印刷有限公司
版　　次　2021年8月第1版
印　　次　2024年5月第4次印刷
开　　本　787mm×1092mm　1/16
印　　张　27.5
字　　数　660千字
定　　价　59.00元

---

# 《无机及分析化学》编写人员


**主　编**　杨美红　张建刚

**副主编**　杜慧玲　刘金龙　郭继虎　段云青　刘豫龙　姚如心

**编　者**　(按姓氏拼音排序)

程作慧(山西农业大学)

杜慧玲(山西农业大学)

段云青(山西农业大学)

段志青(山西医科大学)

范志宏(山西农业大学)

郭继虎(山西农业大学)

刘金龙(山西农业大学)

刘豫龙(东北农业大学)

芦晓芳(山西农业大学)

曲　梅(山西师范大学)

武　鑫(山西农业大学)

杨美红(山西农业大学)

姚如心(山西师范大学)

张建刚(山西农业大学)

**主　审**　张献明

# 前 言

本书根据高等农林院校学生的培养方案和目标，结合编者多年的教学经验和课程体系改革的研究成果，同时吸取了近年来国内外无机及分析化学教材的特点，组织编写而成。

全书共14章，主要内容包括物质的存在状态、化学反应的一般原理(热力学、动力学和化学平衡等)、分析化学概论、四大化学平衡及其滴定原理、吸光光度法、电势分析法、物质结构理论及元素化学。将无机化学中四大平衡和分析化学中四大滴定进行整合，打破两学科间的界限，体现两学科之间的双向渗透与重组，消除了无机化学和分析化学的内容重复现象，节约学时、优化组合，充分体现了基础性、应用性和实践性的有机结合。使学生了解当代化学学科的基本理论和框架，掌握基本知识和技能，建立准确的"量"的概念，能运用化学的理论、观点、方法去审视公众关注的环境、能源、材料、资源、生命等社会热点论题。

在选材的深度和广度上，力求与本科教学需求相匹配，同时能与目前中学化学教材衔接，既考虑到农林院校对化学的需要，也注意到本门学科的系统性。对具体内容的编排既适应人材培养的需要，也兼顾到当前学生的知识结构水平，尤其注意化学科学领域的近期发展及其在生物学中的应用，并在相关计算单位与数据的引用上均严格遵守国际和国内的最新统一规定和标准，力图用新的观点对理论、概念进行叙述和定义，使教材既有时代感又有利于调动学生学习的积极性，有助于学生在学习知识的同时，提高分析问题和解决问题的能力，学会利用化学知识解决生产、生活中的实际问题。

学生课后作业，是化学教学中的一个极其重要的环节。本书在各章所列举的例题及思考题和习题中，注意增加一些与农业科学和生物科学相关的知识，使习题的形式多样化且具有一定的深度和广度，不仅可以提高学生的学习兴趣，而且也有利于培养和提高学生的思维能力和化学综合素质，突出农林院校的无机及分析化学教学特点。

本书内容丰富、覆盖面广，可作为高等院校农、林、牧、水产、生物、食品、环境科学等专业本科生的教材，也可供高等院校其他相近专业参考使用。

参与本书编写工作的教师均是长期从事无机化学和分析化学教学与科研工作人员，具有丰富的教学和教改经验。编写人员分工如下：山西农业大学杜慧玲、郭继虎、范志宏、杨美红、张建刚、段云青、刘金龙、武鑫、程作慧、芦晓芳(第1、2、3、4、5、6、8、9、10、13章和附录)，山西师范大学姚如心、曲梅(第7和14章)，东北农业大学刘豫龙(第11章)，山西医科大学段志青(第12章)。全书由杨美红教授和张建刚教授修改统稿完成。太原理工大学张献明教授主审并提出了许多宝贵意见，中国林业出版社和山西农业大学教材科许大连同志对本书的出版给予了大力支持，在此特致谢意。

在本书编写过程中，我们尽了自己最大的努力，由于水平有限，书中疏误之处在所难免，恳请广大读者批评指正，以期再版时订正。

编　者

2020 年 12 月

# 目　录

# 第1章

# 气体，溶液和胶体

# (Gas，Solution and Sol)

物质的存在状态是指宏观的，由极大数目的微观粒子所组成的集合体。物质处于什么状态与外界条件密切相关，在通常的压力和温度的条件下，物质主要呈现气态、液态或固态。对任何物质来说，当外界条件改变时，其存在状态可以发生变化。物质状态的变化通常被认为是物理变化。

虽然物质所处的状态系物理聚集态，不同的存在状态在界面、密度、分子间距离、分子间吸引力、分子运动情况等方面互有差别，但它对物质的化学行为是有影响的。大量事实表明，人们对物质各种聚集态内在规律的认识不仅说明了许多物理现象，而且解决了众多的化学问题。

## 1.1 气体(Gas)

气体的基本特征就是它的无限膨胀性和无限掺混性。无限膨胀性就是不管容器的形状大小如何，即使极少量的气体也能够均匀地充满整个容器。无限掺混性是指不论几种气体都可以依照任何比例混合成均匀的混溶体(起化学变化者除外)。

### 1.1.1 理想气体状态方程

理想气体(ideal gas) 是一种人为假设的气体模型，是将气体的分子假设为一个几何点，只有位置而无体积，并且气体分子之间没有相互作用力。当然在实际中它是不存在的，我们所遇到的气体都是实际气体。因为分子本身占有一定的体积，分子与分子之间有相互作用力。大量研究结果表明，低压、高温条件下的实际气体的性质非常接近于理想气体性质。因为在此条件下分子间距离甚大，其容积远远超过分子本身所占的体积，因而分子本身所占的体积可相对忽略，分子间相互作用力也可忽略。此时，可直接利用适用于理想气体的一些定律来处理实际气体而不必加以修正，当精确计算时需加以校正。

对于气体的行为，曾经归纳出若干经验定律，如波义尔定律、查理-盖斯克定律等。从这些定律可以导出高温低压下气体的 $p$、$V$、$T$ 之间的关系，即

$$pV = nRT \tag{1-1}$$

式(1-1)称为理想气体状态方程(state equation of ideal gas)。式中，$p$ 是气体压力；$V$ 是气体

体积；$n$ 是气体的物质的量(mol)；$T$ 是热力学温度(K)；$R$ 为摩尔气体常数。由于 $p$、$V$ 所采用单位的不同，$R$ 的数值和单位也不一样(表 1-1)。$R$ 的物理意义：1 mol 理想气体的体积和压力的乘积与温度的比值。指定 0 ℃(273. 15 K)和 101. 3 kPa 为气体的标准状态(standard state of gas)，简写成 STP。

**表 1-1　$R$ 的单位及值**

| 单位制 | $p$ | $V$ | $n$ | $T$ | $R$ |
|---|---|---|---|---|---|
| 通用单位制 | atm | L | mol | K | 0. 082 06　atm · L · $K^{-1}$ · $mol^{-1}$ |
| | mmHg | mL | mol | K | $6.236\times10^4$　mmHg · mL · $K^{-1}$ · $mol^{-1}$ |
| 国际单位制 | Pa | $m^3$ | mol | K | 8. 314　Pa · $m^3$ · $K^{-1}$ · $mol^{-1}$ |
| | kPa | L | mol | K | 8. 314　kPa · L · $K^{-1}$ · $mol^{-1}$ |

理想气体状态方程是从实验中总结出的经验公式，它反映了气体分子的共性和特殊性。对于低压和远离沸点(boiling point，b. p. )的高温时的多数气体可以用这个方程来描写，而高压和低温的气体以及同其液体或固体共存的气体不遵守理想气体方程。

运用理想气体状态方程可以解决许多与气体有关的问题。根据式(1-1)，在已知 3 个变量的条件下可以求算第四个物理量，还可以求得气体的质量和密度。

**【例 1. 1】**在同一温度下，将某气体在 86. 660 kPa 的压力下充满一球形容器。若从其中取出一定量气体，此气体在 101. 325 kPa 压力下体积为 1. 52 mL，同时球形容器中的压力降低为 79. 993 kPa。试计算球形容器的体积。

**解：**在此利用物质的量具有加和性，即从容器中取出气体的量 $n_1$ 与剩余气体的量 $n_2$ 之和等于开始时气体中的量 $n$，即 $n=n_1+n_2$

在一定温度和体积时，由理想气体方程 $pV=nRT$ 可有

$$\frac{pV}{RT}=\frac{p_1V_1}{RT}+\frac{p_2V_2}{RT}$$

所以
$$pV=p_1V_1+P_2V_2$$

代入数据得　$101.325\ \text{kPa}\times1.52\ \text{mL}+79.993\ \text{kPa}\cdot V=86.660\ \text{kPa}\cdot V$

得
$$V=23.10\ \text{mL}$$

**【例 1. 2】**某气体在 293 K 和 99. 7 kPa 时，占有体积 0. 19 L，质量为 0. 132 g。求该气体的相对分子质量，并指出它可能是何种气体？

**解：**由理想气体状态方程 $pV=nRT$，变形得气体的摩尔质量为

$$M=\frac{mRT}{pV}=\frac{0.132\ \text{g}\times8.314\ \text{kPa}\cdot\text{L}\cdot\text{mol}^{-1}\cdot\text{K}^{-1}\times293\ \text{K}}{99.7\ \text{kPa}\times0.19\ \text{L}}=17\ \text{g}\cdot\text{mol}^{-1}$$

所以，气体的相对分子质量为 17，表明该气体可能是 $NH_3$。

### 1. 1. 2　道尔顿分压定律

我们在实际生产和科学研究中遇到的气体常常是气体混合物。如果有几种互相不起化学反应的气体放在一个容器中时，每种气体所表现的压力并不受共存的其他气体的影响，就如同这种气体单独占有此容器时所表现的压力一样。在一定温度下，各组分气体单独占据与混

合气体相同体积时所呈现的压力叫作该组分气体的分压(partial pressure)。1801 年英国化学家道尔顿(Dalton)通过实验发现，在一定温度下气体混合物的总压力等于其中各组分气体分压力之和，这就是道尔顿分压定律(law of Dalton partial pressure)。用数学式表示为

$$p = p_1 + p_2 + p_3 + \cdots + p_i = \sum p_i$$

式中，$p$ 是混合气体的总压力；$p_1$，$p_2$，$p_3$，…，$p_i$ 是气体 1，2，3，…，$i$ 的分压。

根据状态方程式有

$$p_1V=n_1RT，\cdots，p_iV=n_iRT$$

两式相除得

$$\frac{p_i}{p} = \frac{n_i}{n}$$

式中，$n$ 为混合气体总物质的量，即 $n = n_1 + n_2 + n_3 + \cdots + n_i = \sum n_i$，$n_i$ 为某组分气体物质的量。将 $\frac{n_i}{n}$ 称为摩尔分数，用 $x_i$ 表示。故有 $\sum x_i = 1$。

所以，某一组分气体的分压和该气体组分的摩尔分数成正比。

$$p_i = px_i \tag{1-2}$$

可见，气体的分压只与它的摩尔分数和混合气体的总压力有关，而不涉及它的体积。

对于液面上的蒸气部分，道尔顿分压定律也适用。例如，用排水集气法收集气体，所收集的气体含有水蒸气，因此容器内的压力是气体分压与水的饱和蒸气压之和。而水的饱和蒸气压只与温度有关，其数值查附录Ⅶ 可得。那么所收集气体的分压为

$$p_{气}=p_{总}-p_{水}$$

**【例 1.3】**一容器中有 4.4 g $CO_2$，14 g $N_2$ 和 12.8 g $O_2$，气体的总压为 202.6 kPa，求各组分的分压。

**解**：混合气体中各组分气体的物质的量

$$n(CO_2)=\frac{4.4\ \text{g}}{44\ \text{g}\cdot\text{mol}^{-1}}=0.1\ \text{mol}$$

$$n(N_2)=\frac{14\ \text{g}}{28\ \text{g}\cdot\text{mol}^{-1}}=0.5\ \text{mol}$$

$$n(O_2)=\frac{12.8\ \text{g}}{32\ \text{g}\cdot\text{mol}^{-1}}=0.4\ \text{mol}$$

由道尔顿分压定律

$$p_i = \frac{n_i}{n_{总}}p_{总}$$

得

$$p(CO_2)=\frac{0.1\ \text{mol}}{0.1\ \text{mol}+0.5\ \text{mol}+0.4\ \text{mol}}\times 202.6\ \text{kPa}=20.26\ \text{kPa}$$

$$p(N_2)=\frac{0.5\ \text{mol}}{0.1\ \text{mol}+0.5\ \text{mol}+0.4\ \text{mol}}\times 202.6\ \text{kPa}=101.3\ \text{kPa}$$

$$p(O_2)=\frac{0.4\ \text{mol}}{0.1\ \text{mol}+0.5\ \text{mol}+0.4\ \text{mol}}\times 202.6\ \text{kPa}=81.04\ \text{kPa}$$

### 1.1.3　气体分子的速度和能量

理想气体方程和道尔顿分压定律都是根据实验总结出来的经验规律，反映了多数气体的

行为。但是为什么理想气体有这样的规律呢？为了取得理论上的解释和预计，在 19 世纪中期以后，英国的麦克斯韦(J. C. Maxwell)及奥地利的玻尔兹曼(L. Boltzmann)等物理学家进行了许多工作，提出了气体分子运动论(kinetic theory of gases)。这一理论是以分子运动为基础，从微观角度来阐明气体宏观性质的。基本假设为：气体分子本身的大小比起它们之间的距离要小得多，以致于对整个气体体积来说可以略去分子本身的体积。同时，因为分子间的距离甚大，分子之间相互作用力也可以忽略不计。气体的压力表现为无休止运动的分子碰撞容器壁时所施的力，它与分子的质量、单位体积中分子的数目以及分子的平均速度有关系。

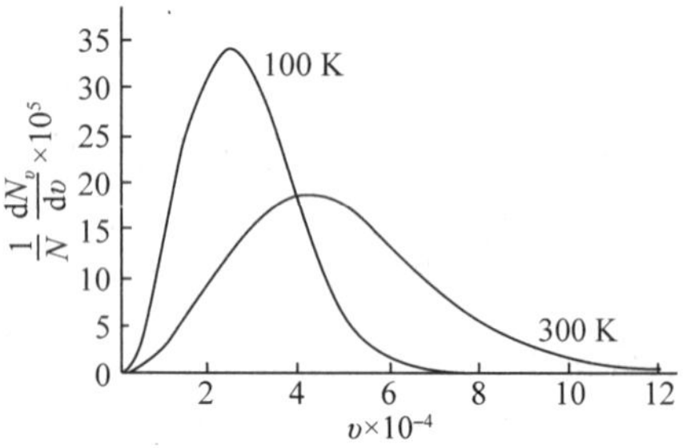


**图 1-1　氮的速率分布曲线**

气体是由众多分子所组成的，这些分子具有大小不一的速度，好像弹性的小球，以高速做永不休止的无秩序运动。在运动中，分子频繁碰撞，每个分子的速度和运行方向都在不断地改变，因此我们采用“平均能量”“平均速度”的概念。而这些分子总体的速度分布却遵守统计规律，即在温度一定时这种分布状况不随时间而改变。1859 年，麦克斯韦推导得到气体分子速度分布定律，1868 年，玻耳兹曼用统计力学的方法也得到了速率分布公式，并且与麦克斯韦的相同，从而加强了麦克斯韦公式的理论基础，合起来称为麦克斯韦-玻尔兹曼分布定律(Maxwell and Boltzmann distribution law)。以在某一速度间隔内气体分子分数$\left(\frac{1}{N}\frac{dN_v}{dv}\right)$为纵坐标，以气体分子的运动速率($v$)为横坐标作图就可以得到气体分子运动速率分布曲线。如图 1-1 所示的就是 $N_2$ 在 100 K 和 300 K 两种温度下的速率分布曲线。它代表大量分子的速率分布规律，对于个别的分子来说，它的运动服从经典的动力学规律；这就是说个别分子和大数量分子的运动发生了从量变到质变的飞跃。个别分子的速率随时间的变化是偶然的，而大量分子的集合体其速率统计平均值又具有一定的分布。这是事物的偶然性与必然性的辩证统一。当温度升高时，速率的分布曲线变得较宽而平坦，高峰向右移，而温度较低时曲线陡峭。这说明高温时，速率的分布较宽广，分子速率的分布较集中，多数的分子运动加快了。在麦克斯韦速率分布曲线上有一最高点，该点表示具有这种速率的分子所占的百分数最大，这个峰值所对应的速率称为最可几速率($v_m$)。

$$v_m=\sqrt{\frac{2RT}{M}}$$

由此可见，最可几速率与质量的平方根成反比。在相同温度下，相对分子质量小的分子具有较大的最可几速率。

能量分布曲线类似速率分布曲线，玻尔兹曼的能量分布定律不仅对气体，也同样适用于液体和固体。

总之，麦克斯韦-玻尔兹曼分布曲线表明，在一定温度下速率和能量特别小和特别大的分子所占的比例都是很小的。曲线下面所包围的面积表示的是分子的总数，对一定的体系它是常数，所以当曲线变宽时其高度自然要降低。

## 1.2　液体(Liquid)

一般来说，液体没有固定的外形和显著的膨胀性，但有着确定的体积，一定的流动性及掺混性、表面张力、熔点(melting point，m. p. )、沸点。液体里分子的运动比气体时慢得多，分子间的吸引力也大得多，以致于使分子保持在一定的体积内活动，它的压缩系数也比较小。由于液体里分子的移动受到限制，因而液体的黏度比气体时要大。液态物质的性质介于气态物质和固态物质之间。

### 1.2.1　气体的液化

我们知道，气体转变成液体的过程叫作气体的液化(liquefaction of gas)。而任何气体的液化都必须在降低温度或同时增加压力的条件下才能实现。这是因为降温可以减小分子的动能，从而增大分子间的引力；而加压则可减小分子间距离从而增大分子间的引力。因此，当降温或同时加压到一定程度，分子间引力大到足以使该物质达到液体运动状态时，气体就液化了。

然而，对于气体液化所必要的降温和加压这两个条件是否需要同时具备呢？实验发现：采用单纯降温的方法也可以使气体液化，但单纯采用加压的方法却不能奏效，首先必须把温度降低到一定数值，然后加以足够的压力才可实现。如果温度高于那个定值，则不管加到多大压力，都不能使气体液化。这个在加压下使气体液化所需的最高温度叫作临界温度(critical temperature)，用 $T_c$ 表示。在临界温度时，使气体液化所要求的最低压力叫作临界压力(critical pressure)，用 $p_c$ 表示。例如，水的临界温度是 647.2 K，它表明温度在 647.2 K 以上时，单独地加大压力永远不会使水蒸气变成水。水的临界压力是 22 119.2 kPa，也就是说在温度低于或等于 647.2 K 同时压力又大于或等于 22 119.2 kPa 时，水蒸气即可变成水了。在临界温度和临界压力下，1 mol 气态物质所占有的体积叫作临界体积(critical volume)，用 $V_c$ 表示。$T_c$、$p_c$ 和 $V_c$ 统称为临界常数。气体处于 $T_c$、$p_c$、$V_c$ 的状态称为临界状态，它是一种不稳定的特殊状态，处于这种状态的气体和液体之间的性质差别将消失。一些气态物质的临界常数和熔、沸点见表 1-2 所列。

**表 1-2　一些气体的临界常数和熔、沸点**

| 气体 | $T_c$/K | $p_c$/kPa | $V_c$/(cm$^3$ · mol$^{-1}$) | m. p. /K | b. p. /K |
|---|---|---|---|---|---|
| He | 5.1 | 290.0 | 57.7 | — | 4 |
| $H_2$ | 33.1 | 1 290.0 | 65.0 | 14 | 20 |
| $N_2$ | 126 | 3 394.4 | 90.0 | 63 | 104 |
| $O_2$ | 154.6 | 5 076.4 | 74.4 | 54 | 90 |
| $CH_4$ | 190.9 | 4 640.7 | 98.8 | 90 | 156 |
| $CO_2$ | 304.1 | 7 396.7 | 95.6 | 104 | 169 |
| $NH_3$ | 408.4 | 11 297.7 | 72.3 | 195 | 240 |
| $Cl_2$ | 417 | 7 710.8 | 123.9 | 122 | 239 |
| $H_2O$ | 647.2 | 22 119.2 | 450 | 273 | 373 |

由表 1-2 所列数据可以看出：He、$H_2$、$N_2$、$O_2$ 等熔、沸点很低的物质，其临界温度都很低，难以液化，这是由于这些非极性分子之间作用力很小，而那些强极性分子，如 $H_2O$、$NH_3$ 等，则由于具有较大的分子间力而比较容易液化。

气体可以变成液体。液体升高温度可以变成气体，这个过程叫作液体的气化。液体气化的主要方式有蒸发和沸腾。

## 1.2.2 液体的蒸发

蒸发是常见的现象。如一杯水，敞口放置一段时间会发现其体积减少，这只能是水分子由液态转为气态的结果。这种液体变成蒸气或气体的过程就叫作液体的蒸发(evaporation of liquid)。

液体分子的能量分布与气体分子的一样，都服从麦克斯韦-玻尔兹曼分布。在一定温度下，只有一小部分液体分子的能量大于平均能量。当一个液体分子靠近液面，而且具有足够的动能和朝向液体外边的运动方向时，它才可以克服邻近分子间的吸引力，离开液面变为蒸气分子。所以，蒸发指的是液体表面的气化现象。

随着蒸发的进行，那些具有高能量的分子脱离了液体，剩下的就是低能量的分子。这时液体分子的平均动能减小，液体的温度也必然下降。如果液体盛在一个开口的容器里，当它的温度下降到比周围环境的还低时，热就会自动地从环境传入液体。例如，把水或酒精洒在皮肤上，随着蒸发使人感到凉爽就是这个缘故。在液体受热之后，一部分低能分子变成了高能分子，蒸发作用又能够继续进行，直到蒸干为止。

假定把液体置于密闭容器并维持一定温度，当液体开始蒸发以后，蒸气分子即占据液面的上空，与任何气体一样，它在此空间内做无序运动，其速率分布也遵守麦克斯韦-玻尔兹曼分布，当低能分子撞到液面时会被拉回到液体中，这种由蒸气变成液体的过程叫作液化(liquefaction)或冷凝(condensation)。冷凝的速率决定于蒸气分子的数目和温度。随着蒸发的进行，蒸气分子逐渐增多，冷凝的速率也逐渐增大。当冷凝速率与蒸发速率相等时，液体中和蒸气中的分子数都不再改变，体系达到了一种平衡状态。表面上看，液体和蒸气的量、温度、压力、密度等宏观性质不再发生变化，微观上蒸发和冷凝仍在进行，只是速率相等而已，液面上的蒸气分子不再增多，达到饱和，所以这种平衡是动态平衡(dynamic equilibrium)。这时蒸气所产生的压力叫作饱和蒸气压(saturated vapor pressure)，简称蒸气压。液体的饱和蒸气压是液体的重要性质，它仅与液体的本质和温度有关，而与液体的数量以及液面上空间的体积无关。

蒸气压的大小表明了液体内部分子间相互作用力的强弱。在一定温度下，若液体分子间的引力强，则液体分子难以逃出液面，蒸气压就低；反之，若液体分子间的引力弱，则蒸气压就高。如 293.15 K 时水的蒸气压是 2.33 kPa，乙醇的是 5.88 kPa，而乙醚的是 58.97 kPa。

蒸气压的大小与温度有密切关系。对同一液体来说，若升高温度，则液体中动能大的分子数目增多，逸出液面的分子数目也相应增多，因而蒸气压提高；反之，若降低温度则蒸气压降低。图 1-2 表示了几种液体在不同温度下蒸气压的变化情况。由图 1-2 可见，根据实测的蒸气压对温度作图得到的是一条对数曲线。

蒸气虽然也是气体，但是波义尔等人的气体定律以及理想气体状态方程并不适用。在一

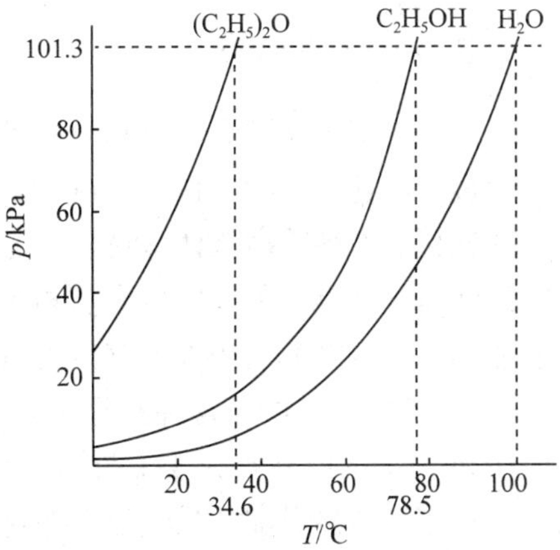


**图 1-2　蒸气压曲线**

定温度下如果改变蒸气的体积时，它的压力并不改变。也就是说，蒸气压的大小与体积无关。这是因为体积增大时，蒸气的密度变小，随之冷凝的速度也减小。只有从液体中蒸发出更多的分子，才能维持平衡。在新的平衡下，蒸气压仍然保持原来的大小。如果体积缩小，蒸气的密度变大，冷凝的速率也跟着变大。蒸气中冷凝出更多的分子来维持平衡状态，它的蒸气压也同原来的一般大。所以，在一定温度下蒸发平衡总是维持着一定的蒸气密度，而蒸气压的大小同蒸气所占体积就没关系了。因此，与液体处于平衡的蒸气不能用理想气体状态方程。

总之，蒸气压是物质的一种性质，不论是在开口容器还是在密闭容器中，只要温度一定，蒸气压就是一个固定的值。但必须在密闭容器中，而且要在气液共存的情况下来测量蒸气压。

在液体体系同外界环境没有热量交换的情况下，随着液体蒸发过程的进行，由于失掉了高能量的分子而使余下分子的平均动能逐渐降低，其温度随之降低蒸发速度也随之减慢。欲使液体保持原温度，即维持液体分子的平均动能，必须从外界吸收热量。这就是说要使液体在恒温恒压下蒸发，必须从周围环境吸收热量。这种使液体在恒温恒压下气化或蒸发所必须吸收的热量，称为液体的气化热或蒸发热。该蒸发热一部分消耗于增加液体分子动能以克服分子间引力而逸出液面进入蒸气状态；另一部分消耗于气化时体积膨胀所做的功。

显然，不同的液体因分子间引力不同而其蒸发热必不相同，即使是同一液体，当质量不等或温度相异时，其蒸发热也不同。因此，常在一定温度、压力下取 1 mol 液体的蒸发热进行比较，这时的蒸发热叫作摩尔蒸发热，以 $\Delta_{vap}H_m$ 表示。例如，水的蒸发热

$$H_2O(l)=H_2O(g) \qquad \Delta_{vap}H_m=44.01\ kJ\cdot mol^{-1}$$

就是说 298 K 时将 1 mol 水变成水蒸气，并使水蒸气的分压为 101.3 kPa 时需要吸收 44.01 kJ 的热量。一些常见物质的蒸发热及正常沸点见表 1-3 所列。

**表 1-3　常见物质的蒸发热及正常沸点**

| 物质 | $T_b$/K | $\Delta_{vap}H_m$/(kJ·mol$^{-1}$) | 物质 | $T_b$/K | $\Delta_{vap}H_m$/(kJ·mol$^{-1}$) |
|---|---|---|---|---|---|
| He | 4.25 | 0.084 | $H_2O$ | 373.15 | 44.016 |
| $H_2$ | 20.38 | 0.916 | $NH_3$ | 239.78 | 23.35 |
| $N_2$ | 77.35 | 5.586 | $CO_2$ | 194.65(升华) | 25.23 |
| $O_2$ | 90.25 | 6.820 | $CCl_4$ | 349.96 | 30.00 |
| $Cl_2$ | 238.15 | 20.41 | $CS_2$ | 319.4 | 26.74 |
| $Br_2$ | 331.9 | 29.45 | $CH_4$ | 111.7 | 8.18 |
| $I_2$ | 457.6 | 41.80 | $C_6H_6$ | 353.3 | 30.8 |
| Hg | 630.1 | 59.30 | $C_2H_5OH$ | 351.55 | 43.5 |

### 1.2.3 液体的沸腾

液体的蒸气压随着温度的升高迅速增大。当蒸气压与外界大气压相等时，气化在整个液体中进行，这一过程叫作沸腾(boiling)。所以，沸腾是整个液体的气化，而蒸发仅是液体表面的气化。在沸腾时液体保持着一定的温度，这个温度叫作沸点。

液体的沸点同外界气压密切相关。外界气压升高，液体的沸点也升高；外界气压降低，液体的沸点也降低。当外界气压为101.3 kPa时，液体的沸点被称为正常沸点(normal boiling point)。例如，水的正常沸点是373.15 K(100 ℃)(现经精确测定为373.125 K)，而外界气压在96.3 kPa时沸点为371.75 K，106.3 kPa时沸点变成374.55 K。

利用液体沸点随外界气压而变化的特性，可以在减压或在真空中，使那些在正常沸点下会分解或被空气氧化，以及那些正常沸点很高的物质在较低的温度下沸腾，并进一步将其蒸气冷凝为液体，从而使该物质与不挥发性杂质分离，达到纯化的目的。这种方法叫作减压蒸馏(reduced pressure distillation)[为了纯化液体物质，常常使其沸腾再收集它的蒸气，这种方法叫作蒸馏(distillation)]。为了提高液体的沸点可以使用加压的方法，常用的高压釜和高压锅及高压灭菌都是利用此原理。

沸腾是整个液体的气化，液体的内部生成气泡浮至液面放入蒸气中去。液体内部的气泡产生时必须克服液柱静压力和表面张力，所以气泡内的压力只有大于外界压力时，气泡才能存在。为此，气泡生成时需要较高的温度。例如，一壶水常常要将温度升至沸点以上才能够生成气泡，气泡生成以后，水即沸腾了。这种温度超过沸点尚没有沸腾的液体叫作过热液体。过热的越多，沸腾发生时越激烈。所以，在实验室中加热液体时常放几块小的沸石或带有棱角的碎瓷片，目的是利用沸石孔中存储的空气或磁片的尖锐棱角容易形成气泡，以避免过热现象的发生。

### 1.2.4 相平衡

在体系内部物理性质和化学性质完全均匀的部分称为相(phase)，相与相之间在指定的条件下存在着明显的分界面。在界面上，从宏观的角度来看，性质的改变是飞跃式的。

通常任何气体均能无限混合，所以体系内不论有多少种气体都只有一相(气相)，液体则视其互溶程度通常可以是一相、两相或多相共存。一杯水是一相(液相)，一杯两种互不相溶的液体(如油和水)是两相。对于固体，一般有一种固体便有一相。一块冰是一相(固相)，把它打碎成冰屑时还是一相(固相)，将铁粉和硫黄粉混合起来，混合得非常均匀仍旧是两相。因为在普通显微镜下完全能看出铁粉和硫黄粉的分界面。但固态溶液(如金属合金)是一相。在固态溶液中粒子的分散程度和在液态溶液中是相似的，所以只有不同物质以分子、原子或离子大小进行混合时才能组成一相。气体溶于水形成的溶液永远是一相。

当物质从一相转变成另一相时称为相变(phase change)。前面讨论的气体的液化和液体的气化、液体的凝固和固体的熔化过程都是相变过程。如果保持外界条件不变时，相变维持一种平衡状态，即称为相平衡(phase equilibrium)。液体的沸腾就是维持一定温度和压力时，气、液两相间的相平衡。

在固体中，组成固体的分子只能是围绕着平衡位置不停地振动，而且振动能量也遵守麦克斯韦-玻尔兹曼分布。在固体表面上的高能分子也会进入气相而成为蒸气分子。例如，在 101.325 kPa 下固体 $CO_2$(干冰)于 194.65 K(−78.5 ℃)时可直接变成气体 $CO_2$。在干燥而寒冷的冬天早晨，可以见到霜能变成水蒸气而无需经过融化成水的阶段。如果将一固体放在一个密闭容器中，也会形成固、气间的两相平衡，此时蒸气的压力就是固体的蒸气压，它只与温度有关而与固体的量无关。

由以上讨论可知，两相达成相平衡时，它们的蒸气压必须相等。在此所说的蒸气压是蒸气的分压，例如，298.15 K(25 ℃)时水的蒸气压是 3.17 kPa，如果水蒸气的分压大于这个数值，它就要冷凝成水，直至降到 3.17 kPa 为止。反之，如果水蒸气的分压低于 3.17 kPa，水就要继续蒸发成水蒸气。同样在固、液两相平衡时，二者的蒸气压也必须相等。若液相的蒸气压大时就要凝结成固相，若固相的蒸气压大时它就会继续熔化成液体。若用压力对温度作图即得 $p$-$T$ 图，它表示物质状态稳定存在的条件和相互间转变的情况，这种 $p$-$T$ 图叫作相图。

### 1.2.5　水的相图

水有 3 种存在状态，即水蒸气(气态)、水(液态)、冰(固态)。由实验测得两相平衡时的压力 $p$ 和温度 $T$，以 $p$、$T$ 值作图得水的相图(图 1-3)。此相图只表示组分 $H_2O$ 的相变规律，属于单组分体系的相图。下面就相图的组成和意义进行分析。

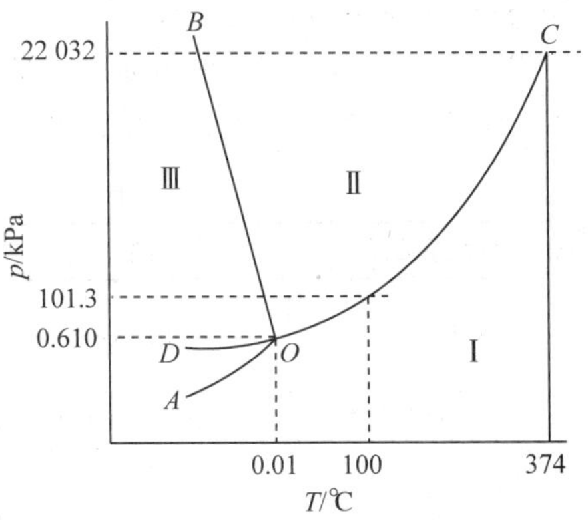


图 1-3　水的相图

①图中 $OA$、$OB$ 和 $OC$ 分别为固-气、固-液和液-气两相共存的相平衡曲线，每条线上的点表示处于两相平衡状态时的温度和压力。$OA$ 是冰的升华曲线，$OB$ 为冰的熔化曲线，$OC$ 是水的蒸气压曲线。

②$OC$ 线不能任意延长，它终止于临界点 $C$(647K，22 119.2kPa)。在临界点液体的密度与蒸气的密度相等，液态和气态之间的界面消失。$OA$ 线在理论上可延长到绝对零度附近。$OB$ 线不能无限向上延长，大约从 $2.026\times10^5$ kPa 开始，相图变得比较复杂，有不同结构的冰生成。$OB$ 线是向左倾斜的，它表明水的凝固点随着压力的增大而降低。这是由于水从液体变成固体时体积要增大的缘故。从它们的摩尔体积($V_m$)来看，273.15 K 时水为 18.00 $mL \cdot mol^{-1}$，而冰为 19.63 $mL \cdot mol^{-1}$。当压力增大时就要限制其体积的扩张，此时有利于液体水的存在。只有降低温度才能保持冰、水共存。所以，增大压力时水的凝固点要降低。

③在 101.325 kPa 下，373.15 K(100 ℃)时水就沸腾了。此时，水与水蒸气达成了两相平衡，它必然处在 $OC$ 线上。如果压力维持在 101.3 kPa，继续升高温度则液体水不复存在，体系中只有水蒸气，即相图中Ⅰ区(气相区)。若维持温度为 373.15 K 而加大压力，水蒸气则全变成水，在相图中 $OC$ 线上面的Ⅱ区(液相区)。$OA$ 与 $OB$ 两条线所包围的是Ⅲ区(固相区)，这个区内只有冰存在。相图中曲线所包围的Ⅰ、Ⅱ、Ⅲ区只能是一个相存在，叫作单相区。

④$O$ 点是 3 条线的交点，是水蒸气、水和冰三者共存的相平衡点，称为三相点。三相点

的温度和压力皆由体系自定，我们不能任意改变。水的三相点的温度是 273.16 K（0.01 ℃），压力是 610.5 Pa。

⑤*OD* 是 *OC* 的延长线，是水和水蒸气的亚稳平衡线，代表过冷水的饱和蒸气压与温度的关系曲线(在液体凝固时，常常要将温度降低至凝固点以下才能出现晶体，这种现象叫作过冷现象，此时的液体叫作过冷液体)。*OD* 线在 *OA* 线之上，它的蒸气压比同温度下处于稳定状态的冰的蒸气压大，因此过冷水处于不稳定状态。

## 1.3 分散系(Dispersion System)

上面所讨论的是纯物质在不同存在状态下的性质，实际上我们所遇到的并不都是纯物质，而大多数为一种或几种物质分散在另一种物质中构成的混合体系。如糖分散在水中成为糖水；水滴分散在空气中形成雾；奶油、蛋白质和乳糖分散在水中形成牛奶；黏土粒子分散在水中成为泥浆等。这些体系称为分散系(dispersion system)。在分散系中，被分散开的物质称为分散质(dispersant solute)(或分散相)，它是不连续的；容纳分散质的物质称为分散剂(dispersant solvent)(或分散介质)，它是连续的部分。如糖水，糖是分散质，水是分散剂；又如牛奶，奶油油珠是分散质，水是分散剂。按分散质的大小将分散系分成三大类：粗分散系、胶体分散系、分子分散系，见表 1-4 所列。

**表 1-4　分散系按分散质粒子的大小分类**

| 分散系类型 | 粗分散系 | 胶体分散系 | | 分子分散系 |
|---|---|---|---|---|
| 颗粒大小 | >100 nm | 100~1 nm | | <1 nm |
| | | 高分子溶液 | 溶胶 | |
| 分散质存在形式 | 分子的大聚集体 | 大分子 | 小分子的聚集体 | 小分子、离子或原子 |
| 主要性质 | 不稳定<br>多相<br>普通显微镜可见<br>不能透过滤纸 | 很稳定<br>单相<br>超显微镜可见<br>能透过滤纸 | 稳定<br>多相<br>超显微镜可见<br>不能透过半透膜 | 最稳定<br>均相<br>电子显微镜也不可见<br>能透过半透膜 |
| 实例 | 泥浆 | 血液 | $Fe(OH)_3$ 溶胶 | 糖水 |

粗分散系包括悬浊液(turbid liquid)和乳浊液(emulsion liquid)。悬浊液是固体分散相以微小颗粒分散在液体物质中形成的分散系，如混浊的河水。乳浊液是液体分散相以微小的珠滴分散在另一个液体物质中形成的分散系，如从油井中喷出的原油、橡胶的乳胶。

悬浊液、乳浊液与溶液不同的地方，主要是均匀态和稳定性。溶液均匀、透明、不混浊，长期放置不会析出溶质；悬浊液和乳浊液都是混浊的，放置后分散质与分散剂会分离。这些主要是由于分散质颗粒大小不同而导致的。胶体是分散质颗粒大小介于溶液和粗分散系的另一类分散系。

## 1.4 溶液(Solution)

物质以分子、原子或离子状态分散于另一种物质中所构成的均匀而又稳定的单相体系叫作溶液(solution)。按溶液所处的状态可以有气体溶液、液体溶液和固体溶液。如空气可看成是 $O_2$ 溶于 $N_2$ 中的气体溶液；5%金属 Ni 溶于 Cu 中所铸成的镍币是固体溶液。但最重要的还是液体溶液。

溶液是由溶质(solute)和溶剂(solvent)组成的。在液体溶液中所溶解的气体或固体是溶质，液体是溶剂。水溶液是我们最常见的一种以水为溶剂的溶液。在两种液体组成的溶液中常将含量较多的组分称为溶剂，含量较少的称为溶质。溶质的相对量可用浓度来表示。

### 1.4.1　溶液浓度的表示方法

溶液的浓度(concentration)是指一定量的溶液中所含溶质的量或一定量溶剂中所含溶质的量，我们用 A 表示溶剂，用 B 表示溶质，常用的浓度表示方法有如下几种：

(1)质量分数(mass fraction of solute)。溶液中某一组分的质量与溶液总质量之比。其数学表达式为

$$\omega_B = \frac{m_B}{m}$$

式中，$\omega_B$ 为溶质的质量分数，量纲为 1；$m_B$ 为溶质的质量(μg、mg、kg 等)；$m$ 为溶液的质量(kg)。

在生产实践和科学实验中，常常遇到一些极稀的溶液，如污水和食物中所含的微量有害物质或微量元素的分析，土壤和植物体内养分的测定等，若用量纲为 1 的质量分数表示，则使用和计算都极不方便，此时通常用每千克溶液中所含溶质的毫克数表示，单位为 $mg \cdot kg^{-1}$。在更稀的溶液中，表示痕量组分的浓度时，采用每千克溶液中所含溶质的微克数表示，单位为 $\mu g \cdot kg^{-1}$。由于以 $mg \cdot kg^{-1}$、$\mu g \cdot kg^{-1}$ 表示的溶液都极稀，故在应用上都可以用(质量/体积)而简化表示。

(2)以物质的量表示溶质含量的浓度。

①物质的量浓度(molar concentration)：指单位体积溶液中所含溶质物质的量，用符号 $c$ 表示，即

$$c = \frac{n_B}{V}$$

式中，$n_B$ 为溶质的物质的量(mol)；$V$ 为溶液的体积(L)；则 $c$ 的单位为 $mol \cdot L^{-1}$。

②质量摩尔浓度(mass molar concentration)：指每千克溶剂中所含溶质的物质的量，常用 $b_B$ 表示，其数学表达式为

$$b_B = \frac{n_B}{m_A}$$

式中，$n_B$ 为溶质的物质的量(mol)；$m_A$ 溶剂的质量(kg)；则 $b_B$ 的单位为 $mol \cdot kg^{-1}$。

③摩尔分数(mole fraction)：溶液中某一组分物质的量与全部溶液的物质的量之比称为该物质的摩尔分数，用 $x$ 来表示。对于一个两组分溶液体系来说，溶质的摩尔分数与溶剂的摩尔分数分别为

$$x_B = \frac{n_B}{n_A + n_B} \qquad x_A = \frac{n_A}{n_A + n_B}$$

式中，$n_A$ 为溶剂的物质的量(mol)；$n_B$ 为溶质的物质的量(mol)。

显然，对两组分体系有 $x_A+x_B=1$。同理，多组分体系中有 $\sum x_i = 1$。

用质量摩尔浓度和摩尔分数表示溶液的浓度时，与体积无关，故它们不随温度而改变。研究溶液性质时与温度无关，所以常用质量摩尔浓度和摩尔分数。各种浓度之间可以换算。

**【例 1.4】** 35.0% $HClO_4$ 水溶液的密度为 1.25 g · mL$^{-1}$，已知 $HClO_4$ 的摩尔质量为 100.4 g · mol$^{-1}$，求其物质的量浓度和质量摩尔浓度。

**解：** 由 $m_B=\rho V\omega$($\rho$ 表示密度，$\omega$ 表示质量分数，$m_B$ 为溶质的质量)

$$c=\frac{n_B}{V}=\frac{m_B}{MV}$$

可得

$$c=\frac{\rho\omega}{M}=\frac{1.25\ \text{g}\cdot\text{mL}^{-1}\times 0.35}{100.4\ \text{g}\cdot\text{mol}^{-1}}=4.36\ \text{mol}\cdot\text{L}^{-1}$$

该溶液每千克含溶质质量为

$$m_B=1\ 000\ \text{g}\times 0.35=350\ \text{g}$$

则溶剂质量为 650 g。

根据质量摩尔浓度计算公式得

$$b_B=\frac{350\ \text{g}\times 1\ 000}{650\ \text{g}\times 100.4\ \text{g}\cdot\text{mol}^{-1}}=5.36\ \text{mol}\cdot\text{kg}^{-1}$$

## 1.4.2 稀溶液的依数性

由溶质和溶剂组成的溶液，它的性质不同于原来溶质和溶剂的性质。溶液有两类不同的性质，一类性质由溶质的本质决定，如溶液的颜色、导电性、酸碱性等；而另一类性质，如溶液的蒸气压下降、沸点升高、凝固点降低和渗透压仅决定于溶质的独立质点数，即溶液的浓度。而且溶液越稀，这种性质表现得越有规律。因而把这些性质叫作稀溶液的依数性(colligative property of solution)。本部分重点讨论难挥发非电解质稀溶液的依数性规律。

### 1.4.2.1 溶液的蒸气压下降

任何纯溶剂在一定温度下都具有一定的饱和蒸气压。此时蒸发与冷凝达到动态平衡，如图 1-4(a)所示。如果纯溶剂中溶解任何一种难挥发的非电解质溶质时，溶液的蒸气压总是低于同温度下纯溶剂的蒸气压。这种现象称为溶液的蒸气压下降(vapor pressure lowering)。这是由于难挥发的非电解质溶质溶入溶剂后，溶剂的部分表面被溶质所占据，单位面积上溶

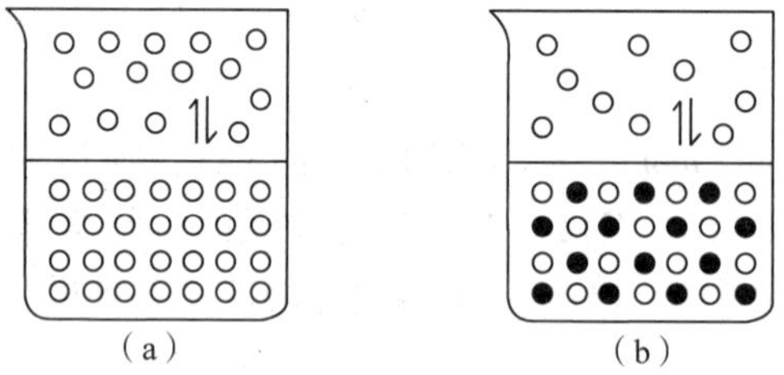


**图 1-4 纯溶剂(a)和溶液(b)蒸发示意**

○代表溶剂分子；●代表溶质分子

剂的分子数减少了，使单位时间内从溶液表面逸出液面的溶剂分子数比纯溶剂减少。当达到平衡时，溶液液面上单位体积内气态分子数目比纯溶剂少，如图 1-4(b)所示。因此，在同一温度下，难挥发物质溶液的蒸气压必然低于纯溶剂的蒸气压。溶质的粒子数越多，溶液的蒸气压越低，即溶液的蒸气压降低得越多。

1886 年，法国化学家拉乌尔(F. Raoult)根据一系列实验结果提出：在一定温度下，难挥发非电解质稀溶液的蒸气压等于纯溶剂的饱和蒸气压与溶剂的摩尔分数的乘积。这就是拉乌尔定律(Raoult law)。它可用下式来表达：

$$p=p^{*}x_A$$

式中，$p$ 为溶液的蒸气压；$p^{*}$ 为纯溶剂的饱和蒸气压；$x_A$ 为溶剂的摩尔分数。

因为　$$x_A+x_B=1$$

所以　$$p=p^{*}x_A=p^{*}(1-x_B)=p^{*}-p^{*}x_B$$

又因　$$p^{*}-p=\Delta p$$

所以　$$\Delta p=p^{*}x_B$$

拉乌尔定律也可以这样描述：在一定温度下，稀溶液的蒸气压下降 $\Delta p$ 和溶质的摩尔分数成正比。拉乌尔定律只适用于非电解质的稀溶液，在稀溶液中，因为

$$x_B=\frac{n_B}{n_A+n_B}\approx\frac{n_B}{n_A}\qquad(n_A\gg n_B)$$

所以　$$\Delta p=\frac{n_B}{n_A}p^{*}$$

在一定温度下，对一种溶剂来说 $p^{*}$ 为定值。若溶剂为 1 000 g，溶剂的摩尔质量为 $M_A$，则

$$x_B=\frac{n_B}{n_A}=\frac{b_BM_A}{1\ 000}$$

$$\Delta p=\frac{n_B}{n_A}p^{*}=p^{*}\frac{b_BM_A}{1\ 000}=Kb_B$$

$K$ 是一个常数，其物理意义是 $b_B=1\ \text{mol}\cdot\text{kg}^{-1}$ 时溶液的蒸气压下降值。所以，拉乌尔定律也可表示为：在一定温度下，难挥发非电解质稀溶液的蒸气压下降与溶液的质量摩尔浓度成正比。

### 1.4.2.2　溶液的沸点升高

液体的沸点是指液体的蒸气压等于大气压(101.325 kPa)时的平衡温度。一切纯净的物质都有一定的沸点，溶液则不一定。难挥发溶质的稀溶液，沸点比纯溶剂高。这是由于溶液蒸气压下降引起的，我们以水为溶剂来讨论。

如图 1-5 所示，图中 $AB$ 为纯溶剂水的蒸气压曲线，$A'B'$为稀溶液的蒸气压曲线，$AA'$为冰的蒸气压曲线。当纯水的蒸气压等于外界大气压 101.3 kPa 时，

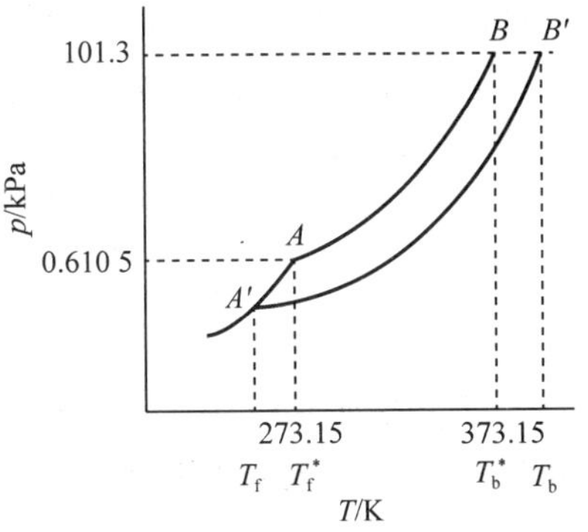


**图 1-5　溶液的沸点升高和凝固点降低**

所对应的温度为373.15 K，即水的沸点为373.15 K(100 ℃)。若在水中加入难挥发性溶质时，溶液的蒸气压下降，在373.15 K时，溶液的蒸气压低于101.3 kPa，因而水溶液不能沸腾，只有继续升高温度，使溶液的蒸气压达到101.3 kPa时，溶液才能沸腾。因此，溶液的沸点高于纯溶剂的沸点，这种现象称为溶液的沸点升高(boiling point elevation of solution)。如海水的沸点总是高于373.15 K。

若$T_b^*$、$T_b$分别为纯溶剂的沸点和溶液的沸点，则沸点升高为$\Delta T_b$。

$$\Delta T_b = T_b - T_b^*$$

和溶液的蒸气压下降一样，也可导出

$$\Delta T_b = K_b b_B \tag{1-3}$$

式中，$K_b$为溶剂摩尔沸点升高常数($K \cdot kg \cdot mol^{-1}$)；$K_b$只取决于溶剂本身的性质，而与溶质无关，不同溶剂的$K_b$值不同。表1-5列出了几种常用溶剂的摩尔沸点升高常数。

**表1-5 几种溶剂的$K_b$和$K_f$值**

| 溶剂 | 沸点 $T_b^*$/K | $K_b$/($K \cdot kg \cdot mol^{-1}$) | 凝固点 $T_f^*$/K | $K_f$/($K \cdot kg \cdot mol^{-1}$) |
|---|---|---|---|---|
| 水 | 373.15 | 0.512 | 273 | 1.86 |
| 苯 | 353.15 | 2.53 | 278.5 | 5.12 |
| 乙酸 | 390.9 | 3.07 | 289.6 | 3.90 |
| 四氯化碳 | 349.7 | 5.03 | 250.2 | 29.8 |

由上可知，难挥发非电解质稀溶液的沸点升高与溶液的质量摩尔浓度成正比。

**【例1.5】** 373.15 K时使0.02 mol蔗糖溶于0.98 mol水中，溶液的沸点为多少？

**解：** 该蔗糖水溶液的质量摩尔浓度为

$$b_B = \frac{0.02\ mol \times 1\ 000}{0.98\ mol \times 18\ g \cdot mol^{-1}} = 1.134\ mol \cdot kg^{-1}$$

水的$K_b = 0.512\ K \cdot mol^{-1} \cdot kg$

由$\Delta T_b = K_b b_B$，得

$$\Delta T_b = 1.134\ mol \cdot kg^{-1} \times 0.512\ K \cdot mol^{-1} \cdot kg = 0.581\ K$$

此溶液的沸点为373.15 K+0.581 K=373.73 K，即100.58 ℃。

**【例1.6】** 已知纯苯的$T_b^*$为353.25 K，将2.67 g萘($C_{10}H_8$)溶于100 g苯中，测得该溶液的沸点升高了0.531 K。试求苯的$K_b$。

**解：** 萘的摩尔质量为128 $g \cdot mol^{-1}$

依$\Delta T_b = K_b b_B$，得

$$0.531\ K = K_b \frac{2.67\ g}{128\ g \cdot mol^{-1}} \times \frac{1\ 000}{100\ g}$$

$$K_b = 2.55\ K \cdot kg \cdot mol^{-1}$$

若已知溶剂的$K_b$值，就可从沸点升高求溶质的摩尔质量。

#### 1.4.2.3 溶液的凝固点降低

凝固点(freezing point)是指液体的蒸气压与固体的蒸气压相等固液两相平衡时的温度。对于难挥发的非电解质溶液，在凝固时只有溶剂结冰，且溶质不进入固相。所以，溶液的凝

固点就是溶液的液相与溶剂固相两相平衡时的温度，此时溶液的蒸气压与溶剂固体的蒸气压相等。

由图 1-5 可见，纯水的凝固点是 273. 15 K，这时液态水的蒸气压与固态冰的蒸气压相等，都是 0. 610 5 kPa，温度为 273. 15 K。当水中溶有不挥发性溶质时，溶液的蒸气压降低，低于 0. 610 5 kPa，即冰的蒸气压高于溶液的蒸气压，于是冰就融化了。因此，只有将温度降到比 273. 15 K 更低的温度，冰的蒸气压和溶液的蒸气压才会相等。显然，溶液的凝固点 $T_f$ 总是比纯溶剂的凝固点 $T_f^*$ 要低，这种现象称为溶液的凝固点降低(freezing point depression of solution)。溶液的凝固点降低的程度取决于溶液的浓度，难挥发的非电解质稀溶液的凝固点下降与溶液的质量摩尔浓度成正比，即

$$\Delta T_f = K_f b_B (\Delta T_f = T_f^* - T_f) \qquad (1\text{-}4)$$

式中，$\Delta T_f$ 为溶液的凝固点降低；$K_f$ 为凝固点摩尔降低常数(K · kg · mol$^{-1}$)。$K_f$ 也只取决于溶剂的性质，而与溶质的性质无关。常见溶剂的 $K_f$ 见表 1-5 所列。

**【例 1.7】** 为防止水箱结冰，可加入甘油以降低其凝固点，如需使凝固点降低到 270. 00 K (−3. 15 ℃)，在 100 g 水中应加入甘油多少克？(已知水的 $K_f$ = 1. 86 K · kg · mol$^{-1}$，甘油的摩尔质量为 $M$ = 92 g · mol$^{-1}$)

**解：**

$$\Delta T_f = T_f^* - T_f = 273.15 - 270.00 = 3.15\ \text{K}$$

根据 $\Delta T_f = K_f b_B$

故

$$b_B = \frac{3.15\ \text{K}}{1.86\ \text{K}\cdot\text{kg}\cdot\text{mol}^{-1}} = 1.69\ \text{mol}\cdot\text{kg}^{-1}$$

$$n_B = b_B \times \frac{100\ \text{g}}{1\ 000} = 1.69\ \text{mol}\cdot\text{kg}^{-1} \times 0.1\ \text{kg} = 0.169\ \text{mol}$$

甘油的摩尔质量为 92 g · mol$^{-1}$，故 100 g 水中应加入的甘油质量为

$$m_B = M n_B = 92\ \text{g}\cdot\text{mol}^{-1} \times 0.169\ \text{mol} = 15.55\ \text{g}$$

**【例 1.8】** 将 0. 749 g 谷氨酸溶于 50. 0 g 水中，测得凝固点为 272. 96 K。计算谷氨酸的摩尔质量。

**解：** 设谷氨酸的摩尔质量为 $M$

依题

$$\Delta T_f = T_f^* - T_f = 273.15 - 272.96 = 0.19\ \text{K}$$

根据 $\Delta T_f = K_f b_B$

$$0.19\ \text{K} = 1.86\ \text{K}\cdot\text{kg}\cdot\text{mol}^{-1} \times \frac{0.749\ \text{g} \times 1\ 000}{M \times 50.0\ \text{g}}$$

$$M = 146.6\ \text{g}\cdot\text{mol}^{-1}$$

由此可见，根据溶液的沸点升高和凝固点降低，可以测定物质的摩尔质量。由于 $K_f > K_b$，实验相对误差较小，且在凝固点时有晶体析出，现象明显，易于观察，因此除蛋白质等高分子物质，利用凝固点降低法测定溶质的相对摩尔质量应用很广泛。

溶液的蒸气压下降和凝固点降低具有广泛的应用。例如，植物体内细胞中有许多可溶物(氨基酸、糖等)，这些可溶物的存在，好像植物的“智能”结构，当植物生长的环境温度发生较大改变时，它们能够感应环境并做出相应的反应，使细胞液的浓度增大，蒸气压下降，减少蒸发，凝固点降低，从而使植物表现出一定的抗旱性和抗寒性，仍保持生命力。根据凝

固点下降的原理，常用冰盐混合物作致冷剂。如 30 g 食盐和 70 g 冰混合，体系的温度可降至 251 K；氯化钙和冰的混合物最低温度可达 218 K，用于水产和食品的贮藏和运输。在严寒的冬天，为防止汽车水箱冻裂常在水箱中加入甘油或乙二醇等物质作防冻剂，撒氯化钙或氯化钠以清除公路上的积雪等全是应用溶液凝固点降低的道理。

**1.4.2.4 溶液的渗透压**

在一个杯中放入一些蔗糖的浓溶液，再在蔗糖溶液上小心地加一层清水，由于扩散作用水分子从上层渗入下层，蔗糖分子从下层扩散至上层，直到蔗糖分子和水分子均匀地分布于整个液体成为均匀的糖溶液为止。

如果将蔗糖浓溶液装在连有半透膜(semipermeable membrane，是一种具有选择性的只允许溶剂分子通过，而溶质分子被“拒之门外”的多孔性薄膜，如动物的肠衣、细胞膜、膀胱和植物的表层等都具有半透膜的性质，羊皮纸以及在素瓷上沉淀一层亚铁氰化铜等都可以作半透膜)的玻璃漏斗中，然后放入盛有纯水的烧杯中，并使管内蔗糖溶液的液面与管外纯水的液面相平，观察将如何变化。

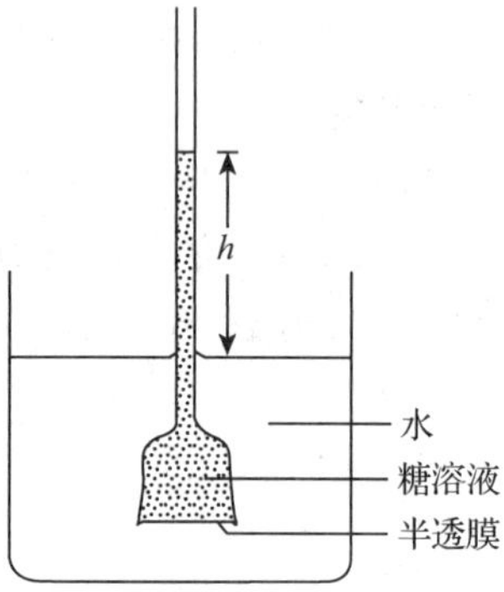

**图 1-6 渗透现象**

由于半透膜的存在，以及在单位体积内糖水中水分子较纯水中少，单位时间内进入糖溶液的水分子比离开糖溶液的水分子数多，于是可以看到玻璃管中的液面会慢慢上升，直到水从两个相反方向通过半透膜的速率相等时为止。我们把溶剂分子通过半透膜进入溶液的自发过程称为渗透现象(osmotic phenomenon)(或渗透作用)，如图 1-6 所示。由此可知，产生渗透现象必须具备两个条件：①要有半透膜。②半透膜两侧存在溶液浓度差，方向是溶剂由稀溶液向浓溶液渗透。

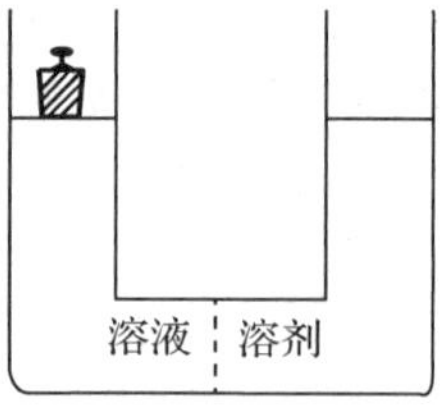

**图 1-7 渗透压示意**

欲保持液面高度不变，必须加给溶液一定的额外压力，以保持渗透膜两侧水的渗透速率相等，即达渗透平衡(osmotic equilibrium)。为阻止渗透进行而施于溶液液面上的额外压力，称为渗透压(osmotic pressure)(等于平衡时玻璃管内液面高度所产生的静水压力)，如图 1-7 所示，用符号 $\Pi$ 表示，单位为 Pa 或 kPa。

一般来说，在一定温度下溶液浓度越大，其渗透压也越大。如果玻璃管外不是纯溶剂，而是浓度比管内较小的溶液，溶剂分子透过半透膜，自动地从稀溶液一方移向浓溶液，同样也会产生渗透现象。如果没有半透膜，溶质分子将自动地从浓溶液一方移向稀溶液，此过程叫作扩散。此时渗透仍在进行。在半透膜存在时，半透膜阻止了扩散作用，才使渗透现象表现出来。因此，渗透压只有当半透膜存在时才表现出来。当半透膜内外溶液浓度相差越大，渗透作用越强。当膜内外溶液浓度相等时，渗透作用便不会发生，这种渗透压相同的溶液称为等渗溶液(isosmotic solution)。

1886 年，荷兰物理学家范特霍夫(Von't Hoff)总结大量实验结果指出，稀溶液的渗透压与浓度和绝对温度的关系同理想气体方程式一致，表示为

$$\Pi V=nRT \quad 或 \quad \Pi=cRT \tag{1-5}$$

式中，$\Pi$ 为渗透压(kPa)；$c$ 为溶液的物质量浓度($mol \cdot L^{-1}$)；$R$ 为气体常数(8.314 kPa ·

$L \cdot K^{-1} \cdot mol^{-1}$)；$T$为绝对温度(K)。

可见，在一定温度下，稀溶液的渗透压与溶液的浓度成正比而与溶质的本性无关。

虽然稀溶液的渗透压与浓度、温度的关系和理想气体完全相符，但稀溶液的渗透压和气体的压力本质上并无相同之处。气体压力是由于分子撞击容器壁而产生的，而渗透压并不是溶质分子直接运动的结果，是与溶剂分子的移动趋势有关的性质。

通过测定溶液的渗透压，可以计算出物质的相对分子质量。如溶质的质量为$m_B$，测得渗透压为$\Pi$，溶质的摩尔质量为$M$，则

$$M = \frac{m_B RT}{\Pi V}$$

该方法主要用于测定如蛋白质等生物大分子的相对分子质量，比凝固点下降法灵敏。

**【例1.9】**某蛋白质饱和水溶液，每升含蛋白质5.18 g，在$T$=298.15 K时测得其渗透压为0.413 kPa。求此蛋白质的摩尔质量。

**解**：根据$M=\dfrac{m_B RT}{\Pi V}$

$$M = \frac{5.18\ \text{g} \times 8.314\ \text{kPa} \cdot \text{L} \cdot \text{K}^{-1} \cdot \text{mol}^{-1} \times 298.15\ \text{K}}{0.413\ \text{kPa} \times 1\ \text{L}} = 31\ 090\ \text{g} \cdot \text{mol}^{-1}$$

**【例1.10】**由实验测得人体血液的凝固点降低值$\Delta T_f$是0.56 K。求在体温37 ℃时的渗透压。(已知$K_f$=1.86 K · kg · mol$^{-1}$)

**解**：根据$\Delta T_f = K_f b_B$

所以　$$b_B = \frac{\Delta T_f}{K_f} = \frac{0.56\ \text{K}}{1.86\ \text{K} \cdot \text{kg} \cdot \text{mol}^{-1}} = 0.30\ \text{mol} \cdot \text{kg}^{-1}$$

当溶液很稀时，有$c \approx b_B$

$$\Pi = cRT = 0.30\ \text{mol} \cdot \text{L}^{-1} \times 8.314\ \text{kPa} \cdot \text{L} \cdot \text{K}^{-1} \cdot \text{mol}^{-1} \times (273+37)\ \text{K} = 776\ \text{kPa}$$

渗透现象在植物有机体的许多生理过程中有着很重要的作用。细胞膜是一种很容易透水，而几乎不能透过溶解于细胞液中的物质的薄膜。水进入细胞中产生相当大的压力，能使细胞膨胀，并使之保持紧张的状态，这就是植物茎、叶、花瓣等具有一定弹性的原因。另外，植物吸收水分和养料也是通过渗透作用，只有当土壤溶液的渗透压低于植物细胞溶液的渗透压时，植物才能不断地吸收水分和养料，促使本身生长，反之作物就枯萎。庄稼施肥过多会出现“浓肥烧死苗”的现象，这是渗透压原理造成的。现在广泛使用的地膜覆盖保苗，也是为了保持土壤胶体的渗透压。一般植物细胞汁的渗透压约2 000 kPa，所以水分可以从植物的根部运送到数十米的顶端。

渗透作用在动物生理上同样具有重大意义。人的血液平均渗透压约为760 kPa，由于人体有保持渗透压在正常范围的要求，在向人体注射或静脉输液时，应使用等渗溶液。如果输入高渗溶液，则红血球中水分外渗，即产生皱缩；如果输入低渗溶液，水自外渗入，使红血球膨胀甚至破裂，产生溶血现象。当吃咸的食物时就有口渴的感觉，这是由于组织中渗透压升高，喝水后可以使渗透压降低。海洋中的动物不能生活在淡水中，反之亦然。

渗透作用在工业上的应用也很广泛，如电渗析法和反渗透技术。反渗透技术就是在浓溶液一方施加比其渗透压还要大的压力，迫使溶液中的溶剂分子向反方向移动，从而达到浓缩

溶液的目的。对某些不适合在高温条件下浓缩的物质，可以利用反渗透技术进行浓缩，如速溶咖啡和速溶奶粉的制造。渗透作用还可用于海水、咸水的淡化，工业废水处理及浓缩溶液等。

### 1.4.3 强电解质溶液的依数性

若将 1 mol NaCl 溶于 1 kg 水中，根据 $\Delta T_f = K_f b_B$ 计算，其溶液的凝固点降低 1.86 K，而实际测定降低了 3.50 K，差不多为 1.86 K 的 2 倍。这表明 NaCl 在水中溶解以后要电离成为 $Na^+$ 和 $Cl^-$，此时溶液中粒子数增加了 1 倍，粒子浓度为 2 mol · $kg^{-1}$。可是实验测定值并不恰好是分子浓度的 2 倍。若正好是 2 倍时，凝固点降低为 3.72 K，而实测值只有 3.50 K。这是由于强电解质电离以后，离子之间互相牵制形成离子氛，使得离子不能表现为独立离子的行为。

## 1.5 胶体溶液(Sol Solution)

胶体与生命活动、天体现象、气象、土壤等都有着密切的关系。地壳上的岩层大多数是由胶体形成的。动、植物体液和土壤本身就是胶体，大气中的尘埃形成气溶胶。早在史前时期我国的劳动人民就会制造陶器。周朝初期已经会使用胶进行黏合，汉朝发明了造纸术和墨，宋朝用泥烧制活字版，制作豆腐等，全是和胶体有关的技术。在西方的中古时期，炼丹家们制出的金汁、银汁等也是一种胶体溶液。

胶体成为一门科学，一般是从 1861 年算起的。1861 年，英国化学家格雷厄姆(T. Graham)系统地研究物质在溶液中的扩散快慢，从而发现有些物质(如白糖、硫酸镁、氢氧化钾等)扩散得很快，容易透过滤纸，也能透过 10～100 nm 孔径的半透膜，而且易于结晶。而另一些物质(如蛋白质、树胶等)扩散得比较慢，可以透过滤纸却不能透过上述的半透膜。格雷厄姆把前一类物质称为晶浊物(turbidity substance)；后一类物质常称为胶浊物，也叫胶体。1905—1916 年，俄国科学家维伊曼(Von Weimarn)通过大量实验证明，典型的晶体物质，也可以用降低其溶解度或选用适当分散介质而制成溶胶，例如，把 NaCl 分散在苯中就可以形成溶胶。胶浊的东西也能做成晶体，例如，蛋白质可以做成结晶蛋白。从此，人们才真正了解到胶体并不是一类特殊的物质，而是物质以一定分散程度存在的一种状态。

从胶体粒子结构及分散状况出发，将胶体溶液分成亲液胶体(lyophilic sol)和疏液胶体(lyophobic sol)。亲液胶体的胶体粒子本身是单个分子。这种分子特别大，摩尔质量常在 10 000 以上。在合适的溶剂中它们自行分散(溶解)成为胶体溶液，表明胶体粒子与介质之间有亲和性。从化学组成来看，有机物形成的是亲液胶体，它是均相的热力学稳定体系。由于分散粒子全是大分子，我们称为高分子溶液(high polymer solution)，如蛋白质溶液等。

疏液胶体指胶体粒子是由许多小的原子、分子或原子团集合而成的多相体系，多是无机物的。它们的特点是胶体粒子同介质之间没有亲和性，放置一段时间就会自行聚集成大块而沉淀。也就是说，这种胶体是热力学不稳定体系，不能自发地形成，必须用特殊的方法来制备，经常称为溶胶溶液(sol solution)，如 Au 溶胶、$Fe(OH)_3$ 溶胶等。

胶体是一个高度分散的体系，具有很大的界面即表面。因而胶体的许多性质都与此有关。

### 1.5.1　表面积和表面能

一个体系的表面积是它所包含的粒子表面积的总和，即为总表面积(total surface area)。分散质分散得越细，总表面积就越大。总表面积的大小不仅与物质的分散度有关，也同物质的数量和粒子的形状有关系。为了便于比较，我们取单位体积内物质的表面积当作衡量表面大小的标准，即总表面积除以总体积，称为比表面积(specific surface)。

$$S_0 = \frac{S}{V}$$

式中，$S_0$ 为比表面积，是指体积为 1 $cm^3$ 物质的表面积；$S$ 为总表面积；$V$ 为总体积。假设分散质的粒子是半径为 $r$ cm 的小球，总共有 $n$ 个，每个小球的表面积和体积分别为 $4\pi r^2$、$\frac{4}{3}\pi r^3$。于是，比表面积为

$$S_0 = \frac{n(4\pi r^2)}{n\left(\frac{4}{3}\pi r^3\right)} = \frac{3}{r}\ cm^{-1}$$

可见比表面积的大小与粒子的半径成反比。

所以，比表面积的大小能够表达出分散粒子的分散程度，即分散度。比表面积越大，分散程度越大。一个边长为 1 cm 的立方体，由计算得比表面积为 6 $cm^{-1}$。若把 1 $cm^3$ 的物质全弄成胶体大小时，比表面积可达 $6\times10^6$ $cm^{-1}$。因此，胶体是一个高度分散的体系，它的一个重要特点就是具有很大的比表面积，因而具有某些特殊的性质。

任何表面(严格说应是界面，但一般将固-气和液-气界面称为表面)粒子所处的环境和内部粒子不同，因而所具有的能量也不同。在液体或固体内部的粒子受到相邻粒子的吸引，使来自不同方向的吸引力相互抵消，处于力平衡状态。可是处于表面的粒子受到同相粒子的吸引较大，而受到异相粒子的吸引力较小，结果这些表面的粒子受到的吸引力不平衡(图 1-8)。如果把液体里面的分子拉到表面上来，就要供给这些分子足够的能量克服向内的吸引力，则需要环境对体系做功，环境对体系所做的功称为表面功，属于有用功，也将其称为比表面能。不仅在液体和气体的表面上存在着表面能，而且在任何两相界面上均存在着表面能。体系的比表面积越大，表面能也越大。由于胶体是一个高度分散的体系，有很大的比表面积，故相应地具有很高的表面能。

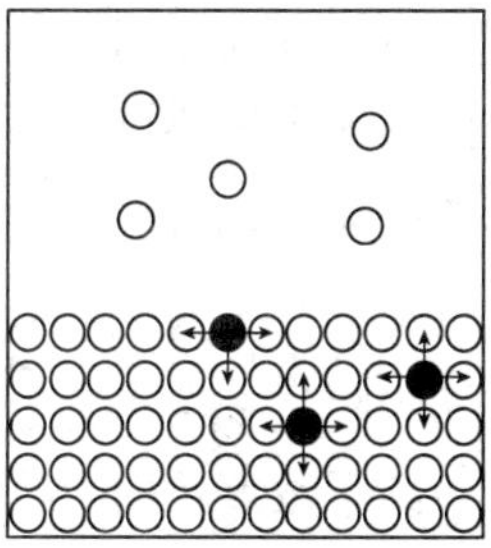

**图 1-8　固体表面及内部粒子的状态**

### 1.5.2　吸附作用

一个体系处于高能状态时，常常是不稳定的，它会自动地降低能量而转变为稳定的状态。胶体的比表面能很大，必然有降低能量的趋势，降低能量的途径有两种：一是减小表面积；二是将其他物质吸附聚集在胶体固体颗粒的表面上以缓和内部分子的吸引力。

我们取一杯品红水溶液，加入一勺活性炭(一种多孔的炭)，就会发现许多品红分子聚集在活性炭的表面上，这时在表面上品红的浓度要比溶液里品红的浓度大得多。因此，一种

或几种分子聚集在界面上并使其在界面上的浓度与相内浓度不一样的现象叫作吸附(adsorption)。在吸附过程中，被吸附的物质称为吸附质(adsorbate)，能使吸附质在其表面上聚集的物质称为吸附剂(adsorbent)，如活性炭、硅胶。吸附剂的特点是有极大的比表面积。

固体对溶液的吸附是比较复杂的。它不但能吸附溶质，而且还能吸附溶剂。根据固体对溶液中的溶质的吸附状况可以将吸附分成两类：一类是分子吸附；另一类是离子吸附。

(1)分子吸附。吸附质以分子形式被吸附称为分子吸附(molecular adsorption)。非电解质和弱电解质溶液的吸附可以看成分子吸附。吸附过程中比表面能要降低，是一个放热过程。因此，温度越高，吸附量越低。一般来说，极性吸附剂易于吸附溶液中极性较大的组分，非极性吸附剂易于吸附非极性的组分。活性炭可以使水溶液脱色，就是因为有色物质多是非极性分子。

(2)离子吸附。强电解质溶液的吸附是离子吸附(ion adsorption)。在强电解质溶液中，固体吸附剂对溶质离子的吸附，称为离子吸附，它又分为离子选择吸附和离子交换吸附两种。

吸附剂从溶液中选择吸附某种离子，称为离子选择性吸附(ion selective adsorption)。离子选择吸附规律为：固体吸附剂优先吸附与其结构相似、极性相近的离子。例如，AgI 溶胶形成以后，如 $AgNO_3$ 过量时，则 $Ag^+$会被吸附在 AgI 晶体的表面，结果固体表面带了正电。如果 KI 过量，则 AgI 优先吸附 $I^-$而使固体带负电，通常把决定胶体粒子带电的离子(如 $Ag^+$、$I^-$)称为电势决定离子或电位离子。由于胶粒表面带有电荷，则溶液中必然有数量相等而带相反电荷的离子停留在胶粒的周围，保持整个胶体溶液是电中性的。这些带相反电荷的离子称为反离子，如 AgI 外面的 $NO_3^-$、$K^+$等。

由于反离子只是靠库仑引力维持在固体周围的，所以它有一定的自由活动余地。它还可以被其他带有相同电荷的离子所代替。例如，带正电的 AgI 固体外面，反离子是 $NO_3^-$。如果溶液中还有 $SO_4^{2-}$ 时，$SO_4^{2-}$ 可以将 $NO_3^-$ 替代下来，同时 $SO_4^{2-}$ 进入反离子层。当然 1 个 $SO_4^{2-}$ 可以代替 2 个 $NO_3^-$，这个过程叫作离子交换吸附(ion exchange adsorption)或离子交换。离子交换吸附是一个可逆过程。一般来说，溶液中离子浓度大时，交换下来的离子也要多些，溶液中离子浓度小时，交换下来的离子也少。

另外，不同离子的交换能力也不一般大。离子电荷多时，交换能力大。电荷相同的离子，交换能力又随着水化半径的增大而减弱。对阳离子的交换能力大致有下列顺序：$Al^{3+}>Ca^{2+}>K^+$；$Cs^+>Rb^+>K^+>Na^+>H^+>Li^+$。对阴离子的交换能力次序为：$PO_4^{3-}>C_2O_4^{2-}>F^-$；$CNS^->F^->Br^->Cl^->NO_3^->ClO_4^->CH_3COO^-$。

离子交换吸附在土壤学中得到广泛的应用。土壤中黏土粒子上可交换的反离子是 $Ca^{2+}$、$Mg^{2+}$、$K^+$、$Na^+$等阳离子。当施用 $(NH_4)_2SO_4$ 等肥料时，$NH_4^+$ 可以同这些离子进行交换，而把肥料的重要成分贮藏在土壤中。土壤中的这种交换是在植物的根不断地吸取养分，微生物不断地繁殖，矿物岩石不断地风化，土壤溶液也不断地被冲洗等情况下进行的，所以土壤溶液间的离子交换很难达到平衡，因而及时施肥对于作物的生长是十分必要的。

工业上也常用离子交换来纯化产品、制备纯试剂等。例如，在实验室、生产和科研等实验中应用的去离子水，就是使用人工合成的离子交换树脂，去掉水中的无机盐离子而得到。

总之，吸附作用的应用非常广泛。无论是工业、农业、医药、科学实验工作以及日常生活中无不在利用着吸附作用的原理和技术。

## 1.5.3　溶胶的性质

### 1.5.3.1　光学性质

如果将一束强光射入胶体时，我们在光束垂直的方向上可以看一条发亮的光柱，这种现象称为丁达尔效应（Tyndall effect），如图 1-9 所示。

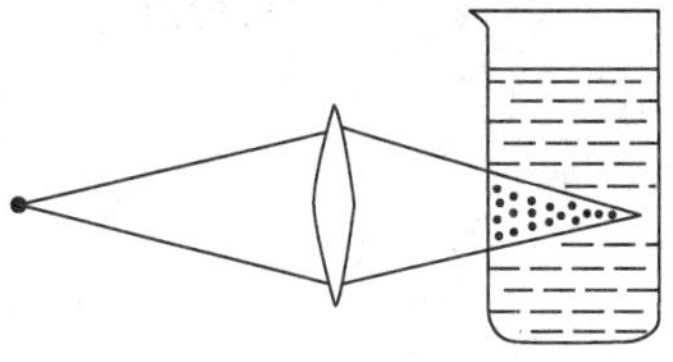

图 1-9　丁达尔现象

丁达尔效应的产生是由于胶体粒子对光的散射形成的。当光线射到分散相颗粒上时，可以发生两种情况，如果颗粒大于入射光波长，光就从粒子的表面上按一定的角度反射，在粒子大的悬浊液中可以观察到这种现象。如果颗粒小于入射光的波长，就发生光的散射。这时颗粒本身好像一个光源，向各个方向发射出光线，散射出来的光即乳光。胶体溶液中，分散相颗粒的大小在 1~100 nm，可见光波长范围为 400~700 nm，故可见光通过溶胶时将发生散射。如果颗粒太小，光的散射极弱，所以光线通过真溶液时则发生光的透射现象，没有丁达尔效应。

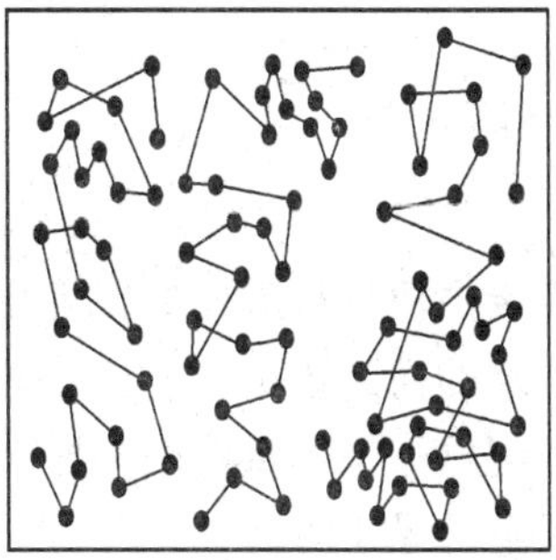

图 1-10　溶胶粒子的布朗运动

### 1.5.3.2　动力学性质

在超显微镜下观察胶体溶液，可以看到胶体颗粒不断地做无规则运动。这是由于周围分散剂的分子不均匀地撞击胶体颗粒，使其发生不断改变方向、改变速度的布朗运动（Brown motion）。胶体粒子本身也有热运动，人们观察到的实际上是胶体粒子本身热运动和分散剂分子对它撞击的总结果，如图 1-10 所示。

### 1.5.3.3　电学性质

在一个 U 形管下部装上新鲜的 $Fe(OH)_3$ 胶体溶液，上面小心地加入少量水，可以清楚地看到它们之间有一个分界面。然后通过直流电，发现胶体粒子向负极移动，水则向正极移动，如图 1-11 所示。由于 $Fe(OH)_3$ 胶体粒子是红棕色的，很容易看到分界面在两极的升高和下降。这种在电场作用下胶体粒子在溶液中的移动现象叫作电泳（electrophoresis）。表明 $Fe(OH)_3$ 的胶粒是带正电的。同样的实验方法发现 $As_2S_3$ 胶体向正极移动，表明 $As_2S_3$ 胶体粒子带负电。

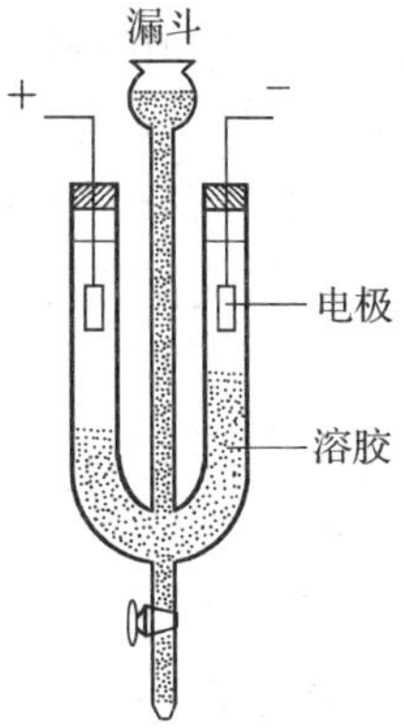


图 1-11　电泳装置

如果我们用一种装置使胶体粒子限制得不能移动，在电场作用下，液相明显地向一个电极方向移动。液相移动的方向总是和胶体粒子电泳的方向相反。这种在外电场作用下胶体溶液中液相的移动现象，叫作电渗（electric osmosis）。电渗装置如图 1-12 所示。

电泳和电渗现象统称为电动现象（electrokinetic phenomena）。对电动现象的研究使我们了解到胶体粒子带什么电荷。那么，胶体粒子带电的原因是什么？

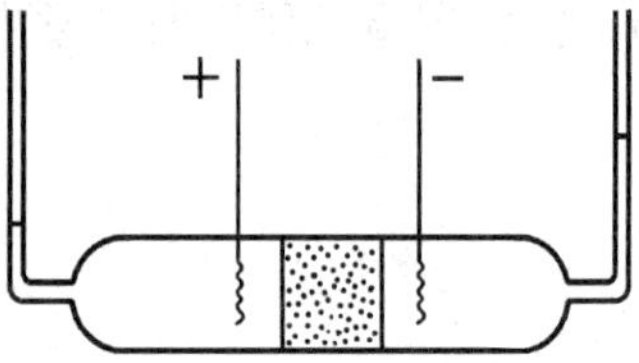

图 1-12　电渗装置

胶体粒子带电主要有两种原因：

①吸附带电：胶体粒子具有很大的比表面积，在液相中存在电解质时，胶体粒子会选择性地吸附某些离子而带电。例如，利用 $FeCl_3$ 水解制备 $Fe(OH)_3$ 胶体溶液时，$Fe^{3+}$ 水解反应是分步进行的，除了得到 $Fe(OH)_3$ 以外，还有 $FeO^+$ 存在。

$$FeCl_3 + H_2O \rightleftharpoons Fe(OH)_3 + 3HCl$$

$$FeCl_3 + 2H_2O \rightleftharpoons Fe(OH)_2Cl + 2HCl$$

$$Fe(OH)_2Cl \rightleftharpoons FeO^+ + Cl^- + H_2O$$

按优先吸附规则，$Fe(OH)_3$ 优先吸附 $FeO^+$ 而带正电荷。

又如 $H_2S$ 气体通到 $H_3AsO_3$ 溶液中以制备 $As_2S_3$ 溶胶时，

$$2H_3AsO_3 + 3H_2S \rightleftharpoons As_2S_3 + 6H_2O$$

由于溶液中存在过量的 $H_2S$，它又会电离出 $H^+$ 和 $HS^-$，$As_2S_3$ 优先吸附 $HS^-$，而带负电荷。

②电离带电：胶体粒子表面上的分子可以电离，电离后的粒子即带电。例如，硅酸溶胶是许多 $H_2SiO_3$ 分子脱水聚成的胶体粒子，表面上的 $H_2SiO_3$ 分子电离，$SiO_3^{2-}$ 留在胶粒表面上而 $H^+$ 进入液相中，使得胶体粒子带负电荷。玻璃在水中也是如此，它表面上的 $Na^+$、$Ca^{2+}$ 溶于水中而使其带负电。蛋白质在水溶液中的带电也是电离引起的。

$$H_2SiO_3 \rightleftharpoons H^+ + HSiO_3^- \rightleftharpoons 2H^+ + SiO_3^{2-}$$

电泳、电渗在实际工作中应用广泛。生物科学中用电泳来分离蛋白质及核酸，如正常血红蛋白中两处能离解的氨基酸被不能离解的氨基酸取代，成为不正常的血红蛋白，它比正常血红蛋白少两个电荷，是导致镰刀形细胞贫血这种遗传病的原因。用电泳法可将这两种血红蛋白分离。医疗上用电泳来检验病毒，陶瓷工业上用电泳制得高质量的黏土等。

### 1.5.4　胶团结构

一个由原子、分子组成的大小在 1～100 nm 范围的集合体，叫作胶核(sol nucleus)。胶核具有很大的表面能，电位离子被牢固地吸附在胶核表面上。由于库仑引力的作用，少数的反离子被束缚在胶核表面，与电位离子一起形成吸附层(adsorbed layer)。胶核与吸附层构成了胶粒。吸附层中的反离子个数不足以抵消电位离子，所以胶粒是带电的，电荷的符号由电位离子所决定。电泳就是胶粒的移动。另一部分反离子松散地分布在胶粒周围，离吸附层越远，反离子越少。好像地球表面上的大气，离地面越远，空气越稀薄。吸附层外边的反离子构成了扩散层(diffusion layer)。胶粒加上扩散层组成了胶团(sol micelle)。扩散层中的反离子正好中和胶粒的电荷，所以整个胶团是电中性的。如 $Fe(OH)_3$

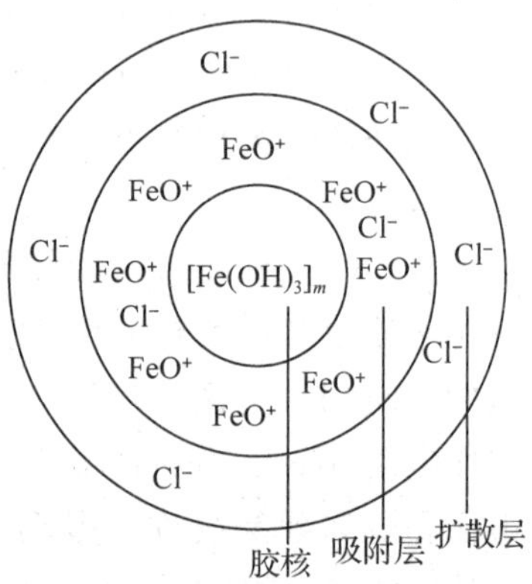

图 1-13　$Fe(OH)_3$ 溶胶的胶团结构示意

的胶团结构(图 1-13)为

$$\{[Fe(OH)_3]_m \cdot nFeO^+ \cdot (n-x)Cl^-\}^{x+} \cdot xCl^-$$

胶核　电位离子　反离子　反离子

吸附层　扩散层

胶粒

胶团

式中，$m$ 为 $Fe(OH)_3$ 分子数；$n$ 为电位离子数；$m \gg n$。

又如 $As_2S_3$ 的结构为

$\{[As_2S_3]_m \cdot nHS^- \cdot (n-x)H^+\}^{x-} \cdot xH^+$。

硅酸的胶体结构为

$[(SiO_2 \cdot yH_2O)_m \cdot nHSiO_3^- \cdot (n-x)H^+]^{x-} \cdot xH^+$。

吸附层与扩散层间的电势差叫作电动电势(electrokinetic potential，ξ)，这种双电层结构所具有的 ξ 电势对胶体溶液的稳定性有很大的关系。

### 1.5.5　溶胶的稳定性

溶胶是高度分散的多相体系，具有很大的表面能，是热力学不稳定性体系。例如，把 $Fe(OH)_3$ 等分散在水中时，它们与水之间的表面能增加得很大，这就会使小颗粒聚集成大块而沉淀。既然如此，为什么这种分散体系能够暂时存在呢？这主要是因为：

(1)动力稳定性。在胶体溶液中，液体分子撞击胶体粒子的合力在不同的时间会指向不同的方向，以致于粒子移动方向和远近不断地改变，使不均匀的浓度趋向于均匀。由于强烈的布朗运动克服了重力的作用，再加上扩散作用，从而阻止了胶体粒子的下沉，说明溶胶具有动力稳定性(dynamic stability)。

(2)聚集稳定性。因为胶粒上都带有相同符号的电荷，它们只能接近到某一定距离，因此不会聚集在一起。这种由于胶体粒子 ξ 电势的存在，而维持其稳定性即称为聚集稳定性。如 $As_2S_3$ 胶体，如果溶液中没有多余的 $H_2S$，也就没有 $HS^-$，这时胶体溶液就不复存在了。所以，胶体溶液中还必须有一些电解质，才能维持其稳定性。这些电解质叫作稳定剂(stabilizing agent)。

(3)溶剂化作用。由于胶核吸附电位离子，它们又对水分子具有强烈的吸引力，因而在固体表面上附着一层水，形成溶剂化保护膜。它既可以降低胶粒的表面，又可以阻止胶粒之间的接触，从而提高了溶胶的稳定性。双电层越厚，溶剂化膜越厚，溶胶越稳定。

### 1.5.6　溶胶的凝结

胶体粒子因聚集而变大，从分散系中沉淀出来，这个过程叫作凝结(condensation)或聚沉(coagulation)。促使溶胶凝结的因素很多，如溶胶的浓度太大、加热、长时间地放置或加入电解质等。其中，主要的方法是加入电解质。溶胶对外加电解质非常敏感。这是因为加入电解质以后，溶液中具有与反离子相同符号的离子增多，它们也会被吸引到胶粒表面附近。

这样使得扩散层变薄，而降低了 ξ 电势。当 ξ 电势降低到一定程度，胶粒之间就失去静电排斥的保护作用而聚集起来，也就发生了明显的凝结作用。所以，电解质对溶胶的作用主要是改变 ξ 电势。而引起凝结作用的是电解质中与胶粒所带电荷相反的离子。例如，$As_2S_3$ 是带负电荷的胶体，加入 $CaCl_2$ 时起作用的主要是 $Ca^{2+}$离子。

不同电解质对不同溶胶所表现的凝结能力是不一样大小的，为了衡量凝结能力的大小而规定了凝结值的概念。凝结值(coagulation value)，是指使一定量的溶胶在一定时间内完全凝结所需要电解质的最低浓度(mmol · $L^{-1}$)。凝结值越小，凝结能力越大。反之，凝结值越大，凝结能力越小。例如，-1 价阴离子盐对 $Fe(OH)_3$ 的凝结值平均为 10.6 mmol · $L^{-1}$，-2 价阴离子盐的平均值即为 0.20 mmol · $L^{-1}$。负电荷数越高则凝结能力越强，凝结值越小。同样对带负电的 $As_2S_3$ 溶胶具有凝结作用的是电解质的阳离子，其正电荷数越高则凝结能力越强，凝结值越小。以+1、+2、+3 价阳离子对 $As_2S_3$ 溶胶的平均凝结值之比 500∶8∶1。

总之，使一定量溶胶凝结时所需电解质的浓度，由电解质中与胶粒电荷相反的离子价数决定。价数越高则凝结能力越强，凝结值越小。这一规律称为舒耳泽-哈迪(Schulze-Hardy rule)规则。

对于价数相同的离子，其凝结能力也不同。这是由于在水溶液中离子的半径是水化半径。对同样电荷的离子说来，离子半径小者水化能力要强，水化半径反而变大了，使得离子的场强减弱，其凝结能力也减小。例如，具有相同正电荷的碱金属离子和碱土金属离子对 $As_2S_3$ 溶胶的凝结能力顺序为 $Ba^{2+}>Sr^{2+}>Ca^{2+}>Mg^{2+}$；$Cs^+>Rb^+>K^+>Na^+>Li^+$。这种次序称为感胶离子序。

带相反电荷的两种溶胶混合在一起时，也会发生凝结作用，即相互凝结。这种凝结作用同电解质的凝结作用不同之处在于两种溶胶用量应恰能使两者所带的总电荷量相同才能发生完全凝结，如果两种溶胶的比例相差较大，则凝结不完全。明矾净水就是由于明矾水解生成的带正电荷 $Al(OH)_3$ 胶体与带负电荷的泥土胶体的相互凝结，从而使水变清。土壤的形成也是由于溶胶相互凝结的结果。土壤溶液中有带正电荷的 $Fe(OH)_3$、$Al(OH)_3$胶体，也有带负电荷的硅酸和腐殖质等胶体，它们之间的相互凝结形成了土壤的团粒结构。

## 1.6 高分子溶液(High Polymer Solution)

摩尔质量在 10 000 以上的许多天然物质(如淀粉、纤维素、蛋白质、橡胶等)，以及人工合成的塑料、合成纤维、人工树脂等高分子化合物溶于水或其他溶剂中所得的溶液称为高分子溶液(high polymer solution)。由于高分子溶液中溶质分子的大小和溶胶粒子相近(1~100 nm)，表现出许多溶胶的特性，如不能透过半透膜、扩散速度慢等，它又是分子分散体系，具有溶液的特点，故高分子溶液具有真溶液和溶胶溶液的双重性。但高分子溶液与溶胶尚有不同之处。主要表现在：

(1)高分子化合物具有强烈的溶剂化作用。例如，淀粉、蛋白质等分子中含有许多—COOH、—OH、—$NH_2$ 等极性基，很容易水化。当它们成为卷曲的结构时，水分子还能钻进卷曲分子的里面。橡胶不能水化，可是在有机溶剂中却能溶剂化。这时分子的各个部位全能够同溶剂相互紧密接触，溶剂化分子与自由溶剂之间的分界面表现得不甚明显。所以，高分子溶液是均相体系。而溶胶可以明显地看到粒子与介质间的分界面，是多相体系。

(2)高分子溶液的形成。若将高分子化合物放在合适的溶剂中，由于高分子化合物的强烈溶剂化作用，它能自动地分散成为溶液。如蛋白质、淀粉等溶于水，橡胶溶于苯，均能自动地形成溶胶溶液。当用蒸发等方法除去溶剂后再加入溶剂仍能自动溶解，说明高分子溶解过程是可逆过程。而溶胶粒子则不能靠自动分散来制备胶体溶液，它们只能用特殊的方法来制得，同时必须有第三种物质——稳定剂存在。而且胶粒一旦凝聚出来，其凝结物一般很难或者不能用单纯加入溶剂的方法使之复原。

(3)高分子溶液在本质上是聚集稳定的体系。稳定的原因主要是由于粒子外面有一层很厚的溶剂化膜，从而阻止了它们之间的集结。其次，有些高分子物质(如蛋白质)也带有电荷，故带电也是一个稳定因素，但只是次要的。而溶胶的稳定性主要靠胶粒带电的作用。

此外，高分子溶液丁达尔效应比溶胶小，但具有很大的黏度。

高分子溶液具有一定的抗电解质聚沉的能力，所以在高分子溶液中加入少量电解质时，其稳定性不受影响。但当加入大量电解质时，也能使高分子溶液发生凝结。这种加入大量电解质使高分子溶液凝结的过程，叫作盐析(salting out effect)。例如，在 pH 值为 7.3 的血液中，球蛋白的盐析每升需要用 2.0 mol $(NH_4)_2SO_4$，清蛋白的盐析每升需要 3~3.5 mol $(NH_4)_2SO_4$。在肥皂制造工业中，得到的高级脂肪酸盐是胶状物，需要加入大量 NaCl 等电解质才能凝成块状就是利用盐析。

溶胶对外加电解质则很敏感，只要加入少量电解质就会引起它的凝结。若在溶胶中加入少量的高分子溶液时，能够提高溶胶的稳定性。这种作用叫作高分子溶液对溶胶的保护作用。高分子物质常是线状的或卷曲的分子，它很容易附着在溶胶粒子的表面上而且把它包围起来，这时就好像在胶粒的外面加上一层溶剂化膜，从而增大了它们的聚集稳定性。

高分子溶液保护溶胶的作用在生理上是很重要的。健康人的血液里有各种难溶盐如 $MgCO_3$、$Ca_3(PO_4)_2$ 等，全是以溶胶状态存在的，并且被血清蛋白保护着。当发生某些疾病时，这种保护物质在血液中的含量减少，这样就使溶胶发生聚沉而堆积在身体各部分，使新陈代谢作用发生故障，因而在体内的某些器官形成结石，如肾结石、胆结石。

## 1.7 表面活性物质和乳浊液(Surface Active Substance and Emulsion)

### 1.7.1 表面活性物质

在一定温度下，一种纯液体具有一定的比表面能。当加入溶质以后，它的比表面能即会发生变化。例如，在纯水中加入少量的肥皂或有机酸等，能使水的比表面能明显地降低。这类物质叫作表面活性物质(surface active substance)。另外，有些物质溶于水以后不能降低水的比表面能。例如，各种无机盐类、蔗糖等溶于水以后，可以加大水的比表面能。这类物质则叫作非表面活性物质。有机酸、醇、醛、酮、胺等水溶液降低比表面能，并且随着浓度的加大而降低。在常温下，它们的相对分子质量大者，比表面能降低得就多，表面活性也大。

表面活性物质的分子是由具有亲水性的极性基团和具有憎水性的非极性基团组成的有机化合物。因而，表面活性物质都是两亲分子。它的非极性基团一般是 8~18 碳的链烃，是疏

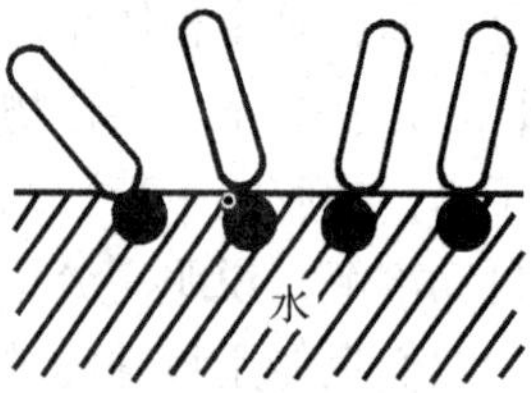

图 1-14　表面活性物质分子在水表面的定向排列

水的；极性基团一般是羧基、羟基、氨基等，它们是亲水的。当表面活性物质放入水中，分子只将亲水基伸入水中，疏水的长链翘出水面。当溶液较稀时，这些翘出的烃链可以躺在水面上。逐渐地加大溶液浓度时，烃链就被挤得站了起来，最后能够占满水面形成一层单分子膜，如图 1-14 所示。

这种表面上的定向排列有利于加强两相间的相互作用，也即能够降低比表面能。分子的烃链越长，疏水性越强，就越易于聚集在溶液的表面，其表面活性越大。例如，肥皂是硬酯酸钠盐，它的疏水链是—$C_{17}H_{35}$，亲水基是—COONa。所以，肥皂是常用的表面活性物质。

上述现象不仅存在于水与空气的分界面上，也存在于两种不相溶的液体之间。例如，把表面活性物放在水与油的混合物中，分子的极性基团伸入水中，而将非极性部分伸入油层。在水和油的分界面上进行定向的排列。同样地，在液体与固体的交界面上也会发生这种情况。例如，润滑油是个非极性液体，金属是带有极性的固体。在高速旋转的机器上，要想使润滑油牢牢地站在金属表面上，必须加入表面活性物质。这种表面活性物质的极性部分与金属表面有亲和性，而烃链伸在油中，这样就使得润滑油黏附在金属表面而起到润滑作用。

由于表面活性物质可以降低两相交界处的界面能，所以它有许多实际用处，如洗涤剂、浮选剂、农药用的乳化剂、润湿剂等。

### 1.7.2　乳浊液

将一种液体分散在另一种不相溶的液体中所形成的体系叫作乳浊液(emulsion liquid)。常见的乳浊液是粗分散系，如牛奶、动物的血液、淋巴液等全是乳浊液。石油原油和橡胶树的乳浆也是乳浊液。乳浊液对工农业生产都很重要。

组成乳浊液的一种液体一般是水或水溶液，另一种液体是与水不相溶的有机液体，统称为油。这样，油和水形成的乳浊液有两种类型：一种是油分散在水中，叫水包油型——油/水(O/W)型；另一种是水分散在油中，叫油包水型——水/油(W/O)型。牛奶是奶油分散在水中，为 O/W 型乳浊液。石油原油则是 W/O 型乳浊液。这两种乳浊液很容易区别，只要向乳浊液中加些水，若出现分层的情况即说明是 W/O 型的。如果能与水均匀混合即为 O/W 型的。我们向牛奶中加些水就可以混匀，就是“水乳交融”。

将油和水放在一起猛烈地振荡，可得到乳浊液。但是这样所得到的乳浊液并不稳定，只要放置片刻，就又分成两层了。因为分散开来的油珠相互碰撞时会自行合并起来。要得到稳定的乳状液，通常必须有第三组分即乳化剂存在。乳化剂的作用在于使由机械分散所得的液滴不能相互聚结。乳化剂的种类很多，许多乳化剂是表面活性物质，如蛋白质、树胶、肥皂或人工合成的表面物质。倘若加入一点肥皂，再猛烈地振荡就可以得到稳定的乳浊液。当这些物质加到油水混合物中时，亲水基朝着水而疏水基向着油定向地排列了起来。于是降低了它们的界面能，使得体系更加稳定。同时也在油珠外面组成了一个具有一定强度的膜，当分散开的油珠再相遇时，阻止了它们间的合并。

那么在什么情况下形成 O/W 型，什么情况下形成 W/O 型的乳浊液呢？这取决于乳化剂的结构与性质。一般来说，乳化剂分子的亲水基部分较强时，得到 O/W 型的乳浊液，常用亲水型乳化剂如钾皂、钠皂、多元醇、蛋白质等。如果疏水基较大时，将得到 W/O 型乳浊液，常用憎水型乳化剂如钙皂、镁皂、铝皂、高级醇、石墨等。

日常的经验也告诉我们，肥皂去污就是利用它能生成 O/W 型乳浊液。肥皂的作用是将油泥乳化，然后分散在水中漂去。反之，若用钙皂即丧失了去污能力。由于硬水中含有较多的 $Ca^{2+}$、$Mg^{2+}$，它们能将钠皂转变成为钙皂、镁皂，从而形成 W/O 型乳浊液，用这种水洗涤衣物时只能是越洗越脏。

有一些细粉末物质也能作乳化剂。对非极性的固体粉末(如炭黑)，可以制得 W/O 型乳浊液。极性的固体粉末(如 $SiO_2$)，可得 O/W 型的乳浊液。我们用的去污粉中有硅酸盐或 $SiO_2$ 细粉末，它的去污作用除了机械摩擦以外，还能生成 O/W 型乳浊液以去掉器皿上的油污。

许多农药、植物生长调节剂都是不溶于水的有机液体，它们不能直接施用，所以常做成 O/W 型乳浊液来喷洒。这样既能发挥药剂的杀虫效率、降低成本，又避免农药局部集中以形成药害。如常用的双对氯苯基三氯乙烷(DDT)乳剂，就是在 DDT 的苯溶液中，加入钾肥皂的乙醇溶液作乳化剂，与水相混合形成稳定的油/水型乳浊液。

在食品工业方面，合成乳化剂(如脂类非离子表面活性物质)广泛用于人造奶油、巧克力、冰激淋的制造。如冰激淋，一般常使用硬脂酸单甘油酯；加有油脂的巧克力食品，为防止油脂分离，多使用卵磷脂和硬脂酸单甘油酯。在人体的生理活动中，乳浊液也有重要作用。例如，脂肪不溶于消化液，但经过胆汁中的胆酸的乳化作用和小肠的蠕动，使脂肪乳化，有利于消化吸收。医疗上的用药、化妆品也常制成乳浊液来提高其使用效率。近年来，国内外利用表面活性剂的乳化作用，在柴油中加水(可达 10%)，制成乳化液，使柴油燃烧地更完全，既降低了油耗又减少了大气污染，这是将二十大报告中提出的“提高全社会文明程度，在全社会弘扬勤俭节约精神”用于指导生产实践的具体体现。所以，乳浊液在生产、科研和日常生活中具有广泛的应用。

## 思考题

1. 什么是理想气体？实际气体与理想气体更接近的条件是什么？

2. 什么是物质的饱和蒸气压？饱和蒸气压与什么有关？

3. 沸点和正常沸点有什么不同？提高水的沸点可采取什么方法？

4. 稀溶液的沸点是否一定比纯溶剂高？为什么？

5. 回答问题：(1)为什么临床常用质量分数为 0.9%生理盐水和质量分数为 5%葡萄糖溶液作输液用？(2)为什么浮在海面上的冰山其中含盐极少？(3)在江河的入海处为什么常常形成三角洲？(提示：江河水中含有大量的泥沙粒子，这泥沙粒子吸附了水中的离子而带电)(4)配制农药乳浊液时，为什么要加入乳化剂？(5)明矾为什么能净水？

## 习　题

**一、选择题**

1. 实际气体与理想气体更接近的条件是(　　)。

A. 高温高压　　B. 低温高压　　C. 高温低压　　D. 低温低压

2. 22 ℃和 100.0 kPa 下，在水面上收集 $H_2$ 0.100 g，在此温度下水的蒸气压为 2.7 kPa，则 $H_2$ 的体积应为(　　)。

A. 1.26 L　　B. 2.45 L　　C. 12.6 L　　D. 24.5 L

3. 下列溶液中凝固点最低的是(　　)。

A. 0.01 $mol \cdot kg^{-1}$ $K_2SO_4$　　B. 0.02 $mol \cdot kg^{-1}$ NaCl

C. 0.03 $mol \cdot kg^{-1}$ 蔗糖　　D. 0.01 $mol \cdot kg^{-1}$ HAc

4. 常温下，下列物质中蒸气压最大的是(　　)。

A. 液氨　　B. 水　　C. 四氯化碳　　D. 碘

5. 在工业上常用减压蒸馏，以增大蒸馏速度并避免物质分解。减压蒸馏所依据的原理是(　　)。

A. 液相的沸点降低　　B. 液相的蒸气压增大

C. 液相的温度升高　　D. 气相的温度降低

6. 将 5.6 g 非挥发性溶质溶解于 100 g 水中($K_b = 0.51$ ℃ $\cdot kg \cdot mol^{-1}$)，该溶液在 100 kPa 下沸点为 100.5 ℃，则此溶液中溶质的摩尔质量为 (　　)。

A. 14 $g \cdot mol^{-1}$　　B. 28 $g \cdot mol^{-1}$　　C. 57.12 $g \cdot mol^{-1}$　　D. 112 $g \cdot mol^{-1}$

7. 欲使溶胶的稳定性提高，可采用的方法是(　　)。

A. 通电　　B. 加明胶溶液　　C. 加热　　D. 加 $Na_2SO_4$ 溶液

8. 土壤中养分的保持和释放是属于(　　)。

A. 分子吸附　　B. 离子选择吸附　　C. 离子交换吸附　　D. 无法判断

**二、填空题**

1. 某蛋白质的饱和水溶液 5.18 $g \cdot L^{-1}$，在 293 K 时的渗透压为 0.413 kPa，此蛋白质的摩尔质量为________。

2. 在下列水溶液中：①1 $mol \cdot L^{-1} H_2SO_4$；②1 $mol \cdot L^{-1}$ NaCl；③1 $mol \cdot L^{-1} C_6H_{12}O_6$；④0.1 $mol \cdot L^{-1}$ HAc；⑤0.1 $mol \cdot L^{-1}$ NaCl；⑥0.1 $mol \cdot L^{-1}$ $C_6H_{12}O_6$；⑦0.1 $mol \cdot L^{-1} CaCl_2$。凝固点最低的是________，凝固点最高的是________，沸点最高的是________，沸点最低的是________。

3. $As_2S_3$ 溶胶胶团结构式为________________，电解质 NaCl、$MgCl_2$、$(NH_4)_2SO_4$ 对此溶胶聚沉值最小的是________。

4. 溶胶分子具有稳定性的主要原因是________，高分子溶液具有稳定性的主要原因是________。

5. 下列电解质对某溶液的聚沉值分别为 $NaNO_3$300、$Na_2SO_4$295、$MgCl_2$25、$AlCl_3$0.5(单位均为 $mmol \cdot L^{-1}$)，该溶胶带______电，因为________的聚沉能力最强。

**三、计算题**

1. 将 10 g Zn 加入 100 mL HCl 中，产生的 $H_2$ 在 20 ℃及 101.3 kPa 下进行收集，体积为 2.0 L。问：(1)气体干燥后，体积是多少？(20 ℃时水的饱和蒸汽压为 2.33 kPa)(2)反应是 Zn 过量还是 HCl 过量？

2. 27 ℃在 3.0 L 容器装入 0.020 0 mol $H_2$、22.0 g $CO_2$ 和 4.00 g $O_2$。求此混合气体的总压力和各种气体的分压力？

3. 甲状腺素是人体中一种重要激素，它能抑制身体里的新陈代谢。如果 0.455 g 甲状腺素溶解在 10.0 g 苯中，溶液的凝固点是 5.144 ℃，纯苯在 5.444 ℃时凝固。问：甲状腺素的相对分子质量是多少？(苯的 $K_f = 5.12$ $K \cdot kg \cdot mol^{-1}$)

4. 一有机物 9.00 g 溶于 500 g 水中，水的沸点上升 0.051 2 K。求：(1)计算有机物的摩尔质量；(2)已知这种有机物含碳 40.0%，含氧 53.3%，含氢 6.70%，写出它的分子式。(已知水的 $K_b = 0.512$ $K \cdot kg \cdot mol^{-1}$)

5. 在 $Al(OH)_3$ 的新鲜沉淀上加清水和少许 $AlCl_3$ 溶液，振荡后 $Al(OH)_3$ 转化成溶胶。写出此溶胶的胶团结构。

6. 将 12 mL 0.02 $mol \cdot L^{-1}$ KCl 溶液和 100 mL 0.005 $mol \cdot L^{-1}$ $AgNO_3$ 溶液混合制得 AgCl 溶胶。写出这个溶胶的胶团结构。

# 第2章

# 化学热力学基础

# (Fundamentals of Chemical Thermodynamics)

化学热力学是一门利用热力学的基本原理研究化学过程及与化学有关的物理现象的科学。化学热力学主要解决化学反应中的两个问题：①化学反应中能量是如何转化的？②化学反应进行的方向及其限度如何？

化学热力学研究问题的方法有两个特点：①热力学研究的对象是大量物质质点构成的宏观体系，在考察体系的变化时，只需知道体系的宏观性质，确定体系的始态与终态，就可以根据热力学数据对体系的能量变化进行计算，得出有用的结论，用于指导实践。②热力学方法不研究物质内部的结构以及化学反应的速率和机理，只研究大量分子(或原子)表现的集体行为。化学热力学的一切结论主要建立在热力学第一定律和热力学第二定律的基础上，这两个定律是人们长期科学实践的经验总结，是不能用任何定理为依据进行推导和证明的，是不容怀疑的客观真理。因此，热力学对科学生产和实践都有着非常重要的指导作用。

## 2.1 热力学基本概念(Basic Concepts of Thermodynamics)

### 2.1.1 体系和环境

为了明确研究对象，人为地将欲研究的那部分物质或空间与其余物质或空间区分开，作为研究对象的那一部分物质或空间称为体系(或系统，system)，体系以外与之有密切联系的其余部分称为环境(environment)。例如，如果研究 NaCl 溶液与 $AgNO_3$ 溶液之间的化学反应，那么研究对象溶液就是体系，盛放溶液的烧杯和它周围的空间即为环境。体系与环境的划定完全是人为的，可以是实际上的，也可以是想象的。确定体系是热力学研究解决问题程序中的第一步。体系与环境之间的“联系”包括能量交换和物质交换。根据体系与环境之间能否交换能量和物质，热力学体系可分为以下 3 种：

(1)敞开体系(open system)。体系与环境之间不仅有能量交换，而且还有物质交换。

(2)封闭体系(closed system)。体系与环境之间仅有能量交换，而没有物质交换。这是化学热力学研究中最常见的体系。

(3)孤立体系(isolated system)。体系与环境之间既无能量交换，又无物质交换。应该注意真正的孤立体系是不存在的，它只是为研究问题的方便，人为的抽象而已。热力学中常常把体系与有关的环境部分合并在一起视为孤立体系。

例如，在烧杯中进行 NaOH 的溶解实验，把 NaOH+$H_2O$ 作为体系，NaOH 溶解过程中体系与环境不仅有热交换，又有 $H_2O$ 气体分子逸入环境，研究的这个体系为一敞开体系；若将该烧杯上加盖，使 $H_2O$ 分子不再逸入环境，体系与环境仅有能量交换，此时研究的体系为封闭体系；若将 NaOH 溶于水的实验在绝热良好的保温杯中进行，NaOH 溶于水的过程中体系与环境既无物质交换又无能量交换，此时的体系可视为孤立体系。

如上所述，体系是根据研究解决问题的需要而人为划分的。在讨论化学变化时，一般都把反应物和产物作为研究对象，研究一定量的物质在变化过程中的能量变化情况，所以是封闭体系。

### 2.1.2　体系的性质

用以确定体系状态的各种宏观物理量称为体系的性质(property of system)，如温度、压力、体积、质量、密度、浓度等，根据它们与体系物质的量的关系可分为广度性质和强度性质两类。

(1)广度性质(extensive property)。也称为容量性质。这种性质与体系中物质的量成正比，并具有加和性，如质量、体积、能量等。在一定条件下，体系的某一广度性质数值是体系内各部分该性质数值的加和。

(2)强度性质(intensive property)。这种性质与体系内物质的量无关，没有加和性，如温度、密度、浓度等。强度性质常常是由两个广度性质之比构成的，如质量与体积之比为密度。

### 2.1.3　状态和状态函数

体系的物理性质和化学性质的综合表现称为体系的状态(state of system)。描述体系的状态要用到体系的一系列宏观性质，如温度、体积、压力、物质的量等。当这些宏观性质都有确定值时，体系就处于一定的宏观状态。而体系的某个宏观性质发生了变化，就是体系的某个状态发生了变化。通常把体系变化前的状态称为始态，变化后的状态称为终态。由此可知，体系的状态与体系的宏观性质的数值是密切相关的。体系的宏观性质中只要有一种发生变化，则体系的状态就会随之改变。反之，体系的状态确定之后，体系的各种宏观性质也都有各自的确定数值；体系的状态发生了变化，则其宏观性质也会随之改变。因此，热力学把能够表征体系状态的各种宏观性质称为体系的状态函数(state function of system)。例如，能够描述体系状态的物理量 $T$、$V$、$p$ 等都是体系的状态函数。它具有两个重要的性质：

(1)当体系从一种状态变化到另一种状态时，体系状态函数的改变量，只与体系的始态和终态有关，而与体系状态变化的具体途径无关。例如，将 1 mol $H_2O$ 由始态(300 K、101.325 kPa)变化到终态(373 K、101.325 kPa)，不管是将此样品由始态的 300 K，在 101.325 kPa 下直接加热到终态的 373 K，还是先把样品在 101.325 kPa 下由 300 K 冷却到 273 K，然后再加热到终态的 373 K，状态函数的改变量 $\Delta T$ 仅与体系的始、终状态有关，即

$$\Delta T = 373\ \text{K} - 300\ \text{K} = 73\ \text{K}$$

(2)体系的所有状态函数是相互联系的。描述体系的状态时只需要确定体系的若干个状态函数，另一些即可通过它们之间的联系来确定。例如，某一理想气体的 $T$、$V$、$p$、$n$ 中任

何 3 个状态函数由实验确定之后，则第四个状态函数即可利用理想气体状态方程式求得。

### 2.1.4 过程与途径

当体系的状态发生变化时，把体系状态变化的经过称为过程(process)，而把完成过程的具体步骤称为途径(path)。根据发生某过程时体系所处情况的不同，热力学常用的过程有：

(1)等温过程(isothermal process)。在整个过程中体系的始态温度 $T_1$ 与终态温度 $T_2$ 相同，并等于环境的温度 $T_e$，即 $T_1=T_2=T_e$。

(2)等压过程(isobaric process)。在整个过程中体系的始态压力 $p_1$ 与终态压力 $p_2$ 相同，并等于环境的压力 $p_e$，即 $p_1=p_2=p_e$。

(3)等容过程(isochoric process)。在整个过程中，体系的体积不发生变化，即 $V_1=V_2$。

(4)绝热过程(adiabatic process)。在整个过程中，体系与环境间没有热的传递，即 $Q=0$。

(5)循环过程(cyclic process)。体系从一状态出发经一系列的变化后又回到原来的状态的过程。

## 2.2 热力学第一定律(First Law of Thermodynamics)

### 2.2.1 热和功

#### 2.2.1.1 热(heat)

体系状态发生变化时总伴有与环境间进行的能量交换，当体系状态发生变化时，体系与环境因温度不同而发生能量交换，这种能量交换形式称为热，在热力学中常用 $Q$ 表示。规定：体系从环境吸热时 $Q$ 为正值，体系向环境放热时 $Q$ 为负值。热的单位为 J 或 kJ。$Q$ 不是状态函数，$Q$ 的数值与体系变化的具体途径有关。

#### 2.2.1.2 功(work)

除热以外，体系与环境交换的能量形式统称为功，通常用符号 $W$ 来表示。它包括电功、表面功、膨胀功、机械功等。为了研究问题的方便，热力学中把功分为两大类，一类由于体系体积的变化，反抗外力作用而与环境交换的能量称为体积功(expansion volume work)，常以 $W$ 表示，即

$$W=-p_e\Delta V \tag{2-1}$$

另一类则是除体积功以外的其他功(other work)或者叫作有用功(available work)，常以 $W'$ 表示。

规定：环境对体系做功，$W$ 为正值；当体系对环境做功时，$W$ 为负值。功的单位和热一样是能量单位，为 J 或 kJ。$W$ 不是状态函数，$W$ 的数值与体系变化的具体途径有关。

体系与环境交换的能量形式只有热和功两种形式。

**【例 2.1】** 某理想气体，初始体积为 10 L，压力为 1 000 kPa 在恒定温度 298 K 时，经下列途径膨胀到终态的体积为 100 L、压力为 100 kPa。计算各途径的体积功：(1)外压始终保持 100 kPa 由始态膨胀到终态。(2)首先体系在 500 kPa 的外压下膨胀，然后在外压力为 100 kPa 条件下膨胀到终态。

**解**：(1) $W_1=-p_e\Delta V=-100\ \text{kPa}\times(100-10)\ \text{L}=-9.0\ \text{kJ}$

(2) 在第一次膨胀中，气体的压力从 1 000 kPa 降至 500 kPa，则体积从 10 L 增大到 20 L，体系所做的功为 $W_2'$。在第二次膨胀中，气体的体积从 20 L 增大到 100 L，体系所做的功为 $W_2''$。体系对外所做的功：

$$W_2=W_2'+W_2''=[-500\ \text{kPa}\times(20-10)\ \text{L}]+[-100\ \text{kPa}\times(100-20)\text{L}]=-13\ \text{kJ}$$

计算结果表明：体系在相同的始态、终态条件下，由于途径不同，体系做的功不同，所以功不是状态函数。

### 2.2.2 热力学能(内能)

热力学能(thermodynmics)也叫内能(internal energy)，是体系内各种形式的能量的总和，用符号 $U$ 表示，具有能量单位。体系的热力学能包括体系中物质的分子平动、转动和振动的能量、分子间相互作用的势能、电子运动能和核能等。任何体系在一定状态下热力学能是一定的，因而热力学能是状态函数。由于体系内部质点的运动和相互作用异常复杂，体系热力学能的绝对值尚无法确定。热力学中往往是通过体系状态变化过程中体系与环境交换的热和功的量来确定热力学能的改变量 $\Delta U$ 来解决实际问题的。

### 2.2.3 热力学第一定律及其数学式

#### 2.2.3.1 能量守恒定律

“在任何过程中，能量是不会自生自灭的，只能从一种形式转化为另一种形式，在转换过程中能量的总和不变。”这个规律是人类长期实践经验的总结，称为能量守恒定律(law of conservation of energy)，能量守恒定律在热力学体系中的应用就叫热力学第一定律。

#### 2.2.3.2 热力学第一定律的数学式

假设有一封闭体系，从始态(热力学能为 $U_1$)变化到终态(热力学能为 $U_2$)，在状态变化的过程中，体系从环境吸热为 $Q$，对环境做的功为 $W$，根据能量守恒定律，则应有下列关系：

$$U_2=U_1+Q+W$$

$$U_2-U_1=Q+W$$

在上式中，$U_2-U_1$ 等于体系由始态变化到终态时热力学能的改变值 $\Delta U$。于是有

$$\Delta U=Q+W \tag{2-2}$$

此式是热力学第一定律的数学表达式。该式表明，体系从始态变到终态时，其热力学能的改变量等于体系自环境吸收的热加上环境对体系所做的功。这是对于一定量的物质体系而言的，所以式(2-2)仅适用于封闭体系。

例如，某一封闭体系从环境吸收了 150 kJ 的热，对环境做了 50 kJ 的功，体系热力学能的改变量为

$$\Delta U_{\text{体系}}=150+(-50)=100\ \text{kJ}$$

这一结果表明，体系从始态变到终态，热力学能净增加 100 kJ。而对于环境来讲，释放出了 150 kJ 的热量，从体系得到了 50 kJ 功，则环境能量的变化为

$$\Delta U_{\text{环境}}=-150+50=-100\ \text{kJ}$$

由此可以看出，体系热力学能的改变量与环境能量的变化，其绝对值相等，而符号相反。

## 2.3 焓、热化学(Enthalpy and Thermochemistry)

### 2.3.1 焓和焓变

大多数化学反应是在密闭容器中或敞开容器中进行的。由于研究的对象是反应物和产物这一整体，因此都属于封闭体系。若一化学反应在不做有用功(其他功)条件下发生变化，即 $W'=0$，根据热力学第一定律，则

$$\Delta U = Q + W = Q + (W' + W) = Q - p_e \Delta V$$

等容过程

$$Q_V = \Delta U \qquad (2\text{-}3)$$

$Q_V$ 表示等容过程的热，叫作等容热效应(isochoric heat effect)，下标"$V$"表示等容过程。式(2-3)表示一封闭体系在不做有用功(其他功)的等容过程中，体系所吸收的热在数值上等于该体系热力学能的改变量。

如果体系变化在不做有用功的等压条件下发生，即 $W'=0$，$p_1 = p_2 = p_e$，根据热力学第一定律，则

$$\Delta U = Q + W = Q - p_e \Delta V$$

等压热效应

$$Q_p = \Delta U + p_e \Delta V = (U_2 - U_1) + p_e(V_2 - V_1) = (U_2 + p_2 V_2) - (U_1 + p_1 V_1)$$

$Q_p$ 表示等压过程所传递的热，叫作等压热效应(isobaric heat effect)，下标"$p$"表示等压过程。$U$、$p$、$V$ 都是体系的状态函数，它们的组合($U+pV$)也一定是体系的状态函数。热力学上将($U+pV$)定义为一个新的状态函数，称为焓(enthalpy)，用 $H$ 表示。

$$H \equiv U + pV \qquad (2\text{-}4)$$

结合以上两式可知

$$Q_p = H_2 - H_1 = \Delta H \qquad (2\text{-}5)$$

由式(2-4)知，体系热力学能 $U$ 的绝对值无法测得，所以焓的绝对值也不能确定，焓具有能量的单位。

式(2-5)表明，当封闭体系在不做其他功的等压过程中，体系所吸收的热在数值上等于该体系焓的改变量。$\Delta H$ 常用于表示等压过程的熔化热、气化热、反应热。热化学中规定：当化学反应的 $\Delta H > 0$，表示等压条件下体系从环境吸热，此类反应为吸热反应；当化学反应的 $\Delta H < 0$，表示等压条件下体系向环境放热，此类反应为放热反应。

### 2.3.2 热化学

#### 2.3.2.1 化学反应的热效应

研究化学反应热效应及其规律的科学称为热化学(thermochemistry)。热化学的基本理论就是热力学第一定律。实践证明，大多数的化学反应为放热反应。热化学中规定：在等压或等容并且不做其他功的条件下，当一个化学反应发生以后，若产物的温度回到反应物的起始温度，这时体系吸收或放出的热量称为化学反应的热效应(heat effect of chemical reaction)，简称反应热(heat of reaction)。

化学反应的热效应是重要的热力学数据，是通过实验测定的。由于化学反应的热效应是等容或等压条件下测定的，因而有等容热效应 $Q_V$ 和等压热效应 $Q_p$ 之分。

**2.3.2.2　$Q_p$ 与 $Q_V$ 的关系**

(1)反应进度。反应进度 $\xi$(音/ksai/)(extent of reaction)是一个衡量化学反应进行程度的物理量。

对于任一化学反应　　　　$aA + bB \longrightarrow dD + eE$

当反应进行后，物质 $i$ 的物质的量从始态的 $n_{i1}$ 变到终态的 $n_{i2}$，则该反应的反应进度为

$$\xi = \frac{n_{i2} - n_{i1}}{\nu_i} = \frac{\Delta n_i}{\nu_i} \tag{2-6}$$

式中，$\nu_i$ 为该物质 $i$ 的化学计量数(stoichiometric number)，$\nu_A = -a$，$\nu_B = -b$，$\nu_D = d$，$\nu_E = e$，其单位为 1，对于产物为正值，对于反应物为负值。这与在化学反应中反应物的减少和产物的增加一致。反应进度 $\xi$ 的单位是 mol。$\xi$ 值可以是正整数、正分数，也可以是零。$\xi = 0$ mol 表示开始时刻的反应进度，而最需要注意的是 $\xi = 1$ mol 的物理意义。从式(2-6)可以看出，$\xi = 1$ mol 的物理意义是有 $a$ mol 的反应物 A 和 $b$ mol 的反应物 B 完全参加反应，生成产物 $d$ mol 的 D 和 $e$ mol 的 E。

反应进度 $\xi$ 的数值与反应式的写法有关，例如，对于反应

$$2H_2(g) + O_2(g) \longrightarrow 2H_2O(g)$$

若反应进度 $\xi = 1$ mol，则表示 2 mol 的 $H_2(g)$ 和 1 mol 的 $O_2(g)$ 完全反应，生成 2 mol 的 $H_2O(g)$。

对于反应　　　　$H_2(g) + \frac{1}{2}O_2(g) \longrightarrow H_2O(g)$

若反应进度 $\xi = 1$ mol，则表示 1 mol 的 $H_2(g)$ 和 1/2 mol 的 $O_2(g)$ 完全反应，生成 1 mol 的 $H_2O(g)$。由此可见，在使用反应进度概念时，必须与具体的反应式相对应。

反应的等压热效应即为反应的焓变 $\Delta_r H$，与参加反应的物质的量有关，即与反应进度 $\xi$ 有关

$$\Delta_r H = \xi \cdot \Delta_r H_m \tag{2-7}$$

式中，$\Delta_r H_m$ 表示反应的摩尔焓变；下标 m 表示反应进度 $\xi = 1$ mol；下标 r 表示化学反应，若是生成反应，则用 f 为下标。$\Delta_r H_m$ 的单位是 $J \cdot mol^{-1}$ 或 $kJ \cdot mol^{-1}$，而 $\Delta_r H$ 的单位是 J 或 kJ，二者是不同的。

(2)$Q_p$ 与 $Q_V$ 的关系。如果一化学反应在反应前后物质的量有变化，特别是在有气体物质参加的情况下，反应热的大小与反应是在等压下进行或是等容下进行有关。由式(2-4)可得

$$\Delta H = H_2 - H_1 = (U_2 + p_2V_2) - (U_1 + p_1V_1)$$

在等压下，此式可以写成

$$\begin{aligned}\Delta H &= U_2 - U_1 + p(V_2 - V_1)\\ &= \Delta U + p\Delta V\end{aligned} \tag{2-8}$$

当反应物和产物都处于固态和液态时，反应的 $\Delta V$ 值很小，$p\Delta V \approx 0$，所以

$$\Delta H \approx \Delta U,\qquad Q_p \approx Q_V \tag{2-9}$$

当反应体系中有气体净增加或减少，$\Delta V$ 往往较大，假如把反应体系中气体看作是理想

气体，则式(2-8)可简化为

$$\Delta H = \Delta U + \Delta nRT \tag{2-10}$$

式中，$\Delta n$ 是反应前后气体的物质的量之差。一个反应的 $Q_p$ 与 $Q_V$ 的关系可写作

$$Q_p = Q_V + \Delta nRT \tag{2-11}$$

当反应进度 $\xi = 1$ mol 时，则有

$$Q_{p,\mathrm{m}} = Q_{V,\mathrm{m}} + \Delta\nu RT \tag{2-12}$$

$$\Delta_r H_m = \Delta_r U_m + \Delta\nu RT \tag{2-13}$$

式中，$\Delta\nu$ 是反应前后气体物质的计量数的改变量。

**【例 2.2】** 在 373 K 和 101. 325 kPa 下，2. 0 mol $H_2$ 和 1. 0 mol $O_2$ 反应，生成 2. 0 mol 水蒸气时，放出的热量为 483. 64 kJ。求该反应的 $\Delta_r H_m$ 和 $\Delta_r U_m$ 。

**解**：按题意，反应的方程式为 $2H_2(g) + O_2(g) \longrightarrow 2H_2O(g)$

因反应是在等压下进行的，所以 $\Delta_r H_m = Q_{p,\mathrm{m}} = -483.64\ \mathrm{kJ \cdot mol^{-1}}$

$$\begin{aligned}\Delta_r U_m &= \Delta_r H_m - \Delta\nu RT \\ &= -483.64\ \mathrm{kJ \cdot mol^{-1}} - [2-(2+1)] \times 8.314\ \mathrm{J \cdot K^{-1} \cdot mol^{-1}} \times 373\ \mathrm{K} \times 10^{-3} \\ &= -481.4\ \mathrm{kJ \cdot mol^{-1}}\end{aligned}$$

#### 2. 3. 2. 3 热化学方程式

表示化学反应和热效应关系的化学方程式称为热化学方程式(equation of thermochemistry)。如方程式

$$2H_2(g) + O_2(g) \longrightarrow 2H_2O\ (g) \qquad \Delta_r H_m^\ominus\ (298\ \mathrm{K}) = -483.64\ \mathrm{kJ \cdot mol^{-1}}$$

式中，$\Delta_r H_m^\ominus$ (298 K)称为反应的标准摩尔焓变；下标 r 表示化学反应；下标 m 表示反应进度为 1 mol；298 K 是指反应温度；右上标的“$^\ominus$”表示热力学标准状态，简称标准态(standard state)。

热力学中规定：气体物质的标准状态，是在指定温度 $T$，压力为标准压力 $p^\ominus$ 下的气体状态；纯液体或纯固体的标准状态是指在指定温度 $T$，处于标准压力 $p^\ominus$ 下的纯液体或纯固体的状态；溶液中溶质 B 的标准态，是指在指定温度 $T$，压力为标准压力，溶质的物质的量浓度为标准浓度 $c^\ominus$($1\ \mathrm{mol \cdot L^{-1}}$)的状态。若在指定温度下各物种(包括反应物和产物)均处于标准状态，则称反应在标准状态下进行。标准状态没有特定温度，随着温度的变化，物质可有无数个标准状态。由于化学反应的热效应与反应进行的温度、压力以及反应物和产物的聚集状态及物质的量等有关，所以书写热化学方程式时要注意以下几个问题：

(1) 书写热化学方程式时，应注明反应温度和压力，如果反应发生在 298 K 和 101. 325 kPa 下，习惯上不注明。

(2) 在热化学方程式中必须标出有关物质的聚集状态(包括晶型)。通常用 g、l 和 s 分别表示气、液和固态，aq 表示水溶液。

(3) 同一反应，当热化学反应方程式书写不同时，则参加反应的物质的计量系数不同，其热效应的数值也不同。如

$$2H_2(g) + O_2(g) \longrightarrow 2H_2O(g) \qquad \Delta_r H_m^\ominus = -483.64\ \mathrm{kJ \cdot mol^{-1}}$$

$$H_2(g) + \frac{1}{2} O_2(g) \longrightarrow H_2O\ (g) \qquad \Delta_r H_m^\ominus = -241.82\ \mathrm{kJ \cdot mol^{-1}}$$

(4)正、逆反应的热效应的绝对值相同，符号相反。如

$$H_2(g)+\frac{1}{2}O_2(g) \longrightarrow H_2O(l) \quad \Delta_r H_m^\ominus = -285.84\ kJ \cdot mol^{-1}$$

$$H_2O(l) \longrightarrow H_2(g)+\frac{1}{2}O_2(g) \quad \Delta_r H_m^\ominus = 285.84\ kJ \cdot mol^{-1}$$

## 2.3.3　化学反应热效应的求算

热化学主要是研究化学反应的热效应。大多数化学反应的热效应可以通过实验测量，但有些反应由于速率太慢，反应时间太长，测量时由于热辐射散失而产生较大的误差；有些反应甚至无直接测量热量的方法。下面介绍两种热化学计算求化学反应热效应的方法。

### 2.3.3.1　盖斯(Hess)定律及其应用

盖斯根据大量已知的反应热数据于 1840 年提出：不管化学反应是一步完成或分几步完成，这个过程的热效应是相同的。也就是说，若一个化学反应可分为几步进行，则各分步反应的反应热的代数和与一步完成时的反应热相同，这一规律叫作盖斯定律(Hess law)。它是热化学中最基本的定律。

盖斯定律是热力学第一定律的必然结果。因为 $Q_p = \Delta_r H_m$、$Q_V = \Delta_r U$ 而 $\Delta_r H_m$、$\Delta_r U$ 只与体系的始态($U_1$，$H_1$)、终态($U_2$，$H_2$)有关，与途径无关。

盖斯定律有着广泛的应用。利用该定律可从已经准确测定的反应热去计算难以测定或不能测定的反应热。在使用盖斯定律时应注意，若该化学反应是在等压(或等容)下一步完成的，则分步完成时，各步也应在等压(或等容)下进行。例如，反应

$$C(s，石墨)+\frac{1}{2}O_2(g) \longrightarrow CO(g)$$

其反应热是很难准确测定的，因为在反应过程中不可避免地会有一些 $CO_2$ 生成。但是，可以根据已经准确测定的有关反应的反应热来计算这一反应的反应热。例如，已知

(1)　$C(s，石墨)+O_2(g) \longrightarrow CO_2(g) \quad \Delta_r H_m^\ominus(g) = -393.51\ kJ \cdot mol^{-1}$

(2)　$CO(g)+\frac{1}{2}O_2(g) \longrightarrow CO_2(g) \quad \Delta_r H_m^\ominus(g) = -283\ kJ \cdot mol^{-1}$

求 (3)$C(s，石墨)+\frac{1}{2}O_2(g) \longrightarrow CO(g)$的 $\Delta_r H_m^\ominus$。

这 3 个反应的关系如下图所示：

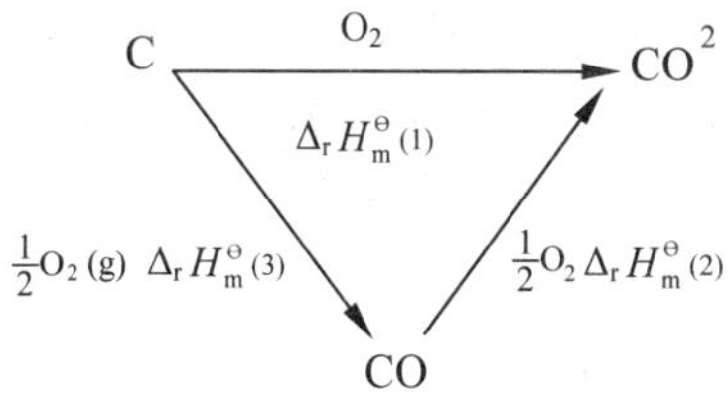


根据盖斯定律，应有

$$\Delta_r H_m^\ominus(1) = \Delta_r H_m^\ominus(3) + \Delta_r H_m^\ominus(2)$$

$$\Delta_r H_m^\ominus(3) = \Delta_r H_m^\ominus(1) - \Delta_r H_m^\ominus(2) = -393.51-(-283) = -110.5\ kJ \cdot mol^{-1}$$

用盖斯定律计算反应热时，利用反应式之间的代数关系进行计算更为方便。例如，上述的反应式(1)(2)(3)的关系是(3) = (1) - (2)，所以

$$\Delta_r H_m^\ominus(3) = \Delta_r H_m^\ominus(1) - \Delta_r H_m^\ominus(2)$$

盖斯定律不仅适用于反应热的计算，也适用于任何状态函数改变量的计算。

**【例 2.3】** 已知(1)C(s，石墨) + $O_2(g)$ ══ $CO_2(g)$　$\Delta_r H_m^\ominus(1) = -393.51\ kJ \cdot mol^{-1}$

(2)$CH_4(g) + 2O_2(g)$ ══ $CO_2(g) + 2H_2O(l)$　$\Delta_r H_m^\ominus(2) = -890\ kJ \cdot mol^{-1}$

(3)$H_2(g) + \frac{1}{2}O_2(g)$ ══ $H_2O(l)$　$\Delta_r H_m^\ominus(3) = -285.84\ kJ \cdot mol^{-1}$

求 (4)C(s，石墨) + $2H_2(g)$ ══ $CH_4(g)$的 $\Delta_r H_m^\ominus(4)$。

**解**：(4) = (1) + 2×(3) - (2)

所以　$\Delta_r H_m^\ominus(4) = \Delta_r H_m^\ominus(1) + 2\times\Delta_r H_m^\ominus(3) - \Delta_r H_m^\ominus(2)$

$= -393.51 + 2\times(-285.84) - (-890)$

$= -75.2\ kJ \cdot mol^{-1}$

#### 2.3.3.2　标准摩尔生成焓法

盖斯定律及其应用避免了用实验方法直接测量某些化学反应热效应的困难，但需要知道许多反应的热效应，要将反应分解成几个已知的反应，有时是很不方便的。

我们知道等温等压下化学反应热效应等于产物焓的总和与反应物焓的总和之差

$$\Delta_r H = \sum |\nu_k| H(\text{产物}_k) - \sum |\nu_j| H(\text{反应物}_j)$$

式中，$\nu_k$表示化学反应中产物 $k$ 的计量系数；$\nu_j$表示化学反应中反应物 $j$ 的计量系数。反应物计量系数为负值，产物为正值。或写作：

$$\Delta_r H = \sum \nu_i H(\text{物质}_i)$$

如果知道反应中各物质在各种条件下焓的绝对值，就能计算在该反应条件下的反应焓变。但根据焓的定义焓的绝对值无法测定，为此采用一个相对标准求出各种物质的相对焓值，同样可以很方便地用来计算化学反应的焓变。于是规定：在标准状态下，元素的最稳定单质(most stable elementary substance)的标准摩尔生成焓等于零。在标准状态下由元素最稳定单质生成 1 mol 某物质时的反应的焓变称为该物质在温度 $T$ 时的标准摩尔生成焓(standard molar enthalpy of formation)，以 $\Delta_f H_m^\ominus(T)$ 表示。298.15 K 时的物质的标准摩尔生成焓可不标注温度，简写为 $\Delta_f H_m^\ominus$。

例如，　C(s，石墨) + $O_2(g)$ ══ $CO_2(g)$

$$\Delta_f H_m^\ominus(CO_2) = \Delta_r H_m^\ominus(CO_2) = -393\ kJ \cdot mol^{-1}$$

最稳定单质，是指该元素在反应温度和标准压力 $p^\ominus$ 下最稳定状态。例如，在该条件下，氢元素的稳定单质是 $H_2(g)$，碳元素的稳定单质是石墨，氟、氯、溴、碘 4 种元素的稳定单质分别是 $F_2(g)$、$Cl_2(g)$、$Br_2(l)$、$I_2(s)$。

本书附录汇列了一些物质的 $\Delta_f H_m^\ominus$ 数据。

利用物质的标准摩尔生成焓 $\Delta_f H_m^\ominus$，可以很方便地计算出许多反应的标准摩尔焓变 $\Delta_r H_m^\ominus$。例如，在反应温度 $T$ 和标准状态下进行的化学反应

$$aA + bB \rightleftharpoons dD + eE$$

由盖斯定律可证得

$$\Delta_r H_m^\ominus(T) = \sum \nu_i \cdot \Delta_f H_m^\ominus(T,\ 物质_i) \tag{2-14}$$

式中，$\nu_i$表示参与化学反应物质 $i$ 的计量系数，反应物计量系数为负值，产物为正值。

在反应焓变的符号后面加上反应的温度条件，是因为温度不同，焓变的数值不同。但事实上，反应焓变随温度的变化并不大，当温度相差不大时，可近似地看作反应焓变不随温度变化而变化，$\Delta_r H_m^\ominus(T) \approx \Delta_r H_m^\ominus(298\ \mathrm{K})$，本书只做这种近似处理。

**【例 2.4】** 查阅标准摩尔生成焓数据计算 100 g $NH_3$ 燃烧反应的热效应。反应为

$$4NH_3(g) + 5O_2(g) \xlongequal{\quad} 4NO(g) + 6H_2O(g)$$

**解**：查表得各物质的 $\Delta_f H_m^\ominus$ 为

| | $NH_3(g)$ | $O_2(g)$ | $NO(g)$ | $H_2O(g)$ |
|---|---|---|---|---|
| $\Delta_f H_m^\ominus/(\mathrm{kJ \cdot mol^{-1}})$ | -46.11 | 0 | 90.25 | -241.82 |

$\Delta_r H_m^\ominus = 4\times90.25+6\times(-241.82)-4\times(-46.11)+0=-905.5\ \mathrm{kJ \cdot mol^{-1}}$

计算表明上述反应在 $\xi = 1$ mol 时放热 905.5 kJ，即 4 mol $NH_3$ 完全燃烧放热 905.5 kJ，所以 100 g $NH_3$ 燃烧反应的热效应为

$$\frac{100\ \mathrm{g}}{17\ \mathrm{g \cdot mol^{-1}}} \times \frac{-905.5\ \mathrm{kJ \cdot mol^{-1}}}{4} = -1\ 332\ \mathrm{kJ}$$

## 2.4 自发过程和熵（Spontaneous Process and Entropy）

### 2.4.1 自发过程的特征

实践经验表明，自然界中发生的许多变化能够自发进行，例如，热量总是从高温物体向低温物体传递，气体总是从高压区向低压区扩散……这种在一定条件下不需要任何外力的作用就能自动进行的过程叫作自发过程（spontaneous process）。尽管存在着各式各样的自发过程，但自发过程却有着共同特征。

（1）自发过程只能单方向地自动进行，不可能自发地逆向进行。要使其逆转，必须借助外力，即环境对体系做功。

（2）自发过程的单向进行有一定的限度，当过程进行到一定程度后，过程会处于平衡状态。例如，气体自发膨胀只能进行到内外压力相等；自发热传递进行到温度相等时即达到了热平衡；而化学反应进行的限度是达到了化学平衡。

（3）自发过程都可以对外做有用功。许多自发过程是体系能量降低的过程，放出的能量可以用来有用功，如山上的水流下来可以推动水轮机做功。

### 2.4.2 化学反应的自发性

化学反应能够自动进行的推动力是什么呢？在研究自然界的自发过程时，人们发现这些过程往往都是朝着能量降低的方向进行。很显然，能量越低体系的状态就越稳定。对于化学反应，由于焓是反应体系的宏观性质，其变化量（$\Delta_r H$）反映了体系的终态（产物）与始态（反

应物)之间的能量差。这就使人们自然地认为：反应的焓变为负值($\Delta_r H<0$)时，体系的能量降低，反应可以自发进行。实际上，在 298.15 K、标准状态下，许多放热反应的确都可以自发进行。如

$$CH_4(g)+2O_2(g) = CO_2(g)+2H_2O(l) \qquad \Delta_r H_m^\ominus = -890\ kJ\cdot mol^{-1}$$

$$H_2(g)+\frac{1}{2}O_2(g) = H_2O(l) \qquad \Delta_r H_m^\ominus = -285.84\ kJ\cdot mol^{-1}$$

然而，有一些吸热反应($\Delta_r H_m^\ominus>0$)也能自发进行。如

$$NH_4NO_3(s)+H_2O(l) = NH_4^+(aq)+NO_3^-(aq) \qquad \Delta_r H_m^\ominus = 26\ kJ\cdot mol^{-1}$$

又如 298.15K、标准态下 $CaCO_3$ 的分解是吸热反应。

$$CaCO_3(s) = CaO(s)+CO_2(g) \qquad \Delta_r H_m^\ominus = 178\ kJ\cdot mol^{-1}$$

实验表明，在此条件下该分解反应是非自发的，但当温度升高至约 1 110.9 K 时，$CaCO_3$ 的分解反应却可以自发进行。

上述实例说明，利用化学反应(或相变过程)的焓变作为反应自发进行方向的判据是有局限性的。经过对各种自发过程进行深入的研究，发现有两种因素影响着过程的自发性：一个是能量变化，体系将趋向最低能量状态；另一个是混乱度变化，体系将趋向最大混乱度。

为了正确判断化学反应自发性及其方向和限度，热力学中引入了新的状态函数——熵。

## 2.4.3 熵和熵变

### 2.4.3.1 熵和混乱度

自然界的体系自发变化总是从机会较小的状态向机会较大的状态进行。也就是说自发变化是热力学概率增大的方向。热力学概率(thermodynamic probability)也称混乱度(disorder, $\Omega$)或无序度。但是概率是统计学概念，它不具有加和性，所以不能直接作为一个体系的性质。1877 年，奥地利物理学家 L. Boltzmann 提出，热力学概率的对数值与体系的一个特定性质——熵($S$)成正比，即

$$S=k\ln\Omega \tag{2-15}$$

式中，$S$ 为熵的符号；$\Omega$ 为热力学概率(混乱度或无序度)；$k$ 为 Boltzmann 常数。

早在 1854 年，R. Clausius 提出熵是一个体系的状态函数。熵(entropy)是体系的宏观性质，它的单位是 $J\cdot K^{-1}$。在热力学中，用状态函数“熵”表示体系的混乱度，体系的混乱度越大，熵值也就越大。体系的状态一定时，就有确定的熵值。与热力学能、焓一样，其变量 $\Delta S$ 只决定于体系的始、终态，而与变化的途径无关。

任何纯物质体系，温度越低，内部微粒运动的速率越慢，自由活动的范围越小，混乱度越小，熵值也就越小。在绝对零度时，完美的晶体物质有整齐的排列次序，质点的振动也基本上完全停顿了，这时体系的混乱度最小。在 0 K 时，任何纯物质完整晶体熵值等于零，即 $S(0\ K)=0$，这就是热力学第三定律(Third Law of Thermodynamics)。

以热力学第三定律为基础，任何纯物质在温度 $T$ 时熵的绝对值 $S(T)$ 等于将该物质从 0 K 升温到 $T$ 时的熵变 $\Delta S$，即

$$\Delta S=S(T)-S(0)$$

因为

$$S(0)=0$$

所以

$$S(T)=\Delta S \tag{2-16}$$

1 mol 某纯物质在标准态下的绝对熵叫作该物质的标准摩尔熵(standard molar entropy，简称标准熵)，表示符号为 $S_m^\ominus(T)$，单位为 $J \cdot mol^{-1} \cdot K^{-1}$。通常使用的是 298.15 K 标准摩尔熵，简写为 $S_m^\ominus$。对于水合离子，溶液中同时存在正、负离子，规定处于标准状态时水合氢离子 $H^+(aq)$的标准熵值为零。通常把温度选定为 298.15 K，从而得到一些水合离子在 298.15 K 时的标准熵。

本书附录中列出了常见物质 298.15 K 下的标准摩尔熵。

标准摩尔熵 $S_m^\ominus$ 与标准摩尔生成焓 $\Delta_f H_m^\ominus$ 有着根本的不同。$\Delta_f H_m^\ominus$ 是以最稳定单质的标准生成焓为零的相对数值，而除水合离子的 $S_m^\ominus$ 外，其他物质的 $S_m^\ominus$ 不是相对值，它们的值可以求得。

由于物质的熵值是物质内部质点的混乱度的量度，因此，一切影响混乱度的因素都会影响物质的熵值。通过比较物质的标准摩尔熵的数据可以看出物质的标准摩尔熵值大小的一般规律：

(1)同种物质所处的聚集状态不同，熵值的大小次序是：$S_m^\ominus(g)>S_m^\ominus(l)>S_m^\ominus(s)$。例如，298 K 时，$S_m^\ominus(H_2O,\ g)=188.72\ J \cdot mol^{-1} \cdot K^{-1}$，$S_m^\ominus(H_2O,\ l)=69.94\ J \cdot mol^{-1} \cdot K^{-1}$，$S_m^\ominus(H_2O,\ s)=44.96\ J \cdot mol^{-1} \cdot K^{-1}$。

(2)聚集状态相同，分子中原子数目或电子数目越多，它的熵值也越大。例如，298 K 时，$S_m^\ominus(O_3,\ g)=238.8\ J \cdot mol^{-1} \cdot K^{-1}$，$S_m^\ominus(O_2,\ g)=205.03\ J \cdot mol^{-1} \cdot K^{-1}$。

(3)结构相似的物质，相对分子质量大的熵值大。例如，298 K 时，$S_m^\ominus(H_2,\ g)=130.57\ J \cdot mol^{-1} \cdot K^{-1}$，$S_m^\ominus(F_2,\ g)=202.7\ J \cdot mol^{-1} \cdot K^{-1}$，$S_m^\ominus(Cl_2,\ g)=222.96\ J \cdot mol^{-1} \cdot K^{-1}$。

(4)温度升高时，熵值增大。对气体来说，压力增大时熵值减小；对固体和液体来说，压力改变对它们的熵值影响不大。

(5)当聚集状态和温度一定，相对分子质量又相近时，分子构型复杂的熵值大。例如，$S_m^\ominus(CO,\ g)=197.56\ J \cdot mol^{-1} \cdot K^{-1}$，$S_m^\ominus(N_2,\ g)=191.5\ J \cdot mol^{-1} \cdot K^{-1}$。

(6)气体物质溶于水时，它的熵值减小；固体或液体物质溶于水或其他溶剂时熵要增加。例如，$S_m^\ominus(HBr,\ g)=198.59\ J \cdot mol^{-1} \cdot K^{-1}$，$S_m^\ominus(HBr,\ aq)=82.4\ J \cdot mol^{-1} \cdot K^{-1}$。

(7)共价键合的固体熵值较小，带有金属性的固体熵值较大。例如，$S_m^\ominus$(C，金刚石)$=2.44\ J \cdot mol^{-1} \cdot K^{-1}$，$S_m^\ominus$(Sn，灰锡)$=44.14\ J \cdot mol^{-1} \cdot K^{-1}$。

#### 2.4.3.2　化学反应的标准摩尔熵变的计算

熵与焓一样是体系的状态函数，是广度性质。所以，化学反应的熵变只取决于反应体系的始、终状态，而与体系状态变化的途径无关。故反应的标准摩尔熵变 $\Delta_r S_m^\ominus(T)$ 的计算方法与反应的标准摩尔焓变 $\Delta_r H_m^\ominus(T)$ 类似。对在反应温度 298 K 和标准状态下进行的任一化学反应的标准摩尔熵变为

$$\Delta_r S_m^\ominus = \sum \nu_i S_m^\ominus(\text{物质 } i) \tag{2-17}$$

即化学反应的标准摩尔熵变(changes in standard molar entropy of chemical reaction)，等于参与反应的各物质标准摩尔熵的总和。与反应焓变的表示方法一样，我们在反应熵变的符号后面应加上反应的温度条件，是因为温度不同，熵变的数值不同。但反应熵变受温度变化的影响

很小，至少在高于 298 K 是这样的。因为在绝大多数情况下，产物熵值的增加基本上与反应物熵值的增加相抵消，所以可近似地看作反应熵变不随温度变化而变化。

**【例 2.5】** 计算反应 $CaCO_3(s) = CaO(s) + CO_2(g)$ 在 298 K 时的标准摩尔熵变，并判断该反应的熵值是增大还是减小。

**解：** 查附录将有关物质的标准熵列于反应式下，则

| | $CaCO_3(s) =$ | $CaO(s)$ | $+ CO_2(g)$ |
|---|---|---|---|
| $S_m^\ominus/(J\cdot mol^{-1}\cdot K^{-1})$ | 92.9 | 39.75 | 213.6 |

由式(2-17)得

$$\Delta_r S_m^\ominus = -92.9 + (213.6 + 39.75) = 160.5\ J\cdot mol^{-1}\cdot K^{-1}$$

由于 $\Delta_r S_m^\ominus > 0$，所以在 298 K、标准状态下，该反应为熵值增大的反应。可见，在反应中气体分子的数目增加时，体系的熵值变大。

#### 2.4.3.3 熵变与过程进行的方向(热力学第二定律)

自然界的自发过程常常是向体系的混乱度增大的方向进行。那么，是否可以用熵变来作为反应能否自发进行的判据呢？实践证明，自发过程的结果是使体系的熵值增加。这就是热力学第二定律(second law of thermodynamics)，也称为熵增加原理(principle of entropy increase)，即

$$\Delta S > 0$$

那么化学反应过程的熵变是否可以作为反应方向的判据呢？

例如，在标准压力下 25 ℃时反应 $2Mg(S) + O_2(g) = 2MgO(S)$ 的熵变由查表求出。

$$\Delta_r S_m^\ominus = \sum \nu_i S_m^\ominus(\text{物质}_i) = -2S_m^\ominus(Mg,\ s) - S_m^\ominus(O_2,\ s) + 2S_m^\ominus(MgO,\ s)$$
$$= -2\times 32.5 - 205.0 + 2\times 26.8 = -216.4\ J\cdot K^{-1}\cdot mol^{-1}$$

$\Delta_r S_m^\ominus < 0$，这是否说明反应不能自发向右进行呢？事实上金属镁条在空气中很容易燃烧生成白色粉末 MgO。其原因是镁的燃烧将很高的热量释放到周围的环境中去，从而增大了有关环境的熵。这一过程有两部分熵变：一部分是化学反应体系熵变，标为 $\Delta S_{\text{体系}}$，所求得的 $\Delta_r S_m^\ominus$；另一部分是环境接受热量时温度升高的熵变，标为 $\Delta S_{\text{环境}}$。

当化学反应在等压下进行时，环境所接受的热是化学反应等压热，即焓变。

$$Q_{\text{环境}} = -\Delta_r H_m^\ominus \tag{2-18}$$

$\Delta_r H_m^\ominus$ 前面的负号表示环境吸热时(环境)是正的，而此时体系放出热量 $\Delta_r H_m^\ominus$ 是负值。将环境的变化视可逆过程，其熵变 $\Delta S$ 为吸放热 $Q$ 与温度 $T$ 之比，将式(2-18)代入得

$$\Delta S_{\text{环境}} = \frac{Q_{\text{环境}}}{T} = -\frac{\Delta_r H_m^\ominus}{T} \tag{2-19}$$

此式即可由标准生成热值求出 $\Delta S_{\text{环境}}$。如上述反应的 $\Delta_r H_m^\ominus = -1\ 204\ kJ\cdot mol^{-1}$。

由式(2-19)得

$$\Delta S_{\text{环境}} = \frac{Q_{\text{环境}}}{T} = \frac{-\Delta_r H_m^\ominus}{T} = \frac{1\ 204\ kJ\cdot mol^{-1}}{298\ K} = 4\ 040\ J\cdot K^{-1}\cdot mol^{-1}$$

反应的总熵变即为

$$\Delta S_{总}=\Delta S_{环境}+\Delta S_{体系}=4\ 040-216.4=3\ 824\ J\cdot K^{-1}\cdot mol^{-1}>0$$

所以，镁在氧气中的燃烧是熵增的过程，镁能自发地进行氧化反应。

概括地说，按热力学第二定律，自发过程能够自发地进行，其总熵变 $\Delta S_{总}>0$。而总熵变为 $\Delta S_{总}=\Delta S_{体系}+\Delta S_{环境}$。这时熵作为过程的判据一般有如下规律：

$\Delta S_{体系}+\Delta S_{环境}>0$　　自发过程

$\Delta S_{体系}+\Delta S_{环境}=0$　　平衡状态

$\Delta S_{体系}+\Delta S_{环境}<0$　　非自发过程

由式(2-19)知，对于任意化学反应，自发变化的判据为

$$\Delta S_{总}=\Delta S_{体系}+\Delta S_{环境}=\Delta S_{体系}-\frac{\Delta_r H}{T}>0 \tag{2-20}$$

$\Delta S_{体系}$可以不必标注，式(2-20)也可写成

$$-\Delta H+T\Delta S>0 \tag{2-21}$$

式(2-20)、式(2-21)也称为克劳修斯不等式(Clausius inequality)。它综合了热效应和体系的熵效应两个因素作为判断过程方向的依据。

由克劳修斯不等式可知，当体系与环境间没有热的交换时，可直接用 $\Delta S_{体系}>0$ 来判断过程的自发性。这时的体系实际上是一个孤立体系。如果体系与环境间有热的交换，则必须把有关的环境部分包括进去。这样做非常不便，有必要寻找一个只考虑体系的新状态函数。

## 2.5 吉布斯自由能与化学反应的方向(Gibbs Free Energy and Direction of Chemistry Reaction)

### 2.5.1 吉布斯(Gibbs)自由能与自发过程

在等温等压条件下化学反应自发进行的方向既与反应焓变有关，又与反应的熵变及温度有关。只要化学反应的焓变与熵变符合克劳修斯不等式，反应正向自发进行，即

$$-\Delta H+T\Delta S>0$$

将上式两边同乘-1，得到

$$\Delta H-T\Delta S<0 \tag{2-22}$$

式中，$\Delta S$ 是体系的熵变；$\Delta H$ 是体系的焓变。当体系自发地由状态 1 变化到状态 2 时：

$$(H_2-H_1)-T(S_2-S_1)<0$$

$$(H_2-TS_2)-(H_1-TS_1)<0$$

$(H_2-TS_2)$和$(H_1-TS_1)$分别是状态 2 和状态 1 的状态函数的新的组合。1902 年，美国热力学家 J. W. Gibbs 提出自由能概念，遂引出一个新的状态函数 Gibbs 自由能(Gibbs free energy，$G$)定义。

$$G\equiv H-TS \tag{2-23}$$

一个体系在等温等压条件下，从开始状态 $G_1(G_1=H_1-TS_1)$ 至终了状态 $G_2(G_2=H_2-TS_2)$，则自发的化学反应

$$\Delta G=G_2-G_1=(H_2-TS_2)-(H_1-TS_1)<0 \tag{2-24}$$

它表明在等温等压条件下，一个自发变化过程，自由能的改变是负值。换句话说，自发

变化要降低体系的自由能。因此，用自由能判断反应方向时无需考虑环境。由于焓 $H$、温度 $T$ 和熵 $S$ 均为状态函数，因此由它们组合的复合函数 $G$ 也具有状态函数的一切特性。

### 2.5.2 吉布斯-亥姆霍兹(Gibbs-Helmhltz)公式

在等温等压条件下体系由状态 1 变化到状态 2 时，则

$$G_2-G_1=(H_2-TS_2)-(H_1-TS_1)=(H_2-H_1)-T(S_2-S_1)$$

可得

$$\Delta G=\Delta H-T\Delta S \tag{2-25}$$

此为吉布斯-亥姆霍兹公式，是热力学中非常重要而实用的公式。将此式应用于化学反应，则可得

$$\Delta_r G=\Delta_r H-T\Delta_r S \tag{2-26}$$

若对于每摩尔反应，则

$$\Delta_r G_m=\Delta_r H_m-T\Delta_r S_m \tag{2-27}$$

若对于每摩尔反应在标准状态下进行，则

$$\Delta_r G_m^{\ominus}=\Delta_r H_m^{\ominus}-T\Delta_r S_m^{\ominus} \tag{2-28}$$

$\Delta_r G_m$ 和 $\Delta_r G_m^{\ominus}$ 分别称为化学反应的摩尔吉布斯自由能变(molar changes in Gibbs free energy)和标准摩尔吉布斯自由能变(standard molar changes in Gibbs free energy)，两者的值均与反应式的写法有关，单位为 $J\cdot mol^{-1}$ 或 $kJ\cdot mol^{-1}$。

由热力学原理证得：对等温等压且体系不做有用功的过程，若

$\Delta G<0$　　自发进行

$\Delta G>0$　　不可能自发进行，其逆过程可自发进行

$\Delta G=0$　　过程处于平衡状态

化学反应大都在等温、等压且体系不做有用功条件下进行，所以，$\Delta G$ 是十分重要的过程自发性判据。应用于化学反应体系，$\Delta G=\Delta_r G$，上述结果依然成立。若每摩尔反应或每摩尔反应在标准状态下进行，此时的 $\Delta G$ 应为 $\Delta_r G_m$ 或 $\Delta_r G_m^{\ominus}$。式(2-27)表明，等温等压下化学反应的方向和限度的判据 $\Delta_r G$ 值的大小取决于 $\Delta_r H$、$\Delta_r S$ 及 $T$。表 2-1 给出了 4 种情况下 $\Delta_r H$、$\Delta_r S$ 及 $T$ 对 $\Delta_r G$ 的影响。

**表 2-1　等压下 $\Delta_r H$、$\Delta_r S$ 及 $T$ 对 $\Delta_r G$ 的影响**

| $\Delta_r H$ | $\Delta_r S$ | $\Delta_r G=\Delta_r H-T\Delta_r S$ | 反应情况 |
|---|---|---|---|
| + | − | + | 任何温度下都不能自发进行 |
| − | + | − | 任何温度下都能自发进行 |
| − | − | +（高温时）<br>−（低温时） | 高温下不能自发进行<br>低温下能自发进行 |
| + | + | +（低温时）<br>−（高温时） | 低温下不能自发进行<br>高温下能自发进行 |

### 2.5.3 ΔG 与有用功

热力学证明，在等温等压条件下，体系的状态发生变化时，对外所做的有用功与体系的自由能变化量有关。那么两者间存在着怎样的关系呢？

由热力学第一定律　$\Delta U = Q + W = Q + (-p\Delta V + W')$

所以　$\Delta U + p\Delta V = Q + W'$

在等压条件下　$\Delta H = \Delta U + p\Delta V$

所以　$\Delta H = Q + W'$

在等温条件下　$\Delta G = \Delta H - T\Delta S = Q + W' - T\Delta S$

由熵的定义　$\Delta S = \dfrac{Q}{T}$

得　$Q = T\Delta S$

所以　$$\Delta G = Q + W' - Q = W' \qquad (2\text{-}29)$$

由此，在等温等压条件下，体系从状态 A 变化到状态 B 时，对外所做的有用功($W'$)等于体系自由能的减少($\Delta G$)。化学反应一般是在等温等压下进行的，故其所做的最大有用功就可用反应前后的自由能变化量来衡量。

由于功不是状态函数，与途径有关，不同的途径所做的功是不同的，而其中必有一个最大。对化学反应来说，只有假定反应进行得无限缓慢、反应物和产物时刻接近相互平衡状态，即假定反应是经过无限多的微步骤，经过无限长时间完成的，所做的有用功经热力学证明才等于体系自由能的减少值，才是最大。然而一般自发进行的化学反应，都不是按这种假定的理想途径完成的，而是以一定速率进行的，在始、终态确定后，所做的有用功比按上述假定途径做的有用功要少，故总是少于体系自由能减少，即 $W'>\Delta G$，而不可能大于体系自由能减少。可见一个满足等温等压条件下的自发进行的化学反应，其自由能的减少总是大于体系对外做的有用功，即

$$\Delta G < W' \qquad (2\text{-}30)$$

对于大多数化学反应来说，不仅是在等温等压条件下进行的，而且一般是不做有用功的，即 $W'=0$。将 $W'=0$ 代入式(2-30)得

$$\Delta G < 0$$

上式说明，在等温等压且不做有用功的条件下，化学反应总是自发地向自由能减少的方向进行，而不可能自发地向自由能增加的方向进行。

例如，反应 $CH_4(g)+2O_2(g) \xlongequal{\quad} CO_2(g)+2H_2O(l)$　$\Delta_r G_m^\ominus = -818\ kJ \cdot mol^{-1} < 0$
表明在标准状态下该反应是自发的，且消耗 1mol 甲烷得到的有用功绝不会超过 818 kJ。而

反应 $H_2O(l) \xlongequal{\quad} H_2(g) + \dfrac{1}{2}O_2(g)$　　$\Delta_r G_m^\ominus = 237\ kJ \cdot mol^{-1} > 0$

表明在标准状态下，水不可能自发分解为氢气和氧气，欲使此反应进行，必须由环境对体系做有用功，如供给电能进行电解，且每电解 1 mol $H_2O(l)$，所需电功必须超过 237 kJ。

### 2.5.4　物质的标准摩尔生成自由能和反应的自由能变

因吉布斯自由能是体系的状态函数，在化学反应中如果我们能够知道反应物和生成物的吉布斯自由能数值，则反应前后吉布斯自由能的变化 $\Delta_r G$ 等于产物的吉布斯自由能总与反应物吉布斯自由能的总和之差。但是从吉布斯自由能的定义可知，它与内能和焓一样，是无法求得绝对值的。

求算反应的 $\Delta_r G$ 可仿照求化学反应焓变的方法。化学热力学规定：在标准状态下，元素的最稳定单质的标准摩尔生成自由能等于零。由最稳定的单质生成单位物质的量的某物质的反应的自由能变称为该物质的标准摩尔生成自由能(standard molar free energy of formation)，以符号 $\Delta_f G_m^\ominus(T)$ 表示，单位为 $J \cdot mol^{-1}$ 或 $kJ \cdot mol^{-1}$。如

$$H_2(g) + \frac{1}{2}O_2(g) = H_2O(g) \qquad \Delta_r G_m^\ominus(298\ K) = -228.6\ kJ \cdot mol^{-1}$$

所以
$$\Delta_f G_m^\ominus(H_2O,\ g,\ 298\ K) = -228.6\ kJ \cdot mol^{-1}$$

各种化合物在 298 K 时的标准摩尔生成自由能的数据可以在附录中查到。

有了标准摩尔生成吉布斯自由能的数据，就可以很方便地计算出化学反应的标准摩尔自由能变。在标准状态下进行的化学反应

$$\Delta_r G_m^\ominus = \sum \nu_i \cdot \Delta_f G_m^\ominus(\text{物质}_i) \tag{2-31}$$

【**例 2.6**】计算下列反应在 298.15 K 时的标准摩尔吉布斯自由能变 $\Delta_r G_m^\ominus$，并判断该反应在 298 K 及标准状态下反应进行的方向。

$$2NO(g) + O_2 \xlongequal{} 2NO_2(g)$$

**解**：查附录将有关物质的 $\Delta_f G_m^\ominus(298\ K)$ 列于反应式下，则

| | $2NO(g)$ | $+O_2$ | $\xlongequal{}\ 2NO_2(g)$ |
|---|---|---|---|
| $\Delta_f G_m^\ominus(298\ K)/(kJ \cdot mol^{-1})$ | 86.57 | 0 | 51.3 |

由式(2-31)得

$$\Delta_r G_m^\ominus(298\ K) = 2\times51.3-2\times86.57 = -70.54\ kJ \cdot mol^{-1}$$

反应的 $\Delta_r G_m^\ominus(298\ K)<0$，表明该反应在 298 K 及标准状态下正向可以自发进行。

### 2.5.5 吉布斯-亥姆霍兹公式的应用

利用物质的标准生成自由能的数据可算得 $\Delta_r G_m^\ominus$，可用来判断反应在标准状态下是否自发进行。但是查到的标准生成自由能一般都是 298 K 时的数据，因此利用式(2-31)只能算出 $\Delta_r G_m^\ominus(298\ K)$，而在任意温度下的 $\Delta_r G_m^\ominus(T)$ 如何求算呢？

根据吉布斯-亥姆霍兹公式

$$\Delta_r G_m^\ominus(T) = \Delta_r H_m^\ominus(T) - T\Delta_r S_m^\ominus(T)$$

对于化学反应，在一般情况下，温度对反应的 $\Delta_r H_m$ 与 $\Delta_r S_m$ 数值影响不大，故可近似地用 $\Delta_r H_m^\ominus(298\ K)$ 和 $\Delta_r S_m^\ominus(298\ K)$ 的数值来代替在任一温度 $T$ 时的 $\Delta_r H_m^\ominus(T)$ 与 $\Delta_r S_m^\ominus(T)$。这样，上面公式可写成

$$\Delta_r G_m^\ominus(T) = \Delta_r H_m^\ominus(298\ K) - T\Delta_r S_m^\ominus(298\ K) \tag{2-32}$$

【**例 2.7**】已知在 298 K 时

| | $CaCO_3(s)$ | $\xlongequal{}\ CaO(s)$ | $+\ CO_2(g)$ |
|---|---|---|---|
| $\Delta_f H_m^\ominus/(kJ \cdot mol^{-1})$ | −1 206.9 | −635.09 | −393.51 |
| $S_m^\ominus/(J \cdot mol^{-1} \cdot K^{-1})$ | 92.9 | 39.75 | 213.6 |

试计算碳酸钙在热力学标准状态下的分解的温度。

**解**：$\Delta_r H_m^\ominus(298\ K) = -635.09+(-393.51)-(-1\ 206.9) = 178.3\ kJ \cdot mol^{-1}>0$

$$\Delta_r S_m^{\ominus}(298\ \text{K}) = 213.6+39.75-92.9 = 160.5\ \text{J}\cdot\text{mol}^{-1}\cdot\text{K}^{-1}>0$$

$\Delta_r H_m^{\ominus}(298\ \text{K})>0$，$\Delta_r S_m^{\ominus}(298\ \text{K})>0$。根据表 2-1，只有在高温的条件下，才满足 $\Delta_r G_m^{\ominus}(T)<0$，$CaCO_3$ 分解。

根据 $\Delta_r G_m^{\ominus}(T) = \Delta_r H_m^{\ominus}(298\ \text{K}) - T\Delta_r S_m^{\ominus}(298\ \text{K})$，令 $\Delta_r G_m^{\ominus}(T) = 0$，得

$$T = \Delta_r H_m^{\ominus}(298\ \text{K}) / \Delta_r S_m^{\ominus}(298\ \text{K})$$

$$= 178.3\ \text{kJ}\cdot\text{mol}^{-1}/(160.5\times10^{-3}\ \text{kJ}\cdot\text{mol}^{-1}\cdot\text{K}^{-1}) = 1\ 110.9\ \text{K}$$

计算结果说明，当温度高于 1 110.9 K 时，$CaCO_3$ 将在标准状态下[$p(CO_2) = 101.325$ kPa]下发生分解。这一临界温度称为热力学分解温度(thermodynamic decomposition temperature)，也称为转折温度(transition temperature，由非自发转变为自发的温度)。

**【例 2.8】**试用热力学数据讨论利用反应

$$CO(g) + NO(g) = CO_2(g) + \frac{1}{2}N_2(g)$$

净化汽车尾气中 CO 和 NO 的可能性。

**解：**查有关热力学数据得

| | $CO(g)$ | $NO(g)$ | $CO_2(g)$ | $\frac{1}{2}N_2(g)$ |
|---|---|---|---|---|
| $\Delta_f H_m^{\ominus}/(\text{kJ}\cdot\text{mol}^{-1})$ | −110.52 | 90.25 | −393.51 | 0 |
| $S_m^{\ominus}/(\text{J}\cdot\text{mol}^{-1}\cdot\text{K}^{-1})$ | 197.56 | 210.65 | 213.6 | 191.5 |

$$\Delta_r H_m^{\ominus}(298\ \text{K}) = -393.51+0-(-110.52+90.25) = -373.24\ \text{kJ}\cdot\text{mol}^{-1}<0$$

$$\Delta_r S_m^{\ominus}(298\ \text{K}) = \left(\frac{1}{2}\times191.5+213.6\right)-(197.56+210.65) = -98.86\ \text{J}\cdot\text{mol}^{-1}\cdot\text{K}^{-1}<0$$

根据表 2-1，只有在低温的条件下，才满足 $\Delta_r G_m^{\ominus}(T)<0$，该反应才自发进行。

根据 $\Delta_r G_m^{\ominus}(T) = \Delta_r H_m^{\ominus}(298\ \text{K}) - T\Delta_r S_m^{\ominus}(298\ \text{K})$，得

$$T = \Delta_r H_m^{\ominus}(298\ \text{K})/\Delta_r S_m^{\ominus}(298\ \text{K})$$

$$= 373.24\ \text{kJ}\cdot\text{mol}^{-1}/(98.86\times10^{-3}\ \text{kJ}\cdot\text{mol}^{-1}\cdot\text{K}^{-1}) = 3\ 775\ \text{K}$$

计算结果，当温度低于 3 775 K，理论上可行。但要注意，本题的计算并未涉及反应速率问题，实际上该反应速率很慢，几乎不能进行，从汽车尾气中排出的 CO 和 NO 同时存在并严重地污染着环境。

## 思考题

1. 化学热力学中的“标准状态”是指什么？标准态是否指定体系温度为 298 K？
2. 为什么单质的 $S_m^{\ominus}(T)$ 不为零？如何理解物质的 $S_m^{\ominus}(T)$ 是“绝对值”，而物质的 $\Delta_f H_m^{\ominus}(T)$ 和 $\Delta_f G_m^{\ominus}(T)$ 为“相对值”？
3. 什么是反应进度？$\Delta_r S_m^{\ominus}(T)$、$\Delta_r H_m^{\ominus}(T)$ 和 $\Delta_r G_m^{\ominus}(T)$ 的数值及单位与反应方程式的写法是否有关？
4. $\Delta_r G_m^{\ominus}(298\ \text{K})<0$ 的反应，在标准状态下，是否在高温或低温都能自发进行？
5. 在任意状态下，是否能够根据 $\Delta_r G_m^{\ominus}(T)$ 的数值判断反应进行的方向？

## 习　题

### 一、选择题

1. 下列物质中，$\Delta_f H_m^\ominus$ 不等于 0 的是(　　)。

A. Fe(s)　　B. C(石墨)　　C. Ne(g)　　D. $Cl_2$(l)

2. 将固体硝酸铵溶于水，溶液变冷，则该过程 $\Delta G$、$\Delta H$、$\Delta S$ 的符号依次是(　　)。

A. +，－，－　　B. +，+，－　　C. －，+，－　　D. －，+，+

3. 已知　$MnO_2(s)$ ══ $MnO(s)+1/2O_2(g)$　　$\Delta_r H_m^\ominus = 134.8\ kJ \cdot mol^{-1}$

$MnO_2(s)+Mn(s)$ ══ $2MnO(s)$　　$\Delta_r H_m^\ominus = -250.1\ kJ \cdot mol^{-1}$

则 $MnO_2$ 的标准生成热 $\Delta_f H_m^\ominus(kJ \cdot mol^{-1})$ 为(　　)。

A. 519.7　　B. −317.5　　C. −519.7　　D. 317.5

4. 标准状态下，下列离子中 $S_m^\ominus$ 为 0 的是(　　)。

A. $Na^+$　　B. $Cu^{2+}$　　C. $H^+$　　D. $Cl^-$

5. 下列反应中，$\Delta_r G_m^\ominus$ 等于产物 $\Delta_f G_m^\ominus$ 的是(　　)。

A. $Ag^+(aq)+Br^-(aq)$ ══ $AgBr(s)$　　B. $2Ag(s)+Br_2(l)$ ══ $2AgBr(s)$

C. $Ag(s)+1/2Br_2(l)$ ══ $AgBr(s)$　　D. $Ag(s)+1/2Br_2(g)$ ══ $AgBr(s)$

6. 下列反应中，$\Delta_r S_m^\ominus$ 最大的是(　　)。

A. $C(s)+O_2(g)$ ══ $CO_2(g)$　　B. $2SO_2(g)+O_2(g)$ ══ $2SO_3(g)$

C. $2NH_3(g)$ ══ $3H_2(g)+N_2(g)$　　D. $CuSO_4(s)+5H_2O(l)$ ══ $CuSO_4 \cdot 5H_2O(s)$

7. 下列过程中，$\Delta G=0$ 的是(　　)。

A. 氨在水中解离达平衡　　B. 理想气体向真空膨胀

C. 乙醇溶于水　　D. 炸药爆炸

8. 气体分子在固体表面的吸附过程是(　　)。

A. $\Delta G<0$，$\Delta S<0$，$\Delta H<0$　　B. $\Delta G<0$，$\Delta S<0$，$\Delta H>0$

C. $\Delta G=0$，$\Delta S<0$，$\Delta H<0$　　D. $\Delta G=0$，$\Delta S>0$，$\Delta H<0$

### 二、填空题

1. 2 mol Hg(l) 在沸点温度(630 K)蒸发过程中吸收热 109.12 kJ。则此过程的标准摩尔焓变是 $\Delta_{vap} H_m^\ominus$ = ________ $kJ \cdot mol^{-1}$；该过程做功 $W$ = ______ kJ；$\Delta U$ = ________ kJ；$\Delta G$ = ______ kJ。

2. 常温常压下，Zn 和 $CuSO_4$ 溶液在可逆电池中反应，放热 6 kJ，做电功 200 kJ，则此过程中 $\Delta_r S$ = ________ $J \cdot K^{-1}$，$\Delta_r G$ = ________ kJ。

3. 有 A、B、C、D 4 个反应，在 298 K 时反应的热力学函数分别为

| 反　应 | A | B | C | D |
| --- | --- | --- | --- | --- |
| $\Delta_r H_m^\ominus/(kJ \cdot mol^{-1})$ | 10.5 | 1.80 | −126 | −11.7 |
| $\Delta_r S_m^\ominus/(J \cdot mol^{-1} \cdot K^{-1})$ | 30.0 | −113 | 84.0 | −1.05 |

则在标准状态下，任何温度都能自发进行的反应是______，任何温度都不能进行的反应是______；另两个反应，在温度高于________ K 时可自发进行的反应是________，在温度低于________ K 时可自发进行的反应是________。

4. 已知反应 $CaCO_3(s)$ ══ $CaO(s)+CO_2(g)$，在 298 K 时，$\Delta_r G_m^\ominus = 130\ kJ \cdot mol^{-1}$；1 200 K 时，$\Delta_r G_m^\ominus$ =

$-15.3\ kJ \cdot mol^{-1}$。则该反应的 $\Delta_r H_m^\ominus$ = ________ $kJ \cdot mol^{-1}$，$\Delta_r S_m^\ominus$ = ______ $J \cdot K^{-1} \cdot mol^{-1}$。

**三、判断题**

1. 化学反应的等压热效应 $Q_p$ 和等容热效应 $Q_V$ 与途径无关，所以 $Q_p$ 和 $Q_V$ 为状态函数。（　）
2. 液态 $Cl_2$ 在 298 K 的标准生成焓为零。（　）
3. 对于 $\Delta_r S_m^\ominus > 0$ 的反应，标准态、高温时均可能正向自发进行。（　）
4. $\Delta_r G_m^\ominus < 0$ 的反应一定能自发进行。（　）
5. 标准态下稳定单质的 $\Delta_f G_m^\ominus$、$\Delta_f H_m^\ominus$、$S_m^\ominus$ 均为零。（　）

**四、计算题**

1. 1 mol $H_2O(l)$ 在 373.15 K、$p^\ominus$ 下加热完全变成 373.15 K 的水蒸气，计算此过程的 $Q$、$W$、$\Delta U$ 和 $\Delta H$。已知完全蒸发 1 g $H_2O(l)$ 需供给 2.26 kJ 热量。

2. 已知下面两个反应的 $\Delta_r H_m^\ominus$ 分别如下：

(1) $4NH_3(g) + 5O_2(g) = 4NO(g) + 6H_2O(l)$　　$\Delta_r H_m^\ominus = -1\,170\ kJ \cdot mol^{-1}$

(2) $4NH_3(g) + 3O_2(g) = 2N_2(g) + 6H_2O(l)$　　$\Delta_r H_m^\ominus = -1\,530\ kJ \cdot mol^{-1}$

试求 NO 的标准摩尔生成焓 $\Delta_f H_m^\ominus$。

3. 已知

(1) C(s，石墨) + $1/2O_2(g) = CO(g)$　　$\Delta_r H_m^\ominus(1) = -110.52\ kJ \cdot mol^{-1}$

(2) C(s，石墨) + $O_2(g) = CO_2(g)$　　$\Delta_r H_m^\ominus(2) = -393.51\ kJ \cdot mol^{-1}$

(3) $H_2(g) + 1/2O_2(g) = H_2O(l)$　　$\Delta_r H_m^\ominus(3) = -285.84\ kJ \cdot mol^{-1}$

(4) $CH_3OH(l) + 3/2O_2(g) = CO_2(g) + 2H_2O(l)$　　$\Delta_r H_m^\ominus(4) = -726.6\ kJ \cdot mol^{-1}$

试计算合成甲醇反应 $CO(g) + 2H_2(g) = CH_3OH(l)$ 的 $\Delta_r H_m^\ominus$。

4. 制备半导体材料时发生如下反应 $SiO_2(s)$ + 2C(s，石墨) = $Si(s) + 2CO(g)$

通过计算回答下列问题：(1) 标准状态下反应热是多少？是放热反应还是吸热反应？(2) 标准状态下，298 K 时，反应能否自发进行？

5. 试计算 $NH_4Cl(s)$ 在热力学标准状态下的分解温度。

# 第3章

# 化学反应速率

# (Chemical Reaction Rate)

不同的化学反应，反应速率差别很大。火药的爆炸瞬间完成，一些有机物的化学合成反应长达数小时，橡胶的老化需数年之久。一般情况下，常见的化学反应中无机离子的反应较快，而大多数有机反应都比较慢。人们希望对人类有益的反应，如尾气净化、有机物的合成、钢铁的冶炼等进行得快些；而另一类反应，如金属的腐蚀、橡胶的老化、塑料的老化等进行得慢些。因此，研究反应速率的快慢并掌握化学反应的影响因素和变化规律，是一项非常重要的课题。

## 3.1 化学反应速率的表示方法(Representation Method of Chemical Reaction Rate)

化学反应速率是指在一定条件下，反应物转变为生成物的速率。通常用单位时间内反应物浓度的减少或生成物浓度的增加来表示化学反应速率。其中，浓度用物质的量浓度表示，单位为 $mol \cdot L^{-1}$；时间则根据反应的快慢可用秒(s)、分(min)、小时(h)、天(d)、年(a)等单位；反应速率的单位是 $mol \cdot L^{-1} \cdot s^{-1}$、$mol \cdot L^{-1} \cdot min^{-1}$、$mol \cdot L^{-1} \cdot h^{-1}$ 等。

化学反应速率按表示形式，有平均速率($\bar{v}$)和瞬时速率($v$)两种。

### 3.1.1 平均速率(average rate)

平均速率是指在一段时间 $\Delta t$ 内，反应物或生成物的浓度随时间变化的平均值。

对于任一化学反应 $a\text{A} + b\text{B} = d\text{D} + e\text{E}$

平均速率可表示为 $\bar{v} = \dfrac{1}{v_\text{B}} \cdot \dfrac{\Delta c_\text{B}}{\Delta t}$

式中，$v_\text{B}$ 为反应中任意物质 B 的化学计量系数；$\Delta c_\text{B}$ 为反应中任意物质 B 的物质的量的浓度的变化量；$\Delta t$ 为反应所需时间。

因此，任一化学反应的平均速率表达式为

$$\bar{v} = -\frac{1}{a}\frac{\Delta c_\text{A}}{\Delta t} = -\frac{1}{b}\frac{\Delta c_\text{B}}{\Delta t} = \frac{1}{d}\frac{\Delta c_\text{D}}{\Delta t} = \frac{1}{e}\frac{\Delta c_\text{E}}{\Delta t} \tag{3-1}$$

### 3.1.2 瞬时速率(instantaneous rate)

瞬时速率是指当时间间隔 $\Delta t$ 趋近于零时的平均速率的极限，即某一时刻的反应瞬时速率。

对于任一化学反应 $a\text{A} + b\text{B} = d\text{D} + e\text{E}$

$$v = \lim_{\Delta t \to 0} \frac{1}{v_\text{B}} \cdot \frac{\Delta c_\text{B}}{\Delta t} = \frac{1}{v_\text{B}} \cdot \frac{\text{d}c_\text{B}}{\text{d}t}$$

瞬时速率可用导数表示为

$$v = -\frac{1}{a}\frac{\text{d}c_\text{A}}{\text{d}t} = -\frac{1}{b}\frac{\text{d}c_\text{B}}{\text{d}t} = \frac{1}{d}\frac{\text{d}c_\text{D}}{\text{d}t} = \frac{1}{e}\frac{\text{d}c_\text{E}}{\text{d}t} \tag{3-2}$$

实际上反应速率是随时间变化不断改变的。大部分化学反应都不是等速进行的，反应速率均随时间而变化。只有反应速率足够慢的化学反应，在实验中可以用平均速率代替瞬时速率。

计算反应的瞬时速率有两种方法：一种是微分法；另一种是作图法。后者在实际中更常用。

首先作参与反应的任意物质 B 的浓度与时间的关系曲线，曲线上任一点切线的斜率除以物质 B 的化学计量系数就是这一点所对应的 $t$ 时刻的瞬时速率。

例如，某一反应 $a\text{A} \longrightarrow$ 产物

其反应物浓度随时间的变化情况如图 3-1 所示，欲求出在某给定时刻 $t$ 时的瞬时速率，可在曲线上对应于 $t$ 时刻的 $a$ 点作一条切线，在切线上任取两点 $b$ 和 $d$，过 $b$ 和 $d$ 点作直线分别平行于纵坐标轴和横坐标轴，并交于 $c$ 点，构成一个直角三角形 $bcd$。其中，$bc$ 线表示反应物浓度的变化；$cd$ 线表示时间的变化。则 $t$ 时刻反应的瞬时速率为

$$v = -\frac{1}{a}\frac{\text{d}c_\text{A}}{\text{d}t} = -\frac{1}{a}\frac{bc}{cd}$$

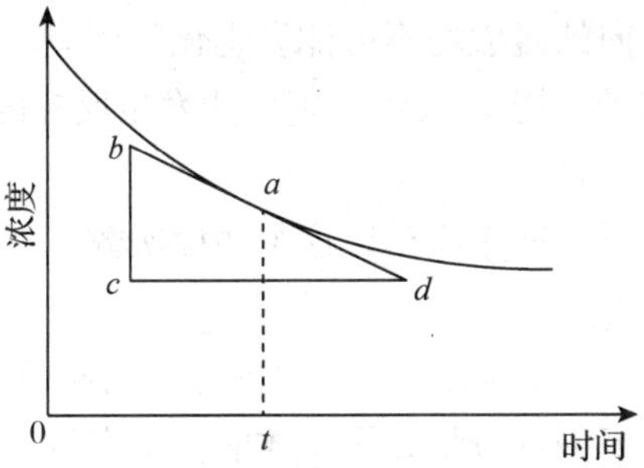

图 3-1 反应物浓度随反应时间的关系曲线

## 3.2 反应速率理论简介(Introducing of Chemical Reaction Rate Theory)

化学反应速率大小首先决定于反应的本性，其次与反应物的浓度、温度和催化剂有关。为了从微观上对化学反应速率及其影响因素做出理论解释，揭示化学反应速率的规律，并预计反应速率，人们提出种种关于反应速率的理论，其中影响较大的是 20 世纪初在气体分子运动论基础上发展起来的碰撞理论和 20 世纪 30 年代在量子力学及统计力学基础上发展起来的过渡态理论。

### 3.2.1 有效碰撞理论

1918 年，路易斯(G. N. Lewis)运用气体分子运动论的成果，提出反应速率的碰撞理论(collision theory)。该理论假定：反应物分子是刚性球体，反应物分子间必须经过碰撞后才能变成产物分子。以简单反应 $NO_2(g) + CO(g) = NO(g) + CO_2(g)$ 为例，碰撞理论的要点是：

(1)反应速率正比于反应物分子的碰撞次数。用 $Z$ 表示反应物分子的碰撞次数，$Z$ 与反应物的浓度有关。

$$Z = Z_0 c(NO_2) c(CO)$$

式中，$Z_0$ 为比例常数，是当各反应物为单位浓度时的碰撞频率。则反应速率

$$v \propto Z_0 c(NO_2) c(CO)$$

由气体分子运动论计算表明，当 $c(NO_2)$ 和 $c(CO)$ 均为 $1\ mol \cdot L^{-1}$ 时，$Z$ 约为 $10^{33}$ 次 $\cdot L^{-1} \cdot s^{-1}$，如果每次碰撞都能由反应物变成产物，反应将以爆炸的形式瞬间完成。但实际反应速率远比理论计算结果小得多，说明在反应物分子的成千上万次碰撞中，仅有其中很少一部分碰撞才能发生化学反应。由此可见，反应速率除与反应物分子碰撞次数有关外，还有其他影响因素。

(2)反应物分子必须定向碰撞才可能发生反应。在 $NO_2$ 和 CO 分子的碰撞中，只有 $NO_2$ 分子中的 O 原子与 CO 分子中的 C 原子正面碰撞才可能变成产物分子，如图 3-2 所示。其他取向的碰撞均不可能发生化学反应。将取向正确的碰撞次数占全部碰撞次数的比值叫作取向因子，用 $P$ 表示。则可能发生反应的碰撞次数为

$$PZ_0 c(NO_2) c(CO)$$

而反应速率应正比这个碰撞次数

$$v \propto PZ_0 c(NO_2) c(CO)$$

(3)具有一定能量的分子间碰撞才能发生反应。在取向正确的碰撞中，仅有那些能量足够高的反应物分子，才能发生有效碰撞，使化学键改组，变成产物分子。能发生有效碰撞的分子称为活化分子(activated molecular)。活化分子的最低能量为反应的活化能(activation energy，$E_a$)，单位是 $kJ \cdot mol^{-1}$。

根据气体分子运动论，在一定温度下气体分子能量分布遵从麦克斯韦-玻尔兹曼分布，如图 3-3 所示。$E_{av}$ 为分子的平均能量。能量高于 $E_a$ 的分子数就是曲线下阴影的面积。按统

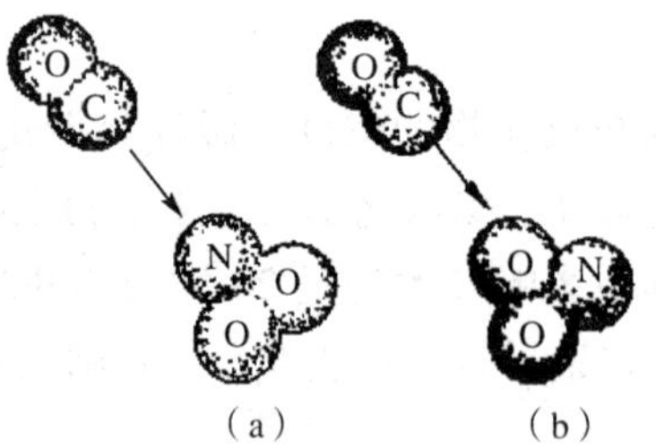


**图 3-2 分子碰撞的不同取向**

(a)无效碰撞；(b)有效碰撞

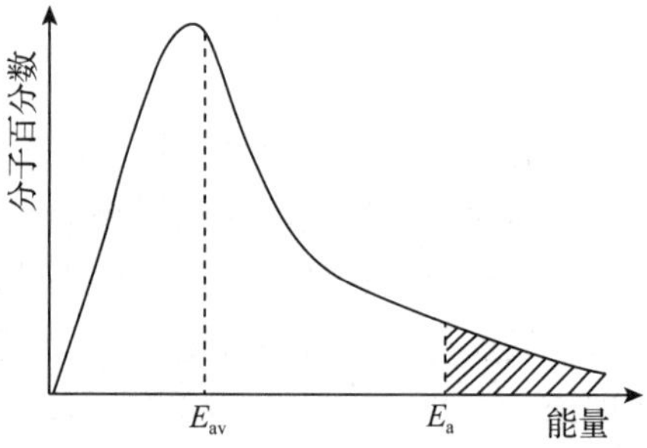


**图 3-3 气体分子能量分布示意**

计理论，活化能为 $E_a$ 的反应系统中，活化分子的分数 $f$ 为

$$f=e^{-\frac{E_a}{RT}}$$

式中，$R$ 为气体常数；$T$ 为热力学温度；e 为自然对数的底。

结合反应物分子的能量因素，发生有效碰撞的次数为

$$PZ_0fc(NO_2)c(CO)$$

化学反应速率应当是

$$v=PZ_0fc(NO_2)c(CO)=PZ_0e^{-\frac{E_a}{RT}}c(NO_2)c(CO)$$

令 $PZ_0e^{-\frac{E_a}{RT}}=k$ 为速率常数。则该反应速率为

$$v=kc(NO_2)c(CO)$$

应用碰撞理论可以说明浓度和温度对反应速率的影响：

①增大反应物浓度，使单位体积内活化分子总数增加，有效碰撞次数增加，反应速率增大。

②升高反应温度，除使反应物分子运动程度增加，使碰撞次数增多外，主要是活化分子百分数提高，有效碰撞次数增加，反应速率明显增大。

碰撞理论比较直观地提出了化学反应的模型，在说明浓度和温度对反应速率的影响方面获得成功，但不能说明催化剂的影响，无法揭示活化能的本质和反应机理，不能计算速率常数，也不能说明反应级数。其根本原因是模型过于简单，只是将反应物分子看作没有内部结构和内部运动的刚性球体，因此是比较粗糙的理论。

### 3.2.2　过渡态理论

随着物质结构理论的发展，20世纪30年代，爱林(H. E-Yring)、珀兰尼(M. Polanyi)等人在统计力学和量子力学基础上提出了过渡态理论(transition state theory)。

该理论认为，当反应物分子相互靠近时，由于电子云间的排斥，先生成能量较高的中间活化配合物，然后活化配合物经过旧键断裂，新键生成，变成能量较低的产物分子。

例如，A原子与BC分子的反应

$$A+BC \rightleftharpoons A\cdots B\cdots C \rightleftharpoons AB+C$$

活化配合物的特点是旧键已经松弛、新键正在生成，处于较高的势能状态，极不稳定，很容易分解成原来的反应物(快反应)，也可能分解为生成物(慢反应)。如图3-4所示。

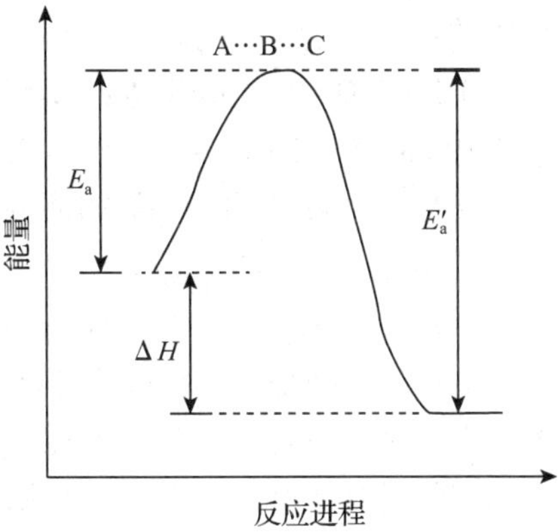

图3-4　反应速率的过渡态理论示意

由反应物变成活化配合物是吸收能量的过程，所吸收的能量(用于分子变形、旧键松动)叫作正反应的活化能($E_a$)。活化配合物变成产物分子的过程要放出能量，所释放的能量也就是产物分子分解所需的活化能，即逆反应的活化能($E'_a$)。可见化学反应的热效应就是正、逆反应的活化能之差，即

$$\Delta H = E_a - E_a'$$

过渡态理论描绘出一个化学反应发生的比较实际的过程，不仅说明化学反应的能量和空间取向条件，还从活化配合物形成前后化学键改组的事实说明活化能的本质。不同化学键的改组需要的活化能不同，因而反应速率不同。活化能越高，反应物分子变为活化配合物时所需能量越大，活化分子数越少，反应速率越慢。一般化学反应的活化能在 42~420 kJ · $mol^{-1}$，活化能小于 42 kJ · $mol^{-1}$ 或高于 420 kJ · $mol^{-1}$ 的化学反应速率都很难通过实验观测。大多数化学反应的活化能在 62~250 kJ · $mol^{-1}$。

过渡态理论可以给出由反应物与活化配合物的结构数据计算反应速率常数 $k$ 的方法。运用于一些反应时，计算结果与实验值能较好地符合。但由于大多数反应的活化配合物的结构目前尚无法确知，加之计算方法复杂，使这一理论的应用受到很大限制。

## 3.2.3 反应机理

化学反应所经历的具体途径称为反应历程或反应机理(reaction mechanism)。化学动力学的重要任务之一，就是研究反应机理，确定反应历程，深入揭示反应速率的本质。

### 3.2.3.1 基元反应和非基元反应

在化学反应历程中，反应物粒子(分子、原子、离子、自由基等)直接作用生成新产物的反应，即一步完成的反应，称为基元反应(elementary reaction)。不是一步完成的反应称为非基元反应。由一个基元反应构成的反应叫作简单反应(simple reaction)。

例如，$2NO_2(g) \longequal 2NO(g) + O_2(g)$是一个简单反应，反应机理是两个 $NO_2$ 分子经过一步反应就变成产物 NO 和 $O_2$ 分子。

又如，在温度为 798 K 时，反应 $NO_2(g) + CO(g) \longequal NO(g)+CO_2(g)$ 也是简单反应。

### 3.2.3.2 复杂反应

由两个或两个以上基元反应构成的反应叫作复杂反应(complex reaction)或复合反应。常见的反应中大多数是复杂反应。例如，反应 $3NaClO \longequal 2NaCl + NaClO_3$ 是由两个基元反应构成的：

①$2NaClO \longequal NaCl+NaClO_2$(慢)

②$NaClO_2+NaClO \rightleftharpoons NaCl+NaClO_3$(快)

又如，由 $H_2$ 与 $I_2$ 生成 HI 的反应也是由两个基元反应构成的：

①$I_2(g) \rightleftharpoons 2I(g)$(快)

②$2I(g)+ H_2(g) \longequal 2HI(g)$(慢)

上述反应都是由两种或两种以上基元反应构成的复杂反应。其中的慢反应是整个反应速率快慢的决定因素。复杂反应的速率往往由其中一步(有时是多步)基元反应的速率决定，故人们常把复杂反应中决定整个反应速率的基元反应，称为速率控制步骤。

化学反应中大多数为复杂反应，简单反应是极少的。必须指出的是，基元反应和非基元反应是针对微观过程而言的，而简单反应和复杂反应则是针对宏观总反应而言，两者不可混为一谈。

## 3.3 浓度对化学反应速率的影响(Effect of Concentration on Chemical Reaction Rate)

化学反应的速率主要取决于参加反应的物质的本性，此外，还受到外界因素的影响。影响化学反应的因素很多，如浓度、温度、催化剂、压力、介质、光、反应物颗粒大小等，其中主要影响因素是浓度、温度、催化剂。

### 3.3.1 质量作用定律与速率方程

大量事实表明，在一定温度下，增加反应物的浓度可以增大反应速率(这个现象可以用碰撞理论来解释)。1867年，古德贝格(C. M. Gudberg)和瓦格(P. Waage)从大量实验事实中总结出反映化学反应速率与反应物浓度间关系的规律：在一定温度下，对于简单反应(或复杂反应中的任一基元反应)，化学反应速率与以反应式中化学计量数为指数的反应物浓度的乘积成正比。这一规律称为质量作用定律(mass-controlled law)。

对于基元反应 $aA + bB \longrightarrow dD + eE$

其质量作用定律的数学表达式为

$$v = kc_A^a c_B^b \tag{3-3}$$

式(3-3)称为化学反应速率方程(rate equation of chemical reaction)，也称为动力学方程，它表明了反应速率与浓度等参数之间的关系。$k$ 称为反应的速率常数(rate constant)。从速率方程可以看出，当反应物浓度都是 1 mol · $L^{-1}$ 时，反应的速率常数在数值上等于反应速率。不同的反应有不同的 $k$ 值，它的大小直接反映了反应的快慢。在给定条件下，$k$ 值越大，反应速率也越大。对同一反应，速率常数与反应物的浓度无关，但随温度、溶剂、催化剂、反应面积等因素而变化。

应用速率方程要注意以下事项：

(1)质量作用定律适用于基元反应(或非基元反应中的每一步基元反应)。对于非基元反应来说，一般不能根据总反应方程式直接书写速率方程，因为总反应方程式只表示反应前后物质之间质和量的变化关系，而没有表示出反应过程中的具体步骤。

(2)如果反应物是气体，在速率方程中可以用气体分压代替浓度，对于基元反应

$$aA(g) + bB(g) \longrightarrow dD(g) + eE(g)$$

其质量作用定律可以写为

$$v_p = k_p p_A^a p_B^b$$

例如，基元反应

$$2NO_2(g) \longrightarrow 2NO(g) + O_2(g)$$

用浓度表示的速率方程为

$$v_c = -\frac{1}{2}\frac{dc(NO_2)}{dt} = k_c c^2(NO_2)$$

用分压表示的速率方程为

$$v_p = -\frac{1}{2}\frac{dp(NO_2)}{dt} = k_p p^2(NO_2)$$

上两式中 $k_c$ 和 $k_p$ 都是速率常数，但二者显然不相等，当要用 $v_c$ 或 $v_p$ 表示时，两者可通过 $p = cRT$ 关系相互换算。速率通常用 $v_c$ 表示，并简写为 $v$。

(3)如果反应物中有固体、纯液体或稀溶液中的溶剂参加化学反应，这些物质的浓度可视为常数，已合并入速率常数中，不用在速率方程中写出。例如，碳的燃烧反应

$$C(s) + O_2(g) \xlongequal{\quad} CO_2(g)$$

在碳的表面积一定时，反应速率仅与 $O_2$ 的浓度或分压有关，即

$$v_c = k_c c(O_2)$$

$$v_p = k_p p(O_2)$$

又例如，金属钠与水的反应

$$2Na(s) + 2H_2O(l) \xlongequal{\quad} 2NaOH(aq) + H_2(g)$$

其速率方程为 $v_c = k_c$，反应速率与反应物浓度无关。

### 3.3.2 速率方程的确定和应用

速率方程及 $k$ 值的确定须以实验为依据。对于基元反应或简单反应，可以根据质量作用定律直接写出速率方程。但对于复杂反应或非基元反应，则只能通过实验来确定，而不能按化学反应式中的计量关系书写。对于反应

$$aA + bB \xlongequal{\quad} dD + eE$$

其速率方程可表示为

$$v = kc_A^x c_B^y \tag{3-4}$$

式中，反应物浓度的指数 $x$、$y$ 分别称为反应物 A 和 B 的反应级数(reaction order)，总反应级数 $n=x+y$。反应速率与浓度的关系可按反应级数来分类，当 $x+y=0$ 时称为零级反应，等于 1 时称为一级反应，依次类推。

(1)如果上述反应为简单反应或基元反应，$x = a$，$y = b$，反应级数为反应方程式中各反应物的化学计量数之和。

(2)如果上述反应为复杂反应或非基元反应，则 $x$、$y$ 要通过实验来确定。$x$、$y$ 可以是整数、分数、零，也可以是负数。

例如，

复杂反应 $2H_2 + 2NO \xlongequal{\quad} 2H_2O + N_2$

其速率方程为 $v = kc(H_2)c^2(NO)$ $n = 3$

复杂反应 $C_2H_4Br_2 + 3KI \xlongequal{\quad} C_2H_4 + 2KBr + KI_3$

其速率方程为 $v = kc(C_2H_4Br_2)c(KI)$ $n = 2$

(3) $k$ 的量纲的确定。

对于任一反应 $aA + bB \xlongequal{\quad} dD + eE$

$$v = kc_A^x c_B^y$$

$$k = \frac{v}{c_A^x c_B^y}$$

如果反应时间以秒(s)计算，则反应速率 $v$ 的量纲为 $mol \cdot L^{-1} \cdot s^{-1}$，速率常数 $k$ 的量纲为 $(mol \cdot L^{-1})^{1-n} \cdot s^{-1}$。

【**例 3.1**】600 K 时，已知气体反应 $2NO + O_2 \longrightarrow 2NO_2$ 的反应物浓度和反应速率的实验数据见下表：

| 实验序号 | 初始浓度* | | 反应的初始速率 |
|---|---|---|---|
| | $c(NO)/(mol \cdot L^{-1})$ | $c(O_2)/(mol \cdot L^{-1})$ | $v/(mol \cdot L^{-1} \cdot s^{-1})$ |
| 1 | 0.010 | 0.010 | $2.5\times10^{-3}$ |
| 2 | 0.010 | 0.020 | $5.0\times10^{-3}$ |
| 3 | 0.030 | 0.020 | $45\times10^{-3}$ |

注：* 反应开始时反应物的浓度。

(1)写出该反应的速率方程，并求反应级数。(2)试求出该反应的速率常数。(3)当 $c(NO) = 0.015\ mol \cdot L^{-1}$，$c(O_2) = 0.025\ mol \cdot L^{-1}$ 时，反应的速率是多少？

**解：**(1)设该反应的速率方程为　$v = kc^x(NO)c^y(O_2)$

当保持 $c(NO)$ 不变时求 $y$ 值，取 1、2 组数据代入上式得

$$2.5\times10^{-3}\ mol \cdot L^{-1} \cdot s^{-1} = k\times(0.010\ mol \cdot L^{-1})^x\times(0.010\ mol \cdot L^{-1})^y$$

$$5.0\times10^{-3}\ mol \cdot L^{-1} \cdot s^{-1} = k\times(0.010\ mol \cdot L^{-1})^x\times(0.020\ mol \cdot L^{-1})^y$$

由于温度恒定，$k$ 不变，将上两式相除得

$$\frac{1}{2} = \left(\frac{1}{2}\right)^y \qquad y = 1$$

为保持 $c(O_2)$ 不变求 $x$ 值，取 2、3 组数据代入上式得

$$5.0\times10^{-3}\ mol \cdot L^{-1} \cdot s^{-1} = k\times(0.010\ mol \cdot L^{-1})^x\times(0.020\ mol \cdot L^{-1})^y$$

$$45\times10^{-3}\ mol \cdot L^{-1} \cdot s^{-1} = k\times(0.030\ mol \cdot L^{-1})^x\times(0.020\ mol \cdot L^{-1})^y$$

将上两式相除得

$$\frac{1}{9} = \left(\frac{1}{3}\right)^x$$

即

$$\left(\frac{1}{3}\right)^2 = \left(\frac{1}{3}\right)^x \qquad x = 2$$

该反应的速率方程为 $v = kc^2(NO)c(O_2)$，为三级反应，对 NO 为二级反应，对 $O_2$ 为一级反应。

(2)将第 1 组数据代入速率方程得

$$k = \frac{v}{c^2(NO)c(O_2)} = \frac{2.5\times10^{-3}\ mol \cdot L^{-1} \cdot s^{-1}}{(0.010\ mol \cdot L^{-1})^2\times(0.010\ mol \cdot L^{-1})}$$

$$= 2.5\times10^3\ mol^{-2} \cdot L^2 \cdot s^{-1}$$

(3)
$$v = kc^2(NO)c(O_2)$$

$$= 2.5\times10^3\ mol^{-2} \cdot L^2 \cdot s^{-1}\times(0.015\ mol \cdot L^{-1})^2\times0.025\ mol \cdot L^{-1}$$

$$= 1.4\times10^{-2}\ mol \cdot L^{-1} \cdot s^{-1}$$

对于一个化学反应，它的速率方程必须通过实验来确定。但要注意，虽然简单反应的速率方程与质量作用定律的数学表达式一致，但通过实验来确定的速率方程与质量作用定律吻合的反应不一定就是简单反应。

反应速率中另一个重要概念“半衰期”也十分有用，常用来衡量反应速率。半衰期，是指一给定量($c_0$)的反应物反应了一半($1/2c_0$)所需要的时间($t_{1/2}$)。不同级数的基元反应都有半衰期的计算公式，在众多的化学反应中一级反应较为常见。如放射性衰变和一些热分解反应及分子重排反应多属一级反应，其反应速率与反应物浓度的关系为

$$v = -\frac{dc}{dt} = kc \tag{3-5}$$

若 $t$ 为反应时间，当 $t=0$ 时，反应物浓度为 $c_0$，$t$ 时反应物浓度为 $c$。经数学推导后可得

$$\ln\frac{c_0}{c} = kt \tag{3-6}$$

当反应物分解至一半时所需时间为半衰期，将 $c=1/2c_0$ 代入上式可得

$$t_{1/2} = \frac{0.693}{k} \tag{3-7}$$

可以看出，一级反应的半衰期与反应的速率常数成反比，与反应物的起始浓度无关。某些元素的衰变是估算考古发现物、化石、矿物、陨石、月亮岩石及地球本身年龄的基础。

${}^{40}_{19}K$ 和 ${}^{238}_{92}U$ 常用于陨石和矿物年龄的估算，${}^{14}_{6}C$ 常用于确定考古发现物和化石的年代。科学家认为大气中的 $CO_2$ 中 ${}^{14}_{6}C$ 与 ${}^{12}_{6}C$ 的比值是长期保持恒定的，约每 $10^{12}$ 个 ${}^{12}_{6}C$ 原子中含有 1 个 ${}^{14}_{6}C$ 原子。来自太阳的宇宙线中的中子 ${}^{1}_{0}n$ 与大气中 ${}^{14}_{7}N$ 的作用，产生 ${}^{14}_{6}C$。

$${}^{14}_{7}N + {}^{1}_{0}n \longrightarrow {}^{14}_{6}C + {}^{1}_{1}H$$

${}^{14}_{6}C$ 又会衰变成 ${}^{14}_{7}N$

$${}^{14}_{6}C \longrightarrow {}^{14}_{7}N + {}^{0}_{-1}e$$

$$t_{1/2} = 5\ 730\ \text{a}$$

${}^{14}_{6}C$ 以 $CO_2$ 的形式在光合作用中结合成碳水化合物(如糖等)时，直接或间接地被活的生物有机体所摄取。所有活的生物有机体均保持恒定的 ${}^{14}_{6}C/{}^{12}_{6}C$ 的比值。生物有机体死亡后停止摄取碳水化合物，其 ${}^{14}_{6}C$ 含量以上述衰变速率降低，根据发现物中 ${}^{14}_{6}C/{}^{12}_{6}C$ 的比值，可以估算出有机体死亡的年代。

**【例 3.2】** 从某古书卷中取得小纸片，测得 ${}^{14}_{6}C/{}^{12}_{6}C$ 的比值为现植物活体内 ${}^{14}_{6}C/{}^{12}_{6}C$ 的 0.795 倍，试估算该古书卷的大致年代。(${}^{14}_{6}C/{}^{12}_{6}C$ 的半衰期为 5 730 a)

**解：** 从 $t_{1/2}=0.693/k$ 可得

$$k = \frac{0.693}{t_{1/2}} = \frac{0.693}{5\ 730\ \text{a}} = 1.21\times10^{-4}\ \text{a}^{-1}$$

在活体中 ${}^{14}_{6}C/{}^{12}_{6}C$ 是一个常数，${}^{12}_{6}C$ 不会衰变，也是常数，因此活体中的 ${}^{14}_{6}C$ 可当作起始浓度 $c_0$，纸片中的 ${}^{14}_{6}C$ 即为 $t$ 时的 $c$，从题意可知 $c/c_0=0.795$，根据 $\ln\frac{c_0}{c}=kt$ 可得

$$\ln\frac{c_0}{0.795c_0} = 1.21\times10^{-4}\text{a}^{-1}\cdot t$$

$$t = 1\ 900\ \text{a}$$

式(3-6)也可以用来计算进行一级反应的物质发生反应后降低至某一浓度或质量所需的时间，或在时间 $t$ 时反应物的剩余浓度。

## 3.4　温度对化学反应速率的影响(Effect of Temperature on Chemical Reaction Rate)

温度对化学反应速率的影响特别显著。以氢气和氧气化合成水的反应为例，在常温下氢气和氧气的作用十分缓慢，但如果温度升高到 873 K 时，则立即反应，并发生猛烈的爆炸。大多数化学反应的速率随温度的升高而增大，这是因为升高温度使分子碰撞频率加大，更主要的是导致了活化分子分数的增加，活化分子总数增多，反应加快。

### 3.4.1　范特霍夫规则

1884 年，范特霍夫根据实验归纳总结出反应速率随温度变化的一个规律：当温度每升高 10 ℃或 10 K 时，反应速率增加到原来速率的 2~4 倍。这一规律被称为范特霍夫规则。

对任意一个化学反应　$a\mathrm{A}+b\mathrm{B} = d\mathrm{D}+e\mathrm{E}$

其速率方程为

$$v_t = k_t c_{\mathrm{A}}^x c_{\mathrm{B}}^y$$

$$v_{t+10} = k_{t+10} c_{\mathrm{A}}^x c_{\mathrm{B}}^y$$

则范特霍夫规则的数学表达式为

$$\frac{v_{t+10}}{v_t} = \frac{k_{t+10}}{k_t} = \gamma \text{（假定浓度不随温度改变）}$$

式中，$\gamma$ 称为反应速率的温度系数，一般情况下，$\gamma=2\sim4$。

范特霍夫规则是十分粗略的，有的反应当温度升高 10 ℃时，反应速率不是增大到原来的 2~4 倍，而是几十乃至上百倍地增加。如果实际工作中不需要精确的数据或现有的资料不全，则可根据这个规则大约估算出温度对反应速率的影响。

### 3.4.2　阿伦尼乌斯公式

阿伦尼乌斯(S. A. Arrhenius)总结了大量实验事实，于 1889 年提出了著名的反应速率与温度的关系式，即阿伦尼乌斯公式

$$k = A\mathrm{e}^{-\frac{E_{\mathrm{a}}}{RT}} \tag{3-8}$$

或表示为

$$k = A\exp\left(-\frac{E_{\mathrm{a}}}{RT}\right)$$

式中，exp 指以 e 为底的指数函数；$k$ 为反应的速率常数，量纲由反应级数而定；$A$ 为指前因子，对于指定反应是一个常数，不随浓度改变而改变，量纲与 $k$ 相同；$R$ 为摩尔气体常数（8.314 $\mathrm{J\cdot K^{-1}\cdot mol^{-1}}$）；$T$ 为热力学温度(K)；$E_{\mathrm{a}}$ 为活化能($\mathrm{J\cdot mol^{-1}}$)。

反应的活化能与反应物中涉及的化学键的键能有关，活化能的大小是由反应的本质决定的。不同的反应，$E_{\mathrm{a}}$ 不同，$E_{\mathrm{a}}$ 越大，$k$ 越小，反应速率越慢，对于同一个反应，$E_{\mathrm{a}}$ 是一个确定的值，同温度无关。

由于反应温度作为正指数出现在阿伦尼乌斯公式中，因此温度的变化对活化分子分数的影响很大。这样我们就能很容易理解为何温度的变化对反应速度的影响很大了。温度对活化

分子分数的影响，是由于温度升高后，使分子平均动能升高，因而使能量超过反应活化能的分子数目增多。

对式(3-8)两边取自然对数得

$$\ln k = -\frac{E_a}{RT} + \ln A$$

或

$$\lg k = -\frac{E_a}{2.303RT} + \lg A \tag{3-9}$$

从式(3-9)可知，以 $\lg k$ 对 $\frac{1}{T}$ 作图应得到一条直线(图 3-5)。

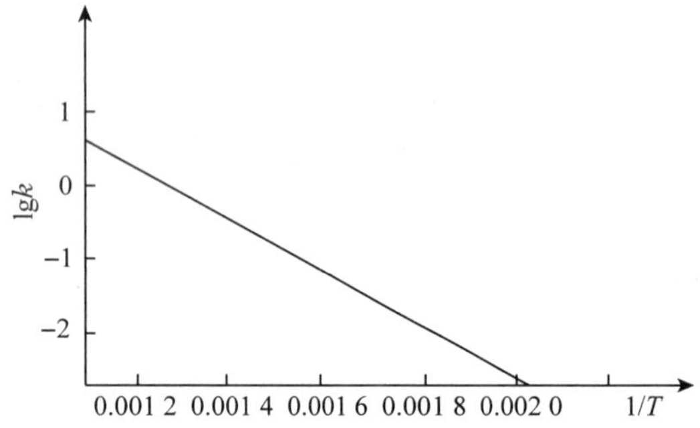

图 3-5 反应速率常数与温度的关系

图中直线斜率等于 $-\frac{E_a}{2.303R}$，由斜率可求得反应的活化能 $E_a$，直线在纵坐标轴上的截距为 $\lg A$，由截距可求得指前因子 $A$ 的值。

阿伦尼乌斯公式不仅说明了反应速率与温度的关系，还可说明活化能对反应速率的影响以及温度和活化能两者对反应速率的影响情况。

从式(3-8)可以看出，对于不同的反应，当温度一定时，$E_a$ 大的反应速率慢；$E_a$ 小的反应速率快。一般化学反应的活化能在 42～420 $kJ \cdot mol^{-1}$，大多数反应的活化能在 62～250 $kJ \cdot mol^{-1}$。活化能小于 42 $kJ \cdot mol^{-1}$ 的反应极其迅速，以致反应速率不能用普通方法测定；活化能大于 420 $kJ \cdot mol^{-1}$ 的反应非常缓慢，常温下可能看不出有丝毫的反应迹象。

对于同一反应，如果采取措施改变活化能，则反应速率随之改变。

假设某反应在温度为 $T_1$ 时速率常数为 $k_1$，在温度为 $T_2$ 时速率常数为 $k_2$，根据式(3-10)有

$$\ln k_1 = -\frac{E_a}{RT_1} + \ln A, \quad \ln k_2 = -\frac{E_a}{RT_2} + \ln A$$

两式相减得

$$\ln\frac{k_2}{k_1} = \frac{E_a}{R}\left(\frac{1}{T_1} - \frac{1}{T_2}\right) = \frac{E_a}{R}\left(\frac{T_2 - T_1}{T_1 T_2}\right)$$

或

$$\lg\frac{k_2}{k_1} = \frac{E_a}{2.303R}\left(\frac{1}{T_1} - \frac{1}{T_2}\right) = \frac{E_a}{2.303R}\left(\frac{T_2 - T_1}{T_1 T_2}\right) \tag{3-10}$$

应用上式可计算反应的活化能，或已知 $T_1$ 时的 $k_1$，求 $T_2$ 时的 $k_2$。

由式(3-10)可知，对于活化能不同的反应，当温度升高时活化能大的反应速率增大的倍数($k_2/k_1$)反而比活化能小的反应速率增大的倍数大，也就是说，若几个反应同时发生，升高温度对活化能大的反应更为有利。

**【例 3.3】** 某反应的活化能 $E_a = 1.14 \times 10^2$ $kJ \cdot mol^{-1}$，在 600 K 时，$k = 0.750$ $mol^{-1} \cdot L \cdot s^{-1}$，分别计算 500 K 和 700 K 时的速率常数 $k$ 的值。

**解：** 将 $T_1 = 500$ K，$T_2 = 600$ K，$E_a = 1.14 \times 10^2$ $kJ \cdot mol^{-1}$，$k_2 = 0.750$ $mol^{-1} \cdot L \cdot s^{-1}$ 代

入式(3-10)得

$$\lg \frac{0.750}{k_1} = \frac{1.14 \times 10^2 \times 10^3 \text{ J} \cdot \text{mol}^{-1}}{2.303 \times 8.314 \text{ J} \cdot \text{mol}^{-1} \cdot \text{K}^{-1}} \times \left( \frac{600 \text{ K} - 500 \text{ K}}{600 \text{ K} \times 500 \text{ K}} \right) = 1.985$$

所以 $$\frac{0.750}{k_1} = 96.6 \quad k_1 = 0.007\,8 \text{ mol}^{-1} \cdot \text{L} \cdot \text{s}^{-1}$$

将 $T_1 = 600$ K，$T_2 = 700$ K，$E_a = 1.14 \times 10^2$ kJ · mol$^{-1}$，$k_1 = 0.750$ mol$^{-1}$ · L · s$^{-1}$ 代入式(3-10)得

$$\lg \frac{k_2}{0.750} = \frac{1.14 \times 10^2 \times 10^3 \text{ J} \cdot \text{mol}^{-1}}{2.303 \times 8.314 \text{ J} \cdot \text{mol}^{-1} \cdot \text{K}^{-1}} \times \left( \frac{700 \text{ K} - 600 \text{ K}}{700 \text{ K} \times 600 \text{ K}} \right) = 1.418$$

$$\frac{k_2}{0.750} = 26.2$$

$$k_2 = 19.7 \text{ mol}^{-1} \cdot \text{L} \cdot \text{s}^{-1}$$

从上面的计算可知，当温度由 500 K 增加到 600 K 时，反应速率增大了 95.6 倍，而温度由 600 K 增大到 700 K 时，反应速率却只增大了 25.2 倍，由此可见，对于一个给定反应而言，在低温范围内反应速率随温度的变化更为显著。

如果某反应在不同温度下的初始浓度和反应程度都相同，则式(3-10)还可以写成

$$\ln \frac{t_1}{t_2} = \ln \frac{k_2}{k_1} = \frac{E_a}{R} \left( \frac{1}{T_1} - \frac{1}{T_2} \right) = \frac{E_a}{R} \left( \frac{T_2 - T_1}{T_1 T_2} \right)$$

或 $$\lg \frac{t_1}{t_2} = \lg \frac{k_2}{k_1} = \frac{E_a}{2.303R} \left( \frac{1}{T_1} - \frac{1}{T_2} \right) = \frac{E_a}{2.303R} \left( \frac{T_2 - T_1}{T_1 T_2} \right) \tag{3-11}$$

应用式(3-11)可由某温度下反应所需时间 $t_1$ 计算另一温度下反应所需时间 $t_2$，以及由不同温度下反应所需时间求活化能。

**【例 3.4】**在 28 ℃时，鲜牛奶大约 4 h 变酸，但在 5 ℃的冰箱内，鲜牛奶大约可保持 48 h。(1)试估算该条件下牛奶变酸反应的活化能(不考虑其他条件如催化剂等)。(2)若室温从 15 ℃升高到 25 ℃则牛奶变酸，反应的反应速率将发生怎样的变化?

**解**：(1)根据 $\lg \frac{t_1}{t_2} = \lg \frac{k_2}{k_1} = \frac{E_a}{2.303R} \left( \frac{T_2 - T_1}{T_1 T_2} \right)$ 可得

$$E_a = 2.303R \left( \frac{T_1 T_2}{T_2 - T_1} \right) \lg \frac{t_1}{t_2}$$

将 $t_1 = 48$ h，$t_2 = 4$ h，$T_1 = 278.15$ K，$T_2 = 301.15$ K 代入上式得

$$E_a = 2.303 \times 8.314 \text{ J} \cdot \text{K}^{-1} \cdot \text{mol}^{-1} \times \left( \frac{278.15 \text{ K} \times 301.15 \text{ K}}{301.15 \text{ K} - 278.15 \text{ K}} \right) \times \lg \frac{48}{4}$$

$$= 75\,254.5 \text{ J} \cdot \text{mol}^{-1} = 75.3 \text{ kJ} \cdot \text{mol}^{-1}$$

(2)根据 $\lg \frac{t_1}{t_2} = \lg \frac{k_2}{k_1} = \frac{E_a}{2.303\,R} \left( \frac{T_2 - T_1}{T_1 T_2} \right)$

将 $T_1 = 288.15$ K，$T_2 = 298.15$ K，$E_a = 75\,254.5$ J · mol$^{-1}$ 代入上式可得

$$\lg \frac{k_2}{k_1} = 0.458, \quad \frac{k_2}{k_1} = 2.87$$

即反应速率增大了 1.87 倍。

应当指出，并不是所有的反应都符合阿伦尼乌斯公式。如爆炸类型反应，当温度升高到某一点时，反应速率会突然增大。某些反应的速率还会随着温度的升高而降低，如一氧化氮氧化成二氧化氮的反应。这主要是由于许多反应过程较为复杂，不是一步完成的。

## 3.5 催化剂对化学反应速率的影响(Effect of Catalyst on Chemical Reaction Rate)

### 3.5.1 催化剂与催化反应

催化剂(catalyst)是指能改变化学反应的速率，而本身的组成和质量及化学性质在反应前后均保持不变的物质。能加快反应的催化剂称为正催化剂(positive catalyst)，如氯酸钾分解制氧气时加入少量 $MnO_2$；过氧化氢分解时加入少量 $MnO_2$，都可以大大加快反应速率。如果催化剂的作用是减慢反应，这种催化剂称为负催化剂(negative catalyst)，又称为阻化剂、抑制剂，如橡胶制品中常添加某种抑制剂来防止橡胶的老化。通常人们所提到的催化剂，是指正催化剂。有些反应的产物本身就能作该反应的催化剂，从而使反应自动加快，这种催化剂称为自催化剂(autocatalyst)，如酸性溶液中 $KMnO_4$ 氧化 $H_2C_2O_4$ 的反应，开始较慢，后来越来越快，就是由于产物 $Mn^{2+}$离子的自催化作用所致。

在许多反应过程中，因催化剂中加入少量某种物质而使催化剂的催化能力大大增强，但单独使用该物质却无催化作用，这种物质叫作助催化剂。如在合成氨反应中铁是催化剂，而少量的 $K_2O$ 和 $Al_2O_3$ 能作为助催化剂。也有的助催化剂本身就有催化能力，则称为混合催化剂。还有一些物质能急剧降低甚至破坏催化剂的催化作用，这种物质称为催化毒物，催化剂的催化作用被催化毒物降低或破坏的现象，称为催化剂的中毒。如在接触法制 $H_2SO_4$ 的过程中，少量的 $AsH_3$ 就能使铂催化剂中毒。

### 3.5.2 基本特征

(1)催化剂参加反应，反应前后其质量、组成和化学性质都不改变。例如，反应 $CH_3CHO = CH_4 + CO$，用 $I_2$ 作催化剂，其反应步骤为

①$CH_3CHO + I_2 = CH_3I + HI + CO$

②$CH_3I + HI = CH_4 + I_2$

催化剂 $I_2$ 参与反应，反应终了又生成了 $I_2$，其质量、组成和化学性质均未改变。但应注意，催化剂由于参与反应，其物理性质往往有所改变。如 $KClO_3$ 的分解反应所用催化剂 $MnO_2$ 晶体，反应后会丧失其晶体结构而变成粉末。

(2)催化剂只能缩短达到化学平衡的时间，而不能改变平衡状态，即只能改变反应速率，不能改变反应的方向。催化剂的这一特征告诉我们催化剂不能改变平衡常数，因为催化剂对正、逆反应的速率常数有着同等倍数的影响，能加快正反应速率的催化剂必定也能加快逆反应速率。例如，实验证明金属镍是加氢反应的良好催化剂，那么，不必再做实验就能断定镍也是脱氢反应的良好催化剂。

(3) 催化剂具有选择性。

①一种催化剂只能适用于某一种或某几种反应。某一类反应只能用某些催化剂，如环己烷的脱氢反应，只能用铂、钯、铱、铑、铜、钴、镍进行催化。某一物质只在一个固定类型的反应中才可作为催化剂，如新鲜沉淀的氧化铝对一般有机化合物的脱水有催化作用。

②同样的反应物，选用不同的催化剂可能得到不同的产物。例如，乙醇在不同催化剂上能得到不同产物，在 473~523 K 的金属铜上得到乙醛和氢气；在 623~633 K 的三氧化二铝上得到乙烯和水；在 673~723 K 的氧化锌、三氧化二铬上得到丁二烯、氢气和水。

### 3.5.3　催化机理

催化剂之所以能改变反应速率，是由于催化剂改变了反应的历程，如图 3-6 所示，有催化剂参加的新反应历程和无催化剂时的原反应历程相比，活化能降低了，图中 $E_{af}$ 是原反应的活化能，$E_{af}^*$ 是加催化剂后反应的活化能，$E_{af}>E_{af}^*$。加入催化剂使反应的活化能降低，活化分子百分数增加，反应速率加快。如合成氨反应，没加催化剂时反应的活化能为 326 kJ · mol$^{-1}$，加入铁催化剂后，降为 176 kJ · mol$^{-1}$，在 733 K 时加入催化剂后反应速率能增加到原来的 $1.57\times10^{10}$ 倍。

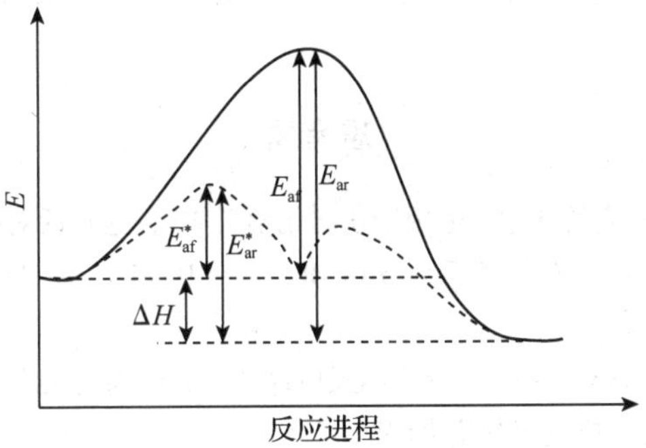


**图 3-6　催化反应和非催化反应的活化能与反应途径示意**

从图 3-6 中可以看出，加入催化剂后，正、逆反应的活化能降低值是相等的，这表明催化剂对于正、逆反应的作用是等同的，它可以同时加快正、逆反应的速率。催化剂的存在并不改变反应物和生成物的相对能量，也不改变反应热 $\Delta H$ (因 $\Delta H=E_{af}-E_{ar}$)。对于热力学上不能进行的反应，催化剂也不能使它发生，也就是说催化剂不能改变反应方向，也不能改变平衡常数和平衡状态。

催化反应有多种类型，就催化剂与反应物所处的情况来看，常分为均相催化和多相催化。均相催化是指催化剂与反应物处于均匀的一相中。多相催化反应中催化剂往往自成一相，与反应物之间存在界面，如合成氨反应、接触法制硫酸均属多相催化反应。

### 3.5.4　生物催化剂和仿生催化剂

生物催化剂主要是指酶类化合物。酶是生物体内自己合成的一类特殊蛋白质，其基本质点的大小与溶胶粒子相近，它们具有高效的催化作用，生物体内的各种化学反应几乎都是在各种特定酶的催化作用下进行的。有许多反应，我们在实验室里，采用如高温、高压等剧烈条件仍无法实现，但在生物体内，却可以在十分温和的条件下进行。如豆科植物根瘤菌的固氮作用，绿叶的光合作用等，都是依靠了酶的催化作用。与一般催化剂相比，生物催化剂有以下特点：

(1)具有很高的催化效率。例如，蔗糖酶催化蔗糖水解比盐酸快 20 000 亿倍；用脲酶催化脲素水解反应比非酶催化快几万倍。

(2)催化反应所需条件非常温和。一般在常温、常压、接近中性的条件下有效地起催化作用。例如，在实验室将肉水解成氨基酸，需加强酸并加热煮沸 20h 以上，但在动物消化道内，由于有酶的催化作用，温度仅 37~40 ℃，且无强酸强碱作用，却只需 2h 就可完成。

(3)具有更高的选择性，甚至达专一的程度，称为酶催化的专一性。一种酶通常只能催化一种或一类物质的反应。不同的酶有不同的作用，例如，有专管催化淀粉水解成糊精的淀粉酶；有专管催化蛋白质水解成氨基酸的蛋白酶等。

(4)催化反应历程复杂。仿生催化剂是指人类模仿天然的生物催化剂的结构、作用特点而设计、合成出来的一类催化剂。其特点是具有和天然生物催化剂相似的性能特点，但比天然生物催化剂稳定性好，能在生物催化剂无法工作的较恶劣的条件下工作，而且可以大量制得。仿生催化剂可广泛应用于现代食品工业，医疗卫生和农业生产等行业中，但这方面的研究还处于初级阶段，如有突破，将会引起现代工业的一次伟大变革。

## 思考题

1.“质量作用定律是一个普遍的规律，适用于任何化学反应”，这句话对吗？

2. 浓度对反应速率有何影响？对任意反应 $aA+bB \longrightarrow dD+eE$ ，$v=kc_A^a c_B^b$ 关系式是否一定成立？为什么？

3. 说明什么是基元反应？它有何特点？什么叫反应级数？如何确定反应级数？

4. 升高温度，任何反应的反应速率都增大吗？

5. 什么叫活化能？在研究反应速率的过程中，它有什么重要意义？如何测出一个化学反应活化能的大小？

6. 说明催化剂改变反应速率的原因？

7. 说明下列事实，反应 $CO(g) + NO_2(g) \longrightarrow CO_2(g)+NO(g)$

(1)虽然反应的 $\Delta_r G_m^\ominus(298.15\ K)$ 为 $-212\ kJ \cdot mol^{-1}$，但在室温下反应速率很慢。

(2)在高温时该反应的反应速率加快。

8. 下列说法正确与否？试说明理由。

(1)某反应的速率常数很大，所以反应速率很大。

(2)某催化剂用于合成氨，在一定条件下 $N_2$ 的平衡转化率为 20%，现发现一种新的催化剂，较原催化剂使速率常数增大一倍，则平衡转化率变为 40%。

(3)某反应当温度由 10 ℃升高到 20 ℃时，反应速率是原来的 3 倍；如果从 10 ℃升高到 30 ℃时，反应速率是原来的 6 倍。

9. 用锌与稀硫酸制取氢气，反应的 $\Delta_r H_m^\ominus(298.15\ K)$ 为负值。在反应开始后一段时间内反应速率加快，后来反应速率又变慢。试从浓度、温度等因素来解释此现象。

10.“活化能越大的反应，其反应速率越小”和“活化能较大的反应，温度上升时反应速率增加较快”这两句话对否？两者有无矛盾？

## 习　题

### 一、选择题

1. 当速率常数的单位为 $mol^{-1} \cdot L \cdot S^{-1}$ 时，反应级数为(　　)。

A. 1　　B. 2　　C. 0　　D. 3

2. 催化剂是通过改变反应进行的历程来加速反应速率，这一历程影响(　　)。

A. 增大碰撞频率　　B. 降低活化能　　C. 减小速率常数　　D. 增大平衡常数值

3. 下列叙述中正确的是(　　)。

A. 化学反应动力学是研究反应的快慢和限度的

B. 反应速率常数大小即是反应速率的大小

C. 反应级数越大反应速率越大

D. 活化能的大小不一定总能表示一个反应的快慢，但可表示反应速率常数受温度变化影响的大小

4. 当反应 A+B=AB 的速率方程为 $v=kc_Ac_B$ 时，则此反应为(　　)。

A. 一定是基元反应　　B. 一定是非基元反应

C. 不能肯定是否是基元反应　　D. 反应为一级反应

5. 某一级反应的速率常数为 $9.5\times10^{-2}\ min^{-1}$，则该反应的半衰期为(　　)。

A. 3.65 min　　B. 7.29 min　　C. 0.27 min　　D. 0.55 min

6. 合成氨反应 $3H_2(g)+N_2(g)═══2NH_3(g)$ 在恒压下进行时，若向体系中加入 Ar，则氨的产率(　　)。

A. 减小　　B. 增大　　C. 不变　　D. 无法判断

### 二、填空题

1. 反应 A+B=C 的速率方程为 $v=kc_Ac_B{}^{1/2}$，其反应速率的单位__________，反应速率常数的单位为________。(注：浓度单位为 $mol \cdot L^{-1}$；时间单位为 s)

2. 催化剂改变了__________，降低了__________，从而增加了__________，使反应速率加快。

3. 在常温常压下，HCl(g)的生成热为 $-92.3\ kJ \cdot mol^{-1}$，生成反应的活化能为 $113\ kJ \cdot mol^{-1}$，则其逆反应的活化能为__________ $kJ \cdot mol^{-1}$。

4. 由阿伦尼乌斯公式可以看出，升高温度反应速率常数将________；使用催化剂时，反应速率常数 $k$ 将________；而改变反应物或生成物浓度时，反应速率常数 $k$__________。

### 三、计算题

1. 某反应的速率常数 $k$ 为 $1.0\times10^{-2}\ min^{-1}$，若反应物的初始浓度为 $1.0\ mol \cdot L^{-1}$，求反应的半衰期。

2. 某反应在 298 K 时速率常数 $k_1$ 为 $3.4\times10^{-5}\ s^{-1}$，在 328 K 时速率常数 $k_2$ 为 $1.5\times10^{-3}\ s^{-1}$，求反应的活化能 $E_a$ 和指前因子 $A$。

3. 已知某反应的活化能 $E_a=80\ kJ \cdot mol^{-1}$。求(1)由 20 ℃升到 30 ℃；(2)由 100 ℃升至 110 ℃时，其速率常数分别增大了多少倍?

4. 在没有催化剂存在时，$H_2O_2$ 的分解反应 $H_2O_2(l)═══H_2O(l)+\frac{1}{2}O_2(g)$ 的活化能为 $75\ kJ \cdot mol^{-1}$，当有铁催化剂存在时，该反应的活化能就降低到 $54\ kJ \cdot mol^{-1}$。计算在 298.15 K 时此两种反应速率的比值。

5. $CO(CH_2COOH)_2$ 在水中分解成丙酮和二氧化碳。在 283 K 时分解反应的速率常数为 $1.08\times10^{-4}\ mol \cdot L^{-1} \cdot s^{-1}$，333 K 时为 $5.48\times10^{-2}\ mol \cdot L^{-1} \cdot s^{-1}$。求该反应的活化能及 303 K 时分解反应的速率常数。

6. 人体中的某种酶的催化反应的活化能为 50 $kJ \cdot mol^{-1}$，正常人的体温为 310 K(37 ℃)，问发烧到 313 K(40 ℃)的病人体内，该反应的反应速率增加了多少倍？

7. 蔗糖催化水解 $C_{12}H_{22}O_{11} + H_2O \longrightarrow 2C_6H_{12}O_6$ 是一级反应，在 25 ℃时，如其速率常数为 $5.7\times10^{-5}\ s^{-1}$。(1)浓度为 1 $mol \cdot L^{-1}$ 的蔗糖溶液分解 10%，需多长时间？(2)若反应的活化能为 110 $kJ \cdot mol^{-1}$，那么在什么温度时反应速率是 25 ℃时的 1/10？

# 第4章

# 化学平衡

# (Chemical Equilibrium)

对于化学反应，我们关心的不仅是在一定条件下反应进行的方向，而且还要知道在一定条件下反应进行的程度。在一定条件下，不同的化学反应，所能进行的程度是很不相同的，即使是同一化学反应，在不同条件下，所能进行的程度也有较大的差别，而且大多数的化学反应都有一定限度。如何来表示反应限度？决定反应限度的因素是什么？外界条件如何影响反应限度？要解决这些问题，必须深入地研究化学平衡的规律。

化学热力学讨论了化学反应过程中的能量变化规律，且找到了化学反应方向的判据 $\Delta_r G_m^\ominus$，只要化学反应的 $\Delta_r G_m^\ominus < 0$，则化学反应必然是正向自发进行。如

$$2H_2O_2(g) \longrightarrow 2H_2O(g) + O_2(g) \quad \Delta_r G_m^\ominus = -229.06\ \text{kJ} \cdot \text{mol}^{-1}$$

可见此反应在标准状态下即可以自发地进行，那么反应是否能将反应物全部转化成产物呢？从反应的进度来看，随着反应的进行，反应物的自由能 $G$ 逐渐减少，而产物的自由能 $G$ 逐渐增大，直到某一时刻 $\Delta_r G_m^\ominus = 0$，反应达到了平衡，这时反应体系内各物质的浓度保持不变，那么各物质浓度之间有什么定量关系？这就是本章所讨论的主要内容。

## 4.1 化学平衡状态(State of Chemical Equilibrium)

### 4.1.1 可逆反应与化学平衡

在一定条件下，既可以向正反应方向进行，同时也可以向逆反应方向进行的化学反应称为可逆反应(reversible reaction)。在目前已知的化学反应中，除放射性元素的衰变外，绝大多数都是可逆反应，只不过有的逆反应很强，表现为明显的可逆反应；而有的逆反应较弱，如 AgI 的沉淀反应、$KClO_3$ 加热分解生成 KCl 和 $O_2$ 的反应等，这类反应可看作正反应进行得很完全，习惯上称为不可逆反应(non-reversible reaction)。

对于任一可逆反应，$aA + bB \rightleftharpoons eE + fF$，在反应开始时，反应物的浓度较大，正反应的反应速率较快，而逆反应的速率很小。随着反应的进行，反应物的浓度不断降低，正反应的反应速率逐渐减慢，逆反应的速率逐渐增大(图 4-1)。经过一定的时间后，正反应速率和逆反应速率相等，此时反应达到最大限度，反应物和生成物的浓度不再随时间的变化而改变。当正反应速率等于逆反应速率时，体系所处的状态叫作化学平衡(chemical equilibrium)。

化学平衡是一种动态平衡。在平衡状态下，虽然反应物和生成物的浓度均不再发生变

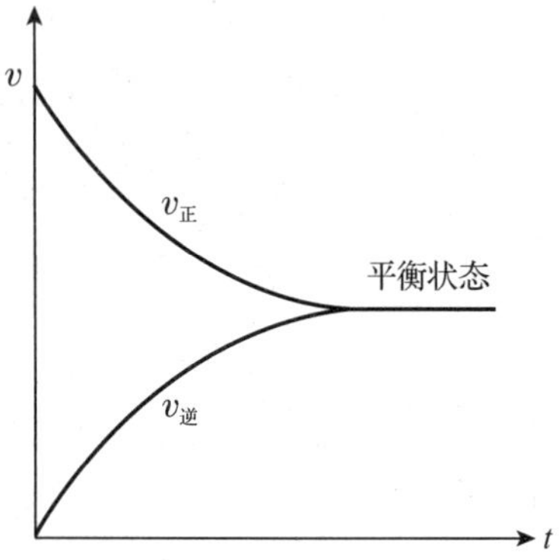


图 4-1 正逆反应速率示意

化，但反应却没有停止。

化学平衡具有如下的特征：

(1) 只有在恒温条件下，封闭系统中进行的可逆反应，才能建立化学平衡，这是化学平衡建立的前提。

(2) 正、逆反应速率相等是平衡建立的条件。

(3) 化学平衡是封闭体系中可逆反应进行的最大限度，只要条件一定，各物质的分压或浓度都不再随时间而变化，这是平衡建立的标志。

(4) 化学平衡是相对的、暂时的、有条件的平衡。当外界条件变化时，化学平衡要发生变化，直到建立新的动态平衡。

## 4.1.2 平衡常数

### 4.1.2.1 实验平衡常数(*K*)

实验证明，对一个可逆反应，不论起始浓度和方向如何，体系总是自发地趋向于平衡状态。表 4-1 列出了 $N_2O_4(g) \rightleftharpoons 2NO_2(g)$ 反应的 3 组实验数据。由表中的数据可看出，在一定温度下达到平衡时，不论反应的起始浓度如何，$[NO_2]^2/[N_2O_4]$ 的比值是一个常数，这个常数确定了反应平衡时各物质浓度之间的定量关系。

**表 4-1 373 K 时 $N_2O_4(g) \rightleftharpoons 2NO_2(g)$ 反应体系的组成**

| 实验序号 | 物质名称 | 起始浓度/($mol \cdot L^{-1}$) | 平衡浓度/($mol \cdot L^{-1}$) | $[NO_2]^2/[N_2O_4]$/($mol \cdot L^{-1}$) |
|---|---|---|---|---|
| 1 | $NO_2$ | 0.000 | 0.120 | 0.36 |
| | $N_2O_4$ | 0.100 | 0.040 | |
| 2 | $NO_2$ | 0.100 | 0.072 | 0.37 |
| | $N_2O_4$ | 0.000 | 0.014 | |
| 3 | $NO_2$ | 0.100 | 0.160 | 0.37 |
| | $N_2O_4$ | 0.100 | 0.070 | |

对于任一可逆反应 $aA+bB \rightleftharpoons fF+hH$

达到平衡时，若各物质的平衡浓度分别为[A]、[B]、[F]和[H]，其平衡浓度之间同样存在如下的定量关系

$$K_c = \frac{[F]^f[H]^h}{[A]^a[B]^b} \tag{4-1}$$

$K_c$ 为浓度平衡常数(concentration equilibrium constant)，它表示在一定温度下，某反应达到平衡时，产物浓度以反应方程式中的计量系数为指数幂的乘积与反应物浓度以反应方程式中计量系数为指数幂的乘积之比。

对于气相反应，由于气体的分压与其浓度成正比，因此在平衡常数表达式中，可用分压来代替浓度，称为压力平衡常数(pressure equilibrium constant)，用符号 $K_p$ 表示。

$$K_p = \frac{[p(\mathrm{F})]^f[p(\mathrm{H})]^h}{[p(\mathrm{A})]^a[p(\mathrm{B})]^b} \tag{4-2}$$

式中，$p(\mathrm{A})$、$p(\mathrm{B})$、$p(\mathrm{F})$、$p(\mathrm{H})$分别为 A、B、F、H 各物质的平衡分压。

例如，$SO_2$ 转化为 $SO_3$ 的反应　　$2SO_2(g)+O_2(g) \rightleftharpoons 2SO_3(g)$

其压力平衡常数可表示为

$$K_p = \frac{[p(SO_3)]^2}{[p(SO_2)]^2[p(O_2)]}$$

上述的浓度平衡常数 $K_c$ 和压力平衡常数 $K_p$ 都是通过实验数据得到的，称为实验平衡常数(experimental equilibrium constant)。在实验平衡常数表达式中，如果 $a+b=f+h$，则 $K_c$ 和 $K_p$ 无量纲，若 $a+b \neq f+h$ ，则 $K_c$ 和 $K_p$ 有量纲，其单位形式决定于 $\Delta\nu=(f+h)-(a+b)$的值。

#### 4.1.2.2　标准平衡常数 $K^\ominus$

标准平衡常数(standard equilibrium constant)$K^\ominus$ 又称为热力学平衡常数，简称平衡常数。对任一气体反应

$$a\mathrm{A}(g)+b\mathrm{B}(g) \rightleftharpoons f\,\mathrm{F}(g)+h\mathrm{H}(g)$$

其在标准状态(压力为 101.325 kPa)下，标准平衡常数 $K^\ominus$ 的表达式为

$$K_p^\ominus = \frac{\left[\frac{p(\mathrm{F})}{p^\ominus}\right]^f\left[\frac{p(\mathrm{H})}{p^\ominus}\right]^h}{\left[\frac{p(\mathrm{A})}{p^\ominus}\right]^a\left[\frac{p(\mathrm{B})}{p^\ominus}\right]^b} \tag{4-3}$$

式中，$p(\mathrm{A})/p^\ominus$、$p(\mathrm{B})/p^\ominus$、$p(\mathrm{F})/p^\ominus$、$p(\mathrm{H})/p^\ominus$ 分别为 A、B 、F、H 组分平衡时的相对分压，它等于组分分压除以标准压力 $p^\ominus$($p^\ominus=101.325$ kPa)，是无量纲的量。由它得到的$K_p^\ominus$ 也是无量纲的量。

对溶液中的反应，标准状态(压力 $p^\ominus=101.325$ kPa)下，对任一反应

$$a\mathrm{A}(aq)+b\mathrm{B}(aq) \rightleftharpoons f\,\mathrm{F}(aq)+h\mathrm{H}(aq)$$

其标准平衡常数表达式为

$$K_c^\ominus = \frac{\left(\frac{[\mathrm{F}]}{c^\ominus}\right)^f\left(\frac{[\mathrm{H}]}{c^\ominus}\right)^h}{\left(\frac{[\mathrm{A}]}{c^\ominus}\right)^a\left(\frac{[\mathrm{B}]}{c^\ominus}\right)^b} \tag{4-4}$$

式中，$[\mathrm{A}]/c^\ominus$、$[\mathrm{B}]/c^\ominus$、$[\mathrm{F}]/c^\ominus$、$[\mathrm{H}]/c^\ominus$ 分别为 A、B、F、H 组分平衡时的相对浓度($c^\ominus=1\ \mathrm{mol\cdot L^{-1}}$)，是无量纲的量，故 $K_c^\ominus$ 也无量纲。$K_c^\ominus$ 和 $K_p^\ominus$ 与 $K_p$ 和 $K_c$ 存在如下对应关系：

$$K_p^\ominus = \frac{\left[\frac{p(\mathrm{F})}{p^\ominus}\right]^f\left[\frac{p(\mathrm{H})}{p^\ominus}\right]^h}{\left[\frac{p(\mathrm{A})}{p^\ominus}\right]^a\left[\frac{p(\mathrm{B})}{p^\ominus}\right]^b} = \frac{[p(\mathrm{F})]^f[p(\mathrm{H})]^h}{[p(\mathrm{A})]^a[p(\mathrm{B})]^b}\cdot\left(\frac{1}{p^\ominus}\right)^{(f+h)-(a+b)} = K_p(p^\ominus)^{-\Delta\nu} \tag{4-5}$$

$$K_c^{\ominus}=\frac{\left(\frac{[\mathrm{F}]}{c^{\ominus}}\right)^f\left(\frac{[\mathrm{H}]}{c^{\ominus}}\right)^h}{\left(\frac{[\mathrm{A}]}{c^{\ominus}}\right)^a\left(\frac{[\mathrm{B}]}{c^{\ominus}}\right)^b}=\frac{[\mathrm{F}]^f[\mathrm{H}]^h}{[\mathrm{A}]^a[\mathrm{B}]^b}\cdot\left(\frac{1}{c^{\ominus}}\right)^{(f+h)-(a+b)}=K_c(c^{\ominus})^{-\Delta\nu} \tag{4-6}$$

在以往的教材或参考书中，多采用实验平衡常数。为了计算方便和统一，在本书中有关平衡组成的实际运算中采用标准平衡常数。不难理解，标准平衡常数(或实验平衡常数)是衡量平衡状态的一种数量标志，它表明化学反应进行的程度，$K^{\ominus}$($K_p^{\ominus}$ 或 $K_c^{\ominus}$)越大，表明化学反应进行得越完全；反之，$K^{\ominus}$($K_p^{\ominus}$ 或 $K_c^{\ominus}$)越小。化学反应进行的程度就越小。平衡常数 $K^{\ominus}$($K_p^{\ominus}$ 或 $K_c^{\ominus}$)的大小，首先取决于化学反应的性质，其次是温度，即平衡常数 $K^{\ominus}$ 是温度的函数，与浓度和压力无关。

在使用平衡常数 $K^{\ominus}$ 时，下列几点需特别注意：

(1)平衡常数 $K^{\ominus}$ 只与反应温度有关，与浓度和压力无关，故在使用平衡常数 $K^{\ominus}$ 时，必须注明反应温度。

(2)平衡常数 $K^{\ominus}$ 表达式要与一定的化学方程式相对应。同一反应在同一条件下，若方程式书写形式不同，则平衡常数的值就不同。例如，合成氨反应

① $N_2+3H_2 \rightleftharpoons 2NH_3$ $\quad K_1^{\ominus}=\dfrac{\left[\dfrac{p(NH_3)}{p^{\ominus}}\right]^2}{\left[\dfrac{p(N_2)}{p^{\ominus}}\right]\left[\dfrac{p(H_2)}{p^{\ominus}}\right]^3}$

② $\frac{1}{2}N_2+\frac{3}{2}H_2 \rightleftharpoons NH_3$ $\quad K_2^{\ominus}=\dfrac{\dfrac{p(NH_3)}{p^{\ominus}}}{\left[\dfrac{p(N_2)}{p^{\ominus}}\right]^{\frac{1}{2}}\left[\dfrac{p(H_2)}{p^{\ominus}}\right]^{\frac{3}{2}}}$

③ $NH_3 \rightleftharpoons \frac{1}{2}N_2+\frac{3}{2}H_2$ $\quad K_3^{\ominus}=\dfrac{\left[\dfrac{p(N_2)}{p^{\ominus}}\right]^{\frac{1}{2}}\left[\dfrac{p(H_2)}{p^{\ominus}}\right]^{\frac{3}{2}}}{\dfrac{p(NH_3)}{p^{\ominus}}}$

显然，$K_1^{\ominus}\neq K_2^{\ominus}\neq K_3^{\ominus}$，而是 $\quad (K_1^{\ominus})^{\frac{1}{2}}=K_2^{\ominus}=\dfrac{1}{K_3^{\ominus}}$

(3)若有纯固体、纯液体参加化学反应，则固体、液体的浓度在平衡常数的表达式中不写出，如

$$CaCO_3(s) \rightleftharpoons CaO(s)+CO_2(g)$$

$$K_p^{\ominus}=p(CO_2)/p^{\ominus}$$

(4)在稀水溶液中进行的反应，水的浓度可视为常数，在平衡常数表达式中不书写，如

$$Cr_2O_7^{2-}+H_2O \rightleftharpoons 2CrO_4^{2-}+2H^+$$

$$K_c^\ominus = \frac{\left(\frac{[CrO_4^{2-}]}{c^\ominus}\right)^2\left(\frac{[H^+]}{c^\ominus}\right)^2}{\frac{[Cr_2O_7^{2-}]}{c^\ominus}}$$

但在非水溶液中的反应，若有水参加，则水的浓度不可视为常数，必须写在平衡常数表达式中。

$$C_2H_5OH+CH_3COOH \rightleftharpoons CH_3COOC_2H_5+H_2O$$

$$K_c^\ominus = \frac{\frac{[CH_3COOC_2H_5]}{c^\ominus}\cdot\frac{[H_2O]}{c^\ominus}}{\frac{[C_2H_5OH]}{c^\ominus}\cdot\frac{[CH_3COOH]}{c^\ominus}}$$

**【例 4.1】**由实验测得，合成氨反应在 773 K 建立平衡，$NH_3(g)$、$N_2(g)$ 和 $H_2(g)$ 分压分别为 $3.57\times10^3$ kPa、$4.17\times10^3$ kPa 和 $12.52\times10^3$ kPa。计算合成氨反应实验平衡常数和标准平衡常数。

**解**：合成 $NH_3$ 反应　　$N_2(g)+3H_2(g) \rightleftharpoons 2NH_3(g)$

平衡时压力/$10^3$ kPa　　4.17　　12.52　　3.57

实验平衡常数

$$K_p = \frac{p^2(NH_3)}{p(N_2)p^3(H_2)} = \frac{(3.57\times10^3)^2}{(4.17\times10^3)(12.52\times10^3)^3} = 1.56\times10^{-9}\ \text{kPa}^{-2}$$

标准平衡常数

$$K_p^\ominus = \frac{[p(NH_3)/p^\ominus]^2}{[p(N_2)/p^\ominus][p(H_2)/p^\ominus]^3}$$

$$= \frac{(3.57\times10^3/101.325)^2}{(4.17\times10^3/101.325)(12.52\times10^3/101.325)^3} = 1.60\times10^{-5}$$

通过此例不难看出，当 $\Delta\nu\neq0$ 时，$K_p\neq K_p^\ominus$；只有 $\Delta\nu=0$，$K_p=K_p^\ominus$。对于 $K_c$ 和 $K_c^\ominus$，当 $\Delta\nu\neq0$ 时，两者单位不同但数值相等；当 $\Delta\nu=0$ 时，$K_c=K_c^\ominus$。

**【例 4.2】**下列反应表示氧合血红蛋白转化为一氧化碳血红蛋白：

$$CO(g)+Hem\cdot O_2(aq) \rightleftharpoons O_2(g)+Hem\cdot CO(aq)$$

在 $K^\ominus$(体温)等于 210 时。经实验证明，只要有 10%的氧合血红蛋白转化为一氧化碳血红蛋白，人就会中毒死亡。计算空气中 CO 的体积分数达到多少，即会对人的生命造成危险？

**解**：空气的总压力约为 100 kPa。其中，氧气的分压力约为 21 kPa。当有 10%的氧合血红蛋白转化为一氧化碳血红蛋白时，

$$\frac{[Hem\cdot CO]/c^\ominus}{[Hem\cdot O_2]/c^\ominus} = \frac{1}{9}$$

$$K^\ominus = \frac{\frac{[Hem\cdot CO]}{c^\ominus}\cdot\frac{p(O_2)}{p^\ominus}}{\frac{[Hem\cdot O_2]}{c^\ominus}\cdot\frac{p(CO)}{p^\ominus}} = \frac{21/p^\ominus}{9[p(CO)/p^\ominus]} = 210$$

$$p(CO) = 0.01\ kPa$$

故 CO 的体积分数为 $\frac{0.01\ kPa}{100\ kPa} = 0.01\%$

即空气中 CO 的体积分数达万分之一时，即可对生命造成威胁。

**【例 4.3】** 298 K 时，反应 $Ag^+(aq) + Fe^{2+}(aq) \rightleftharpoons Ag(s) + Fe^{3+}(aq)$ 的标准平衡常数 $K_c^\ominus = 3.2$。若反应前 $c(Ag^+) = c(Fe^{2+}) = 0.10\ mol \cdot L^{-1}$，计算反应达到平衡后各离子的浓度。

**解：** 设平衡时 $c(Fe^{3+}) = x\ mol \cdot L^{-1}$，则根据反应式可知

| | $Ag^+(aq)$ | $+\ Fe^{2+}(aq)$ | $\rightleftharpoons$ | $Ag(s)\ +\ Fe^{3+}(aq)$ |
|---|---|---|---|---|
| $c_0$(初始)/($mol \cdot L^{-1}$) | 0.10 | 0.10 | | 0 |
| $c_{eq}$(平衡)/($mol \cdot L^{-1}$) | $0.10-x$ | $0.10-x$ | | $x$ |

$$K_c^\ominus = \frac{[Fe^{3+}]/c^\ominus}{\frac{[Ag^+]}{c^\ominus} \cdot \frac{[Fe^{2+}]}{c^\ominus}} = \frac{x}{(0.10 - x)^2} = 3.2$$

得
$$x = 0.020$$

即平衡时，$[Fe^{3+}] = 0.020\ mol \cdot L^{-1}$；$[Fe^{2+}] = 0.080\ mol \cdot L^{-1}$；$[Ag^+] = 0.080\ mol \cdot L^{-1}$。

### 4.1.3 多重平衡规则

在某温度下，若某反应可以表示成几个反应的总和，则总反应的平衡常数为各个反应平衡常数的乘积，这种关系称为多重平衡原则(multiple equilibrium rule)，即

$$K_总^\ominus = K_1^\ominus K_2^\ominus K_3^\ominus \cdots$$

假若一个反应由两个反应之差构成，则总反应的平衡常数等于两个分反应平衡常数之商。

$$K_总^\ominus = \frac{K_1^\ominus}{K_2^\ominus}$$

应用多重平衡规则时，应注意所有平衡常数必须是相同温度时的值。

**【例 4.4】** 已知反应 $NO(g) + \frac{1}{2}Br_2(l) \rightleftharpoons NOBr(g)$(溴化亚硝酰)，25 ℃时的平衡常数 $K_1^\ominus = 3.6 \times 10^{-15}$；液体溴在 25 ℃时的饱和蒸气压为 28.4 kPa。求 25 ℃时反应 $NO(g) + \frac{1}{2}Br_2(g) \rightleftharpoons NOBr(g)$的标准平衡常数 $K^\ominus$。

**解：** 已知 25 ℃时，$NO(g) + \frac{1}{2}Br_2(l) \rightleftharpoons NOBr(g)$ (1)

$$K_1^\ominus = 3.6 \times 10^{-15}$$

从 25 ℃时液体溴的饱和蒸气压可得液态溴转化为气态溴的平衡常数，即

$$Br_2(l) \rightleftharpoons Br_2(g) \qquad (2)$$

$$K_2^\ominus = \frac{28.4\ kPa}{101.325\ kPa} = 0.280$$

$$\frac{1}{2}Br_2(l) \rightleftharpoons \frac{1}{2}Br_2(g) \qquad (3)$$

$$K_3^{\ominus} = \sqrt{K_2^{\ominus}} = 0.529$$

由式(1)-式(3)得

$$NO(g) + \frac{1}{2}Br_2(g) \rightleftharpoons NOBr(g)$$

$$K^{\ominus} = K_1^{\ominus} \times \frac{1}{K_3^{\ominus}} = \frac{3.6 \times 10^{-15}}{0.529} = 6.8 \times 10^{-15}$$

## 4.2　平衡常数与自由能变(Equilibrium Constant and Change of Free Energy)

平衡常数是研究化学反应的重要数据，它可由实验测得，也可根据热力学数据计算而得。

在标准状态下，不同反应的标准摩尔吉布斯自由能变 $\Delta_r G_m^{\ominus}(T)$ 不同，这是由物质本性决定的。对同一反应，因物质浓度不同反应的摩尔吉布斯自由能变 $\Delta_r G_m(T)$ 也不同，说明物质的浓度对反应的自由能改变也有贡献。

对任意一个化学反应

$$aA + dD \rightleftharpoons gG + hH$$

热力学研究证明，在定温定压任意状态下反应的自由能变化 $\Delta_r G_m(T)$ 与标准状态下反应的自由能变化 $\Delta_r G_m^{\ominus}(T)$ 之间有如下关系：

$$\Delta_r G_m(T) = \Delta_r G_m^{\ominus}(T) + RT\ln Q \tag{4-7a}$$

此式即为化学反应等温式(chemical reaction isotherm)，又叫范特霍夫等温式，式中对数项的 $Q$ 称为反应商(reaction quotient)。利用该式可以计算定温任意状态下化学反应的摩尔吉布斯自由能的改变 $\Delta_r G_m(T)$，进而可判断反应在任意状态下进行的方向。

如果是在溶液中进行，有

$$\Delta_r G_m(T) = \Delta_r G_m^{\ominus}(T) + RT\ln \frac{[c(G)/c^{\ominus}]^g [c(H)/c^{\ominus}]^h}{[c(A)/c^{\ominus}]^a [c(D)/c^{\ominus}]^d} \tag{4-7b}$$

如果是气相反应，则

$$\Delta_r G_m(T) = \Delta_r G_m^{\ominus}(T) + RT\ln \frac{[p(G)/p^{\ominus}]^g [p(H)/p^{\ominus}]^h}{[p(A)/p^{\ominus}]^a [p(D)/p^{\ominus}]^d} \tag{4-7c}$$

对于气相反应，当反应达到平衡时，$\Delta_r G_m(T) = 0$，此时反应商 $Q$ 中的各相对分压就成了平衡相对分压，$Q$ 的数值就等于平衡常数 $K^{\ominus}$，即

$$0 = \Delta_r G_m^{\ominus}(T) + RT\ln Q = \Delta_r G_m^{\ominus}(T) + RT\ln K^{\ominus}$$

所以

$$\Delta_r G_m^{\ominus}(T) = -RT\ln K^{\ominus} \tag{4-8}$$

由式(4-8)，可得

$$\ln K_p^{\ominus} = -\frac{\Delta_r G_m^{\ominus}(T)}{RT} \tag{4-9a}$$

或

$$\lg K_p^{\ominus} = -\frac{\Delta_r G_m^{\ominus}(T)}{2.303RT} \tag{4-9b}$$

式(4-9a)和式(4-9b)表明化学反应的标准自由能变化 $\Delta_r G_m^\ominus(T)$ 与平衡常数 $K^\ominus$ 的关系。可以看出，在一定温度下，$\Delta_r G_m^\ominus(T)$ 的数值越负，$K^\ominus$ 值就越大，表示反应越完全；$\Delta_r G_m^\ominus(T)$ 的值越正，$K^\ominus$ 值就越小，表示反应进行得越不完全。因此，$\Delta_r G_m^\ominus(T)$ 和平衡常数一样是表明化学反应进行限度的物理量。$\Delta_r G_m^\ominus(T)$ 可以根据热力学数据求得，利用它就能方便地计算出给定反应的平衡常数。

**【例 4.5】** 求反应 $CO(g)+H_2O(g) \rightleftharpoons CO_2(g)+H_2(g)$ 在 298 K 时的平衡常数 $K^\ominus$。

**解：** 查表得 $\Delta_f G_m^\ominus$ (CO, g, 298 K) = −137.15 kJ · mol$^{-1}$，$\Delta_f G_m^\ominus$ ($H_2O$, g, 298 K) = −228.59 kJ · mol$^{-1}$，$\Delta_f G_m^\ominus$ ($CO_2$, g, 298 K) = −394.36 kJ · mol$^{-1}$

所以 $\Delta_r G_m^\ominus$ (298 K) = −394.36+0−(−137.15) −(−228.59) = −28.62 kJ · mol$^{-1}$

将 $\Delta_r G_m^\ominus$ (298 K)代入式(4-9b)

$$\lg K_p^\ominus = \frac{-28.62\times10^3\ \text{J}\cdot\text{mol}^{-1}}{-2.303\times8.314\ \text{J}\cdot\text{mol}^{-1}\cdot\text{K}\times298\ \text{K}} = 5.02$$

$$K_p^\ominus = 1.05\times10^5$$

**【例 4.6】** 计算 320 K 时反应 $HI(g) \rightleftharpoons \frac{1}{2}H_2(g)+\frac{1}{2}I_2(g)$ 的平衡常数。

**解：** 要计算平衡常数，必须先确定该温度下的 $\Delta_r G_m^\ominus(T)$ 。根据吉布斯−亥姆霍兹公式，则有

$$\Delta_r G_m^\ominus(T) = \Delta_r H_m^\ominus(298\ \text{K}) - T\Delta_r S_m^\ominus(298\ \text{K})$$

| 查表得 | $HI(g)$ | $\rightleftharpoons$ | $\frac{1}{2}H_2(g)$ | + | $\frac{1}{2}I_2(g)$ |
|---|---|---|---|---|---|
| $\Delta_f H_m^\ominus$ (298 K)/(kJ · mol$^{-1}$) | 25.9 | | 0 | | 62.438 |
| $S_m^\ominus$ (298 K)/(J · K$^{-1}$ · mol$^{-1}$) | 206.48 | | 130.57 | | 260.6 |

所以 $\Delta_r H_m^\ominus(298\ \text{K}) = \left[\frac{1}{2}\Delta_f H_m^\ominus(H_2,\ g)+\frac{1}{2}\Delta_f H_m^\ominus(I_2,\ g)\right] - \Delta_f H_m^\ominus(HI,\ g)$

$$= 0+\frac{1}{2}\times62.438-25.9 = 5.319\ \text{kJ}\cdot\text{mol}^{-1}$$

$$\Delta_r S_m^\ominus(298\ \text{K}) = \frac{1}{2}S_m^\ominus(H_2,\ g) + \frac{1}{2}S_m^\ominus(I_2,\ g) - S_m^\ominus(HI,\ g)$$

$$= \frac{1}{2}\times130.57+\frac{1}{2}\times260.6-206.48 = -10.895\ \text{J}\cdot\text{K}^{-1}\cdot\text{mol}^{-1}$$

$$\Delta_r G_m^\ominus(320\ \text{K}) = \Delta_r H_m^\ominus(298\ \text{K}) - 320\ \text{K}\times\Delta_r S_m^\ominus(298\ \text{K})$$

$$= 5.319-320\times(-10.895)\times10^{-3} = 8.805\ \text{kJ}\cdot\text{mol}^{-1}$$

由式(4-9b)得

$$\lg K_p^\ominus(320\ \text{K}) = \frac{-8.805\times10^3\ \text{J}\cdot\text{mol}^{-1}}{2.303\times8.314\ \text{J}\cdot\text{mol}^{-1}\cdot\text{K}^{-1}\times320\ \text{K}} = -1.44$$

$$K_p^\ominus(320\ \text{K}) = 3.63\times10^{-2}$$

## 4.3 化学平衡的移动(Shift of Chemical Equilibrium)

化学平衡是动态平衡，它是相对的、暂时的和有条件的。外界条件一旦改变，体系中旧

的平衡就被破坏，一段时间后，体系在新的条件下又建立起新的平衡。这种因外界条件改变而使化学反应从一种平衡状态转变到另一种平衡状态的过程，称为化学平衡的移动。

我们研究化学平衡的目的，就是要掌握平衡移动的规律，使化学平衡向着我们需要的方向移动。

将式(4-8)代入式(4-7a)，化学反应等温式可写成

$$\Delta_r G_m(T) = -RT\ln K^\ominus + RT\ln Q$$

$$\Delta_r G_m(T) = RT\ln \frac{Q}{K^\ominus} \tag{4-10}$$

化学反应等温式表明了在任意状态下，反应的自由能变化与反应商及标准平衡常数的关系。依据式(4-10)，$\Delta_r G_m(T)$的正负仅决定于$Q$与$K^\ominus$的比值。对一个化学反应，在一定温度下$K^\ominus$为定值，因此利用反应商与平衡常数的相对大小，就可以判断在非标准状态下反应进行的方向。

当$Q<K^\ominus$时，$\Delta_r G_m(T)<0$，正反应自发进行；

当$Q>K^\ominus$时，$\Delta_r G_m(T)>0$，逆反应自发进行；

当$Q=K^\ominus$时，$\Delta_r G_m(T)=0$，反应达平衡状态。

下面分别讨论浓度、压力、温度对化学平衡移动的影响。

### 4.3.1 浓度对化学平衡的影响

对任一溶液中的化学反应 $a\mathrm{A}+b\mathrm{B} \rightleftharpoons f\mathrm{F}+h\mathrm{H}$

在一定温度下

$$Q=\frac{\left[\frac{c(\mathrm{F})}{c^\ominus}\right]^f\left[\frac{c(\mathrm{H})}{c^\ominus}\right]^h}{\left[\frac{c(\mathrm{A})}{c^\ominus}\right]^a\left[\frac{c(\mathrm{B})}{c^\ominus}\right]^b}$$

当反应体系达到平衡状态时，$Q=K_c^\ominus$，$\Delta_r G_m^\ominus(T)=0$。若增加反应物的浓度或减小生成物的浓度时，$Q$值减小，使得$Q<K_c^\ominus$，则$\Delta_r G_m^\ominus(T)<0$，体系不再处于平衡状态，反应正向进行。反之，当增加生成物浓度或减小反应物浓度时，$Q$值变大，使得$Q>K_c^\ominus$，$\Delta_r G_m^\ominus(T)>0$，反应逆向进行。

**【例4.7】**若在某温度时，反应$CO(g)+H_2O(g) \rightleftharpoons CO_2(g)+H_2(g)$的$K_c^\ominus=1.0$，反应开始时CO的浓度为2.0 mol·L$^{-1}$，水蒸气的浓度为3.0 mol·L$^{-1}$。求平衡时各物质浓度及CO转化为$CO_2$的转化率。

**解：** 设平衡时 $[CO_2]=x$ mol·L$^{-1}$

| 则有 | $CO(g)$ | + | $H_2O(g)$ | $\rightleftharpoons$ | $CO_2(g)$ | + | $H_2(g)$ |
|---|---|---|---|---|---|---|---|
| 起始浓度/(mol·L$^{-1}$) | 2.0 | | 3.0 | | 0 | | 0 |
| 平衡浓度/(mol·L$^{-1}$) | 2.0−$x$ | | 3.0−$x$ | | $x$ | | $x$ |

将平衡浓度代入下式

$$K_c^\ominus=\frac{(x/c^\ominus)(x/c^\ominus)}{[(2.0-x)/c^\ominus][(3.0-x)/c^\ominus]}=1.0$$

$$x = 1.2\ \text{mol} \cdot \text{L}^{-1}$$

故 $$[CO] = 2.0 - 1.2 = 0.8\ \text{mol} \cdot \text{L}^{-1}$$

$$[H_2O] = 3.0 - 1.2 = 1.8\ \text{mol} \cdot \text{L}^{-1}$$

$$[H_2] = [CO_2] = 1.2\ \text{mol} \cdot \text{L}^{-1}$$

转化率就是平衡时已经转化了的某反应物的量与转化前该反应物的量之比。

故 CO 转化为 $CO_2$ 的转化率为

$$\frac{2.0 - 0.8}{2.0} \times 100\% = 60\%$$

**【例 4.8】** 如果温度和体积不变，在上述平衡体系中，增加水蒸气的浓度，使之成为 6.0 $\text{mol} \cdot \text{L}^{-1}$，求 CO 转化为 $CO_2$ 的转化率。

**解**：设再次平衡时 $CO_2$ 的浓度增加了 $y$ $\text{mol} \cdot \text{L}^{-1}$，则

| | CO(g) + | $H_2O(g) \rightleftharpoons$ | $CO_2(g)$ + | $H_2(g)$ |
|---|---|---|---|---|
| 起始浓度/($\text{mol} \cdot \text{L}^{-1}$) | 0.8 | 6.0 | 1.2 | 1.2 |
| 平衡浓度/($\text{mol} \cdot \text{L}^{-1}$) | $0.8-y$ | $6.0-y$ | $1.2+y$ | $1.2+y$ |

由于温度未变，故 $K_c^\ominus$ 仍为 1.0，那么

$$K_c^\ominus = \frac{[(1.2 + y)/c^\ominus][(1.2 + y)/c^\ominus]}{[(0.8 - y)/c^\ominus][(6.0 - y)/c^\ominus]} = 1.0$$

故 $$y = 0.37\ \text{mol} \cdot \text{L}^{-1}$$

再次平衡时 $$[CO] = 0.8 - 0.37 = 0.43\ \text{mol} \cdot \text{L}^{-1}$$

$$[H_2O] = 6.0 - 0.37 = 5.63\ \text{mol} \cdot \text{L}^{-1}$$

$$[H_2] = [CO_2] = 1.2 + 0.37 = 1.57\ \text{mol} \cdot \text{L}^{-1}$$

CO 的转化率为 $$\frac{2.0 - 0.43}{2.0} \times 100\% = 78.5\%$$

从计算结果看出，在平衡体系中，增加某一反应物的浓度，平衡向生成产物的方向移动。

### 4.3.2 压力对化学平衡的影响

在固体、液体的反应中，压力改变对平衡的影响可以忽略。而在有气体参与的化学反应中，压力对气体反应平衡移动的影响有以下几种情况。

(1) 反应前后气体分子数不相等的反应。如

$$N_2(g) + 3H_2(g) \rightleftharpoons 2NH_3(g)$$

在一定温度下，当上述反应达到平衡时，则

$$K_p^\ominus = \frac{[p(NH_3)/p^\ominus]^2}{[p(N_2)/p^\ominus][p(H_2)/p^\ominus]^3}$$

如果减小平衡体系的体积，使总压力增加到原来的两倍时，则各组分分压也增加到原分压的两倍，其反应商为

$$Q = \frac{[2p(NH_3)/p^\ominus]^2}{[2p(N_2)/p^\ominus][2p(H_2)/p^\ominus]^3} = \frac{1}{4} K_p^\ominus < K_p^\ominus$$

$$\Delta_r G_m^\ominus(T) < 0$$

此时体系已经不再处于平衡状态，反应朝着生成氨，即气体分子数目减少的方向进行。随着反应的进行，$p(NH_3)$不断增大，$p(N_2)$和$p(H_2)$不断减小，$Q$值增大。最后当$Q$重新等于$K_p^\ominus$时，$\Delta_r G_m^\ominus(T)$又等于零，则体系在新的条件下达到了新的平衡。

同理，保持温度不变，若扩大平衡体系的体积，使总压力减小为原来的1/2，则各组分的分压也相应降低为原来的1/2，于是有

$$Q = \frac{\left[\dfrac{p(NH_3)/p^\ominus}{2}\right]^2}{\left[\dfrac{p(N_2)/p^\ominus}{2}\right]\left[\dfrac{p(H_2)/p^\ominus}{2}\right]^3} = 4K_p^\ominus > K_p^\ominus$$

$$\Delta_r G_m^\ominus(T) > 0$$

此时，体系朝着氨分解，即气体分子数目增多的方向进行。

可见，在等温条件下，增大体系总压力，平衡将向气体分子数目减少的方向移动；减小体系总压力，平衡向气体分子数目增多的方向移动。

(2)反应前后气体分子数目相等的反应。如

$$CO(g) + H_2O(g) \rightleftharpoons CO_2(g) + H_2(g)$$

在一定温度条件下达到平衡时，各组分的平衡分压分别为$p(CO)$、$p(H_2O)$、$p(CO_2)$、$p(H_2)$，则

$$K_p^\ominus = \frac{\dfrac{p(CO_2)}{p^\ominus}\cdot\dfrac{p(H_2)}{p^\ominus}}{\dfrac{p(CO)}{p^\ominus}\cdot\dfrac{p(H_2O)}{p^\ominus}}$$

当减小或扩大体系总体积使总压力增加或减小$n$倍，各组分分压均增加或减小$n$倍，此时

$$Q = \frac{n\dfrac{p(CO_2)}{p^\ominus}\cdot n\dfrac{p(H_2)}{p^\ominus}}{n\dfrac{p(CO)}{p^\ominus}\cdot n\dfrac{p(H_2O)}{p^\ominus}} = K_p^\ominus$$

(3)加入惰性气体，当体系的体积不变时，总压增大，但参加反应的物质分压不变，故对平衡无影响。当体系的总压不变时，体积增大，参加反应的物质分压改变，故平衡向气体分子数目增多的方向移动。

### 4.3.3 温度对化学平衡的影响

温度对化学平衡的影响，主要是影响平衡常数的值，这与浓度、压力对化学平衡的影响有本质的不同。当一个化学反应达到平衡后，改变体系的温度，平衡常数$K^\ominus$的值会发生相应的变化，而这种变化与化学反应的反应热有关。

对任一指定的平衡体系来说

$$\Delta_r G_m^{\ominus}(T) = -RT\ln K^{\ominus}$$

$$\Delta_r G_m^{\ominus}(T) = \Delta_r H_m^{\ominus} - T\Delta_r S_m^{\ominus}$$

两式合并得

$$\ln K^{\ominus} = \frac{-\Delta_r H_m^{\ominus}}{RT} + \frac{\Delta_r S_m^{\ominus}}{R}$$

式中，$K^{\ominus}$ 为 $K_p^{\ominus}$（气相反应）或 $K_c^{\ominus}$（液相反应）。

设某反应在温度 $T_1$ 和 $T_2$ 时，平衡常数分别为 $K_1^{\ominus}$ 和 $K_2^{\ominus}$，则

$$\ln K_1^{\ominus} = \frac{-\Delta_r H_m^{\ominus}}{RT_1} + \frac{\Delta_r S_m^{\ominus}}{R}$$

$$\ln K_2^{\ominus} = \frac{-\Delta_r H_m^{\ominus}}{RT_2} + \frac{\Delta_r S_m^{\ominus}}{R}$$

两式相减得

$$\ln\frac{K_2^{\ominus}}{K_1^{\ominus}} = \frac{\Delta_r H_m^{\ominus}}{R}\left(\frac{1}{T_1} - \frac{1}{T_2}\right)$$

$$\ln\frac{K_2^{\ominus}}{K_1^{\ominus}} = \frac{\Delta_r H_m^{\ominus}}{R}\left(\frac{T_2 - T_1}{T_1 T_2}\right) \qquad (4\text{-}11a)$$

或

$$\lg\frac{K_2^{\ominus}}{K_1^{\ominus}} = \frac{\Delta_r H_m^{\ominus}}{2.303R}\left(\frac{T_2 - T_1}{T_1 T_2}\right) \qquad (4\text{-}11b)$$

表明了温度对平衡常数的影响。对放热反应，$\Delta_r H_m^{\ominus} < 0$，温度升高($T_2>T_1$)时，$K_2^{\ominus}< K_1^{\ominus}$，即平衡常数随温度升高而减小，反应逆向移动。

对吸热反应，$\Delta_r H_m^{\ominus} > 0$，当温度升高($T_2>T_1$)时，$K_2^{\ominus}> K_1^{\ominus}$；平衡常数随温度的升高而增大，反应正向进行，即平衡向吸热方向移动。

同样，从式(4-11a)和式(4-11b)可以看出，当降低温度时，平衡将向放热反应方向移动。因此，温度对化学平衡的影响是：升高体系的温度，平衡向吸热方向移动；而降低温度，平衡向放热方向移动。

**【例 4.9】**合成氨工业中，CO 的变换反应

$$CO(g) + H_2O(g) \rightleftharpoons CO_2(g) + H_2(g) \qquad \Delta_r H_m^{\ominus} = -41.12\ kJ \cdot mol^{-1}$$

在 500 K 时，$K_1^{\ominus} = 126$。求 800 K 时，$K_2^{\ominus}$ 为多少？

**解**：将数据代入式(4-11b)

$$\lg\frac{K_2^{\ominus}}{126} = \frac{-41.12\times10^3\ J\cdot mol^{-1}}{2.303\times8.314\ J\cdot mol^{-1}\cdot K^{-1}}\left(\frac{800\ K - 500\ K}{800\ K\times500\ K}\right)$$

解得
$$K_2^{\ominus} = 3.09$$

可见对放热反应，升高温度后，平衡常数减小了，即平衡逆向移动。

### 4.3.4 吕·查德里(Le Chatelier)原理

法国科学家吕·查德里于 1887 年总结出了一条平衡移动的总规律：假如改变平衡体系的条件之一，如浓度、温度或压力，则平衡向着减弱这个改变的方向移动。这一规律称为

吕·查德里原理，又称为平衡移动原理。

平衡移动原理是一条普遍的规律，它对于所有的动态平衡(包括物理平衡)都是适用的。但必须注意，它只能应用在已经达到平衡的体系，对于未达到平衡的体系是不适用的。

## 思考题

1. 反应 $2A(g)+B(g) \rightleftharpoons 2C(g)$ 在 700 K 和 800 K 时 $K_p^\ominus$ 分别为 $1.0\times10^5$ 和 $1.0\times10^2$，此反应是放热反应还是吸热反应?

2. 下列反应

$$A \rightleftharpoons B \qquad \Delta_r G_1^\ominus$$

$$B + C \rightleftharpoons D \qquad \Delta_r G_2^\ominus$$

(1) 求反应 $A + C \rightleftharpoons D$ 的标准自由能变化 $\Delta_r G_3^\ominus$ 与 $\Delta_r G_1^\ominus$ 和 $\Delta_r G_2^\ominus$ 的关系；(2)证明 $K_3^\ominus = K_1^\ominus K_2^\ominus$。

3. 下列反应

$$A(g)+B(g) \rightleftharpoons C(g)$$

是放热反应。当反应达到平衡后，如果改变下列反应条件，产物 C 的平衡浓度如何变化? (1) 减小体积，增加系统总压力；(2) 加入 A(g)；(3)加入催化剂；(4) 移去 B(g)。如果改变下列反应条件，$K_c^\ominus$ 如何变化? (1) 升高温度；(2) 增加总压力；(3)加入催化剂；(4) 加入 A(g)。

## 习　题

### 一、选择题

1. 影响化学平衡常数的因素有(　　)。

A. 催化剂　　B. 反应物浓度　　C. 总浓度　　D. 温度

2. 某反应物在一定条件下平衡转化率为 35%，当加入催化剂时，若反应条件相同，此时它的平衡转化率是(　　)。

A. 大于 35%　　B. 等于 35%　　C. 小于 35%　　D. 无法知道

3. 反应 $CO_2(g)+H_2(g) \rightleftharpoons CO(g)+H_2O(g)$ $\Delta_r H_m^\ominus >0$，若要提高 CO 的产率，可采用的方法是 (　　)。

A. 增加总压力　　B. 加入催化剂　　C. 提高温度　　D. 降低温度

4. 密闭容器中，A、B、C 3 种气体建立了化学平衡，它们的反应是 $A+B \rightleftharpoons C$，在相同温度下，如体积缩小 2/3，则平衡常数 $K_p^\ominus$ 为原来的(　　)。

A. 3 倍　　B. 2 倍　　C. 9 倍　　D. 相同值

5. 下列反应及其平衡常数为 $H_2(g)+S(s) \rightleftharpoons H_2S(g)$　$K_1^\ominus$；$S(s)+O_2(g) \rightleftharpoons SO_2(g)$　$K_2^\ominus$，则反应 $H_2(g)+SO_2(g) \rightleftharpoons H_2S(g)+O_2(g)$ 的平衡常数是(　　)。

A. $K_1^\ominus + K_2^\ominus$　　B. $K_1^\ominus - K_2^\ominus$　　C. $K_1^\ominus K_2^\ominus$　　D. $K_1^\ominus / K_2^\ominus$

6. 合成氨反应 $3H_2(g)+N_2(g) \rightleftharpoons 2NH_3(g)$ 在恒压下进行时，若向体系中加入 Ar，则氨的产率(　　)。

A. 减小　　B. 增大　　C. 不变　　D. 无法判断

### 二、填空题

1. 对放热反应，化学平衡常数 $K$ 值随温度升高而________，随温度降低而__________。

2. 反应 $3H_2(g)+N_2(g) \rightleftharpoons 2NH_3(g)$　$\Delta_r H_m^\ominus >0$，在密闭容器该反应达到平衡时，若降低温度，平衡________移动。

3. 已知 $\Delta_f H_m^\ominus(NO, g) = 90.25\ kJ \cdot mol^{-1}$，在 2 273 K 时，反应 $N_2(g)+O_2(g) \rightleftharpoons 2NO(g)$ 的 $K^\ominus = 0.100$。在 2 273 K 时，若 $p(N_2) = p(O_2) = 10\ kPa$，$p(NO) = 20\ kPa$，反应商 $Q$=______________，反应向________方向自发；在 2 000 K 时，若 $p(N_2) = p(O_2) = 10\ kPa$，$p(NO) = 100\ kPa$，反应商 $Q$=______________，反应向________方向自发进行。

4. 673 K 时，反应 $N_2(g)+3H_2(g) \rightleftharpoons 2NH_3(g)$ 的 $K^\ominus = 6.2\times10^{-4}$，则反应 $NH_3(g) \rightleftharpoons \frac{1}{2}N_2(g)+\frac{3}{2}H_2(g)$ 的 $K^\ominus$ =________。

5. 写出下列反应的标准平衡常数表达式：

(1) $Fe(s)+2H^+(aq) \rightleftharpoons Fe^{2+}(aq)+H_2(g)$　　$K^\ominus$ =________；

(2) $CaCO_3(s) \rightleftharpoons CaO(s)+CO_2(g)$　　$K^\ominus$ =________；

(3) $N_2(g)+O_2(g) \rightleftharpoons 2NO(g)$　　$K^\ominus$ =________。

6. 已知下列反应在指定温度的 $\Delta_r G_m^\ominus$ 和 $K^\ominus$：

(1) $N_2(g)+\frac{1}{2}O_2(g) \rightleftharpoons N_2O(g)$　　$\Delta_r G_m^\ominus(1)$，$K_1^\ominus$；

(2) $N_2O_4(g) \rightleftharpoons 2NO_2(g)$　　$\Delta_r G_m^\ominus(2)$，$K_2^\ominus$；

(3) $\frac{1}{2}N_2(g)+O_2(g) \rightleftharpoons NO_2(g)$　　$\Delta_r G_m^\ominus(3)$，$K_3^\ominus$；

则反应 $2N_2O(g)+3O_2(g) \rightleftharpoons 2N_2O_4(g)$ 的 $\Delta_r G_m^\ominus$ =______________，$K^\ominus$ =____________。

**三、判断题**

1. 化学反应商 $Q$ 和标准平衡常数 $K^\ominus$ 的单位均为 1。（　）

2. 对 $\Delta_r H_m^\ominus < 0$ 的反应，温度越高，$K^\ominus$ 越小，故 $\Delta_r G_m^\ominus$ 越大。（　）

3. 一定温度下，1、2 两反应的标准摩尔吉布斯自由能间关系为 $\Delta_r G_m^\ominus(1) = 2\Delta_r G_m^\ominus(2)$，则两反应标准平衡常数间关系为 $K_2^\ominus = (K_1^\ominus)^2$。（　）

**四、计算题**

1. 在一密闭容器中进行着如下反应：

$$2SO_2(g)+O_2(g) \rightleftharpoons 2SO_3(g)$$

$SO_2$ 的起始浓度是 $0.40\ mol \cdot L^{-1}$，$O_2$ 的起始浓度是 $1.00\ mol \cdot L^{-1}$，当 80% 的 $SO_2$ 转化为 $SO_3$ 时，反应达平衡。求平衡时 3 种气体的浓度及实验平衡常数。

2. 698 K，向容积为 10 L 的真空容器中加入 0.10 mol $H_2(g)$ 和 0.10 mol $I_2(g)$，反应达到平衡后，$[I_2] = 0.002\ 1\ mol \cdot L^{-1}$。求平衡时系统内各气体分压力及 698 K 时反应 $H_2(g)+I_2(g) \rightleftharpoons 2HI(g)$ 的标准平衡常数。

3. 写出反应 $O_2(g) \rightleftharpoons O_2(aq)$ 的标准平衡常数表达式，已知 20 ℃、$p(O_2) = 101\ kPa$ 时，氧气在水中的溶解度为 $1.38\times10^{-3}\ mol \cdot L^{-1}$。计算以上反应在 20 ℃时的 $K^\ominus$，并计算 20 ℃时与 101 kPa 大气平衡的水中此 $c(O_2)$。[大气中 $p(O_2) = 21.0\ kPa$]

4. 383 K 时，反应 $Ag_2CO_3(s) \rightleftharpoons Ag_2O(s)+CO_2(g)$ 的 $\Delta_r G_m^\ominus = 14.8\ kJ \cdot mol^{-1}$，求此反应的 $K^\ominus(383\ K)$。在 383 K 烘干 $Ag_2CO_3(s)$ 时，为防止其受热分解，空气中 $p(CO_2)$ 最低应为多少？

5. 根据有关热力学数据，近似计算 $CCl_4(l)$ 在 101.3 kPa 压力下和 20 kPa 压力下的沸腾温度。[$\Delta_f H_m^\ominus$：$CCl_4(l) = -135.4\ kJ \cdot mol^{-1}$；$CCl_4(g) = -102.9\ kJ \cdot mol^{-1}$；$S_m^\ominus$：$CCl_4(l) = 216.4\ J \cdot mol^{-1} \cdot K^{-1}$；$CCl_4(g) = 309.7\ J \cdot mol^{-1} \cdot K^{-1}$]

# 第5章 分析化学概论

## (Introduction to Analytical Chemistry)

分析化学是最早发展起来的化学分支学科，而且在化学早期的发展过程中一直处于前沿和主要地位，被称为“现代化学之母”。分析化学对于促进国民经济和科学技术的发展具有举足轻重的作用，涉及工业产品的质量检测(如钢铁中含铁量的测定)、资源勘探(如矿藏的定位)、环境监测(如 pM 2.5 的检测、室内空气中甲醛含量的测定、水硬度的测定)、食品药品的质量控制(如奶粉中三聚氰胺的检测、酒或饮料中塑化剂的检测)、医学诊断(如血糖含量的检测)等。分析化学被誉为“科学技术的眼镜”，既有很强的实用性又具有严密系统的理论性，加之其与能源、材料、信息、生命、环境等学科交叉渗透，因此，新时代的分析化学又将面临新的挑战，产生新的机遇。

## 5.1 分析化学的任务、方法和发展趋势(Task, Method and Development Trend of Analytical Chemistry)

### 5.1.1 分析化学的任务与方法

分析化学是研究物质的化学组成、结构和测定方法及有关理论的科学。分析化学的研究对象是物质的化学组成和结构，它要解决的问题是物质的化学组分是什么、各组分的相对含量是多少以及这些组分在物质中的存在形式。因此，分析化学主要担负着以下 3 个方面的任务：

①鉴定物质的组成(元素、离子、基团、官能团或化合物等)。

②测定物质组成中各成分的相对含量。

③确定物质的结构(化学结构、晶体结构、空间分布等)。

按照不同的分类标准，分析方法可以分成许多种类。依据分析任务的不同可以分为定性分析、定量分析和结构分析；依据分析对象的化学属性可分为无机分析和有机分析；依据分析时所需试样的量可分为常量分析、半微量分析、微量分析；依据被测组分在试样中相对含量的多少分为常量组分分析(>1%)、微量组分分析(0.01%～1%)及痕量组分分析(<0.01%)。其中，比较经典的分类方法是依据分析原理或物质性质的不同分为化学分析法和仪器分析法。

#### 5.1.1.1 化学分析法

以物质化学反应及其计量关系为基础的分析方法称为化学分析法。在定量分析中，化学分析法主要有滴定分析法(也叫容量分析法)、重量分析法和气体分析法。化学分析法历史悠久，应用广泛，设备简单，经济实惠，是分析化学的基础，所以又称经典分析法，多用于常量组分的测定。

**5.1.1.2 仪器分析法**

以被测物质的某种物理性质或物理化学性质为基础的分析方法，称为物理化学分析法。因为这类分析法通常需要特殊的仪器，所以又称为仪器分析法。仪器分析法一般操作快速，且有较高的准确度，自动化程度高，适合于测定微量或痕量成分。仪器分析法主要包括光学分析法、电化学分析法及色谱分析法等。光学分析法是利用物质的光学性质进行测定的仪器分析法，通常分为光谱法和非光谱法两大类。光谱法包括吸收光谱法(主要包括分子吸收光谱法、原子吸收光谱法)、发射光谱法(主要包括分子发光分析法、原子发射光谱法、火焰分光光度法等)，以及散射光谱分析法；非光谱法，如比浊法、旋光(偏振光)分析法、折射分析法、光导纤维传感分析法等。电化学分析法是利用待测物质的电化学性质进行分析测定的仪器分析方法，主要有电位分析法、电导分析法、电解分析法和伏安分析法等。色谱分析法是以物质的吸附、分配、交换性能为基础的仪器分析方法，如气相色谱法、液相色谱法、离子色谱法、凝胶色谱法等。

化学分析和仪器分析是分析化学的两大分支，共同承担着各种不同的分析任务，并在化学及相关专业人才的培养中起着十分重要的作用。

### 5.1.2 分析化学的发展趋势

生产和科学研究的需要，是分析化学发展的“动力”，各学科之间的相互渗透是分析化学发展的“催化剂”。生产和科学技术的发展，一方面给分析化学提出了更多的任务和更高的要求；另一方面也给分析化学提供了新的理论和手段，因而迅速地改变着分析化学的面貌。

当前，分析化学的发展趋势主要表现在以下几个方面：

(1)智能化。主要体现在计算机的应用和化学计量学的发展。计算机在分析数据处理、实验条件的最优化选择、数字模拟、专家系统和各种理论计算的研究中，以及在农业生物环境测控与管理中都起着非常重要的作用。

(2)自动化。主要体现在自动分析、遥测分析等方面。如遥感监测地面污染情况，可通过植物的种类、长势及其受害程度，间接判断土壤受污染的程度；又如红外遥测技术在环境监测(大气污染、烟尘排放等)，流程控制，火箭、导弹飞行器尾气组分测定等方面具有独特的作用。

(3)精确化。主要体现在提高灵敏度和分析结果准确度方面。如激光微探针质谱法对有机化合物的检出限量为 $10^{-15}$~$10^{-12}$ g，对某些金属元素的检出限量可达 $10^{-20}$~$10^{-19}$ g，且能分析生物大分子和高聚物；电子探针分析所用试液体积可低至 $10^{-12}$ mL，高含量的相对误差值已达到 0.01%以下。

(4)微观化。主要体现在表面分析与微区分析等方面。如电子探针 X 射线微量分析法可分析半径和深度为 1~3 μm 的微区，其相对检出限量为 0.01%~0.1%。

## 5.2　定量分析的一般程序(General Procedure of Quantitative Analysis)

定量分析的一般程序包括以下几个步骤：试样的采集和制备，试样的分解和处理，测定，分析结果的计算与评价等。本节仅对常见的一些试样的一般分析程序进行简单介绍。

### 5.2.1　试样的采集和制备

在生产实践中，经常要对大量物料中某组分进行测定，但实际分析中只能采集少量样本作为原始试样，经过加工处理后进行测定分析，其分析结果被视为原始物料的实际情况。因此，分析时就需要采集具有高度代表性的试样，即采集试样的组成代表全部物料的平均组成，否则，无论分析工作做得多么认真、准确，仪器方法多么先进，所得结果都毫无实际意义，甚至因提供了无代表性的分析数据，给生产或科研造成严重的损失。因此，采用正确的方法进行试样采集和制备是非常重要的。

#### 5.2.1.1　试样的采集

采集试样是分析的第一步骤，也叫取样。取样一般可分 3 步：①收集粗样(原始试样)。②将收集的原始试样经过混合或粉碎，然后缩分至分析所需的适合量。③制成符合分析时用的分析试样。

为了保证取样有足够的代表性和准确性，又不花费过多的人力和物力，试样采集应符合以下几个要求：①大批试样中所有组成部分都有同等被采集的概率。②根据准确度要求，采取随机采样，但最好有一定次序使费用尽可能低。③将多个取样单元的试样彻底混合后，再分成若干份，作为重复。

分析对象多种多样，不同物料取样方法有所不同。专业性样品的采集应参阅有关国家标准或行业标准。下面就一般试样采集的过程进行简单介绍。

(1)固体试样的采集。固体试样种类繁多、形态各异，试样的性质和均匀程度各有差异。组成分布不均匀的物料有矿石、煤炭、土壤等，颗粒大小不等，硬度相差也大，组成极不均匀；组成相对均匀的有谷物、金属材料、化肥和水泥等。

对于不均匀的物料来说，应从大批物料的不同部位和深度，选取多个取样点进行取样，取出一定数量大小不同的颗粒，然后混合作为平均试样，以保证所采取的试样具有代表性。采样的数量可按统计学处理，选择能达到预期的准确度最节约的采样量。

对于土壤试样的采取，因为不同地方的土壤差异很大，导致采样造成的误差要比分析方法带来的误差大很多。因此，采集土壤试样时，必须按照一定采集路线、多点随机混合的原则进行。比较常用的采样路线有锯齿形、棋盘式、对角线法等。一般是在 20~30 个采样点采集小样加以混合。采样时，按照不同的深度，垂直于地面切取土样。采集到的小样，每份 0.5~1 kg，将其全部放在平整的牛皮纸上，除去石块、草根、树皮等杂物，混匀后按四分法缩分至最后质量不少于 1 kg 作为分析试样。

对于农药、化肥、饲料以及精矿等粉状松散的物料，其组成相对比较均匀，因此可以减少取样点。无论物料以堆、袋、包、桶、箱等哪种方式存放，一般都要使用探针采集样品。将取样钻(探针)插入物料中，旋转数圈，使物料充满探针中间管道后拔出，即得一份小样。

将多次取得的小样合并成一个平均试样。

(2)液体试样的采集。液体试样有水、饮料、油和工业溶剂等，它们一般比较均匀，因此采样单元数可以较少。对于盛装在小容器中的液体试样，通常可以先将其搅拌均匀，然后用瓶子或取样管采集一份试样用于分析。如果是在大容器里的液体试样，人为地搅拌难以有效地使液体混合均匀，则可以在大容器的不同深度、不同部位分别取样，然后经均匀混合后方可作为分析试样，以保证其具有代表性。例如，采取水样时，在保证样品具有代表性的前提下，应根据具体情况，采用不同的方法取样。当采集水管中的水样时，采样前需将水龙头或阀门打开，先放水 10~15 min，然后再用干净试剂瓶收集水样。收集时最好在水龙头处连接乳胶管，乳胶管另一头插入瓶底，使水样自下而上充满样品瓶，当样品瓶盛满水溢出一段时间后，塞好瓶塞。采集江、河、池、湖中的水样时，首先要根据分析目的及水系的具体情况选择好采样地点，然后用采样器在不同采样点、不同深度各取一份水样，将其混合均匀，取体积不少于 500 mL 的样品作为分析试样。

(3)气体试样的采集。气体试样有汽车尾气、工业废气、大气、压缩气体及气溶物等。最简单的采集气体试样的方法是用泵将气体充入取样容器中，一定时间后将其封好即可。例如，采集大气样品，通常选择距离地面 0.5~1.8 m 的高度采样，尽量使大气样品与人畜呼吸的空气相同；采集工农业生产的废气，若是常压或负压(即废气气体压力等于或小于大气压)，可用气泵等将样品瓶和吸气管道抽成真空，再使其吸入废气试样；若是正压(即废气压力大于大气压)，则可用气囊、样品瓶或吸气管道等直接承接试样。一般气体样品体积不少于 1 000 mL。

(4)生物试样的采集。生物试样不同于一般的有机和无机试样，其组成因部位和时季不同有较大差异。因此，应根据研究或分析需要，选取适当部位和生长发育阶段进行采样，采样不仅应注意群体代表性，还应注意适时性和部位的典型性。采样量应根据分析项目而定，须保证试样经处理、制备后，还有足够数量以满足分析需要。

对于植物试样的采集，首先应选定样株，样株的选择必须具有代表性，按照一定路线随机多点采集，组成平均样。平均样的数量要根据植物种类、株型、生育期以及分析的准确度来定。但是，如果分析任务具有特定目标时，采样时就需要注意典型性植株，同时必须另选有对照意义的典型植株。对大田或试验区整体分析时，采样应注意植株的长势，不要采集那些有机械损伤的、受病虫害的、生长不良或过于旺盛的植株。例如，对植株的养分分析，采样部位应选择植物上最能灵敏地反映养分多少的部位，但是一定要结合相关专业知识，注意植物的种类、发育期等。除此以外，由于植物养分含量每天随时间变化而不同，因而尽可能在相同的时间或具有代表性的时间采集样品。

对于动物或食品试样的采集，如动物的血液、尿液、肌肉、肝、肾、皮肤、蛋、奶、血浆、粪便等，可根据不同的分析项目要求来定，有时从不同部位取样，混合后代表该有机体；有时从一个或多个有机体的同一部位取样。

应该指出的是，一切取样工具，如取样器、容器等都应在取样前做好清洁，不可将任何影响分析的物质带入样品中，分析前要保证样品原有的理化特性，不得污染。

**5.2.1.2　试样的制备**

液体和气体试样相对比较均匀，一般在样品采集好后就可以直接作为分析试样。而对于固体试样和生物试样来说，采集完之后还需进行制备处理才能进行分析实验。

固体试样往往质量较大，且其组成复杂，化学成分的分布常常不均匀，必须经过多次破碎、过筛、混匀和缩分等步骤加工处理，使其数量减少，但又能代表原始试样，才能制备成分析试样使用。

(1)破碎和过筛。破碎要通过机械或人工方法进行，一般可分为粗碎、中碎和细碎 3 个阶段。

①粗碎：用鄂式破样机将试样破碎至能够全部通过 10 目筛孔。

②中碎：一般用盘式破样机或对辊式破样机把粗碎后的试样粉碎至能通过 20 目筛孔。

③细碎：用盘式粉碎机或研钵进一步磨碎，直至能通过所要求的 100~200 目筛孔。

应该指出的是，在破碎和过筛的过程中，每次都应该使未通过筛孔的样品进一步破碎，直至全部通过筛孔，不可弃去大颗粒样品，否则会影响分析样品的代表性，从而影响分析结果的可靠性。再者，粉碎时应避免混入杂质。

(2)混合与缩分。试样每经过一次破碎，都应该充分混匀，用机械(分样器)或人工的方法取出一部分有代表性的试样再进行下一次处理，而弃去另一部分，这样就可以将试样量逐渐缩小，这个过程称为缩分。

缩分的目的是使粉碎试样的量减少，便于分析，同时又不失其代表性。常用的手工缩分方法为“四分法”，即将粉碎混匀的样品堆成圆锥形(图 5-1)，从顶点垂直向下挤压成圆台，通过中心将其分割成“十”字形四等份，弃去任一对角的两份(图 5-1 中的划线部分)，将留下的一半样品收集在一起混合均匀，这样样品就完成了第一次缩分。将剩下的样品进行如此重复操作，连续缩分，直到所剩样品稍大于分析测定所需量为止。

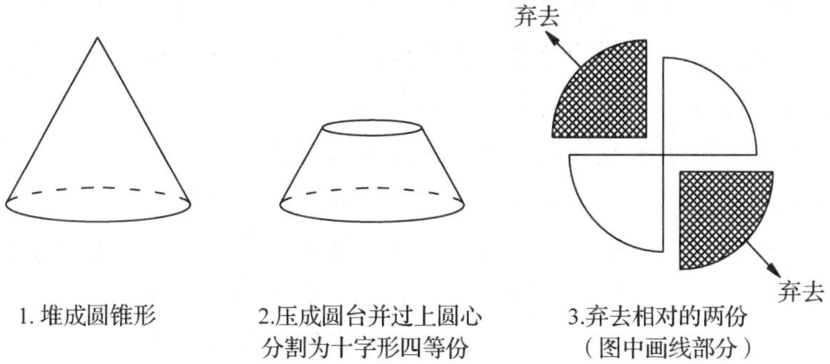


**图 5-1　四分法示意**

生物试样采样后为防止有机体的物质运转或变质，为保证分析结果的可靠性和准确度，因此，必须对生物试样采用相应的方法进行制备或保存。

生物试样的制备首先根据实际情况进行正确洗涤，否则会引起污染。例如，植物组织试样在采集后必须洗涤，否则可能由泥土、施肥、农药等带入污染。洗涤应在植物尚未萎蔫时刷洗，先用自来水刷洗表面杂物，再用蒸馏水冲洗，最后用滤纸吸干。

采集的植株试样如果要进行不同器官的测定分析，则采集样品后，应立即将其剪开，以免物质运转。若剪碎的试样较多时，可在混匀后经四分法缩分至所需要的质量。

鲜样分析的样品，应立即进行处理和分析，如生物试样中的酚、亚硝酸、有机农药、维生素、氨基酸等在生物体内易发生转化、降解或者不稳定的成分，一般应采用新鲜样品进行分析。如需短期保存，必须按要求在低温下冷藏，以抑制其变化。对于不易变化的成分常用干燥试样来测试分析。生物试样的干燥有多种方法，如新鲜的植物试样要分两步干燥，即先将洗涤干净的样品在 80~90 ℃的干燥箱中保持 1.5~3 h，然后降温至 60~70 ℃，除去水分。对于水样的浓缩，植物、动物血清和其他含有易挥发组分的干燥可采用冷冻干燥法：样品放在冷冻干燥室内，抽真空至 0.13~0.65 MPa，水变成冰，2~3 d 后冰全部升华。

干燥的试样可用研钵或带有刀片的粉碎机粉碎，并全部过筛。分析试样的细度要根据称取量的大小来定。一般用筛孔直径为 1 mm 的试样筛，若称样量小于 1 g 时，就需要使用 0.25 mm 的筛子。样品过筛后要充分混匀，保存好，必要时内外各放一个试样标签。贮存生物材料的容器材料有塑料和玻璃，注意贮存期间的吸附：塑料易吸附脂溶性组分，玻璃易吸附碱性物质。

生物样品的制备除上述洗涤、干燥、粉碎、过筛等一般程序外，有时还有离心、过滤、防腐和抑制降解等。例如，血样(血浆、血清、血液)和尿样等要注意酸败和细菌污染，一般在 4 ℃冷藏和加入氯仿或甲苯防腐。

### 5.2.2 试样的分解和处理

在化学分析中，通常要求试样为溶液，因此，如果试样不是溶液，则需要先通过适当的方法将其转化成溶液，这个过程称为试样的分解。分解工作是分析工作的重要步骤之一，直接关系到待测物质转变为适合的测定形态，也关系到以后的分离和测定。分解处理试样的要求：①试样分解必须完全，处理后的溶液中不得残留原试样的细屑或粉末；若为部分分解试样，则应确保被测组分完全转入溶液中。②试样分解过程中待测组分不应挥发损失。③不应引入被测组分和干扰物质。常用的分解方法有溶解法、干灰化法和熔融法等。由于试样的性质不同，分解的方法也有所不同。通常将试样分为无机试样和有机试样两大类，对于无机试样的分解常用溶解法、熔融法或烧结法等；而对于有机试样的分解常用湿式消化法或干式灰化法等。在实际分解试样时，有时不同方法联用，才能达到分解试样的目的。

在实际分析过程中，常会遇到含有多种组分的复杂试样，当这些共存组分对测定彼此干扰，而且不能简单地通过选择适当的测定方法或加入适当的掩蔽剂消除干扰时，就必须在测定前先将干扰物分离除去再进行被测组分的测定。常用的分离方法有沉淀分离法、萃取分离法、离子交换分离法和色谱分离法等。此外，随着计算机技术和化学计量学的发展，很多干扰问题可在仪器测试中或通过计算机处理来解决，也可以通过计算分析将干扰组分同时测定来达到消除干扰的目的。

### 5.2.3 测定

对某种组分的测定往往会有多种分析方法。各种方法都有各自的特点和不足之处。在实际分析时，究竟选择何种测定方法应视具体情况而定，一般主要根据测定任务的具体要求、被测组分的性质、被测组分的含量、共存组分的影响以及实验室的具体条件等因素来选择合适的分析方法进行测定。一般对于常量组分的测定，常采用化学分析法、重量分析法；对于微量或痕量组分的测定应采用高灵敏度的仪器分析方法。

### 5.2.4 分析结果的计算与评价

整个分析过程的最后一个环节是计算待测组分的含量，并同时对分析结果进行评价，判断分析结果的准确度、灵敏度、精密度等是否达到要求。

首先对测定所得数据，利用统计学方法进行合理取舍和归纳，然后根据试样的用量、测量所得数据和分析过程中有关反应的计量关系等计算出分析结果。定量分析的目的是准确测定试样中各组分的含量，因此，必须使分析结果具有一定的准确度。只有准确、可靠的分析结果在生产和科研上才能起应有的作用，不准确的分析结果可能导致生产上的损失、资源浪费以及科学研究上的错误结论等。因此，在定量分析中如何报告分析结果以及评价分析结果的准确度和可靠性，也是必须要掌握的。

在科学研究和非例行分析中，对分析结果的报告要求比较严格，对于分析结果及误差分布情况，应用统计学方法进行评价。

## 5.3 定量分析的误差和数据处理(Error and Data Processing of Quantitative Analysis)

定量分析的目的是通过一系列的分析步骤来获得被测组分的准确含量。但是，在分析过程中，由于受某些主观因素和客观条件的限制，所得结果不可能绝对准确。即使由技术很熟练的分析人员，采用最可靠的分析方法和最精密的分析仪器，在相同条件下对同一试样进行多次测定，也不可能得到完全一致的分析结果。这表明分析过程中存在误差，且它是不可能完全避免或消除的。因此，在进行定量测定时，必须对分析结果做出评价，判断它的准确性和可靠程度。了解分析过程中产生误差的原因及其特点，并采取有效的措施减小误差，使测定结果达到一定的准确度。

### 5.3.1 误差的种类和来源

在定量分析中，根据误差产生的原因及其性质的差异，可以分为系统误差(systematic error)和随机误差(random error)两大类。

#### 5.3.1.1 系统误差

系统误差是定量分析误差的主要来源，对测定结果的准确度有较大影响。它是由分析过程中某些确定的、经常性的因素引起的，对测定值的影响比较恒定。系统误差的特点是具有重现性、单向性和可测性。即在相同的条件下，重复测定时会重复出现；使测定结果系统偏高或系统偏低，其数值大小也有一定的规律；如果能找出产生误差的原因，并设法测出其大小，那么系统误差可以通过校正的方法予以减小或消除，因此也称为可测误差。根据系统误差产生的具体原因，可将其分为以下几类。

(1)方法误差。方法误差来源于所选择的分析方法本身不够完善或有缺陷。例如，在滴定分析中，反应不完全、有副反应产生、存在干扰组分的影响、滴定终点与化学计量点不相符合等；在重量分析中，沉淀的溶解损失、共沉淀和后沉淀、灼烧时沉淀的分解或挥发等，都会导致测定结果系统地偏高或偏低。

(2)仪器与试剂误差。由于仪器不够精确或未经校准，从而引起仪器误差。例如，砝码因磨损或锈蚀造成其真实质量与名义质量不符；滴定分析器皿或仪表的刻度不准而又未经校正；由于实验容器被侵蚀引入了外来组分等。实际误差来源于试剂或蒸馏水不纯，如试剂盒蒸馏水中含有少量的被测组分或干扰组分，会导致测定结果系统地偏高或偏低。

(3)操作误差。由于分析者的实际操作与正确的操作规程有所出入而引起操作误差。例如，使用了缺乏代表性的试样；称量前对试样的预处理不当；试样分解不完全或反应的某个条件控制不当等。操作误差的大小可能因人而异，但对于同一操作者则往往是恒定的。

(4)主观误差。这种误差是由于分析者的一些主观因素造成的，又称为"个人误差"。例如，在判断滴定终点的颜色时，有的人习惯偏深，有的人则偏浅；在读取滴定剂的体积时，有的人偏高，有的人则偏低等。对于没有分析工作经验的操作者往往有着"先入为主"的偏见，第二次测定时主观上尽量向第一次测量结果靠近，根据前次的结果来判定终点，从而产生操作误差。

**5.3.1.2　随机误差**

在平行测定中，即使消除了系统误差的影响，所得的数据仍然是参差不齐的，这是随机误差影响的结果。与系统误差不同，随机误差是由一些随机因素引起的，例如，测定时周围环境的温度、湿度、气压和外电路电压的微小变化；尘埃的影响；测量仪器自身的变动性；分析者处理各份试样时的微小差别以及读数的不确定性等。这些因素很难被人们觉察或控制，也无法避免，随机误差就是这些偶然因素综合作用的结果。它不但造成测定结果的波动，也使得测定值与真实值发生偏离。由于上述原因，随机误差的特点是其大小和正负都难以预测，且不可被校正，故随机误差又称为偶然误差或不可测误差。

对于有限次数的测定，随机误差似乎无规律可言。但对经过相当多次重复测定后，就会发现它的出现符合正态分布统计规律，正态分布是德国数学家高斯首先提出的，故又称为高斯曲线。当测定次数无限增加，在系统误差已经排除的情况下，则得随机误差正态分布曲线。图 5-2 为正态分布曲线，它的数学表达式为

$$y = f(x) = \frac{1}{\sigma\sqrt{2\pi}}e^{-\frac{(x-\mu)^2}{2\sigma^2}} \tag{5-1}$$

式中，$y$ 表明测定次数趋于无限时，测定值 $x$ 出现的概率密度(probability density)；$x$ 值表示测量值；$\mu$ 为总体平均值；$\sigma$ 为总体标准偏差。$\mu$、$\sigma$ 是此函数的两个重要参数，$\mu$ 是正态分布曲线最高点的横坐标值，决定曲线在 $x$ 轴的位置。$\sigma$ 是从总体平均值 $\mu$ 到曲线拐点间的距离，决定曲线的形状。$\sigma$ 小，数据的精密度好，曲线瘦高；$\sigma$ 大，数据分散，曲线较扁平。例如，$\sigma$ 相同 $\mu$ 不同时，曲线的形状不变，只是在 $x$ 轴平移。一旦 $\mu$ 和 $\sigma$ 确定后，正态分布曲线的位置和形状也就确定了，因此 $\mu$ 和 $\sigma$ 是正态分布的两个基本参数，这种正态分布用 $N(\mu, \sigma^2)$ 表示。$x-\mu$ 表示随机误差，若以 $x-\mu$ 作横坐标，则曲线最高点对应的横坐标为零，这时曲线称为随机误差的正态分布曲线。

由式(5-1)及图 5-2 可见随机误差的规律性表现如下：

①$x=\mu$ 时，$y$ 值最大，此即正态分布曲线的最高点。表明随机误差为零的测定值出现的概率最大，曲线自峰向两旁快速地下降，说明小误差出现的概率大，大误差出现的概率小，特别大的误差出现的概率极小。

② 曲线以通过 $x=\mu$ 这一点的垂直线为对称轴。这表明绝对值相等的正、负误差出现的概率相等。

③ 当 $x$ 趋向于 $-\infty$ 或 $+\infty$ 时，曲线自峰向两旁快速地下降，以 $x$ 轴为渐近线，说明小误差出现的概率大，大误差出现的概率小，特别大的误差出现的概率极小。

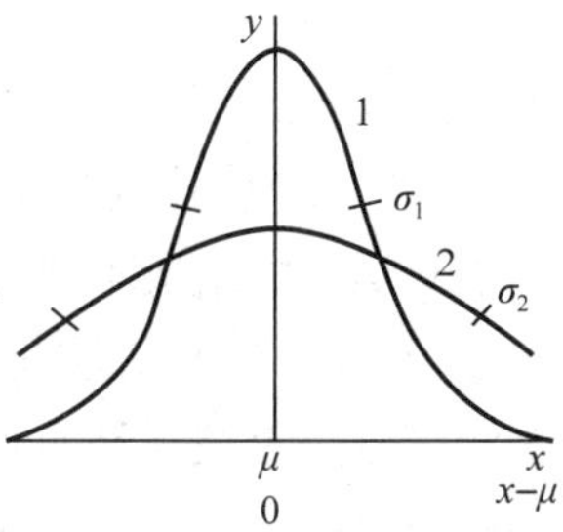


**图 5-2　正态分布曲线**

($\mu$ 相同，$\sigma_2>\sigma_1$)

虽然系统误差与随机误差的性质与处理方法不同，但它们经常同时存在，有时也难以区分。例如，在重量分析法中，因称量时试样吸湿而产生系统误差，但吸潮的程度又有偶然性。又如，滴定管的刻度误差属系统误差，但在一般的分析工作中常因其误差较小而不予校正，将其作为随机误差处理。

除上述两种原因之外，在分析过程中还存在着因操作者的过失而引起的错误。如损失试样、加错试剂、记录或者计算错误等，有时甚至找不到确切的原因。过失是造成测定中大误差的重要因素，但在实质上它是一种错误，并不具备上述误差所具有的性质。作为分析者应加强责任感，培养严谨细致的工作作风，严格按照操作规程进行操作，过失是完全可以避免的。

从上述有关误差的讨论中可知，在分析测定过程中，不可避免地存在误差。要减小分析过程中的误差，可从以下几个方面来考虑：

(1)选择合适的分析方法。各种分析方法在准确度和灵敏度两方面各有侧重，互不相同。在实际工作中要根据具体情况和要求来选择分析方法。化学分析法中的滴定分析法和重量分析法的相对误差较小，故准确度高，但灵敏度较低，适于高含量组分的分析；仪器分析法的相对误差较大，故准确度较低，但灵敏度高，适于低含量组分的分析。例如，用 $K_2Cr_2O_7$ 滴定法测得铁矿石中铁的质量分数为 40.20%，若该方法的相对误差为±0.2%，则铁的质量分数范围是 40.12%～40.28%。这一试样如果用直接比色法进行测定，由于该方法的相对误差约为±2%，测得铁的质量分数范围为 39.4%～41.0%，显然化学分析法的测定结果相当准确，而仪器分析法的结果不能令人满意。反之，若对铁含量为 0.40%的标样进行测定，因化学分析法灵敏度低，难以检测。若采用灵敏度高的分光光度法，因方法的相对误差±2%，分析结果的绝对误差为±2%×0.40%＝±0.008%，对于低含量的铁的测定，这样大小的误差是允许的。因此，选择分析方法是要考虑试样中待测组分的相对含量。

此外，还要考虑试样的组成情况，有哪些共存组分，选择的分析方法干扰要尽量少，或者能采取措施消除干扰以保证一定的准确度。在这样的前提下再考虑分析方法尽量步骤少，操作简单、快速。此外，所用试剂是否易得、价格是否便宜等都是选择分析方法时所要考虑的。

(2)对照试验。为了检验某分析方法是否有系统误差存在，做对照试验是最常用的方法。对照试验一般分为两种：一种是用待检验的分析方法测定某标准试样或纯物质，并将结果与标准值或纯物质的理论相对照，用显著性检验判断是否有系统误差。进行对照试验时，应尽量选择与试样组成相近的标准试样或自己制备的“人工合成试样”来代替标准试样进行对照。另一种是用该方法与国家颁布的标准方法或公认的经典方法同时测定某一试样，并对结果进行显著性检验。如果判断两种方法之间确有系统误差存在，则需找出原因并予以校正。此外，为了检查分析人员之间的操作是否存在系统误差或其他方面的问题，常将一部分试样重复安排给不同的分析者进行测定，称为“内检”。有时又将部分试样送其他单位进行对照试验，称为“外检”。

当对试样的组成不清楚时，对照试验也难以检查出系统误差的存在，这时可采用“加入回收法”试验。这种方法是向试样中加入已知量的待测组分，然后进行对照试验，看看加入的待测试分是否被定量回收，以判断分析过程中是否存在系统误差。对回收率的要求主要根据待测组分的含量而定，对常量组分回收要求较高，一般为99%以上，对微量组分回收率可要求在90%~110%。

(3)回收试验。用选定的方法在已知含量的标准试样中加入一定量的待测组分进行分析，由分析结果观察加入量的检出情况，若回收率(测得结果与加入量的比值)符合要求，说明方法无明显系统误差。

(4)空白试验。就是在不加待测组分的情况下，按照与待测组分同样的分析条件和步骤进行试验，把所得结果作为空白值，从试样的分析结果中扣除空白值，就可以得到比较可靠的分析结果。空白试验的作用是检验和消除由试剂、溶剂(大多数是水)和分析器皿(因被侵蚀)中某些杂质引起的系统误差。空白值一般应该比较小，经扣除后就可以得到比较可靠的测定结果。如果空白值较大，就应该通过提纯试剂、改用纯度较高的溶剂和采用其他更合适的分析器皿等来解决问题，才能提高测定的准确度。空白试验对于微(痕)量组分具有很重要作用。

(5)校准仪器和量器。当允许测定结果的相对误差大于0.1%时，一般不必校准仪器。在对准确度要求较高的测定中，对所使用的仪器或量器，如天平砝码的质量、滴定管、移液管和容量瓶的体积等必须进行校正，在测定中采用校正值，以消除仪器和量器不准带来的误差。

(6)减小测量误差。测量时不可避免地会有误差存在，但是如果对测量对象的量进行合理地选取，就会减少测量误差，从而提高分析结果的准确度。例如，使用万分之一的分析天平，一般情况下称样的绝对误差为±0.000 2 g，如欲称量的相对误差不大于0.1%，那么应称量的最小质量可以按下式计算。

$$\text{相对误差}=\frac{\text{绝对误差}}{\text{试样质量}}\times 100\%$$

$$\text{试样质量}=\frac{0.000\ 2\ \text{g}}{0.001}=0.2\ \text{g}$$

可见称量质量必须在0.2 g以上。

在滴定分析中，滴定管的读数误差一般视为±0.02 mL(末读数-始读数，每次读数误差约±0.01 mL)。为使读数的相对误差小于0.1%，滴定时所消耗滴定剂的体积就应该在20 mL以上；若使用25 mL的滴定管，则应将滴定剂的体积控制在20~25 mL，以减小相对误差。

随机误差是符合正态分布规律的，在消除了系统误差的前提下，增加平行测定的次数可以减小随机误差。平行测定次数越多，平均值就越接近真值，因此，增加平行测定次数，可以提高测定结果的准确度。在一般的定量分析中，平行测定3~4次即可，如对测定结果的准确度要求较高时，可以再增加测定次数。

## 5.3.2　准确度与精密度

在实际工作中，常根据准确度(accuracy)和精密度(precision)评价测定结果的优劣。准确度表示测量值与真值的接近程度，因此用误差来衡量。误差越小，分析结果的准确度越高；反之，误差越大，准确度越低。

### 5.3.2.1　准确度与误差

误差有两种表示方法：绝对误差(absolute error，$E$)和相对误差(relative error，$E_r$)。绝对误差是测量值 $x$ 与真实值 $T$ 之间的差值，即

$$E = x - T \tag{5-2}$$

绝对误差的单位与测量值的单位相同，绝对误差越小，表示测量值与真值越接近，准确度越高；反之，绝对误差越大，准确度越低。当测量值大于真值时，绝对误差为正值，表示测定结果偏高；反之，绝对误差为负值，表示测定结果偏低。

相对误差是指绝对误差相当于真值的百分率，表示为

$$E_r = \frac{E}{T} \times 100\% = \frac{x - T}{T} \times 100\% \tag{5-3}$$

无论是计算绝对误差还是相对误差，都涉及真值 $T$。所谓真值就是指某一物理量本身具有客观存在的真实数据。严格地说，任何物质中各组分的真实含量是不知道的，用测量的方法是得不到的。在实际工作中，常将下面的值当作真值来处理：

①理论真值：如某化合物的理论组成等。

②计量学约定真值：如国际计量大会上确定的长度、质量、物质的量的单位等。

③相对真值：将公认的权威机构发布的标准参考物质(如标准试样)，其证书上给出的数值称为真值。它是采用各种可靠的分析方法，使用最精密的仪器，经过不同实验室、不同人员经过多次测定并对数据进行统计处理后得出的结果。它反映了当前的分析工作中的最(较)高水平，一般用标准值代表该物质中各组分的真实含量，但也是相对的真值。

### 5.3.2.2　精密度与偏差

在实际分析工作中，一般要对试样进行多次平行测定，以求得分析结果的算术平均值。一组平行测定结果相互接近的程度称为精密度，它反映了测定值的再现性。由于在实际工作中真值常常是未知的，因此精密度就成为人们衡量测定结果的重要因素。

精密度的高低取决于随机误差的大小，通常用偏差($d$)来量度。如果测定数据彼此接近，则偏差小，测定的精密度高；相反，如数据分散，则偏差大，精密度低，说明随机误差的影响较大。由于平均值反映了测定数据的集中趋势，因此各测定值 $x$ 与平均值 $\bar{x}$ 之差也体现了精密度的高低。

偏差的表示方法如下：

(1)绝对偏差、平均偏差和相对平均偏差。绝对偏差即各单次测定值 $x_i$ 与平均值 $\bar{x}$ 之差。

$$d_i = x_i - \bar{x}(i = 1, 2, \cdots, n) \tag{5-4}$$

显然偏差有正有负，还有一些偏差可能为零。如果将各单次测定的偏差相加，其和应为

零或接近零，即

$$\sum_{i=1}^{n} d_i = 0 \tag{5-5}$$

为了表示分析结果的精密度，各单次测定偏差的绝对值平均，称为单次测定结果的平均偏差( $\bar{d}$ )。

$$\bar{d} = \frac{|d_1| + |d_2| + \cdots + |d_n|}{n} = \frac{1}{n}\sum_{i=1}^{n}|d_i| \tag{5-6}$$

平均偏差 $\bar{d}$ 代表一组测量值中任何一个数据的偏差，没有正负号。因此，它最能表示一组数据间的重现性。在一般分析工作中平行测定次数不多时。常用平均偏差来表示分析结果的精密度。相对平均偏差( $\bar{d}_r$ )为平均偏差 $\bar{d}$ 在测定结果算术平均值 $\bar{x}$ 中所占的百分率，即

$$\bar{d}_r = \frac{\bar{d}}{\bar{x}} \times 100\% \tag{5-7}$$

(2)标准偏差和相对标准偏差。标准偏差(standard deviation，$s$)也称均方根偏差，它和相对标准偏差是用处理统计方法处理分析数据的结果，二者均可反映一组平行测定数据的精密度。标准偏差越小，精密度越高。

当测定次数趋于无限时，总体标准偏差 $\sigma$ 表示了各测定值 $x_i$ 对总体平均值 $\mu$ 的偏离程度，其表达式为

$$\sigma = \sqrt{\frac{\sum (x_i - \mu)^2}{n}} \tag{5-8}$$

在一般的分析工作中，由于只做有限次测定( $n<20$ 次)，总体平均值是不知道的，故只有采用样本标准偏差来衡量该组数据的精密度，从而表示各测定值对样本平均值的偏离程度。样本的标准偏差用 $s$ 表示：

$$s = \sqrt{\frac{\sum (x_i - \bar{x})^2}{n-1}} = \sqrt{\frac{\sum d_i^2}{n-1}} \tag{5-9}$$

式中，$n-1$ 称为自由度，用 $f$ 表示，它表示在上述样本中，其偏差的自由度为 $n-1$。
样本的相对标准偏差(变异系数)为

$$s_r = \frac{s}{\bar{x}} \times 100\% \tag{5-10}$$

**【例 5.1】**测定某硅酸盐试样中 $SiO_2$ 的质量分数(%)，5 次平行测定结果为 37.40，37.20，37.30，37.50，37.30。计算平均值，平均偏差，相对平均偏差，标准偏差和相对标准偏差。

**解：** $\bar{x} = \frac{1}{5}(37.40 + 37.20 + 37.30 + 37.50 + 37.30)\% = 37.34\%$

$$\bar{d} = \frac{1}{n}\sum |d_i| = \frac{1}{5}(0.06 + 0.14 + 0.04 + 0.16 + 0.04)\% = 0.088\%$$

$$s = \sqrt{\frac{\sum d_i^2}{n-1}} = \sqrt{\frac{(0.06\%)^2 + (0.14\%)^2 + 2\times(0.04\%)^2 + (0.16\%)^2}{5-1}} = 0.11\%$$

$$s_r = \frac{s}{\bar{x}} \times 100\% = \frac{0.11}{37.34} \times 100\% = 0.29\%$$

以下用具体例子说明标准偏差比平均偏差能更灵敏地反映数据的精密度。例如，测定某铜合金中铜的质量分数(%)，两组测定值分别为

10.3，9.8，9.6，10.2，10.1，10.4，10.0，9.7，10.2，9.7

10.0，10.1，9.3*，10.2，9.9，9.8，10.5*，9.8，10.3，9.9

显然第二组数据比较分散，但计算结果却表明它们的平均偏差相同（$\bar{d}_1 = \bar{d}_2 = 0.24\%$），因此，用平均偏差已不能正确地反映出这两组测定值精密度的差异。如果采用标准偏差则$s_1 = 0.28\%$，$s_2 = 0.33\%$，$s_1 < s_2$，表明第一组数据的精密度较第二组的高。

以上所述均为单次测定值 $x_i$ 的偏差，它的大小反映了单次测定值的精密度。

(3) 极差。除了偏差之外，还可以用极差($R$)来表示样本平行测定值的精密度。极差又称全距，是测定数据中的最大值与最小值之差，其值越大表明测定值越分散。由于没有充分利用所有的数据，故其精确性较差。偏差与极差的数值都在一定程度上反映了测定中随机误差影响的大小。

$$R = x_{max} - x_{min} \tag{5-11}$$

(4) 相差和相对相差。对于只进行两次平行测定的分析结果，精密度通常用相差 $D$ 和相对相差 $D_r$ 来表示：

$$D = x_1 - x_2 \tag{5-12}$$

$$D_r = \frac{|x_1 - x_2|}{\bar{x}} \times 100\% \tag{5-13}$$

#### 5.3.2.3　准确度与精密度的关系

系统误差影响测定的准确度，而随机误差对精密度和准确度均有影响。评价测定结果的优劣，要同时衡量其准确度和精密度。例如，由甲、乙、丙、丁 4 人同时测定某铜合金中铜的质量分数($\omega = 10.00\%$)，各测定 6 次，其结果如图 5-3 所示。其中，乙的测定值同时具有较高的精密度和准确度，因而是比较可靠的。甲测定的精密度虽较高，但其平均值与真值相差较大，说明有系统误差存在，测定的准确度低。丙的测定结果精密度很差，表明随机误差的影响很大。虽然平均值接近真值，这是正负误差几乎互相抵消的偶然结果，因而是不可靠的。至于丁的测定精密度低，其准确度低也是必然。可以说，丙的情况仅仅是丁的一种特例。

上述情况说明，精密度高表明测定条件稳定，这是保证准确度高的先决条件。精密度低

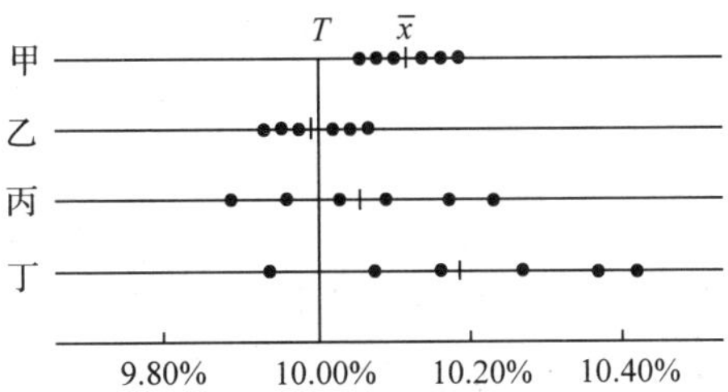


**图 5-3　4 人测定结果的比较**

的测定结果是不可靠的，因而是不准确的。但是高精密度的测定值中也可能包含有系统误差的影响，只有在消除了系统误差的前提下，精密度高其准确度必然也高。

对于含量未知的试样，由于仅凭测定的精密度难以正确评价测定结果，因此常同时测定一个或数个标准试样，检查标样测定值的精密度，并对照真值以确定的准确度，从而对试样测定结果的可靠性做出评价。

## 5.3.3 有效数字及其运算规则

在定量分析中，分析结果所表达的不仅仅是试样中待测组分的含量，同时还反映了测量的准确度。因此，在实验数据的记录和结果的计算中，保留几位数字不是任意的，要根据测量仪器、分析方法的准确度来决定，这就涉及有效数字的概念。

### 5.3.3.1 有效数字

有效数字是指在分析工作中实际能测量到的数字，包括全部可靠数字及一位不确定数字。如图 5-4 滴定管中溶液的体积，不同的人读取的数字可能不完全一致，可以是 25.87，25.88 或 25.89 等。这些读数中，前 3 位数字都是很准确的，而最后一位是从滴定管的最小分刻度间估读出来的，所以稍有差别。因此，把最后一位数字称为可疑数字。可疑数字虽然具有一定的不确定性，但它不是主观臆造出来的，是真实读出来的，因此记录数字时应该保留它。对于可疑数字，除非特别说明，通常可以理解为它有±1 个单位的误差。

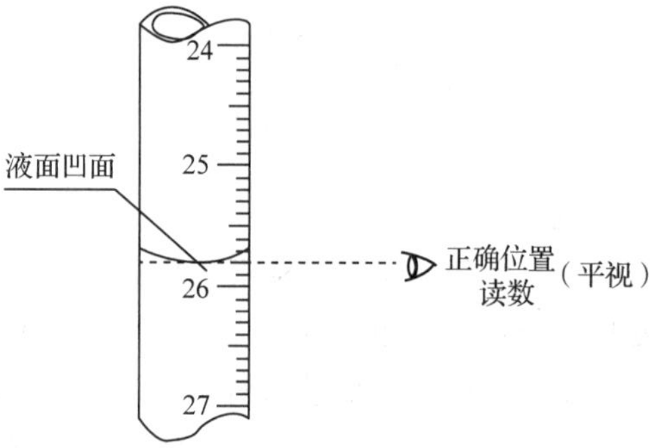


图 5-4 装有溶液的滴定管

例如，用分析天平称取了 1.001 0 g 试样，一般情况下称量的绝对误差±0.000 2 g，那么相对误差是

$$\frac{\pm 0.000\ 2}{1.001\ 0} \times 100\% = \pm 0.02\%$$

若用台秤称取试样 1.0 g，称量的绝对误差为±0.2 g，则相对误差为

$$\frac{\pm 0.2}{1.0} \times 100\% = \pm 20\%$$

上述结果表明，在测定准确度允许的范围内，数据中有效数字的位数越多，表明测定的准确度越高。但一旦超过了测量准确的范围，过多的位数则是没有意义的，而且是错误的。同时，数字后面的“0”也体现了一定的测量准确度，因而也不可任意取舍。当使用准确度较高的容量器皿(滴定管、容量瓶和移液管等)量度溶液的体积时，数据应记到小数点后面 2

位，20.00 mL，而不应写成 20 mL，否则使人误解是量筒量取的溶液体积。同理，滴定管的初始读数为零时，应记作 0.00 mL，而不是 0 mL。确定有效数字位数时，应遵循下面几条原则：

①数字 1~9 都是有效数字。数字“0”具有双重意义，作为普通的数字使用时，“0”是有效数字；起定小数点位置作用时，“0”不是有效数字。例如，1.008 0 中的 3 个“0”都是有效数字，其有效数字的位数为 5，而在 0.004 5 中，4 之前的 3 个“0”都只起定位作用，该数是 2 位有效数字。

②单位变换，有效数字的位数不变。例如，0.034 5 g 是 3 位有效数字，用毫克(mg)表示时应为 34.5 mg，用微克(μg)表示时则应写成 $3.45\times10^4$ μg，不能写成 34 500 μg，因为这样表示比较模糊。有效数字位数不确定。

③计算中遇到倍数、分数关系，因为这些数据不是测量得到的，计算时可以视为它们的有效数字位数没有限制。还有 π、e 等数字也如此处理。

④对于 pH、pM、lg*K* 等对数值，其有效数字位数取决于小数部分(尾数)数字的位数，其整数部分(首数)只代表该数的方次。例如，pH＝10.28，换算为 $H^+$浓度时，应为$[H^+]=5.2\times10^{-11}$ mol·$L^{-1}$，有效数字的位数是 2 位，不是 4 位。

#### 5.3.3.2　有效数字修约规则

在数据处理过程中，涉及的各测量值的有效数字位数可能不同，因此需要按照运算的要求，确定各测量值的有效数字位数，之后将多余的数字舍弃，这个过程称为有效数字的修约。修约的原则是既不因为保留的有效数字位数过多而使计算变得复杂，也不因为舍弃的数字而降低准确度。按照国家标准采用“四舍六入五成双”规则，即测量值中被修约的数字≤4 时，该数字舍去；被修约的数字≥6 时，则进位；被修约的数字为 5 时，要看 5 前面的数字，若是奇数则进位，若是偶数则将 5 舍掉，即修约后末尾数字要成为偶数；若 5 的后面还有不是“0”的任何数，此时无论 5 前面是奇数还是偶数，都应进位。

例如，将下列数字修约为 4 位有效数字后结果为

| | |
|---|---|
| 0.564 44 → 0.564 4 | 0.462 56 → 0.462 6 |
| 10.235 0→ 10.24 | 0.206 650→ 0.206 6 |
| 18.085 2→ 18.09 | |

在对数字进行修约时，只能一步修约到所需的位数，不能分步修约。例如，将 0.262 546 修约为 4 位有效数字时，应一次修约为 0.262 5，不能先修约为 0.262 55，再修约为 0.262 6。

#### 5.3.3.3　有效数字的运算规则

在有效数字的运算中，运算结果有效数字位数的保留与运算类型有关。

(1)加减运算。在加减运算中，误差以绝对误差的形式传递，因此几个数据相加减时，运算结果的绝对误差应与各数据中绝对误差最大的那个数据一致，即应以小数点位数最少的数据为准。例如，在 0.012 1+25.64+1.027 运算中，应以 25.64 这个数据的小数点后的位数为准。进行运算时，应先对各数据进行修约再计算。这个例子中原数、绝对误差、修约后的数据及运算结果分别如下：

| 原数 | 绝对误差 | 修约后 |
| --- | --- | --- |
| 0.012 1 | ±0.000 1 | 0.01 |
| 25.64 | ±0.01 | 25.64 |
| +) 1.027 | +) ±0.001 | +) 1.03 |
| 26.679 1 | ±0.01 | 26.68 |

上面 3 个数中，25.64 的绝对误差最大，它决定了综合的不确定性为±0.01，而其他误差较小的数不起决定作用。故结果为 26.68。

(2)乘除运算。乘除运算中，误差是以相对误差的形式传递的。几个数据相乘除时，有效数字的位数应以几个数据中有效数字位数最少的那个数据为准。其根据是有效数字位数最少的那个数据的相对误差最大。

例如，计算 $\frac{32.65 \times 2.3742}{14.5}$ 的结果时，原数、相对误差、修约后的数据分别如下：

| 原数 | 相对误差 | 修约值 |
| --- | --- | --- |
| 32.65 | $\pm\frac{0.01}{32.65} \times 100\% = \pm 0.03\%$ | 32.6 |
| 2.374 2 | $\pm\frac{0.0001}{2.3742} \times 100\% = \pm 0.004\%$ | 2.37 |
| 14.5 | $\pm\frac{0.1}{14.5} \times 100\% = \pm 0.7\%$ | 14.5 |

因 14.5 的相对误差最大，所以应以此数的位数为标准将其他各数均修约为 3 位有效数字再计算，即 $\frac{32.6 \times 2.37}{14.5} = 5.33$。

在乘除法的运算中，经常会遇到 9 以上的大数，如 9.22、9.86 等，它们的相对误差的绝对值约为 0.1%，与 10.06 和 12.08 这些 4 位有效数字的相对误差绝对值接近，所以通常将它们当作 4 位有效数字的数值处理。

在计算过程中，为提高计算结果的可靠性，可以暂时多保留一位数字，而在最后结果时，舍弃多余的数字，使最后结果恢复到与准确度相适应的有效数字位数。现在由于普遍使用计算器，虽然在运算过程中不必对每一步的计算结果进行修约，但应注意根据其准确度要求，正确保留最后计算结果的有效数字位数。

在计算分析结果时，含量大于 10%的组分的测定结果，一般保留 4 位有效数字；含量在 1%~10%的组分的测定结果，一般保留 3 位有效数字；而对于含量小于 1%的组分的测定结果，一般只需保留 2 位有效数字即可。分析中的各类误差通常取 1~2 位有效数字。

### 5.3.4 平均值的置信区间

正态分布是无限次测量数据的随机误差的分布规律，而在实际分析工作中，测量次数都是有限的，其随机误差的分布不服从正态分布。如何以统计的方法处理有限次测量数据，使其能合理地推断总体的特征，是下面要讨论的问题。

### 5.3.4.1　t 分布曲线

在实际工作中，通过有限次数的测定是无法得到 $\mu$ 和 $\sigma$ 的，只能求出 $\bar{x}$ 和 $s$。此时，若简单地用 $s$ 代替 $\sigma$ 从而对 $\mu$ 做出估计必然会引出偏离，而且测定次数越少，偏离就越大。由此引起的误差可由校正系数 $t$ 来补偿，$t$ 值的定义是：

$$t_{P,f}=\frac{\bar{x}-u}{s_{\bar{x}}} \tag{5-14}$$

式中，$t_{P,f}$ 是随置信度 $P$ 和自由度 $f$ 而变化的统计量。

以 $t$ 为分统计量的分布为 $t$ 分布。$t$ 分布可说明当 $n$ 不大时($n<20$)随机误差的分布规律。$t$ 分布曲线如图 5-5 所示，其中纵坐标仍然表示概率密度值，横坐标则用统计量 $t$ 值来表示。由图 5-5 可见，$t$ 分布曲线与正态分布曲线相似，只是 $t$ 分布曲线的形状随自由度 $f(f=n-1)$ 变化，反映了 $t$ 分布与测定次数有关的实质，随着测定次数增多，$t$ 分布曲线越来越陡峭，测定值的集中趋势也更加明显。当 $f\to\infty$ 时，$t$ 分布曲线就与正态分布曲线合为一体，因此可以认为标准正态分布就是 $t$ 分布的极限。

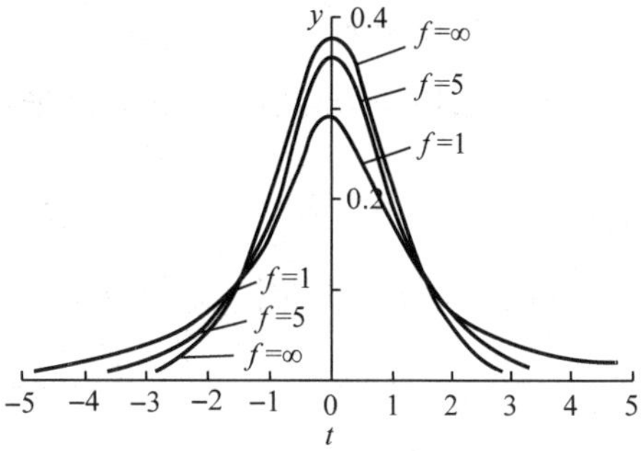

图 5-5　t 分布曲线

与正态分布曲线一样，$t$ 分布曲线下面某区间的面积就是该区间内随机误差出现的概率。但 $t$ 值与标准正态分布中 $u$ 值不同，当 $t$ 值一定时，由于 $f$ 值的不同，相应曲线所包括的面积也不同，即 $t$ 分布中的区间概率不仅与 $t$ 值有关，还与 $f$ 值有关。不同 $f$ 值及概率所对应的 $t$ 值已经由数学家计算出来，其常用值列入表 5-1 中。

表 5-1　$t_{P,f}$ 值表(双边)

| $f(n-1)$ | 置信度，显著性水准 | | |
|---|---|---|---|
| | $P=90\%$　$\alpha=0.10$ | $P=95\%$　$\alpha=0.05$ | $P=99\%$　$\alpha=0.01$ |
| 1 | 6.31 | 12.71 | 63.66 |
| 2 | 2.92 | 4.30 | 9.92 |
| 3 | 2.35 | 3.18 | 5.84 |
| 4 | 2.13 | 2.78 | 4.60 |
| 5 | 2.02 | 2.57 | 4.03 |
| 6 | 1.94 | 2.45 | 3.71 |
| 7 | 1.90 | 2.36 | 3.50 |
| 8 | 1.86 | 2.31 | 3.35 |
| 9 | 1.83 | 2.26 | 3.25 |
| 10 | 1.81 | 2.23 | 3.17 |
| 20 | 1.72 | 2.09 | 2.84 |
| ∞ | 1.64 | 1.96 | 2.58 |

表 5-1 中置信度用 $P$ 表示，它表示在某一 $t$ 值时，测定值落在($\mu+ts$)范围内的概率。那么测定值落在此范围之外的概率为($1-P$)，称为显著性水准(significance level)，用 $\alpha$ 表示。由于 $t$ 值与置信度及自由度有关，一般表示为 $t_{P,f}$。例如，$t_{0.95,10}$ 表示置信度为 95%，自由度为 10 时的 $t$ 值。由表 5-1 中的数据可知，随着自由度的增加，$t$ 值逐渐减小并与 $u$ 值接近。

理论上当$f\to\infty$时，$t\to u$，$s\to\sigma$。但从表 5-1 可以看出，当$f$=20 时，$t$值$u$值已经很接近，在引用$t$值时，一般取 0.95 置信度。

### 5.3.4.2 平均值的置信区间

由随机误差正态分布可知，用单次测量结果$x$来估计总体平均值$\mu$的范围，则$\mu$被包括在区间($x\pm1\sigma$)内的概率为 68.3%，在区间($x\pm1.64\sigma$)内的概率为 90%，在区间($x\pm1.96\sigma$)内的概率为 95%，它的数学表达式为

$$\mu = x\pm u\sigma \tag{5-15}$$

不同置信度的$u$值可查表得到。

若用某样本平均值来估计总体平均值可能存在的区间，可用下式

$$\mu = \bar{x} \pm u\sigma_{\bar{x}} = \bar{x} \pm u\frac{\sigma}{\sqrt{n}} \tag{5-16}$$

对于少量测量数据，必须根据$t$分布进行统计处理，按$t$的定义可得

$$\mu = \bar{x} \pm t_{P,f}s_{\bar{x}} = \bar{x} \pm t_{P,f}\frac{s}{\sqrt{n}} \tag{5-17}$$

上式表示在某一置信度下，以平均值$\bar{x}$为中心，包括总体平均值$\mu$在内的可靠性范围，称为平均值的置信区间(confidence interval)。对于置信区间的概念必须要正确理解，如$\mu$ = 47.50%± 0.10%(置信度为 95%)，应当理解为在 47.50%± 0.10%的区间内包括总体平均值的概率为 95%。由于$\mu$是个客观存在的恒定值，没有随机性，不能说$\mu$落在某一区间的概率是多少。

式(5-17)是计算置信区间通常使用的关系式。由该式可知，当$P$一定时，置信区间的大小与$t_{P,f}$、$s$和$n$均有关，而且$t_{P,f}$与$s$实际也都受$n$的影响，即$n$值越大，置信区间越小。

**【例 5.2】**标定 HCl 溶液的浓度时,先标定 3 次,结果为 0.200 1 mol · $L^{-1}$、0.200 5 mol · $L^{-1}$和 0.200 9 mol · $L^{-1}$；后来又标定 2 次，数据为 0.200 4 mol · $L^{-1}$和 0.200 6 mol · $L^{-1}$。试分别由 3 次和 5 次标定的结果计算总体平均值$\mu$的置信区间，$P$=0.95。

**解：**标定 3 次时，$\bar{x}$=0.200 5 mol · $L^{-1}$，$s$=0.000 4 mol · $L^{-1}$，查表$t_{0.95,2}$=4.30，故

$$\mu = \bar{x} \pm t_{P,f}\frac{s}{\sqrt{n}} = \left(0.2005 \pm \frac{4.30\times0.0004}{\sqrt{3}}\right)\text{mol}\cdot\text{L}^{-1} = (0.2005 \pm 0.0010)\ \text{mol}\cdot\text{L}^{-1}$$

标定 5 次时，$\bar{x}$=0.200 5 mol · $L^{-1}$，$s$=0.000 3 mol · $L^{-1}$，查表$t_{0.95,4}$=2.78，因此

$$\mu = \left(0.2005 \pm \frac{2.78\times0.0003}{\sqrt{5}}\right)\text{mol}\cdot\text{L}^{-1} = (0.2005 \pm 0.0004)\ \text{mol}\cdot\text{L}^{-1}$$

计算结果表明，当$P$一定时，增加测定次数并提高测定的精密度后置信区间减小，说明此时平均值更接近真值，因而更可靠。但是不恰当地增多测定次数，而不注意提高精密度的做法是不可取的。

**【例 5.3】**测定某试中 $SiO_2$ 的质量分数得$s$=0.05%。若测定的精密度保持不变，当$P$=0.95 时，欲使置信区间的置信限$t_{P,f}s_{\bar{x}}=\pm0.05\%$。问至少应对试样平行测定多少次？

**解：**根据式(5-17) 和题设得

$$\bar{x}-\mu=\pm t_{P,f}\frac{s}{\sqrt{n}}=\pm 0.05\%$$

已知
$$s=0.05\%$$

故
$$\frac{t}{\sqrt{n}}=\frac{0.05}{0.05}=1$$

查表 5-1 得知，当 $f=n-1=5$ 时，$t_{0.95,5}=2.57$，此时 $\frac{2.57}{\sqrt{6}}\approx 1$。即至少平行测定 6 次，才能满足题中的要求。

**【例 5.4】**用标准方法平行测定钢样中磷的质量分数 4 次，其平均值为 0.087%。设系统误差已经消除，且 $\sigma=0.002\%$。(1)计算平均值的标准偏差。(2)求该钢样中磷含量的置信区间。置信度为 0.95。

**解**：(1) $\sigma_{\bar{x}}=\frac{\sigma}{\sqrt{n}}=\frac{0.002\%}{\sqrt{4}}=0.001\%$

(2)已知 $P=0.95$ 时，$u=\pm 1.96$。根据 $\mu=\bar{x}\pm u\sigma_{\bar{x}}$，得 $\mu=0.087\%\pm 1.96\times 0.001\%=0.087\%\pm 0.002\%$。

计算结果表明，经过 4 次测定，区间 0.085%～0.089%包含钢样中磷的真实含量的概率为 0.95，即钢样中磷含量的置信区间为 0.087%±0.002%($P=0.95$)。

从本例中可以看出，置信度越低，同一体系的置信区间就越窄；置信度越高，置信区间就越宽，即所估计的区间包含真值的可能性越大。在实际工作中，置信度不能定得过高或过低。若置信度过高会使置信区间过宽，那么这种判断就失去意义；置信度定得太低，那么可靠性不能保证。因此，在对真值进行区间估计时，置信度的高低要定得恰当，要使置信区间的宽度足够窄而置信度又足够高。因此，在定量分析中，一般将置信度定为 0.95 或 0.90。

## 5.3.5　可疑测定值的取舍

在平行测定的数据中，经常发现某一组测量值中有个别数据与其他数据相差较大，这一数据称为可疑值或异常值(也叫离群值、极端值等)。对于为数不多的测定数据，可疑值的取舍往往对平均值和精密度造成相当显著的影响。初学者多倾向于舍弃它，以获得精密度较好的测定结果，这种做法是不科学的。

对可疑值的取舍实质是区分可疑值和其他测定值之间的差异到底是过失、还是由随机误差引起的。如果已经确证测定中发生过失，则无论此数据是否异常，一概都应舍去；而在原因不明的情况，就必须按照一定的统计方法进行检验，然后再做出判断。根据随机误差分布的规律，在为数不多的测定值中，出现大偏差的概率是极小的，因此通常就认为这样的可疑值是由过失所引起的。统计学中对可疑值的取舍有几种方法，下面介绍方法较简单的 $4\bar{d}$ 法、$Q$ 检验法和效果较好的格鲁布斯(Grubbs)法。

### 5.3.5.1　$4\bar{d}$ 法

用 $4\bar{d}$ 法判断可疑值取舍的具体步骤如下：

①求除离群值 $x_D$ 之外的其余数据的平均值 $\bar{x}$ 和平均偏差 $\bar{d}$。

②计算偏差 $|x_D - \bar{x}|$ 和 $4\bar{d}$ 的值。

③按下式判断离群值 $x_D$ 的取舍：

$$|x_D - \bar{x}| > 4\bar{d} \text{ 舍去；}$$

$$|x_D - \bar{x}| < 4\bar{d} \text{ 保留。}$$

$4\bar{d}$ 法较为简单，不必查表，但误差较大。当 $4\bar{d}$ 法与其他检验法相矛盾时，由于没有统计原理为依据，应以其他方法为准。

#### 5.3.5.2 *Q* 检验法

该法由迪安(Dean)和狄克逊(Dixon)在1951年提出，具体步骤如下：

首先将测定结果由小到大排序，然后确定可疑值。求出可疑值与其邻近值之差 $x_n-x_{n-1}$ 或 $x_2-x_1$，然后用除以极差 $x_n-x_1$，计算出统计量 $Q$：

$$Q = \frac{x_n - x_{n-1}}{x_n - x_1} \text{ 或 } Q = \frac{x_2 - x_1}{x_n - x_1} \tag{5-18}$$

$Q$ 值越大，说明 $x_1$ 或 $x_n$ 离群越远，远至一定程度时则应将其舍去，故 $Q$ 值称为舍弃商。根据测定次数 $n$ 和所要求的置信度 $P$ 查 $Q_{P,n}$ 值表，若 $Q>Q_{P,n}$，则以一定的置信度弃去可疑值，反之则保留，分析化学中通常取0.90的置信度。

**表 5-2 $Q_{P,n}$ 值表**

| $n$ | 3 | 4 | 5 | 6 | 7 | 8 | 9 | 10 |
|---|---|---|---|---|---|---|---|---|
| $Q_{0.90}$ | 0.94 | 0.76 | 0.64 | 0.56 | 0.51 | 0.47 | 0.44 | 0.41 |
| $Q_{0.95}$ | 0.97 | 0.84 | 0.73 | 0.64 | 0.59 | 0.54 | 0.51 | 0.49 |

如果测定数据较少，测定的精密度也不高，因 $Q$ 与 $Q_{P,n}$ 值相接近而对可疑值的取舍难以判断时，最好补测1~2次再进行检验更有把握。

**【例5.5】**测定水中砷的含量，3次结果分别为 $1\ mg \cdot L^{-1}$，$2\ mg \cdot L^{-1}$，$9\ mg \cdot L^{-1}$。问可疑数据“9”应否弃去($P=0.90$)？

**解**：根据式得 $Q = \dfrac{9-2}{9-1} = 0.88$。

查表5-2得 $Q_{0.90,3}=0.94$，因 $Q<Q_{0.90,3}$，故 $9\ mg \cdot L^{-1}$ 这一数据不应弃去。

应该指出的是，由于日常分析工作通常只进行3次重复测定，若从3个数据中选取2个较接近者报告测定结果是不合理的。但是在上例中，因 $Q$ 值并不明显地小于 $Q_{P,n}$，若将“9”保留取平均值报告结果也不合理。此时，应补测1~2次为宜。若例5.5中再测一次得数据 $2\ mg \cdot L^{-1}$，此时 $Q_{0.90,4}=0.76$，$Q>Q_{0.90,4}$，故可舍去可疑值 $9\ mg \cdot L^{-1}$。

如果没有条件再做测定，则宜用中位数(此例中为 $2\ mg \cdot L^{-1}$)代替平均值报告结果，如4次测定铁矿石中铁的质量分数得40.02%，40.16%，40.18%和40.20%。若保留可疑值40.02%，$\bar{x}=40.14\%$，中位值为40.17%；若弃去可疑值后，$\bar{x}=40.18\%$，中位值是40.18%。可见是否舍去可疑值对 $\bar{x}$ 的影响较大，而对中位值影响较小。因此，在不能确定是否存在过失的情况下，采用中位值报告测定结果是比较合理的。

#### 5.3.5.3 格鲁布斯法

格鲁布斯法步骤如下：设有 $n$ 个数据，首先将测定结果由小到大排序，$x_1$，$x_2$，…，

$x_{n-1}$，$x_n$，然后确定可疑值。其中，$x_1$ 或 $x_n$ 为可疑值。计算出该组数据的平均值 $\bar{x}$ 和标准偏差 $s$，再计算统计量 $G$。

若 $x_1$ 为可疑值
$$G=\frac{\bar{x}-x_1}{s} \tag{5-19}$$

若 $x_n$ 为可疑值
$$G=\frac{x_n-\bar{x}}{s} \tag{5-20}$$

根据事先确定的置信度和测定次数查阅表 5-3 中的 $G_{P,n}$ 值，如果 $G>G_{P,n}$，说明可疑值相对平均值偏离较大，则以一定的置信度将其舍去，否则保留。

**表 5-3　$G_{P,n}$ 值表**

| 测定次数 | 置信度(*P*) | | 测定次数 | 置信度(*P*) | |
|---|---|---|---|---|---|
| *n* | 95% | 99% | *n* | 95% | 99% |
| 3 | 1.15 | 1.15 | 12 | 2.29 | 2.55 |
| 4 | 1.46 | 1.49 | 13 | 2.33 | 2.61 |
| 5 | 1.67 | 1.75 | 14 | 2.37 | 2.66 |
| 6 | 1.82 | 1.94 | 15 | 2.41 | 2.71 |
| 7 | 1.94 | 2.10 | 16 | 2.44 | 2.75 |
| 8 | 2.03 | 2.22 | 17 | 2.47 | 2.79 |
| 9 | 2.11 | 2.32 | 18 | 2.50 | 2.82 |
| 10 | 2.18 | 2.41 | 19 | 2.53 | 2.85 |
| 11 | 2.23 | 2.48 | 20 | 2.56 | 2.88 |

**【例 5.6】**6 次标定某 NaOH 溶液的浓度，其结果为 0.105 0 mol·L$^{-1}$，0.104 2 mol·L$^{-1}$，0.108 6 mol·L$^{-1}$，0.106 3 mol·L$^{-1}$，0.105 1 mol·L$^{-1}$ 和 0.106 4 mol·L$^{-1}$。用格鲁布斯法判断 0.108 6 mol·L$^{-1}$ 这个数据是否应该舍去($P=0.95$)？

**解：**6 次测定值递增的顺序为(单位 mol·L$^{-1}$)0.105 0，0.104 2，0.108 6，0.106 3，0.105 1，0.106 4，0.108 6，根据有关计算和式(5-19)得

$$\bar{x}=0.105\ 9\ \text{mol}\cdot\text{L}^{-1}\ s=0.001\ 6\ \text{mol}\cdot\text{L}^{-1}$$

$$G=\frac{0.108\ 6-0.105\ 9}{0.001\ 6}=1.69$$

查表 5-3 $G_{0.95,6}=1.82$，$G<G_{0.95,6}$，故 0.108 6 mol·L$^{-1}$ 这一数据不应舍去。

在运用格鲁布斯法判断可疑值的取舍时，由于引入了 $t$ 分布中最基本的两个参数 $\bar{x}$ 和 $s$，故该方法的准确度较 $Q$ 检验法高，因此得到普遍采用。

还需指出的是，在运用上述方法时，如果置信度定得过大，则容易将可疑值保留；反之则可能将合理的测定值舍去。通常选择 0.90 或 0.95 的置信度是合理的。

## 5.3.6　显著性检验

在分析工作中，常常会遇到这样一些问题，如对标准试样与纯物质进行测定时，所得到的平均值与标准值的比较问题；不同分析人员、不同实验室和采用不同分析方法对同一试样

进行分析时，两组分析结果的平均值之间的比较问题；革新、改造生产工艺后的产品分析指标与原指标的比较问题等。由于测量都有误差存在，毫无疑问数据之间会存在误差。这种差异是由随机误差引起的，还是由系统误差引起的？这类问题在统计学中属于“假设检验”。如果分析结果之间存在“显著性差异”就认为它们之间有明显的系统差异；否则，就认为没有系统误差，属于随机误差引起的，是正常的。定量分析中常用的显著性检验方法是 $t$ 检验法和 $F$ 检验法。

#### 5.3.6.1 样本平均值与标准值的比较($t$ 检验法)

$t$ 检验法用来检验样本平均值与标准值或两组数据的平均值之间是否存在显著性差异，从而对分析方法的准确度做出评价，其根据是样本随机误差的 $t$ 分布规律。

当检验一种新分析方法的准确度时，采用该方法对某标准试样(或基准物质)进行数次平行测定，再将样本平均值 $\bar{x}$ 与标准值 $T$(视为真值)进行比较。由置信区间的定义可知，经过 $n$ 次测定后，如果以 $\bar{x}$ 为中心的某区间已经按指定的置信度将真值 $T$ 包含在内，那么它们之间就不存在显著差异，根据 $t$ 分布，这种差异是仅由随机误差引起的。

$$|\bar{x}-T| = t_{P,f}s_{\bar{x}} \tag{5-21}$$

式中，$t_{P,f}$ 值可按一定的置信度和自由度由表 5-1 中查得，实际上 $t_{P,f}s_{\bar{x}}$ 就是一定条件下随机误差的界限值。由具体测定中样本的 $\bar{x}$ 和 $s_{\bar{x}}$ 可计算 $t$ 值如下

$$t = \frac{|\bar{x}-T|}{s_{\bar{x}}} \tag{5-22}$$

若 $t > t_{P,f}$，说明 $\bar{x}$ 与 $T$ 之差已经超过随机误差的界限，就可以按照相应的置信度判断它们之间存在显著性差异。

进行显著性检验时，如果置信度定得过低，则容易将随机误差引起的差异判断为显著性差异；如果置信度定得过高，又可能将系统误差引起的不一致认同为正常差异，从而得出不合理的结论。在定量分析中，常采用 0.95 或 0.90 的置信度。

**【例 5.7】**用某新方法测定分析纯 NaCl 中氯的质量分数，10 次测定结果的平均值 $\bar{x}$ = 60.68%，平均值的标准偏差 $s_{\bar{x}}$ = 0.014%。已知试样中氯的真实值为 60.66%，试以 0.95 的置信度判断这种新方法是否准确可靠。

**解**：根据式(5-22)得

$$t = \frac{|\bar{x}-T|}{s_{\bar{x}}} = \frac{60.68-60.66}{0.014} = 1.43$$

查表 5-1，$t_{0.95,9} = 2.26$，$t < t_{0.95,9}$，说明 $\bar{x}$ 与 $T$ 之间未发现有显著性差异，新方法是准确可靠的。

#### 5.3.6.2 两组数据平均值之间的比较($F$ 检验法和 $t$ 检验法)

如果由不同的分析者或不同的实验室用同一种方法对某试样进行数次平行测定，得到了两组数据，显然它们的平均值 $\bar{x}_1$ 和 $\bar{x}_2$ 不可能完全一致。同理，采用两种不同分析方法测定同一试样，所得两组结果的平均值也会有差异存在。上述差异是否显著，是由什么原因所引起的，可按下述步骤进行检验。

例如有两组测定值，它们的有关数据分别为：$\bar{x}_1$，$s_1$，$n_1$；$\bar{x}_2$，$s_2$，$n_2$。

①首先采用 $F$ 检验法对两组数据的方差 $s^2$ 进行检验，以判断两组数据的精密度有无显

著性差异。按下式计算 $F$ 值：

$$F=\frac{s_{大}^{2}}{s_{小}^{2}} \tag{5-23}$$

$F$ 检验的基本假设是如果两组测定值来自同一总体，就应该具有相同(或差异很小)的方差，即 $F$ 值接近于 1。反之，如果 $s_1$ 与 $s_2$ 存在着显著性差异，则两者必定相差很大，$F$ 值也会较大。根据两组数据的自由度，由表 5-4 中查出相应的 $F_{P,f}$ 值，并且与上述计算值相比较。若 $F>F_{P,f}$，则以一定的置信度认为这两组数据的精密度存在显著性差异。可以判断，其中某组数据具有较大的方差，即该组数据的精密度低，其准确度值得怀疑，因此不必再对两个平均值进行比较。如 $F<F_{P,f}$，则表明 $s_1$ 与 $s_2$ 没有显著性差异，检验继续按下述步骤进行。

**表 5-4　$F$ 值表**(单边，$P$=0.95)

| $f_{s小}$ | $f_{s大}$ | | | | | | | | | |
|---|---|---|---|---|---|---|---|---|---|---|
| | 2 | 3 | 4 | 5 | 6 | 7 | 8 | 9 | 10 | ∞ |
| 2 | 19.00 | 19.16 | 19.25 | 19.30 | 19.33 | 19.36 | 19.37 | 19.38 | 19.39 | 19.50 |
| 3 | 9.55 | 9.28 | 9.12 | 9.01 | 8.94 | 8.88 | 8.84 | 8.81 | 8.78 | 8.53 |
| 4 | 6.94 | 6.59 | 6.39 | 6.26 | 6.16 | 6.09 | 6.04 | 6.00 | 5.96 | 5.63 |
| 5 | 5.79 | 5.41 | 5.19 | 5.05 | 4.95 | 4.88 | 4.82 | 4.78 | 4.74 | 4.36 |
| 6 | 5.14 | 4.76 | 4.53 | 4.39 | 4.28 | 4.21 | 4.15 | 4.10 | 4.06 | 3.67 |
| 7 | 4.74 | 4.35 | 4.12 | 3.97 | 3.87 | 3.79 | 3.73 | 3.68 | 3.63 | 3.23 |
| 8 | 4.46 | 4.07 | 3.84 | 3.69 | 3.58 | 3.50 | 3.44 | 3.39 | 3.34 | 2.93 |
| 9 | 4.26 | 3.86 | 3.63 | 3.48 | 3.37 | 3.29 | 3.23 | 3.18 | 3.13 | 2.71 |
| 10 | 4.10 | 3.71 | 3.48 | 3.33 | 3.22 | 3.14 | 3.07 | 3.02 | 2.97 | 2.54 |
| ∞ | 3.00 | 2.60 | 2.37 | 2.21 | 2.10 | 2.01 | 1.94 | 1.88 | 1.83 | 1.00 |

②再用 $t$ 检验法判断两个平均值 $\bar{x}_1$ 和 $\bar{x}_2$ 之间有无显著性差异，即两者的差异是否由系统误差所引起的。

首先按下式计算合并标准偏差，其中，总自由度 $f=n_1+n_2-2$。

$$s=\sqrt{\frac{\sum(x_{1i}-x_1)^2+\sum(x_{2i}-x_2)^2}{(n_1-1)+(n_2-1)}} \tag{5-24}$$

或者

$$s=\sqrt{\frac{s_1^2(n_1-1)+s_2^2(n_2-1)}{(n_1-1)+(n_2-1)}} \tag{5-25}$$

③计算统计量 $t$。如果 $\bar{x}_1$ 和 $\bar{x}_2$ 无显著性差异，则可以认为它们来自同一总体，即

$$\bar{x}_1 \pm \frac{ts}{\sqrt{n_1}}=\bar{x}_2 \pm \frac{ts}{\sqrt{n_2}}=\mu$$

那么

$$\bar{x}_1-\bar{x}_2=\pm ts\sqrt{\frac{n_1+n_2}{n_1n_2}}$$

则

$$t=\frac{|\bar{x}_1-\bar{x}_2|}{s}\sqrt{\frac{n_1n_2}{n_1+n_2}} \tag{5-26}$$

由表 5-1 查得 $t_{P,(n_1+n_2-2)}$ 值，如果 $t > t_{P,(n_1+n_2-2)}$，则可以认为两组数据不属于同一总体，它们之间存在显著性差异。反之，$t < t_{P,(n_1+n_2-2)}$，上述假设成立，即两组数据之间不存在系统误差。

**【例 5.8】** 用两种不同的方法测定合金中镍的质量分数，所得的结果如下：

第一种方法 1.26%，1.25%，1.22%

第二种方法 1.35%，1.31%，1.33%，1.34%

试问两种方法之间是否有显著性差异(因属双边检验，$P=0.90$)?

**解：**

$$n_1=3 \quad \bar{x}_1=1.24\% \quad s_1=0.021\%$$

$$n_2=4 \quad \bar{x}_2=1.33\% \quad s_2=0.017\%$$

$$F=\frac{s_1^2}{s_2^2}=\frac{(0.021)^2}{(0.017)^2}=1.53$$

查表 5-4，$f_{s大}=2$，$f_{s小}=3$，$F_{表}=9.55$，$F<F_{表}$，说明此时未发现 $s_1$ 与 $s_2$ 有显著性差异($P=0.90$)，因此，求得合并标准偏差为

$$s=0.019\% \qquad t=\frac{|1.24-1.33|}{0.019}\sqrt{\frac{3\times 4}{3+4}}=6.21$$

查表 5-1，当 $P=0.90$，$f=n_1+n_2-2=5$ 时，$t_{0.90,5}=2.02$，$t>t_{0.90,5}$，故以 0.90 的置信度认为 $\bar{x}_1$ 和 $\bar{x}_2$ 与有显著性差异，即两种分析方法之间存在系统误差，应找出原因，予以校正或消除。

在显著性检验中，将具有显著性差异的测定值在随机误差分布中出现的概率(小概率)称为显著性水平(水准)，用 $\alpha$ 表示，即这些测定值位于一定置信度所对应的随机误差界限之外。如果置信度 $P=0.95$，则显著性水平 $\alpha=0.05$，即 $\alpha=1-P$。因此在相关内容的教材和著作中，常使用显著性水平(水准)的概念。

## 5.4 滴定分析(Titrimetric Analysis)

滴定分析法(titrimetry)是化学分析法中的重要分析方法之一。由于它是以测量溶液体积为基础的分析方法，因而习惯上又称为容量分析法(volumetric analysis)，具有简单、快速、准确等特点，因而被广泛应用于常量分析中。

### 5.4.1 滴定分析法的分类及对化学反应的要求

滴定分析是将一种已知准确浓度的试剂滴加到被测物质的溶液中，直到所加试剂与被测物质按化学计量关系定量反应为止，然后根据所用试剂溶液的浓度和体积，算得被测组分含量的一种分析方法。

在滴定分析方法中，通常将这种已知准确浓度的试剂溶液叫作标准溶液(standard solution)或滴定剂(titrant)。标准溶液通过滴定管逐滴加入到被测物质溶液中去，这个过程叫作滴定(titrate)。滴定时直到所加的标准溶液与被测物质按照一定的化学方程式所表示的化学计量关系正好完全反应时，这时称该反应到达化学计量点(stoichiometric point)，简称计量点。在滴定分析中，要处理的关键问题是如何确定滴定是否到达化学计量点，因为只有确定

了化学计量点，才能准确得到标准溶液的用量，但是多数滴定分析反应到达化学计量点时，从外观看溶液的变化不明显，不能直接显示化学计量点。因此，通常需在被测物质溶液中加入合适的指示剂(indicator)，当滴定至化学计量点附近时，指示剂的颜色瞬间发生变化，此时终止滴定。根据指示剂变色而终止滴定的这一点，称为滴定终点(end point)，简称终点。化学计量点和滴定终点的含义不同，化学计量点是依据化学计量关系确定的理论点，而滴定终点是实际滴定时人为确定的实验点。滴定终点与化学计量点往往不相符合，由此造成的分析误差称为滴定误差(titration error)，或称为终点误差。终点误差是滴定分析误差的主要来源之一，它的大小取决于化学反应是否完全以及选择指示剂是否恰当。

滴定分析常用于测定组分含量大于1%的常量组分，也可用于测定微量组分。滴定分析操作简便且测量的准确度也高，在适当的条件下相对误差可控在 0.1%~0.2%。滴定分析法用途广泛，可以用来测定多种物质且适合于多种化学反应类型。滴定分析法在生产实践和科学研究中有很高的实用价值，常见于工农业生产和科学实验中。

#### 5.4.1.1　滴定分析法的分类

根据滴定时标准溶液和被测物质间反应类型的不同，滴定分析法可分为 4 类：

(1)酸碱滴定法。是一种以酸碱反应为基础的滴定分析方法。酸碱反应以质子的转移为基础，可用以下反应式表示：

$$H^{+} + A^{-} = HA$$

(2)配位滴定法。是一种以配位反应为基础的滴定分析方法，又称络合滴定法。配位反应是指金属离子与含有孤对电子的配体发生反应生成配合物(或称络合物)的过程。最常见的配位滴定法是以 EDTA(Y)作为配体来测定金属离子(M)的含量，可用以下反应式表示：

$$M + Y = MY$$

(3)氧化还原滴定法。是一种以氧化还原反应为基础的滴定分析方法，氧化还原反应以电子的转移为基础。常见的氧化还原反应主要包括高锰酸钾法、重铬酸钾法和碘量法。例如，用高锰酸钾法测定亚铁离子的含量，可用以下反应式表示：

$$MnO_4^- + 5Fe^{2+} + 8H^+ = 5Fe^{3+} + Mn^{2+} + 4H_2O$$

(4)沉淀滴定法。是一种以沉淀反应为基础的滴定分析方法。例如，用 $AgNO_3$ 标准溶液滴定 NaCl 溶液，可用以下反应式表示：

$$Ag^+ + Cl^- = AgCl\downarrow$$

在农业化学分析中，以上 4 种滴定分析法的应用非常广泛。例如，酸碱滴定法可以用来直接测定土壤溶液的酸碱度；配位滴定法可以用来测定植物样品中的 Mg、Ca、P 以及硫酸盐的含量；氧化还原滴定法可以用来测定肥料中的有机质和还原性物质的含量，还能测定植物中的糖类物质和抗坏血酸的含量；沉淀滴定法可以用来直接或间接测定各类样品中的卤离子的含量。

#### 5.4.1.2　滴定分析法对化学反应的要求

滴定分析虽能广泛应用于多种类型的反应，但并不是所有化学反应都可以用来进行滴定分析。适用于滴定分析的化学反应必须具备以下的条件：

①化学反应要有确定的化学计量关系，无副反应，否则将无法进行准确计算，这是滴定分析法定量分析的依据。

②化学反应完全程度要高，通常要求大于 99.9%。化学反应完全程度较高，化学计量点附近溶液性质变化更明显，指示剂的变色更敏锐，终点误差较小。

③化学反应必须具有较快的反应速率，否则将无法判断滴定终点。对于部分反应速率较慢的反应，有时可通过加热或加入催化剂等方法来加快反应速率。

④必须有适当的方法确定滴定终点，如可通过加入指示剂或使用仪器分析来确定滴定终点。

### 5.4.2 滴定分析的方式

在实际的分析应用中，由于滴定剂与被测物质间的化学反应不一定能完全满足以上的 4 个条件，因此，为使滴定分析能顺利进行，根据滴定剂和被测物质的性质和反应特点可采用以下 4 种不同的滴定方式。

(1)直接滴定法。凡是满足以上滴定分析对化学反应的 4 个要求的反应，均可以采用直接滴定法，即用标准溶液直接滴定被测物质。例如，用 NaOH 标准溶液滴定 $H_2SO_4$，用 $KMnO_4$ 标准溶液滴定 $H_2O_2$ 等。直接滴定法是最基本、最常见，也是最重要的滴定方式。

(2)间接滴定法。当待测物质与标准溶液不能直接起反应时，可用另一种试剂与被测物质作用，生成可以用标准溶液直接滴定的物质，此种滴定方式称为间接滴定法。例如，测定 $Ca^{2+}$ 时，不能用 $KMnO_4$ 直接滴定，但如将其先沉淀为 $CaC_2O_4$，再经过滤、洗涤后溶解于稀硫酸中得到等物质的量的 $H_2C_2O_4$，最后用 $KMnO_4$ 标准溶液滴定 $H_2C_2O_4$，相当于间接测定 $Ca^{2+}$ 的含量。涉及的反应式如下：

$$Ca^{2+} + C_2O_4^{2-}(\text{过量}) = CaC_2O_4 \downarrow$$

$$CaC_2O_4 + 2H^+ = Ca^{2+} + H_2C_2O_4$$

$$5H_2C_2O_4 + 2MnO_4^- + 6H^+ = 2Mn^{2+} + 10CO_2 \uparrow + 8H_2O$$

(3)返滴定法。当待测物质与滴定剂的反应较慢(如 $Al^{3+}$ 与 EDTA 的反应)，或者待测物质为固体试样(如用 HCl 标准溶液滴定固体 $CaCO_3$)时，反应不能立即完成。此时，可以向试样溶液中先加入已知过量的标准溶液，直至其与待测物质反应完成后，再将剩余的标准溶液用另一种标准溶液滴定至正好完全反应，根据两种标准溶液的浓度和体积，就可求算出被测物质的含量。这种滴定方式称为返滴定法，也称剩余量滴定法或回滴法。例如，用 EDTA 标准溶液测定 $Al^{3+}$，因两者反应较慢，可先往待测溶液中加入已知过量的 EDTA 标准溶液，加热使溶液反应完全，待冷却后，再用 $Zn^{2+}$ 标准溶液回滴完剩余的 EDTA 标准溶液，该方法成功地加快了化学反应速度。当滴定固体 $CaCO_3$ 时，先加入已知过量的 HCl 标准溶液，待其充分反应后，再用 NaOH 标准溶液回滴剩余的 HCl 标准溶液。

如果待测试样具有挥发性(如用 HCl 溶液滴定 $NH_3$ 溶液)，也可用返滴定法进行测定。对于某些找不到合适的指示剂的反应，有时也采用返滴定法。如在酸性溶液中用 $AgNO_3$ 滴定 $Cl^-$，缺乏合适的指示剂。此时，可先加入已知过量的 $AgNO_3$ 标准溶液使 $Cl^-$ 沉淀完全，再以 $Fe^{3+}$ 作为指示剂，用 $NH_4SCN$ 标准溶液回滴过量的 $Ag^+$，出现 $[Fe(SCN)]^{2+}$ 红色即为终点。

(4)置换滴定法。当滴定反应中，两种物质没有确定的计量关系，如不能按确定的化学反应式进行，或伴有副反应时，均不能采用直接滴定法进行测定。此时，可先加入适当的试剂与待测物质反应，使其定量地置换出另一种能够被直接滴定的物质后，再用标准溶液滴定此物质，将此种滴定方式称为置换滴定法。例如，$Na_2S_2O_3$ 不能用来直接滴定 $K_2Cr_2O_7$，因为在酸性溶液中 $S_2O_3^{2-}$ 可被氧化为 $S_4O_6^{2-}$，还会被氧化为 $SO_4^{2-}$，没有确定的计量关系。但 $Na_2S_2O_3$ 与 $I_2$ 反应却有确定的化学计量关系，如果在 $K_2Cr_2O_7$ 的酸性溶液中加入过量的 KI 使其反应产生定量的 $I_2$，再用 $Na_2S_2O_3$ 滴定置换生成的 $I_2$，即可测得氧化剂 $K_2Cr_2O_7$ 的含量。这种滴定方式也可用于以 $K_2Cr_2O_7$ 标准溶液标定 $Na_2S_2O_3$。该滴定涉及的反应式如下：

$$Cr_2O_7^{2-}+6I^-+14H^+ = 3I_2+2Cr^{3+}+7H_2O$$

$$I_2+2S_2O_3^{2-} = 2I^-+S_4O_6^{2-}$$

有些反应完全程度不够高的反应，也可通过置换滴定法准确测定。如 $Ag^+$ 与 EDTA 配位后的产物不够稳定。但若将 $Ag^+$ 与 $Ni(CN)_4^{2-}$ 反应置换出 $Ni^{2+}$，再用 EDTA 滴定生成的 $Ni^{2+}$ 即可计算出 $Ag^+$ 的含量。

### 5.4.3　滴定分析的标准溶液

标准溶液是指已知准确浓度的试剂溶液，在滴定分析中经常用作滴定剂。在滴定分析法中，无论采用哪种滴定方式，都必须使用标准溶液，滴定结束后，需要依据其浓度和用量来计算被测组分的含量。因此，正确配制标准溶液并确定其准确浓度，是滴定分析法中的一个重要内容，并且对提高分析结果的准确度有着非常重要的意义。滴定分析中，标准溶液的配制通常有两种方法，即直接配制法和间接配制法（又称标定法）。

#### 5.4.3.1　标准溶液浓度的表示

标准溶液浓度的表示方法，一般有以下两种：

（1）物质的量浓度。是表示标准溶液浓度常用的方式。物质的量浓度（简称浓度）是指单位体积溶液含有溶质的物质的量。用字母 $c$ 来表示，如物质 B 的浓度等于 B 的物质的量 $n(B)$ 除以溶液的体积 $V$，即

$$c(B) = \frac{n(B)}{V} \tag{5-27}$$

式中，物质的量 $n(B)$ 的单位为 mol 或 mmol；体积 $V$ 的单位为 $m^3$、$dm^3$ 等，在分析化学中，常用 L（升）或 mL（毫升），故浓度的常用单位为 $mol \cdot L^{-1}$。例如，1 L 溶液中含 0.1 mol HCl，其浓度表示为 $c(HCl) = 0.1\ mol \cdot L^{-1}$。

物质的量是以分子、原子、离子或其他基本粒子特定组合的粒子数表示物质的多少，符号用 $n$ 表示，单位是摩尔（mol）。“摩尔”表示某系统的物质的量，如其所包含的基本单元数与 0.012 kg $^{12}C$ 的原子数目相等，则该系统中的单元数为 1 mol。基本单元可以是原子、分子、离子、电子以及其他粒子，也可以是这些粒子的特定组合。对同一种物质进行计量时，如果选择的基本单元不同，则其物质的量也即不同。因此，如果使用摩尔为单位计量，必须注明基本单元，否则就没有明确的含义。如某 $H_2SO_4$ 溶液的浓度，选择不同的基本单元表示，浓度不同。

$c(H_2SO_4) = 0.2\ mol \cdot L^{-1}$，$c(1/2H_2SO_4) = 0.4\ mol \cdot L^{-1}$，$c(2H_2SO_4) = 0.1\ mol \cdot L^{-1}$

（2）滴定度。在生产实际工作中，为了简便计算，经常采用滴定度来表示标准溶液的浓

度。滴定度是指每毫升标准溶液相当于被测物质的质量(g 或 mg)，用符号 $T_{X/S}$ 表示(其中，S、X 分别为标准溶液中溶质和被测物质的化学式)，单位为 $g \cdot mL^{-1}$(或 $mg \cdot mL^{-1}$)。例如，用重铬酸钾标准溶液测定铁含量，若滴定度 $T_{Fe/K_2Cr_2O_7}=0.007\ 610\ g \cdot mL^{-1}$，表示每毫升 $K_2Cr_2O_7$ 标准溶液相当于 0.007 610 g 的 Fe，即 1 mL $K_2Cr_2O_7$ 标准溶液能将 0.007 610 g 的 $Fe^{2+}$ 氧化为 $Fe^{3+}$。

此种滴定度表示法适用于测定大批试样中同一组分的含量，实际工作中，只要将滴定时消耗的标准溶液的体积与滴定度相乘，就可以快速计算出被测物质的质量。上例若已知滴定用去 $K_2Cr_2O_7$ 标准溶液的体积为 20.26 mL，则试液中 Fe 的质量为

$$T_{Fe/K_2Cr_2O_7} \times V(K_2Cr_2O_7) = 0.007\ 610 \times 20.26 = 0.154\ 2\ (g)$$

滴定度还可以指每毫升标准溶液中所含溶质的质量，用 $T_S$ 表示，S 为标准溶液中溶质的化学式，单位通常为 $g \cdot mL^{-1}$。例如，$T_{NaOH}=0.060\ 00\ g \cdot mL^{-1}$，它表示每毫升 NaOH 溶液中含有 0.060 00 g NaOH。

滴定度可以与物质的量的浓度进行换算，换算公式为：$T=cM/1\ 000$，其中 $M$ 为物质的摩尔质量。

#### 5.4.3.2 标准溶液的直接配制

所有符合基准试剂条件的物质，标准溶液采用直接法配制。

(1)基准物质。许多化学试剂由于本身不纯或不易提纯，或在空气中不稳定(如易挥发或易分解)等原因，不能用直接法配制标准溶液。在分析化学中，能用来直接配制或标定标准溶液的基准物质应具备以下条件：

①纯度高(一般要求纯度在 99.9%以上)，所含少量的杂质不能影响分析的准确度。

②试剂的组成应与化学式完全相符。若含结晶水时，其结晶水的含量应与化学式一致，如硼砂 $Na_2B_4O_7 \cdot 10H_2O$。

③性质要稳定，即不易与空气中的 $O_2$ 及 $CO_2$ 等反应，也不易分解。

④试剂一般具有较大的摩尔质量。因为摩尔质量越大，称取的质量越多，称量的相对误差就相应地减小。

在分析化学中，常用的基准物质有纯金属和纯化合物等，如 Ag、Cu、Zn、Cd、Si、Ge、Al、Co、Ni、Fe 和 NaCl、$K_2Cr_2O_7$、$Na_2CO_3$、$Na_2C_2O_4$、$As_2O_3$、$CaCO_3$、邻苯二甲酸氢钾、硼砂等。它们的纯度一般大于 99.9%，甚至大于 99.99%。

以下是几种最常用的基准物质的干燥温度和应用范围，见表 5-5 所列。

(2)直接配制法。凡符合基准试剂条件的物质都可以直接配制标准溶液。先准确称取一定质量的基准物质，用适量的蒸馏水溶解后，定量转入容量瓶中，再加水至刻度，摇匀。根据称取基准物质的质量和溶液的体积即可计算出该标准溶液的准确浓度。这种标准溶液的配制方法称为直接配制法。溶液浓度为

$$c(B) = \frac{m(B)}{M(B)V} \tag{5-28}$$

例如，在分析天平上准确称取 $K_2Cr_2O_7$ 0.735 4 g，完全溶解后定量转移到 250.0 mL 容量瓶中，然后加水至刻度线，摇匀。此 $K_2Cr_2O_7$ 标准溶液的浓度为

表 5-5 常用基准物质的干燥条件和应用范围

| 基准物质 | | 干燥后的组成 | 干燥条件/℃ | 标定对象 |
|---|---|---|---|---|
| 名称 | 分子式 | | | |
| 碳酸氢钠 | $NaHCO_3$ | $Na_2CO_3$ | 270~300 | 酸 |
| 碳酸氢钾 | $KHCO_3$ | $K_2CO_3$ | 270~300 | 酸 |
| 无水碳酸钠 | $Na_2CO_3$ | $Na_2CO_3$ | 270~300 | 酸 |
| 十水合碳酸钠 | $Na_2CO_3 \cdot 10H_2O$ | $Na_2CO_3$ | 270~300 | 酸 |
| 二水合草酸 | $H_2C_2O_4 \cdot 2H_2O$ | $H_2C_2O_4 \cdot 2H_2O$ | 室温空气干燥 | 酸或 $KMnO_4$ |
| 硼砂 | $Na_2B_4O_7 \cdot 10H_2O$ | $Na_2B_4O_7 \cdot 10H_2O$ | 置于装有 NaCl 和蔗糖饱和溶液的干燥器中 | 酸 |
| 邻苯二甲酸氢钾 | $KHC_8H_4O_4$ | $KHC_8H_4O_4$ | 110~120 | 碱 |
| 草酸钠 | $Na_2C_2O_4$ | $Na_2C_2O_4$ | 130 | 氧化剂 |
| 三氧化二砷 | $As_2O_3$ | $As_2O_3$ | 室温，干燥器中保存 | 氧化剂 |
| 重铬酸钾 | $K_2Cr_2O_7$ | $K_2Cr_2O_7$ | 140~150 | 还原剂 |
| 溴酸钾 | $KBrO_3$ | $KBrO_3$ | 150 | 还原剂 |
| 碘酸钾 | $KIO_3$ | $KIO_3$ | 130 | 还原剂 |
| 铜 | Cu | Cu | 室温，干燥器中保存 | 还原剂 |
| 碳酸钙 | $CaCO_3$ | $CaCO_3$ | 110 | EDTA |
| 锌 | Zn | Zn | 室温，干燥器中保存 | EDTA |
| 氧化锌 | ZnO | ZnO | 800 | EDTA |
| 氯化钠 | NaCl | NaCl | 500~600 | $AgNO_3$ |
| 氯化钾 | KCl | KCl | 500~600 | $AgNO_3$ |
| 硝酸银 | $AgNO_3$ | $AgNO_3$ | 220~250 | 氯化物 |

$$c(K_2Cr_2O_7)=\frac{m(K_2Cr_2O_7)}{M(K_2Cr_2O_7)V}=\frac{0.7354}{294.18\times250.0\times10^{-3}}=0.01000\ mol\cdot L^{-1}$$

#### 5.4.3.3 标准溶液的间接配制

有些化学试剂不符合基准物质的条件，如 NaOH，易吸收空气中的 $CO_2$ 和水分，因此即使准确称得的质量也不能代表纯 NaOH 的质量；HCl(除恒沸溶液外)，也很难知道其中 HCl 的准确含量；$KMnO_4$、$Na_2S_2O_3$ 等试剂不易提纯，且见光易分解，这些物质均不宜用直接法配制标准溶液，而要采用间接法进行配制。可先将其配成近似所需浓度的溶液，然后用基准物质或者另一种标准溶液来测定它的准确浓度。这种利用基准物质(或用另一种标准溶液)来确定标准溶液浓度的操作过程称为标定，用作标定的基准物质叫标定剂。所以，间接配制法也叫标定法。标定标准溶液的方法有下面两种：

(1)用基准物质直接标定。准确称取一定量的基准物质，溶解后用待标定的溶液滴定，根据基准物质的质量及所消耗待标定溶液的体积，即可计算出该溶液的准确浓度。例如，欲配制 $c(HCl)=0.1\ mol\cdot L^{-1}$ 的 HCl 标准溶液，先用浓盐酸稀释配制成浓度大约接近 $0.1\ mol\cdot L^{-1}$ 的稀溶液，再准确称取一定量的硼砂基准物质，溶解后用 HCl 溶液进行滴定。由硼砂的质量和消耗 HCl 溶液的体积，即可计算出 HCl 标准溶液的准确浓度。

$$c(\mathrm{HCl})=\frac{2m(\text{硼砂})}{M(\text{硼砂})V(\mathrm{HCl})}$$

（2）用标准溶液进行比较滴定。先准确移取一定量的待标定溶液到锥形瓶中，用已知准确浓度的标准溶液进行滴定，或者准确移取一定量的已知准确浓度的标准溶液，用待标定溶液进行滴定。根据滴定管中所消耗的溶液体积及标准溶液的浓度，就可计算出待标定溶液的准确浓度。这种用标准溶液来测定待标定溶液准确浓度的操作过程称为比较滴定。很显然，这种标定方法不如直接用基准物质标定的方法好，因为标准溶液的浓度一旦不准确就会直接影响溶液浓度的准确性。

标定过程中，不论采用哪种方法，为提高结果的准确度，标定时一般应注意：①至少要进行 2~3 次平行滴定，相对偏差要求不大于 0.2%。②称取基准物质的质量不应少于 0.2 g，以避免较大的称量误差，才能使称量误差不大于 0.1%。③滴定时消耗滴定管中溶液的体积不得少于 20 mL，以避免较大的读数误差，才能使滴定管的读数误差不大于 0.1%。

直接配制或标定好的标准溶液应密闭保存。有些标准溶液，若保存得当，可以长时间存放而浓度基本不变。标准溶液在保存过程中，由于蒸发，在容器内壁上会有水珠凝聚，所以每次使用前应将其摇匀，防止浓度改变。对于一些性质不够稳定的溶液，应妥善保存，若久置后，使用前应当重新标定其浓度。

## 5.4.4 滴定分析计算

在滴定分析中，要涉及一系列计算问题，如标准溶液浓度的计算，标准溶液和被测物质间的计量关系及测定结果的计算等。

### 5.4.4.1 滴定分析计算的理论依据

当滴定反应到达化学计量点时，各反应物的物质的量之比等于滴定反应方程式中化学计量数之比，这一规则称为计量比规则。

设滴定剂 A 与被滴定物质 B 的滴定反应为

$$a\mathrm{A}+b\mathrm{B}=\!=\!=c\mathrm{C}+d\mathrm{D}$$

当反应到达化学计量点时，被滴定物质的物质的量 $n(\mathrm{B})$ 与滴定剂的物质的量 $n(\mathrm{A})$ 之间的计量数比为

$$n(\mathrm{B}):n(\mathrm{A})=b:a$$

则被滴定物质的物质的量 $n(\mathrm{B})$ 为

$$n(\mathrm{B})=\frac{b}{a}n(\mathrm{A})$$

或者滴定剂的物质的量 $n(\mathrm{A})$ 为

$$n(\mathrm{A})=\frac{a}{b}n(\mathrm{B})$$

例如，在 3 mol · $L^{-1}$ $H_2SO_4$ 溶液中，用 $Na_2C_2O_4$ 作为基准物质标定 $KMnO_4$ 溶液的浓度时，滴定反应为

$$5C_2O_4^{-}+2MnO_4^{-}+16H^{+}=\!=\!=10CO_2\uparrow+2Mn^{2+}+8H_2O$$

即可得出 $n(\mathrm{KMnO_4})=\frac{2}{5}n(\mathrm{Na_2C_2O_4})$ 或 $n(\mathrm{Na_2C_2O_4})=\frac{5}{2}n(\mathrm{KMnO_4})$

在滴定分析计算中，根据滴定过程中相关的化学反应，准确确定待测物质与标准溶液间物质的量的关系是关键因素。

#### 5.4.4.2　滴定分析计算示例

(1)标准溶液配制的有关计算。用直接法配制标准溶液时，需准确称量并稀释至准确体积。标定法配制溶液时，只需配制为近似浓度。

由基准物质 A 配制标准溶液时，浓度可用下式进行计算：

$$c(\mathrm{A})=\frac{m(\mathrm{A})}{M(\mathrm{A})V} \tag{5-29}$$

式中，$m(\mathrm{A})$，$M(\mathrm{A})$，$c(\mathrm{A})$分别代表物质 A 的质量、摩尔质量以及该溶液的浓度。

**【例 5.9】**如何配制 100.0 mL 0.010 00 mol·L$^{-1}$ 的 $K_2Cr_2O_7$ 溶液？

**解：**A 物质的质量 $m(\mathrm{A})$与 A 物质的摩尔质量 $M(\mathrm{A})$、A 物质的量 $n(\mathrm{A})$的关系为

$$m(\mathrm{A})=n(\mathrm{A})M(\mathrm{A})=c(\mathrm{A})V(\mathrm{A})M(\mathrm{A})$$

$$m(\mathrm{K_2Cr_2O_7})=c(\mathrm{K_2Cr_2O_7})V(\mathrm{K_2Cr_2O_7})M(\mathrm{K_2Cr_2O_7})$$

$$=0.010\,00\times 0.100\,0\times 294.18=0.294\,2\ \mathrm{g}$$

应准确称取 0.294 2 g $K_2Cr_2O_7$ 基准试剂，于小烧杯中溶解后定量转移到 100.0 mL 容量瓶中，稀释至刻度，摇匀。

在实际操作中，为了称量方便，通常只需准确称取 0.29 g(±10%)的 $K_2Cr_2O_7$，再按照实际称取的质量计算溶液的准确浓度。

**【例 5.10】**用市售浓盐酸(密度 1.18 g·mL$^{-1}$，含纯 HCl 37%)配制 250 mL 0.20 mol·L$^{-1}$ 的 HCl 溶液，应量取浓盐酸多少毫升？应如何配制？

**解：**设 1 L 浓盐酸中含有 HCl 的质量为 $m$ g

$$m(\mathrm{HCl})=1.18\times1\times10^3\times37\%=437\ \mathrm{g}$$

$$n(\mathrm{HCl})=\frac{m(\mathrm{HCl})}{M(\mathrm{HCl})}=\frac{437}{36.461}\approx 12\ \mathrm{mol}$$

即浓盐酸的浓度 $c(\mathrm{HCl})\approx 12$ mol·L$^{-1}$

由浓溶液稀释配制溶液时，稀释前后溶质的物质的量不变，即

$$n=c_1V_1=c_2V_2$$

设应量取浓盐酸 $V_1$ mL，已知 $c_1=12$ mol·L$^{-1}$，$c_2=0.20$ mol·L$^{-1}$，$V_2=250$ mL，则

$$V_1=\frac{c_2V_2}{c_1}=\frac{250.0\times0.20}{12}=4.2\ \mathrm{mL}$$

配制时，用量筒量取浓盐酸 4.2 mL，倒入干净的玻璃试剂瓶中，用量筒加约 250 mL 去离子水，充分摇匀即可。如果作为标准溶液，还需要标定其准确浓度。

(2)溶液的标定。标定法配制的标准溶液，可根据标定反应的化学计量关系，计算其浓度，如果滴定反应为

$$a\mathrm{A}+b\mathrm{B}=\!=\!=c\mathrm{C}+d\mathrm{D}$$

则

$$c(\mathrm{A})V(\mathrm{A})=\frac{a}{b}\cdot\frac{m(\mathrm{B})}{M(\mathrm{B})} \tag{5-30}$$

**【例 5.11】**用硼砂($Na_2B_4O_7\cdot10H_2O$)标定【例 5.10】所配制的 HCl 溶液时，准确称取了

0.941 0 g 的硼砂,当滴定至滴定终点时,消耗了该 HCl 溶液 24.26 mL。请计算 HCl 标准溶液的浓度。

**解**:标定反应方程式为

$$Na_2B_4O_7 + 2HCl + 5H_2O = 4H_3BO_3 + 2NaCl$$

根据物质的量比可知

$$n(HCl) = 2n(Na_2B_4O_7 \cdot 10H_2O)$$

则有

$$c(HCl)V(HCl) = \frac{2m(Na_2B_4O_7 \cdot 10H_2O)}{M(Na_2B_4O_7 \cdot 10H_2O)}$$

$$c(HCl) = \frac{2 \times 0.941\,0}{381.37 \times 24.26 \times 10^{-3}} = 0.203\,4 \text{ mol} \cdot L^{-1}$$

在滴定分析中,为了减小滴定管的读数误差,一般消耗滴定剂的体积应为 20~30 mL,据此可以计算标定标准溶液浓度时应称取基准物质的大约质量。

**【例 5.12】** 要求在滴定时消耗掉 0.1 mol·L$^{-1}$ NaOH 溶液 20~30 mL。问应称取基准试剂邻苯二甲酸氢钾($KHC_8H_4O_4$)多少克?如果改用草酸($H_2C_2O_4 \cdot 2H_2O$)作基准物质,应称取多少克?

**解**:邻苯二甲酸氢钾与 NaOH 的反应式为

$$KHC_8H_4O_4 + NaOH = KNaC_8H_4O_4 + H_2O$$

邻苯二甲酸氢钾与 NaOH 按 1:1 进行反应,因此二者的物质的量相等:

$$m(KHC_8H_4O_4) = n(KHC_8H_4O_4)M(KHC_8H_4O_4)$$
$$= c(NaOH)V(NaOH)M(KHC_8H_4O_4)$$

故

$$m_1 = 0.1 \times 20 \times 10^{-3} \times 204.22 = 0.408\,4 \text{ g} \approx 0.4 \text{ g}$$
$$m_2 = 0.1 \times 30 \times 10^{-3} \times 204.22 = 0.612\,7 \text{ g} \approx 0.6 \text{ g}$$

即应称取邻苯二甲酸氢钾 0.4~0.6 g。

若改用草酸作为基准物质,则草酸与 NaOH 间的反应为

$$H_2C_2O_4 + 2NaOH = Na_2C_2O_4 + 2H_2O$$

草酸与 NaOH 按 1:2 进行反应,因此二者的物质的量之比为 1:2,

$$m(H_2C_2O_4 \cdot 2H_2O) = n(H_2C_2O_4 \cdot 2H_2O)M(H_2C_2O_4 \cdot 2H_2O)$$
$$= \frac{1}{2}c(NaOH)V(NaOH)M(H_2C_2O_4 \cdot 2H_2O)$$

故

$$m_1 = \frac{1}{2} \times 0.1 \times 20 \times 10^{-3} \times 126.07 = 0.126\,1 \text{ g} \approx 0.1 \text{ g}$$
$$m_2 = \frac{1}{2} \times 0.1 \times 30 \times 10^{-3} \times 126.07 = 0.189\,1 \text{ g} \approx 0.2 \text{ g}$$

即应称取草酸 0.1~0.2 g。

由于邻苯二甲酸氢钾的摩尔质量为 204.22 g·mol$^{-1}$,而草酸的摩尔质量为 126.07 g·mol$^{-1}$,并且二者与 NaOH 的化学计量比不同,因此,标定相同物质的量的 NaOH,前者应称取 0.5 g 左右,而后者只称取 0.15 g 左右。分析天平的称量误差一般为 ±0.000 1 g,样品称量常用差

减法，需要至少称量2次，因此这两种基准物质质量引入的相对误差分别为

邻苯二甲酸氢钾 $\pm\dfrac{0.0002\ g}{0.5\ g}\times100\%=\pm0.04\%$

草酸 $\pm\dfrac{0.0002\ g}{0.15g}\times100\%=\pm0.13\%$

可见，摩尔质量大的基准物质用于标定时称取的质量较大，称量误差较小，反之，称量误差较大。所以，基准物质应选择具有较大的摩尔质量的试剂。

**【例5.13】** 以 $K_2Cr_2O_7$ 为基准物质，采用析出 $I_2$ 的方式滴定 $0.01000\ mol\cdot L^{-1}$ $Na_2S_2O_3$ 溶液的浓度，若消耗 $Na_2S_2O_3$ 溶液 20.00 mL，试计算应称取 $K_2Cr_2O_7$ 的质量。($M_r$ = 294.18)

**解：** 以 $K_2Cr_2O_7$ 标定 $Na_2S_2O_3$ 溶液浓度时，采用置换滴定法，涉及两个化学反应。

$$Cr_2O_7^{2-}+6I^-+14H^+ = 3I_2+2Cr^{3+}+7H_2O$$

$$I_2+2S_2O_3^{2-} = 2I^-+S_4O_6^{2-}$$

$$1Cr_2O_7^{2-}\sim 3I_2\sim 6S_2O_3^{2-}$$

$$\begin{aligned}m(K_2Cr_2O_7) &= n(K_2Cr_2O_7)M(K_2Cr_2O_7)\\ &=\frac{n(Na_2S_2O_3)M(K_2Cr_2O_7)}{6}=\frac{c(Na_2S_2O_3)V(Na_2S_2O_3)M(K_2Cr_2O_7)}{6}\\ &=0.01000\times\frac{20.00}{1000}\times\frac{294.18}{6}=0.009806\ g\end{aligned}$$

若单份称取0.01 g左右的 $K_2Cr_2O_7$ 标定 $Na_2S_2O_3$，差减法称量误差为 $\pm\dfrac{0.0002}{0.01}\approx\pm2\%$。为使称量误差小于0.1%，可以称取20倍量多的 $K_2Cr_2O_7$，也即大于0.2 g的样品，溶解并定容于500.0 mL容量瓶中。然后用25.00 mL移液管移取三份进行标定。这种方法称为“称大样”，可减小称量误差。

(3)有关滴定度的计算。滴定度是指每毫升标准溶液中所含溶质的质量，所以 $T_A\times1000$ 为1 L标准溶液中所含某溶质的质量，此值除以溶质A的摩尔质量 $M(A)$，即得物质的量的浓度。即

$$\frac{T_A\times1000}{M(A)}=c(A)\ 或\ T_A=\frac{c(A)M(A)}{1000} \tag{5-31}$$

**【例5.14】** 试计算浓度为 $0.1819\ mol\cdot L^{-1}$ 的NaOH标准溶液的滴定度($T_{NaOH}$)。

**解：** 因为 $M(NaOH)=36.46\ g\cdot mol^{-1}$

故 $T_{NaOH}=\dfrac{0.1819\times36.46}{1000}=0.006632\ g\cdot mL^{-1}$

**【例5.15】** 0.3050 g $Na_2C_2O_4$ 溶解后，在酸性溶液中需要27.50 mL $KMnO_4$ 滴定至终点，求 $c(KMnO_4)$。若用此 $KMnO_4$ 标准溶液测定 $H_2O_2$，试计算 $KMnO_4$ 对 $H_2O_2$ 的滴定度 $T_{H_2O_2/KMnO_4}$。

**解：** 已知 $M(Na_2C_2O_4)=134.00\ g\cdot mol^{-1}$；$M(H_2O_2)=34.015\ g\cdot mol^{-1}$

①$Na_2C_2O_4$ 与 $KMnO_4$ 的反应

$$2MnO_4^- + 5C_2O_4^{2-} + 16H^+ = 2Mn^{2+} + 10CO_2\uparrow + 8H_2O$$

由反应可知 $$n(KMnO_4) = \frac{2}{5} \times n(Na_2C_2O_4)$$

即 $$c(KMnO_4)V(KMnO_4) = \frac{2}{5} \times \frac{m(Na_2C_2O_4)}{M(Na_2C_2O_4)}$$

因此 $$c(KMnO_4) = \frac{2}{5} \times \frac{0.3050}{134.00 \times 27.50 \times 10^{-3}} = 0.03311\ mol \cdot L^{-1}$$

②$KMnO_4$ 与 $H_2O_2$ 的反应

$$5H_2O_2 + 2MnO_4^- + 16H^+ = 2Mn^{2+} + 5O_2\uparrow + 8H_2O$$

由反应可知 $$\frac{n(H_2O_2)}{n(MnO_4^-)} = \frac{5}{2}$$

所以 $$T_{H_2O_2/KMnO_4} = \frac{5}{2} \times c(KMnO_4)M(H_2O_2) \times 10^{-3} = \frac{5}{2} \times 0.03311 \times 34.015 \times 10^{-3}$$
$$= 2.816\ g \cdot mL^{-1}$$

(4)测定结果的计算。常用分析结果的表达形式有：对于固体样品最常用的是质量分数 $\omega$，多用百分数表示；对于液体试样，可用物质的量浓度 $c$ 表示，也可以用质量浓度 $\rho$，单位常用 $g \cdot L^{-1}$ 或 $mg \cdot L^{-1}$ 等表示。

**【例 5.16】** 以甲基红作指示剂滴定 0.500 0 g 不纯的 $K_2CO_3$ 试样，到达终点时，用去 0.100 0 $mol \cdot L^{-1}$ HCl 标准溶液 36.00 mL。计算样品中 $K_2CO_3$ 的质量分数。

**解：** 已知 $M(K_2CO_3) = 138.21\ g \cdot mol^{-1}$，滴定反应为

$$2HCl + K_2CO_3 = 2KCl + CO_2\uparrow + H_2O$$

因此 $$n(K_2CO_3) = \frac{1}{2}n(HCl)$$

$$\omega(K_2CO_3) = \frac{\frac{1}{2}c(HCl) \times V(HCl) \times 10^{-3} \times M(K_2CO_3)}{m}$$
$$= \frac{\frac{1}{2} \times 0.1000 \times 36.00 \times 10^{-3} \times 138.21}{0.5000}$$
$$= 0.4976$$

或表示为 $$\omega(K_2CO_3) = 0.4976 \times 100\% = 49.76\%$$

**【例 5.17】** 以 $KMnO_4$ 间接法测定不纯的 $CaCO_3$ 时，称取试样 0.500 0 g 溶于酸中，调节酸度后加入过量 $(NH_4)_2C_2O_4$ 溶液，使 $Ca^{2+}$ 沉淀为 $CaC_2O_4$，沉淀经过滤、洗净后用稀硫酸溶解，定容于 100.0 mL 的容量瓶。移取 25.00 mL 试液，用 0.020 34 $mol \cdot L^{-1}$ $KMnO_4$ 标准溶液滴定，用去 22.20 mL。计算试样中 $CaCO_3$ 的质量分数。

**解：** 滴定反应为 $$2MnO_4^- + 5C_2O_4^{2-} + 16H^+ = 2Mn^{2+} + 10CO_2\uparrow + 8H_2O$$

沉淀反应为 $$Ca^{2+} + C_2O_4^{2-} = CaC_2O_4\downarrow$$

可知　　$n(Ca^{2+})=n(C_2O_4^{2-})$；$n(C_2O_4^{2-})=\frac{5}{2}n(KMnO_4)$

所以　　$n(Ca^{2+})=\frac{5}{2}n(KMnO_4)$

$$\omega(CaCO_3)=\frac{\frac{5}{2}c(KMnO_4)\times V(KMnO_4)\times 10^{-3}\times M(CaCO_3)}{m\times\frac{25.00}{100.0}}$$

$$=\frac{\frac{5}{2}\times 0.020\ 34\times 22.20\times 10^{-3}\times 100.09\times 4}{0.500\ 0}$$

$$=0.903\ 9$$

置换滴定法和间接滴定法，一般涉及以上两个反应，此时可以从几个反应式中找出实际参加反应的物质的量间的关系。如【例 5.17】中 $Ca^{2+}$和 $C_2O_4^{2-}$ 反应的化学计量数比为 1，而 $KMnO_4$ 与 $C_2O_4^{2-}$ 反应的化学计量数比为 $\frac{5}{2}$，因此可得到

$$n(Ca^{2+})=\frac{5}{2}n(KMnO_4)$$

**【例 5.18】** 称取铁矿石试样 0.600 0 g，将其溶解，使全部铁还原成亚铁离子，用 $c(K_2Cr_2O_7)=0.016\ 00\ mol\cdot L^{-1}$ 标准溶液滴定至化学计量点时，用去 $K_2Cr_2O_7$ 标准溶液 34.46 mL，求试样中 Fe 的质量分数。

**解**：$Fe^{2+}$与 $K_2Cr_2O_7$ 的反应为

$$Cr_2O_7^{2-}+6Fe^{2+}+14H^+=\!=\!=6Fe^{3+}+2Cr^{3+}+7H_2O$$

故　　$n(Fe^{2+})=6n(Cr_2O_7^{2-})$

则　　$\omega(Fe)=\frac{6\times c(K_2Cr_2O_7)V(K_2Cr_2O_7)M(Fe)}{m}$

$$=\frac{6\times 0.016\ 00\times 34.46\times 10^{-3}\times 55.85}{0.600\ 0}=0.307\ 9$$

## 思考题

1. 分析化学的主要任务是什么？
2. 准确度和精密度有何区别和联系？
3. 误差既然可用相对误差表示，为什么还要引入相对误差？
4. 请解释以下名词术语：标准溶液，化学计量点，滴定终点，终点误差，指示剂，标定。
5. 什么是终点误差？滴定分析中的终点误差大小与哪些因素有关？
6. 滴定方式分为哪几种？每种滴定方式在什么情况下使用？

## 习 题

### 一、选择题

1. 下列有关偶然误差的叙述中不正确的是(　　)。

A. 偶然误差的出现具有单向性

B. 偶然误差出现正误差和负误差的机会均等

C. 偶然误差在分析中是不可避免的

D. 偶然误差是由一些不确定的偶然因素造成的

2. 下列叙述正确的是(　　)。

A. 偏差是测定值与真实值之间的差异

B. 相对平均偏差是指平均偏差相对真实值而言的

C. 平均偏差也叫相对偏差

D. 相对平均偏差是指平均偏差相对平均值而言的

3. 偏差是衡量分析结果的(　　)。

A. 置信度　　B. 精密度　　C. 准确度　　D. 精确度

4. 平行多次测定的标准偏差越大，表明一组数据的(　　)越低。

A. 准确度　　B. 精密度　　C. 绝对误差　　D. 平均值

5. 下列论述中，正确的是(　　)。

A. 精密度高，系统误差一定小　　B. 分析工作中，要求分析误差为零

C. 精密度高，准确度一定高　　D. 准确度高，必然要求精密度高

6. 下列各数中，有效数字位数为四位的是(　　)。

A. $[H^+]=0.000\ 3$ mol/L　　B. pH = 11.32

C. Mn% = 0.030 0　　D. MgO% = 10.03

7. 下列叙述错误的是(　　)。

A. 误差是以真实值为标准的，偏差是以平均值为标准的

B. 对某项测定来讲，系统误差是不可测量的

C. 对于偶然误差来讲，平行测定所得的一组数据，其正负偏差之代数和等于零

D. 标准偏差是用数理统计方法处理测定结果而获得的

8. 分析测定中的偶然误差，以下不符合其统计规律的是(　　)。

A. 数值固定不变　　B. 大误差出现的概率小，小误差出现的概率大

C. 数值随机可变　　D. 数值相等的正、负误差出现的概率均等

9. 从精密度好就可断定分析结果可靠的前提是(　　)。

A. 偶然误差小　　B. 系统误差小

C. 平均偏差小　　D. 相对偏差小

10. 分析测定中论述偶然误差正确的是(　　)。

A. 大小误差出现的概率相等　　B. 正误差出现的概率大于负误差

C. 正负误差出现的概率相等　　D. 负误差出现的概率大于正误差

11. 有一分析人员对某样品进行了 $n$ 次测定后，经计算得到正偏差之和为：+0.74，而负偏差之和为(　　)。

A. 0.00　　B. 0.74　　C. −0.74　　D. 不能确定

12. 滴定分析法对化学反应有严格地要求，因此下列说法中不正确的是(　　)。

A. 反应有确定的化学计量关系　　B. 反应速度必须足够快

C. 反应产物必须能与反应物分离　　D. 有适当的指示剂可选择

13. 对于速度较慢的反应，可以采用下列哪种方式进行测定(　　)。

A. 返滴定法　　B. 间接滴定法

C. 置换滴定法　　D. 使用催化剂

14. 将 $Ca^{2+}$沉淀为 $CaC_2O_4$ 沉淀，然后用酸溶解，再用 $KMnO_4$ 标准溶液直接滴定生成的 $H_2C_2O_4$，从而求得 Ca 的含量。所采用的滴定方式是(　　)。

A. 沉淀滴定法　　B. 氧化还原滴定法　　C. 直接滴定法　　D. 间接滴定法

15. 下列物质不能用作基准物质的是(　　)。

A. $KMnO_4$　　B. $K_2Cr_2O_7$　　C. $Na_2C_2O_4$　　D. 邻苯二甲酸氢钾

16. 已知 $T_{Na_2C_2O_4/KMnO_4}=0.006\ 700\ g\cdot mL^{-1}$，则 $KMnO_4$ 溶液的浓度为(　　)。

A. $0.100\ 0\ mol\cdot L^{-1}$　　B. $0.200\ 0\ mol\cdot L^{-1}$

C. $0.010\ 00\ mol\cdot L^{-1}$　　D. $0.020\ 00\ mol\cdot L^{-1}$

17. 欲配制草酸钠溶液以标定 $0.040\ 00\ mol\cdot L^{-1}$ $KMnO_4$ 溶液，如果要使标定时两种溶液消耗的体积相等，则草酸钠应配制的浓度为(　　)。

A. $0.100\ 0\ mol\cdot L^{-1}$　　B. $0.040\ 00\ mol\cdot L^{-1}$

C. $0.050\ 00\ mol\cdot L^{-1}$　　D. $0.080\ 00\ mol\cdot L^{-1}$

18. 20.00 mL $H_2C_2O_4$ 需要 20.00 mL $0.100\ 0\ mol\cdot L^{-1}$ NaOH 溶液完全中和，而同体积的该草酸溶液在酸性介质中恰好能与 20.00 mL $KMnO_4$ 溶液完全反应，则此 $KMnO_4$ 溶液的浓度为(　　)。

A. $0.010\ 00\ mol\cdot L^{-1}$　　B. $0.020\ 00\ mol\cdot L^{-1}$

C. $0.040\ 00\ mol\cdot L^{-1}$　　D. $0.100\ 0\ mol\cdot L^{-1}$

19. 已知 $T_{H_2C_2O_4/NaOH}=0.004\ 502\ g\cdot mL^{-1}$，则 NaOH 溶液的浓度是(　　)。

A. $0.100\ 0\ mol\cdot L^{-1}$　　B. $0.010\ 00\ mol\cdot L^{-1}$

C. $0.020\ 00\ mol\cdot L^{-1}$　　D. $0.040\ 00\ mol\cdot L^{-1}$

20. 用无水 $Na_2CO_3$ 标定 HCl 时，若称量时 $Na_2CO_3$ 吸收了少量水分，则标定结果(　　)。

A. 不受影响　　B. 偏高　　C. 偏低　　D. 无法确定

21. 对于基准物质，下面的说法哪种正确(　　)？

A. 试剂组成应与它的化学式完全相符　　B. 试剂要为化学纯

C. 化学性质要呈惰性　　D. 试剂的摩尔质量要小

**二、填空题**

1. 分析化学是研究物质化学组成的______________、______________及分析技术的科学。

2. 根据分析时所需依据的性质不同，分析方法可分为______________和__________。

3. 重量法测定 $SiO_2$ 时，试液中的硅酸沉淀不完全，对分析结果会造成________误差。

4. 定量分析中______误差只影响测定结果的准确度，但是不影响测定结果的精密度；而____________误差既影响测定结果的准确度，又影响测定结果的精密度；准确度是指测定值与________的差异，而精密度是指测定值与__________的差异。

5. 对某盐酸溶液浓度测定 6 次的结果为：0.204 1，0.204 9，0.203 9，0.204 3，0.204 1，0.204 1 $mol\cdot L^{-1}$，则这组数据的 $\bar{d}$ 为________，$S$ 为________，变异系数 RSD 为________。

6. 平均偏差和标准偏差是用来衡量分析结果的________，当平行测定次数 $n<20$ 时，常用________偏差来表示。

7. 检验和消除系统误差可采用标准方法与所用方法进行比较、校正仪器以及做______试验和______试验等方法，而偶然误差则是采用______的办法来减小的。

8. 213.64+4.402+0.324 45=？结果保留______位有效数字；pH=0.05，求 $H^+$ 浓度。结果保留______位有效数字。

9. 有效数字包括所有______的数字和该数的最后一位具有______性的数字。

10. 能用于滴定分析的化学反应，应具备的条件是(1)______，(2)______，(3)______。

11. 向被测试液中加入已知过量的标准溶液，待反应完全后，用另一种标准溶液滴定第一种标准溶液的剩余量，这种滴定方式称为______。

12. 常用于标定 HCl 溶液浓度的基准物质有______和______。常用于标定 NaOH 溶液浓度的基准物质有______和______。

13. 滴定误差的大小说明测定结果的______程度，它与化学反应的______有关，也与指示剂______有关。

14. 滴定度表示______，用符号______表示。利用滴定度计算被测组分含量的公式为______，由溶液的物质的量浓度变换为对某物质的滴定度可利用的公式为______。

**三、计算题**

1. 用甲醛法测得纯硫酸铵试剂中氮的含量为 21.14%，计算该测定结果的绝对误差和相对误差。

2. 测定某饲料的粗蛋白含量，得到两组实验数据，结果如下：

第一组：38.3%，37.8%，37.6%，38.2%，38.1%，38.4%，38.0%，37.7%，38.2%，37.7%

第二组：38.0%，38.1%，37.3%，38.2%，37.9%，37.8%，38.5%，37.8%，38.3%，37.9%

分别计算两组数据的平均偏差、标准偏差和相对标准偏差，并比较两组数据精密度的好坏。

3. 已知某铁矿石中铁的含量为 37.09%。化验员甲的测定结果是：37.02%，37.05%，37.08%；化验员乙的测定结果是 37.11%，37.17%，37.20%；化验员丙的测定结果是：37.06%，37.03%，36.99%。比较甲乙丙三者测定结果的准确度和精密度。

4. 测定土壤中 $Al_2O_3$ 的含量得到 6 个测定结果，按其大小顺序排列为 30.02%、30.12%、30.16%、30.18%、30.18%、30.20%，第一个数据可疑，用 $4\bar{d}$ 法判断是否舍弃该数据？

5. 在 1 L 0.200 0 $mol \cdot L^{-1}$ HCl 溶液中，加入多少毫升水才能使稀释后的 HCl 溶液对 CaO 的滴定度 $T_{CaO/HCl}=0.005\ 00\ g \cdot mL^{-1}$。[$M(CaO)=56.08\ g \cdot mol^{-1}$]

6. 求 0.020 00 $mol \cdot L^{-1}$ $K_2Cr_2O_7$ 对 Fe 和 $Fe_2O_3$、$Fe_3O_4$ 的滴定度。[$M(Fe)=55.85\ g \cdot mol^{-1}$，$M(Fe_2O_3)=159.7\ g \cdot mol^{-1}$，$M(Fe_3O_4)=231.54\ g \cdot mol^{-1}$]

# 第6章

# 酸碱平衡及酸碱滴定法

# (Acid-Base Equilibrium and Acid-Base Titration)

酸、碱在工农业生产及人们的日常生活中随处可见。从化学反应来看，在自然界及生产实际中，许多化学反应都是酸碱反应，或者与酸或碱有关的反应。酸碱平衡是溶液中普遍存在的化学平衡，对溶液中物质的存在形式和反应有重要影响。建立酸碱中和反应为基础的酸碱滴定法是一种常用的化学分析方法。因此，掌握酸碱平衡的有关规律，对于控制酸碱反应以及与酸碱有关的反应的进行都是十分必要的。

## 6.1 酸碱理论(Acid-Base Theory)

人类对酸碱的认识经历了两百多年的历史，是一个由浅入深、由低级到高级的认识过程。最初把有酸味、能使蓝色石蕊变红的物质叫作酸；有涩味、有滑腻感、能使红色石蕊变蓝的物质叫作碱。后来又提出了许多酸碱理论，如电离理论、溶剂理论、质子理论、电子理论以及软硬酸碱理论等。

酸碱电离理论是由瑞典化学家阿伦尼乌斯 1887 年建立的，该理论认为：凡是在水溶液中电离出来的阳离子全部是 $H^+$的物质叫作酸；凡是在水溶液中电离出来的阴离子全部是 $OH^-$的物质叫作碱。酸碱中和反应的实质是 $H^+$和 $OH^-$结合生成 $H_2O$，反应的产物为盐和水。电离理论还指出，多元酸和多元碱在水溶液中是分步电离的，能电离出多个氢离子的酸是多元酸，能电离出多个氢氧根离子的碱是多元碱。

酸碱电离理论更深刻地揭示了酸碱反应的实质，提高了人们对酸碱的认识，并且应用化学平衡原理，定量地描述了溶液的酸碱性，对化学学科的发展起了重大的作用，至今仍然普遍应用。但是该理论也存在着很大的缺陷，如它把酸碱的概念局限在水溶液中，并且把碱限制为氢氧化物，这样就对非水溶液中的酸碱反应无法解释。如气态的 HCl 和 $NH_3$ 都无法电离出 $H^+$或 $OH^-$，但所发生的反应与水溶液中 HCl 和 $NH_3$ 的中和反应十分相似，也形成盐 $NH_4Cl(s)$。用电离理论无法解释这种结果，针对这种情况，丹麦化学家布朗斯特(J. N. Brönsted)和英国化学家劳瑞(T. M. Lowry)于 1923 年分别提出了酸碱质子理论，简称质子理论。本章为了更好地说明酸碱平衡的有关规律，主要以酸碱质子理论讨论酸碱平衡及有关应用。

### 6.1.1 酸、碱及其共轭关系

酸碱质子理论认为：凡是能给出质子($H^+$)的物质就是酸，如$H_3O^+$、HCl、$H_2SO_4$、$HCO_3^-$、HAc、$NH_4^+$等；凡能接受质子的物质就是碱，如$OH^-$、$Ac^-$、$NH_3$、$HCO_3^-$、$H_2O$等。能给出多个质子的物质叫作多元酸；能接受多个质子的物质叫作多元碱。可见，酸和碱既可以是中性分子，也可以是带电离子，有些物质如$HCO_3^-$、$HPO_4^{2-}$、$H_2O$等，它们既有给出质子的能力又有结合质子的能力，它们称为两性物质。

根据酸碱质子理论，一种酸(HA)给出质子后就成为碱($A^-$)，而碱($A^-$)接受质子后就成为酸(HA)。酸与碱的这种关系可表示为

$$\underset{\text{酸}}{HA} \rightleftharpoons H^+ + \underset{\text{碱}}{A^-}$$

可见，酸与碱并不是彼此孤立的，而是处于一种相互依存的关系中，这种相互依存的关系称为共轭关系。其中，HA是$A^-$的共轭酸，$A^-$是HA的共轭碱，HA-$A^-$称为共轭酸碱对。酸较其共轭碱只多一个质子。

酸给出一个质子形成共轭碱，或碱接受一个质子形成共轭酸的反应称作酸碱半反应。物质得失质子的过程，可以用下列反应式表示：

$$HAc \rightleftharpoons H^+ + Ac^-$$

$$H_2CO_3 \rightleftharpoons H^+ + HCO_3^-$$

$$HCO_3^- \rightleftharpoons H^+ + CO_3^{2-}$$

$$NH_4^+ \rightleftharpoons H^+ + NH_3$$

$$\text{酸} \rightleftharpoons H^+ + \text{碱}$$

由上述例子可以看出酸和碱可以是中性分子，也可以是阳离子或阴离子，并且酸和碱具有相对性，例如，$HCO_3^-$在不同的共轭酸碱对里有时是酸，有时是碱。像这类既可以给出质子又可以接受质子的物质称为两性物质。判断一种物质是酸还是碱一定要在具体条件下，分析其得失质子的情况。

共轭酸碱体系中的酸或碱是不能独立存在的，即酸碱半反应都不能单独发生。因而当溶液中某一种酸给出质子后，必须有另一种能接受质子的碱存在才能实现。以醋酸(HAc)在水溶液中解离为例：

半反应1：　$HAc\,(\text{酸}_1) \rightleftharpoons Ac^-\,(\text{碱}_1) + H^+$

半反应2：　$H_2O\,(\text{碱}_2) + H^+ \rightleftharpoons H_3O^+\,(\text{酸}_2)$

总反应：　$\underset{\text{酸}_1}{HAc} + \underset{\text{碱}_2}{H_2O} \rightleftharpoons \underset{\text{酸}_2}{H_3O^+} + \underset{\text{碱}_1}{Ac^-}$

其结果是质子从HAc转移到$H_2O$，溶剂$H_2O$接受了质子，起着碱的作用，使得HAc的解离得以实现。为书写方便，通常将$H_3O^+$(水合质子)简写成$H^+$，以上反应式可简写为

$$HAc \rightleftharpoons H^+ + Ac^-$$

注意：这一简化式代表的是一个完整的酸碱反应，而不是酸碱半反应。

同样，碱在水溶液中的解离，也是一种酸碱反应，所不同的是作为溶剂的$H_2O$起着酸

的作用。如 $NH_3$：

$$\underset{碱_2}{NH_3}+\underset{酸_1}{H_2O} \rightleftharpoons \underset{碱_1}{OH^-}+\underset{酸_2}{NH_4^+}$$

共轭酸碱对的强弱是相对的，酸的酸性越强，给出质子的能力也越强，则其共轭碱接受质子的能力就弱，碱性也就越弱；反之亦然。

需要注意的是，酸碱的强度不仅与酸碱的本性有关，而且还与溶剂的性质有关。同一种物质，在不同的溶剂中，酸碱的强度有很大的变化，甚至酸碱的性质也会发生变化。例如，在水溶液中，HCl 和 HAc 是两种强度差别较大的酸，但是在液氨中，两者酸性上的差别却不存在，都表现出强酸性，这是因为 HCl 和 HAc 在液氨中与溶剂有如下酸碱反应。

$$HCl+NH_3 \rightleftharpoons NH_4^++Cl^-$$

$$HAc+NH_3 \rightleftharpoons NH_4^++Ac^-$$

由于 $NH_3$ 的碱性比水强，结合质子的能力强，使上述两个反应向右进行得很彻底，以致于使 HCl 和 HAc 给出质子的能力相同了，结果使 HCl 和 HAc 的酸强度都变成了 $NH_4^+$ 的酸强度水平，两者的酸性差别消失了，因此在液氨中 HCl 与 HAc 谁强谁弱无法区分。液氨的这种将 HCl 和 HAc 的强弱差别消除的作用称为溶剂的拉平效应。

酸碱的质子理论扩大了酸碱的含义及酸碱反应的范围，摆脱了酸碱必须定义在水中的局限性，解决了非水溶液或气体间的酸碱反应，而且把水溶液中的电离反应、中和反应、水解反应等都归纳为质子酸碱反应。

## 6.1.2　酸碱反应的实质

### 6.1.2.1　酸碱解离反应

酸碱溶质与溶剂分子间的反应称为酸碱的解离。如 HAc 在水中的解离反应：

$$\underset{酸_1}{HAc}+\underset{碱_2}{H_2O} \rightleftharpoons \underset{酸_2}{H_3O^+}+\underset{碱_1}{Ac^-} \quad (H^+: HAc \rightarrow H_2O)$$

再如 $NH_3$ 在水中的解离反应：

$$\underset{碱_1}{NH_3}+\underset{酸_2}{H_2O} \rightleftharpoons \underset{碱_2}{OH^-}+\underset{酸_1}{NH_4^+} \quad (H^+: H_2O \rightarrow NH_3)$$

可见，酸碱解离反应是质子的转移反应。

### 6.1.2.2　酸碱电离理论中的水解反应

如 NaAc 在水中的水解反应：

$$\underset{碱_1}{Ac^-}+\underset{酸_2}{H_2O} \rightleftharpoons \underset{碱_2}{OH^-}+\underset{酸_1}{HAc} \quad (H^+: H_2O \rightarrow Ac^-)$$

再如 $NH_4Cl$ 在水中的水解反应：

$$\overset{H^+}{\overbrace{NH_4^+ + H_2O}} \rightleftharpoons H_3^+O + NH_3$$

酸$_1$ 碱$_2$ 酸$_2$ 碱$_1$

可以看出，电离理论中的水解反应同样是质子的转移反应。所以，水解反应在质子理论中也属于酸碱解离反应。

**6.1.2.3 酸碱中和反应**

如 NaOH 与 HCl 的中和反应：

$$\overset{H^+}{\overbrace{H_3O^+ + OH^-}} \rightleftharpoons H_2O + H_2O$$

酸$_1$ 碱$_2$ 酸$_2$ 碱$_1$

再如 HAc 与 $NH_3$ 的酸碱反应：

$$\overset{H^+}{\overbrace{HAc + NH_3}} \rightleftharpoons NH_4^+ + Ac^-$$

酸$_1$ 碱$_2$ 酸$_2$ 碱$_1$

显然，两个反应皆由两个共轭酸碱对组成，故酸碱中和反应也是质子转移反应。

因此，从质子理论的观点来看，酸碱反应实际上是两个共轭酸碱对共同作用的结果，其实质是质子的转移。

**6.1.2.4 溶剂的质子自递反应**

作为溶剂的水既能给出质子具有酸的性质，又能接受质子具有碱的性质，因此水是一种两性物质。由于 $H_2O$ 的两性作用，质子转移可以发生在 $H_2O$ 分子之间，即

$$\overset{H^+}{\overbrace{H_2O + H_2O}} \rightleftharpoons H_3O^+ + OH^-$$

这种发生在溶剂分子之间的质子转移，称为溶剂的质子自递反应，实质也是质子转移反应。发生在水分子之间的质子自递反应常简写为

$$H_2O \rightleftharpoons H^+ + OH^-$$

## 6.2 酸碱平衡(Acid-Base Equilibrium)

由于酸碱反应发生在水溶液中，所以压力对平衡的影响可以忽略；同时由于水的比热比较大，反应的热效应比较小，所以温度对平衡的影响也可以忽略，因此只讨论浓度对平衡的影响。

根据酸碱质子理论，酸(碱)的强弱取决于其给出(接受)质子能力的大小。在水中，酸给出或碱接受质子能力的大小可用酸或碱的解离常数来衡量。

## 6.2.1 活度与浓度

在电解质溶液中，由于荷电离子之间以及离子和溶剂间的相互作用，使得离子在化学反应中表现出的有效浓度与真实浓度间有差异。离子在化学反应中起作用的有效浓度称为离子的活度，此概念是路易斯 1907 年提出的。在有关化学平衡的计算中，严格地说应当用活度而非浓度。

溶液的活度($a$)与浓度($c$)之间的关系可用下式表示：

$$a=\gamma c \tag{6-1}$$

式中，$\gamma$ 为活度系数，是衡量实际溶液与理想溶液之间差异的尺度，反映了溶液中离子之间的互相牵制作用。溶液浓度越大，离子之间的牵制作用越强，$\gamma$ 值越小；反之亦然。对于极稀溶液，离子间相距很远，可忽略其相互作用，视为理想溶液，此时 $\gamma\approx1$，$a\approx c$；随着溶液浓度增大，$\gamma<1$，$a<c$。一般对稀溶液而言，浓度可近似地代替活度。

溶液的活度不仅与离子的浓度有关，还与离子的电荷数有关，将离子浓度与离子的电荷数对活度系数的综合影响称为离子强度($I$)，$I$ 可用下式计算：

$$I=\frac{1}{2}(c_1Z_1^2+c_2Z_2^2+\cdots)=\frac{1}{2}\sum(c_iZ_i^2) \tag{6-2}$$

式中，$c_i$ 为各离子的浓度($mol\cdot L^{-1}$)；$Z_i$ 为各离子的电荷数。

1923 年，德拜和休格尔根据离子互吸学说，提出了稀溶液中计算活度系数的公式：

$$-\lg\gamma=0.509\,|Z^+Z^-|\,\frac{\sqrt{I}}{1+B\mathring{a}\sqrt{I}} \tag{6-3}$$

式中，$Z^+$、$Z^-$是正、负离子的电荷数；$B$ 为常数；$\mathring{a}$ 为离子的体积参数，约等于水化离子的有效半径(nm)。此式适用于浓度小于 0.1 $mol\cdot kg^{-1}$ 的稀溶液。若忽略离子体积的差别(除 $H^+$外，$\mathring{a}$ 均视为 0.3 nm)，则活度系数仅与离子强度和离子电荷数有关。对稀溶液而言，在分析化学计算中可用浓度近似代替活度。

## 6.2.2 弱酸(碱)的解离平衡

### 6.2.2.1 一元弱酸(碱)

例如，在一定温度下，一元弱酸 HAc 水溶液中存在下列平衡：

$$HAc + H_2O \rightleftharpoons H_3O^+ + Ac^-$$

简写为

$$HAc \rightleftharpoons H^+ + Ac^-$$

其平衡常数表达式为

$$K_a^\ominus=\frac{\frac{[Ac^-]}{c^\ominus}\cdot\frac{[H^+]}{c^\ominus}}{\frac{[HAc]}{c^\ominus}}$$

为简便起见，上式可以写为

$$K_a^\ominus=\frac{[H^+][Ac^-]}{[HAc]}$$

同样，对于一元弱碱 $NH_3 \cdot H_2O \rightleftharpoons OH^- + NH_4^+$

其平衡常数表达式为 $$K_b^\ominus = \frac{[OH^-][NH_4^+]}{[NH_3 \cdot H_2O]}$$

式中的平衡常数 $K_a^\ominus$、$K_b^\ominus$ 称为弱酸、弱碱的解离常数。同所有的平衡常数一样，解离常数是酸碱的特征常数，它与浓度无关而与温度有关，但由于弱酸(碱)在水中解离时的热效应不大，故温度变化对解离常数的影响较小，一般不影响其数量级。所以，在室温条件下，我们一般使用 298 K 时的 $K_a^\ominus$、$K_b^\ominus$ 值。

解离常数的大小，代表着弱酸和弱碱在水溶液中的解离程度以及弱酸、弱碱的酸、碱性的相对强弱。$K_a^\ominus$ 越大，表示该酸的解离平衡正向进行的程度越大，酸性也越强；碱亦然。

一般认为，$K_a^\ominus>1$($K_b^\ominus>1$)的酸(碱)为强酸(碱)；$K^\ominus$在 $10^{-3}\sim1$ 的酸(碱)为中强酸(碱)；$K^\ominus$在 $10^{-7}\sim10^{-4}$ 的酸(碱)为弱酸(碱)；若酸(碱)的 $K^\ominus<10^{-7}$，则称为极弱酸(碱)。根据 $K_a^\ominus$ 或 $K_b^\ominus$ 的大小，可以比较酸或碱的相对强弱。例如，25 ℃时，HAc 在水中的 $K_a^\ominus=1.76\times10^{-5}$，而 HCN 的 $K_a^\ominus=4.93\times10^{-10}$，HAc 在水溶液中的给出质子的能力较 HCN 强，故 HAc 的酸性相对 HCN 较强。

$K_a^\ominus$、$K_b^\ominus$ 值可以查表得到，并且在一定温度下是一个定值。由于酸碱解离平衡过程的焓变较小，因而，室温下，一般可以不考虑温度的影响。常用的弱酸、弱碱的 $K_a^\ominus$、$K_b^\ominus$ 值见附录Ⅴ。

### 6.2.2.2 多元弱酸(碱)

多元弱酸、弱碱在水溶液中的解离是分步进行的。例如，二元弱酸 $H_2S$，它的解离分两步进行：

$$H_2S \rightleftharpoons H^+ + HS^- \qquad K_{a_1}^\ominus = \frac{[H^+][HS^-]}{[H_2S]}$$

$$HS^- \rightleftharpoons H^+ + S^{2-} \qquad K_{a_2}^\ominus = \frac{[H^+][S^{2-}]}{[HS^-]}$$

这两个平衡同时存在于溶液中。$K_{a_1}^\ominus$、$K_{a_2}^\ominus$ 分别为 $H_2S$ 的第一级和第二级解离常数。多元弱酸的分级解离常数总是 $K_{a_1}^\ominus \gg K_{a_2}^\ominus$，说明多元弱酸的第二级解离比第一级解离困难得多。因此，第二级解离所产生的 $H^+$浓度与第一级解离所产生的 $H^+$浓度相比是微不足道的，完全可以忽略不计。所以，在多元弱酸、弱碱溶液的酸度计算过程中，往往不考虑第二级解离，只考虑其第一级解离，这样就把多元弱酸、弱碱简化成了一元弱酸、弱碱，按照一元弱酸(碱)来处理。

将多元弱酸 $H_2S$ 的两步解离平衡相加，就得到了 $H_2S$ 在水溶液中的总解离平衡。

$$H_2S \rightleftharpoons 2H^+ + S^{2-}$$

根据多重平衡规则，其总的解离常数为

$$K_a^\ominus = \frac{[H^+]^2[S^{2-}]}{[H_2S]} = K_{a_1}^\ominus K_{a_2}^\ominus$$

必须指出，上述关系式仅仅表示在 $H_2S$ 解离平衡体系中，$[H_2S]$、$[H^+]$和$[S^{2-}]$三者之间的关系并不表示 $H_2S$ 一步解离出 2 个 $H^+$，同时，溶液中$[H^+]\neq2[S^{2-}]$；另外，虽然上述关系式中没有出现 $HS^-$，但并不表示溶液中不存在 $HS^-$，因为事实上 $H_2S$ 是分步解离的。

对于多元酸(碱)，总解离平衡常数为

$$K^\ominus = K_1^\ominus K_2^\ominus K_3^\ominus \cdots$$

再如 $Na_2CO_3$ 在水中的解离也是分步进行的。

一级解离平衡为　$CO_3^{2-} + H_2O \rightleftharpoons OH^- + HCO_3^-$

一级解离平衡常数　$K_{b_1}^\ominus = \dfrac{[OH^-][HCO_3^-]}{[CO_3^{2-}]} = \dfrac{K_w^\ominus}{K_{a_2}^\ominus}$

二级解离平衡为　$HCO_3^- + H_2O \rightleftharpoons OH^- + H_2CO_3$

二级解离平衡常数　$K_{b_2}^\ominus = \dfrac{[OH^-][H_2CO_3]}{[HCO_3^-]} = \dfrac{K_w^\ominus}{K_{a_1}^\ominus}$

总解离平衡为　$CO_3^{2-} + 2H_2O \rightleftharpoons 2OH^- + H_2CO_3$

总解离平衡常数为　$K_b^\ominus = K_{b_1}^\ominus K_{b_2}^\ominus$

同样，$K_{b_1}^\ominus \gg K_{b_2}^\ominus$，说明 $Na_2CO_3$ 解离时以第一级解离为主。

#### 6.2.2.3　水的质子自递反应及平衡常数

发生在水分子之间的质子自递反应为

$$H_2O + H_2O \rightleftharpoons H_3O^+ + OH^-$$

反应的平衡常数称为水的质子自递常数，又称为水的离子积，以 $K_w^\ominus$ 表示。

$$K_w^\ominus = [H_3O^+][OH^-]$$

简写作

$$K_w^\ominus = [H^+][OH^-]$$

$K_w^\ominus$ 随温度的升高而增大，25 ℃时 $K_w^\ominus = 1.0 \times 10^{-14}$。

#### 6.2.2.4　共轭酸碱对 $K_a^\ominus$ 与 $K_b^\ominus$ 的关系

(1)一元弱酸(碱)及其共轭碱。

弱酸 HA 在水溶液中的解离反应和平衡常数是

$$HA + H_2O \rightleftharpoons H_3O^+ + A^-$$

$$K_a^\ominus = \frac{[H^+][A^-]}{[HA]}$$

弱碱 $A^-$ 在水溶液中的解离反应和平衡常数为

$$A^- + H_2O \rightleftharpoons HA + OH^-$$

$$K_b^\ominus = \frac{[HA][OH^-]}{[A^-]}$$

就共轭酸碱对 $HA-A^-$ 而言，若酸 HA 的酸性越强，则其共轭碱 $A^-$ 的碱性就必然越弱(酸给出质子的能力强，其共轭碱接受质子的能力必然弱)；反之，碱的碱性越强，其共轭酸就越弱。这表明在共轭酸碱对中 $K_a^\ominus$ 与 $K_b^\ominus$ 之间必然有一定的关系。$K_a^\ominus$ 与 $K_b^\ominus$ 的关系推导如下：

$$K_a^\ominus K_b^\ominus = \frac{[H^+][A^-]}{[HA]} \cdot \frac{[HA][OH^-]}{[A^-]} = [H^+][OH^-] = K_w^\ominus$$

因此，一元弱酸(碱)及其共轭碱(酸)的 $K_a^\ominus$ 与 $K_b^\ominus$ 之间具有如下关系：

$$K_a^\ominus K_b^\ominus = K_w^\ominus = 1.0\times10^{-14}(25\ ℃) \qquad (6\text{-}4)$$

根据式(6-4)，就可由酸的 $K_a^\ominus$ 计算出其共轭碱的 $K_b^\ominus$；或由碱的 $K_b^\ominus$ 计算其共轭酸的 $K_a^\ominus$。

正如溶液的酸、碱度可以用 pH、pOH 表示一样，酸或碱的强度也可以用 $pK_a^\ominus$ 或 $pK_b^\ominus$ 来表示。因此，式(6-4)还可写成

$$pK_a^\ominus + pK_b^\ominus = pK_w^\ominus = 14.00$$

(2)多元酸(碱)。对于多元酸碱，由于其在水中逐级解离，故溶液中存在着多个共轭酸碱对。这些共轭酸碱对的 $K_a^\ominus$ 与 $K_b^\ominus$ 之间也存在相同的关系，不过情况稍微复杂一些。以二元酸 $H_2CO_3$ 为例，它在水溶液中存在两个共轭酸碱对：$H_2CO_3-HCO_3^-$ 和 $HCO_3^--CO_3^{2-}$。对 $H_2CO_3-HCO_3^-$ 来说，平衡为

$$H_2CO_3+H_2O \rightleftharpoons H_3O^+ + HCO_3^- \qquad K_{a_1}^\ominus = \frac{[H^+][HCO_3^-]}{[H_2CO_3]}$$

$$HCO_3^-+H_2O \rightleftharpoons OH^- + H_2CO_3 \qquad K_{b_2}^\ominus = \frac{[OH^-][H_2CO_3]}{[HCO_3^-]}$$

将 $H_2CO_3$ 的 $K_{a_1}^\ominus$ 与 $CO_3^{2-}$ 的 $K_{b_2}^\ominus$ 相乘：

$$K_{a_1}^\ominus K_{b_2}^\ominus = \frac{[H^+][HCO_3^-]}{[H_2CO_3]} \cdot \frac{[OH^-][H_2CO_3]}{[HCO_3^-]} = [OH^-][H^+] = K_w^\ominus$$

同样，将 $H_2CO_3$ 的 $K_{a_2}^\ominus$ 与 $CO_3^{2-}$ 的 $K_{b_1}^\ominus$ 相乘：

$$K_{a_2}^\ominus K_{b_1}^\ominus = \frac{[H^+][CO_3^{2-}]}{[HCO_3^-]} \cdot \frac{[OH^-][HCO_3^-]}{[CO_3^{2-}]} = [OH^-][H^+] = K_w^\ominus$$

可见，二元酸及其共轭碱的解离常数之间有以下关系：

$$K_{a_1}^\ominus K_{b_2}^\ominus = K_{a_2}^\ominus K_{b_1}^\ominus = K_w^\ominus$$

同理，也可以推导出三元酸碱各共轭酸碱对 $K_a^\ominus$ 与 $K_b^\ominus$ 的关系：

$$K_{a_1}^\ominus K_{b_3}^\ominus = K_{a_2}^\ominus K_{b_2}^\ominus = K_{a_3}^\ominus K_{b_1}^\ominus = K_w^\ominus$$

依此类推，对于 $n$ 元酸碱：

$$K_{a_1}^\ominus K_{b_n}^\ominus = K_{a_2}^\ominus K_{b_{n-1}}^\ominus = K_{a_3}^\ominus K_{b_{n-2}}^\ominus = \cdots = K_{a_n}^\ominus K_{b_1}^\ominus = K_w^\ominus \qquad (6\text{-}5)$$

**【例 6.1】**计算 NaAc 水溶液的 $K_b^\ominus(Ac^-)$值。

**解：**$Ac^-$为 HAc 的共轭碱，查附录表 V 可知 $K_a^\ominus(HAc)=1.8\times10^{-5}$

所以 $$K_b^\ominus(Ac^-) = \frac{K_w^\ominus}{K_a^\ominus(HAc)} = \frac{1.0\times10^{-14}}{1.8\times10^{-5}} = 5.6\times10^{-10}$$

**【例 6.2】**计算 $Na_2CO_3$ 水溶液的 $K_{b_1}^\ominus$ 和 $K_{b_2}^\ominus$。

**解：**$CO_3^{2-}$ 为二元碱，其对应的二元酸为 $H_2CO_3$。查附录表 V 可得 $H_2CO_3$ 的 $K_{a_1}^\ominus=4.2\times10^{-7}$，$K_{a_2}^\ominus=5.6\times10^{-11}$，故 $Na_2CO_3$ 的 $K_{b_1}^\ominus$、$K_{b_2}^\ominus$ 分别为

$$K_{b_1}^{\ominus}=\frac{K_w^{\ominus}}{K_{a_2}^{\ominus}}=\frac{1.0\times10^{-14}}{5.6\times10^{-11}}=1.8\times10^{-4}$$

$$K_{b_2}^{\ominus}=\frac{K_w^{\ominus}}{K_{a_1}^{\ominus}}=\frac{1.0\times10^{-14}}{4.2\times10^{-7}}=2.4\times10^{-8}$$

## 6.2.3　解离度

酸碱这类电解质在水溶液中的解离程度还可以用解离度来表征，即解离度的大小也可以用来比较弱酸(碱)的相对强弱。解离度是指某电解质在水中达到解离平衡时，已解离的电解质分子数(或浓度)和解离前的分子总数(或总浓度)之比(这一概念在酸碱电离理论中称为电离度)。解离度通常用 $\alpha$ 表示，即

$$\alpha=\frac{\text{已解离的分子数(浓度)}}{\text{分子的总数(总浓度)}}\times100\% \tag{6-6}$$

例如，25 ℃时 0.1mol·L$^{-1}$HAc 溶液中，$[H^+]=1.33\times10^{-3}$ mol·L$^{-1}$，这说明已经解离的 HAc 分子的浓度是 $1.33\times10^{-3}$ mol·L$^{-1}$，则 HAc 的解离度为

$$\alpha=\frac{[H^+]}{c}=\frac{1.33\times10^{-3}}{0.1}\times100\%=1.33\%$$

这意味着在此醋酸水溶液中，每 10 000 个 HAc 分子中有 133 个分子解离为同等数目的 $H^+$离子和 $Ac^-$离子。

在水中，温度、浓度相同时，解离度大的酸(碱)，$K_a^{\ominus}$($K_b^{\ominus}$)就大，酸(碱)性相对也就强。

## 6.2.4　影响酸碱解离平衡的因素

酸碱平衡及其控制具有十分重要的实际意义，影响酸碱解离的因素主要有以下 4 个。

### 6.2.4.1　稀释定律

解离度属于平衡转化率，不仅与电解质的本性有关，还与浓度有关。解离度与解离常数的关系推导如下：

设浓度为 $c$ 的某弱酸 HB 的解离度为 $\alpha$，解离常数为 $K_a^{\ominus}$，根据弱酸在水中的解离平衡

| | HB ⇌ | $H^+$ | + $B^-$ |
|---|---|---|---|
| 起始浓度 | $c$ | 0 | 0 |
| 平衡浓度 | $c-c\alpha$ | $c\alpha$ | $c\alpha$ |

$$K_a^{\ominus}=\frac{[B^-][H^+]}{[HB]}=\frac{\alpha^2c}{1-\alpha} \tag{6-7}$$

如果 $\alpha\leqslant5\%$或$\frac{c}{K_a^{\ominus}}\geqslant500$，则 $1-\alpha\approx1$，式(6-7)可以简化成 $K_a^{\ominus}=c\alpha^2$

则
$$\alpha=\sqrt{\frac{K_a^{\ominus}}{c}} \tag{6-8}$$

式(6-8)，弱酸 HB 的解离度随溶液的稀释而增大，称为稀释定律(dilution law)。

对于一定的弱酸(碱)，在一定温度下，浓度降低，解离度增加，这一点与解离常数不同。因此，用解离度衡量不同电解质的相对强弱时，必须注明其浓度。

**6.2.4.2 同离子效应**

酸碱的解离平衡和其他化学平衡一样，是暂时的、相对的、有条件的，一旦条件改变，平衡就会发生移动。例如，向弱酸 HAc 的溶液中加入强酸或 NaAc 之后，因为溶液中 $H^+$浓度或弱酸根 $Ac^-$浓度大大增加，使 HAc 在水中的解离平衡向左移动

$$HAc \rightleftharpoons H^+ + Ac^-$$

结果降低了 HAc 的解离度。这种向弱电解质溶液中加入与弱电解质具有相同离子的强电解质后，使弱电解质的解离平衡向左移动，从而降低弱电解质解离度的现象，称为同离子效应(common ion effect)。

**【例 6.3】** 在 1.0 L 0.1 $mol \cdot L^{-1}$ HAc 溶液中，加入 0.1 mol 固体 NaAc(忽略体积变化)后，HAc 的解离度如何变化？

**解**：加入 NaAc 之后，溶液中 $c(Ac^-) = 0.1\ mol \cdot L^{-1}$

| | $HAc \rightleftharpoons$ | $H^+$ | + $Ac^-$ |
|---|---|---|---|
| 起始浓度 | 0.1 | 0 | 0.1 |
| 平衡浓度 | $0.1(1-\alpha)$ | $0.1\alpha$ | $0.1+0.1\alpha$ |

$$K_a^{\ominus} = \frac{[Ac^-][H^+]}{[HAc]} = \frac{(0.1+0.1\alpha)(0.1\alpha)}{0.1-0.1\alpha}$$

溶液中 $Ac^-$浓度增加，平衡向左移动，$\alpha$ 很小，可近似计算：

$$K_a^{\ominus} = \frac{0.1 \times 0.1\alpha}{0.1} = 1.76 \times 10^{-5}$$

解得 $$\alpha = 0.018\%$$

由 6.2.3 知未加入 NaAc，HAc 的解离度为 $\alpha = 1.33\%$，可见加入 NaAc 之后，HAc 的解离度也下降了 70 多倍。显然同离子效应强烈地抑制了 HAc 的解离，降低了 HAc 的解离度。

同样，在弱碱水溶液中加入与弱碱具有共同离子的强电解质时，也会使弱碱的解离度降低。

**6.2.4.3 盐效应**

如果在弱电解质溶液中加入一定量的强电解质，还会产生另一种现象。如在弱酸 HAc 溶液中加入一些 NaCl、$K_2SO_4$ 等强电解质后，会使 HAc 的解离度略有增大。原因就在于离子强度较大时，离子之间的牵制作用增强，$H^+$和 $Ac^-$离子的活度下降，$H^+$和 $Ac^-$离子结合成 HAc 的概率减小，平衡向右移动。这种在弱电解质溶液中加入易溶强电解质时，使得该弱电解质解离度增大的现象称为盐效应(salt effect)。显然，盐效应是一种与同离子效应作用相反的作用。

实际上在产生同离子效应的同时，也伴随着盐效应的发生，只不过在具有共同离子的强电解质存在下，同离子效应的影响比盐效应大得多。对稀溶液来说，一般只考虑同离子效应，而忽略盐效应。

**6.2.4.4 温度**

$Ac^-$或 $NH_4^+$ 在水中的解离反应就是酸碱中和反应的逆反应，由于中和反应的反应热往往

较大，温度对这类平衡移动的影响就显得较为明显。例如，$NH_3$ 和盐酸的中和反应：

$$NH_3 + H_3O^+ \rightleftharpoons NH_4^+ + H_2O \quad \Delta_r H_m^{\ominus} = -52.21\ kJ \cdot mol^{-1}$$

由焓变的性质可知，$NH_4^+$ 在水中解离反应的 $\Delta_r H_m^{\ominus} = 52.21\ kJ \cdot mol^{-1}$，为一吸热过程。温度升高时，$K_a^{\ominus}$ 会增大，平衡向有利于形成 $NH_3$ 的方向移动，使弱电解质 $NH_4^+$ 的解离度(电离理论中称为水解度)增大。

## 6.3 酸度对弱酸(碱)型体分布的影响[Effect of pH on the Distribution of Weak Acid (Base) Forms]

在酸碱平衡体系中，往往同时存在多种型体。对弱酸(碱)来说，当酸度改变时，溶液中各种存在形式的浓度也会随之发生变化。只有了解这些组分在不同酸度条件下的分布情况，才能控制适宜的酸度，让化学平衡向着人们希望的方向移动。

### 6.3.1 酸度、初始浓度、平衡浓度与物料平衡

酸度是指溶液中 $H_3O^+$ 的活度，常用 pH 表示：

$$pH = -\lg[\alpha(H_3O^+)]$$

在稀溶液中可以简写为

$$pH = -\lg[H^+]$$

平时所表示的溶液浓度一般是指总浓度(即初始浓度，分析化学中也称分析浓度)，例如，$0.10\ mol \cdot L^{-1}$ HAc 溶液，$0.10\ mol \cdot L^{-1}$ 即为初始浓度，表示 HAc 溶液中已解离的 $Ac^-$ 和未解离的 HAc 两种形式的总浓度(分析浓度)，表示为 $c(HAc) = 0.10\ mol \cdot L^{-1}$。而平衡浓度是指达到平衡时，某型体的浓度。如 HAc 溶液中存在两种型体 HAc 和 $Ac^-$，其平衡浓度表示为[HAc]、[$Ac^-$]。

酸碱平衡时，各型体的浓度由溶液中的 $H^+$ 浓度决定。如 $NaHCO_3$ 溶液中，就同时存在 $H_2CO_3$、$HCO_3^-$ 和 $CO_3^{2-}$ 三种型体。平衡浓度分别表示为 [$H_2CO_3$]、[$HCO_3^-$]和[$CO_3^{2-}$]，分析浓度与平衡浓度是既有联系但又不同的两个概念，其间关系是：

$$[H_2CO_3] + [HCO_3^-] + [CO_3^{2-}] = c(NaHCO_3)$$

上式称为物料平衡。物料平衡，是指化学平衡体系中，某物质各种存在型体的平衡浓度之和等于该物质的总浓度。其数学表达式称为物料平衡方程(mass balance equation，MBE)。

### 6.3.2 弱酸(碱)溶液中各型体的分布系数及分布曲线

当溶液的酸度改变时，溶液中各种存在型体的浓度也会随之发生变化。溶液中某种存在型体的平衡浓度占其总浓度的分数，称为分布系数，一般用 $\delta$ 表示。当溶液酸度改变时，组分的分布系数也会发生相应的变化。组分的分布系数与溶液酸度的关系曲线就称为分布曲线。分布系数及分布曲线的讨论有助于我们了解平衡体系中各种酸碱型体的分布情况，对于掌控分析条件具有重要的指导意义。

#### 6.3.2.1 一元弱酸(碱)

以醋酸为例，它在水溶液中以 HAc 和 $Ac^-$ 两种型体存在。设其总浓度为 $c(HAc)$，也称

为分析浓度，HAc 和 $Ac^-$的平衡浓度分别为[HAc]和[$Ac^-$]，根据物料平衡和解离常数，有

$$c(HAc) = [HAc]+[Ac^-] \qquad K_a^\ominus=\frac{[H^+][Ac^-]}{[HAc]}$$

HAc 和 $Ac^-$的分布系数分别为

$$\delta(HAc)=\frac{[HAc]}{c(HAc)}=\frac{[HAc]}{[HAc]+[Ac^-]}=\frac{1}{1+\frac{[Ac^-]}{[HAc]}}=\frac{1}{1+\frac{K_a^\ominus}{[H^+]}}=\frac{[H^+]}{[H^+]+K_a^\ominus} \tag{6-9a}$$

$$\delta(Ac^-)=\frac{[Ac^-]}{c(HAc)}=\frac{[Ac^-]}{[HAc]+[Ac^-]}=\frac{K_a^\ominus}{[H^+]+K_a^\ominus} \tag{6-9b}$$

且有
$$\delta(HAc)+\delta(Ac^-)=1$$

因此，由酸的 $K_a^\ominus$ 和溶液的 pH 值就可计算出两种型体的分布系数，进而根据总浓度 $c$ 和各型体的分布系数，就可以计算出在某一酸度的溶液中，一元弱酸各存在型体的平衡浓度。

**【例 6.4】** 计算 pH 值为 5.00 和 8.00 时，0.10 mol · $L^{-1}$ HAc 溶液中各存在型体的分布系数及平衡浓度。

**解：** 查附录表 V 知 $K_a^\ominus(HAc)=1.76\times10^{-5}$

pH=5.00 时，$[H^+]=1.0\times10^{-5}$ mol · $L^{-1}$，则

$$\delta(HAc)=\frac{[H^+]}{[H^+]+K_a^\ominus(HAc)}=\frac{1.0\times10^{-5}}{1.0\times10^{-5}+1.76\times10^{-5}}=0.36$$

$$\delta(Ac^-)=1-\delta(HAc)=0.64$$

$$[HAc]=c(HAc)\delta(HAc)=0.10\ mol\cdot L^{-1}\times0.36=3.6\times10^{-2}\ mol\cdot L^{-1}$$

$$[Ac^-]=c(HAc)\delta(Ac^-)=0.10\ mol\cdot L^{-1}\times0.64=6.4\times10^{-2}\ mol\cdot L^{-1}$$

pH=8.00 时，$[H^+]=1.0\times10^{-8}$ mol · $L^{-1}$，则

$$\delta(HAc)=\frac{1.0\times10^{-5}}{1.0\times10^{-8}+1.76\times10^{-5}}=5.7\times10^{-6}$$

$$\delta(Ac^-)=1-\delta(HAc)\approx1.0$$

$$[HAc]=c(HAc)\delta(HAc)=0.10\times5.7\times10^{-6}=5.7\times10^{-7}\ mol\cdot L^{-1}$$

$$[Ac^-]=c(HAc)\delta(Ac^-)=0.10\times1.0=0.1\ mol\cdot L^{-1}$$

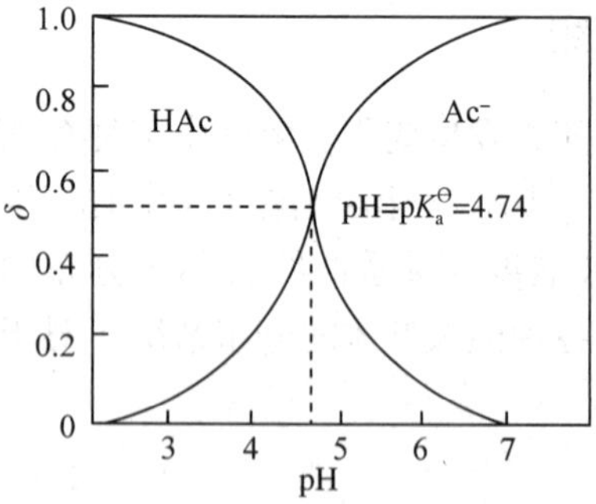


图 6-1　HAc 溶液的 $\delta$-pH 曲线

如果以溶液的 pH 值为横坐标，各存在型体的分布系数为纵坐标，可得酸碱型体分布曲线图，如图 6-1 所示，即 $\delta$-pH 曲线。从图中可以看到，$\delta(HAc)$随 pH 值增大而减小，而 $\delta(Ac^-)$随 pH 值增大而增大。两曲线在 $pH=pK_a^\ominus$ 时相交。此时，$\delta(HAc)=\delta(Ac^-)=0.5$，即溶液中 HAc 和 $Ac^-$各占一半。当 $pH<pK_a^\ominus$ 时，$\delta(HAc)>\delta(Ac^-)$，即溶液中 HAc 为主要存在型体；而当 $pH>pK_a^\ominus$ 时，$\delta(HAc)<\delta(Ac^-)$，则溶液中的主要存在型体为 $Ac^-$。

对于一元弱碱溶液，也可做相同的处理。任何一元弱

酸(碱)的型体分布曲线都相同，只是图中曲线的交点随其 $pK_a^\ominus$ 的不同而会左右移动。

从以上讨论可知，平衡时，溶液中各型体分布系数的大小首先与酸(碱)本身的强弱，即 $K_a^\ominus(K_b^\ominus)$ 的大小有关，对于某酸、碱而言，分布系数是溶液中 $[H^+]$ 的函数，通过控制酸度可得到所需要的优势型体。此结论适合于任何一元弱酸溶液。

#### 6.3.2.2　多元酸(碱)

以二元弱酸草酸($H_2C_2O_4$)为例。它在溶液中以 $H_2C_2O_4$、$HC_2O_4^-$ 和 $C_2O_4^{2-}$ 3 种型体存在。若 $H_2C_2O_4$ 的总浓度为 $c(H_2C_2O_4)$，3 种存在型体的平衡浓度分别为 $[H_2C_2O_4]$、$[HC_2O_4^-]$ 和 $[C_2O_4^{2-}]$，根据物料平衡：

$$c(H_2C_2O_4)=[H_2C_2O_4]+[HC_2O_4^-]+[C_2O_4^{2-}]$$

$H_2C_2O_4$ 的两级解离常数表达式分别为

$$K_{a_1}^\ominus=\frac{[H^+][HC_2O_4^-]}{[H_2C_2O_4]};\quad K_{a_2}^\ominus=\frac{[H^+][C_2O_4^{2-}]}{[HC_2O_4^-]}$$

则 3 种存在型体的分布系数分别为

$$\delta(H_2C_2O_4)=\frac{[H_2C_2O_4]}{c(H_2C_2O_4)}=\frac{[H_2C_2O_4]}{[H_2C_2O_4]+[HC_2O_4^-]+[C_2O_4^{2-}]}$$

$$=\frac{1}{1+\dfrac{[HC_2O_4^-]}{[H_2C_2O_4]}+\dfrac{[C_2O_4^{2-}]}{[H_2C_2O_4]}}=\frac{1}{1+\dfrac{K_{a_1}^\ominus}{[H^+]}+\dfrac{K_{a_1}^\ominus K_{a_2}^\ominus}{[H^+]^2}}$$

$$=\frac{[H^+]^2}{[H^+]^2+K_{a_1}^\ominus[H^+]+K_{a_1}^\ominus K_{a_2}^\ominus}\tag{6-10a}$$

同样可以求得

$$\delta(HC_2O_4^-)=\frac{K_{a_1}^\ominus[H^+]}{[H^+]^2+K_{a_1}^\ominus[H^+]+K_{a_1}^\ominus K_{a_2}^\ominus}\tag{6-10b}$$

$$\delta(C_2O_4^{2-})=\frac{K_{a_1}^\ominus K_{a_2}^\ominus}{[H^+]^2+K_{a_1}^\ominus[H^+]+K_{a_1}^\ominus K_{a_2}^\ominus}\tag{6-10c}$$

且有

$$\delta(H_2C_2O_4)+\delta(HC_2O_4^-)+\delta(C_2O_4^{2-})=1$$

$H_2C_2O_4$ 溶液中 3 种存在型体的分布曲线如图 6-2 所示。

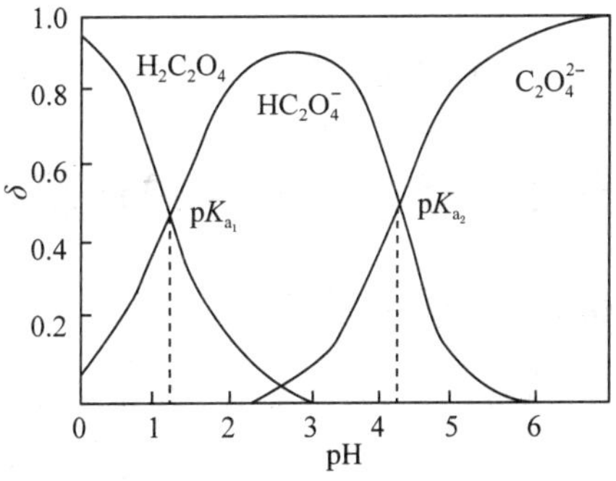


**图 6-2　$H_2C_2O_4$ 溶液的 δ-pH 曲线**

**【例 6.5】** 计算 pH = 4.00 时，0.10 mol · L$^{-1}$ 酒石酸(以 $H_2A$ 表示)溶液中酒石酸根离子($A^{2-}$)的平衡浓度。

**解：** 查表知酒石酸的 $pK_{a_1}^\ominus=3.04$，$pK_{a_2}^\ominus=4.37$，则

$$\delta(A^{2-})=\frac{K_{a_1}^\ominus K_{a_2}^\ominus}{[H^+]^2+K_{a_1}^\ominus[H^+]+K_{a_1}^\ominus K_{a_2}^\ominus}$$

$$=\frac{10^{-3.04-4.37}}{10^{-8.00}+10^{-4.00-3.04}+10^{-3.04-4.37}}=0.28$$

$$[A^{2-}]=c\delta(A^{2-})=0.10\times0.28=0.028\ \text{mol}\cdot\text{L}^{-1}$$

从图6-2可以看出：二元弱酸有两个$pK_a^\ominus$，即$pK_{a_1}^\ominus$和$pK_{a_2}^\ominus$。以它们为界，可分为3个区域：$pH<pK_{a_1}^\ominus$时，$H_2C_2O_4$占优势；$pH>pK_{a_2}^\ominus$，以$C_2O_4^{2-}$型体为主；$pK_{a_1}^\ominus<pH<pK_{a_2}^\ominus$时，则主要是$HC_2O_4^-$型体。当$pH=pK_{a_1}^\ominus$时，$H_2C_2O_4$和$HC_2O_4^-$的浓度相等；当$pH=pK_{a_2}^\ominus$时，$HC_2O_4^-$和$C_2O_4^{2-}$的浓度相等。

其他多元酸的情况以此类推。

对于多元弱酸$H_nA$来说，在溶液中可能存在$n+1$种型体，各型体的分布系数的计算式类似，具有相同的分母项，分子依次是分母的相应项。如三元酸$H_3PO_4$溶液中各型体的分布系数计算式为

$$\delta(H_3PO_4)=\frac{[H^+]^3}{[H^+]^3+K_{a_1}^\ominus[H^+]^2+K_{a_1}^\ominus K_{a_2}^\ominus[H^+]+K_{a_1}^\ominus K_{a_2}^\ominus K_{a_3}^\ominus}$$

$$\delta(H_2PO_4^-)=\frac{K_{a_1}^\ominus[H^+]^2}{[H^+]^3+K_{a_1}^\ominus[H^+]^2+K_{a_1}^\ominus K_{a_2}^\ominus[H^+]+K_{a_1}^\ominus K_{a_2}^\ominus K_{a_3}^\ominus}$$

$$\delta(HPO_4^{2-})=\frac{K_{a_1}^\ominus K_{a_2}^\ominus[H^+]}{[H^+]^3+K_{a_1}^\ominus[H^+]^2+K_{a_1}^\ominus K_{a_2}^\ominus[H^+]+K_{a_1}^\ominus K_{a_2}^\ominus K_{a_3}^\ominus}$$

$$\delta(PO_4^{3-})=\frac{K_{a_1}^\ominus K_{a_2}^\ominus K_{a_3}^\ominus}{[H^+]^3+K_{a_1}^\ominus[H^+]^2+K_{a_1}^\ominus K_{a_2}^\ominus[H^+]+K_{a_1}^\ominus K_{a_2}^\ominus K_{a_3}^\ominus}$$

对于多元碱溶液，也可做相同的处理。

**【例6.6】** $pH=8.00$时，$0.04\ \text{mol}\cdot\text{L}^{-1}\ H_2CO_3$溶液中的主要存在型体是什么？

**解：**

$$\delta(H_2CO_3)=\frac{[H^+]^2}{[H^+]^2+K_{a_1}^\ominus[H^+]+K_{a_1}^\ominus K_{a_2}^\ominus}$$

$pH=8.00$时，$\delta(H_2CO_3)=\dfrac{10^{-16.00}}{10^{-16.00}+10^{-6.37-8.00}+10^{-6.37-10.25}}=0.023$

同样可求得

$$\delta(HCO_3^-)=0.97$$

$$\delta(CO_3^{2-})\approx0$$

可见$pH=8.00$时，溶液中主要存在形式是$HCO_3^-$。

## 6.4 溶液酸碱度的计算(pH Calculation of Acid-Base Solutions)

### 6.4.1 质子等衡式

酸度是溶液最基本、最重要的一种性质。许多化学反应与介质的酸度密切相关。在酸碱滴定中，更需了解滴定过程中溶液pH值的变化情况。所以，计算溶液的pH值，是化学计算的重要内容，也有着重要的理论和实际意义。

酸(碱)水溶液中，不仅发生酸(碱)与水分子间的质子转移，水分子间也会发生质子自递反应，所以，酸(碱)水溶液是复杂的多重平衡体系，各组分平衡浓度间的数量关系复杂。

处理酸碱平衡最简单又最实用的方法是根据质子条件进行处理的方法。

根据酸碱质子理论，酸碱反应的实质就是质子的转移。酸碱反应的结果是有的物质失去质子，而有的物质得到质子。当反应达到平衡时，酸失去质子的总量与碱得到质子的总量必然相等，即酸失去质子后的产物和碱得到质子后的产物在浓度上必然有一定的关系。酸碱之间质子转移的这种数量关系称为质子条件。其数学表达式叫质子等衡式，也叫质子条件式，以 PBE(proton balance equation)表示。它是处理酸碱平衡中计算问题的基本关系式。

质子条件一般可通过平衡时溶液中各组分得失质子的关系直接写出。列出质子条件时，首先，要选择适当物质作为参考，以其作为质子转移的起点，常称为零水准(或参考水准)。作为零水准的物质时应是溶液中大量存在并参与质子转移的物质。然后，根据得质子产物得到质子的物质的量和失质子产物失去质子的物质的量相等的原则，列出质子条件式。考虑到是在同一溶液中，可用其物质的量浓度来表示这种得失质子的关系。

例如，一元弱酸 HA，溶液中大量存在并参与质子转移的物质是 $H_2O$ 和 HA，以它们为零水准，溶液中得失质子的反应如下：

$$H_2O + H_2O \rightleftharpoons H_3O^+ + OH^-$$

$$HA + H_2O \rightleftharpoons H_3O^+ + A^-$$

可见，得质子产物为 $H_3O^+$，失质子产物为 $OH^-$和 $A^-$，得失质子数目均为 1。根据得失质子数相等的原则，故 HA 水溶液的质子条件式为

$$[H_3O^+] = [OH^-] + [A^-]$$

式中，$[H_3O^+]$是水得到质子后的产物的浓度；$[OH^-]$ + $[A^-]$分别是 HA 和 $H_2O$ 失去质子后的产物的浓度。

为书写方便，可将 $H_3O^+$以 $H^+$表示，上式简化为

$$[H^+] = [OH^-] + [A^-]$$

二元弱碱 $Na_2S$ 水溶液中，$S^{2-}$和 $H_2O$ 是参加质子转移的原始形式($Na^+$未参加质子转移)。因此，选择 $S^{2-}$和 $H_2O$ 为零水准，溶液中得失质子的反应如下：

$$H_2O + H_2O \rightleftharpoons H_3O^+ + OH^-$$

$$S^{2-} + H_2O \rightleftharpoons HS^- + OH^-$$

$$S^{2-} + 2H_2O \rightleftharpoons H_2S + 2OH^-$$

对 $S^{2-}$来说，$HS^-$和 $H_2S$ 是得质子产物，其中 $HS^-$得 1 个质子，$H_2S$ 得 2 个质子。对 $H_2O$ 来说，$H_3O^+$是得质子产物，$OH^-$是失质子产物，得失质子数目各为 1。根据得失质子等衡原理，可写出 $Na_2S$ 水溶液的质子条件为

$$[H^+] + [HS^-] + 2[H_2S] = [OH^-]$$

这种方法熟练掌握后，则无需把溶液中可能存在的平衡都写出来，而可以直接写出质子条件式，并将 $H_3O^+$ 简写为 $H^+$。如酸式盐 $NaH_2PO_4$ 水溶液，首先选取零水准：$H_2O$ 和 $H_2PO_4^-$。得失质子情况为

$H_2O$ 得到 1 个质子产物为 $H_3O^+$，简写作 $H^+$，失去 1 个质子产物为 $OH^-$；

$H_2PO_4^-$ 得到 1 个质子产物为 $H_3PO_4$，失去 1 个质子产物为 $HPO_4^{2-}$，失去 2 个质子产物

为 $PO_4^{3-}$。

故质子条件为

$$[H^+]+[H_3PO_4]=[OH^-]+[HPO_4^{2-}]+2[PO_4^{3-}]$$

对于较复杂体系(零水准较多)，可逐个将零水准按从小到多的顺序得失质子，以得到得失质子产物，再将其平衡浓度乘以所得失质子的数目，分别写在等号的两边，用加号连接即可。

如 $NH_4H_2PO_4$ 水溶液，首先选取零水准：$H_2O$、$NH_4^+$ 和 $H_2PO_4^-$，质子得失情况如下：

$H_2O$ 得到 1 个质子产物为 $H_3O^+$，简写作 $H^+$，失去 1 个质子产物为 $OH^-$；

$NH_4^+$ 不能得质子，失去 1 个质子产物为 $NH_3$；

$H_2PO_4^-$ 得到 1 个质子产物为 $H_3PO_4$，失去 1 个质子产物为 $HPO_4^{2-}$，失去 2 个质子产物为 $PO_4^{3-}$。

故质子条件为

$$[H^+]+[H_3PO_4]=[HPO_4^{2-}]+2[PO_4^{3-}]+[NH_3]+[OH^-]$$

**【例 6.7】** 写出 $Na_2HPO_4$ 溶液的质子条件式。

**解：** 选 $HPO_4^{2-}$ 和 $H_2O$ 为该体系的零水准。$H_2O$ 得质子产物为 $H_3O^+$，简写作 $H^+$，失质子产物为 $OH^-$；$HPO_4^{2-}$ 得到 1 个质子产物为 $H_2PO_4^-$，得到 2 个质子产物为 $H_3PO_4$，失去 1 个质子产物为 $PO_4^{3-}$。质子条件为

$$[H^+]+[H_2PO_4^-]+2[H_3PO_4]=[OH^-]+[PO_4^{3-}]$$

**【例 6.8】** 写出 $H_3PO_4$ 溶液的质子条件式。

**解：** 选 $H_3PO_4$ 和 $H_2O$ 为零水准，质子条件为

$$[H^+]=[OH^-]+[H_2PO_4^-]+2[HPO_4^{2-}]+3[PO_4^{3-}]$$

**【例 6.9】** 写出 HA 和 HB 的混合溶液的质子条件式。

**解：** 选 HA、HB 和 $H_2O$ 为零水准，质子条件为

$$[H^+]=[OH^-]+[A^-]+[B^-]$$

**【例 6.10】** 写出 HCl 与 HAc 混和溶液的质子条件式。

**解：** 选 HCl、HAc 和 $H_2O$ 为零水准，质子条件为

$$[H^+]=[OH^-]+[Ac^-]+c(HCl)$$

**【例 6.11】** 写出 HAc-NaAc 缓冲溶液的质子条件式。

**解：** 可视为由“NaOH 和 HAc”组成的溶液体系，所以选 NaOH、HAc 和 $H_2O$ 为零水准，质子条件为

$$[H^+]+c(NaOH)=[OH^-]+[Ac^-]$$

## 6.4.2 酸碱溶液 pH 值的计算

### 6.4.2.1 一元弱酸(碱)溶液 pH 值的计算

(1)一元弱酸溶液 pH 值的计算。

浓度为 $c$ 的一元弱酸 HA，质子条件式为

$$[H^+]=[A^-]+[OH^-]$$

其水溶液存在以下平衡：

$$HA \rightleftharpoons H^+ + A^- \qquad K_a^\ominus = \frac{[H^+][A^-]}{[HA]}$$

$$H_2O \rightleftharpoons H^+ + OH^- \qquad K_w^\ominus = [H^+][OH^-]$$

由解离平衡常数可得

$$[A^-] = \frac{K_a^\ominus [HA]}{[H^+]};\ [OH^-] = \frac{K_w^\ominus}{[H^+]}$$

分别代入质子条件式，得

$$[H^+] = \frac{K_a^\ominus [HA]}{[H^+]} + \frac{K_w^\ominus}{[H^+]}$$

即

$$[H^+] = \sqrt{K_a^\ominus [HA] + K_w^\ominus} \tag{6-11}$$

这是一元弱酸溶液 $H^+$浓度计算的精确表达式。[HA]可以根据总浓度 $c$ 和 HA 分布系数的计算式(6-9a)，表达为

$$[HA] = c\delta(HA) = c \cdot \frac{[H^+]}{[H^+] + K_a^\ominus}$$

将上式代入式(6-11)中，整理后，得

$$[H^+]^3 + K_a^\ominus [H^+]^2 - (K_a^\ominus c + K_w^\ominus)[H^+] - K_a^\ominus K_w^\ominus = 0 \tag{6-12}$$

此式为计算一元弱酸 $H^+$浓度的精确公式，是一个一元三次方程。此式若直接用代数法求解，数学处理十分麻烦，而且在实际工作中也没有必要。为了使计算简化，通常可根据计算 $H^+$浓度的允许误差，并视一元弱酸 $K_a^\ominus$ 和总浓度 $c$ 的大小，对式(6-12)进行合理地近似处理。

①如果弱酸不是太弱(解离常数 $K_a^\ominus$ 比较大)，且分析浓度 $c$ 也较大，即 $K_a^\ominus c$ 较大，溶液中 $H^+$主要来源于一元弱酸的解离，水的解离则可以忽略不计。这样，就可以忽略式(6-11)中的 $K_w^\ominus$ 项，此时计算结果的相对误差不大于 5%，精确公式就可以近似为

$$[H^+] \approx \sqrt{K_a^\ominus [HA]} \tag{6-13}$$

根据物料平衡式，有　$[HA] = c - [A^-] = c - [H^+] + [OH^-]$

$$\approx c - [H^+]$$

将其代入式(6-13)，得

$$[H^+] = \sqrt{K_a^\ominus (c - [H^+])}$$

即

$$[H^+]^2 + K_a^\ominus [H^+] - K_a^\ominus c = 0$$

解此一元二次方程即得

$$[H^+] = \frac{-K_a^\ominus + \sqrt{(K_a^\ominus)^2 + 4K_a^\ominus c}}{2} \tag{6-14}$$

式 (6-14)是计算一元弱酸溶液 $H^+$浓度的近似式。

②当 $K_a^\ominus$ 和 $c$ 都较小，即酸非常稀，酸也极弱时，$K_a^\ominus c < 20K_w$，则水的解离就不能忽略。但是，如果酸极弱(酸的解离度很小，$\alpha < 5\%$)，就可以忽略弱酸的解离，弱酸 HA 的平衡浓度就近似地等于它的原始浓度，即[HA]$\approx c$。此时，式(6-11)就近似为

$$[H^+]=\sqrt{K_a^\ominus c+K_w^\ominus} \tag{6-15}$$

为了保证计算误差不大于5%，一般以$\dfrac{c}{K_a^\ominus}\geqslant 500$作为使用式(6-15)进行近似计算的必要条件。

③当$K_a^\ominus$和$c$都不是很小，且弱酸的解离相对于其总浓度很小时，即$c-[H^+]\approx c$，那么，不仅可以忽略水的解离，此时弱酸的解离也可忽略，可由式(6-11)得到

$$[H^+]=\sqrt{K_a^\ominus c} \tag{6-16}$$

式(6-16)为计算一元弱酸溶液$H^+$浓度的最简式。注意，利用最简式计算一元弱酸溶液$H^+$浓度必须同时满足$K_a^\ominus c\geqslant 20K_w^\ominus$且$\dfrac{c}{K_a^\ominus}\geqslant 500$两个条件。

**【例6.12】** 计算0.10 mol·L$^{-1}$二氯乙酸溶液的pH值。(已知二氯乙酸的$K_a^\ominus=5.0\times 10^{-2}$)

**解：** 因为$K_a^\ominus c=0.10\times 5.0\times 10^{-2}>20K_w^\ominus$；$\dfrac{c}{K_a^\ominus}=\dfrac{0.10}{5.0\times 10^{-2}}=2.0<500$，所以

$$[H^+]=\frac{-K_a^\ominus+\sqrt{(K_a^\ominus)^2+4K_a^\ominus c}}{2}=\frac{-5.0\times 10^{-2}+\sqrt{(5.0\times 10^{-2})^2+4\times 0.10\times 5.0\times 10^{-2}}}{2}=0.050\ \text{mol}\cdot\text{L}^{-1}$$

$$\text{pH}=1.30$$

**【例6.13】** 计算0.10 mol·L$^{-1}$ $NH_4Cl$溶液的pH值。(已知$NH_3\cdot H_2O$的$K_b^\ominus=1.8\times 10^{-5}$)

**解：** $NH_4^+$是$NH_3$的共轭酸，其$K_a^\ominus$为

$$K_a^\ominus=\frac{K_w^\ominus}{K_b^\ominus}=\frac{1.0\times 10^{-14}}{1.8\times 10^{-5}}=5.6\times 10^{-10}$$

因为$\dfrac{c}{K_a^\ominus}=\dfrac{0.10}{5.6\times 10^{-10}}>500$；$K_a^\ominus c=0.10\times 5.6\times 10^{-10}>20K_w^\ominus$，所以可以使用最简式计算：

$$[H^+]=\sqrt{K_a^\ominus c}=\sqrt{5.6\times 10^{-10}\times 0.10}=7.5\times 10^{-6}\ \text{mol}\cdot\text{L}^{-1}$$

$$\text{pH}=5.12$$

**【例6.14】** 计算$1.0\times 10^{-4}$ mol·L$^{-1}$HCN溶液的pH值。(已知HCN $K_a^\ominus=6.2\times 10^{-10}$)

**解：** 因为$\dfrac{c}{K_a^\ominus}=\dfrac{1.0\times 10^{-4}}{6.2\times 10^{-10}}>500$；$K_a^\ominus c=6.2\times 10^{-10}\times 1.0\times 10^{-4}<20K_w^\ominus$，所以

$$[H^+]=\sqrt{K_a^\ominus c+K_w^\ominus}=\sqrt{6.2\times 10^{-10}\times 1.0\times 10^{-4}+1.0\times 10^{-14}}=2.7\times 10^{-7}\ \text{mol}\cdot\text{L}^{-1}$$

$$\text{pH}=6.57$$

(2)一元弱碱溶液pH值的计算。

浓度为$c$的一元弱碱$B^-$，其质子条件式为

$$[H^+]+[BH]=[OH^-]$$

其水溶液存在以下平衡：

$$B^- + H_2O \rightleftharpoons BH + OH^- \qquad K_b^\ominus = \frac{[BH][OH]}{[B^-]}$$

$$H_2O \rightleftharpoons H^+ + OH^- \qquad K_w^\ominus = [H^+][OH^-]$$

由解离平衡常数可得

$$[HB] = \frac{K_b^\ominus[B^-]}{[OH^-]};\ [H^+] = \frac{K_w^\ominus}{[OH^-]}$$

分别代入质子条件式，得

$$[OH^-] = \frac{K_b^\ominus[B^-]}{[OH]} + \frac{K_w^\ominus}{[OH]}$$

即

$$[OH^-] = \sqrt{K_b^\ominus[B^-] + K_w^\ominus} \qquad (6\text{-}17)$$

一元弱碱溶液 pH 值计算的处理方法、计算公式及公式的使用条件与一元弱酸完全相似，只需将一元弱酸溶液 $H^+$ 离子计算公式及使用条件中的 $K_a^\ominus$ 换成 $K_b^\ominus$，将 $[H^+]$ 换成 $[OH^-]$ 即可。即

①当 $\dfrac{c}{K_b^\ominus} \geqslant 500$；$K_b^\ominus c \geqslant 20K_w^\ominus$ 时，$[OH^-] = \sqrt{K_b^\ominus c}$ (6-18)

②当 $\dfrac{c}{K_b^\ominus} \geqslant 500$；$K_b^\ominus c < 20K_w^\ominus$ 时，$[OH^-] = \sqrt{K_b^\ominus c + K_w}$ (6-19)

③当 $\dfrac{c}{K_b^\ominus} < 500$；$K_b^\ominus c \geqslant 20K_w^\ominus$ 时，$[OH^-] = \dfrac{-K_b^\ominus + \sqrt{(K_b^\ominus)^2 + 4K_b^\ominus c}}{2}$ (6-20)

**【例 6.15】** 计算 0.10 $mol \cdot L^{-1}$ $NH_3$ 溶液的 pH 值。（已知 $NH_3 \cdot H_2O$ 的 $K_b^\ominus = 1.8\times10^{-5}$）

**解**：因为 $\dfrac{c}{K_b^\ominus} = \dfrac{0.10}{1.8\times10^{-5}} > 500$；$K_b^\ominus c > 20K_w^\ominus$

所以

$$[OH^-] = \sqrt{K_b^\ominus c} = \sqrt{1.8\times10^{-5}\times0.10} = 1.3\times10^{-3}\ mol\cdot L^{-1}$$

$$pOH = 2.89$$

$$pH = pK_w^\ominus - pOH = 14.00 - 2.89 = 11.11$$

#### 6.4.2.2　多元酸(碱)溶液 pH 值的计算

多元酸碱溶液 pH 值计算的处理方法也是利用物料平衡式、质子条件式和有关解离平衡常数关系式联立，最终导出 $[H^+]$ 或 $[OH^-]$ 的计算公式。

浓度为 $c$ 的二元弱酸 $H_2A$，其质子条件式为

$$[H^+] = [HA^-] + 2[A^{2-}] + [OH^-]$$

其水溶液存在以下平衡：

$$H_2A \rightleftharpoons H^+ + HA^- \qquad K_{a_1}^\ominus = \frac{[H^+][HA^-]}{[H_2A]}$$

$$HA^- \rightleftharpoons H^+ + A^{2-} \qquad K_{a_2}^\ominus = \frac{[H^+][A^{2-}]}{[HA^-]}$$

$$H_2O \rightleftharpoons H^+ + OH^- \qquad K_w^\ominus = [H^+][OH^-]$$

由解离平衡常数可得

$$[HA^-]=\frac{K_{a_1}^{\ominus}[H_2A]}{[H^+]};\quad [A^-]=\frac{K_{a_1}^{\ominus}K_{a_2}^{\ominus}[H_2A]}{[H^+]^2};\quad [OH^-]=\frac{K_w^{\ominus}}{[H^+]}$$

分别代入质子条件式，得

$$[H^+]=\frac{K_{a_1}^{\ominus}[H_2A]}{[H^+]}+2\frac{K_{a_1}^{\ominus}K_{a_2}^{\ominus}[H_2A]}{[H^+]^2}+\frac{K_w^{\ominus}}{[H^+]} \tag{6-21}$$

再根据物料平衡式和 $H_2A$ 型体分布系数，将$[H_2A]$表达为$[H^+]$的函数，代入式(6-21)，展开后得到一个一元四次方程，它是计算二元弱酸水溶液 $H^+$浓度的精确公式，数学处理极其复杂，因而必须根据具体情况，采用近似方法进行计算。

对于多元无机酸和多数多元有机酸，其解离是逐级进行的，由于同离子效应和电荷效应，一般情况下，多元酸的第二步解离弱于第一步解离，第三步解离弱于第二步解离，即 $K_{a_1}^{\ominus}>K_{a_2}^{\ominus}>K_{a_3}^{\ominus}>K_w^{\ominus}$，故溶液中的 $H^+$主要是由多元酸的第一步解离产生，若忽略其第二步解离及水的解离，则有

$$[H^+]=\frac{K_{a_1}^{\ominus}[H_2A]}{[H^+]}$$

即

$$[H^+]=\sqrt{K_{a_1}^{\ominus}[H_2A]} \tag{6-22}$$

因此，二元弱酸可按照一元弱酸的方法处理。此时，在浓度为 $c$ 的二元弱酸 $H_2A$ 溶液中，$H_2A$ 的平衡浓度可近似为

$$[H_2A]\approx c-[H^+]$$

代入式(6-22)，得

$$[H^+]=\sqrt{K_{a_1}^{\ominus}(c-[H^+])}$$

展开后，求解$[H^+]$的一元二次方程，可得

$$[H^+]=\frac{-K_{a_1}^{\ominus}+\sqrt{(K_{a_1}^{\ominus})^2+4K_{a_1}^{\ominus}c}}{2} \tag{6-23}$$

式 (6-23)是计算多元弱酸溶液 $H^+$浓度的近似式。与一元弱酸相似，当 $K_{a_1}^{\ominus}c\geqslant 20K_w^{\ominus}$，且$\frac{c}{K_{a_1}^{\ominus}}\geqslant 500$时，即二元弱酸的解离度较小，则在忽略水解离产生的 $H^+$和 $H_2A$ 的第二级解离产生的 $H^+$的同时，可将 $H_2A$ 的平衡浓度视为其原始浓度，即$[H_2A]\approx c(H_2A)$，由式(6-22)得

$$[H^+]=\sqrt{K_{a_1}^{\ominus}c} \tag{6-24}$$

式(6-24)是计算多元弱酸溶液$[H^+]$的最简式，该公式的使用条件与计算一元弱酸溶液$[H^+]$最简式的完全相同。

多元弱碱溶液 pH 值的计算，可按照多元弱酸溶液$[H^+]$计算的有关公式进行近似处理，不再详述。其$[OH^-]$计算公式如下：

当$\frac{c}{K_{b_1}^{\ominus}}<500$，$K_{b_1}^{\ominus}c\geqslant 20K_w^{\ominus}$ 时，$[OH^-]=\frac{-K_{b_1}^{\ominus}+\sqrt{(K_{b_1}^{\ominus})^2+4K_{b_1}^{\ominus}c}}{2}$ (6-25)

当$\dfrac{c}{K_{b_1}^{\ominus}} \geqslant 500$，$K_{b_1}^{\ominus}c \geqslant 20K_w^{\ominus}$ 时，$[OH^-]=\sqrt{K_{b_1}^{\ominus}c}$　　(6-26)

**【例 6.16】** 计算 0.10 mol · L$^{-1}$ $Na_2CO_3$ 溶液的 pH 值($H_2CO_3$ 的 $K_{a_1}^{\ominus}=4.2\times10^{-7}$，$K_{a_2}^{\ominus}=5.6\times10^{-11}$)。

**解：** $Na_2CO_3$ 为二元碱，其 $K_{b_1}^{\ominus}$、$K_{b_2}^{\ominus}$ 经计算分别为 $1.8\times10^{-4}$ 和 $2.4\times10^{-8}$，$K_{b_1}^{\ominus} \gg K_{b_2}^{\ominus}$，因此可按一元弱碱进行近似计算。

因为 $\dfrac{c}{K_{b_1}^{\ominus}}=\dfrac{0.10}{1.8\times10^{-4}}>500$；$K_{b_1}^{\ominus}c>20K_w$，所以

$$[OH^-]=\sqrt{K_{b_1}^{\ominus}c}=\sqrt{1.8\times10^{-4}\times0.10}=4.2\times10^{-3}\ \text{mol}\cdot\text{L}^{-1}$$

$$pOH=2.38$$

$$pH=14.00-2.38=11.62$$

#### 6.4.2.3　两性物质溶液 pH 值的计算

在质子传递反应中，既可给出质子又可接受质子的物质都是两性物质。除 $H_2O$ 外，较重要的两性物质有多元酸的酸式盐(如 $NaHCO_3$)和弱酸弱碱盐(如 $NH_4Ac$)等。两性物质溶液的酸碱平衡比较复杂，因而在有关计算中，经常视具体情况，根据溶液中的主要平衡，进行近似处理。

(1)多元酸的酸式盐溶液。

浓度为 $c$ 的二元弱酸的酸式盐 NaHA，选取 $HA^-$ 和 $H_2O$ 为零水准物质，则其质子条件式为

$$[H^+]=[A^{2-}]+[OH^-]-[H_2A]$$

其水溶液存在以下平衡：

$$HA^- + H_2O \rightleftharpoons H_2A + OH^- \qquad K_{b_2}^{\ominus}=\frac{[H_2A][OH^-]}{[HA^-]}$$

$$HA^- \rightleftharpoons H^+ + A^{2-} \qquad K_{a_2}^{\ominus}=\frac{[H^+][A^{2-}]}{[HA^-]}$$

$$H_2O \rightleftharpoons H^+ + OH^- \qquad K_w^{\ominus}=[H^+][OH^-]$$

借助于二元酸 $H_2A$ 的解离平衡常数的关系式，有

$$[H^+]=\frac{K_{a_2}^{\ominus}[HA^-]}{[H^+]}+\frac{K_w^{\ominus}}{[H^+]}-\frac{K_{b_2}^{\ominus}[HA^-]}{[OH^-]}$$

$$=\frac{K_{a_2}^{\ominus}[HA^-]}{[H^+]}+\frac{K_w^{\ominus}}{[H^+]}-\frac{[HA^-][H^+]}{K_{a_1}^{\ominus}}$$

经整理后，得

$$[H^+]=\sqrt{\frac{K_{a_1}^{\ominus}(K_{a_2}^{\ominus}[HA^-]+K_w^{\ominus})}{K_{a_1}^{\ominus}+[HA^-]}} \qquad (6\text{-}27)$$

在大多数情况下，二元弱酸的 $K_{a_1}^{\ominus}$ 与 $K_{a_2}^{\ominus}$ 相差较大，则 $HA^-$ 的 $K_{a_2}^{\ominus}$ 和 $K_{b_2}^{\ominus}$ 都很小，即其酸性和碱性都比较弱(得失质子的能力都很弱)，因此，可以认为 $HA^-$ 的平衡浓度近似等于

其原始浓度，即$[HA^-]\approx c$，代入式(6-27)，得

$$[H^+]=\sqrt{\frac{K_{a_1}^\ominus(K_{a_2}^\ominus c+K_w^\ominus)}{K_{a_1}^\ominus+c}} \tag{6-28}$$

式(6-28)是计算两性物质水溶液$[H^+]$的近似公式，在误差允许的范围内，还可以进一步做如下近似处理。

当$K_{a_2}^\ominus c\geqslant 20K_w^\ominus$时，式(6-28)中的$K_w^\ominus$可以忽略，得到以下近似式：

$$[H^+]=\sqrt{\frac{K_{a_1}^\ominus K_{a_2}^\ominus c}{K_{a_1}^\ominus+c}} \tag{6-29}$$

再假如$c\geqslant 20K_{a_1}^\ominus$，则式(6-29)中的$K_{a_1}^\ominus+c\approx c$，可略去分母中的$K_{a_1}^\ominus$，式(6-29)进一步近似为

$$[H^+]=\sqrt{K_{a_1}^\ominus K_{a_2}^\ominus} \tag{6-30}$$

式(6-30)是计算酸式盐溶液$H^+$浓度的最简式。应该注意的是，最简式只有在酸式盐的浓度不是很小($c\geqslant 20K_{a_1}^\ominus$)，且水的解离可以忽略的情况下才能使用。

而当$K_{a_2}^\ominus c<20K_w^\ominus$，但$c\geqslant 20K_{a_1}^\ominus$时，则式(6-28)分母中的$K_{a_1}^\ominus$可略去，但不可略去式中的$K_w^\ominus$，式(6-28)可近似为

$$[H^+]=\sqrt{\frac{K_{a_1}^\ominus(K_{a_2}^\ominus c+K_w^\ominus)}{c}} \tag{6-31}$$

式(6-28)、式(6-29)和式(6-31)是计算多元酸酸式盐溶液$H^+$浓度的近似公式，式(6-30)为最简式，一定要注意各计算公式的使用条件。

对于其他多元酸的酸式盐溶液$H^+$浓度的计算，可依上处理。

**【例 6.17】**分别计算浓度为0.10 $mol\cdot L^{-1}$ $K_2HPO_4$和$KH_2PO_4$溶液的pH值（$H_3PO_4$的$K_{a_1}^\ominus=7.52\times10^{-3}$，$K_{a_2}^\ominus=6.23\times10^{-8}$，$K_{a_3}^\ominus=2.2\times10^{-13}$）。

**解**：对于$K_2HPO_4$溶液，计算$[H^+]$的公式为

$$[H^+]=\sqrt{\frac{K_{a_2}^\ominus(K_{a_3}^\ominus c+K_w^\ominus)}{K_{a_2}^\ominus+c}}$$

因为$K_{a_3}^\ominus c=2.2\times10^{-14}<20K_w^\ominus$，但$c>20K_{a_2}^\ominus$，所以上式可简化为

$$[H^+]=\sqrt{\frac{K_{a_2}^\ominus(K_{a_3}^\ominus c+K_w^\ominus)}{c}}$$

代入有关数值，得　　$[H^+]=1.4\times10^{-10}\ mol\cdot L^{-1}$

$$pH=9.85$$

对于$KH_2PO_4$溶液，因$K_{a_2}^\ominus c>20K_w^\ominus$，且$c<20K_{a_1}^\ominus$，所以

$$[H^+]=\sqrt{\frac{K_{a_1}^\ominus K_{a_2}^\ominus c}{K_{a_1}^\ominus+c}}$$

代入有关数值，得　　$[H^+]=6.6\times10^{-5}\ mol\cdot L^{-1}$

$$pH=4.18$$

(2)弱酸弱碱盐溶液。

如浓度为 $c$ 的 $NH_4Ac$ 溶液，其中 $NH_4^+$ 起酸的作用，$Ac^-$ 起碱的作用。

$$NH_4^+ \rightleftharpoons NH_3 + H^+ \qquad K_a^{\ominus\prime}=\frac{K_w^{\ominus}}{K_b^{\ominus}}$$

$$Ac^- + H_2O \rightleftharpoons HAc + OH^- \qquad K_b^{\ominus\prime}=\frac{K_w^{\ominus}}{K_a^{\ominus}}$$

溶液中还存在水的解离平衡：

$$H_2O \rightleftharpoons H^+ + OH^-$$

选择 $NH_4^+$、$Ac^-$ 和 $H_2O$ 为零水准物质，质子条件式为

$$[H^+]+[HAc]=[NH_3]+[OH^-]$$

或

$$[H^+]=[NH_3]+[OH^-]-[HAc]$$

上述讨论的酸式盐溶液 $H^+$ 浓度的计算公式完全适合于弱酸弱碱盐溶液，即从 PBE 出发，利用各种解离平衡关系，可得如下类似的公式：

$$[H^+]=\sqrt{\frac{K_a^{\ominus}(K_a^{\ominus\prime}c+K_w^{\ominus})}{K_a^{\ominus}+c}} \tag{6-32}$$

式中，$K_a^{\ominus}$ 为弱酸的解离常数；$K_a^{\ominus\prime}$ 为弱碱的共轭酸的解离常数。注意式(6-32)与式(6-28)实质上是一样的。

同理，若 $K_a^{\ominus\prime}c>20K_w^{\ominus}$，则式(6-32)近似为

$$[H^+]=\sqrt{\frac{K_a^{\ominus}K_a^{\ominus\prime}c}{K_a^{\ominus}+c}} \tag{6-33}$$

如果还满足 $c\geqslant20K_a^{\ominus}$，则可得最简式

$$[H^+]=\sqrt{K_a^{\ominus}K_a^{\ominus\prime}} \tag{6-34}$$

**【例 6.18】**计算 $0.10\ mol\cdot L^{-1}\ NH_4Ac$ 溶液的 pH 值。

**解**：查附录 V 可知 HAc 的 $K_a^{\ominus}=1.76\times10^{-5}$，$NH_3$ 的 $K_b^{\ominus}=1.77\times10^{-5}$，所以 $NH_4^+$ 的解离常数 $K_a^{\prime}$ 为

$$K_a^{\ominus\prime}=\frac{K_w^{\ominus}}{K_b^{\ominus}}=\frac{1.0\times10^{-14}}{1.77\times10^{-5}}=5.65\times10^{-10}$$

因为 $K_a^{\ominus\prime}c>20K_w^{\ominus}$，且 $c>20K_a^{\ominus}$，所以可用最简式进行计算。即

$$[H^+]=\sqrt{K_a^{\ominus}K_a^{\ominus\prime}}=\sqrt{1.76\times10^{-5}\times5.65\times10^{-10}}=9.97\times10^{-8}\ mol\cdot L^{-1}$$

$$pH=7.00$$

**【例 6.19】**计算 $0.10\ mol\cdot L^{-1}$ 氨基乙酸溶液 pH 值($K_{a_1}^{\ominus}=4.5\times10^{-3}$，$K_{a_2}^{\ominus}=2.5\times10^{-10}$)。

**解**：氨基乙酸在溶液中以偶极离子 $^+H_3NCH_2COO^-$ 的形式存在，为两性物质，有以下的解离反应：

$$^{+}H_3N—CH_2—COOH \xrightleftharpoons{-H^+,\ K^{\ominus}_{a_1}} {}^{+}H_3N—CH_2—COO^- \xrightleftharpoons{-H^+,\ K^{\ominus}_{a_2}} H_2N—CH_2—COO^-$$

由于氨基乙酸的原始浓度比较大，$K^{\ominus}_{a_2}c>20K^{\ominus}_{w}$，且 $c>20K^{\ominus}_{a_1}$ 时，可采用最简式计算得到

$$[H^+]=\sqrt{K^{\ominus}_{a_1}K^{\ominus}_{a_2}}=\sqrt{4.5\times10^{-3}\times2.5\times10^{-3}}=1.1\times10^{-6}\ mol\cdot L^{-1}$$

$$pH=5.96$$

### 6.4.2.4 强酸(碱)溶液 pH 值的计算

强酸强碱在溶液中全部解离，故在一般情况下，酸度的计算比较简单。但当强酸或强碱的浓度很稀时($<10^{-6}$ mol·$L^{-1}$)，溶液的酸度除了考虑酸或碱本身解离出来的 $H^+$或 $OH^-$之外，还需考虑水解离产生的 $H^+$或 $OH^-$。

(1)稀 HCl 溶液的质子条件为

$$[H^+]=c(HCl)+[OH^-]$$

将$[OH^-]=\dfrac{K^{\ominus}_{w}}{[H^+]}$代入上式，得

$$[H^+]=c(HCl)+\frac{K^{\ominus}_{w}}{[H^+]}$$

整理可得

$$[H^+]^2-c(HCl)[H^+]-K^{\ominus}_{w}=0$$

$$[H^+]=\frac{c(HCl)+\sqrt{c^2(HCl)+4K^{\ominus}_{w}}}{2} \tag{6-35}$$

式中，$c$(HCl)为强酸溶液的总浓度。此式即为求算一元强酸稀溶液中 $H^+$浓度的精确式。

一般来讲，只要强酸的浓度不是很低，当 $c\geqslant20[OH^-]$时，就可忽略水解离产生的 $H^+$，于是得到

$$[H^+]\approx c$$

(2)稀 NaOH 溶液的质子条件为

$$[H^+]+c(NaOH)=[OH^-]$$

处理方法与一元弱酸稀溶液完全类似，将$[H^+]=\dfrac{K^{\ominus}_{w}}{[OH^-]}$代入 PBE，得

$$[OH^-]=c(NaOH)+\frac{K^{\ominus}_{w}}{[OH^-]}$$

整理可得

$$[OH^-]^2-c(NaOH)[OH^-]-K^{\ominus}_{w}=0$$

可得

$$[OH^-]=\frac{c(NaOH)+\sqrt{c^2(NaOH)+4K^{\ominus}_{w}}}{2} \tag{6-36}$$

一般来讲，只要强碱的浓度不是很低，当 $c\geqslant20[H^+]$时，就可忽略水解离产生的 $OH^-$，即

$$[OH^-]\approx c$$

求得 pOH 后，再利用 $pH=pK^{\ominus}_{w}-pOH$ 便可求得 pH 值。

### 6.4.2.5 混合酸(碱)溶液

(1)弱酸与弱酸混合溶液 pH 值的计算。

设弱酸 HA 和 HB 的浓度分别为 $c(HA)$ 和 $c(HB)$，其混合溶液的质子条件式为

$$[H^+]=[A^-]+[B^-]+[OH^-]$$

由于溶液为酸性，因此可忽略$[OH^-]$项，再将有关解离常数关系式代入上式，得

$$[H^+]=\frac{[HA]K_a^{\ominus}(HA)}{[H^+]}+\frac{[HB]K_a^{\ominus}(HB)}{[H^+]}$$

由于弱酸 HA 和 HB 在溶液中的解离相互抑制，所以，当两种酸都比较弱时，可近似地认为：$[HA]\approx c(HA)$，$[HB]\approx c(HB)$，代入上式并整理得

$$[H^+]=\sqrt{K_a^{\ominus}(HA)c(HA)+K_a^{\ominus}(HB)c(HB)} \tag{6-37a}$$

**【例 6.20】** 计算 0.050 $mol\cdot L^{-1}NH_4Cl$ 和 0.10 $mol\cdot L^{-1}H_3BO_3$ 混合溶液的 pH 值。[已知 $K_a^{\ominus}(H_3BO_3)=5.8\times10^{-10}$]

**解：** $K_a^{\ominus}(NH_4^+)=\dfrac{K_w^{\ominus}}{K_b^{\ominus}(NH_3)}=\dfrac{1.0\times10^{-14}}{1.8\times10^{-5}}=5.6\times10^{-10}$

由式(6-37a)得

$$[H^+]=\sqrt{5.6\times10^{-10}\times0.050+5.8\times10^{-10}\times0.10}=7.5\times10^{-6}\ mol\cdot L^{-1}$$

$$pH=5.12$$

弱碱 $A^-$ 与 $B^-$ 混合溶液可类推得

$$[OH^-]=\sqrt{K_b^{\ominus}(A^-)c(A^-)+K_b^{\ominus}(B^-)c(B^-)} \tag{6-37b}$$

(2)强酸与弱酸混合溶液 pH 值的计算。

以 HCl 和 HAc 混合酸为例，设其浓度分别为 $c(HCl)$ 和 $c(HAc)$，其质子条件式为

$$[H^+]=c(HCl)+[Ac^-]+[OH^-]$$

由于溶液呈酸性，因此可略去$[OH^-]$项，即忽略水的解离对溶液中$[H^+]$的贡献，则质子条件式可简化为

$$[H^+]=c(HCl)+[Ac^-]$$

因为

$$[Ac^-]=c(HAc)\delta(Ac^-)=c(HAc)\cdot\frac{K_a^{\ominus}}{[H^+]+K_a^{\ominus}}$$

将之代入上式，可得

$$[H^+]=c(HCl)+\frac{c(HAc)K_a^{\ominus}}{[H^+]+K_a^{\ominus}}$$

整理可得

$$[H^+]=\frac{\{c(HCl)-K_a^{\ominus}\}+\sqrt{\{c(HCl)-K_a^{\ominus}\}^2+4K_a^{\ominus}\{c(HCl)+c(HAc)\}}}{2} \tag{6-38}$$

式(6-38)是忽略水的解离后，计算弱酸和强酸混合溶液中 $H^+$浓度的近似公式。

由于弱酸在强酸溶液中的解离会受到抑制，所以，可近似地认为$[HAc]\approx c(HAc)$，代入 HAc 的解离平衡常数关系式并整理可得

$$[Ac^-]=\frac{K_a^{\ominus}c(HAc)}{[H^+]}$$

代入简化后的质子条件式，得

$$[H^+]^2 - c(HCl)[H^+] + K_a^{\ominus}c(HAc) = 0$$

$$[H^+] = \frac{c(HCl) + \sqrt{c^2(HCl) + 4K_a^{\ominus}c(HAc)}}{2} \tag{6-39}$$

如果 $c(HCl) > 20[Ac^-]$，则由简化后的质子条件式，可得最简式

$$[H^+] = c(HCl) \tag{6-40}$$

关于混合碱溶液 pH 值的计算，方法与混合酸类似，不再详述。

**【例 6.21】** 某混合酸中 HCl 的浓度为 $1.0\times10^{-3}$ mol · L$^{-1}$，HAc 的浓度为 0.010 mol · L$^{-1}$，试计算该混合酸溶液的 pH 值。

**解**：根据式(6-39)

$$[H^+] = \frac{c(HCl) + \sqrt{c^2(HCl) + 4K_a^{\ominus}c(HAc)}}{2} = \frac{1.0\times10^{-3} + \sqrt{(1.0\times10^{-3})^2 + 4\times1.8\times10^{-5}\times0.010}}{2}$$

$$= 1.2\times10^{-3}\ \text{mol}\cdot\text{L}^{-1}$$

$$\text{pH} = 2.92$$

(3)缓冲溶液 pH 值的计算(详见 6.5.2)。

## 6.5 缓冲溶液(Buffer Solution)

### 6.5.1 缓冲溶液和缓冲作用

许多化学反应都需要在一定的酸度条件下进行。如何才能使溶液的 pH 值保持基本不变？人们在实践中发现，弱酸(或多元酸)及其共轭碱或者弱碱(或共轭碱)及其共轭酸所组成的溶液，以及两性物质溶液都具有一个共同特点，即当体系适当稀释或加入少量强酸或强碱时，溶液的酸度能基本维持不变。例如，在 1.0 L 含有 0.1 mol NaAc 和 0.1 mol HAc 的混合溶液(pH = 4.76)中分别加入 0.01 mol HCl 和 0.01 mol NaOH 后，溶液的 pH 值分别变成 4.67 和 4.85，pH 值变化只有 0.09 个单位，如果加水稀释，pH 值保持不变。这种能够抵抗少量外加强酸、强碱或稀释的影响，而保持溶液本身的 pH 值相对稳定的作用称为缓冲作用。这种具有缓冲作用的混合溶液称为酸碱缓冲溶液(buffer solution of acid-base)。

缓冲溶液为什么会具有缓冲作用？溶液中存在浓度较大的弱酸及其共轭碱，当加入少量酸或碱时，由于同离子效应，使得体系的酸度保持基本不变。

下面以 100 mL 浓度均为 0.10 mol · L$^{-1}$ 的 NaAc 和 HAc 混合溶液为例说明缓冲溶液的作用原理。该体系在水溶液中存在以下解离平衡：

$$HAc \rightleftharpoons H^+ + Ac^-$$

溶液中存在着大量的 HAc 和 $Ac^-$，当向此溶液中加入少量强酸时，外加 $H^+$就会与溶液中大量存在的 $Ac^-$发生反应，生成弱酸 HAc，从而消除了外加游离 $H^+$对溶液酸度的影响。当加入少量强碱时，外加 $OH^-$就会与溶液中大量存在的 HAc 发生反应，生成其弱酸根 $Ac^-$离子，从而消除了外加游离 $OH^-$对溶液酸度的影响。

可见，缓冲溶液之所以具有缓冲作用，是由于缓冲溶液中存在着大量的弱酸及其弱酸盐，它们能分别和少量的外加强碱及强酸反应，从而消除了外加游离 $H^+$和 $OH^-$的影响，保

持了溶液的 pH 值相对稳定。

弱碱及其共轭酸以及两性物质溶液同样具有缓冲作用。

常见的缓冲溶液大致分成两类。一类是弱酸及其盐(或弱碱及其盐)所组成的溶液：弱酸及其共轭碱(HAc-NaAc)；弱碱及其共轭酸($NH_3 \cdot H_2O$-$NH_4Cl$)。另一类就是既能失去质子，又能得到质子的两性物质：多元弱酸的共轭酸碱对($NaHCO_3$-$Na_2CO_3$，$H_2CO_3$-$NaHCO_3$、$H_2PO_4^-$-$HPO_4^{2-}$ 等)；两性物质(氨基酸、蛋白质)。

## 6.5.2 缓冲溶液的 pH 值

缓冲溶液 pH 值的计算就是同离子效应的平衡计算。

以弱酸及其共轭碱(如 HAc-NaAc)缓冲溶液为例。当溶液中弱酸的浓度为 $c_a$，共轭碱的浓度为 $c_b$，溶液存在下列平衡：

$$\mathrm{HAc} \rightleftharpoons \mathrm{H^+} \quad + \quad \mathrm{Ac^-}$$

平衡浓度 $\qquad c_a - x \qquad x \qquad c_b + x$

$$K_a^\ominus = \frac{[\mathrm{Ac^-}][\mathrm{H^+}]}{[\mathrm{HAc}]} = \frac{(c_b + x)x}{(c_a - x)}$$

由于同离子效应，平衡向左移动，$x$ 很小，可近似计算：

$$K_a^\ominus = \frac{c_b x}{c_a}$$

$$x = K_a^\ominus \cdot \frac{c_a}{c_b}$$

$$[\mathrm{H^+}] = x$$

所以

$$\mathrm{pH} = \mathrm{p}K_a^\ominus - \lg \frac{c_a}{c_b} \tag{6-41}$$

同理，对于弱碱及其共轭酸组成的缓冲溶液的 pH 值计算公式为

$$\mathrm{pOH} = \mathrm{p}K_b^\ominus - \lg \frac{c_b}{c_a}$$

$$\mathrm{pH} = 14 - \left(\mathrm{p}K_b^\ominus - \lg \frac{c_b}{c_a}\right) = \mathrm{p}K_a^\ominus - \lg \frac{c_a}{c_b} \tag{6-42}$$

可见，缓冲溶液的 pH 值取决于 $\mathrm{p}K_a^\ominus$(或 $\mathrm{p}K_b^\ominus$)以及缓冲对(弱酸及其共轭碱，弱碱及其共轭酸)的浓度比。

**【例 6.22】** 求 298 K 下，0.1 mol · $L^{-1}$ $NH_3$ 和 0.1 mol · $L^{-1}$ $NH_4Cl$ 溶液等体积混合后，溶液的 pH 值。

**解**：$NH_3$ 与 $NH_4Cl$ 溶液混合后将构成 $NH_3$-$NH_4^+$ 缓冲溶液，且等体积混合后，各物质浓度减半

$$c(\mathrm{NH_3}) = \frac{1}{2} \times 0.1 = 0.05\ \mathrm{mol \cdot L^{-1}};\ c(\mathrm{NH_4^+}) = \frac{1}{2} \times 0.1 = 0.05\ \mathrm{mol \cdot L^{-1}}$$

查表得 $\mathrm{p}K_b^\ominus = 4.75$，

$$pH=14-\left(pK_b^\ominus-\lg\frac{c_b}{c_a}\right)=14-4.75-\lg\frac{0.05}{0.05}=9.25$$

**【例 6.23】**将 10 mL 0.2 mol · $L^{-1}$ HCl 与 10 mL 0.4 mol · $L^{-1}$ NaAc 溶液混合，计算该溶液的 pH 值。若向此溶液中加入 5 mL 0.01 mol · $L^{-1}$ NaOH 溶液，则溶液的 pH 值又为多少？

**解**：(1) 混合后，溶液中的 $H^+$ 与 $Ac^-$ 发生反应生成 HAc，HAc 与溶液中剩余的 $Ac^-$ 构成缓冲溶液。缓冲溶液中：

$$c(HAc)\approx c(HCl)=\frac{10\times0.2}{10+10}=0.1\ mol\cdot L^{-1};\ c(Ac^-)=\frac{10\times0.4-10\times0.2}{10+10}=0.1\ mol\cdot L^{-1}$$

查表得 $pK_a^\ominus=4.75$，

$$pH=pK_a^\ominus-\lg\frac{c_a}{c_b}=4.75-\lg\frac{0.1}{0.1}=4.75$$

(2)加入 NaOH 之后，$OH^-$ 将与 HAc 反应生成 $Ac^-$，反应完成之后溶液中：

$$c(HAc)=\frac{20\times0.1-5\times0.01}{20+5}=0.078\ mol\cdot L^{-1}$$

$$c(Ac^-)=\frac{20\times0.1+5\times0.01}{20+5}=0.082\ mol\cdot L^{-1}$$

$$pH=pK_a^\ominus-\lg\frac{c_a}{c_b}=4.75-\lg\frac{0.078}{0.082}=4.77$$

由计算结果可知，在 20 mL 上述缓冲溶液中加入少量 NaOH 后，缓冲溶液的 pH 值仅仅改变了 0.02 个单位。如果在 20 mL 纯水中加入同样量的 NaOH，则纯水的 pH 值由 7 上升到 11.30，pH 值改变了 4.30 个单位，所以缓冲溶液的缓冲作用是非常明显的。

### 6.5.3 缓冲容量及缓冲范围

在缓冲溶液中加入少量强酸或强碱时，溶液的缓冲作用相当明显。但是，缓冲溶液的缓冲能力是有一定限度的，如果加入大量的强酸或强碱时，或者稀释倍数太大，缓冲溶液的 pH 值将不再保持不变。缓冲溶液缓冲能力的大小常用缓冲容量(buffer capacity)来衡量，用 $\beta$ 表示。缓冲容量是指使 1 L 缓冲溶液的 pH 值增加 dpH 值单位所需加入强碱物质的量 d$b$ (mol)，或使 1 L 缓冲溶液的 pH 值降低 dpH 值单位所需加入强酸物质的量 d$a$(mol)。因此，缓冲容量 $\beta$ 的数学表达式为

$$\beta=\frac{db}{dpH}=-\frac{da}{dpH}$$

显然，$\beta$ 值越大，缓冲容量越大，说明缓冲溶液的缓冲能力越强。

例如，$HA-A^-$ 体系，可以看作 HA 溶液中加入强碱。若 HA 的分析浓度为 $c$，当弱酸不太强又不过分弱时，缓冲容量可如下近似计算

$$\beta=2.3cK_a^\ominus\frac{[H^+]}{([H^+]+K_a^\ominus)^2}$$

可知，当 $[H^+]=K_a^\ominus$(即 $pH=pK_a^\ominus$)时，缓冲容量 $\beta$ 有极大值，为

$$\beta_{max}=2.3c/4=0.575c$$

可见，缓冲溶液的浓度越大，缓冲容量就越大。过分稀释会导致缓冲容量显著下降。缓

冲溶液的总浓度一定的情况下，当缓冲对的浓度 $c_a : c_b = 1 : 1$，即弱酸与其共轭碱的浓度控制在 1∶1 时，缓冲容量最大。当缓冲对的浓度比在 0.1～10 变化时，即 $c_a : c_b = 1 : 10$ 或 10∶1 时，缓冲溶液都有较强的缓冲能力，其对应的 pH 值或 pOH 值的变化范围为

$$pH = pK_a^\ominus \pm 1;\quad pOH = pK_b^\ominus \pm 1$$

这一变化范围称为缓冲溶液的缓冲范围。

### 6.5.4 缓冲溶液的选择和配制

缓冲溶液的选择首先要考虑有较大的缓冲容量。如前所述，应该尽可能地使缓冲对的浓度比接近 1∶1，此时 $pH \approx pK_a^\ominus$，$pOH \approx pK_b^\ominus$。所以，要选择 $pK_a^\ominus$(或 $pK_b^\ominus$)等于或接近所要求的 pH 值(或 pOH)的弱酸(或弱碱)及其共轭碱(共轭酸)作缓冲对。此外，缓冲体系应该不影响分析。

例如，配制 pH=5 左右的缓冲溶液时，可以选择 $HAc-Ac^-$ 缓冲对，因为 $pK_a^\ominus(HAc) = 4.76$，接近所要求的 pH 值；同理，配制 pH=9 左右的缓冲溶液时，则可以选择 $NH_3-NH_4^+$ 缓冲对。因此，弱酸、弱碱的 $pK_a^\ominus$ 和 $pK_b^\ominus$ 是选择缓冲对的主要依据。确定了缓冲对之后，再适当调节缓冲对的浓度比，就可以得到所需要的缓冲溶液。

**【例 6.24】** 欲配制 pH=9.20，$c(NH_3) = 1.0\ mol \cdot L^{-1}$ 的缓冲溶液 500 mL，需要固体 $NH_4Cl$ 多少克？15 $mol \cdot L^{-1}$ 的浓氨水多少毫升？

**解：** 根据题意　pOH=14−9.20=4.80

根据式 $pOH = pK_b^\ominus - \lg \dfrac{c_b}{c_a}$，

$$4.80 = 4.75 - \lg \frac{1}{c(NH_4^+)}$$

得
$$c(NH_4^+) = 1.1\ mol \cdot L^{-1}$$

$NH_4Cl$ 的摩尔质量为 54 $g \cdot mol^{-1}$，则需要固体 $NH_4Cl$ 的质量为 $0.50 \times 1.1 \times 54 = 30$ g。

需要浓氨水的体积为
$$V = \frac{1.0 \times 500}{15} = 33\ mL$$

配制方法：称取 30 g 固体 $NH_4Cl$ 溶于少量水中，加入 33 mL 浓氨水，然后加水稀释并定容至 500 mL 即可。

在实际工作中，通过查阅有关的手册，就可以得到所需缓冲溶液的配方及配法。如果要精确配制，还必须用酸度计等仪器加以校正。

常用的标准缓冲溶液有：邻苯二甲酸氢钾溶液(0.050 $mol \cdot L^{-1}$)，pH=4.01；磷酸二氢钾和磷酸氢二钠混合盐溶液(0.025 $mol \cdot L^{-1}$)，pH=6.86；硼砂溶液(0.010 $mol \cdot L^{-1}$)，pH=9.18。

缓冲溶液在生命科学，工农业生产及化学分析等方面有着重要的应用。如土壤就是一个非常复杂的缓冲体系，它能够为作物的生长提供最佳的 pH 值范围，并且土壤肥力越高，其缓冲作用越强。动、植物体内也有着复杂的缓冲体系，维持着体液的 pH 值基本不变，以保证生命活动的正常进行。如人体血液中存在着 $H_2CO_3-NaHCO_3$、$NaH_2PO_4-Na_2HPO_4$、K 蛋白−H 蛋白等多种缓冲对，构成了复杂的缓冲体系，这些缓冲对之间互相影响、互相制约，

共同确保血液的 pH 值在 7.35~7.45。血液的 pH 值一旦超出这个范围，就会影响各种生物酶的活性，从而引起组织细胞新陈代谢障碍，机体各种生理机能紊乱，甚至出现生命危险，所以掌握和应用缓冲溶液有非常重要的意义。

## 6.6 酸碱指示剂(Acid-Base Indicator)

酸碱滴定过程中，溶液通常不发生明显的外观变化，故需要在被滴定的溶液中加入能在化学计量点附近变色的指示剂来确定滴定终点。这种能利用自身颜色的变化来指示溶液 pH 值变化的物质称为酸碱指示剂。

### 6.6.1 酸碱指示剂的作用原理

酸碱指示剂一般是弱的有机酸或有机碱，其共轭酸碱对具有不同的结构，并呈现不同的颜色。因此，当溶液的 pH 值改变时，指示剂获得质子由碱式型体转化为酸式型体，或者失去质子由酸式型体转化为碱式型体，由于结构上的变化，从而导致溶液颜色发生变化。

例如，酚酞指示剂是一种有机弱酸，属于单色指示剂，在水溶液中发生如下解离作用和颜色变化：

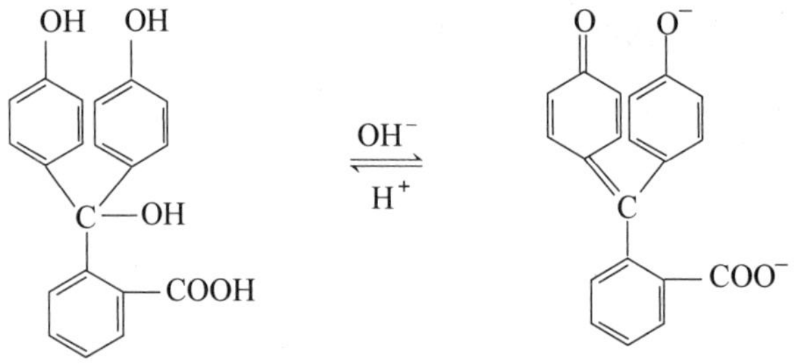


无色（酸式色）　　　红色（碱式色）醌式结构

由平衡关系可以看出，在酸性溶液中，酚酞主要以无色的羟式结构存在。随着溶液的 pH 值逐渐增大，平衡向右移动。当溶液呈碱性时，酚酞转化为醌式结构而呈现红色；反之，如果溶液的 pH 值逐渐减小，平衡则向左移动，酚酞将由醌式结构转化为羟式结构，颜色也会由红色变为无色。

再如，甲基橙是一种有机弱碱，属于双色指示剂，在水溶液中会发生如下解离作用和颜色变化：

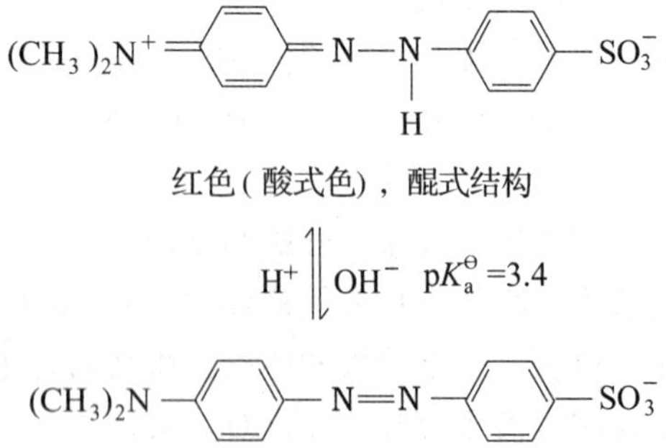


黄色(碱式色)，偶氮式结构

由平衡关系可以看出，增大溶液的酸度，甲基橙主要以醌式结构存在，所以溶液呈红色；降低溶液的酸度，甲基橙主要以偶氮式结构存在，所以溶液显黄色。

可见，酸碱指示剂颜色之所以发生改变，是由于在不同酸度的溶液中，指示剂分子的结构发生了变化，因而显现出不同的颜色。应该注意的是，酸碱指示剂以酸式或碱式型体存在，并不表明此时溶液一定呈酸性或碱性。

现以弱酸型指示剂(HIn)为例进一步讨论酸碱指示剂颜色变化与溶液酸度的关系。若以HIn表示弱酸型指示剂的酸式型体，并称其颜色为酸式色；以$In^-$表示指示剂的碱式型体，其颜色称为碱式色，在溶液中存在如下解离平衡：

$$\underset{\text{酸式色}}{HIn} \rightleftharpoons H^+ + \underset{\text{碱式色}}{In^-}$$

$$K_a^\ominus = \frac{[H^+][In^-]}{[HIn]} \quad \text{或} \quad \frac{K_a^\ominus}{[H^+]} = \frac{[In^-]}{[HIn]}$$

式中，$K_a^\ominus$ 为指示剂的解离常数；[HIn]和[$In^-$]分别为溶液中指示剂的酸式型体和碱式型体的平衡浓度。

由上式可见，溶液的颜色是由[$In^-$]和[HIn]的比值来决定的，而$\frac{[In^-]}{[HIn]}$又与[$H^+$]和 $K_a^\ominus$ 有关。对于某种指示剂，在一定条件下 $K_a^\ominus$ 是常数，因此，$\frac{[In^-]}{[HIn]}$仅是[$H^+$]的函数。只要溶液$H^+$浓度发生改变，$\frac{[In^-]}{[HIn]}$也会随之发生改变，从而使溶液的颜色也发生改变。但是，因为人们肉眼对颜色变化的分辨能力有限，所以并不是$\frac{[In^-]}{[HIn]}$的比值只要有变化，就能使人察觉到溶液颜色的变化。根据人眼辨别颜色的灵敏度，一般来说：

当$\frac{[In^-]}{[HIn]} \geqslant 10$时，看到的是$In^-$的颜色，即碱式色。此时，$[H^+] \leqslant \frac{K_a^\ominus}{10}$，$pH \geqslant pK_a^\ominus + 1$；

当$\frac{[In^-]}{[HIn]} \leqslant 0.1$时，看到的是HIn的颜色，即酸式色。此时，$[H^+] \geqslant 10K_a^\ominus$，$pH \leqslant pK_a^\ominus - 1$；

当$10 > \frac{[In^-]}{[HIn]} > 0.1$时，看到的是HIn和$In^-$的混合色。此时，$pK_a^\ominus - 1 < pH < pK_a^\ominus + 1$。

可见，当溶液的pH值低于 $pK_a^\ominus-1$ 或超过 $pK_a^\ominus+1$，酸式色或碱式色占有优势后，人眼就难以观察指示剂颜色随pH值改变而变化，只能看到占优势的那种颜色了。只有溶液的pH值在 $pK_a^\ominus-1 \sim pK_a^\ominus+1$ 范围内变化时，人眼才能觉察出指示剂颜色的变化。这个人眼可以看到指示剂颜色的变化的pH值范围，即 $pH = pK_a^\ominus \pm 1$，称为指示剂的理论变色范围。不同的指示剂，其 $pK_a^\ominus$ 值不同，所以每种指示剂都有其各自不同的变色范围。

根据以上讨论，指示剂的理论变色范围应该是pH值由 $pK_a^\ominus-1 \sim pK_a^\ominus+1$，为2个pH值单位。但实际上，指示剂的变色范围不是根据 $pK_a^\ominus$ 计算出来的，而是依靠人眼观察出来的。由于人眼对各种颜色的敏感程度不同，再加上指示剂的两种颜色相互掩盖能力的差异等因素的影响，使得指示剂的实际变色范围与理论变色范围不完全一致，不同的人观察结果也会有所差别。例如，甲基橙的 $pK_a^\ominus=3.4$，其理论变色范围应为 2.4~4.4，但实际变色范围有人报道为 3.1~4.4，也有人报道为 3.2~4.5 或 2.9~4.3。这是由于人眼对红色比对黄色更为敏感，同时红色对黄色的掩盖能力远比黄色对红色的掩盖能力强等缘故所致，但指示剂的变色范围总是发生在其 $pK_a^\ominus$ 的两侧。虽然指示剂的理论变色范围与实际变色范围存在着差别，但理论推算对粗略估计指示剂的变色范围，仍具有一定的指导意义。

当 $\frac{[In^-]}{[HIn]}=1$ 时，HIn 和 $In^-$ 两种型体的浓度相等，此时，$pH=pK_a^\ominus$，这是酸碱指示剂由碱式色变为酸式色，或由酸式色变为碱式色的转折点，称为指示剂的理论变色点。

酸碱指示剂的种类很多，由于它们的解离常数不同，所以变色点和变色范围也各不相同。常用的酸碱指示剂列于表 6-1 中。

**表 6-1　常用的酸碱指示剂**

| 指示剂 | 变色范围 pH 值 | $pK_a^\ominus(HIn)$ | 颜色 | | | 浓　度 |
|---|---|---|---|---|---|---|
| | | | 酸色 | 过渡色 | 碱色 | |
| 百里酚蓝（第一次变色） | 1.2~2.8 | 1.6 | 红 | 橙 | 黄 | 0.1%的乙醇(20%)溶液 |
| 甲基黄 | 2.9~4.0 | 3.3 | 红 | 橙黄 | 黄 | 0.1%的乙醇(90%)溶液 |
| 甲基橙 | 3.1~4.4 | 3.4 | 红 | 橙 | 黄 | 0.05%的水溶液 |
| 溴酚蓝 | 3.1~4.6 | 4.1 | 黄 | — | 紫 | 0.1%的乙醇(20%)溶液或其钠盐(0.1%)水溶液 |
| 溴甲酚绿 | 3.8~5.4 | 4.9 | 黄 | 绿 | 蓝 | 0.1%的乙醇(20%)溶液或其钠盐(0.1%)水溶液 |
| 甲基红 | 4.2~6.2 | 5.2 | 红 | 橙 | 黄 | 0.1%的乙醇(60%)溶液或其钠盐(0.1%)水溶液 |
| 溴百里酚蓝 | 6.0~7.6 | 7.3 | 黄 | 绿 | 蓝 | 0.1%的乙醇(20%)溶液或其钠盐(0.1%或0.05%)水溶液 |
| 中性红 | 6.8~8.0 | 7.4 | 红 | — | 黄橙 | 0.1%的乙醇(60%)溶液 |
| 酚红 | 6.7~8.4 | 8.0 | 黄 | 橙 | 红 | 0.1%的乙醇(20%)溶液或其钠盐(0.1%)水溶液 |
| 酚酞 | 8.0~9.6 | 9.1 | 无 | 粉红 | 红 | 0.1%的乙醇(90%)溶液 |
| 百里酚蓝（第二次变色） | 8.0~9.6 | 8.9 | 黄 | — | 蓝 | 0.1%的乙醇(20%)溶液 |
| 百里酚酞 | 9.6~10.6 | 10.0 | 无 | 淡蓝 | 蓝 | 0.1%的乙醇(90%)溶液 |

### 6.6.2　影响酸碱指示剂变色范围的因素

指示剂的变色范围主要是由其各自的本性 $K_a^\ominus(HIn)$ 所决定的，但外界条件对其变色范围也有影响，主要有以下 4 个方面。

#### 6.6.2.1 温度

$K_a^\ominus$ 是温度的函数。指示剂的理论变色范围为 $pK_a^\ominus \pm 1$，温度改变时，指示剂的解离常数 $K_a^\ominus$(HIn)将有所改变，因而指示剂的变色范围也随之发生改变。例如，18 ℃时，甲基橙的变色范围为 3.1~4.4，而 100 ℃时则为 2.5~3.7。在实际工作中，应该注意指示剂的使用的温度条件，以免因温度不同而引起的误差。

#### 6.6.2.2 指示剂的用量

在滴定分析过程中，指示剂用量对酸碱滴定的影响主要有两方面：一方面，是由于指示剂本身就是弱酸或弱碱，用量过多，则会消耗或替代滴定剂，从而引起滴定误差；另一方面，对双色指示剂来说，指示剂用量过多，溶液颜色太深，酸式色和碱式色互相掩盖，色调变化不明显，会使终点颜色变化不易判断；对于单色指示剂而言，指示剂用量过多则会改变其变色范围。下面以酚酞为例，讨论指示剂用量对其变色范围的影响。

酚酞(以 HIn 表示)在水溶液中存在的解离平衡可表示为

$$\underset{\text{无色}}{\mathrm{HIn}} \xrightleftharpoons{K_a^\ominus(\mathrm{HIn})} \mathrm{H^+} + \underset{\text{红色}}{\mathrm{In^-}} \qquad K_a^\ominus = \frac{[\mathrm{H^+}][\mathrm{In^-}]}{[\mathrm{HIn}]}$$

设指示剂的总浓度为 $c$，假定人眼观察红色形式酚酞的最低浓度为 $c'$，对于同一个人，它是固定不变的，由指示剂的解离平衡式可得

$$[\mathrm{H^+}] = \frac{[\mathrm{HIn}]K_a^\ominus}{[\mathrm{In^-}]} = \frac{c-c'}{c'} \cdot K_a^\ominus$$

若加入指示剂总量增大，$c$ 增大，则$[H^+]$相应地增大，说明酚酞会在较低的 pH 值时变色，即指示剂的变色范围向 pH 值偏低的方向移动。例如，在 50~100 mL 溶液中加 2~3 滴 0.1% 酚酞，pH≈9 时变色(红色)，而加 10~15 滴酚酞时 pH 值在 8 左右溶液就出现红色。

#### 6.6.2.3 溶剂

溶剂对指示剂的变色范围也有影响。因为溶剂不同，指示剂的解离常数 $K_a^\ominus$ 不同，其理论变色点 $pK_a^\ominus$ 也就不同。如甲基橙在水溶液中 $pK_a^\ominus = 3.4$，而在甲醇中则为 $pK_a^\ominus = 3.8$。

#### 6.6.2.4 离子强度

指示剂颜色的变化，受溶液中 $H^+$活度的影响。溶液的离子强度改变必然会影响指示剂的解离常数，从而影响其变色范围。此外，某些电解质具有吸收不同波长光波的性质，也会改变指示剂颜色的深度和色调。所以，在滴定过程中不宜有大量盐类存在。

在实际应用中，指示剂的变色范围越窄越好。这样，滴定至化学计量点附近时，溶液的 pH 值稍有改变，就能引起指示剂颜色的变化，有利于提高测定的准确度。

### 6.6.3 混合酸碱指示剂

表 6-1 所列常用酸碱指示剂都是单一组分的指示剂，它们的变色范围一般都较宽，并且双色指示剂在变色过程中会有过渡颜色，使终点变色不够敏锐。在酸碱滴定中，有时又需要将终点限制在很窄的 pH 值范围内，这时就可以采用混合指示剂(mixed indicator)。

混合指示剂配制的方法有两种：一种是由两种或两种以上的单一指示剂按一定比例混合而成，利用颜色互补的原理，使变色更加敏锐；另一种是由某种指示剂和一种惰性染料(不

随溶液 pH 值变化而改变颜色)按一定比例混合而成，其作用原理也是利用颜色的互补作用来提高颜色变化的敏锐性，使终点观察更加明显。

例如，将甲基红和溴甲酚绿按 1∶3 的比例混合，颜色变化情况如下：

| 指示剂 | 酸式色 | 过渡色 | 碱式色 | 变色点 |
|---|---|---|---|---|
| 甲基红 | 红色 | 橙红色 | 黄色 | 5.2 |
| + 溴甲酚绿 | 黄色 | 绿色 | 蓝色 | 4.9 |
| 混合指示剂 | 酒红 | 浅灰色 | 绿色 | 5.1 |

甲基红的酸式色为红色，碱式色为黄色；溴甲酚绿的酸式色为黄色，碱式色为蓝色。它们混合后，由于共同作用的结果，使溶液的酸式色显酒红色(红+黄)，碱式色显绿色(黄+蓝)。而在 pH=5.1 时，甲基红的酸式型体较多，呈橙红色；溴甲酚绿的碱式型体较多，呈绿色，此两种颜色互补，而呈现出灰色；指示剂的颜色在此时发生突变，非常敏锐，易于辨别，并且，变色范围变窄。

又如，将甲基橙(酸式色为红色，碱式色为黄色)和惰性染料靛蓝按一定比例混合后，酸式色呈紫色(红+蓝)，碱式色呈绿色(黄+蓝)，过渡中都是灰色，与甲基橙的由黄到红变化相比较，颜色变化更加敏锐，利于终点的观察。

综上所述，混合指示剂具有变色范围窄、变色明显等优点。几种常用的混合指示剂列于表 6-2 中。

**表 6-2 常用酸碱混合指示剂**

| 指示剂溶液的组成 | 变色点 pH 值 | 颜色 | | 备注 |
|---|---|---|---|---|
| | | 酸色 | 碱色 | |
| 1 份 0.1%甲基黄乙醇溶液<br>1 份 0.1%次甲基蓝乙醇溶液 | 3.25 | 蓝紫 | 绿 | pH=3.2 蓝紫色，pH=3.4 绿色 |
| 1 份 0.1%甲基橙水溶液<br>1 份 0.25%靛蓝二磺酸钠水溶液 | 4.1 | 紫 | 黄绿 | pH=4.1 灰色 |
| 1 份 0.2%甲基橙水溶液<br>1 份 0.1%溴甲酚绿钠盐水溶液 | 4.3 | 橙 | 蓝绿 | pH=3.5 黄色，pH=4.05 绿色，pH=4.3 浅绿 |
| 1 份 0.2%甲基红乙醇溶液<br>3 份 0.1%溴甲酚绿乙醇溶液 | 5.1 | 酒红 | 绿 | pH=5.1 灰色 |
| 1 份 0.1%溴甲酚绿钠盐水溶液<br>1 份 0.1%氯酚红钠盐水溶液 | 6.1 | 黄绿 | 蓝紫 | pH=5.4 蓝绿色，pH=5.8 蓝色，pH=6.0 蓝带紫，pH=6.2 蓝紫 |
| 1 份 0.1%中性红乙醇溶液<br>1 份 0.1%次甲基蓝乙醇溶液 | 7.0 | 蓝紫 | 绿 | pH=7.0 紫蓝 |
| 1 份 0.1%甲酚红钠盐水溶液<br>3 份 0.1%百里酚蓝钠盐水溶液 | 8.3 | 黄 | 紫 | pH=8.2 玫瑰红，pH=8.4 清晰的紫色 |
| 1 份 0.1%百里酚蓝乙醇(50%)溶液<br>3 份 0.1%酚酞乙醇(50%)溶液 | 9.0 | 黄 | 紫 | 从黄到绿再到紫 |
| 1 份 0.1%酚酞乙醇溶液<br>1 份 0.1%百里酚酞乙醇溶液 | 9.9 | 无 | 紫 | pH=9.6 玫瑰红，pH=10 紫色 |
| 2 份 0.1%百里酚酞乙醇溶液<br>1 份 0.1%茜素黄乙醇溶液 | 10.2 | 黄 | 紫 | |

## 6.7　酸碱滴定原理及指示剂选择(Principle of Acid-Base Titration and Selection of Indicator)

酸碱滴定的终点，通常借助指示剂的颜色变化来确定。为了选择合适的指示剂指示滴定终点，必须了解滴定过程中溶液 pH 值的变化情况，尤其是化学计量点附近溶液 pH 值的改变。一般通过滴定曲线来反映滴定过程中溶液 pH 值的变化情况。滴定曲线，是指滴定过程中溶液的 pH 值随滴定剂加入量(或滴定的百分数)变化的关系曲线。它能很好地反映滴定过程中溶液 pH 值的变化规律。

### 6.7.1　强碱与强酸的滴定

由于强酸或强碱是强电解质，在水溶液中全部解离，酸以 $H^+$形式存在，碱以 $OH^-$形式存在，因此，滴定时的基本反应为

$$H^+ + OH^- \longequal H_2O$$

现以 0.100 0 mol · L$^{-1}$ NaOH 溶液滴定 20.00 mL 0.100 0 mol · L$^{-1}$ HCl 溶液为例，计算滴定过程中溶液 pH 值的变化情况，讨论强酸强碱相互滴定时的滴定曲线和指示剂的选择。整个滴定过程可分为 4 个阶段。

(1)滴定前。由于 HCl 全部解离，溶液的酸度就等于 HCl 的原始浓度。即

$$[H^+] = 0.100\,0 \text{ mol} \cdot L^{-1}$$

$$pH = 1.00$$

(2)滴定开始至化学计量点前。溶液的酸度取决于剩余 HCl 的浓度，可由下式计算：

$$[H^+] = \frac{c(HCl)V(HCl) - c(NaOH)V(NaOH)}{V(HCl) + V(NaOH)}$$

例如，当加入 18.00 mL NaOH 标准溶液时，溶液的酸度为

$$[H^+] = \frac{0.100\,0 \times (20.00 - 18.00)}{20.00 + 18.00} = 5.26 \times 10^{-3} \text{ mol} \cdot L^{-1}$$

$$pH = 2.28$$

当加入 NaOH 标准溶液 19.98 mL 时，即滴定的相对误差为-0.1%，溶液的酸度为

$$[H^+] = \frac{0.100\,0 \times (20.00 - 19.98)}{20.00 + 19.98} = 5.00 \times 10^{-5} \text{ mol} \cdot L^{-1}$$

$$pH = 4.30$$

(3)化学计量点时。加入 20.00 mL NaOH 标准溶液时，HCl 全部被中和。此时，溶液中的 $H^+$来自于水的解离，所以

$$pH = \frac{1}{2} pK_w^\ominus = 7.00$$

(4)化学计量点以后。溶液的酸度取决于过量 NaOH 的浓度，即

$$[OH^-] = \frac{c(NaOH)V(NaOH) - c(HCl)V(HCl)}{V(HCl) + V(NaOH)}$$

例如，当加入 NaOH 标准溶液 20.02 mL 时，即滴定的相对误差为+0.1%，溶液的酸度为

$$[OH^-]=\frac{0.1000\times(20.02-20.00)}{20.02+20.00}=5.00\times10^{-5}\ mol\cdot L^{-1}$$

$$pOH = 4.30$$

$$pH=pK_w^{\ominus}-pOH = 14.00-4.30 = 9.70$$

用类似的方法可逐一计算出滴定过程中各阶段溶液的 pH 值，结果见表 6-3 所列。如果以 NaOH 的加入量(或滴定百分数)为横坐标，对应的溶液 pH 值为纵坐标作图，就得到如图 6-3 所示的滴定曲线。

**表 6-3　强碱(NaOH)滴定同浓度的强酸(HCl)时溶液 pH 值的变化**

| 加入 NaOH 的体积 /mL | HCl 被滴定的百分数 /% | 剩余 HCl 的体积 /mL | 过量 NaOH 的体积 /mL | 溶液的 pH 值 $c(HCl)/(mol\cdot L^{-1})$ 0.1000 | 0.01000 | 1.000 |
|---|---|---|---|---|---|---|
| 0.00 | 0.00 | 20.00 | | 1.00 | 2.00 | 0.00 |
| 18.00 | 90.00 | 2.00 | | 2.28 | 3.28 | 1.28 |
| 19.50 | 97.50 | 0.50 | | 2.90 | 3.90 | 1.90 |
| 19.80 | 99.00 | 0.20 | | 3.30 | 4.30 | 2.30 |
| 19.96 | 99.80 | 0.04 | | 4.00 | 5.00 | 3.00 |
| 19.98 | 99.90 | 0.02 | | 4.30 }突跃范围 | 5.30 }突跃范围 | 3.30 }突跃范围 |
| 20.00 | 100.0 | 0.00 | | 7.00 | 7.00 | 7.00 |
| 20.02 | 100.1 | | 0.02 | 9.70 | 8.70 | 10.70 |
| 20.04 | 100.2 | | 0.04 | 10.00 | 9.00 | 11.00 |
| 20.20 | 101.0 | | 0.20 | 10.70 | 9.70 | 11.70 |
| 22.00 | 110.0 | | 2.00 | 11.70 | 10.70 | 12.70 |
| 40.00 | 200.0 | | 20.0 | 12.52 | 11.52 | 13.52 |

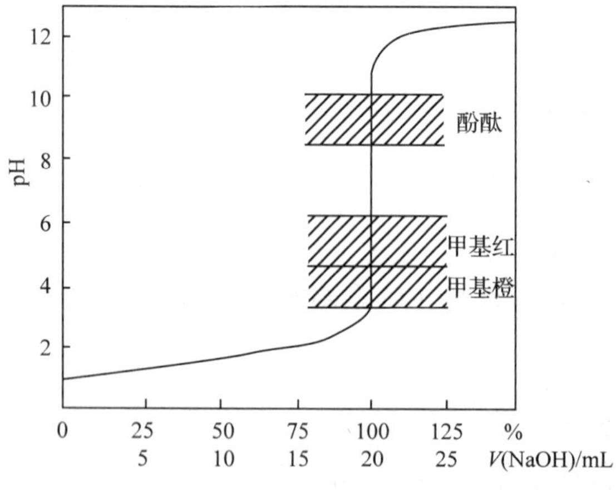


**图 6-3　0.1000 mol · L$^{-1}$ NaOH 滴定 20.00 mL 0.1000 mol · L$^{-1}$ HCl 的滴定曲线**

由表 6-3 和图 6-3 可以看出，在用 0.1000 mol · L$^{-1}$ NaOH 滴定同浓度 HCl 溶液时，从滴定开始到加入 19.98 mL NaOH 溶液(HCl 被中和了 99.9%)，溶液的 pH 值仅改变了 3.30 个单位(1.00~4.30)，这段曲线的坡度很小，比较平坦。但在化学计量点前后，由剩余 0.02 mL HCl 到过量 0.02 mL NaOH，虽然只加了 0.04 mL(约 1 滴)NaOH 溶液，但溶液的 pH 值就由 4.30 骤然增加到 9.70，改变了 5.40 个单位。从图 6-3 可以看到，曲线呈现近似垂直的一段。此后，继续加入 NaOH 溶液，则进入

强碱的缓冲区，溶液的 pH 值增加越来越小，曲线的变化趋于平坦。

酸碱滴定中，化学计量点前后±0.1%相对误差范围内溶液 pH 值的突然变化称为滴定突跃，发生突跃的 pH 值范围称为滴定突跃范围。上面讨论的 0.100 0 $mol \cdot L^{-1}$ NaOH 滴定同浓度的 HCl 的突跃范围为 4.30~9.70。

滴定突跃具有重要的实际意义，它是选择指示剂的依据。理想的指示剂应该恰好在化学计量点时变色，但这样的指示剂很难找到，其实也没有必要。实际上，只要在突跃范围内(或基本上在突跃范围以内)变色的指示剂都可以用来指示滴定终点，并且滴定误差都不超过±0.1%，符合滴定分析对准确度的要求。

根据上面 NaOH 溶液滴定 HCl 溶液的突跃范围(4.30~9.70)，依指示剂的变色范围和变色点，可选用的指示剂有甲基红(4.2~6.2)、溴百里酚蓝(6.0~7.6)、中性红(6.8~8.0)及酚酞(8.0~9.6)等，其中以甲基红和酚酞较为常用。选择酚酞，溶液终点的颜色由无色变为红色，变色明显，易于观察。若选用甲基红，化学计量点前溶液为酸性，甲基红显红色，滴定终点时溶液颜色将由红色变为橙色或黄色，色调由深至浅，由于人眼对由深色至浅色的变化观察不敏感，因此在实际工作中不宜选用。而甲基橙的变色范围(3.1~4.4)几乎落在突跃范围(4.30~9.70)之外，滴定终点时溶液颜色若由红色变为橙色，溶液的 pH 值约为 4，这时未中和的 HCl 为 0.04 mL，占总量的 0.2%，滴定误差为-0.2%。若滴定到甲基橙显黄色时溶液的 pH 值约为 4.4，这时未中和的 HCl 不到其总量的 0.1%，准确度虽然符合滴定分析的要求，但因其颜色变化是由深至浅，不易辨别，故也不宜选用。

综上所述，指示剂选择的原则是：变色范围全部或部分落在滴定突跃范围内，只要在突跃范围内变色即可。实际使用时，还应遵从由无色到有色，由浅色到深色的原则。

强酸滴定强碱时，情况相似。如 0.100 0 $mol \cdot L^{-1}$ HCl 滴定同浓度的 NaOH，滴定曲线的形状与图 6-3 相同，但 pH 值的变化方向相反。滴定的突跃范围为 9.70~4.30，可以用甲基红作指示剂，终点时溶液由黄色变为红色。酚酞的变色范围虽然也适合，但由于是由有色变为无色，故不宜选用。而若用甲基橙作指示剂，即便是由黄色滴定到溶液刚刚呈现橙色，溶液的 pH 值约为 4，HCl 已经过量了，此时约有+0.2%的误差，故不宜选用。

必须指出，滴定突跃范围的大小与酸碱溶液的浓度有关。若以 1.000 $mol \cdot L^{-1}$ NaOH 溶液滴定同浓度的 HCl 溶液时，突跃范围为 3.30~10.70。若以 0.010 00 $mol \cdot L^{-1}$ NaOH 溶液滴定同浓度的 HCl 溶液，突跃范围为 5.30~8.70，如图 6-4 所示。酸碱的浓度越大，突跃范围就越大；浓度越小，突跃范围也越小。从表 6-3 和图 6-4 可知，当酸(碱)的浓度增大 10 倍时，突跃范围就增加 2 个 pH 值单位；反之，若浓度减小 10 倍时，则突跃范围就相应缩小 2 个 pH 值单位。滴定分析中，酸碱溶液的浓度不宜过大或过小。当浓度太小时，由于 pH 值突跃不明显，不易找到合适的指示剂。当溶液浓度过大时，虽然突跃范围增大，可供选择的指示剂多，但试样取样量太多，试剂消耗量也随之增加。因此，通常酸碱滴定所采用的标准溶液浓度为 0.01~0.1 $mol \cdot L^{-1}$。

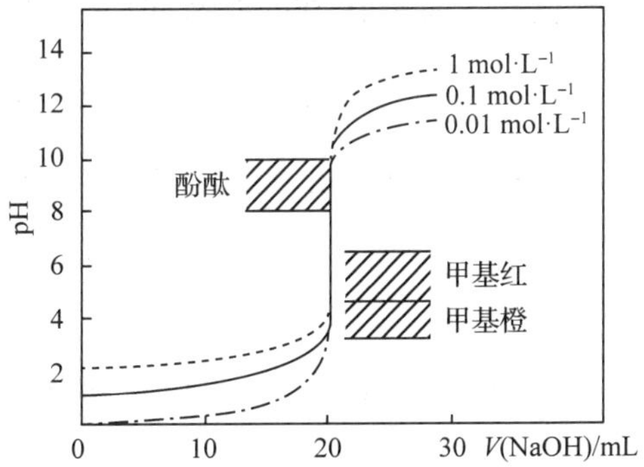


**图 6-4　不同浓度 NaOH 滴定相应浓度 HCl 时的滴定曲线**

## 6.7.2 强碱(酸)滴定一元弱酸(碱)

### 6.7.2.1 强碱滴定一元弱酸

强碱滴定一元弱酸的滴定反应可表示为

$$OH^- + HA \longrightarrow H_2O + A^-$$

现以 0.100 0 mol·L$^{-1}$ NaOH 溶液滴定 20.00 mL 同浓度的 HAc 溶液为例，讨论强碱滴定一元弱酸的滴定曲线及指示剂的选择。同样分四个阶段进行讨论。

(1)滴定前。溶液是 0.100 0 mol·L$^{-1}$ HAc，其 $K_a^\ominus = 1.8\times10^{-5}$，由于$\frac{c}{K_a^\ominus}>500$，$K_a^\ominus c > 20K_w^\ominus$，所以溶液的 pH 值可用最简式计算：

$$[H^+] = \sqrt{K_a^\ominus c} = \sqrt{1.8\times10^{-5}\times0.100\ 0} = 1.34\times10^{-3}\ mol\cdot L^{-1}$$

$$pH = 2.89$$

(2)滴定开始至化学计量点前。滴加的 NaOH 与 HAc 作用生成 NaAc，同时，溶液中还有剩余的 HAc，所以，这个阶段溶液为 HAc 和 NaAc 的混合溶液，两者形成酸碱共轭体系，即 HAc-Ac$^-$缓冲体系，故溶液的 pH 值可按缓冲溶液 H$^+$浓度的最简式进行计算：

$$[H^+] = K_a^\ominus \frac{c(HAc)}{c(Ac^-)}, \quad pH = pK_a^\ominus + \lg\frac{c(Ac^-)}{c(HAc)}$$

通过 NaOH 的加入量 $V(NaOH)$，就可以确定 $c(HAc)$和 $c(Ac^-)$，进而计算 pH 值。

如果滴定百分率(滴定百分数)为 p，方便起见，可将 $c(HAc)$、$c(Ac^-)$ 用 p 来表示，即

$$c(Ac^-) = \frac{pV_c}{V_{总}}, \quad c(HAc) = \frac{(1-p)V_c}{V_{总}}$$

式中，$c$、$V$ 为弱酸的原始浓度和体积；$V_{总}$ 为加入 NaOH 后溶液的总体积。

故

$$\frac{c(Ac^-)}{c(HAc)} = \frac{p}{1-p}$$

$$pH = pK_a^\ominus + \lg\frac{c(Ac^-)}{c(HAc)} = pK_a + \lg\frac{p}{1-p}$$

用上式就可方便地计算化学计量点前溶液的 pH 值。

例如，加入 18.00 mL NaOH 溶液时(即 p=90%)

$$pH = 4.74 + \lg\frac{90\%}{10\%} = 5.69$$

当加入 19.98 mL NaOH 溶液时(即 $p$=99.9%)

$$pH = 4.74 + \lg\frac{99.9\%}{0.1\%} = 7.74$$

(3)化学计量点时。HAc 全部被中和生成 NaAc 溶液。Ac$^-$为一元弱碱，$K_b^\ominus = \frac{K_w^\ominus}{K_a^\ominus} = \frac{1.0\times10^{-14}}{1.8\times10^{-5}} = 5.5\times10^{-10}$，其浓度为

$$c(Ac^-)=0.1000\times\frac{20.00}{40.00}=0.05000\ mol\cdot L^{-1}$$

由于$\frac{c}{K_b^\ominus}\geqslant500$；$K_b^\ominus c\geqslant20K_w^\ominus$，故计量点时溶液 pH 值按最简式计算：

$$[OH^-]=\sqrt{K_b^\ominus c}=\sqrt{5.5\times10^{-10}\times0.05000}=5.3\times10^{-6}\ mol\cdot L^{-1}$$

$$pOH=5.28$$

$$pH=pK_w^\ominus-pOH=14.00-5.28=8.72$$

(4)化学计量点后。此时，溶液中除了中和产物 NaAc 外，还有过量的 NaOH，由于 NaAc 的碱性比较弱，且过量 NaOH 的存在还会抑制 $Ac^-$的解离，因此溶液的 pH 值由过量的 NaOH 决定。此阶段，溶液 pH 值计算方法与强碱滴定强酸时相同。例如，当加入 20.02 mL NaOH 溶液时，溶液的 pH 值为

$$[OH^-]=\frac{0.1000\times(20.02-20.00)}{20.02+20.00}=5.00\times10^{-5}\ mol\cdot L^{-1}$$

$$pOH=4.30$$

$$pH=pK_w^\ominus-pOH=14.00-4.30=9.70$$

如此逐一计算，可以得到不同 NaOH 加入量时相对应的溶液 pH 值，结果列于表 6-4，并可绘制出如图 6-5 所示的滴定曲线。

**表 6-4　0.100 0 mol · $L^{-1}$ NaOH 滴定 20.00 mL 同浓度 HAc 时 pH 值的变化**

| 加入 NaOH 的体积 /mL | HAc 被滴定的百分数 /% | 剩余 HAc 的体积 /mL | 过量 NaOH 的体积 /mL | 溶液组成 | pH 值 |
|---|---|---|---|---|---|
| 0.00 | 0.00 | 20.00 | | HAc | 2.87 |
| 10.00 | 50.00 | 10.00 | | HAc+NaAc | 4.75 |
| 18.00 | 90.00 | 2.00 | | HAc+NaAc | 5.69 |
| 19.80 | 99.00 | 0.20 | | HAc+NaAc | 6.74 |
| 19.98 | 99.90 | 0.02 | | HAc+NaAc | 7.74（突跃范围） |
| 20.00 | 100.0 | 0.00 | | NaAc | 8.72（突跃范围） |
| 20.02 | 100.1 | | 0.02 | NaAc+NaOH | 9.70（突跃范围） |
| 20.20 | 101.0 | | 0.20 | NaAc+NaOH | 10.70 |
| 22.00 | 110.0 | | 2.00 | NaAc+NaOH | 11.70 |
| 40.00 | 200.0 | | 20.00 | NaAc+NaOH | 12.52 |

图 6-5 同时绘出了 0.100 0 mol · $L^{-1}$ NaOH 溶液滴定同浓度强酸的滴定曲线。两相比较，可以看出强碱滴定一元弱酸的特点：

① 化学计量点时，pH>7。由于化学计量点时体系为一元弱碱(NaAc)溶液，其解离后产生相当数量的 $OH^-$，因而使化学计量点的 pH 值偏碱性。

② 滴定曲线与强碱滴定强酸的滴定曲线形状不完全相同。滴定前，由于弱酸溶液的 pH 值大于同浓度的强酸，故滴定曲线的起点 pH 值较高；滴定开始后，由于生成 $Ac^-$的同离子效应，抑制了 HAc 的解离，溶液中的 $H^+$浓度降低较快，pH 值很快增大，滴定曲线比滴定

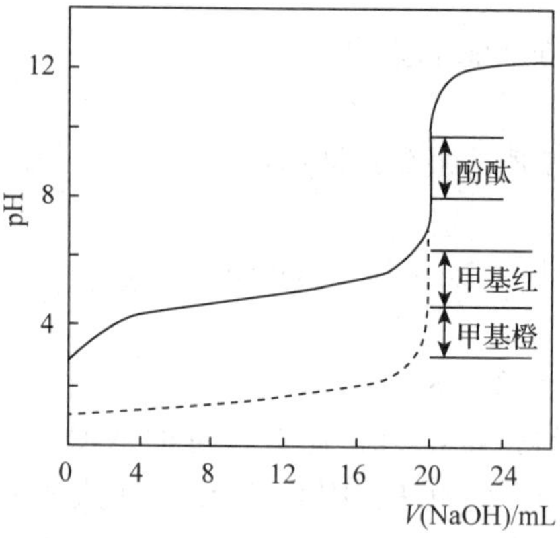


图 6-5　0.100 0 mol · L$^{-1}$ NaOH 滴定 20.00 mL 0.100 0 mol · L$^{-1}$ HAc 的滴定曲线

强酸的较陡；随着滴定的进行，HAc 的浓度不断降低，而 NaAc 的浓度逐渐增大，在溶液中构成缓冲体系，从而使得溶液的 pH 值增加缓慢，因此，曲线变得较为平缓；接近化学计量点时，由于溶液中的 HAc 已很少，溶液的缓冲能力减弱，所以继续滴入 NaOH，溶液 pH 值的变化速度又逐渐加快；到化学计量点时，由于 HAc 的浓度急剧减小，溶液失去缓冲能力，曲线变得陡直，出现 pH 值突跃；化学计量点后，溶液为 NaAc 和 NaOH 的混合溶液，由于溶液的 pH 值取决于过量的 NaOH，滴定曲线与 NaOH 滴定 HCl 的曲线基本重合。

③ 滴定的突跃范围变小。强碱滴定一元弱酸，由于滴定反应的完全程度较小，故滴定的突跃范围比滴定同浓度强酸的要小。从表 6-4 可以看出，本例中，0.100 0 mol · L$^{-1}$ NaOH 滴定 20.00 mL 同浓度的 HAc 的 pH 值突跃范围为 7.74~9.70，不到 2 个 pH 值单位，而滴定同浓度强酸的突跃则为 5.4 个 pH 值单位。因此，可用弱碱性范围内变色的指示剂(如酚酞、百里酚酞等)指示终点，而甲基橙、甲基红等在酸性范围内变色的指示剂，都不能用作 NaOH 滴定 HAc 的指示剂，否则将引起很大的终点误差。

强碱滴定一元弱酸，反应的完全程度不仅与浓度有关，更与被滴弱酸的酸性强弱有关，因此，滴定突跃范围的大小明显与被滴弱酸的强弱有关。根据突跃范围的定义，当终点误差为-0.1%时，突跃起点的溶液 pH 值为

$$\mathrm{pH} = \mathrm{p}K_a^\ominus + \lg\frac{\mathrm{p}}{1-\mathrm{p}} = \mathrm{p}K_a^\ominus + \lg\frac{99.9\%}{0.1\%} = \mathrm{p}K_a^\ominus + 3$$

可见，突跃开始时的 pH 值取决于 p$K_a^\ominus$ 的大小。图 6-6 表示浓度均为 0.100 0 mol · L$^{-1}$ 的不同强度的一元弱酸被同浓度的 NaOH 滴定时的滴定曲线。由图可见，被滴定的酸越弱，即 $K_a^\ominus$ 越小，突越起点的 pH 值就越大，突跃范围也就越小。当酸的浓度为 0.1 mol · L$^{-1}$，$K_a^\ominus \leqslant 10^{-9}$ 时已无明显的突跃。

综上所述，与强碱滴定强酸不同的是，强碱滴定弱酸的突跃范围除了与溶液的浓度有关外，还与弱酸的强度有关。当 $K_a^\ominus$ 一定时，浓度越大，突跃范围越大；浓度一定时，$K_a^\ominus$ 越大，突跃范围越大。当弱酸的 $K_a^\ominus$ 很小，或酸的浓度 $c$ 很小，即 $c$ 和 $K_a^\ominus$ 的乘积小到一定程度时，突跃过小，就不能用指示剂法进行准确滴定了。

实践证明，滴定的 pH 值突跃必须在 0.2 个单位以上，人眼才能借助指示剂准确判断终点(此时滴定误差 ≤ ±0.1%)。只有当弱酸的 $cK_a^\ominus \geqslant 10^{-8}$ 时，滴定的 pH 值突跃(ΔpH)才会在 0.2 个单位以上。

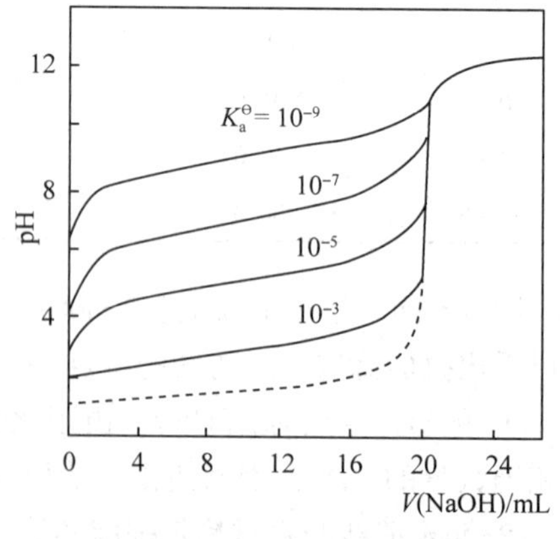


图 6-6　0.100 0 mol · L$^{-1}$ NaOH 滴定同浓度的各种强度酸的滴定曲线

因此，通常把 $cK_a^\ominus \geq 10^{-8}$ 作为判断弱酸能够被强碱准确滴定的依据。

对于 $cK_a^\ominus < 10^{-8}$ 的弱酸，虽然不能用指示剂准确指示滴定终点，但并不是说绝对不能被滴定，这时可选用别的滴定方式来进行测定，如返滴定、置换滴定等，或仪器检测终点以及非水滴定等。

### 6.7.2.2 强酸滴定一元弱碱

强酸滴定一元弱碱的基本反应可表示为

$$H^+ + A^- \Longrightarrow HA$$

例如，以 0.100 0 $mol \cdot L^{-1}$ HCl 溶液滴定 20.00 mL 同浓度的 $NH_3 \cdot H_2O$ 溶液，其滴定反应为

$$H^+ + NH_3 \Longrightarrow NH_4^+$$

滴定过程中溶液 pH 值的计算和强碱滴定弱酸类似，表 6-5 列出了 pH 值计算方法和结果。

**表 6-5 0.100 0 $mol \cdot L^{-1}$ HCl 滴定 20.00 mL 同浓度 $NH_3 \cdot H_2O$ 时 pH 值的变化**

| 加入 HCl 溶液体积/mL | $NH_3$ 被滴定的百分数/% | 溶液组成 | 计算式 | pH 值 |
| --- | --- | --- | --- | --- |
| 0.00 | 0.00 | $NH_3$ | $[OH^-]=\sqrt{K_b^\ominus c}$ | 11.13 |
| 10.00 | 50.00 | $NH_3-NH_4^+$ | $[OH^-]=K_b^\ominus \cdot \dfrac{c(NH_3)}{c(NH_4^+)}$ | 9.25 |
| 18.00 | 90.00 | | | 8.30 |
| 19.80 | 99.00 | | | 7.27 |
| 19.98 | 99.90 | | | 6.25（突跃范围） |
| 20.00 | 100.0 | $NH_4^+$ | $[H^+]=\sqrt{K_a^\ominus c}$ | 5.28（突跃范围） |
| 20.02 | 100.1 | $NH_4^+ + H^+$ | $[H^+]=c(HCl)$ | 4.30（突跃范围） |
| 20.20 | 101.0 | | | 3.30 |
| 22.00 | 110.0 | | | 2.30 |
| 40.00 | 200.0 | | | 1.30 |

依据表 6-5 的计算结果可绘制出该滴定的滴定曲线(图 6-7)。与 NaOH 滴定 HAc 的滴定曲线相比较，可以看出，两者十分相似，但 pH 值的变化方向相反。由于反应产物是 $NH_4^+$，为一元弱酸，所以化学计量点时溶液呈酸性，滴定的突跃发生在酸性范围内(6.25~4.30)，应选择在酸性范围内变色的指示剂，如甲基红等可作为该滴定的指示剂，而如果用甲基橙作指示剂，即便是由黄色滴定到橙色，HCl 也已过量，故不宜选用。

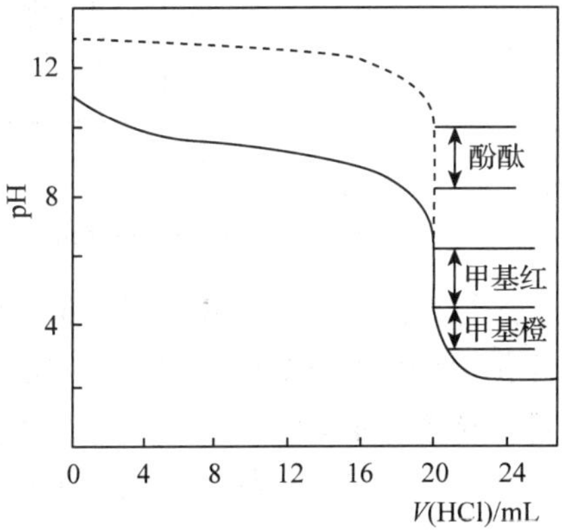


**图 6-7 0.100 0 $mol \cdot L^{-1}$ HCl 滴定 20.00 mL 0.100 0 $mol \cdot L^{-1}$ $NH_3$ 的滴定曲线**

同弱酸的滴定一样，弱碱的碱性的强度($K_b^\ominus$)和浓度($c$)也会影响其滴定突跃的大小。碱性太弱或浓度太低的弱碱将不能用指示剂法准确确定其

滴定终点，判断一元弱碱能否用指示剂法直接准确滴定的判断依据是：

$$cK_b^\ominus \geqslant 10^{-8}$$

从以上讨论可知，用强碱滴定弱酸时，在酸性范围内没有突跃；用强酸滴定弱碱时，在碱性范围内没有突跃。因此，弱酸与弱碱相互滴定时，突跃消失，不能用指示剂来确定终点。因此，酸碱滴定法中，一般都用强酸或强碱作为标准溶液。

## 6.7.3 多元酸（碱）的滴定

常见的多元酸(碱)多为弱酸(碱)，可以解离出一个以上的 $H^+(OH^-)$，它们在水溶液中是分步解离的。在多元酸(碱)滴定过程中，溶液 pH 值的变化情况较一元弱酸(碱)的滴定复杂的多。在滴定过程中，需要解决的问题有：能否分步进行滴定？若能，每一级解离的 $H^+(OH^-)$能否被准确滴定？能形成几个滴定突跃？如何选择指示剂来确定滴定终点？

### 6.7.3.1 多元酸的滴定

下面以 0.100 0 mol · L$^{-1}$ NaOH 溶液滴定同浓度 $H_3PO_4$ 为例，讨论多元酸的滴定过程。$H_3PO_4$ 各级解离分别为

$$H_3PO_4 \rightleftharpoons H^+ + H_2PO_4^- \qquad K_{a_1}^\ominus = 7.6\times10^{-3}$$

$$H_2PO_4^- \rightleftharpoons H^+ + HPO_4^{2-} \qquad K_{a_2}^\ominus = 6.3\times10^{-8}$$

$$HPO_4^{2-} \rightleftharpoons H^+ + PO_4^{3-} \qquad K_{a_3}^\ominus = 4.4\times10^{-13}$$

由于 $cK_{a_1}^\ominus > 10^{-8}$，$cK_{a_2}^\ominus \approx 10^{-8}$，$cK_{a_3}^\ominus < 10^{-8}$，所以，在滴定过程中，首先 $H_3PO_4$ 被中和，生成 $H_2PO_4^-$，出现第一个化学计量点；然后，$H_2PO_4^-$ 继续被中和，生成 $HPO_4^{2-}$，出现第二个化学计量点；由于 $K_{a_3}^\ominus$ 过小，$HPO_4^{2-}$ 的不能被直接滴定。滴定曲线如图 6-8 所示。

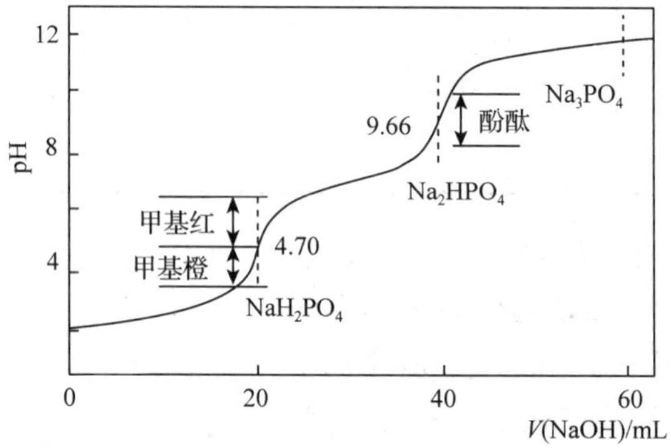


**图 6-8 0.100 0 mol · L$^{-1}$ NaOH 滴定同浓度 $H_3PO_4$ 的滴定曲线**

用计算法绘制多元酸的滴定曲线涉及比较复杂的数学处理，因此在实际工作中，通常只计算化学计量点时溶液的 pH 值，据此选择在化学计量点附近变色的指示剂来指示终点，而不计算整个滴定曲线。下面只讨论滴定过程中各化学计量点的 pH 值及指示剂的选择。

第一计量点的产物是 $NaH_2PO_4$，它是两性物质，浓度为 0.050 0 mol · L$^{-1}$。由于 $K_{a_2}^\ominus c > 20K_w^\ominus$，且 $c < 20K_{a_1}^\ominus$，故溶液的 pH 值可按式(6-29)进行计算：

$$[H^+]=\sqrt{\frac{K_{a_1}K_{a_2}c}{K_{a_1}+c}}=\sqrt{\frac{7.6\times10^{-3}\times6.3\times10^{-8}\times0.0500}{7.6\times10^{-3}+5.00\times10^{-2}}}=2.0\times10^{-5}\ \text{mol}\cdot\text{L}^{-1}$$

$$\text{pH}=4.70$$

可选用甲基红作指示剂，但由于计量点附近突跃较小，故采用甲基橙和溴甲酚绿混合指示剂，终点变色较明显。

第二计量点时，$NaH_2PO_4$ 进一步被滴定成 $Na_2HPO_4$，产物浓度为 0.033 $\text{mol}\cdot\text{L}^{-1}$。由于 $K_{a_3}^{\ominus}c<20K_{w}^{\ominus}$，且 $c>20K_{a_2}^{\ominus}$，故溶液的 pH 值可按式(6-31)进行计算：

$$[H^+]=\sqrt{\frac{K_{a_2}(K_{a_3}c+K_w)}{c}}=\sqrt{\frac{6.3\times10^{-8}(4.4\times10^{-13}\times0.033+1.0\times10^{-14})}{0.033}}$$

$$=2.2\times10^{-10}\ \text{mol}\cdot\text{L}^{-1}$$

$$\text{pH}=9.66$$

可用酚酞作指示剂，同样因为突跃不明显，故可改用酚酞和百里酚酞混合指示剂使终点变色明显。

第三计量点，由于 $K_{a_3}^{\ominus}$ 太小，说明 $Na_2HPO_4$ 的酸性太弱，故不能用 NaOH 进行直接滴定。但是如果加入 $CaCl_2$ 沉淀 $PO_4^{3-}$，则可以释放出 $H^+$，即将弱酸变为强酸，这样第三步解离也就可以用 NaOH 间接滴定了。

$$2HPO_4^{2-}+3Ca^{2+}=\!=\!=Ca_3(PO_4)_2+2H^+$$

为使 $Ca_3(PO_4)_2$ 沉淀完全，应选用酚酞作指示剂。

由上述化学计量点的计算可知，用强碱滴定多元酸时，化学计量点的 pH 值与$\frac{K_{a_1}^{\ominus}}{K_{a_2}^{\ominus}}$或$\frac{K_{a_2}^{\ominus}}{K_{a_3}^{\ominus}}$有关。所以，突跃范围也与相邻两级解离常数的比值有关。如果$\frac{K_{a_1}^{\ominus}}{K_{a_2}^{\ominus}}$过小，则第一步解离的 $H^+$还未被中和完全，第二步解离的 $H^+$就开始参加反应，将使化学计量点附近溶液的 pH 值没有明显的突跃，也就无法确定化学计量点。要保证滴定的相对误差不大于 1%（对于多元酸的滴定来说，这样的误差已基本可以满足要求），则相邻两级解离常数的比值须不小于 $10^4$，即

$$\frac{K_{a_i}^{\ominus}}{K_{a_{i+1}}^{\ominus}}\geqslant10^4$$

这是多元酸能够进行分步滴定的判断依据。

通常，对于多元酸的滴定，首先依据 $cK_{a}^{\ominus}\geqslant10^{-8}$ 的判别条件，判断每一步解离的 $H^+$能否被准确滴定；然后再看$\frac{K_{a_i}^{\ominus}}{K_{a_{i+1}}^{\ominus}}$是否大于 $10^4$，判断能否进行分步滴定。

例如，草酸的 $K_{a_1}^{\ominus}=5.9\times10^{-2}$，$K_{a_2}^{\ominus}=6.4\times10^{-5}$，由于$\frac{K_{a_1}^{\ominus}}{K_{a_2}^{\ominus}}<10^4$，因此草酸就不能准确进行分步滴定。但因其 $K_{a_1}^{\ominus}$、$K_{a_2}^{\ominus}$ 均较大，所以只要草酸浓度不是很稀，就可按二元酸一次被滴

定。应该注意的是，化学计量关系为 $n(H_2C_2O_4):n(NaOH)=1:2$。其他多元酸的滴定可依此类推。

混合酸的滴定与多元酸的滴定相似，一般将 $K_a^\ominus$ 大的酸看作为多元酸的第一步解离，将 $K_a^\ominus$ 小的酸看作为多元酸的第二步解离，依此类推。然后用处理多元酸的方法判断能不能分别滴定，能形成几个突跃，计算化学计量点，最后选择合适的指示剂。但要注意，在判断能否分别滴定时，除了考虑两种酸的强度($K_a^\ominus$)之外，还要考虑其浓度($c$)。

对于弱酸(HA)和弱酸(HA′)的混合酸，如果 $cK_a^\ominus>10^{-8}$，$c'K_a^{\ominus'}>10^{-8}$，化学计量点的 pH 值可进行如下计算：

在第一化学计量点时，如果两种酸的浓度较大且相等($c=c'$)，则溶液的 pH 值可按下式近似计算：

$$[H^+]=\sqrt{K_a^\ominus K_a^{\ominus'}}$$

$$pH=\frac{1}{2}(pK_a^\ominus+pK_a^{\ominus'})$$

第二化学计量点时，两种酸都已反应完全，体系为两种共轭碱混合溶液，可依混合碱溶液来计算 pH 值。

同样，只有当$\dfrac{K_a^\ominus}{K_a^{\ominus'}}\geqslant 10^4$ 时，才能分别滴定第一种酸或第二种酸。如果两种酸的浓度不等，则要求$\dfrac{cK_a^\ominus}{c'K_a^{\ominus'}}\geqslant 10^4$，才能准确滴定第一种酸或而不受第二种酸的干扰。当$\dfrac{cK_a^\ominus}{c'K_a^{\ominus'}}<10^4$ 时，则只能滴定混合酸的总量，而不能分别滴定。

如果是强酸与弱酸的混合酸，其中弱酸的酸性越弱，单独测定强酸的准确度越高。若弱酸的 $cK_a^\ominus<10^{-8}$，就可以单独测定强酸，而不受弱酸的干扰。若弱酸的 $cK_a^\ominus>10^{-8}$，可以分别滴定强酸或弱酸，以及总酸含量。但当 $cK_a^\ominus>10^{-4}$，则无法分别测定混合酸中的强酸和弱酸的含量，只能测定混合酸的总量。

#### 6.7.3.2 多元碱的滴定

强酸滴定多元碱的处理方法与多元酸的滴定相似，只需将有关判断依据中的 $K_a^\ominus$ 换成 $K_b^\ominus$ 即可。

例如，用 0.100 0 mol · $L^{-1}$ HCl 滴定同浓度的 20.00 mL $Na_2CO_3$ 溶液，$Na_2CO_3$ 各级解离常数分别为

$$K_{b_1}^\ominus=\frac{K_w^\ominus}{K_{a_2}^\ominus}=1.8\times10^{-4},\quad K_{b_2}^\ominus=\frac{K_w^\ominus}{K_{a_1}^\ominus}=2.4\times10^{-8}$$

由于 $cK_{b_1}^\ominus>10^{-8}$，$cK_{b_2}^\ominus\approx10^{-8}$，$\dfrac{K_{b_1}^\ominus}{K_{b_2}^\ominus}=0.75\times10^4\approx10^4$，所以只能勉强进行分步滴定。若实际工作中允许有较大的误差，需要进行分步滴定，则可以从理论角度通过计算其化学计量点，并选择指示剂。滴定时，首先与 $CO_3^{2-}$ 反应生成 $HCO_3^-$，到达第一化学计量点，由于 $HCO_3^-$ 的缓冲作用，使得滴定突跃不明显，因而滴定准确度不高；然后，$HCO_3^-$ 继续反应，

生成 $H_2CO_3$，到第二个化学计量点，由于 $K_{b_2}^{\ominus}$ 较小，故滴定也不够理想。

第一计量点的产物为 $NaHCO_3$，根据两性物质 pH 值计算公式的使用条件，此时溶液的 pH 值可按最简式进行计算。即

$$[H^+]=\sqrt{K_{a_1}^{\ominus}K_{a_2}^{\ominus}}$$

$$pH=\frac{1}{2}(pK_{a_1}^{\ominus}+pK_{a_2}^{\ominus})=\frac{1}{2}(6.38+10.25)=8.32$$

一般可选用酚酞作指示剂。但由于 $\frac{K_{b_1}^{\ominus}}{K_{b_2}^{\ominus}}\approx 10^4$，突跃不明显，再加上终点时酚酞由红色变为无色，观察的敏锐度不高，故终点误差可达±2.5%左右。为了准确判断第一终点，可用混合指示剂，如用甲酚红-百里酚蓝混合指示剂，终点由紫色(pH = 8.4)变为粉红色(pH = 8.2)，效果较好，相对误差约为 0.5%。

第二计量点的滴定产物为 $H_2CO_3(CO_2+H_2O)$。由于 $K_{b_2}^{\ominus}$ 不够大，故突跃也不太明显。在室温下，$H_2CO_3$ 饱和溶液的浓度约为 0.04 mol · L$^{-1}$。由于 $\frac{c}{K_{a_1}^{\ominus}}\geqslant 500$；$K_{a_1}^{\ominus}c\geqslant 20K_w^{\ominus}$，故溶液的 pH 值为

$$[H^+]=\sqrt{K_{a_1}^{\ominus}c}=\sqrt{4.2\times10^{-7}\times0.04}=1.3\times10^{-4}\ \text{mol}\cdot\text{L}^{-1}$$

$$pH=3.9$$

可用甲基橙作指示剂。但由于此时容易形成 $CO_2$ 的过饱和溶液，滴定过程中生成的 $H_2CO_3$ 只能慢慢地转变为 $CO_2$，这样就使溶液的酸度稍稍增大，终点过早出现。因此，在滴定快到化学计量点时，应剧烈地摇动溶液，以加快 $H_2CO_3$ 的分解，最好加热除去过量 $CO_2$，冷却后再继续滴定。

HCl 滴定 $Na_2CO_3$ 的滴定曲线如图 6-9 所示。

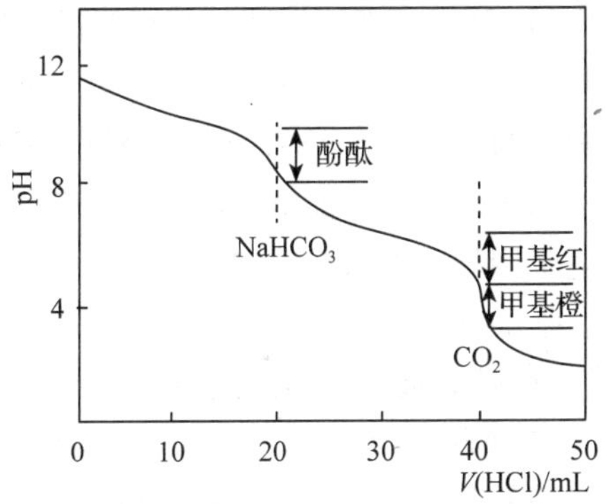


**图 6-9　0.100 0 mol · L$^{-1}$ HCl 滴定同浓度的 20.00 mL $Na_2CO_3$ 的滴定曲线**

混合碱的滴定与混合酸基本相同，不再赘述。

**【例 6.25】** 以 0.10 mol · L$^{-1}$ NaOH 溶液滴定 0.20 mol · L$^{-1}$ $NH_4Cl$ 和 0.10 mol · L$^{-1}$ 二氯乙酸的混合溶液，判断是否可以进行分别滴定或者测定总酸含量？如可以，化学计量点时溶液的 pH 值为多少？

**解**：已知 $CHCl_2COOH$(HA) 的 $K_{HA}^{\ominus}=5.0\times10^{-2}$，$NH_4Cl$ 的 $K_{NH_4^+}^{\ominus}=5.6\times10^{-10}$

因为 $c(HA)K_{HA}^{\ominus}>10^{-8}$，且 $\frac{c(HA)K_{HA}^{\ominus}}{c(NH_4^+)K_{NH_4^+}^{\ominus}}=\frac{0.100\times5.0\times10^{-2}}{0.20\times5.6\times10^{-10}}>10^4$，故可以滴定二氯乙酸。

化学计量点时，$c(CHCl_2COO^-)=0.05$ mol · L$^{-1}$，$c(NH_4^+)=0.10$ mol · L$^{-1}$，故

$$[H^+]=\sqrt{\frac{5.6\times10^{-10}\times0.1}{1+\frac{0.05}{5\times10^{-2}}}}=10^{-5.28}\ \text{mol}\cdot\text{L}^{-1}$$

$$pH=5.28$$

**【例 6.26】** 判断能否用 0.10 mol·$L^{-1}$NaOH 标准溶液直接滴定 $c(HCl)=0.10$ mol·$L^{-1}$ 和 $c(NH_4Cl)=0.10$ mol·$L^{-1}$ 的混合溶液中 HCl 的含量或者酸的总量，如能，计算化学计量点时溶液的 pH 值。

**解**：$NH_4Cl$ 的 $K_a^\ominus=5.6\times10^{-10}$，因为 $cK_a^\ominus<10^{-8}$，故 $NH_4^+$ 不能被准确滴定，所以也不能用 NaOH 测总酸量，但不影响 NaOH 和 HCl 的滴定，因此可测定出 HCl 的分量。化学计量点时为 $NH_4Cl$ 水溶液，$c(NH_4Cl)=0.05$ mol·$L^{-1}$。

因为 $cK_a^\ominus>20K_w^\ominus$，$c/K_a^\ominus>500$

故
$$[H^+]=\sqrt{K_a^\ominus c}=\sqrt{5.6\times10^{-10}\times0.05}=5.3\times10^{-6}$$
$$pH=5.28$$

**【例 6.27】** $c=0.1$ mol·$L^{-1}$ 的酒石酸($K_{a_1}^\ominus=9.1\times10^{-4}$，$K_{a_2}^\ominus=4.3\times10^{-5}$)，能否用 0.1 mol·$L^{-1}$NaOH 溶液滴定？如果可以，试计算计量点 pH 值，并选择适宜的指示剂。

**解**：因为 $cK_{a_1}^\ominus>10^{-8}$，$cK_{a_2}^\ominus>10^{-8}$，但 $\dfrac{K_{a_1}^\ominus}{K_{a_2}^\ominus}<10^4$，所以，不能分步滴定，可一步滴定至酒石酸钠，$c(Na_2C_4H_4O_6)=0.1/3$ mol·$L^{-1}$，计量点 pH=8.44，选酚酞作指示剂。

综合以上各种类型的滴定曲线可知，在化学计量点附近形成突跃是一切酸碱滴定的共同点。突跃范围的大小和化学计量点的位置，主要由以下因素决定：

(1)酸碱溶液的强度。酸碱的强弱滴定决定突跃范围的起点。$K_a^\ominus$ 或 $K_b^\ominus$ 越大，突跃范围的起点越低，突跃也越大。当浓度一定时，强酸强碱相互滴定时的突跃最大，而弱酸弱碱相互滴定则基本没有突跃。用强碱滴定弱酸或强酸滴定弱碱，只有当 $cK_a^\ominus\geqslant10^{-8}$ 或 $cK_b^\ominus\geqslant10^{-8}$ 时，弱酸或弱碱才能被准确滴定；而当 $cK_a^\ominus<10^{-8}$ 或 $cK_b^\ominus<10^{-8}$ 时，由于无明显突跃，一般不适于用指示剂法来确定终点。

强酸强碱相互滴定时，化学计量点为中性；强碱滴定弱酸时，化学计量点偏碱性，且 $K_a^\ominus$ 越小越向碱性偏移；强酸滴定弱碱时，化学计量点偏酸性，且 $K_b^\ominus$ 越小越偏向酸性。

(2)酸碱溶液的浓度。被滴溶液的浓度决定突跃的起点(强酸强碱滴定)，浓度越大，突跃范围的起点越低；滴定剂的浓度决定突跃的终点，浓度越大，突跃范围的终点越高。所以，浓度越大，突跃范围也就越大。

强酸强碱相互滴定时，由于及计量点 pH=7，所以其位置不受溶液浓度的影响。其他类型的滴定，化学计量点的位置都随溶液浓度的变化而有所不同。

此外，突跃范围还与溶液的温度有关。因为 $K_a^\ominus$、$K_b^\ominus$ 以及 $K_w^\ominus$ 都是温度的函数，特别是 $K_w^\ominus$随温度变化较为显著。

实际工作中，选择指示剂不一定要具体求算滴定的突跃范围，通常只要计算出化学计量点时的 pH 值，选择能在化学计量点附近变色的指示剂就可以了，对于多元酸碱的滴定更是如此。

## 6.8 酸碱滴定中 $CO_2$ 的影响(The Influence of $CO_2$ in Acid-Base Titration)

$CO_2$ 是酸碱滴定误差的重要来源。酸碱滴定中 $CO_2$ 的来源很多，如水中溶解的 $CO_2$；配制标准碱溶液的试剂吸收了 $CO_2$，或配制好的碱标准溶液在保存过程中吸收了 $CO_2$；滴定过程中溶液不断吸收空气中的 $CO_2$ 等。

酸碱滴定中，$CO_2$ 的影响是多方面的，但最主要的影响是溶液中的 $CO_2$ 有可能被碱滴定，至于滴定多少，则视终点时溶液的 pH 值而定，当然也与确定终点所选用的指示剂有关。

$CO_2$ 溶于水即 $H_2CO_3$，$H_2CO_3$ 在溶液中的解离平衡为

$$H_2CO_3 \xrightleftharpoons{pK_{a_1}^{\ominus}=6.4} H^+ + HCO_3^- \xrightleftharpoons{pK_{a_2}^{\ominus}=10.3} 2H^+ + CO_3^{2-}$$

在此平衡体系中，各种型体的份额由溶液的酸度决定。当 pH<6.4 时，溶液中 $H_2CO_3$ 为主要存在型体；pH 值为 6.4~10.3 时，主要为 $HCO_3^-$ 型体；pH>10.3 时，主要存在型体为 $CO_3^{2-}$。可见，溶液的 pH 值越低，$H_2CO_3$ 型体占的份额就越多。因而，滴定终点时溶液的 pH 越低，$CO_2$ 对滴定的影响就越小。一般来说，当滴定终点时溶液的 pH 值<5 时，$CO_2$ 的影响就可以忽略。

所以，使用酸性范围内变色的指示剂(如甲基橙、甲基红等)时，基本上可以不考虑 $CO_2$ 的影响；而使用碱性范围内变色的指示剂(如酚酞、百里酚酞等)时，应考虑和排除 $CO_2$ 的影响。因此，当滴定终点呈酸性时，应尽可能选择在酸性范围内变色的指示剂；当终点在碱性范围或近中性时，则需采取措施排除和减小 $CO_2$ 的影响，以减小误差。

可采取如下措施消除 $CO_2$ 的影响：

①配制 NaOH 溶液所用的蒸馏水，应先加热煮沸，以除去水中溶解的 $CO_2$，冷却后再用。

②尽量用不含 $Na_2CO_3$ 的 NaOH 试剂配制标准碱液，或者先配制饱和的 NaOH 溶液(约 50%)，需要时再取上层清液稀释成所需浓度。由于 $Na_2CO_3$ 在饱和 NaOH 溶液中的溶解度很小，可基本消除 $CO_2$ 的影响。

③配制的标准碱液应保存在装有虹吸管及碱石灰管的瓶中，防止吸收空气中的 $CO_2$。如放置过久，需重新标定其浓度。

④对于弱酸的滴定，因终点落在碱性范围，$CO_2$ 的影响较大。这时，可采用同一指示剂在同一条件下进行标定和测定。如此，$CO_2$ 的影响可以抵消大部分。

## 6.9 酸碱滴定法的应用(Application of Acid-Base Titration)

强酸、强碱以及 $cK_a^{\ominus} \geqslant 10^{-8}$ 的弱酸和 $cK_b^{\ominus} \geqslant 10^{-8}$ 的弱碱，均可用标准碱或酸直接进行滴定。其他酸碱，也可利用返滴法、置换滴定及间接滴定方式进行测定。所以，酸碱滴定法被广泛应用于工业、农业、医药及生命科学等领域。

### 6.9.1 酸（碱）标准溶液的配制及标定

酸碱滴定分析中常用 HCl 或 NaOH（有时也用 KOH）作为酸或碱标准溶液。酸（碱）标准溶液的浓度一般在 0.01~1 mol · $L^{-1}$。实际工作中应根据需要配制适宜浓度的标准溶液。

#### 6.9.1.1 酸标准溶液的配制和标定

市售盐酸的浓度往往不确定，且 HCl 易挥发，故常用间接法配制 HCl 标准溶液，即先配成大致所需浓度的溶液，然后用基准物质进行标定。常用来标定 HCl 的基准物质有硼砂（$Na_2B_4O_7 \cdot 10H_2O$）、无水碳酸钠等。

无水碳酸钠易制得纯品，但是易吸收空气中的水分，因此使用前应将其置于 180~200 ℃的烘箱中干燥 2~3 h，在干燥器中冷却后，保存在密闭干燥瓶中备用。称量时动作要快，以免吸收空气中的水分而引入误差。$Na_2CO_3$ 与 HCl 的标定反应为

$$Na_2CO_3 + 2HCl \longrightarrow 2NaCl + H_2CO_3$$
$$H_2CO_3 \longrightarrow CO_2\uparrow + H_2O$$

化学计量点时溶液的 pH 值约为 4，可选用甲基橙作指示剂。由于 $H_2CO_3$ 的酸性比硼酸强，加之 $CO_2$ 的影响，终点变色不太明显。

硼砂较易提纯，不易吸湿，比较稳定，摩尔质量也较大，是常用的基准物质。相比于无水碳酸钠，称量误差较小。但其在空气中易风化而失去部分结晶水，所以常保存在相对湿度为 60%的恒湿器中（装有食盐和蔗糖饱和溶液的干燥器）。硼砂与 HCl 的标定反应为

$$Na_2B_4O_7 \cdot 10H_2O + 2HCl = 2NaCl + 4H_3BO_3 + 5H_2O$$

化学计量点时，反应产物为 $H_3BO_3$（$K_a^\ominus = 5.8\times10^{-10}$），是一元弱酸，溶液的 pH = 5.1，可用甲基红作指示剂。

#### 6.9.1.2 碱标准溶液的配制和标定

NaOH 易吸收空气中的 $H_2O$ 和 $CO_2$，且固体中常含有 $Na_2CO_3$ 而影响其纯度，不符合基准物质的条件，故 NaOH 标准溶液也用间接法配制。常用来标定 NaOH 的基准物质为邻苯二甲酸氢钾（$KHC_8H_4O_4$）或草酸（$H_2C_2O_4 \cdot 2H_2O$）。

草酸在空气中特别稳定，且易得到纯品。但由于 $K_{a_1}^\ominus$ 和 $K_{a_2}^\ominus$ 相差不大，所以只能一次滴定到 $Na_2C_2O_4$ 终点。草酸与 NaOH 的标定反应为

$$H_2C_2O_4 + 2NaOH = Na_2C_2O_4 + 2H_2O$$

化学计量点时产物为 $Na_2C_2O_4$，呈碱性，pH 值突跃范围为 7.7~10.0，可选用酚酞作指示剂。

邻苯二甲酸氢钾易制得纯品，不含结晶水、不吸潮、易保存、摩尔质量大，是标定碱较理想的基准物质。标定反应为

$$KHC_8H_4O_4 + NaOH = KNaC_8H_4O_4 + H_2O$$

化学计量点时，反应产物为邻苯二甲酸钾钠，是二元弱碱。若 NaOH 浓度为 0.1 mol · $L^{-1}$，化学计量点 pH = 9.1，因此可选酚酞作指示剂。

## 6.9.2 酸碱滴定法应用实例

### 6.9.2.1 混合碱的测定

(1)双指示剂法。混合碱一般是指 NaOH、$NaHCO_3$ 及 $Na_2CO_3$3 种化合物其中两种的混合物。准确称取一定量试样，溶解后先以酚酞为指示剂，用 HCl 标准溶液滴定至红色消失，到达第一终点，记录 HCl 的用量 $V_1$。这时 NaOH 全部被中和，而 $Na_2CO_3$ 则中和到 $HCO_3^-$。然后再加入甲基橙指示剂，继续以 HCl 标准溶液滴定至溶液由黄色变成橙色，到达第二终点，记录 HCl 的用量 $V_2$。这时，中和产物为 $H_2CO_3$。整个滴定过程中消耗 HCl 的总体积为 $V_1+V_2$，可用图 6-10 表示。

根据所消耗滴定剂的体积 $V_1$ 和 $V_2$ 关系，可以定性判断试样的组成，见表 6-6 所列。

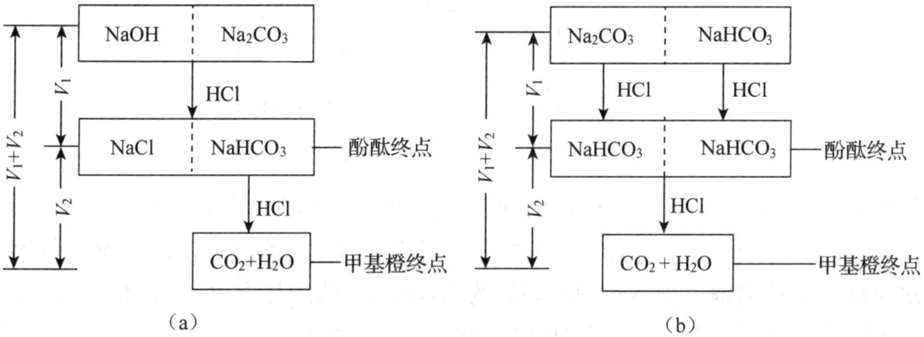


**图 6-10 混合碱的滴定示意**

(a) NaOH 和 $Na_2CO_3$；(b) $Na_2CO_3$ 和 $NaHCO_3$

**表 6-6 滴定混合碱所用 HCl 标准溶液的体积和试样组成的关系**

| $V_1$ 与 $V_2$ 的关系 | 试样组成 | 各组分物质的量 |
|---|---|---|
| $V_1>V_2>0$ | NaOH + $Na_2CO_3$ | $n(NaOH)=c(HCl)\ (V_1-V_2)$；$n(Na_2CO_3)=c(HCl)V_2$ |
| $V_2>V_1>0$ | $Na_2CO_3$+ $NaHCO_3$ | $n(Na_2CO_3)=c(HCl)V_1$；$n(NaHCO_3)=c(HCl)\ (V_2-V_1)$ |
| $V_1=V_2\neq 0$ | $Na_2CO_3$ | $c(HCl)\ V_1$ |
| $V_1>0$，$V_2=0$ | NaOH | $c(HCl)\ V_1$ |
| $V_1=0$，$V_2>0$ | $NaHCO_3$ | $c(HCl)\ V_2$ |

由表 6-6 可知，当 $V_1>V_2>0$ 时，混合碱由 $Na_2CO_3$ 和 NaOH 组成，各组分的质量分数分别为

$$\omega(NaOH)=\frac{c(HCl)(V_1-V_2)M(NaOH)}{m\times 1\ 000}$$

$$\omega(Na_2CO_3)=\frac{c(HCl)V_2M(Na_2CO_3)}{m\times 1\ 000}$$

当 $V_2>V_1>0$ 时，混合碱的组成为 $Na_2CO_3$ 和 $NaHCO_3$，各组分的质量分数为

$$\omega(Na_2CO_3)=\frac{c(HCl)V_1M(Na_2CO_3)}{m\times 1\ 000}$$

$$\omega(NaHCO_3)=\frac{c(HCl)(V_2-V_1)M(NaHCO_3)}{m\times 1\ 000}$$

式中，$m$ 为称取混合碱试样的质量(g)；$V_1$ 为滴定至酚酞终点时消耗 HCl 标准溶液的体积(mL)；$V_2$ 为由酚酞终点滴定至甲基橙终点时消耗 HCl 标准溶液的体积(mL)；$M(NaOH)$、$M(Na_2CO_3)$ 和 $M(NaHCO_3)$ 分别为 NaOH、$Na_2CO_3$ 和 $NaHCO_3$ 的摩尔质量($g \cdot mol^{-1}$)。

(2)氯化钡法。如果混合碱为 NaOH 和 $Na_2CO_3$ 混合物，准确称取一定试样，溶解后稀释至一定体积。先取一份试样溶液，以甲基橙为指示剂，用 HCl 标准溶液滴定至终点(橙色)。此时，混合碱中 NaOH 和 $Na_2CO_3$ 均被滴定，记录 HCl 的用量为 $V_1$ mL。

另取等量试样溶液，加入过量的 $BaCl_2$，使 $Na_2CO_3$ 生成 $BaCO_3$ 沉淀，然后用 HCl 标准溶液滴定 NaOH 至酚酞终点(注意不能用酸性范围内变色的指示剂甲基橙或甲基红，否则，$BaCO_3$ 可能部分溶解而产生滴定误差)，所消耗 HCl 的体积为 $V_2$ mL。试样中 NaOH 和 $Na_2CO_3$ 的质量分数计算如下：

$$\omega(NaOH)=\frac{c(HCl)V_2M(NaOH)}{m\times 1\,000}$$

$$\omega(Na_2CO_3)=\frac{\frac{1}{2}c(HCl)(V_1-V_2)M(Na_2CO_3)}{m\times 1\,000}$$

如果混合碱为 $NaHCO_3$ 和 $Na_2CO_3$ 的混合物，第一份试样溶液仍以甲基橙为指示剂，用 HCl 标准溶液滴定 $NaHCO_3$ 和 $Na_2CO_3$ 的总量，消耗 HCl 的用量为 $V_1$ mL。第二份溶液先加入已知过量的 NaOH 溶液，使 $NaHCO_3$ 转化为 $Na_2CO_3$，然后加入 $BaCl_2$，将 $Na_2CO_3$ 沉淀为 $BaCO_3$，之后再以酚酞为指示剂，用 HCl 标准溶液滴定过量的 NaOH，所消耗 HCl 的体积为 $V_2$ mL。显然，用于使 $NaHCO_3$ 转化为 $Na_2CO_3$ 的 NaOH 的物质的量即为试样中 $NaHCO_3$ 的物质的量，试样中 $NaHCO_3$ 和 $Na_2CO_3$ 的质量分数分别为

$$\omega(NaHCO_3)=\frac{[c(NaOH)V(NaOH)-c(HCl)V_2]M(NaHCO_3)}{m\times 1\,000}$$

$$\omega(Na_2CO_3)=\frac{\frac{1}{2}\{c(HCl)V_1-[c(NaOH)-c(HCl)V_2]\}M(Na_2CO_3)}{m\times 1\,000}$$

式中，$m$ 为称取混合碱试样的质量(g)；$V_1$ 为滴定至甲基橙终点时消耗 HCl 标准溶液的体积(mL)；$V_2$ 为滴定至酚酞终点时消耗 HCl 标准溶液的体积(mL)；$M(NaOH)$、$M(NaHCO_3)$ 和 $M(Na_2CO_3)$ 分别为 NaOH、$Na_2CO_3$ 和 $NaHCO_3$ 的摩尔质量($g \cdot mol^{-1}$)。

氯化钡法虽然比双指示剂法操作上麻烦，但由于 $CO_3^{2-}$ 被沉淀，最后的滴定实际上是强酸滴定强碱，避免了从 $HCO_3^-$ 到 $CO_3^{2-}$ 的滴定，故测定结果的准确度比双指示剂法要高。

#### 6.9.2.2 铵盐中氮含量的测定

氮的测定在农业分析中占有重要地位，因为肥料、土壤及许多有机物质，如含蛋白质的食品、饲料等，经常需要测定其中氮的含量。通常是将试样用浓硫酸消化分解，使各种氮化物都转化为铵态氮，然后进行测定。常用的方法有甲醛法和蒸馏法。

(1)甲醛法。铵盐中的氮含量可以用甲醛法测定。甲醛与铵盐作用，可定量置换出酸：

$$4NH_4^+ + 6HCHO = (CH_2)_6N_4H^+ + 3H^+ + 6H_2O$$

然后用 NaOH 标准溶液滴定。由于反应生成的质子化六次甲基四胺酸性不太弱($K_a^\ominus$ =

$7.1\times10^{-6}$)，故可与 $H^+$ 一起被滴定。化学计量点时为 $(CH_2)_6N_4$ 溶液，它是一种有机弱碱 ($K_b^\ominus=1.4\times10^{-9}$)，溶液 pH 值约为 8.7，可用酚酞作指示剂。氮的质量分数按下式计算：

$$\omega(N)=\frac{c(NaOH)V(NaOH)M(N)}{m\times1\,000}$$

式中，$m$ 为所称取试样的质量(g)；$V$ 为消耗 NaOH 标准溶液的体积(mL)；$M(N)$ 为 N 的摩尔质量($g\cdot mol^{-1}$)。

应该注意的是，甲醛中常含有甲酸，使用前应预先除去，可用酚酞作指示剂加以中和。如果试样中含有游离的酸或碱，则应用甲基红作指示剂，事先加以中和，而不能用酚酞，否则将有部分 $NH_4^+$ 被中和。

(2)蒸馏法。将消化好的含铵试液置于蒸馏瓶中，加浓碱使 $NH_4^+$ 转化为 $NH_3$，再加热蒸馏。用过量 $H_3BO_3$ 溶液吸收 $NH_3$，其反应为

$$NH_3+H_3BO_3=\!=\!=NH_4^++H_2BO_3^-$$

$H_2BO_3^-$ 是 $H_3BO_3$ 的共轭碱($K_b=1.7\times10^{-5}$)，可以用 HCl 标准溶液滴定：

$$H_2BO_3^-+H^+=\!=\!=H_3BO_3$$

终点产物为 $NH_4^+$ 和 $H_3BO_3$ 的混合液，其 pH≈5.1，可用甲基红或甲基红和溴甲酚绿混合指示剂确定终点。氮含量为

$$\omega(N)=\frac{c(HCl)V(HCl)M(N)}{m\times1\,000}$$

式中，$m$ 为所称取试样的质量(g)；$V$ 为消耗 HCl 标准溶液的体积(mL)；$M(N)$ 为 N 的摩尔质量($g\cdot mol^{-1}$)。

蒸馏法的优点是仅需一种酸标准溶液(HCl)，而且硼酸作为吸收剂，其浓度不必准确，只要保证过量即可。本法测氮结果比较准确，但较费时。

## 思考题

1. 根据质子理论，指出下列物质中哪些是酸？哪些是碱？哪些是两性物质？

$HS^-$；$CH_3NH_2$；$HCO_3^-$；$CO_3^{2-}$；HCl；$H_2C_2O_4$；$Ac^-$；$H_2O$。

2. 什么是共轭酸碱对？根据酸碱质子理论

(1)写出下列各酸的共轭碱：$NH_4^+$、$H_2S$、$HSO_4^-$、$H_2PO_4^-$、$[Fe(H_2O)_6]^{3+}$；

(2)写出下列各碱的共轭酸：$S^{2-}$、$PO_4^{3-}$、$NH_3$、$CN^-$、$OH^-$。

3. 酸碱反应的实质是什么？共轭酸碱对在水溶液中的解离常数之间有什么关系？

4. 相同浓度的 HCl 和 HAc 溶液的 pH 值相同吗？pH 值相同的 HCl 和 HAc 溶液的浓度相同吗？若用 NaOH 中和 pH 值相同的 HCl 和 HAc 溶液，哪个用量大？若用 NaOH 中和相同浓度的 HAc 和 HCl 溶液，哪个用量大？为什么？

5. 什么是指示剂的变色范围？一般酸碱指示剂理论变色范围有多大？什么是酸碱指示剂的理论变色点，在数值上等于什么？混合酸碱指示剂的优点是什么？

6. 酸碱滴定中，什么是 pH 值的突跃范围？在滴定分析中有何用途？影响酸碱滴定突跃范围的因素有哪些？

7. 一元弱酸(碱)能否被准确直接滴定的判断依据是什么？什么情况下多元酸碱能进行分步滴定？

8. 酸碱滴定中指示剂的选择原则是什么？

## 习　题

**一、选择题**

1. 一元弱酸 HA( $K_a^\ominus=10^{-5}$ )，在 pH=5.0 的水溶液中，$A^-$型体所占的百分比是(　　)。

A. 10%　　B. 25%　　C. 50%　　D. 80%

2. 将酚酞指示剂加到无色水溶液中，溶液呈无色，该溶液的酸碱性为(　　)。

A. 中性　　B. 碱性　　C. 酸性　　D. 不定

3. 0.10 mol·$L^{-1}$ 一元弱酸溶液的 pH=3.0，则其同浓度共轭碱溶液的 pH 值是(　　)。

A. 11.0　　B. 9.0　　C. 8.5　　D. 9.5

4. 某一弱酸型指示剂，在 pH=4.5 的溶液中恰好呈其酸式色。该指示剂的 $K_{HIn}^\ominus$ 约为(　　)。

A. $3.2\times10^{-4}$　　B. $3.2\times10^{-5}$　　C. $3.2\times10^{-6}$　　D. $3.2\times10^{-7}$

5. 用 NaOH 标准溶液滴定 0.1 mol·$L^{-1}$ HCl 和 0.1 mol·$L^{-1}$ $H_3BO_3$ 混合液时，最合适的指示剂是(　　)。

A. 百里酚酞　　B. 酚酞　　C. 中性红　　D. 甲基红

6. 如果要配制 pH=9 左右的缓冲溶液，应选择下列哪组缓冲对？(　　)。

A. $NH_3$-$NH_4Cl$　　B. HAc-NaAc　　C. HCOOH-HCOONa　　D. $H_2PO_4^-$-$HPO_4^{2-}$

**二、判断题**

1. 用失去部分结晶水的 $Na_2B_4O_7\cdot10H_2O$ 标定 HCl 溶液浓度，结果偏低。(　　)

2. 用基准 $Na_2CO_3$ 标定 HCl 溶液浓度，以甲基橙作指示剂，其物质的量的关系为 $n(HCl):n(Na_2CO_3)=1:1$。(　　)

3. 一标准碱液因保存不当，吸收了 $CO_2$，用它测定 HCl 浓度，以酚酞为指示剂，测定结果会偏低。(　　)

4. 用 NaOH 滴定 $H_3AsO_4$( $K_{a_1}^\ominus=6.5\times10^{-3}$, $K_{a_2}^\ominus=1.1\times10^{-7}$, $K_{a_3}^\ominus=3.2\times10^{-12}$ )时，会形成三个滴定突跃。(　　)

5. 含 NaOH 和 $Na_2CO_3$ 混合碱液，用 HCl 滴至酚酞变色，消耗 $V_1$ mL，继续以甲基橙为指示剂滴定，又消耗 $V_2$ mL，则 $V_1>V_2$。(　　)

6. 用 NaOH 中和 pH 值相同的 HCl 和 HAc 溶液，NaOH 用量一样。(　　)

**三、写出下列化合物水溶液的质子条件式**

$(NH_4)_2CO_3$；$Na_2HPO_4$；$Na_2C_2O_4$；$H_3BO_3$；HAc-NaAc。

**四、计算题**

1. 计算 298 K 下，0.05 mol·$L^{-1}$ HCN 溶液的 pH 值及 HCN 的解离度。

2. 计算说明 0.10 mol·$L^{-1}$ NaAc 与 NaCN 的碱性强弱。

3. 亚硫酸($H_2SO_3$)的 $pK_{a_1}^\ominus=1.90$，$pK_{a_2}^\ominus=7.20$，其对应共轭碱 $pK_{b_1}^\ominus$ 和 $pK_{b_2}^\ominus$ 分别是多少？

4. 欲配制 500 mL pH=5.00 的缓冲溶液，需要 1.0 mol·$L^{-1}$ HAc 和 6.0 mol·$L^{-1}$ NaAc 溶液各多少毫升？

5. 计算 pH 值为 8.00 和 12.00 时，0.10 mol·$L^{-1}$ KCN 溶液中 $CN^-$的浓度。

6. 计算下列水溶液的 pH 值。

(1) $1.0\times10^{-4}$ mol·$L^{-1}$甲胺溶液(甲胺的 $K_b^\ominus=4.2\times10^{-4}$)；(2) $1.0\times10^{-4}$ mol·$L^{-1}$ $NH_4Cl$；(3) 0.10 mol·$L^{-1}$ $NH_4CN$；(4) 0.10 mol·$L^{-1}$ $Na_2HPO_4$。

7. 判断下列滴定能否进行？如能进行，计算化学计量点时的 pH 值。

(1)0.10 mol · $L^{-1}$ HCl 滴定 0.10 mol · $L^{-1}$ NaCN；(2)0.10 mol · $L^{-1}$ HCl 滴定 0.10 mol · $L^{-1}$ NaAc；(3)0.10 mol · $L^{-1}$ NaOH 滴定 0.10 mol · $L^{-1}$ $NH_4Cl$ 存在下的 0.10 mol · $L^{-1}$ HCl。

8. 用 0.10 mol · $L^{-1}$ NaOH 滴定 0.10 mol · $L^{-1}$某弱酸（$pK_a^\ominus = 4.0$），突跃范围是多少？若用同浓度的 NaOH 滴定 $pK_a^\ominus = 3.0$ 的弱酸时，其突跃范围又是多少？

9. 求 0.05 mol · $L^{-1}$ $KHC_2O_4$ 溶液的 pH 值；如果加入等体积的 0.1 mol · $L^{-1}$ $K_2C_2O_4$ 溶液后，则溶液的 pH 值又为多少？[$K_{a_1}^\ominus(H_2C_2O_4) = 5.9\times10^{-2}$，$K_{a_2}^\ominus(H_2C_2O_4) = 6.4\times10^{-5}$]

10. 有硼砂试样 1.000 g，用 0.200 0 mol · $L^{-1}$ HCl 滴定至终点，用去 HCl 溶液 25.00 mL。计算试样中 $Na_2B_4O_7 \cdot 10H_2O$、$Na_2B_4O_7$ 以及硼的质量分数。

11. 称取某混合碱试样(可能含有 NaOH、$Na_2CO_3$ 或 $NaHCO_3$，也可能是其中两者的混合物)1.547 0 g，溶于水后，用 0.614 2 mol · $L^{-1}$ HCl 滴至酚酞褪色，用去 28.39 mL；然后以甲基橙指示剂，用 HCl 继续滴定至终点，又用去 6.35 mL。试判断试样的组成，并计算各组分的质量分数。

12. 用凯氏法测定牛奶中含氮量，称奶样 0.475 0 g，消化后，加碱蒸馏出的 $NH_3$ 用 50.00 mL HCl 吸收，再用 $c(NaOH) = 0.078\ 91$ mol · $L^{-1}$ 的 NaOH 标准溶液 13.12 mL 回滴至终点。已知 25.00 mL HCl 需 15.83 mL NaOH 中和，计算奶样中氮的质量分数。

# 第7章

# 沉淀溶解平衡与沉淀滴定

## (Precipitation Dissolution Equilibrium and Precipitation Titration)

沉淀溶解平衡是存在于难溶强电解质的固相与其溶液之间的多相平衡。沉淀的生成、转化、溶解等变化在物质的制备、分离、测定中有着广泛的应用。

## 7.1 沉淀溶解平衡(Precipitation Dissolution Equilibrium)

沉淀的生成与溶解是一类常见的化学反应，这类反应的特点是在反应过程中总是伴随着物相的变化，所以沉淀溶解平衡属于多相平衡。

### 7.1.1 难溶电解质的溶度积

自然界中绝对不溶解的物质是不存在的，难溶电解质只是指溶解度很小而已。例如，将固体 AgCl 置于水中，则溶液中就存在下列过程：

$$AgCl(s) \underset{沉淀}{\overset{溶解}{\rightleftharpoons}} Ag^+(aq) + Cl^-(aq)$$

在一定温度下，当 AgCl 的沉淀速率和溶解速率相等时，就达到了 AgCl 的沉淀溶解平衡，此时的溶液也称为饱和溶液(saturated solution)。平衡体系饱和溶液中有关离子的浓度不再随时间的变化而发生变化。

上述平衡的左方(沉淀)是固相，平衡的右方(离子)是液相，所以沉淀溶解平衡是一多相平衡。由于纯固相的浓度可以不出现在平衡常数表达式中，因此这类平衡的平衡常数表达式可以写为

$$K_{sp}^{\ominus} = \frac{[Ag^+]}{c^{\ominus}} \cdot \frac{[Cl^-]}{c^{\ominus}}$$

式中，$c^{\ominus} = 1\ mol \cdot L^{-1}$，省去 $c^{\ominus}$，不影响数值计算。为书写更简洁，写作

$$K_{sp}^{\ominus} = [Ag^+][Cl^-]$$

对于任一难溶电解质的沉淀溶解平衡：

$$A_mB_n(s) \rightleftharpoons mA^{n+}(aq) + nB^{m-}(aq)$$

$$K_{sp}^{\ominus} = [A^{n+}]^m [B^{m-}]^n \qquad (7\text{-}1)$$

$K_{sp}^{\ominus}$ 是难溶电解质沉淀溶解平衡常数，称为溶度积常数，简称溶度积(solubility product)。它表明在一定温度下，不论各有关离子浓度如何变化，其乘积是一个常数。$K_{sp}^{\ominus}$ 的大小表示难溶电解质自身的溶解趋势，而与沉淀的量及离子的浓度变化无关。溶度积也和其他化学平衡常数一样，随温度的升高而增大。实际应用中，常用 298 K 时的数据。常见难溶电解质的溶度积 $K_{sp}^{\ominus}$ 见附录Ⅵ。

### 7.1.2 溶度积与溶解度

难溶电解质在水中的溶解趋势除了用溶度积 $K_{sp}^{\ominus}$ 表示外，还可以用溶解度(solubility，$s$)来表示。溶度积和溶解度可以互相换算，换算时必须注意浓度单位，要把溶解度的单位换算成物质的量浓度单位($mol \cdot L^{-1}$)。另外，由于难溶电解质的溶解度都很小，溶液浓度很稀，所以将难溶电解质饱和溶液的密度近似地看成是水的密度 $1\ g \cdot mL^{-1}$。

**【例 7.1】** 298 K 时，AgCl 的溶解度为 $1.92\times10^{-4}$ g/100 g $H_2O$，求该温度下 AgCl 的 $K_{sp}^{\ominus}$。

**解：** 设 AgCl 的溶解度为 $s$，溶度积为 $K_{sp}^{\ominus}$。

因为 $\rho_{溶液} \approx \rho_{水} = 1\ g \cdot mL^{-1}$，且 AgCl 的摩尔质量为 $144\ g \cdot mol^{-1}$。

所以
$$s = \frac{1.92\times10^{-4}}{144\times0.1} = 1.33\times10^{-5}\ mol \cdot L^{-1}$$

AgCl 溶于水后，全部离解成 $Ag^+$ 和 $C1^-$，

$$AgCl(s) \rightleftharpoons Ag^+(aq) + Cl^-(aq)$$

平衡浓度/($mol \cdot L^{-1}$)　　$s$　　$s$

$$K_{sp}^{\ominus} = [Ag^+][Cl^-] = s^2 = (1.33\times10^{-5})^2 = 1.77\times10^{-10}$$

**【例 7.2】** 已知室温时 $K_{sp}^{\ominus}(BaSO_4) = 1.07\times10^{-10}$、$K_{sp}^{\ominus}\{Mg(OH)_2\} = 5.61\times10^{-12}$、$K_{sp}^{\ominus}(Ag_2CrO_4) = 1.12\times10^{-12}$，求它们的溶解度 $s$。

**解：** (1)
$$BaSO_4(s) \rightleftharpoons Ba^{2+}(aq) + SO_4^{2-}(aq)$$

平衡浓度/($mol \cdot L^{-1}$)　　$s$　　$s$

$$K_{sp}^{\ominus} = [Ba^{2+}][SO^{2-}] = s^2$$

所以
$$s = \sqrt{K_{sp}^{\ominus}} = \sqrt{1.07\times10^{-10}} = 1.03\times10^{-5}$$

(2)
$$Mg(OH)_2(s) \rightleftharpoons Mg^{2+}(aq) + 2OH^-(aq)$$

平衡浓度/($mol \cdot L^{-1}$)　　$s$　　$2s$

$$K_{sp}^{\ominus} = [Mg^{2+}][OH^-]^2 = 4s^3$$

所以
$$s = \sqrt[3]{\frac{K_{sp}^{\ominus}}{4}} = \sqrt[3]{\frac{5.61\times10^{-12}}{4}} = 1.12\times10^{-4}$$

(3)
$$Ag_2CrO_4(s) \rightleftharpoons 2Ag^+(aq) + CrO_4^{2-}(aq)$$

平衡浓度/($mol \cdot L^{-1}$)　　$2s$　　$s$

$$K_{sp}^{\ominus} = [Ag^+]^2[CrO_4^{2-}] = 4s^3$$

所以
$$s = \sqrt[3]{\frac{K_{sp}^{\ominus}}{4}} = \sqrt[3]{\frac{1.12\times10^{-12}}{4}} = 6.54\times10^{-5}\ mol \cdot L^{-1}$$

由以上计算可知，对于不同类型的难溶电解质，不能用其 $K_{sp}^{\ominus}$ 的大小直接判断它们的溶解度的大小，如 $K_{sp}^{\ominus}(AgCl)>K_{sp}^{\ominus}(Ag_2CrO_4)$，但 $s(AgCl)<s(Ag_2CrO_4)$。只有同一类型的难溶电解质，才能根据溶度积的数据直接判断其溶解度的大小，即溶度积大的，其溶解度则大，溶度积小的，其溶解度则小。计算还说明了难溶电解质的溶度积 $K_{sp}^{\ominus}$ 和溶解度 $s$ 之间的换算关系，与难溶电解质的类型有关。

AB 型难溶电解质：

$$s=\sqrt{K_{sp}^{\ominus}} \tag{7-2}$$

$A_2B$ 型或 $AB_2$ 型难溶电解质：

$$s=\sqrt[3]{\frac{K_{sp}^{\ominus}}{4}} \tag{7-3}$$

$A_3B$ 型或 $AB_3$ 型难溶电解质：

$$s=\sqrt[4]{\frac{K_{sp}^{\ominus}}{27}} \tag{7-4}$$

$A_3B_2$ 型或 $A_2B_3$ 型难溶电解质：

$$s=\sqrt[5]{\frac{K_{sp}^{\ominus}}{108}} \tag{7-5}$$

必须指出，这些关系式只适合于少数难溶电解质，这些难溶电解质溶于水后的阴、阳离子在水中不发生任何化学反应。对于大多数难溶电解质而言，它们的离子都能发生水解等副反应。如 FeS 溶于水后，$Fe^{2+}$ 和 $S^{2-}$ 都能和水发生水解反应，结果使溶液中游离 $Fe^{2+}$ 和 $S^{2-}$ 浓度低于溶解度 $s$。

### 7.1.3 沉淀溶解反应的标准自由能变与溶度积

对于大多数难溶电解质而言，其溶度积 $K_{sp}^{\ominus}$ 都可以用热力学数据来计算。根据有关热力学公式，沉淀溶解反应的标准自由能变与标准溶度积常数的关系可表示为

$$\Delta_r G_m^{\ominus}=-RT\ln K_{sp}^{\ominus}=-2.303RT\lg K_{sp}^{\ominus}$$

**【例 7.3】** 用热力学数据，计算 298 K 时 AgCl 的溶度积 $K_{sp}^{\ominus}$。

**解：** $AgCl(s) \rightleftharpoons Ag^+(aq) + Cl^-(aq)$

$\Delta_f G_m^{\ominus}/(kJ\cdot mol^{-1})$    −109.80    77.12    −131.26

$$\Delta_r G_m^{\ominus}=\sum_i \nu_i\,\Delta_f G_m^{\ominus}(\text{物质}_i)=\Delta_f G_m^{\ominus}(Ag^+)+\Delta_f G_m^{\ominus}(Cl^-)-\Delta_f G_m^{\ominus}(AgCl)$$

$$=77.12+(-131.26)-(-109.80)=55.66\ kJ\cdot mol^{-1}$$

$$\lg K_{sp}^{\ominus}(AgCl)=\frac{-\Delta_r G_m^{\ominus}}{2.303RT}=\frac{-55.66\times10^3}{2.303\times8.314\times298}=-9.75$$

$$K_{sp}^{\ominus}(AgCl)=1.78\times10^{-10}$$

## 7.2　难溶盐的生成、溶解与转化（Formation, Dissolution and Transformation of Insoluble Electrolyte）

### 7.2.1　沉淀的生成

难溶电解质的沉淀溶解平衡与其他化学平衡一样，是暂时的、相对的、有条件的动态平衡，当条件改变时，平衡就会发生相应的移动。

对于任一难溶电解质沉淀溶解平衡

$$A_mB_n(s) \rightleftharpoons mA^{n+}(aq) + nB^{m-}(aq)$$

根据化学反应等温式

$$\Delta_r G_m = RT\ln \frac{Q}{K_{sp}^{\ominus}} \tag{7-6}$$

式中，$Q = \{c(A^{n+})/c^{\ominus}\}^m \{c(B^{m-})/c^{\ominus}\}^n$，简略表示为 $Q = c^m(A^{n+})c^n(B^{m-})$，$Q$ 表示难溶电解质溶液中离子浓度以其计量系数为乘幂的乘积，称离子积。

对离子积 $Q$ 与平衡常数 $K_{sp}^{\ominus}$ 进行比较，可判断反应进行的方向及溶液的饱和情况：

当 $Q = K_{sp}^{\ominus}$　$\Delta_r G_m = 0$，沉淀溶解处于平衡状态，体系为饱和溶液；

当 $Q < K_{sp}^{\ominus}$　$\Delta_r G_m < 0$，未饱和溶液，反应向沉淀溶解的方向进行，直至达到饱和状态；

当 $Q > K_{sp}^{\ominus}$　$\Delta_r G_m > 0$，过饱和溶液，反应向生成沉淀的方向进行，直至达到饱和状态。

以上结论称为溶度积规则，掌握和应用这个规则，就可以判断沉淀的生成和溶解的可能性，从而创造条件，控制反应的方向，达到预期的目的。

**【例 7.4】**将等体积的 0.004 mol · $L^{-1}$ $AgNO_3$ 溶液和 0.004 mol · $L^{-1}$ $K_2CrO_4$ 溶液混合，有无砖红色的 $Ag_2CrO_4$ 沉淀生成？已知 $K_{sp}^{\ominus}(Ag_2CrO_4) = 1.12\times10^{-12}$。

**解：**等体积混合后，溶液浓度减半，

$$c(Ag^+) = \frac{0.004}{2} = 0.002\ mol \cdot L^{-1}$$

$$c(CrO_4^{2-}) = \frac{0.004}{2} = 0.002\ mol \cdot L^{-1}$$

$$Q = c^2(Ag^+)c(CrO_4^{2-}) = (0.002)^2 \times 0.002 = 8.0\times10^{-9} > K_{sp}^{\ominus}$$

故有砖红色的 $Ag_2CrO_4$ 沉淀生成。

**【例 7.5】**在 10 mL 0.08 mol · $L^{-1}$ $FeCl_3$ 溶液中，加入含有 0.1 mol · $L^{-1}$ $NH_3$ 和 1.0 mol · $L^{-1}$ $NH_4Cl$ 的混合溶液 30 mL，能否产生 $Fe(OH)_3$ 沉淀。已知 $K_{sp}^{\ominus}\{Fe(OH)_3\} = 2.64\times10^{-39}$。

**解：**混合后溶液中各物质的浓度为

$$c(Fe^{3+}) = \frac{10\times0.08}{10+30} = 0.020\ mol \cdot L^{-1}$$

$$c(NH_3) = \frac{30\times0.1}{10+30} = 0.075\ mol \cdot L^{-1}$$

$$c(NH_4^+)=\frac{30\times1.0}{10+30}=0.750\ mol\cdot L^{-1}$$

根据平衡 $NH_3\cdot H_2O \rightleftharpoons OH^- + NH_4^+$ 计算$[OH^-]$

设平衡浓度/$(mol\cdot L^{-1})$ $0.075-x$ $x$ $0.750+x$

$$K_b^{\ominus}=\frac{x(0.750+x)}{0.075-x}$$

解得 $x=c(OH^-)=1.77\times10^{-6}\ mol\cdot L^{-1}$

$$Q=c(Fe^{3+})\ c^3(OH^-)=0.020\times(1.77\times10^{-6})^3=1.11\times10^{-19}$$

$$Q>K_{sp}^{\ominus}\{Fe(OH)_3\}$$

故有 $Fe(OH)_3$ 沉淀生成。

**【例 7.6】** 求 298 K 时，AgCl 在 0.1 $mol\cdot L^{-1}$ NaCl 溶液中的溶解度。

**解：** 设 AgCl 在 NaCl 溶液中的溶解度为 $x$，根据 AgCl 的沉淀溶解平衡

$$AgCl(s) \rightleftharpoons Ag^+(aq)+Cl^-(aq)$$

平衡浓度/$(mol\cdot L^{-1})$ $x$ $0.1+x$

$$K_{sp}^{\ominus}=[Ag^+][Cl^-]=x\ (0.1+x)$$

因为 $K_{sp}^{\ominus}(AgCl)$很小，所以 $0.1+x\approx0.1$

得 $x=1.77\times10^{-9}\ mol\cdot L^{-1}$

AgCl 在 0.1 $mol\cdot L^{-1}$ NaCl 溶液中的溶解度为 $1.77\times10^{-9}\ mol\cdot L^{-1}$ 比在水中的溶解度($1.33\times10^{-5}\ mol\cdot L^{-1}$)降低了四个数量级。可见，在难溶电解质的溶液中，如果加入与难溶电解质有相同离子的强电解质时，则难溶电解质的溶解度降低，这种现象也称为同离子效应(common-ion effect)。应用同离子效应，适当地增加沉淀剂的用量，可以有效降低被沉淀离子的残留浓度，使被沉淀离子沉淀“完全”。沉淀“完全”是指沉淀反应完成之后，被沉淀离子的浓度$\leqslant1.0\times10^{-6}\ mol\cdot L^{-1}$。

在实际应用中，为了使沉淀尽可能完全，都要加入过量的沉淀剂。一般沉淀剂过量10%~20%为宜，沉淀剂过量太多，会由于盐效应(salt effect)或配位效应(coordination effect，形成配离子而溶解)而使沉淀的溶解度增大。

## 7.2.2 分步沉淀

如果溶液中含有两种或两种以上的，可被同一沉淀剂所沉淀的离子，加入沉淀剂时，随着沉淀剂浓度的增大，这些离子按一定的顺序分先后依次被沉淀而析出。这种先后析出沉淀的现象叫分步沉淀(fractional precipitation)。分步沉淀操作中，沉淀剂的浓度通常由小到大逐渐增加，因此生成沉淀所需沉淀剂浓度小的组分先被沉淀，需沉淀剂浓度大的组分后沉淀。生成沉淀所需沉淀剂浓度取决于生成沉淀的类型和溶度积 $K_{sp}^{\ominus}$，以及待沉淀组分的浓度。

**【例 7.7】** 在含有 0.001 $mol\cdot L^{-1}Cl^-$ 和 0.001 $mol\cdot L^{-1}CrO_4^{2-}$ 的混合溶液中，逐滴加入 $AgNO_3$ 溶液(设体积不变)，问 $Cl^-$ 和 $CrO_4^{2-}$ 哪个先沉淀？当第二种离子开始沉淀时，第一种离子能否沉淀完全？已知 $K_{sp}^{\ominus}(AgCl)=1.77\times10^{-10}$，$K_{sp}^{\ominus}(Ag_2CrO_4)=1.12\times10^{-12}$。

**解：** 设 $Cl^-$ 开始沉淀时，需要 $Ag^+$ 的浓度为 $x$，$CrO_4^{2-}$ 开始沉淀时，需要 $Ag^+$ 的浓度为 $y$，根据溶度积规则 $Q \geqslant K_{sp}^{\ominus}$ 出现沉淀。

所以

$$x \geqslant \frac{K_{sp}^{\ominus}(AgCl)}{c(Cl^-)} = \frac{1.77\times10^{-10}}{0.001} = 1.77\times10^{-7}\ mol \cdot L^{-1}$$

$$y \geqslant \sqrt{\frac{K_{sp}^{\ominus}(Ag_2CrO_4)}{c(CrO_4^{2-})}} = \sqrt{\frac{1.12\times10^{-12}}{0.001}} = 3.35\times10^{-5}\ mol \cdot L^{-1}$$

由计算可知，沉淀 $Cl^-$ 所需 $Ag^+$ 的浓度比沉淀 $CrO_4^{2-}$ 所需 $Ag^+$ 的浓度小得多，所以 $Cl^-$ 先沉淀。当 $CrO_4^{2-}$ 开始沉淀时，$Ag^+$ 浓度应该达到 $3.35\times10^{-5}\ mol \cdot L^{-1}$，此时溶液中残留 $Cl^-$ 浓度为

$$[Cl^-] \leqslant \frac{K_{sp}^{\ominus}(AgCl)}{y} = \frac{1.77\times10^{-10}}{3.35\times10^{-5}} = 5.28\times10^{-6}\ mol \cdot L^{-1}$$

可见，当 $CrO_4^{2-}$ 开始沉淀时，$Cl^-$ 基本上已沉淀完全。

分步沉淀最主要的应用就是通过生成硫化物沉淀或氢氧化物沉淀来分离离子。

**【例 7.8】** 某溶液中含有 $0.1\ mol \cdot L^{-1}\ Sn^{2+}$ 和 $0.1\ mol \cdot L^{-1}\ Mn^{2+}$，若通入 $H_2S$ 使其分离，应如何控制溶液的酸度？已知 $K_{sp}^{\ominus}(SnS) = 3.25\times10^{-28}$，$K_{sp}^{\ominus}(MnS) = 4.65\times10^{-14}$。

**解：** $Sn^{2+}$ 和 $Mn^{2+}$ 初始浓度相同，SnS、MnS 属同种类型的沉淀，由于 $K_{sp}^{\ominus}(SnS) \ll K_{sp}^{\ominus}(MnS)$，所以通入 $H_2S$ 后，SnS 先沉淀。只有当溶液中 $Sn^{2+}$ 浓度 $\leqslant 1.0\times10^{-6}\ mol \cdot L^{-1}$ 时，SnS 沉淀完全，$Sn^{2+}$ 与 $Mn^{2+}$ 完全分离，

因此

$$[S^{2-}] \geqslant \frac{K_{sp}^{\ominus}(SnS)}{1.0\times10^{-6}} = \frac{3.25\times10^{-28}}{1.0\times10^{-6}} = 3.25\times10^{-22}\ mol \cdot L^{-1}$$

溶液中通入 $H_2S$ 后，要求 $Mn^{2+}$ 不能被沉淀，

因此

$$[S^{2-}] \leqslant \frac{K_{sp}^{\ominus}(MnS)}{0.1} = \frac{4.65\times10^{-14}}{0.1} = 4.65\times10^{-13}\ mol \cdot L^{-1}$$

而要使 $Mn^{2+}$、$Sn^{2+}$ 完全分离，

$$3.25\times10^{-22}\ mol \cdot L^{-1} < [S^{2-}] < 4.65\times10^{-13}\ mol \cdot L^{-1}$$

饱和 $H_2S$ 溶液中，$[H_2S] = 0.1\ mol \cdot L^{-1}$，$K_{a_1}^{\ominus}(H_2S) = 1.3\times10^{-7}$，$K_{a_2}^{\ominus}(H_2S) = 7.1\times10^{-15}$，

$$[H^+] = \sqrt{\frac{K_{a_1}^{\ominus}K_{a_2}^{\ominus}[H_2S]}{[S^{2-}]}} = \sqrt{\frac{1.3\times10^{-7}\times7.1\times10^{-15}\times0.1}{[S^{2-}]}} = \sqrt{\frac{9.23\times10^{-23}}{[S^{2-}]}}$$

将 $S^{2-}$ 离子浓度代入上式得

$$2.0\times10^{-5}\ mol \cdot L^{-1} < c(H^+) < 0.53\ mol \cdot L^{-1}$$

即

$$0.28 < pH < 4.70$$

溶液 pH<0.28 时，$Sn^{2+}$ 沉淀不完全，pH>4.70 时，$Mn^{2+}$ 也开始沉淀。只有将溶液的 pH 值控制在 0.28～4.70，才能保证 SnS 沉淀完全、而 $Mn^{2+}$ 不被沉淀，以达到分离 $Sn^{2+}$ 和 $Mn^{2+}$

的目的。

### 7.2.3 沉淀的溶解

根据溶度积规则，要使沉淀溶解，就必须使 $Q<K_{sp}^{\ominus}$。通常采用以下几种方法。

#### 7.2.3.1 生成弱电解质或气体使沉淀溶解

在难溶电解质的饱和溶液中加酸后，酸与饱和溶液中的阴离子反应生成弱电解质或气体，从而降低了饱和溶液中阴离子的浓度，使 $Q<K_{sp}^{\ominus}$，达到了沉淀溶解的目的。例如，将 $CaCO_3(s)$ 放入酸液中发生下列反应，可使 $CaCO_3(s)$ 溶解。

$$CaCO_3(s)+2H^+(aq)\rightleftharpoons Ca^{2+}(aq)+H_2O(l)+CO_2(g)$$

将 $Mg(OH)_2(s)$ 放入含 $NH_4^+$ 的溶液中，可使 $Mg(OH)_2(s)$ 溶解，反应如下：

$$Mg(OH)_2(s)+2NH_4^+(aq)\rightleftharpoons Mg^{2+}(aq)+2NH_3\cdot 2H_2O(aq)$$

这些溶解反应实际上是包含了沉淀溶解平衡和酸碱离解平衡的多重平衡，其平衡常数可通过以下推导得到。

对于一定量的 $Mg(OH)_2$，加入铵盐溶解使其溶解并达到平衡。

$$Mg(OH)_2(s)+2NH_4^+(aq)\rightleftharpoons Mg^{2+}(aq)+2NH_3\cdot H_2O(aq)$$

$$K^{\ominus}=\frac{[Mg^{2+}][NH_3]^2}{[NH_4^+]^2}\cdot\frac{[OH^-]^2}{[OH^-]^2}=\frac{K_{sp}^{\ominus}[Mg(OH)_2]}{[K_b^{\ominus}(NH_3)]^2}$$

又如，硫化物溶解在酸中：

$$MS(s)+2H^+(aq)\rightleftharpoons M^{2+}(aq)+H_2S(aq)$$

$$K^{\ominus}=\frac{[M^{2+}][H_2S]}{[H^+]^2}\cdot\frac{[S^{2-}]}{[S^{2-}]}=\frac{K_{sp}^{\ominus}(MS)}{K_{a_1}^{\ominus}K_{a_2}^{\ominus}}$$

显然，$K^{\ominus}$ 的大小与难溶电解质的 $K_{sp}^{\ominus}$ 和生成的弱电解质的强弱有关。多重平衡常数 $K^{\ominus}$ 越大，越有利于沉淀的溶解。一般情况下，$K^{\ominus}\geqslant 10^7$ 时沉淀溶解的很彻底；$K^{\ominus}\leqslant 10^{-7}$ 时溶解反应几乎不能进行。利用多重平衡常数，可以进行有关沉淀溶解的计算。

**【例 7.9】** 若使 0.1 mol MnS、ZnS、CuS 完全溶解，需要 1 L 多大浓度的盐酸？

**解**：设所需 HCl 的浓度为 $c$，沉淀完全溶解后，金属离子的浓度为 0.1 mol·L$^{-1}$。

$$MS(s)+2H^+(aq)\rightleftharpoons M^{2+}(aq)+H_2S(aq)$$

| | | | |
|---|---|---|---|
| 起始浓度/(mol·L$^{-1}$) | $c$ | 0 | 0 |
| 平衡浓度/(mol·L$^{-1}$) | $c-2\times 0.1$ | 0.1 | 0.1 |

$$K^{\ominus}=\frac{[M^{2+}][H_2S]}{[H^+]^2}=\frac{K_{sp}^{\ominus}(MS)}{K_{a_1}^{\ominus}K_{a_2}^{\ominus}}$$

$$[H^+]=\sqrt{\frac{[M^{2+}][H_2S]}{K^{\ominus}}}$$

(1)溶解 MnS $\quad K^{\ominus}=\dfrac{K_{sp}^{\ominus}(MnS)}{K_{a_1}^{\ominus}K_{a_2}^{\ominus}}=\dfrac{4.65\times 10^{-14}}{9.2\times 10^{-22}}=5.1\times 10^7$

$$[H^+]=\sqrt{\frac{0.1\times0.1}{5.1\times10^{7}}}=1.4\times10^{-5}\ \text{mol}\cdot\text{L}^{-1}$$

$$c(\text{HCl})=[H^+]+0.2\approx0.2\ \text{mol}\cdot\text{L}^{-1}$$

(2)溶解 ZnS

$$K^{\ominus}=\frac{K_{sp}^{\ominus}(\text{ZnS})}{K_{a_1}^{\ominus}K_{a_2}^{\ominus}}=\frac{2.93\times10^{-25}}{9.2\times10^{-22}}=3.2\times10^{-4}$$

$$[H^+]=\sqrt{\frac{0.1\times0.1}{3.2\times10^{-4}}}=5.6\ \text{mol}\cdot\text{L}^{-1}$$

$$c(\text{HCl})=[H^+]+0.2\approx5.8\ \text{mol}\cdot\text{L}^{-1}$$

(3)溶解 CuS

$$K^{\ominus}=\frac{K_{sp}^{\ominus}(\text{CuS})}{K_{a_1}^{\ominus}K_{a_2}^{\ominus}}=\frac{1.27\times10^{-36}}{9.2\times10^{-22}}=1.4\times10^{-15}$$

$$[H^+]=\sqrt{\frac{0.1\times0.1}{1.4\times10^{-15}}}=2.7\times10^{6}\ \text{mol}\cdot\text{L}^{-1}$$

$$c(\text{HCl})=[H^+]+0.2\approx2.7\times10^{6}\ \text{mol}\cdot\text{L}^{-1}$$

由以上计算可知，$K^{\ominus}>10^{7}$ 的 MnS 可以完全溶解在稀 HCl 中，但 $K^{\ominus}<10^{-7}$ 的 CuS 则无法溶于 HCl，因为 HCl 的最大浓度仅仅为 12 $\text{mol}\cdot\text{L}^{-1}$，介于两者之间的 ZnS 可以通过调节酸浓度溶解。

#### 7.2.3.2　通过发生氧化还原反应使沉淀溶解

对于 $K_{sp}^{\ominus}$ 值较小的硫化物 CdS、CuS 等虽然不溶于盐酸，但能够溶解在氧化性较强的 $HNO_3$ 中。

$$3\text{CdS(s)}+2NO_3^-(\text{aq})+8H^+(\text{aq})\rightleftharpoons3Cd^{2+}(\text{aq})+2\text{NO(g)}+3\text{S(s)}+4H_2O(\text{l})$$

$$3\text{CuS(s)}+2NO_3^-(\text{aq})+8H^+(\text{aq})\rightleftharpoons3Cu^{2+}(\text{aq})+2\text{NO(g)}+3\text{S(s)}+4H_2O(\text{l})$$

由于发生了氧化还原反应，改变了 $S^{2-}$ 的氧化数，有效地降低了 $S^{2-}$ 的浓度，使它们能溶解在硝酸中。

#### 7.2.3.3　生成配合物使沉淀溶解

对于像 AgCl、AgBr 等难溶电解质，可以通过生成配合物而溶解在一些含配体的溶液中，例如，

$$\text{AgCl(s)}+2NH_3(\text{aq})\rightleftharpoons[Ag(NH_3)_2]^+(\text{aq})+Cl^-(\text{aq})$$

$$\text{AgBr(s)}+2S_2O_3^{2-}(\text{aq})\rightleftharpoons[Ag(S_2O_3)_2]^{3-}(\text{aq})+Br^-(\text{aq})$$

由于配合物的生成，降低了 $Ag^+$ 离子浓度，使 $Q<K_{sp}^{\ominus}$，沉淀得以溶解。这类平衡也属于多重平衡，有关计算将在后续章节中着重介绍。

### 7.2.4　沉淀的转化

在生产实践中，有些沉淀很难处理，它们既难溶于水，又难溶于酸。对于这种沉淀可以采用沉淀的转化法来处理，例如，锅炉中锅垢的主要成分是 $CaSO_4$，虽然 $CaSO_4$ 的溶解度不是很小，很难用直接溶解的方法除去。如果先用 $Na_2CO_3$ 溶液来处理，使 $CaSO_4$ 转化成溶解度更小的 $CaCO_3$，再用酸溶解 $CaCO_3$ 就能将锅垢清除干净。这种由一种难溶物转化成另一种难溶物的过程称为沉淀的转化。上述沉淀的转化过程可表示为

$$CaSO_4(s)+CO_3^{2-}(aq)\rightleftharpoons CaCO_3(s)+SO_4^{2-}(aq)$$

该体系实际上是一个多重平衡体系，其平衡常数

$$K^{\ominus}=\frac{[SO_4^{2-}]}{[CO_3^{2-}]}=\frac{[SO_4^{2-}]}{[CO_3^{2-}]}\cdot\frac{[Ca^{2+}]}{[Ca^{2+}]}=\frac{K_{sp}^{\ominus}(CaSO_4)}{K_{sp}^{\ominus}(CaCO_3)}=1.43\times10^4$$

该反应的平衡常数较大，只要 $Na_2CO_3$ 足量，$CaSO_4$ 沉淀可以完全转化成 $CaCO_3$ 沉淀。

沉淀转化的难易程度取决于这两种沉淀的溶解度，一般情况下，溶解度大的比较容易转化成溶解度小的，而且两者的溶解度相差越大，转化过程越容易。

## 7.3 沉淀滴定(Precipitation Titration)

沉淀滴定是以沉淀反应为基础的滴定分析方法。由于很多沉淀反应速率太慢、反应不够完全或没有合适的指示剂指示终点，所以用于沉淀滴定的反应屈指可数。能用于滴定分析的沉淀反应必须满足以下条件：

①反应形成的沉淀要有恒定的组成且沉淀的溶解度要小。

②生成的沉淀产生的吸附现象要小，不影响滴定终点的辨认。

③沉淀反应迅速、定量地进行。

④有适当的指示剂指示滴定终点。

目前，比较有实际意义的是生成难溶性银盐的沉淀反应：

$$Ag^{+}+X^{-}\rightleftharpoons AgX\downarrow\ (X^{-}\text{为 }Cl^{-}、Br^{-}、I^{-}、CN^{-}\text{和 }SCN^{-}\text{等})$$

利用上述沉淀反应的滴定分析方法，称为银量法。在银量法中，既可以用 $AgNO_3$ 标准溶液测定卤族离子和拟卤族离子，也可以用 KSCN 或 $NH_4SCN$ 为标准溶液测定 $Ag^+$ 离子等。

### 7.3.1 滴定曲线

在沉淀滴定过程中，被测离子浓度随滴定剂的加入而变化，其变化情况与其他滴定法类似，也可绘制成滴定曲线。

现以 0.100 0 mol·L$^{-1}$ $AgNO_3$ 标准溶液滴定 20.00 mL 0.100 0 mol·L$^{-1}$ 的 NaCl 溶液为例，讨论沉淀滴定曲线。沉淀反应为

$$Ag^{+}+Cl^{-}\rightleftharpoons AgCl\downarrow \qquad K_{sp}^{\ominus}(AgCl)=1.8\times10^{-10}$$

(1)滴定前。溶液中 $Cl^-$ 浓度为溶液的原始浓度，即

$$[Cl^{-}]=0.100\,0\ \text{mol}\cdot\text{L}^{-1} \qquad pCl=1.00$$

(2)化学计量点前。化学计量点前，随着不断滴入 $AgNO_3$ 标准溶液，溶液中 $Cl^-$ 不断形成 AgCl 沉淀，其浓度近似等于剩余 NaCl 的浓度，即

$$[Cl^{-}]=\frac{c(NaCl)V(NaCl)-c(AgNO_3)V(AgNO_3)}{V(NaCl)+V(AgNO_3)}$$

当 $V(AgNO_3)=19.98$ mL 时，溶液中 $Cl^-$ 浓度为

$$[Cl^{-}]=\frac{0.100\,0\times(20.00-19.98)}{20.00+19.98}=5.0\times10^{-5}\ \text{mol}\cdot\text{L}^{-1}$$

$$pCl=4.30$$

(3)化学计量点时。当滴定达化学计量点时，可近似认为所加入的 $AgNO_3$ 标准溶液按化学计量关系与 $Cl^-$ 沉淀完全。实际上，化学计量点时溶液是 AgCl 的饱和溶液。因此，当 $V(AgNO_3)=20.00$ mL 时，

$$[Cl^-]=[Ag^+]=\sqrt{K_{sp}^{\Theta}(AgCl)}=\sqrt{1.8\times10^{-10}}=1.33\times10^{-5}\ mol\cdot L^{-1}$$

$$pCl=pAg=4.88$$

(4)化学计量点后。由于 $AgNO_3$ 过量加入，溶液中 $Cl^-$ 不断减少，但沉淀溶解平衡依然存在，因此，可根据溶液中过量的 $Ag^+$ 和 $K_{sp}^{\Theta}(AgCl)$ 计算 $[Cl^-]$ 或 pCl。

$$[Ag^+]=\frac{c(AgNO_3)V(AgNO_3)-c(NaCl)V(NaCl)}{V(NaCl)+V(AgNO_3)}$$

$$[Cl^-]=\frac{K_{sp}^{\Theta}(AgCl)}{[Ag^+]}$$

当 $V(AgNO_3)=20.02$ mL 时，溶液中 $Ag^+$ 平衡浓度为

$$[Ag^+]=0.1000\times\frac{20.02-20.00}{20.02+20.00}=5.0\times10^{-5}\ mol\cdot L^{-1}$$

$$[Cl^-]=\frac{K_{sp}^{\Theta}(AgCl)}{[Ag^+]}=3.6\times10^{-6}\ mol\cdot L^{-1}$$

$$pCl=5.44$$

按照以上方法，可计算出滴定过程中任意一点的 pCl 值。计算结果见表 7-1 所列。以滴加 $AgNO_3$ 溶液的体积为横坐标，pCl 值为纵坐标绘制曲线，即可得到沉淀滴定曲线，如图 7-1 所示。

由图 7-1 可知，pCl、pBr 在化学计量点附近有突跃发生，突跃范围的大小主要取决于所形成沉淀的溶度积 $K_{sp}^{\Theta}$ 的大小。$K_{sp}^{\Theta}$ 越小，相应突跃范围就越大。如 $K_{sp}^{\Theta}(AgBr)=5.35\times10^{-13}$，$K_{sp}^{\Theta}(AgCl)=1.77\times10^{-10}$，$K_{sp}^{\Theta}(AgBr)<K_{sp}^{\Theta}(AgCl)$，所以，pBr 比 pCl 的突跃范围大。

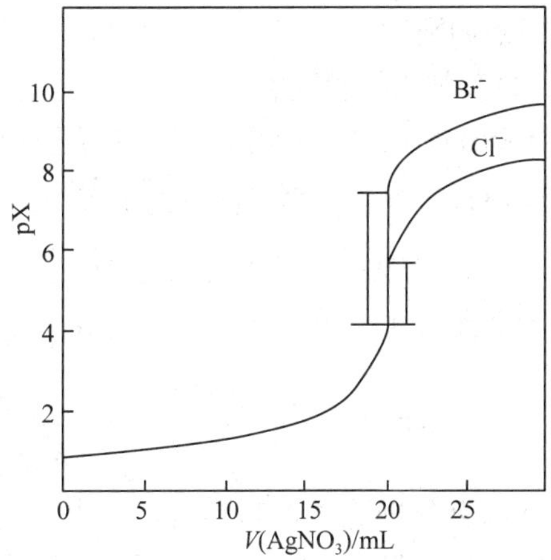


**图 7-1　0.100 0 mol · $L^{-1}$ $AgNO_3$ 滴定 20.00 mL 同浓度的 $Cl^-$、$Br^-$ 离子时的滴定曲线**

**表 7-1　0.100 0 mol · $L^{-1}$ $AgNO_3$ 分别滴定 20.00 mL 同浓度的 NaCl 和 NaBr 时离子浓度的变化**

| $AgNO_3$ 加入量/mL | pCl | pAg | pBr | pAg |
|---|---|---|---|---|
| 0.00 | 1.0 | — | 1.0 | — |
| 18.00 | 2.3 | 7.5 | 2.3 | 9.8 |
| 19.98 | 4.3 | 5.5 | 4.3 | 7.8 |
| 20.00 | 4.9 | 4.9 | 6.05 | 6.05 |
| 20.02 | 5.5 | 4.3 | 7.8 | 4.3 |
| 40.00 | 8.5 | 1.3 | 10.8 | 1.3 |

### 7.3.2 常用的沉淀滴定法

与其他滴定分析法一样，沉淀滴定法的关键问题是正确判断滴定终点，使滴定终点与化学计量点尽可能一致，以减少滴定误差。据所用指示剂的不同，下面分别介绍根据选择合适终点指示剂的人名命名的沉淀滴定分析方法。

#### 7.3.2.1 莫尔(Mohr)法

(1)方法原理。莫尔法是以铬酸钾($K_2CrO_4$)为指示剂，以 $AgNO_3$ 为标准溶液，在中性或弱碱性溶液中滴定卤化物的分析方法。

例如，在中性或弱碱性条件下测定 $Cl^-$，以 $K_2CrO_4$ 为指示剂，以 $AgNO_3$ 为标准溶液进行滴定。即

$$Ag^+ + Cl^- \rightleftharpoons AgCl\downarrow(\text{白色}) \qquad K_{sp}^{\ominus}(AgCl) = 1.8\times10^{-10}$$

$$2Ag^+ + CrO_4^{2-} \rightleftharpoons Ag_2CrO_4\downarrow(\text{砖红色}) \qquad K_{sp}^{\ominus}(Ag_2CrO_4) = 1.12\times10^{-12}$$

AgCl 和 $Ag_2CrO_4$ 不是同一类型的沉淀，计算可知 AgCl 的溶解度小于 $Ag_2CrO_4$ 的溶解度。根据分步沉淀的原理，在滴定过程中，随着 $AgNO_3$ 标准溶液的滴加，溶液中首先形成白色的 AgCl 沉淀，溶液中 $Cl^-$浓度不断减小，当 $Cl^-$浓度降到一定程度接近化学计量点时，即 $Cl^-$近乎于完全沉淀时，稍过量的 $AgNO_3$ 与 $CrO_4^{2-}$ 生成砖红色的 $Ag_2CrO_4$ 沉淀，从而指示滴定终点的到达。

(2)莫尔法的滴定条件。

①指示剂用量：使用莫尔法进行测定时，必须严格控制指示剂 $K_2CrO_4$ 的用量。根据分步沉淀原理，莫尔法滴定终点的出现与溶液中 $CrO_4^{2-}$ 浓度大小有关，在化学计量点时：

$$[Ag^+] = [Cl^-] = \sqrt{K_{sp}^{\ominus}(AgCl)} = \sqrt{1.77\times10^{-10}} = 1.3\times10^{-5}\ mol\cdot L^{-1}$$

若此时恰能生成砖红色的 $Ag_2CrO_4$ 沉淀，则理论上所需的 $CrO_4^{2-}$ 的浓度为

$$[CrO_4^{2-}] = \frac{K_{sp}^{\ominus}(Ag_2CrO_4)}{[Ag^+]^2} = \frac{K_{sp}^{\ominus}(Ag_2CrO_4)}{K_{sp}^{\ominus}(AgCl)} = \frac{1.12\times10^{-12}}{1.77\times10^{-10}} = 6.3\times10^{-3}\ mol\cdot L^{-1}$$

从以上分析数据可知，滴定终点出现的迟早与溶液中 $Ag^+$浓度和 $CrO_4^{2-}$ 的浓度大小有关，即与指示剂的浓度有关。指示剂的浓度过高，终点提前；指示剂的浓度过低，终点推迟。因此，指示剂用量的多少决定滴定终点的正确与否。在实际测定时，若 $K_2CrO_4$ 的浓度太高，$K_2CrO_4$ 的黄色会影响对 $Ag_2CrO_4$ 沉淀颜色的观察，从而影响对终点的判断。因此，在实际测定中 $K_2CrO_4$ 的浓度一般控制在 $3\times10^{-3}$ ~ $5\times10^{-3}$ $mol\cdot L^{-1}$，虽然多消耗一点 $AgNO_3$ 标准溶液，但产生的终点误差为 0.062%，符合滴定分析要求。

②溶液的酸碱度：莫尔法需在中性或弱碱性(pH 值为 6.5~10.5)溶液中进行。若溶液酸性较强，$CrO_4^{2-}$ 会转化为 $Cr_2O_7^{2-}$，即

$$2H^+ + 2CrO_4^{2-} \rightleftharpoons 2HCrO_4^- \rightleftharpoons Cr_2O_7^{2-} + H_2O$$

导致 $CrO_4^{2-}$ 浓度减小，$Ag_2CrO_4$ 沉淀出现过迟，甚至不出现沉淀。若溶液酸性太强，可用 $NaHCO_3$ 或 $Na_2B_4O_7\cdot10H_2O$ 中和。

若溶液碱性较强，将出现 $Ag_2O$ 沉淀，即

$$Ag^+ + OH^- \longrightarrow AgOH\downarrow$$
$$2AgOH \longrightarrow Ag_2O\downarrow + H_2O$$

若溶液碱性太强，可先用稀 $HNO_3$ 中和。当滴定液中有铵盐存在时，如果溶液的碱性较强，会增大游离 $NH_3$ 的浓度，使沉淀 AgCl 和 $Ag_2CrO_4$ 转化为 $[Ag(NH_3)_2]^+$ 配离子而溶解，降低测定的准确度。实验证明，当 $c(NH_4^+)>0.05\ mol\cdot L^{-1}$ 时，溶液的 pH 值控制在 6.5~7.2 为宜。

③滴定时的摇动速度：由于沉淀对被测离子的吸附作用，滴定时需剧烈摇动试液，以减小吸附。莫尔法可用于测定 $Cl^-$、$Br^-$，但不能测定 $I^-$ 和 $SCN^-$，因为 AgI、AgSCN 沉淀强烈吸附 $I^-$ 或 $SCN^-$，即使剧烈摇动也不能解吸，导致终点过早出现，测定结果偏低。

④滴定的干扰因素：莫尔法的选择性较差。能与 $CrO_4^{2-}$ 生成沉淀的阳离子均会干扰滴定，如 $Ba^{2+}$、$Pb^{2+}$、$Hg^{2+}$ 等。同样，能与 $Ag^+$ 生成沉淀的阴离子均会干扰滴定，如 $CO_3^{2-}$、$C_2O_4^{2-}$、$PO_4^{3-}$、$AsO_4^{3-}$、$S^{2-}$、$SO_3^{2-}$ 等离子。另外，$Fe^{3+}$、$Al^{3+}$、$Co^{2+}$、$Ni^{2+}$、$Cu^{2+}$ 等一些有色离子以及一些在中性或碱性溶液中易发生水解的离子会干扰滴定。

(3) 莫尔法的应用范围。

①测定离子：莫尔法主要用于以 $AgNO_3$ 标准溶液直接滴定 $Cl^-$、$Br^-$、$CN^-$ 反应，但不适用于滴定 $I^-$ 和 $SCN^-$，也不适用于以 NaCl 为标准溶液直接滴定 $Ag^+$，因为 $Ag_2CrO_4$ 转化为 AgCl 十分缓慢而使测定无法进行。

②用返滴定法测定 $Ag^+$：如用莫尔法测定 $Ag^+$，必须采用返滴定，即先加入一定过量的 NaCl 标准溶液与其充分反应，然后加入指示剂，用 $AgNO_3$ 标准溶液返滴定。

#### 7.3.2.2　佛尔哈德(Volhard)法

佛尔哈德法是以铁铵矾 $[NH_4Fe(SO_4)_2\cdot 12H_2O]$ 为指示剂，以 $NH_4SCN$ 为标准溶液的银量法。在滴定过程中，首先析出白色 AgSCN 沉淀，当接近化学计量点时，$NH_4SCN$ 标准溶液与 $Fe^{3+}$ 生成红色配位化合物 $[FeSCN]^{2+}$，从而指示滴定终点。佛尔哈德法包括直接滴定法和返滴定法两种滴定方式。

(1) 直接滴定法。

①方法原理：主要用于直接测定 $Ag^+$，在稀酸(如 $HNO_3$)条件，以铁铵矾为指示剂，用 $NH_4SCN$ 标准溶液直接滴定 $Ag^+$。当 AgSCN 沉淀完全后，稍过量的 $SCN^-$ 与 $Fe^{3+}$ 生成红色配合物确定滴定终点。相关反应如下：

$$SCN^- + Ag^+ \rightleftharpoons AgSCN\downarrow(白色) \qquad K_{sp}^{\ominus}(AgSCN)=1.0\times10^{-12}$$
$$SCN^- + Fe^{3+} \rightleftharpoons [FeSCN]^{2+}(红色) \qquad K_f^{\ominus}([FeSCN]^{2+})=138$$

②滴定条件：

a. 佛尔哈德法滴定终点的出现与溶液中 $Fe^{3+}$ 浓度大小有关，可由化学平衡原理从理论上计算恰好能在化学计量点时出现红色配位化合物 $[FeSCN]^{2+}$ 的指示剂用量，化学计量点时：

$$[SCN^-]=[Ag^+]=\sqrt{K_{sp}^{\ominus}(AgSCN)}=\sqrt{1.0\times10^{-12}}=1.0\times10^{-6}\ mol\cdot L^{-1}$$

由于人的眼睛可以觉察到 $[FeSCN]^{2+}$ 的最低浓度为 $6.0\times10^{-6}\ mol\cdot L^{-1}$，则

$$\frac{[Fe(SCN)^{2+}]}{[Fe^{3+}][SCN^-]}=138$$

$$\frac{6.0\times10^{-6}}{[Fe^{3+}]\times1.0\times10^{-6}}=138$$

$$[Fe^{3+}]=0.043\ mol\cdot L^{-1}$$

又由于 $Fe^{3+}$ 呈黄色，会干扰终点的判断，因此在实际测定时，$Fe^{3+}$ 的浓度约为 $0.015\ mol\cdot L^{-1}$，对于滴定终点的判断既明确又不会引入较大的误差。

b. 佛尔哈德法应在酸性介质中进行，控制 pH 值在 0~1 范围内。因为在中性或碱性溶液中，$Fe^{3+}$ 会水解生成 $Fe(OH)^{2+}$、$Fe(OH)_2{}^{+}$ 等深色配合物，甚至 $Fe(OH)_3$ 沉淀。

c. 滴定时需剧烈摇动试液。可以最大程度减少 AgSCN 沉淀对 $Ag^+$ 离子的吸附。

d. 与 $SCN^-$ 发生反应的干扰因子如强氧化剂、铜盐、汞盐及氮的低价态氧化物等，应预先消除。

e. 不能在高温下进行滴定，高温会促进 $Fe^{3+}$ 水解，并使 $[FeSCN]^{2+}$ 配合物褪色，影响终点的判断。

f. 测定 $I^-$ 时，不能过早加入 $Fe^{3+}$ 指示剂，否则会发生如下反应 $2Fe^{3+}+2I^-=\!=\!=2Fe^{2+}+I_2$，从而影响分析结果的准确度。

(2)返滴定法。主要用于测定卤素离子，在较稀的 $HNO_3$ 介质的被测试液中，先加入定量且过量的 $AgNO_3$ 标准溶液与卤素离子反应，待银盐反应结束后，以铁铵矾为指示剂，用 $NH_4SCN$ 标准溶液返滴定剩余的 $Ag^+$。相关反应如下：

$$Ag^+(\text{定量且过量})+X^-=\!=\!=AgX\downarrow$$

$$Ag^+(\text{剩余量})+SCN^-=\!=\!=AgSCN\downarrow$$

$$Fe^{3+}+SCN^-\rightleftharpoons[FeSCN]^{2+}$$

返滴定法测定时，应满足以上直接滴定法所需条件，此外，返滴定法在测定 $Cl^-$ 时，由于 $AgCl(K_{sp}^\ominus=1.8\times10^{-10})$ 的溶解度大于 $AgSCN(K_{sp}^\ominus=1.0\times10^{-12})$，再者计量点时出现的 $[FeSCN]^{2+}(K_f^\ominus=1.4\times10^2)$ 不很稳定，在溶液中易发生以下转化：

$$[FeSCN]^{2+}\rightleftharpoons SCN^-+Fe^{3+}$$

$$+$$

$$AgCl\rightleftharpoons AgSCN\downarrow+Cl^-$$

从而影响分析结果的准确度。因此，当 AgCl 沉淀完全后，将生成的 AgCl 沉淀过滤、洗涤，再用 $NH_4SCN$ 标准溶液滴定滤液中的 $AgNO_3$，可防止 AgCl 沉淀转化为 AgSCN 沉淀。或者在返滴定前向待测试液中加入有机溶剂(如 1,2-二硝基乙烷、硝基苯或异戊醇等)，使 AgCl 沉淀表面包裹有机溶剂，也可以防止 AgCl 向 AgSCN 转化。返滴法测定 $Br^-$、$I^-$ 时不存在转化问题。

佛尔哈德法能在酸性溶液中进行滴定分析，$Ba^{2+}$、$Pb^{2+}$、$PO_4^{3-}$、$AsO_4^{3-}$、$CO_3^{2-}$ 等离子均不干扰滴定，但由于强氧化剂、氮的低价态氧化物以及铜盐、汞盐等能与 $SCN^-$ 起作用，干扰测定，滴定前应当采取一定措施除去。

#### 7.3.2.3 法扬司(Fajans)法

法扬司法是一种利用吸附指示剂，如荧光黄、二氯荧光黄、曙红等确定滴定终点的银量法。常以 $AgNO_3$ 作为标准溶液，可以直接滴定 $Cl^-$、$Br^-$、$I^-$、$SCN^-$ 等。

(1)基本原理。吸附指示剂(adsorption indicators)是一类有机染料，当吸附指示剂被溶液中的胶状沉淀吸附后，被吸附后指示剂的分子结构随即发生变化，导致颜色的变化，从而指示滴定终点的到达。例如，用 $AgNO_3$ 标准溶液滴定 $Cl^-$时，一般所用的指示剂是荧光黄。荧光黄是一种有机弱酸，用 HFIn 表示，在溶液中发生如下离解：

$$HFIn \rightleftharpoons FIn^- + H^+$$

在溶液中离解为黄绿色的阴离子 $FIn^-$。在化学计量点前，溶液中 $Cl^-$过量，这时 AgCl 胶状沉淀吸附 $Cl^-$而带负电荷，$FIn^-$受排斥而不被吸附，溶液呈黄绿色；而在化学计量点后，溶液中 $Ag^+$过量，使得 AgCl 胶状沉淀吸附 $Ag^+$而带正电荷，溶液中 $FIn^-$被吸附，溶液由黄绿色变为粉红色，即可指示滴定终点的到达。表 7-2 列出了一些常见的吸附指示剂。

**表 7-2　吸附指示剂**

| 指示剂 | 被测离子 | 滴定剂 | 适用的 pH 值范围 |
|---|---|---|---|
| 荧光黄 | $Cl^-$，$Br^-$，$I^-$，$SCN^-$ | $Ag^+$ | 7~10 |
| 二氯荧光黄 | $Cl^-$，$Br^-$，$I^-$，$SCN^-$ | $Ag^+$ | 4~6 |
| 曙红 | $Br^-$，$I^-$，$SCN^-$ | $Ag^+$ | 2~10 |
| 甲基紫 | $SO_4^{2-}$，$Ag^+$ | $Ba^{2+}$，$Cl^-$ | 酸性溶液 |
| 溴酚蓝 | $Cl^-$，$SCN^-$ | $Ag^+$ | 2~3 |
| 罗丹明 6G | $Ag^+$ | $Br^-$ | 稀 $HNO_3$ |

(2)滴定条件。为了使终点变化敏锐，使用吸附指示剂时需满足以下几点：

①常用的吸附指示剂多为有机弱酸，起指示作用的是其电离出的阴离子，为使指示剂呈现阴离子状态，需控制适当的 pH 值。若吸附指示剂酸性较弱，待测溶液的 pH 值需高些；若吸附指示剂的酸性较强，则待测溶液 pH 值需低些。例如，荧光黄的酸性较弱，可用于 pH 值为 7~10 的溶液中；二氯荧光黄的酸性较强，可用于 pH 值为 4~10 的溶液中。

②吸附指示剂的颜色变化主要发生在沉淀表面，要使终点变色敏锐，应使沉淀具有较大的比表面积。因此，在滴定前常适当加入沉淀保护剂，如糊精、淀粉等高分子化合物，可防止沉淀凝聚，保持胶体状态，从而增大沉淀的比表面积。

③沉淀对指示剂离子的吸附能力要适当，应略小于对待测离子的吸附能力。即滴定稍过化学计量点时，胶粒就立即吸附指示剂离子而变色。否则，在化学计量点之前，指示剂离子取代了待测离子，使终点提前。如果胶体微粒对指示剂离子吸附的能力太弱，则终点会出现太迟。沉淀对卤离子及指示剂的吸附能力如下：

$$I^- > SCN^- > Br^- > \text{曙红} > Cl^- > \text{荧光黄}$$

④因为卤化银沉淀对光敏感，受光照后易转变为灰黑色，从而影响终点的观察，所以滴定过程应避免强光照射。

⑤待测离子浓度要适当，不能太低。由于浓度太低时，生成的沉淀少，终点变化不明显，不宜使用此法。

## 7.3.3　沉淀滴定法的应用

### 7.3.3.1　标准溶液的配制与标定

(1) $AgNO_3$ 标准溶液的配制与标定。$AgNO_3$ 可以得到符合滴定分析要求的基准试剂，因此可用直接法配制标准溶液。对纯度不够高的 $AgNO_3$，则先配成近似浓度的溶液，然后再用基准物质 NaCl 标定。标定时，由于 NaCl 易潮解，使用前应在 500~600 ℃下干燥，除去吸附水。$AgNO_3$ 溶液见光易分解，因此标准溶液应保存在棕色试剂瓶中，并放置在暗处。

(2) $NH_4SCN$ 标准溶液的配制与标定。$NH_4SCN$ 试剂一般含有杂质，且易潮解，只能先配成近似浓度的溶液，然后用 $AgNO_3$ 基准物质或 $AgNO_3$ 标准溶液进行标定。

### 7.3.3.2 应用示例

(1) 可溶性氯化物中氯的测定。例如，天然水中、饲料中的氯含量测定等，一般可采用莫尔法进行测定。但如果试样含有 $PO_4^{3-}$、$AsO_4^{3-}$、$S^{2-}$、$C_2O_4^{2-}$ 等能与 $Ag^+$ 生成沉淀的阴离子时，则应在酸性条件下，使用佛尔哈德法进行测定。

(2) 有机卤化物中卤素含量的测定。有机卤化物中的卤素含量的测定，多数不能直接滴定，测定前，必须经过适当的预处理，使有机卤化物中的卤素转变为卤离子形式，才能使用银量法进行滴定。由于有机卤化物中卤素的结合方式不同，因而所选用的预处理方法也不同。对于脂肪族卤化物和卤素结合在芳香环侧链上的芳香化合物，由于其卤素原子性质较活泼，因此可将试样与 KOH 或 NaOH 的乙醇溶液一起加热回流，按下式反应，使卤素原子以离子的形式转入溶液中：

$$RX + KOH \xlongequal{} ROH + NaX$$

溶液冷却后，用 $HNO_3$ 酸化，再用佛尔哈德法测定试样中的卤素离子。α-溴异戊酰脲(溴米那)、六氯环己烷(六六六)和对硝基-2-溴代苯乙酮等均可采用此方法进行测定卤素含量；结合在苯环上或杂环上的卤素原子性质比较稳定，可采用熔融法或氧化法预处理后，用佛尔哈德法进行分析。

## 思考题

1. 饮用 $SO_4^{2-}$ 浓度超过 0.25 g·L$^{-1}$ 的水可能会引起腹泻。如果地下水流经石膏矿($CaSO_4 \cdot 2H_2O$)并被 $CaSO_4$ 饱和，此水还能否饮用？

2. 同离子效应及盐效应对难溶电解质溶解度的影响如何？何种效应影响更显著？

3. 是否可将溶解度小的难溶电解质转化为溶解度较大的难溶电解质？

4. 沉淀滴定法所用的沉淀反应应具备哪些条件？

5. 下列方法进行测定时，分析结果是否准确，是偏高还是偏低，为什么？

(1) 在 pH=4 时，用莫尔法滴定 $Cl^-$。

(2) 佛尔哈德法测定 $Cl^-$ 时，既没有将 AgCl 沉淀过滤，又没有加硝基苯。

(3) 用法扬司法测定 $Cl^-$，以曙红作指示剂。

(4) 用法扬司法测定 $I^-$，以曙红作指示剂。

6. 在银量法滴定过程中，为什么强调要一边滴加一边剧烈摇动，其目的是什么？否则，对分析结果有何影响？

## 习 题

### 一、选择题

1. 25 ℃时，AgCl、$Ag_2CrO_4$ 的溶度积 $K_{sp}^{\ominus}$ 分别是 $1.77 \times 10^{-10}$ 和 $1.12 \times 10^{-12}$，表明 AgCl 的溶解度比

$Ag_2CrO_4$ 的溶解度(　　)。

A. 小　　B. 大　　C. 相等　　D. 2 倍

2. 难溶电解质 $AB_2$ 在水中溶解，反应式为 $AB_2(s) \rightleftharpoons A^{2+}(aq) + 2B^-(aq)$，当达到平衡时，难溶物 $AB_2$ 的溶解度 $s$ mol·L$^{-1}$ 与溶度积 $K_{sp}^{\ominus}(AB_2)$ 的关系(　　)。

A. $s=(2K_{sp}^{\ominus})^2$　　B. $s=(K_{sp}^{\ominus}/4)^{1/3}$　　C. $s=(K_{sp}^{\ominus}/2)^{1/2}$　　D. $s=(K_{sp}^{\ominus}/27)^{1/4}$

3. 离子分步沉淀作用，影响沉淀先后顺序的因素为(　　)。

A. $K_{sp}^{\ominus}$ 小者先沉淀　　B. 离子浓度大者先被沉淀

C. 溶解度小者先沉淀　　D. 与 $K_{sp}^{\ominus}$、离子浓度及沉淀类型有关

4. 难溶电解质 FeS、ZnS、CuS 中，有的溶于 HCl，有的不溶于 HCl，其主要原因是(　　)。

A. 摩尔质量不同　　B. 中心离子与 $Cl^-$ 的配位能力不同

C. $K_{sp}^{\ominus}$ 不同　　D. 溶解速度不同

5. 将 MnS 溶解在 HAc 溶液中，系统的 pH 值将(　　)。

A. 不变　　B. 变大　　C. 变小　　D. 无法预测

6. 为了除去溶液中的杂质离子形态的铁，用下列哪一种沉淀为好(　　)。

A. $Fe(OH)_2$　　B. $Fe(OH)_3$　　C. FeS　　D. $FeCO_3$

7. 已知 $K_{sp}^{\ominus}(BaSO_4)=1.1\times10^{-10}$，$K_{sp}^{\ominus}(BaCO_3)=2.6\times10^{-9}$。欲使 $BaSO_4$ 转化为 $BaCO_3$，介质溶液必须满足的条件为(　　)。

A. $c(CO_3^{2-})>24c(SO_4^{2-})$　　B. $c(CO_3^{2-})>0.04c(SO_4^{2-})$

C. $c(CO_3^{2-})<24c(SO_4^{2-})$　　D. $c(CO_3^{2-})<0.04c(SO_4^{2-})$

8. 沉淀滴定中，滴定突跃范围的大小与下列因素无关的是(　　)。

A. 指示剂浓度　　B. 沉淀的溶解度　　C. 银离子浓度　　D. 卤离子浓度

9. 莫尔法测定 $Cl^-$ 含量时，要求介质的 pH 值在 6.5~10.0 范围内，若酸度过高，则(　　)。

A. AgCl 沉淀不完全　　B. AgCl 沉淀易形成溶胶

C. AgCl 沉淀吸附 $Cl^-$ 增强　　D. $Ag_2CrO_4$ 沉淀不易形成

10. 以铁铵矾为指示剂，用 $NH_4SCN$ 标准液滴定 $Ag^+$ 时，适宜的酸碱性条件是(　　)。

A. 酸性　　B. 弱酸性　　C. 中性　　D. 弱碱性

**二、填空题**

1. 某难溶电解质 $A_3B_2$ 在水中的溶解度 $s=1.0\times10^{-6}$ mol·L$^{-1}$，则在其饱和水溶液中 $[A^{2+}]=$________ mol·L$^{-1}$，$[B^{3-}]=$________ mol·L$^{-1}$，$K_{sp}^{\ominus}(A_3B_2)=$________。(设 $A_3B_2$ 溶解后完全离解，且无副反应发生)

2. 写出 AgCl(s) 在 (1) 纯水中，(2) 0.01 mol·L$^{-1}$NaCl，(3) 0.01 mol·L$^{-1}$$CaCl_2$，(4) 0.01 mol·L$^{-1}$$NaNO_3$ 和 (5) 0.1 mol·L$^{-1}$$NaNO_3$ 溶液中溶解度由大到小的次序________________。

3. 某溶液中含有 $Ag^+$、$Pb^{2+}$、$Ba^{2+}$ 离子，浓度均为 0.10 mol·L$^{-1}$，往溶液中滴 $K_2CrO_4$ 试剂，各离子开始沉淀顺序为__________。已知 $K_{sp}^{\ominus}(Ag_2CrO_4)=9.0\times10^{-12}$，$K_{sp}^{\ominus}(BaCrO_4)=1.17\times10^{-10}$，$K_{sp}^{\ominus}(PbCrO_4)=1.77\times10^{-14}$。

4. 莫尔法是以________溶液作滴定剂，________作指示剂，直接滴定卤化物以到达终点时形成______来指示终点的滴定分析方法。佛尔哈德法是以________为指示剂，以________为滴定剂，以终点时生成________来指示终点的方法。法扬司法是以__________为滴定剂，以________指示终点的银量法。

5. 莫尔法测定 $Cl^-$ 的含量，应在________或________溶液中进行，即 pH=________。用此法测定 $NH_4Cl$ 中 $Cl^-$ 含量时，若 pH>7.5 会因________的形成，使测定结果偏________。

6. 佛尔哈德法既可直接用于测定________离子，又可间接用于测定各种________离子。消除 AgCl 沉

淀吸附影响的可以采用________除去 AgCl 沉淀或加入________包围 AgCl 沉淀。

**三、判断题**

1. 两种难溶电解质，$K_{sp}^{\ominus}$ 较大者，其溶解度 $s$ 也较大。 ( )

2. 分步沉淀中，$K_{sp}^{\ominus}$ 小的难溶电解质一定先生成。 ( )

3. 莫尔法主要用于以 $AgNO_3$ 标准溶液直接滴定 $Cl^-$、$Br^-$、$CN^-$反应，而不适用于滴定 $I^-$和 $SCN^-$。 ( )

4. 佛尔哈德法应排除许多弱酸根离子(如 $PO_4^{3-}$，$AsO_4^{3-}$，$CrO_4^{2-}$ 等离子)的干扰。 ( )

5. 用佛尔哈德返滴定法滴定 $Cl^-$、$Br^-$、$I^-$过程中，必须加热使沉淀凝聚并及时将沉淀过滤，或者加入有机溶剂(如硝基苯)。 ( )

6. 常用的吸附指示剂大多是有机弱酸，其要求的滴定酸度条件应随被测离子的不同而异。 ( )

**四、计算题**

1. 向 $c(Cl^-)=0.010\ mol\cdot L^{-1}$，$c(I^-)=0.010\ mol\cdot L^{-1}$ 的溶液中，加入足量的 $AgNO_3$ 使 AgCl、AgI 均有沉淀，平衡后溶液中$[Cl^-]/[I^-]$为多少?

2. 1.0 mL 0.01 $mol\cdot L^{-1}$ $AgNO_3$ 溶液和 99 mL 0.01 $mol\cdot L^{-1}$ NaCl 溶液混合，能否析出沉淀? 平衡时溶液中 $Ag^+$和 Cl 的浓度各为多少?

3. 某溶液含有 0.05 $mol\cdot L^{-1}$$Fe^{2+}$和 0.05 $mol\cdot L^{-1}$ $Fe^{3+}$，如果要使 $Fe^{3+}$以 $Fe(OH)_3$ 的形式与 $Fe^{2+}$分离开，溶液的 pH 值应控制在什么范围?

4. 在 100 mL 0.20 $mol\cdot L^{-1}$$MnCl_2$ 溶液中加入等体积的 0.01 $mol\cdot L^{-1}$ 氨水。问在此氨水中加入多少克固体 $NH_4Cl$，才不致于生成 $Mn(OH)_2$ 沉淀?

5. 在以下溶液中不断地通入 $H_2S$，维持其浓度为 0.1 $mol\cdot L^{-1}$。问这两种溶液中存留的 $Cu^{2+}$离子浓度各为多少? (1)0.1 $mol\cdot L^{-1}$$CuSO_4$；(2)0.1 $mol\cdot L^{-1}$ $CuSO_4$ 与 1.0 $mol\cdot L^{-1}$ HCl 溶液。

6. 称取食盐 0.200 0 g 溶于水，以 $K_2CrO_4$ 作指示剂，用 0.150 0 $mol\cdot L^{-1}$$AgNO_3$ 标准溶液滴定，用去 22.50 mL。计算 NaCl 的质量分数。已知 NaCl 的式量为 58.443。

7. 称取基准物质试剂 NaCl 0.200 0 g，溶于水，加入 $AgNO_3$ 标准溶液 50.00 mL，以铁铵矾作指示剂，用 KSCN 标准溶液滴定，用去 25.00 mL。已知 1.00 mL KSCN 标准溶液相当于 1.20 mL $AgNO_3$ 标准溶液。计算 $AgNO_3$ 和 KSCN 溶液物质的量浓度。

8. 某含砷农药 0.200 0 g，溶于 $HNO_3$ 后，转化为 $H_3AsO_4$，加入 $AgNO_3$ 使其沉淀为 $Ag_3AsO_4$。沉淀经过滤洗涤后，再以稀 $HNO_3$ 溶解，以铁铵矾为指示剂，用去 0.118 0 $mol\cdot L^{-1}$ $NH_4SCN$ 标准溶液 33.85 mL。计算该农药中 $As_2O_3$(式量为 197.841 4)的质量分数。

# 第8章

# 氧化还原平衡及氧化还原滴定法

# (Redox Equilibrium and Titration)

化学反应有很多种反应类型，依据化学反应的特征或机理，可以将化学反应划分为多种反应类型。若根据化学反应过程中有无电子得失或氧化数变化，则将化学反应分为两大类：一类是在反应过程中，反应物之间没有发生电子的转移或氧化数变化，如酸碱反应、沉淀反应和配位反应等；另一类是在反应过程中，反应物之间发生了电子的转移，其最显著的特征是参加反应元素的氧化数发生了改变，就是本章要学习的氧化还原反应(reduction-oxidation, redox)。氧化还原反应是一类非常重要的化学反应。

氧化还原滴定法(redox titration)是以氧化还原反应为基础的滴定分析方法，是滴定分析中应用最广泛的方法之一。在定量分析中，该方法一般选用适当的还原剂或氧化剂作为标准溶液，直接测定具有氧化性或还原性的物质，如金属阳离子、阴离子、有机化合物、生物活性物质，对于那些不具有氧化性或还原性的物质也可以采用间接方式进行测定。

由于氧化还原反应是一类有电子转移或氧化数改变的反应，反应机理比较复杂，因此有些反应在理论上可以进行，但实际反应速率十分缓慢，有些反应常伴有副反应发生，且反应产物随反应条件的变化而变化。因此，氧化还原反应及其平衡理论对于氧化还原滴定方法和原理的学习是非常重要和必要的。

## 8.1 氧化还原反应(Reduction-Oxidation)

### 8.1.1 氧化数和化合价

氧化数(oxidation number)表示某元素与其他元素在键合状态时的情况，也可以理解为该元素与其他元素的原子化合的能力。在描述氧化还原反应中所发生的变化以及正确书写氧化还原反应方程式时，需要引进氧化数。1970年，国际纯粹与应用化学联合会(IUPAC)对氧化数的定义为："氧化数是指某元素一个原子的荷电数，这个荷电数是假设把每个化学键中的电子指定给电负性大的原子而求得"。所以，氧化数就是指某元素原子的表观电荷数，可以根据定义计算出表观电荷数。例如，在 HCl 分子中，由于氯的电负性大，成键电子划归给氯，所以氯的氧化数为-1，氢为+1。但是对于结构复杂的化合物，它们的电子结构式本身就不易给出，很难指定电子的归属，为了避开这些问题，确定氧化数，人们从经验中总结出以下规则：

(1)单质中元素的氧化数为零。

(2)氧在化合物中的氧化数一般为-2，在过氧化物中为-1(如 $H_2O_2$、$Na_2O_2$)，在 $OF_2$ 中为+2。氢的氧化数一般为+1，但在与活泼金属形成的金属氢化物中则为-1(如 NaH、$CaH_2$)。

(3)离子化合物中，单原子离子元素的氧化数为离子所带的电荷数(如 NaCl 中 $Na^+$氧化数为+1，$Cl^-$氧化数为-1)。

(4)共价化合物中，元素的氧化数是把电子对指定给电负性大的一方而求得的表观电荷数(如 $H_2SO_4$ 中 H 的氧化数为+1，S 的氧化数为+6，O 的氧化数为-2)。

(5)中性分子中，各元素氧化数的代数和为零。

根据以上规则，可以很方便地求出指定元素的氧化数。

**【例 8.1】** 计算 $Fe_3O_4$、$K_2Cr_2O_7$ 和 $S_2O_3^{2-}$ 中 Fe、Cr 和 S 的氧化数。

**解**：设 Fe 的氧化数为 $x$

由规则(5)得 $3x+4\times(-2)=0$，得 $x=+\dfrac{8}{3}$，则 Fe 的氧化数为$+\dfrac{8}{3}$。

设 Cr 的氧化数为 $x$，则 $2x+7\times(-2)=-2$，得 $x=6$，Cr 的氧化数为+6。

设 S 的氧化数为 $x$，则 $2x+3\times(-2)=-2$，得 $x=+2$，S 元素的氧化值为+2。

化合价(valence)是指一种元素一定数目的原子与其他元素一定数目的原子化合的性质，实际上是一个与物质微观结构相关的概念。对于离子化合物，元素化合价的数值，就是这种元素的一个原子得失电子的数目。失电子的原子带正电荷，元素化合价为正；得电子的原子带负电，元素化合价为负。对于共价化合物，元素化合价的数值就是这种元素的一个原子与其他元素的原子之间形成的共价键的数目，化合价的正、负由共用电子对的偏移来决定。在单质分子里，元素化合价为零。不论离子化合物还是共价化合物，正、负化合价的代数和都等于零。

需要指出的是氧化数和化合价是两个不同的概念，它们之间既有联系又有区别。氧化数可以是正、负整数或正、负分数，在离子化合物中，它就等于离子所带电荷；在共价化合物中，它是元素的表观电荷数。而化合价只能是正、负整数。另外，元素的最高化合价应等于其所在的族数，但元素的氧化数可以高于其所在的族数。目前中学化学中，通常将两者混合使用，即将氧化数的概念应用于化合价。实际上氧化数和化合价除了在定义上不同外，在使用时一般可以不加区分，但氧化数的概念非常适用于讨论氧化还原反应。

## 8.1.2 氧化还原反应的基本概念

几个典型的氧化还原反应如下：

$$2\overset{0}{H_2}+\overset{0}{O_2}=\!=\!=2\overset{+1}{H_2}\overset{-2}{O}$$

$$\overset{+2}{Cu}O+\overset{0}{H_2}=\!=\!=\overset{0}{Cu}+2\overset{+1}{H_2}O$$

$$\overset{0}{Zn}+\overset{+2}{Cu}{}^{2+}=\!=\!=\overset{+2}{Zn}{}^{2+}+\overset{0}{Cu}$$

$$2K\overset{+7}{Mn}O_4+16H\overset{-1}{Cl}=\!=\!=2\overset{+2}{Mn}Cl_2+2KCl+5\overset{0}{Cl_2}+8H_2O$$

可以看出，反应前后有氧化数发生改变的反应称为氧化还原反应(reduction-oxidation)。

#### 8.1.2.1　氧化和还原

在氧化还原反应中元素氧化数升高的过程称为氧化(oxidize)，元素氧化数降低的过程称为还原(reduce)，例如，在氧化还原反应 $CuO+H_2 = Cu + 2H_2O$ 中，$H_2$ 中氢元素的氧化数为0，反应后氧化数升为+1，氢元素发生了氧化；CuO 中的铜元素的氧化数为+2，反应后氧化数降为0，铜元素发生了还原。

在氧化还原反应中，元素的氧化数之所以发生改变，其实质是反应中某些元素原子之间有电子的得失(或电子对的偏移)，氧化是失去电子的过程，还原是得到电子的过程。氧化还原反应中，一些元素失去电子，氧化数升高，则必定另一些元素得到电子，氧化数降低。也就是说，一个氧化还原反应必然同时包括氧化和还原两个过程。

#### 8.1.2.2　氧化剂和还原剂

氧化还原反应中得到电子，氧化数降低的物质为氧化剂(oxidant)；而失去电子，氧化数升高的物质为还原剂(reducing agent)。氧化剂和还原剂中并不是所有元素的氧化数在反应中都会发生变化，在大多数情况下，仅是其中某种或几种元素的氧化数变化。常见的氧化剂有活泼的非金属单质以及含元素较高氧化数的化合物或离子，如 $O_2$、$F_2$、$KMnO_4$、$K_2Cr_2O_7$ 等。常见的还原剂有活泼的金属单质及含元素较低氧化数的化合物或离子，如 Na、Mg、Zn、$H_2S$、$H_2C_2O_4$ 等。而一些含中间氧化数的物质，随反应条件的不同既可以是氧化剂，又可以是还原剂。例如，$H_2O_2$ 在 $4H_2O_2+PbS = PbSO_4+ 4H_2O$ 中氧元素的氧化数由−1 降为−2，$H_2O_2$ 为氧化剂；在 $Ag_2O + H_2O_2 = 2Ag + H_2O + O_2$ 中氧元素的氧化数由−1 升为0，$H_2O_2$ 为还原剂。

#### 8.1.2.3　自身氧化还原反应和歧化反应

在氧化还原反应中有一类特殊的氧化还原反应，氧化数的升高和降低都发生在同一化合物中。如 $KClO_3$ 分解生成氧气的反应

$$2K\overset{+5}{Cl}\overset{-2}{O}_3 = 2K\overset{-1}{Cl} + 3\overset{0}{O}_2$$

$KClO_3$ 中氯元素的氧化数为+5，反应后降为−1，发生了还原，$KClO_3$ 为氧化剂；而氧元素的氧化数是−2，反应后升为0，发生了氧化，$KClO_3$ 为还原剂。氧化数发生变化的元素氯和氧在同一化合物中，将这类氧化还原反应称为自身氧化还原反应(self-redox reaction)。

歧化反应(disproportionated reaction)，指的是同一物质的分子中同一氧化数的同一元素间发生的氧化还原反应。同一氧化数的元素在发生氧化还原反应过程中发生了“氧化数变化上的分歧”，有些升高，有些降低。如氯气水解时的化学反应

$$\overset{0}{Cl}_2 + H_2O = H\overset{+1}{Cl}O + H\overset{-1}{Cl}$$

发生歧化反应的元素必须具有相应的高氧化数和低氧化数化合物，歧化反应只发生在中间氧化数的元素上。

自身氧化还原反应与歧化反应均属同种物质间发生的氧化还原反应，歧化反应是自身氧化还原反应的一种，但自身氧化还原反应却不一定都是歧化反应。

#### 8.1.2.4　氧化还原电对

任何一个氧化还原反应必然包含氧化与还原两个过程。因此，可以将一个氧化还原反应

看作氧化反应和还原反应两个半反应的组合。例如，$Zn + Cu^{2+} = Zn^{2+} + Cu$ 反应中，一个半反应是 Zn 作还原剂被氧化，发生的是氧化反应 $Zn \longrightarrow Zn^{2+} + 2e^-$；另一个半反应是 $Cu^{2+}$ 作氧化剂被还原，发生的是还原反应 $Cu^{2+} + 2e^- \longrightarrow Cu$。这两个半反应中都包含同一元素的两种不同氧化数状态，在氧化反应中有 Zn 和 $Zn^{2+}$，还原反应中有 $Cu^{2+}$ 和 Cu。把氧化数高的 $Zn^{2+}$ 和 $Cu^{2+}$ 称为氧化型(或氧化态)，氧化数低的 Zn 和 Cu 称为还原型(或还原态)。$Zn^{2+}$ 与 Zn，$Cu^{2+}$ 与 Cu 之间通过电子转移相互转化。一对对应的氧化型和还原型构成的共轭体系称为氧化还原电对(redox conjugate pair)，可用“氧化型/还原型”表示，如 $Zn^{2+}/Zn$，$Cu^{2+}/Cu$。应指出的是，一种元素可以有多种氧化数，它们可以两两相互组成多对氧化还原电对，如铁元素有 Fe、$Fe^{2+}$、$Fe^{3+}$，可以组成的氧化还原电对有 $Fe^{3+}/Fe$、$Fe^{2+}/Fe$、$Fe^{3+}/Fe^{2+}$。所以，任何一种元素的两种不同氧化数状态均可以构成一对氧化还原电对(氧化型/还原型)。

一个氧化还原反应可以认为是由两个(或两个以上)氧化还原电对共同作用的结果。由于氧化还原反应中两个电对得失的电子数相等，将两个半反应加和，即得到氧化还原反应方程式。

$$
\begin{array}{r}
Cu^{2+} + 2e^- = Cu \\
\underline{+)\ Zn = Zn^{2+} + 2e^-} \\
Cu^{2+} + Zn = Cu + Zn^{2+}
\end{array}
$$

## 8.1.3 氧化还原反应方程式配平

氧化还原反应方程式除了能够反映反应物和生成物的关系，还要能够表现出反应物和生成物之间的定量关系，因此一定要正确书写氧化还原反应方程式。书写氧化还原反应方程式时，为了遵守物质守恒定律，反应方程式就需要配平。配平的方法种类很多，这里仅介绍常见的氧化数法和离子-电子法两种。

### 8.1.3.1 氧化数法

氧化数法配平氧化还原反应方程式所依据的原则是，反应中氧化剂元素氧化数降低值和还原剂元素氧化数增加值相等(氧化数守恒)，而且反应前后各元素的原子总数相等(质量守恒)。下面以氯酸($HClO_3$)和白磷($P_4$)的反应为例，说明用氧化数法配平氧化还原反应的具体步骤。

(1)根据实验结果写出反应物和生成物的反应式。

$$HClO_3 + P_4 \longrightarrow HCl + 4H_3PO_4$$

(2)标出有关元素的氧化数，然后按照物质的实际存在形式，调整各分子式前的系数，使反应式两边氧化数发生了变化的各原子的个数分别相等。例如，白磷为 $P_4$，被氧化后生成的磷酸分子中只有一个磷原子，所以磷酸分子式前面的系数现调整为 4。

$$H\overset{+5}{Cl}O_3 + \overset{0}{P_4} \longrightarrow H\overset{-1}{Cl} + 4H_3\overset{+5}{P}O_4$$

(3)计算元素氧化数的变化值。用生成物的氧化数减去反应物的氧化数的差值乘以分子式前面的系数，分别得到氧化数降低的数值与升高的数值。例如，氯元素的氧化数降低的数值为 $|-1-5|=6$；磷元素的氧化数升高的数值为 $4\times|5-0|=20$。

(4)根据氧化剂中氧化数降低的数值应与还原剂中氧化数升高的数值相等的原则，利用最小公倍数法，在相应的化学式前乘以适当的系数，使氧化数降低的总数与升高的总数相等。例如，根据 $6\times10=20\times3=60$，得到氧化剂($HClO_3$)和还原剂($P_4$)相应的系数分别为 10 和 3，则配平氧化数发生了变化的元素原子个数。

$$10HClO_3+3P_4 \longrightarrow 10HCl + 12H_3PO_4$$

(5)检查氢原子及其他原子的数目，找出参加反应的 $H_2O$ 的数目，然后用 $H_2O$ 配平氢和氧原子的个数。

$$10HClO_3+3P_4+18H_2O \longrightarrow 10HCl + 12H_3PO_4$$

(6)再次核对反应方程式两边各元素原子的总数。若相等，则将箭头改为"═══"，得到配平的反应式。

$$10HClO_3+ 3P_4+18H_2O = 10HCl + 12H_3PO_4$$

### 8.1.3.2　离子-电子法

离子-电子法配平氧化还原反应方程式所依据的原则是：氧化还原反应中氧化剂和还原剂得失电子总数相等(电荷平衡)，反应前后各元素的原子总数相等(质量守恒)。对于在溶液中进行的氧化还原反应，用离子-电子法配平更方便。下面分别以酸性介质溶液、碱性介质溶液以及中性介质溶液中的氧化还原反应实例，说明用离子-电子法配平氧化还原反应方程式的具体步骤。

(1)在酸性介质溶液中的配平，以高锰酸钾和亚硫酸钠在硫酸溶液中的反应为例。

$$KMnO_4+Na_2SO_3+H_2SO_4 \longrightarrow MnSO_4+Na_2SO_4$$

①写出反应的离子反应式(主要写出反应前后有变化的离子)：

$$MnO_4^-+ SO_3^{2-} \longrightarrow Mn^{2+}+SO_4^{2-}$$

②将离子反应式根据氧化数升降情况拆分为两个半反应：

$$SO_3^{2-} \longrightarrow SO_4^{2-}+2e^-$$

$$MnO_4^-+5e^- \longrightarrow Mn^{2+}$$

③配平原子和反应前后的电荷：在箭头两边多氧的一方加 $H^+$，少氧的一方加 $H_2O$，用加电子的方法配平电荷，并将箭头改写成"═══"号。

$$SO_3^{2-}+ H_2O = SO_4^{2-}+2H^++2e^-$$

$$MnO_4^-+ 8H^++ 5e^- = Mn^{2+}+ 4H_2O$$

④根据氧化剂和还原剂得失电子总数相等(电荷平衡)的原则，利用最小公倍数法，对两个半反应乘以适当的系数，使氧化剂得电子的总数与还原剂失电子的总数相等。

$$5SO_3^{2-}+5H_2O = 5SO_4^{2-}+10H^++10e^-$$

$$2MnO_4^-+16H^++10e^- = 2Mn^{2+}+8H_2O$$

⑤相加两个半反应，并消去多余项，即为配平的离子反应方程式。

$$2MnO_4^-+ 5SO_3^{2-}+6H^+ = 2Mn^{2+}+5SO_4^{2-}+ 3H_2O$$

将离子反应式改写成分子反应式，则为

$$2KMnO_4+5Na_2SO_3+3H_2SO_4 = 2MnSO_4+5Na_2SO_4+3H_2O+K_2SO_4$$

(2)在碱性介质溶液中的配平，以过氧化氢和氢氧化铬在氢氧化钠溶液中的反应为例。

$$H_2O_2+Cr(OH)_4^- \longrightarrow CrO_4^{2-}+ H_2O$$

①写出反应的离子反应式(主要写出反应前后有变化的离子)：

$$H_2O_2+ Cr(OH)_4^- \longrightarrow CrO_4^{2-}+H_2O$$

②将离子反应式根据氧化数升降情况拆分为两个半反应：

$$H_2O_2 \longrightarrow H_2O$$

$$Cr(OH)_4^- \longrightarrow CrO_4^{2-}$$

③配平原子和反应前后的电荷：在箭头两边多氧的一方加 $H_2O$，少氧的一方加 $OH^-$，用加电子的方法配平电荷，并将箭头改写成"══"号。

$$H_2O_2+H_2O+2e^- = H_2O+2OH^-$$

$$Cr(OH)_4^-+4OH^- = CrO_4^{2-}+4H_2O+3e^-$$

④根据氧化剂和还原剂得失电子总数相等(电荷平衡)的原则，利用最小公倍数法，对两个半反应乘以适当的系数，使氧化剂得电子的总数与还原剂失电子的总数相等。

$$3H_2O_2+3H_2O+6e^- = 3H_2O+6OH^-$$

$$2Cr(OH)_4^-+8OH^- = 2CrO_4^{2-}+8H_2O+6e^-$$

⑤相加两个半反应，并消去多余项，即为配平的离子反应方程式。

$$3H_2O_2+2Cr(OH)_4^-+2OH^- = 2CrO_4^{2-}+8H_2O$$

(3)在中性介质溶液中的配平，以碘单质和硫代硫酸钠溶液的反应为例。

①用离子反应式的形式写出基本反应：

$$I_2+S_2O_3^{2-} \longrightarrow I^-+S_4O_6^{2-}$$

②将离子反应式根据氧化数升降情况拆分为两个半反应：

$$S_2O_3^{2-} \longrightarrow S_4O_6^{2-}$$

$$I_2 \longrightarrow I^-$$

③配平原子和反应前后的电荷：用加电子的方法配平电荷，并将箭头改写成"══"号。

$$2S_2O_3^{2-} = S_4O_6^{2-}+2e^-$$

$$I_2+2e^- = 2I^-$$

④合并之，就得到了配平的总反应式。

$$2S_2O_3^{2-}+I_2 = S_4O_6^{2-}+2I^-$$

如需写出分子反应式，则添上未参加反应的离子，并把各物质都改写为化学式即可。应该指出的是，无论在配平的离子方程式或分子方程式中，都不应出现游离的电子。

上述两种配平氧化还原反应方程式的方法各有特点。氧化数法既适用于溶液中进行的氧化还原反应，也适用于在非水溶液中和高温下进行的反应，以及有有机化合物参与的氧化还原反应的配平。离子–电子法突出了化学计量数的变化是电子得失的结果，仅适用于在水溶液中进行的氧化还原反应，但离子–电子法更能反映氧化还原反应的本质。

## 8.2 氧化还原反应和原电池(Redox and Primary Cell)

### 8.2.1 氧化还原反应和电子转移

金属锌置换 $Cu^{2+}$的氧化还原反应如下：

$$Zn+Cu^{2+} = Zn^{2+}+Cu$$

Zn 和 $Cu^{2+}$在反应中氧化数发生了变化，根据氧化数的变化可以确定氧化剂为 $Cu^{2+}$，还原剂为 Zn。由于还原剂 Zn 在反应中失去电子而使得氧化数升高，而氧化剂 $Cu^{2+}$在反应中得到电子而使得氧化数降低，氧化剂和还原剂之间发生了电子转移。但这个反应也伴随有热量放出，即化学能转变为热能，$\Delta_r H_m^\ominus = -211.46\ kJ \cdot mol^{-1}$。

怎样证明金属锌置换 $Cu^{2+}$的反应存在有电子转移？进而证明电子转移的方向。

### 8.2.2　原电池

设计一种装置，使氧化还原反应的电子转移通过外电路来进行，就能获得电流而做电功。这种把氧化还原反应的化学能转变为电能的装置称为原电池(primary cell)。

将反应 $Zn + CuSO_4 = ZnSO_4 + Cu$ 按图 8-1 装置，在左边的烧杯里盛有 $ZnSO_4$ 溶液，并插入 Zn 片；在右边的烧杯里盛有 $CuSO_4$ 溶液，并插入 Cu 片，将两个烧杯用盐桥(盐桥为一倒置的 U 形管，内部盛有被 KCl 饱和的琼脂，其作用是提供离子通道以维持两极溶液的电中性)来连接，将锌片和铜片用导线连接，中间串联一个检流计。当电路接通后，看到检流计的指针发生了偏转，根据指针偏转的方向，可以判断电子由锌片流入铜片(电流的方向则由铜片流向锌片)，同时看到锌片逐渐溶解，铜片上不断有铜沉积。

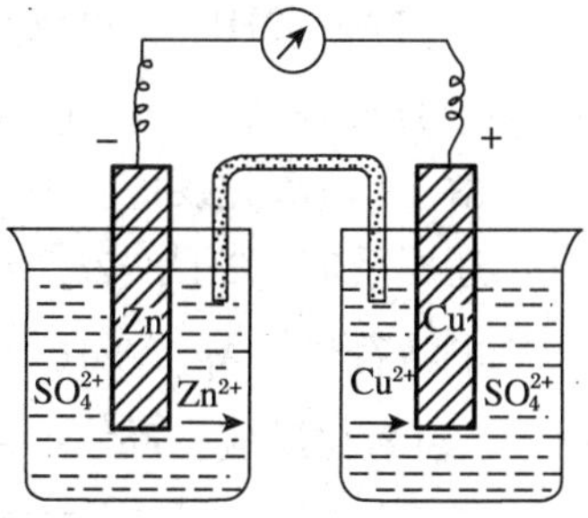

**图 8-1　铜锌原电池**

可见在这两个烧杯中分别发生了下列反应：

左端：$Zn = Zn^{2+} + 2e^-$，发生氧化反应，电子通过外电路流向 Cu 片。

右端：$Cu^{2+} + 2e^- = Cu$，溶液中的 $Cu^{2+}$在 Cu 片上获得电子，发生还原反应。

总反应：$Zn + Cu^{2+} = Zn^{2+} + Cu$

上述原电池由两部分组成：一部分是 Cu 片和 $CuSO_4$ 溶液，另一部分是 Zn 片和 $ZnSO_4$ 溶液，这两部分各称为半电池或电极(electrode)，一般称为 Cu 电极和 Zn 电极，分别对应着 $Cu^{2+}/Cu$ 电对和 $Zn^{2+}/Zn$ 电对。

在电极的金属和溶液界面上发生的反应(半反应)称为电极反应(electrode reaction)或半电池反应。由 Cu 电极和 Zn 电极组成的原电池称为 Cu-Zn 原电池，原电池的总反应称为电池反应(cell reaction)。

在原电池中规定，流出电子的电极为负极，接受电子的电极为正极。负极上发生氧化反应，正极上发生还原反应。电流的方向是从正极到负极，而电子流动的方向从负极到正极。这里，Zn 为负极，发生氧化反应；Cu 为正极，发生还原反应。

### 8.2.3　电池符号

在表示原电池时，通过画图很不方便，通常用特定的符号表示，称为电池符号(cell notation)。铜锌原电池的电池符号则表示为

$$Zn \mid Zn^{2+}(c_1) \parallel Cu^{2+}(c_2) \mid Cu$$

在书写电池符号时，规定将发生氧化反应的“负极”写在左边，发生还原反应的“正极”写在右边，电子由左端流向右端。“‖”表示连通两个电极的盐桥。“|”表示电极与溶液间的相界面。电极既可以作导体，也可以参与电极反应。同一相中不同物质间用“,”隔开，“$c$”表示溶液的浓度。

电池中各有关物质需要注明浓度，气体用分压表示，同时要注明温度，如不特别注明，

一般指热力学温度298 K，压力为101.325 kPa，浓度为1 mol·$L^{-1}$。当电极的氧化还原电对由同一元素的两种不同氧化数的离子构成时，如 $Fe^{3+}/Fe^{2+}$、$MnO_4^-/Mn^{2+}$、$H^+/H_2$ 等，这些电对中由于自身不是金属导体，因此不能作电极，在构成电极时，需要附加辅助电极，通常用惰性电极(Pt 电极)作辅助电极。这里，辅助电极只作为导体，不参与反应。如果电极反应中有 $H^+$或 $OH^-$参与时，在电极的溶液相中要表示出来。

**【例 8.2】** 用电池符号表示下列氧化还原反应。

(1) $2Ag + 2HI \longrightarrow 2AgI + H_2$

(2) $Fe^{2+} + Ag^+ \longrightarrow Fe^{3+} + Ag$

**解**：(1)氧化反应：$Ag + I^- \xlongequal{} AgI + e^-$(负极)

还原反应：$2H^+ + 2e^- \xlongequal{} H_2$(正极)

电池符号：Ag | AgI(s) | $I^-(c_1)$ ‖ $H^+(c_2)$ | $H_2(g, p)$ | Pt

(2)氧化反应：$Fe^{2+} \xlongequal{} Fe^{3+} + e^-$(负极)

还原反应：$Ag^+ + e^- \xlongequal{} Ag$(正极)

电池符号：Pt | $Fe^{2+}(c_1)$，$Fe^{3+}(c_2)$ ‖ $Ag^+(c_3)$ | Ag

**【例 8.3】** 写出下列原电池的电极反应和电池反应。

**解**：Pt | $Cl_2(g)$ | $Cl^-(c_1)$ ‖ $H^+(c_2)$，$MnO_4^-(c_3)$，$Mn^{2+}(c_4)$ | Pt

负极：　$2Cl^- \xlongequal{} Cl_2 + 2e^-$

正极：　$MnO_4^- + 8H^+ + 5e^- \xlongequal{} Mn^{2+} + 4H_2O$

按照最小公倍数法，对两个电极反应乘以适当的系数，使电子得失数相等，两式相加得电池反应：$2MnO_4^- + 16H^+ + 10Cl^- \xlongequal{} 2Mn^{2+} + 5Cl_2 + 8H_2O$

## 8.3 电极电势与电池电动势(Electrode Potential and Battery Electromotive Force)

### 8.3.1 电极电势

铜锌电池中，为什么电子从锌片流向铜片？为什么铜电极为正极，锌电极为负极？仅依据金属活动性顺序表判断原电极的正负极，对于复杂多样的原电池和电极有一定的困难。

按原电池的装置，将两个电极连通后产生电流，说明在两个电极间存在电位差，而且构成原电池的两个电极的电势是不相等的。1889 年，德国化学家能斯特(H. W. Nernst)提出双电层理论，说明了金属和其盐溶液之间电势差的存在，以及原电池产生电流的机理。

以金属电极为例，按金属的自由电子理论，金属晶体是由金属原子、金属离子和自由电子组成的。将金属板 M 插入含有该金属离子 $M^{n+}$的溶液中时，会有两种倾向：一种是金属原子 M 受到水分子的作用而溶解，形成 $M^{n+}$离子进入溶液中，将电子留在了金属上；另一种是溶液中的金属离子 $M^{n+}$与金属上的电子作用，形成金属原子而沉积到金属上，当沉积与溶解的速率相等时，达到动态平衡。

$$M(s) \xlongequal{} M^{n+}(aq) + ne^-$$

上述两种倾向以哪个为主，取决于金属本身性质和溶液中金属离子的浓度。当金属活泼性较强或溶液中金属离子的浓度较小时，则以溶解为主，达平衡时金属表面带有过多的负电荷，溶液中靠近金属表面附近带有过多的正电荷，即产生了“双电层”，如图 8-2(a)所示。反之，如果金属活泼性较弱或溶液中金属离子的浓度较大时，则以沉积为主，达平衡时金属表面带有过多的正电荷，溶液中靠近金属表面的附近带有过多的负电荷，也产生了“双电层”，如图 8-2(b)所示。

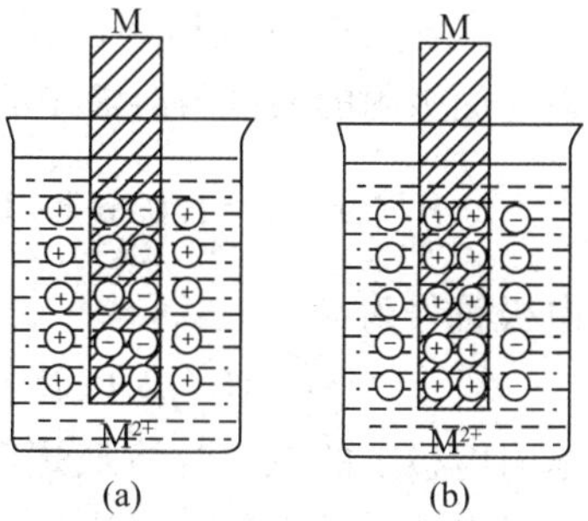

**图 8-2　金属的电极电势**
(双电层示意)

双电层的产生使金属表面与含金属离子的溶液之间产生一定的电势差，这个电势差称为“金属的平衡电势”，就是该金属电极的电极电势(electrode potential)，用 $\varphi^{\ominus}(M^{n+}/M)$ 表示，规定(　　)内的斜线“/”前面写氧化数高的物质，后边写氧化数低的物质。在热力学标准状态下，某电极的电极电势称为该电极的标准电极电势，用 $\varphi^{\ominus}(M^{n+}/M)$ 表示。在上述铜锌原电池中，达到平衡时，对于 $Zn \mid Zn^{2+}$ 电极来说，一般认为是锌片上留下 $e^-$，而 $Zn^{2+}$ 进入溶液，所以溶液的电势高于 Zn 金属表面，在 Zn 和 $Zn^{2+}$ 溶液的界面上，形成双电层，双电层之间的电势差就是 $Zn \mid Zn^{2+}$ 电极的电极电势，即 $\varphi(Zn^{2+}/Zn)$。

金属电极的电极电势 $\varphi(M^{n+}/M)$，除了与金属的本质和溶液中金属离子的浓度有关外，还与温度等有关。当金属的活泼性越强或溶液中金属离子的浓度较小时，溶解的趋势越大，平衡时电极电势越低。金属越不活泼或溶液中金属离子的浓度较大时，沉积的趋势越大，平衡时电极电势越高。

## 8.3.2　原电池的电动势

电极电势 $\varphi(M^{n+}/M)$ 表示电极中极板与溶液之间的电势差。当用盐桥将原电池的两个电极连通时，假定两溶液之间的电势差被消除，则两电极的电极电势之差就是两极板之间的电势差，也就是原电池的电动势(electromotive force，EMF)，用 $E$ 表示，并且规定：

$$E = \varphi(+) - \varphi(-) \tag{8-1}$$

式中，$\varphi(+)$ 为正极的电极电势；$\varphi(-)$ 为负极的电极电势。

两个电极相连构成原电池的电池电动势可以利用电位差计测量。

## 8.3.3　标准电极电势

任何一个电极，其电极电势的绝对值迄今是无法通过实验测量的。然而为了比较不同电极的氧化型或还原型的强弱，只要知道电极的相对电势值就可以进行比较了，也就是通常所说的某电极的电极电势。为了测定任意电极的相对电极电势，可以选择某种电极作为基准，如测量某山高海拔时，将海平面定作零。通常选择标准氢电极(standard hydrogen electrode，SHE)作为基准，并规定标准氢电极的电极电势为 0.000 V。将待测电极和标准氢电极组成一个原电池，通过测定该原电池的电动势，就得出了待测电极的电极电势相对数值。

### 8.3.3.1　标准氢电极

标准氢电极如图 8-3 所示，将镀有铂黑的铂片浸入 $H^+$ 浓度为 1.0 mol·$L^{-1}$(严格应为活度)的 $H_2SO_4$ 溶液中，在热力学温度为 298 K 时不断通入压力为 101.325 kPa 的纯氢气流，

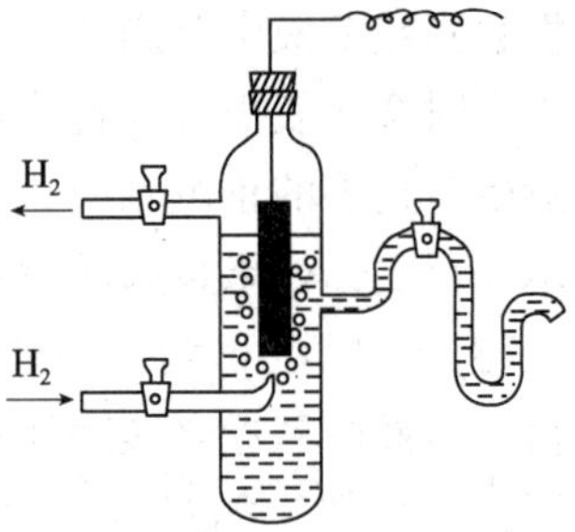

图 8-3 标准氢电极

使铂黑吸附的氢气达到饱和，就构成了标准氢电极。此时，电极表面吸附的氢气与溶液中的 $H^+$可达如下平衡：

$$H^+(aq, a=1.0\ mol\cdot L^{-1})+e^- \rightleftharpoons \frac{1}{2}H_2(100\ kPa)$$

电极符号为

$$Pt, H_2(p) | H^+(aq, a=1.0\ mol\cdot L^{-1})$$

这时电极上的氢气与溶液之间产生的电势差称为标准氢电极的电极电势，规定其数值为 0，表示为

$$\varphi^{\ominus}(H^+/H_2)=0.000\ V$$

#### 8.3.3.2 标准电极电势的测定

选定标准氢电极，如果要测定某个电极的电极电势，只要在标准状态下，将待测电极与标准氢电极相连构成原电池。在测定时用检流计确定原电池的正负极，用电位差计测定两电极之间的电势差，即原电池的电动势。由于标准氢电极的电极电势规定为 0.000 V，所以由 $E^{\ominus}=\varphi^{\ominus}(+)-\varphi^{\ominus}(-)$的关系确定其他各种电极的电极电势。

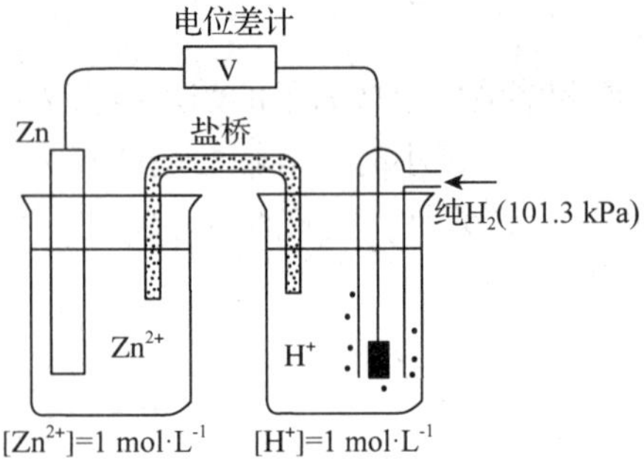

图 8-4 测电对 $Zn^{2+}/Zn$ 的电极电势装置

例如，欲测锌电极的电极电势，如图 8-4 所示，将纯 Zn 片浸入 1 $mol\cdot L^{-1}$ $ZnSO_4$ 溶液中，再与标准氢电极连接成原电池。观察到检流计指针由氢电极偏向锌电极，可判断电子从锌电极流向氢电极，所以氢电极为正极，锌电极为负极。并在 298 K 时测得电池电动势为 0.762 V，由于

$$E^{\ominus}=\varphi^{\ominus}(H^+/H_2)-\varphi^{\ominus}(Zn^{2+}/Zn)$$
$$=0.000-\varphi^{\ominus}(Zn^{2+}/Zn)=0.762\ V$$

所以，测得锌电极 $\varphi^{\ominus}(Zn^{2+}/Zn)=-0.762$ V。

若按图 8-4 的装置将 $Zn^{2+}/Zn$ 换为 $Cu^{2+}/Cu$，可测铜电极的标准电极电势。通过仪器可观察到，铜电极为正极，氢电极为负极，298 K 时测得电池电动势为 0.342 V，即

$$E^{\ominus}=\varphi^{\ominus}(Cu^{2+}/Cu)-\varphi^{\ominus}(H^+/H_2)=\varphi^{\ominus}(Cu^{2+}/Cu)-0.000=0.342\ V$$

测得铜电极 $\varphi^{\ominus}(Cu^{2+}/Cu)=0.342$ V。

应注意的是，只有在热力学标准状态下，测得某电极的电极电势为该电极的标准电极电势$\varphi^{\ominus}(M^{n+}/M)$。即便是标准氢电极在标准状态下，若待测电极不满足标准状态，测得的结果只是电极电势 $\varphi(M^{n+}/M)$，而非标准电极电势 $\varphi^{\ominus}(M^{n+}/M)$。

#### 8.3.3.3 标准电极电势表

用以上方法可测得所有电极的标准电极电势。为了使用方便，把许多氧化还原电对的标准电极电势汇列在一起，这样就形成了标准电极电势表。附录Ⅷ列出了部分氧化还原电对(电极)的标准电极电势。由于溶液介质不同，元素存在形式不同，标准电极电势的数值也不同。一般分为酸性介质表和碱性介质表两种，将不受介质影响的氧化还原电对(电极)也列在酸性介质表中。

电对 $\varphi^{\ominus}$ 值的大小决定了电对氧化还原能力的相对强弱，$\varphi^{\ominus}$ 值越大，电对中氧化态的

氧化能力越强，还原态的还原能力越弱；相反 $\varphi^{\ominus}$ 值越小，还原态的还原能力越强，氧化态的氧化能力越弱。

在使用标准电极电势表时要注意以下几点：

(1)在应用 $\varphi^{\ominus}$ 时，注意它只适用于在标准状态下水溶液中进行的反应。对固相或气相中进行的氧化还原反应，不能判断氧化还原能力的相对强弱。

(2)因反应与溶液的介质有关，所以电极电势表分为酸介质表 $\varphi_A^{\ominus}$，碱介质表 $\varphi_B^{\ominus}$，使用时应注意反应的介质。若电极反应中有 $H^+$或不受介质影响的电极反应的电极电势，则查 $\varphi_A^{\ominus}$ 表，相反若电极反应中有 $OH^-$，则查 $\varphi_B^{\ominus}$ 表。

(3)表中 $\varphi^{\ominus}$ 值从上至下依次增大，在氢电极上方的电对其 $\varphi^{\ominus}$ 值为负值，而在氢电极下方的电对，其 $\varphi^{\ominus}$ 值为正值。电极电势为负值的，表明当该电极与标准氢电极相连时，作为负极。电极电势为正值的，表明该电极与标准氢电极相连时，作为正极。这里的“正”与“负”是相对于标准氢电极而言的。

(4)按照国际惯例，电极半反应一律用还原过程表示，表中的电极半反应以还原反应形式表示，即 $M^{n+} + ne^- \Longrightarrow M$。电对符号为氧化态/还原态，相应的电极电势称还原电势，但不表明电极反应进行的方向。

(5)$\varphi^{\ominus}$ 值反映物质得失电子倾向的大小，它与物质的数量无关。因此，电极反应式乘任何常数时，$\varphi^{\ominus}$ 值不变。如

$$Zn^{2+} + 2e^- \Longrightarrow Zn \qquad \varphi^{\ominus}(Zn^{2+}/Zn) = -0.762\ V$$

$$2Zn^{2+} + 4e^- \Longrightarrow 2Zn \qquad \varphi^{\ominus}(Zn^{2+}/Zn) = -0.762\ V$$

### 8.3.4　电动势与电池反应的自由能变化

金属锌置换 $Cu^{2+}$的氧化还原反应 $Zn + Cu^{2+} \Longrightarrow Zn^{2+} + Cu$ 在烧杯中进行，虽有电子转移，但不产生电流，属于恒温、恒压、无非体积功的过程。若利用铜锌原电池完成该氧化还原反应，则有电流产生，属于恒温、恒压、有非体积功的过程。

在恒温恒压过程中，体系吉布斯自由能的减少等于体系对外所做的最大有用功。对于电池反应，最大有用功为电功($W$)，则

$$-\Delta_r G = -W \tag{8-2}$$

电池反应过程中的电功等于电量与电势差的乘积，体系的电势差可视等于其电动势 $E$，即

$$W = -qE$$

当有物质的量为 $n$ 的电子通过外电路，其电量为 $q$，则

$$q = nF$$

式中，$F = 96\ 500\ C \cdot mol^{-1}$，称为法拉第常数，物理意义是 1 mol 电子所带电量为 96 500 库仑(C)。电功 $W$ 可由下式表示：

$$W = -nFE$$

带入式(8-2)，则

$$-\Delta_r G = -W = nFE$$

即

$$\Delta_r G = -nFE \tag{8-3a}$$

若原电池中各物质均处于标准状态下，即反应物浓度均为 1 mol · $L^{-1}$，各气体分压均为 $1.013\times10^5$ Pa，则

$$\Delta_r G^\ominus = -nFE^\ominus \tag{8-3b}$$

这个关系式将热力学和电化学联系起来，是氧化还原反应或电化学中极为重要的关系式。若测定出原电池的电动势 $E$ 或 $E^\ominus$，就可以计算出电池中氧化还原反应的 $\Delta_r G$ 或 $\Delta_r G^\ominus$；通过计算氧化还原反应的 $\Delta_r G$ 或 $\Delta_r G^\ominus$，也可以计算相应原电池的 $E$ 或 $E^\ominus$。

**【例 8.4】** 试由热力学数据计算 298 K 时 $\varphi^\ominus(Cu^{2+}/Cu)$。

**解**：$\varphi^\ominus(Cu^{2+}/Cu)$是电对 $Cu^{2+}/Cu$ 相对于标准氢电极而言的，可以由 $Cu^{2+}/Cu$ 与 $H^+/H_2$ 在标准状态下构成标准原电池，且电池反应的方向为

$$Cu^{2+}(aq) + H_2(g) \longrightarrow Cu(s) + 2H^+(aq)$$

电池符号为 $\quad Pt \mid H_2(g) \mid H^+ \parallel Cu^{2+} \mid Cu$

查表得有关热力学数据

| | $Cu^{2+}(aq)$ + | $H_2(g)$ ══ | $Cu(s)$ + | $2H^+(aq)$ |
|---|---|---|---|---|
| $\Delta_f G_m^\ominus/(kJ \cdot mol^{-1})$ | 64.77 | 0 | 0 | 0 |

则 $\Delta_r G_m^\ominus = [\Delta_f G_m^\ominus(Cu, s) + 2\times\Delta_f G_m^\ominus(H^+, aq)] - [\Delta_f G_m^\ominus(Cu^{2+}, aq) + \Delta_f G_m^\ominus(H_2, g)]$

$= -64.77\ kJ \cdot mol^{-1}$

由 $\Delta_r G_m^\ominus = -nFE^\ominus$，可得

$$E^\ominus = -\frac{\Delta_r G_m^\ominus}{nF} = -\frac{-64.77\times10^3}{2\times96\ 500} = 0.335\ 6\ V$$

因为 $\quad E^\ominus = \varphi^\ominus(Cu^{2+}/Cu) - \varphi^\ominus(H^+/H_2)$

所以 $\quad \varphi^\ominus(Cu^{2+}/Cu) = E^\ominus + \varphi^\ominus(H^+/H_2) = 0.335\ 6 + 0 = 0.335\ 6\ V$

## 8.4 影响电极电势的因素(Factors Affecting Electrode Potential)

### 8.4.1 Nernst 方程

对于任一电池反应 $aA + bB ══ fF + hH$，有化学反应等温式：

$$\Delta_r G_m = \Delta_r G_m^\ominus + RT\ln\frac{[a(F)]^f[a(H)]^h}{[a(A)]^a[a(B)]^b}$$

$a(A)$、$a(B)$、$a(F)$和 $a(H)$分别为参与反应各物质的活度。对于溶液反应，常常忽略离子强度和各种副反应的影响，用相对浓度近似处理，即

$$\Delta_r G_m = \Delta_r G_m^\ominus + RT\ln\frac{[c(F)]^f[c(H)]^h}{[c(A)]^a[c(B)]^b} \tag{8-4}$$

式(8-4)中各物质的相对浓度分别为 $c(A)/c^\ominus$、$c(B)/c^\ominus$、$c(F)/c^\ominus$ 和 $c(H)/c^\ominus$，为书写方便，分别略写为 $c(A)$、$c(B)$、$c(F)$和 $c(H)$。将式(8-3a)和式(8-3b)代入式(8-4)中，得

$$-nFE = -nFE^\ominus + RT\ln\frac{[c(F)]^f[c(H)]^h}{[c(A)]^a[c(B)]^b} \tag{8-5}$$

则有

$$E = E^{\ominus} - \frac{RT}{nF}\ln\frac{[c(\mathrm{F})]^{f}[c(\mathrm{H})]^{h}}{[c(\mathrm{A})]^{a}[c(\mathrm{B})]^{b}}$$

换为常用对数，得

$$E = E^{\ominus} - \frac{2.303RT}{nF}\lg\frac{[c(\mathrm{F})]^{f}[c(\mathrm{H})]^{h}}{[c(\mathrm{A})]^{a}[c(\mathrm{B})]^{b}} \tag{8-6}$$

式中，$E$ 为非标准状态的电动势；$E^{\ominus}$ 为标准电动势；$R$ 是摩尔气体常数，为 8.314J · $\mathrm{mol^{-1}}$ · $\mathrm{K^{-1}}$；$n$ 为电池反应的电子数；$T$ 为热力学温度；$F$ 为法拉第常数，为 96 500 C · $\mathrm{mol^{-1}}$。若反应在 298 K 进行，可改写为

$$E = E^{\ominus} - \frac{0.059\,2\ \mathrm{V}}{n}\lg\frac{[c(\mathrm{F})]^{f}[c(\mathrm{H})]^{h}}{[c(\mathrm{A})]^{a}[c(\mathrm{B})]^{b}} \tag{8-7}$$

式(8-6)和式(8-7)反映了非标准电池电动势和标准电池电动势之间的关系，是 1889 年由德国人能斯特提出的，称为 Nernst 方程。

电池反应 $a\mathrm{A}+b\mathrm{B} = f\mathrm{F}+h\mathrm{H}$ 分成两个半电池反应(电极反应)：正极反应 $a\mathrm{A}+ne^{-} = f\mathrm{F}$，A 为氧化型，F 为还原型，电极电势为 $\varphi(+)$；负极反应 $h\mathrm{H}+ne^{-} = b\mathrm{B}$，H 为氧化型，B 为还原型，电极电势为 $\varphi(-)$。因为 $E=\varphi(+)-\varphi(-)$，则有

$$E = \varphi(+) - \varphi(-) = \varphi^{\ominus}(+) - \varphi^{\ominus}(-) - \frac{RT}{nF}\ln\frac{[c(\mathrm{F})]^{f}[c(\mathrm{H})]^{h}}{[c(\mathrm{A})]^{a}[c(\mathrm{B})]^{b}}$$

$$\varphi(+) - \varphi(-) = \left\{\varphi^{\ominus}(+) + \frac{RT}{nF}\ln\frac{[c(\mathrm{A})]^{a}}{[c(\mathrm{F})]^{f}}\right\} - \left\{\varphi^{\ominus}(-) + \frac{RT}{nF}\ln\frac{[c(\mathrm{H})]^{h}}{[c(\mathrm{B})]^{b}}\right\}$$

所以

$$\varphi(+) = \varphi^{\ominus}(+) + \frac{RT}{nF}\ln\frac{[c(\mathrm{A})]^{a}}{[c(\mathrm{F})]^{f}}$$

$$\varphi(-) = \varphi^{\ominus}(-) + \frac{RT}{nF}\ln\frac{[c(\mathrm{H})]^{h}}{[c(\mathrm{B})]^{b}}$$

对任一电极反应，其关系式为

$$\varphi = \varphi^{\ominus} + \frac{RT}{nF}\ln\frac{c(\text{氧化型})}{c(\text{还原型})} \tag{8-8}$$

若电极反应在 298 K 进行，可改写为

$$\varphi = \varphi^{\ominus} + \frac{0.059\,2\ \mathrm{V}}{n}\lg\frac{c(\text{氧化型})}{c(\text{还原型})} \tag{8-9}$$

式(8-8)和式(8-9)中 $n$ 为电极反应完成 1 mol 时转移电子的摩尔数，该式称为电极反应的 Nernst 方程，也叫电极电势的 Nernst 方程。它也反映了在一定温度时电极电势和标准电极电势的关系。

标准电极电势是在标准状态或温度通常为 298 K 时测得的。Nernst 方程说明，在一定状态下，任一电极的电极电势，不仅与电对的本性有关，物质浓度、气体压力和温度等也是影响电极电势的主要因素。因此，可以利用 Nernst 方程计算任一电极反应在非标准条件下的条件电势。

应用 Nernst 方程进行计算时，应注意以下几个方面：

(1)参加电极反应的物质是气体，则以其分压代入 Nernst 方程中的浓度项。例如，氢电极的电极反应为 $2H^{+}+2e^{-}=\!=\!=H_2$，其电极电势为

$$\varphi(H^{+}/H_2)=\varphi^{\ominus}(H^{+}/H_2)+\frac{0.059\,2\ V}{2}\lg\frac{[c(H^{+})]^2}{p(H_2)/p^{\ominus}}$$

(2)参加电极反应的物质是固体或纯液体(如液态 $Br_2$)，其浓度可视为常数 1。如锌电极反应为 $Zn^{2+}+2e^{-}=\!=\!=Zn$，其电极电势为

$$\varphi(Zn^{2+}/Zn)=\varphi^{\ominus}(Zn^{2+}/Zn)+\frac{0.059\,2\ V}{2}\lg c(Zn^{2+})$$

(3)除氧化态、还原态物质外，若还有 $H^{+}$或 $OH^{-}$离子参加电极反应，则 $H^{+}$或 $OH^{-}$离子的浓度也要根据电极反应式代入 Nernst 方程，如 $MnO_4^{-}/Mn^{2+}$电极反应为

$$MnO_4^{-}+8H^{+}+5e^{-}=\!=\!=Mn^{2+}+4H_2O$$

其电极电势为

$$\varphi(MnO_4^{-},\ H^{+}/Mn^{2+})=\varphi^{\ominus}(MnO_4^{-},\ H^{+}/Mn^{2+})+\frac{0.059\,2\ V}{5}\lg\frac{c(MnO_4^{-})[c(H^{+})]^8}{c(Mn^{2+})}$$

(4)若电极反应中氧化型和还原型物质的计量系数不是 1，Nernst 方程中各物质的浓度项必须乘以与计量系数相同的方次。电动势的 Nernst 方程中的 $n$ 代表电池反应中电子转移的计量系数，而在电极电势的 Nernst 方程中的 $n$ 代表电极反应中电子转移的计量系数，两者有时是不同的。如电池反应

$$2MnO_4^{-}+5SO_3^{2-}+6H^{+}=\!=\!=2Mn^{2+}+5SO_4^{2-}+3H_2O$$

电池反应的计量系数 $n=10$，其电池电动势为

$$E=E^{\ominus}-\frac{0.059\,2\ V}{10}\lg\frac{[c(Mn^{2+})]^2[c(SO_4^{2-})]^5}{[c(MnO_4^{-})]^2[c(SO_3^{2-})]^5[c(H^{+})]^6}$$

而其中半电池反应，即电极反应

$$MnO_4^{-}+8H^{+}+5e^{-}=\!=\!=Mn^{2+}+4H_2O$$

电极反应的计量系数 $n=5$，其电极电势为

$$\varphi(MnO_4^{-},\ H^{+}/Mn^{2+})=\!=\!=\varphi^{\ominus}(MnO_4^{-},\ H^{+}/Mn^{2+})+\frac{0.059\,2\ V}{5}\lg\frac{c(MnO_4^{-})[c(H^{+})]^8}{c(Mn^{2+})}$$

## 8.4.2 浓度对电极电势的影响

从 Nernst 方程可知，氧化型和还原型物质的浓度对电对的电极电势有较大的影响。

**【例 8.5】**计算 298 K 时下列情况下电对 $Fe^{3+}/Fe^{2+}$的电极电势。(1)$c(Fe^{3+})=1.0\ mol\cdot L^{-1}$，$c(Fe^{2+})=1.0\times10^{-3}mol\cdot L^{-1}$；(2)$c(Fe^{3+})=0.1\ mol\cdot L^{-1}$，$c(Fe^{2+})=1.0\ mol\cdot L^{-1}$。

**解**：电对的电极反应 $Fe^{3+}+e^{-}=\!=\!=Fe^{2+}$，$\varphi^{\ominus}(Fe^{3+}/Fe^{2+})=0.771\ V$。由 Nernst 方程可得

$$\varphi(Fe^{3+}/Fe^{2+})=\varphi^{\ominus}(Fe^{3+}/Fe^{2+})+0.059\,2\ V\lg\frac{c(Fe^{3+})}{c(Fe^{2+})}$$

$$(1)\ \varphi(Fe^{3+}/Fe^{2+})=0.771+0.059\,2\lg\frac{1.0}{1.0\times10^{-3}}=0.949\ V$$

(2) $\varphi(Fe^{3+}/Fe^{2+}) = 0.771 + 0.0592\lg\dfrac{0.1}{1.0} = 0.712\ V$

计算结果表明，电对中氧化型物质的浓度降低，电极电势减小；电对中还原型物质的浓度降低，电极电势增大。可以采取改变物质的浓度，来改变电极电势。

### 8.4.3 酸度对电极电势的影响

根据 Nernst 方程，显然，若 $H^+$ 或 $OH^-$ 离子参与了电极反应，则反应介质的酸度(pH 值)对电对的电极电势也有较大影响。

**【例 8.6】** 计算当 $MnO_4^-$ 浓度为 $1.0\ mol\cdot L^{-1}$，$Mn^{2+}$ 浓度为 $1.0\ mol\cdot L^{-1}$，$H^+$ 浓度为 $1.0\times10^{-4}\ mol\cdot L^{-1}$ (pH = 4.0) 时，电对 $MnO_4^-/Mn^{2+}$ 的电极电势。

**解**：电极反应

$$MnO_4^- + 8H^+ + 5e^- \!=\!=\!= Mn^{2+} + 4H_2O \qquad \varphi^\ominus(MnO_4^-, H^+/Mn^{2+}) = 1.507\ V$$

代入 Nernst 方程，

$$\varphi(MnO_4^-, H^+/Mn^{2+}) = \varphi^\ominus(MnO_4^-, H^+/Mn^{2+}) + \frac{0.0592\ V}{5}\lg\frac{c(MnO_4^-)[c(H^+)]^8}{c(Mn^{2+})}$$

$$= 1.507 + \frac{0.0592}{5}\lg\frac{1.0\times(1.0\times10^{-4})^8}{1.0}$$

$$= 0.679\ V$$

计算结果表明，若降低反应体系 $H^+$ 浓度电极电势降低的非常明显，可见 pH 值对电极电势的影响是非常大的。有时，通过调节溶液的 pH 值，甚至可以使氧化还原反应的方向发生逆转(见 8.5.2 小节)。

### 8.4.4 沉淀对电极电势的影响

在电池反应中加入沉淀剂，或者随反应生成沉淀剂，由于改变了氧化型或还原型的浓度，根据 Nernst 方程，电极电势必定受到影响。如果使氧化性物质生成沉淀，则电极电势降低，如果与还原型物质生成沉淀，则电极电势升高。

**【例 8.7】** 计算 298 K 时，AgI/Ag 电极的标准电极电势。已知 $\varphi^\ominus(Ag^+/Ag) = 0.7996\ V$，$K_{sp}^\ominus(AgI) = 8.51\times10^{-17}$。

**解**：AgI/Ag 电极的电极反应为

$$AgI + e^- \!=\!=\!= Ag + I^-$$

其实质是银电极($Ag^+/Ag$)反应 $Ag^+ + e^- \!=\!=\!= Ag$，只是体系中存在有沉淀平衡，

$$AgI \!=\!=\!= Ag^+ + I^-$$

所以，溶液中 $Ag^+$ 的浓度由 $[c(Ag^+)][c(I^-)] = K_{sp}^\ominus$ 确定，即

$$c(Ag^+) = \frac{K_{sp}^\ominus(AgI)}{c(I^-)}$$

此时其电极电势为

$$\varphi = \varphi(Ag^+/Ag) = \varphi^{\ominus}(Ag^+/Ag) + 0.059\ 2\ \text{V}\lg c(Ag^+)$$
$$= \varphi^{\ominus}(Ag^+/Ag) + 0.059\ 2\ \text{V}\lg \frac{K_{sp}^{\ominus}(AgI)}{c(I^-)}$$

标准状态下 $c(I^-) = 1.0\ \text{mol}\cdot\text{L}^{-1}$,

$$\varphi = \varphi(Ag^+/Ag) = \varphi^{\ominus}(Ag^+/Ag) + 0.059\ 2\ \text{V}\lg K_{sp}^{\ominus}(AgI) = -0.152\ \text{V}$$

即
$$\varphi^{\ominus}(AgI/Ag) = -0.152\ \text{V}$$

可见，利用这种方法，可通过求已知电对的非标准电极电势，来求未知电对的标准电极电势。

### 8.4.5 配合物对电极电势的影响

在氧化还原反应中，若加入能与氧化型或还原型形成稳定配合物的配位剂时，氧化态或还原态的有效浓度就会减小，也会影响到电对的电极电势。

**【例 8.8】** 已知 $\varphi^{\ominus}(Cu^{2+}/Cu) = 0.341\ 9\ \text{V}$，$K_f^{\ominus}([Cu(NH_3)_4]^{2+}) = 2.1\times10^{13}$，计算 $\varphi^{\ominus}([Cu(NH_3)_4]^{2+}/Cu)$的值。

**解：** 此电极反应为

$$[Cu(NH_3)_4]^{2+} + 2e^- = Cu + 4NH_3$$

其实质是铜电极 $Cu^{2+}/Cu$ 的电极反应 $Cu^{2+} + 2e^- = Cu$，只是体系中存在配位平衡，

$$Cu^{2+} + 4NH_3 = [Cu(NH_3)_4]^{2+}$$
$$K_f^{\ominus}([Cu(NH_3)_4]^{2+}) = \frac{c([Cu(NH_3)_4]^{2+})}{c(Cu^{2+})\cdot[c(NH_3)]^4}$$

所以溶液中 $Cu^{2+}$的浓度由 $K_f^{\ominus}([Cu(NH_3)_4]^{2+})$确定，即

$$c(Cu^{2+}) = \frac{c([Cu(NH_3)_4]^{2+})}{[c(NH_3)]^4 K_f^{\ominus}([Cu(NH_3)_4]^{2+})}$$

根据 Nernst 方程，其电极电势为

$$\varphi = \varphi(Cu^{2+}/Cu) = \varphi^{\ominus}(Cu^{2+}/Cu) + \frac{0.059\ 2\ \text{V}}{2}\lg c(Cu^{2+})$$
$$= \varphi^{\ominus}(Cu^{2+}/Cu) + \frac{0.059\ 2\ \text{V}}{2}\lg \frac{c([Cu(NH_3)_4]^{2+})}{[c(NH_3)]^4 K_f^{\ominus}([Cu(NH_3)_4]^{2+})}$$

标准状态下 $c(NH_3) = 1.0\ \text{mol}\cdot\text{L}^{-1}$，$c([Cu(NH_3)_4]^{2+}) = 1.0\ \text{mol}\cdot\text{L}^{-1}$,

$$\varphi = \varphi(Cu^{2+}/Cu) = \varphi^{\ominus}(Cu^{2+}/Cu) + \frac{0.059\ 2}{2}\lg \frac{1}{K_f^{\ominus}([Cu(NH_3)_4]^{2+})}$$
$$= 0.341\ 9 + \frac{0.059\ 2}{2}\lg \frac{1}{2.1\times10^{13}} = -0.052\ \text{V}$$

即
$$\varphi^{\ominus}([Cu(NH_3)_4]^{2+}/Cu) = -0.052\ \text{V}$$

虽然$[Cu(NH_3)_4]^{2+}$与 $NH_3$ 的浓度都为标准浓度 $1.0\ \text{mo1}\cdot\text{L}^{-1}$，但由于$[Cu(NH_3)_4]^{2+}$的生成，使 $c(Cu^{2+})$发生改变，从而使电极电势发生改变。

## 8.5 电极电势的应用(Application of Electrode Potentials)

### 8.5.1 比较氧化剂或还原剂的相对强弱

对于水溶液中进行的氧化还原反应，可用电极电势 $\varphi$ 或 $\varphi^{\ominus}$ 直接比较参加反应的氧化剂或还原剂的相对强弱。$\varphi$ 或 $\varphi^{\ominus}$ 越高，电对中氧化态的氧化能力越强，还原态的还原能力越弱；$\varphi$ 或 $\varphi^{\ominus}$ 越低，则还原态的还原能力越强，而氧化态的氧化能力越弱。

在比较时，一定注意要在相同的条件下进行比较，如 $\varphi^{\ominus}$ 只能用于比较标准状态下电对氧化还原能力的相对强弱。非标准状态下，就不能用 $\varphi^{\ominus}$ 直接比较，而应该用 Nernst 方程计算出所给定条件下的电极电势 $\varphi$，再进行比较。

在标准电极电势表中，标准状态下的酸性介质中，最强的氧化剂是 $F_2(g)$，最弱的氧化剂是 $Li^+$，最强的还原剂是 Li，最弱的还原剂是 $F^-$。在电极电势表中，将电极电势从上到下由小到大排列，则右上角的还原态是最强的还原剂，左下角的氧化态是最强的氧化剂。而且，氧化态的氧化能力越强，其共轭还原态的还原能力越弱。

一般情况下，某种氧化剂在酸介质中的氧化性强于碱介质中的氧化性。

**【例 8.9】** 比较标准状态下，在酸性介质中，下列电对氧化能力及还原能力的相对强弱。

$MnO_4^-/Mn^{2+}$；$Fe^{3+}/Fe^{2+}$；$I_2/I^-$；$O_2/H_2O$；$Cu^{2+}/Cu$。

**解**：查表得各电对的标准电极电势，并按 $\varphi^{\ominus}$ 由大到小排列如下：

$$\varphi^{\ominus}(MnO_4^-/Mn^{2+}) = 1.507\ V$$

$$\varphi^{\ominus}(O_2/H_2O) = 1.229\ V$$

$$\varphi^{\ominus}(Fe^{3+}/Fe^{2+}) = 0.771\ V$$

$$\varphi^{\ominus}(I_2/I^-) = 0.535\ 5\ V$$

$$\varphi^{\ominus}(Cu^{2+}/Cu) = 0.341\ 9\ V$$

所以，各电对中氧化型的氧化能力由大到小排列：$MnO_4^- > O_2 > Fe^{3+} > I_2 > Cu^{2+}$；还原型的还原能力由大到小排列：$Cu > I^- > Fe^{2+} > H_2O > Mn^{2+}$。

### 8.5.2 判断氧化还原反应进行的方向

由热力学知，恒温恒压过程反应自发进行的方向是 $\Delta_r G < 0$。因此，恒温恒压下，氧化还原反应能否自发进行可以根据反应的自由能变化来判断。

对于氧化还原反应，由于 $\Delta_r G = -nFE$，所以可以根据原电池电动势及正、负极电极电势的相对大小，来判断反应的方向。

当 $\Delta_r G < 0$，即 $E > 0$，$\varphi(+) > \varphi(-)$ 时，电池反应能自发进行；

当 $\Delta_r G > 0$，即 $E < 0$，$\varphi(+) < \varphi(-)$ 时，电池反应正向不能自发进行，反向能自发进行；

当 $\Delta_r G = 0$，即 $E = 0$，$\varphi(+) = \varphi(-)$ 时，电池反应处于平衡态。

如果电池中的各物质处于标准状态时，应为 $\Delta_r G^{\ominus} = -nFE^{\ominus}$，则可以用 $E^{\ominus}$ 或 $\varphi^{\ominus}$ 判断氧化还原反应的方向：标准电极电势数值大的电对中的氧化型物质(氧化剂)与标准电极电势数值小的电对中的还原型物质(还原剂)的氧化反应是自发进行的，也就是通常所说的对角

线反应规则,即标准电极电势表中,右上方的还原型物质和左下方氧化型物质间的氧化反应可以自发进行。如

$$Zn^{2+} + 2e^- = Zn \quad \varphi^{\ominus}(Zn^{2+}/Zn) = -0.762 \text{ V}$$
$$Cu^{2+} + 2e^- = Cu \quad \varphi^{\ominus}(Cu^{2+}/Cu) = 0.342 \text{ V}$$

按照对角线规则,$Cu^{2+}$ 氧化 Zn 的反应是自发进行的,而逆反应则不能自发进行。为了方便,一般采用标准电极电势来估计反应进行的方向。当然,原则上,应该以 $E$ 和 $\varphi$ 来判断氧化还原反应的方向。

#### 8.5.2.1 浓度对反应方向的影响

【例 8.10】试判断氧化还原反应 $Pb^{2+} + Sn = Pb + Sn^{2+}$,(1)在标准状态下;(2)在非标准状态,当 $c(Pb^{2+}) = 0.1 \text{ mol} \cdot L^{-1}$,$c(Sn^{2+}) = 1.0 \text{ mol} \cdot L^{-1}$ 时,反应进行的方向。

**解**:查表知  正极  $Pb^{2+} + 2e^- = Pb \quad \varphi^{\ominus}(Pb^{2+}/Pb) = -0.126 \text{ V}$
          负极  $Sn^{2+} + 2e^- = Sn \quad \varphi^{\ominus}(Sn^{2+}/Sn) = -0.136 \text{ V}$

(1)在标准状态下:$E^{\ominus} = \varphi^{\ominus}(Pb^{2+}/Pb) - \varphi^{\ominus}(Sn^{2+}/Sn)$
$$= -0.126 - (-0.136) = 0.010 \text{ V} > 0$$

反应正向进行,$Pb^{2+}$ 氧化 Sn。

(2)非标准状态下:

$$\varphi(Pb^{2+}/Pb) = \varphi^{\ominus}(Pb^{2+}/Pb) + \frac{0.0592 \text{ V}}{2} \lg c(Pb^{2+})$$

$$= (-0.126) + \frac{0.0592}{2} \lg 0.10 = -0.156 \text{ V}$$

所以 $E = \varphi(Pb^{2+}/Pb) - \varphi^{\ominus}(Sn^{2+}/Sn) = (-0.156) - (-0.136) = -0.020 \text{ V}$,$E<0$,反应逆向进行,$Sn^{2+}$ 氧化 Pb。

说明改变物质的浓度,可以改变反应的方向。但这种情况只有在两电极的电极电势相差较小时才有可能发生。若两电对的条件电极电势相差较大时,则难以通过增减某一氧化剂(或还原剂)的浓度来改变反应进行的方向。

#### 8.5.2.2 溶液 pH 值对反应方向的影响

对于有 $H^+$ 或 $OH^-$ 参与的电极反应,溶液 pH 值将影响电对的电极电势。例如,氧化还原反应

$$H_3AsO_4 + 2H^+ + 3I^- = HAsO_2 + I_3^- + 2H_2O$$

其电极反应为

$$H_3AsO_4 + 2H^+ + 2e^- = HAsO_2 + 2H_2O \quad \varphi^{\ominus}(H_3AsO_4/HAsO_2) = 0.56 \text{ V}$$
$$I_2 + 2e^- = 2I^- \quad \varphi^{\ominus}(I_2/I^-) = 0.54 \text{ V}$$

显然,在标准状况下,$c(H_3AsO_4) = c(HAsO_2) = 1.0 \text{ mol} \cdot L^{-1}$,$[c(H^+)] = 1.0 \text{ mol} \cdot L^{-1}$ 时,

$$\varphi^{\ominus}(H_3AsO_4/HAsO_2) > \varphi^{\ominus}(I_2/I^-)$$

该反应正向进行,$H_3AsO_4$ 氧化 $I^-$ 为 $I_2$。

当反应物浓度不变,仅改变溶液 pH = 7.00,即 $[c(H^+)] = 1.0 \times 10^{-7} \text{ mol} \cdot L^{-1}$ 时,

$$\varphi(H_3AsO_4/HAsO_2)=\varphi^{\ominus}(H_3AsO_4/HAsO_2)+\frac{0.059\ 2\ V}{2}\lg\frac{c(H_3AsO_4)[c(H^+)]^2}{c(HAsO_2)}$$

$$=0.56+\frac{0.059\ 2}{2}\lg\frac{1.0\times(1.0\times10^{-7})^2}{1.0}=0.15\ V$$

在 $I_2+2e^-\!=\!=\!=2I^-$ 的电极反应中，无 $H^+$ 参与，改变溶液酸度不会影响电对的电极电势，

$$\varphi(H_3AsO_4/HAsO_2)<\varphi^{\ominus}(I_2/I^-),$$

该反应逆向进行，$I_3^-$ 氧化 $HAsO_2$ 为 $H_3AsO_4$。

说明改变反应溶液的 pH 值，可以改变反应的方向。但这种情况仅仅对于有 $H^+$ 或 $OH^-$ 参与的电极反应，而且只有在两电极的电极电势相差较小时才有可能发生。

**8.5.2.3 生成沉淀对反应方向的影响**

在氧化还原体系中，如果沉淀剂与氧化型形成沉淀，则其 $\varphi^{\ominus}$ 减小；反之，若沉淀剂与还原型形成沉淀，则其 $\varphi^{\ominus}$ 增大，从而影响氧化还原反应进行的方向。

例如，当 $[Cu^{2+}]=[I^-]=1.0\ mol\cdot L^{-1}$ 时，判断 $2Cu^{2+}+4I^-\!=\!=\!=2CuI+I_2$ 的反应方向。因为，

$$Cu^{2+}+e^-\!=\!=\!=Cu^+\qquad \varphi^{\ominus}(Cu^{2+}/Cu^+)=0.16\ V$$

$$I_2+2e^-\!=\!=\!=2I^-\qquad \varphi^{\ominus}(I_2/I^-)=0.54\ V$$

若按两电对的标准电极电势大小比较反应方向为 $I_2+2Cu^+\!=\!=\!=2Cu^{2+}+2I^-$，但由于溶液中的 $I^-$ 和 $Cu^+$ 生成沉淀 CuI，即

$$Cu^++I^-\!=\!=\!=CuI\downarrow\qquad K_{sp}^{\ominus}=[Cu^+][I^-]=1.27\times10^{-12}$$

若不考虑离子强度的影响，则有

$$\varphi(Cu^{2+}/Cu^+)=\varphi^{\ominus}(Cu^{2+}/Cu^+)+0.059\ 2\lg\frac{[Cu^{2+}]}{[Cu^+]}$$

$$=\varphi^{\ominus}(Cu^{2+}/Cu^+)+0.059\ 2\lg\frac{[I^-][Cu^{2+}]}{K_{sp}^{\ominus}}=0.86\ V$$

由于生成 CuI 沉淀，使 $Cu^{2+}/Cu^+$ 电对的标准电极电势由 0.16 V 增加到 0.86 V，

$$\varphi^{\ominus}(I_2/I^-)<\varphi(Cu^{2+}/Cu^+)$$

则反应方向发生改变，该反应的反应方向应为

$$Cu^{2+}+4I^-\!=\!=\!=2CuI\downarrow+I_2$$

说明当溶液中有过量 $I^-$ 存在时，$Cu^{2+}/Cu^+$ 的电极电势增大，从而 $Cu^{2+}$ 可以定量地氧化 $I^-$，即间接碘量法测定 $Cu^{2+}$ 含量的基本原理。

**8.5.2.4 形成配合物对反应方向的影响**

如【例 8.8】所述，虽然 $[Cu(NH_3)_4]^{2+}$ 与 $NH_3$ 的浓度都为标准浓度 $1\ mol\cdot L^{-1}$，但由于 $[Cu(NH_3)_4]^{2+}$ 的生成，使 $c(Cu^{2+})$ 发生改变，从而使电极电势改变，由此改变氧化还原反应进行的方向。

### 8.5.3 判断溶液中离子共存的可能性

在标准状态下，若 $E^{\ominus}>0$ 或 $\varphi^{\ominus}(+)>\varphi^{\ominus}(-)$，则反应按给定的方向正向进行；若 $E^{\ominus}<0$

或 $\varphi^{\ominus}(+)<\varphi^{\ominus}(-)$，则反应按给定方向的逆向进行。实践中也常用此法判断溶液中离子能否共存。

**【例 8.11】** 判断在标准状态下，$Fe^{3+}$ 与 $I^-$ 在溶液中能否共存。

**解**：假设反应按如下方向进行：

$$Fe^{3+}+2I^- \longrightarrow Fe^{2+}+I_2$$

正极　$Fe^{3+}+e^- = Fe^{2+}$　　$\varphi^{\ominus}(Fe^{3+}/Fe^{2+})=0.77\ V$

负极　$I_2+2e^- = 2I^-$　　$\varphi^{\ominus}(I_2/I^-)=0.54\ V$

$$E^{\ominus}=\varphi^{\ominus}(Fe^{3+}/Fe^{2+})-\varphi^{\ominus}(I_2/I^-)=0.77-0.54=0.23\ V$$

$E^{\ominus}>0$，反应正向进行。所以，在标准状态下，$Fe^{3+}$ 与 $I^-$ 在溶液中将发生反应而不能共存。

### 8.5.4 判断氧化还原反应进行的次序

如果溶液中存在多种还原剂，而且都能与同一种氧化剂作用，若不考虑反应速率的因素时，原则上还原性最强的还原剂首先被氧化，也就是电极电势最小的电对的还原型先被氧化。即两电对电极电势相差最大的先反应。

例如，在含 $Cl^-$、$Br^-$、$I^-$ 的混合溶液中加入 $K_2Cr_2O_7$ 时，因为 $\varphi^{\ominus}(Cl_2/Cl^-)=1.36\ V$、$\varphi^{\ominus}(Br_2/Br^-)=1.066\ V$、$\varphi^{\ominus}(I_2/I^-)=0.535\ V$、$\varphi^{\ominus}(Cr_2O_7^{2-}/Cr^{3+})=1.232\ V$，很容易判断出，首先被 $K_2Cr_2O_7$ 氧化的是 $I^-$，其次是 $Br^-$，而 $Cl^-$ 不能被氧化。

实践中针对某一混合体系，常常需要选择合适的氧化剂或还原剂选择性地氧化或还原某一组分，而不氧化或还原其他组分。根据电对的电极电势可以达到选择合适氧化剂和还原剂的目的。

例如，选择什么样的氧化剂可以在 $Cl^-$、$Br^-$ 和 $I^-$ 共存时，选择性氧化 $I^-$，而不氧化 $Cl^-$ 和 $Br^-$？

要选择仅能氧化 $I^-$，而不氧化 $Cl^-$ 和 $Br^-$ 的氧化剂，其氧化剂电对的电极电势必须在 0.535~1.066 V，如果小于 0.535 V，则不仅不氧化 $Cl^-$ 和 $Br^-$，同时也不氧化 $I^-$；如果大于 1.066 V，则会同时氧化 $I^-$ 和 $Br^-$；如果大于 1.36 V，则三种离子可同时被氧化。在实验室，当 $I^-$、$Br^-$ 和 $Cl^-$ 同时存在时，一般选用 $Fe_2(SO_4)_3$ 或 $NaNO_2$ 加酸作为氧化剂来选择性氧化 $I^-$。

## 8.6 元素标准电极电势图(Latimer Diagram)

### 8.6.1 元素标准电极电势图

一种元素具有多种氧化态时，可以构成多个氧化还原电对。为了方便比较各种氧化态的氧化能力，通常将同一种元素的各种氧化态按氧化数，由高到低、从左到右依次排列，然后在每两对氧化还原电对之间标出相应标准电极电势值所得到的图形，称为元素电势图。

如氯元素的各氧化数物质有 $ClO_4^-$、$ClO_3^-$、$HClO_2$、$HClO$、$Cl_2$、$Cl^-$，将这些物质按氧化数由高到底、从左到右依次排列，在每两种物质间的短线上标上标准电极电势值，就构成酸介质的氯元素标准电极电势图。

$$\varphi^{\Theta}(A)/V \quad ClO_4^- \xrightarrow{+1.189} ClO_3^- \xrightarrow{+1.214} HClO_2 \xrightarrow{+1.645} HClO \xrightarrow{+1.611} Cl_2 \xrightarrow{+1.356} Cl^-$$

（$ClO_3^-$ 至 HClO：1.47；$ClO_3^-$ 至 $HClO_2$：1.430；HClO 至 $Cl^-$：1.483）

用相同的方法，可构成氯元素碱介质中的电势图。

$$\varphi^{\Theta}(B)/V \quad ClO_4^- \xrightarrow{+0.36} ClO_3^- \xrightarrow{+0.33} ClO_2^- \xrightarrow{+0.66} ClO^- \xrightarrow{+0.81} Cl_2 \xrightarrow{+1.356} Cl^-$$

（$ClO_3^-$ 至 $Cl_2$：1.62；$ClO_3^-$ 至 $ClO^-$：0.50；$ClO^-$ 至 $Cl^-$：0.81）

## 8. 6. 2　元素标准电极电势图的应用

元素标准电极电势图的应用主要有以下三个方面。

### 8. 6. 2. 1　由已知 $\varphi^{\Theta}$ 计算未知任意电对的标准电极电势 $\varphi^{\Theta}(x)$

**【例 8. 12】** 已知铜元素的电势图为

$$Cu^{2+} \xrightarrow{+0.158\ V} Cu^+ \xrightarrow{+0.522\ V} Cu$$

（$Cu^{2+}$ 至 Cu：$\varphi^{\Theta}(x)=?$）

求 $\varphi^{\Theta}(Cu^{2+}/Cu)$ 为多少？

**解：** 电对 $Cu^{2+}/Cu$ 的电极反应为

$$Cu^{2+}+2e^- \Longrightarrow Cu$$

此电极反应可分为两步进行：

电极反应(1)：$Cu^{2+}+e^- \Longrightarrow Cu^+ \quad \Delta_r G_1^{\Theta} \qquad \varphi^{\Theta}(1)=\varphi^{\Theta}(Cu^{2+}/Cu^+)=0.158\ V$

电极反应(2)：$Cu^+ + e^- \Longrightarrow Cu \quad \Delta_r G_2^{\Theta} \qquad \varphi^{\Theta}(2)=\varphi^{\Theta}(Cu^+/Cu)=0.522\ V$

根据热力学可知　$\Delta_r G^{\Theta}=\Delta_r G_1^{\Theta}+\Delta_r G_2^{\Theta}$

在标准状态时，则

$$-nF\varphi^{\Theta}(x)=-nF\varphi^{\Theta}(Cu^{2+}/Cu)=-n_1F\varphi^{\Theta}(1)-n_2F\varphi^{\Theta}(2)$$

$$E_x^{\Theta}=\frac{n_1E_1^{\Theta}+n_2E_2^{\Theta}}{n}=\frac{0.522+0.158}{2}=0.340\ V$$

$$\varphi^{\Theta}(x)=\varphi^{\Theta}(Cu^{2+}/Cu)=\frac{n_1\varphi^{\Theta}(1)+n_2\varphi^{\Theta}(2)}{n}=\frac{0.522+0.158}{2}=0.340\ V$$

可见，任意电对的标准电极电势 $\varphi_x^{\Theta}$ 的通式为

$$\varphi^{\Theta}(x)=\frac{n_1\varphi^{\Theta}(1)+n_2\varphi^{\Theta}(2)+\cdots}{n} \qquad (n=n_1+n_2+\cdots) \tag{8-10}$$

### 8. 6. 2. 2　判断歧化反应能否发生

歧化反应是同一元素在反应中，一部分氧化数升高，另一部分氧化数降低的反应，是自身氧化还原反应的一种特例。

在铜元素的标准电极电势图中，

$$Cu^{2+}\xrightarrow{+0.158\ V}Cu^{+}\xrightarrow{+0.522\ V}Cu$$

$Cu^{+}$位于 $Cu^{2+}$和 Cu 之间，说明在电对 $Cu^{2+}/Cu^{+}$和 $Cu^{+}/Cu$ 中，$Cu^{+}$离子分别作为还原型物质和氧化型物质。由电势图可知：

$Cu^{2+}+e^{-}=\!=\!=Cu^{+}$　　$\varphi^{\ominus}(-)=\varphi^{\ominus}(Cu^{2+}/Cu^{+})=0.158\ V$　　可作为原电池的负极

$Cu^{+}+e^{-}=\!=\!=Cu$　　$\varphi^{\ominus}(+)=\varphi^{\ominus}(Cu^{+}/Cu)=0.522\ V$　　可作为原电池的正极

正极减负极得电池反应　　$2Cu^{+}=\!=\!=Cu^{2+}+Cu$

可得原电池的电动势为

$$E^{\ominus}=\varphi^{\ominus}(+)-\varphi^{\ominus}(-)=\varphi^{\ominus}(Cu^{+}/Cu)-\varphi^{\ominus}(Cu^{2+}/Cu^{+})=0.522-0.158=0.364\ V>0$$

说明反应 $2Cu^{+}=\!=\!=Cu^{2+}+Cu$ 能自动发生，因此 $Cu^{+}$在水溶液中很不稳定，极易歧化为 $Cu^{2+}$和 Cu。

分析上例，因为 $\varphi^{\ominus}(Cu^{+}/Cu)>\varphi^{\ominus}(Cu^{2+}/Cu^{+})$，所以 $Cu^{+}$发生歧化。可以推论，在元素标准电极电势图中，若某种氧化型物质和其右边的物质所组成电对的电极电势 $\varphi^{\ominus}$(右)大于该物质和其左边的物质所组成电对的电极电势 $\varphi^{\ominus}$(左)，则此氧化型物质在溶液中必然能发生歧化反应，在溶液中不稳定。

如氯元素在碱介质中的电势图中，$ClO_3^-$ 同 $Cl^-$组成的电对的电极电势 $\varphi^{\ominus}$(右)= 1.61 V，$ClO_3^-$ 同 $ClO_4^-$ 组成的电对的电极电势 $\varphi^{\ominus}$(左)= 0.36 V，$\varphi^{\ominus}$(右)>$\varphi^{\ominus}$(左)，故 $ClO_3^-$ 在碱介质中不稳定，可发生歧化反应，产物为 $ClO_4^-$ 和 $Cl^-$。

**8.6.2.3　预计反应产物**

**【例 8.13】**试判断酸性介质中 KI 与 $Cl_2$ 在下述两种情况下反应的最终产物。

(1) $Cl_2$过量；(2) KI 过量。

**解**：查表写出有关的电势图(酸介质)

由于 $I^-$只能作还原剂，所以 $Cl_2$ 作氧化剂

$$Cl_2\xrightarrow{+1.3583\ V}Cl^-$$

$$H_5IO_6\xrightarrow{+1.60\ V}IO_3^-\xrightarrow{+1.133\ V}HIO\xrightarrow{+1.45\ V}I_2\xrightarrow{+0.535\ V}I^-$$

（$IO_3^-$ 至 $I_2$：+1.195 V）

(1) $Cl_2$过量。因为 $\varphi^{\ominus}(Cl_2/Cl^-)>\varphi^{\ominus}(I_2/I^-)$，当 $Cl_2$过量时，$I^-$首先被 $Cl_2$ 氧化为 $I_2$，由于 $\varphi^{\ominus}(HIO/I_2)>\varphi^{\ominus}(Cl_2/Cl^-)$，所以 $Cl_2$ 不能将 $I_2$ 氧化成 HIO。而 $\varphi^{\ominus}(Cl_2/Cl^-)>\varphi^{\ominus}(IO_3^-/I_2)$，$Cl_2$ 可进一步把 $I_2$ 氧化为 $IO_3^-$。再分析 $Cl_2$ 能否氧化 $IO_3^-$，由图可知，$\varphi^{\ominus}(Cl_2/Cl^-)<\varphi^{\ominus}(H_5IO_6/IO_3^-)$，所以，$Cl_2$ 不能将 $IO_3^-$ 氧化为 $H_5IO_6$。因此，过量 $Cl_2$ 与 $I^-$反应的最终产物是 $IO_3^-$，其反应式为

$$3Cl_2+I^-+3H_2O=\!=\!=IO_3^-+6Cl^-+6H^+$$

(2) KI 过量。当 $I^-$过量时，$I^-$首先被 $Cl_2$ 氧化为 $I_2$ 或 $IO_3^-$，如下列电势图：

$$IO_3^-\xrightarrow{+1.195\ V}I_2\xrightarrow{+0.535\ V}I^-$$

由于 $\varphi^{\ominus}(IO_3^-/I_2) > \varphi^{\ominus}(I_2/I^-)$，则下列反应正向进行。

$$IO_3^- + 5I^- + 6H^+ \longrightarrow 3I_2 + 3H_2O$$

故此时最终产物是 $I_2$。

# 8.7　氧化还原平衡(Redox Equilibrium)

## 8.7.1　条件电极电势

电极电势 $\varphi$(Ox/Red)的 Nernst 方程为

$$\varphi(\mathrm{Ox/Red}) = \varphi^{\ominus}(\mathrm{Ox/Red}) + \frac{RT}{nF}\ln\frac{a(\mathrm{Ox})}{a(\mathrm{Red})}$$

在 298 K(25 ℃)时，

$$\varphi(\mathrm{Ox/Red}) = \varphi^{\ominus}(\mathrm{Ox/Red}) + \frac{0.059\ 2\ \mathrm{V}}{n}\lg\frac{a(\mathrm{Ox})}{a(\mathrm{Red})}$$

利用 Nernst 方程计算电极电势时，理论上应该使用各物质的实际有效浓度，即活度(activity)，但在实际工作中容易知道的是氧化型和还原型的浓度，而不是活度，因此，为了简化计算，常常忽略离子强度的影响，用浓度代替活度。但在实际情况下，离子强度对电极电势是有影响的，特别是离子强度较大、氧化型和还原型的氧化数值较高时，活度系数受离子强度的影响更大，因而用浓度代替活度会有较大的偏离。

对于平衡溶液来讲，通常物质的活度与某型体的平衡浓度存在如下关系：

$$a(\mathrm{Ox}) = \gamma(\mathrm{Ox})[\mathrm{Ox}];\quad a(\mathrm{Red}) = \gamma(\mathrm{Red})[\mathrm{Red}] \tag{8-11}$$

$a$(Ox)和 $a$(Red)分别为氧化型和还原型的活度，[Ox]和[Red]分别为氧化型和还原型的相对平衡浓度，$\gamma$(Ox)和 $\gamma$(Red)分别为氧化型和还原型的活度系数。将式(8-11)代入电极电势的 Nernst 方程，则

$$\varphi(\mathrm{Ox/Red}) = \varphi^{\ominus}(\mathrm{Ox/Red}) + \frac{0.059\ 2\ \mathrm{V}}{n}\lg\frac{\gamma(\mathrm{Ox})[\mathrm{Ox}]}{\gamma(\mathrm{Red})[\mathrm{Red}]} \tag{8-12}$$

此外，当溶液组成变化时，氧化型和还原型也可能发生各种副反应，如酸度发生变化、形成沉淀或配合物等，均对电极电势计算结果有较大影响，也与实际情况有较大偏离。因此，很多情况下，除了要考虑活度系数外，还应考虑各种副反应引起的平衡浓度的变化，引入相应的副反应系数 $\alpha$(Ox)和 $\alpha$(Red)，$c$(Ox)、$c$(Red)分别代表氧化型和还原型的分析浓度(各种型体平衡浓度之和)，根据副反应系数的定义

$$\alpha(\mathrm{Ox}) = \frac{c(\mathrm{Ox})}{[\mathrm{Ox}]};\quad \alpha(\mathrm{Red}) = \frac{c(\mathrm{Red})}{[\mathrm{Red}]} \tag{8-13}$$

有

$$[\mathrm{Ox}] = \frac{c(\mathrm{Ox})}{\alpha(\mathrm{Ox})};\quad [\mathrm{Red}] = \frac{c(\mathrm{Red})}{\alpha(\mathrm{Red})}$$

代入式(8-12)，则

$$\varphi(\mathrm{Ox/Red}) = \varphi^{\ominus}(\mathrm{Ox/Red}) + \frac{0.059\ 2\ \mathrm{V}}{n}\lg\frac{\gamma(\mathrm{Ox})\alpha(\mathrm{Red})c(\mathrm{Ox})}{\gamma(\mathrm{Red})\alpha(\mathrm{Ox})c(\mathrm{Red})} \tag{8-14}$$

当溶液的离子强度很大时，活度系数 $\gamma$ 不易求得；当副反应很多时，计算副反应系数 $\alpha$

也很烦琐。因此，要使用式(8-14)计算电极电势，将是十分复杂的。由于氧化型和还原型的分析浓度 $c(\mathrm{Ox})$ 和 $c(\mathrm{Red})$ 是很容易得到的，而且在一定条件下，$\gamma$ 和 $\alpha$ 都是常数，可以把它们并入前边的标准电极电势项中，则式(8-14)可改写为

$$\varphi(\mathrm{Ox/Red})=\varphi^{\ominus}(\mathrm{Ox/Red})+\frac{0.059\ 2\ \mathrm{V}}{n}\lg\frac{\gamma(\mathrm{Ox})\alpha(\mathrm{Red})}{\gamma(\mathrm{Red})\alpha(\mathrm{Ox})}+\frac{0.059\ 2\ \mathrm{V}}{n}\lg\frac{c(\mathrm{Ox})}{c(\mathrm{Red})}$$

$$\varphi(\mathrm{Ox/Red})=\varphi^{\ominus\prime}(\mathrm{Ox/Red})+\frac{0.059\ 2\ \mathrm{V}}{n}\lg\frac{c(\mathrm{Ox})}{c(\mathrm{Red})}$$

当氧化型和还原型的分析浓度均为 1 $\mathrm{mol\cdot L^{-1}}$ 时，可得到

$$\varphi^{\ominus\prime}(\mathrm{Ox/Red})=\varphi^{\ominus}(\mathrm{Ox/Red})+\frac{0.059\ 2\ \mathrm{V}}{n}\lg\frac{\gamma(\mathrm{Ox})\alpha(\mathrm{Red})}{\gamma(\mathrm{Red})\alpha(\mathrm{Ox})}\tag{8-15}$$

式(8-15)中，$\varphi^{\ominus\prime}(\mathrm{Ox/Red})$ 称为 Ox/Red 电对的条件电极电势，简称条件电势。它表示在一定的介质条件下，氧化型 Ox 和还原型 Red 的分析浓度都是 1 $\mathrm{mol\cdot L^{-1}}$ 时的实际电极电势。当条件确定时，$\varphi^{\ominus\prime}(\mathrm{Ox/Red})$ 为一常数。当介质的种类或浓度改变时，条件电势也随之改变。

条件电极电势能有效地反映离子强度和各种副反应的影响，用它来计算电极电势，与实际情况比较相符而且简便。但实际上活度系数和副反应系数计算较困难，所以条件电极电势大多由实验测得，实际应用受到一定的限制。目前，条件电极电势的数据还不齐全，因此，虽然提倡采用条件电极电势解决实际问题，但若查不到所需条件下的条件电极电势，可采用相近条件下的条件电极电势，或用标准电极电势进行近似处理。例如，1.5 $\mathrm{mol\cdot L^{-1}}$ $H_2SO_4$ 溶液中 $Fe^{3+}/Fe^{2+}$ 电对的条件电势未查到，可用 1.0 $\mathrm{mol\cdot L^{-1}}$ $H_2SO_4$ 溶液中该电对的条件电势 0.68 V 代替，相对于采用标准电极电势(0.77 V)误差要小。附录Ⅸ列出了部分氧化还原电对的条件电极电势。

**【例 8.14】** 计算 0.10 $\mathrm{mol\cdot L^{-1}}$ HCl 溶液中，$H_3AsO_4/H_3AsO_3$ 电对的条件电极电势。[忽略离子强度的影响，已知 $\varphi^{\ominus}(H_3AsO_4/H_3AsO_3)=0.559$ V]

**解：** 在 0.10 $\mathrm{mol\cdot L^{-1}}$ HCl 溶液中，$H_3AsO_4/H_3AsO_3$ 电对的电极反应为

$$H_3AsO_4+2H^++2e^-=\!=\!=H_3AsO_3+H_2O$$

忽略离子强度的影响，则

$$\varphi(H_3AsO_4/H_3AsO_3)=\varphi^{\ominus}(H_3AsO_4/H_3AsO_3)+\frac{0.059\ 2\ \mathrm{V}}{2}\lg\frac{[H_3AsO_4][H^+]^2}{[H_3AsO_3]}$$

$$=\varphi^{\ominus}(H_3AsO_4/H_3AsO_3)+0.059\ 2\ \mathrm{V}\lg[H^+]+\frac{0.059\ 2\ \mathrm{V}}{2}\lg\frac{[H_3AsO_4]}{[H_3AsO_3]}$$

当 $[H_3AsO_4]=[H_3AsO_3]=1\ \mathrm{mol\cdot L^{-1}}$ 时，$\varphi^{\ominus}(H_3AsO_4/H_3AsO_3)=\varphi^{\ominus\prime}(H_3AsO_4/H_3AsO_3)$，故

$$\varphi^{\ominus\prime}(H_3AsO_4/H_3AsO_3)=0.559\ \mathrm{V}+0.059\ 2\ \mathrm{V}\lg[H^+]=0.500\ \mathrm{V}$$

**【例 8.15】** 在 1 $\mathrm{mol\cdot L^{-1}}$ HCl 溶液中，$\varphi^{\ominus\prime}(Cr_2O_7^{2-},\ H^+/Cr^{3+})=1.00$ V。计算用固体亚铁盐将 0.100 $\mathrm{mol\cdot L^{-1}}$ $K_2Cr_2O_7$ 溶液还原至一半时 $Cr_2O_7^{2-}/Cr^{3+}$ 电对的电极电势。

**解：** 忽略副反应的影响时，0.100 $\mathrm{mol\cdot L^{-1}}$ $K_2Cr_2O_7$ 还原至一半时，$[Cr_2O_7^{2-}]=$

$0.0500\ mol \cdot L^{-1}$，$[Cr^{3+}]=2\times(0.100-[Cr_2O_7^{2-}])=0.100\ mol \cdot L^{-1}$

有
$$\varphi=\varphi^{\ominus'}(Cr_2O_7^{2-},\ H^+/Cr^{3+})+\frac{0.0592\ V}{6}\lg\frac{[Cr_2O_7^{2-}]}{[Cr^{3+}]^2}$$
$$=1.00\ V+\frac{0.0592\ V}{6}\lg\frac{0.0500}{0.0100}=1.01\ V$$

### 8.7.2　氧化还原反应的平衡常数

氧化还原电对通常可粗略地分为可逆电对和不可逆电对两大类。可逆电对是指在氧化还原反应的任一瞬间都能迅速建立起氧化还原平衡，所显示的实际电极电势与 Nernst 方程计算所得的电极电势值基本相符，如 $Fe^{3+}/Fe^{2+}$、$I_2/I^-$、$Ce^{4+}/Ce^{3+}$ 等。而不可逆电对则相反，它们不能在氧化还原反应的任一瞬间建立起氧化还原半反应所示的平衡，其实际电势与理论电势相差较大，如 $MnO_4^{2-}/Mn^{2+}$，$Cr_2O_7^{2-}/Cr^{3+}$，$S_4O_6^{2-}/S_2O_3^{2-}$，$CO_2/C_2O_4^{2-}$，$SO_4^{2-}/SO_3^{2-}$ 等电对。因此，对于可逆电对，电极电势可由 Nernst 方程计算，而对于不可逆电对，用 Nernst 方程计算的结果与实际电极电势相差较大，但尽管如此，用 Nernst 方程计算结果作为初步判断，仍然具有一定的实际意义。

另外，在处理氧化还原平衡时，还应注意电对有对称和不对称的区别。对称电对是指电极半反应中氧化型与还原型系数相同的电对，如 $Fe^{3+}/Fe^{2+}$、$MnO_4^-/Mn^{2+}$、$Ce^{4+}/Ce^{3+}$ 等；半反应中氧化型和还原型系数不同的电对，如 $I_2/I^-$、$Cr_2O_7^{2-}/Cr^{3+}$、$CO_2/C_2O_4^{2-}$ 等电对，称为不对称电对。当涉及有不对称电对的有关计算时，情况比较复杂，处理有关问题时应注意。

若由对称电对组成的氧化还原反应为

$$n_2Ox_1+n_1Red_2 = n_2Red_1+n_1Ox_2$$

在标准状态下，25 ℃时，反应的平衡常数为

$$K^{\ominus}=\frac{[a(Red_1)]^{n_2}[a(Ox_2)]^{n_1}}{[a(Ox_1)]^{n_2}[a(Red_2)]^{n_1}} \tag{8-16}$$

两电对的半反应及相应的 Nernst 方程式为

$$Ox_1+n_1e^- = Red_1,\ \varphi_1=\varphi_1^{\ominus}+\frac{0.0592\ V}{n_1}\lg\frac{a(Ox_1)}{a(Red_1)}$$

$$Ox_2+n_2e^- = Red_2,\ \varphi_2=\varphi_2^{\ominus}+\frac{0.0592\ V}{n_2}\lg\frac{a(Ox_2)}{a(Red_2)}$$

当反应达到平衡时，$\varphi_1=\varphi_2$，则

$$\varphi_1^{\ominus}+\frac{0.0592\ V}{n_1}\lg\frac{a(Ox_1)}{a(Red_1)}=\varphi_2^{\ominus}+\frac{0.0592\ V}{n_2}\lg\frac{a(Ox_2)}{a(Red_2)}$$

整理后得

$$\lg\frac{[a(Red_1)]^{n_2}[a(Ox_2)]^{n_1}}{[a(Ox_1)]^{n_2}[a(Red_2)]^{n_1}}=\frac{n(\varphi_1^{\ominus}-\varphi_2^{\ominus})}{0.0592\ V}=\lg K^{\ominus} \tag{8-17a}$$

式(8-17a)中，$n$ 为两电对的得失电子数的最小公倍数；$K^{\ominus}$ 为反应的标准平衡常数。若考虑溶液中各种副反应和离子强度的影响，则以相应的条件电势代入，所得平衡常数即为条件平

衡常数 $K^{\ominus'}$。

$$\lg \frac{[\mathrm{Red_1}]^{n_2}[\mathrm{Ox_2}]^{n_1}}{[\mathrm{Ox_1}]^{n_2}[\mathrm{Red_2}]^{n_1}} = \frac{n(\varphi_1^{\ominus'} - \varphi_2^{\ominus'})}{0.059\ 2\ \mathrm{V}} = \lg K^{\ominus'} \tag{8-17b}$$

但是为了书写方便，将 $K^{\ominus'}$ 简写为 $K$，即经验平衡常数。

利用标准吉布斯自由能与标准平衡常数($K^{\ominus}$)的关系也可以导出氧化还原反应的平衡常数与标准电动势($E^{\ominus}$)之间的关系。

因为 $\Delta G^{\ominus} = -RT\ln K^{\ominus}$，而且 $\Delta G^{\ominus} = -nFE^{\ominus}$，

所以

$$-RT\ln K^{\ominus} = -nFE^{\ominus}$$

$$\ln K^{\ominus} = \frac{nFE^{\ominus}}{RT} \tag{8-18a}$$

当 $T=298$ K 时，可写成

$$\lg K^{\ominus} = \frac{nE^{\ominus}}{0.059\ 2\ \mathrm{V}} \tag{8-18b}$$

因此，在一定温度下，氧化还原反应平衡常数的大小取决于电池电动势及反应中电子转移的计量系数($n$)，与各物质的浓度无关。由于 $E^{\ominus}$ 和 $\varphi^{\ominus}$ 都是强度性质，与反应方程式的书写无关，但平衡常数 $K^{\ominus}$ 或 $K$ 是容量性质，与反应方程式的书写有关，因此同一氧化还原反应，方程式的书写不同，则反应中的电子转移数不同，平衡常数也不同，在应用时要注意。

**【例 8.16】** 试计算下列氧化还原反应的平衡常数。

$$Cr_2O_7^{2-} + 6Fe^{2+} + 14H^+ \xlongequal{} 6Fe^{3+} + 2Cr^{3+} + 7H_2O$$

**解：** 反应中的电子转移计量数 $n=6$

正极 $Cr_2O_7^{2-} + 14H^+ + 6e^- \xlongequal{} 2Cr^{3+} + 7H_2O$　　$\varphi^{\ominus}(Cr_2O_7^{2-}/Cr^{3+}) = 1.232$ V

负极 $Fe^{3+} + e^- \xlongequal{} Fe^{2+}$　　$\varphi^{\ominus}(Fe^{3+}/Fe^{2+}) = 0.771$ V

则

$$\lg K^{\ominus} = \frac{nE^{\ominus}}{0.059\ 2\ \mathrm{V}} = \frac{n(\varphi_1^{\ominus} - \varphi_2^{\ominus})}{0.059\ 2\ \mathrm{V}} = \frac{6\times(1.232-0.771)}{0.059\ 2} = 46.7$$

$$K^{\ominus} = 5.3\times10^{46}$$

## 8.7.3 氧化还原反应进行的程度

化学反应进行的程度(反应限度)是用化学平衡常数来标度的，即一个反应的完成程度可用平衡常数来判断。由式(8-17)和式(8-18)可知，氧化还原反应平衡常数的大小是由组成氧化还原反应的两电对电极电势之差决定的，两者相差越大，平衡常数越大，反应也越完全。

**【例 8.17】** 在 0.10 mol · L$^{-1}$ $CuSO_4$ 溶液中投入 Zn 粒，求反应达到平衡后溶液中 $Cu^{2+}$ 的浓度。

**解：** 反应方程式　$Cu^{2+} + Zn \xlongequal{} Zn^{2+} + Cu$

正极反应　$Cu^{2+} + 2e^- \xlongequal{} Cu$　　$\varphi^{\ominus}(Cu^{2+}/Cu) = 0.341\ 9$ V

负极反应　$Zn^{2+} + 2e^- \xlongequal{} Zn$　　$\varphi^{\ominus}(Zn^{2+}/Zn) = -0.761\ 8$ V

则 $E^{\ominus}=\varphi^{\ominus}(Cu^{2+}/Cu)-\varphi^{\ominus}(Zn^{2+}/Zn)=0.337-(-0.763)=1.104\ V$

$$\lg K^{\ominus}=\frac{nE^{\ominus}}{0.0592\ V}=\frac{2\times1.104}{0.0592}=37.3$$

$$K^{\ominus}=\frac{[Zn^{2+}]}{[Cu^{2+}]}=2\times10^{37}$$

平衡常数如此大，说明反应进行得很完全，则平衡时，$[Zn^{2+}]\approx0.10\ mol\cdot L^{-1}$，代入上式可得

$$[Cu^{2+}]=\frac{0.10}{2\times10^{37}}=5\times10^{-39}\ mol\cdot L^{-1}$$

同理，两电对的条件电势相差越大，氧化还原反应的平衡常数 $K$ 就越大，反应进行的就越完全。滴定分析一般要求反应的完全程度应在99.9%以上，对于滴定反应，

$$n_2Ox_1+n_1Red_2 = n_2Red_1+n_1Ox_2$$

若以氧化剂 $Ox_1$ 标准溶液滴定还原剂 $Red_2$，在终点时允许 $Red_2$ 残留0.1%，或氧化剂 $Ox_1$ 过量0.1%，即

$$\frac{[Ox_2]}{[Red_2]}\geqslant\frac{99.9}{0.1}\approx10^3，或\frac{[Red_1]}{[Ox_1]}\geqslant\frac{99.9}{0.1}\approx10^3$$

当两电对的电极反应中电子转移数 $n_1=n_2=1$ 时，则

$$\lg K=\lg\left(\frac{[Red_1]}{[Ox_1]}\cdot\frac{[Ox_2]}{[Red_2]}\right)\geqslant\lg(10^3\times10^3)=6$$

因为 $$\lg K=\frac{n(\varphi_1^{\ominus'}-\varphi_2^{\ominus'})}{0.0592\ V}$$

所以 $$\varphi_1^{\ominus'}-\varphi_2^{\ominus'}=\frac{0.0592\ V\lg K}{n}\geqslant\frac{0.0592\times6}{1}\approx0.35\ V$$

对于 $n_1=1$，$n_2=2$ 型的氧化还原反应，

$$2Ox_1+Red_2 = 2Red_1+Ox_2$$

$$\lg K=\lg\left(\frac{[Red_1]^2}{[Ox_1]^2}\cdot\frac{[Ox_2]}{[Red_2]}\right)\geqslant\lg[(10^3)^2\times10^3]=9$$

反应的电子转移数目 $n=2$，则

$$\varphi_1^{\ominus'}-\varphi_2^{\ominus'}=\frac{0.0592\ V\lg K}{n}\geqslant\frac{0.0592\times9}{2}\approx0.27\ V$$

对于 $n_1=2$，$n_2=3$ 型的氧化还原反应，如

$$3Ox_1+2Red_2 = 3Red_1+2Ox_2$$

$$\lg K=\lg\left(\frac{[Red_1]^3}{[Ox_1]^3}\cdot\frac{[Ox_2]^2}{[Red_2]^2}\right)\geqslant\lg[(10^3)^3\times(10^3)^2]=15$$

反应的电子转移数目 $n=6$，则

$$\varphi_1^{\ominus'}-\varphi_2^{\ominus'}=\frac{0.0592\ V\lg K}{n}\geqslant\frac{0.0592\times15}{6}\approx0.15\ V$$

对于氧化还原反应为 $n_2Ox_1+n_1Red_2=n_2Red_1+n_1Ox_2$，可知

$$\lg K=\lg\left(\frac{[\text{Red}_1]^{n_2}}{[\text{Ox}_1]^{n_2}}\cdot\frac{[\text{Red}_2]^{n_1}}{[\text{Ox}_2]^{n_1}}\right)\geqslant\lg(10^{3n_2}\times10^{3n_1})=3(n_1+n_2) \tag{8-19}$$

$$\varphi_1^{\ominus'}-\varphi_2^{\ominus'}\geqslant\frac{0.059\ 2}{n}\times3(n_1+n_2)\text{V} \tag{8-20}$$

由此可见，若仅考虑氧化还原反应的完全程度，通常认为：对于 $n_1=n_2=1$ 的反应，只有满足 $\lg K\geqslant6$ 时，才能符合滴定分析的要求，终点相对误差小于 0.1%；对于 $n_1\neq n_2$ 的反应，需满足 $\lg K\geqslant3(n_1+n_2)$，反应的完全程度才能符合滴定分析的要求。

另外，也可用氧化还原反应中两电对的电极电势差值 $\varphi_1^{\ominus'}-\varphi_2^{\ominus'}$ 或 $E^{\ominus}$ 来判断反应是否进行完全。一般认为：当满足 $E^{\ominus}\geqslant0.4$ V 时，就能满足滴定分析的要求。

## 8.8 影响氧化还原反应速率的因素(Factors Affecting Redox Rate)

尽管可以利用电极电势来判断氧化还原反应进行的方向，通过计算平衡常数来判断反应进行的程度，但却不能由电极电势来判断反应进行的速率。氧化还原反应的机理比酸碱反应、沉淀反应和配位反应要复杂得多，因此，一般除了从化学平衡的角度来讨论反应的可行性，还应从它的氧化还原反应速率角度来考虑反应的现实性。

氧化还原反应速率与化合物的电子层结构、条件电极电势以及反应的历程有关，除此之外，还与许多因素有关，如浓度、温度、催化剂等。

### 8.8.1 浓度对反应速率的影响

根据质量作用定律，反应速率与反应物的浓度乘积成正比，反应物浓度越大，反应的速率越快。例如，在酸性溶液中，一定量的 $K_2Cr_2O_7$ 与 KI 反应：

$$Cr_2O_7^{2-}+6I^-+14H^+=\!=\!=2Cr^{3+}+3I_2+7H_2O$$

此反应速率较慢，若增大 $I^-$ 的浓度(KI 过量约 5 倍)和提高溶液的酸度($[H^+]$约 0.4 $mol\cdot L^{-1}$)，只需 3~5 min，反应就能进行完全，反应速率明显加快。

### 8.8.2 温度对反应速率的影响

对于大多数反应，增加溶液的温度可提高反应速率。这是由于增加溶液温度，不仅增加了反应物之间的碰撞概率，更重要的是增加了活化分子或活化离子的数目，因而提高了反应速率。通常每增加 10 ℃，反应速率增大 2~3 倍。

例如，在酸性溶液中 $MnO_4^-$ 与 $C_2O_4^{2-}$ 的反应：

$$2MnO_4^-+5C_2O_4^{2-}+16H^+=\!=\!=2Mn^{2+}+10CO_2+8H_2O$$

在室温下反应速率缓慢，如将溶液加热，则反应速率显著提高。故用 $KMnO_4$ 滴定 $H_2C_2O_4$ 时，通常将酸性溶液 $H_2C_2O_4$ 加热至 75~85 ℃，以提高反应速率，满足滴定分析要求。

但应该注意的是，并不是所有情况下都允许通过提高反应温度的办法来加快反应。当反应物中有挥发性或受热易分解的物质时，如 $I_2$ 和 $H_2O_2$，如果加热溶液，则会引起挥发或分解；再如有些物质很容易被空气中的氧所氧化，如 $Sn^{2+}$ 和 $Fe^{2+}$ 等，则加热溶液会促进这些物质被氧化，引起副反应。所以遇到这些情况，只好采用别的办法来提高反应速率。

### 8.8.3　催化反应

因为滴定分析要求滴定反应速率要足够地快，所以在滴定分析中，经常使用催化剂来改变反应速率。催化剂是一种能够改变一个化学反应的反应速率，却不改变化学反应热力学平衡位置，本身在化学反应中不被明显地消耗的化学物质。在催化剂作用下进行的化学反应称为催化反应。催化剂根据作用的效果可分为正催化剂和负催化剂，正催化剂加快反应速率，负催化剂减缓反应速率。

一般认为在催化反应中，由于催化剂的存在使得反应过程中产生一些不稳定的中间价态离子、游离基或活泼的中间配合物，从而改变原氧化还原反应历程，或改变了原反应进行时所需的活化能，使反应速率发生变化。

例如，$MnO_4^-$ 与 $C_2O_4^{2-}$ 的反应在滴定分析中应用比较多，用草酸钠基准物标定高锰酸钾溶液的反应式为

$$2MnO_4^- + 5C_2O_4^{2-} + 16H^+ = 2Mn^{2+} + 10CO_2 + 8H_2O$$

这个典型氧化还原反应的反应速率比较慢。加入适量的 $Mn^{2+}$ 能使此反应的反应速率加快。即使不加入 $Mn^{2+}$，而利用 $MnO_4^-$ 与 $C_2O_4^{2-}$ 刚开始反应生成微量的 $Mn^{2+}$ 作催化剂，也可以加快反应速率。这种由反应产物引起催化作用的现象称为自身催化作用(self-catalyzed function)。$Mn^{2+}$ 起催化剂的作用，由于 $Mn^{2+}$ 又是反应产物，所以也叫自身催化剂。

### 8.8.4　诱导反应

有些氧化还原反应在通常情况下并不发生或进行极慢，但由于另一反应的进行会促使其发生。例如，在酸性溶液中 $KMnO_4$ 氧化 $Cl^-$ 的反应速率很慢，甚至可以认为两者不反应，但当溶液中同时存在 $Fe^{2+}$ 时，$KMnO_4$ 氧化 $Fe^{2+}$ 的反应加速了 $KMnO_4$ 氧化 $Cl^-$ 的反应。这种由于一个反应的发生，促进另一个反应进行的现象，称为诱导作用(induced function)，前者称为诱导反应，后者则为受诱反应。如

$$MnO_4^- + 5Fe^{2+} + 8H^+ = Mn^{2+} + 5Fe^{3+} + 4H_2O \quad \text{(诱导反应)}$$

$$2MnO_4^- + 10Cl^- + 16H^+ = 2Mn^{2+} + 5O_2 + 8H_2O \quad \text{(受诱反应)}$$

其中，$MnO_4^-$ 称为作用体，$Fe^{2+}$ 称为诱导体，$Cl^-$ 称为受诱体。

诱导反应的产生，与氧化还原反应中间步骤中产生的不稳定中间价态离子或游离基团等因素有关。诱导反应与催化反应不同，在催化反应中，催化剂参加反应后，又恢复其原来的状态与数量；在诱导反应中，诱导体参加反应后变为其他物质。

诱导反应在滴定分析中往往是有害的，应尽可能避免。例如，高锰酸钾法测定还原型物质一般都在强酸性条件下进行。强调酸化时要使用硫酸，而不用盐酸，其原因就是避免发生诱导效应，干扰滴定。

## 8.9　氧化还原滴定的基本原理(The Basics of Redox Titration)

氧化还原滴定法(redox titration)是以氧化还原反应为基础的滴定分析方法，是滴定分析

中应用最广泛的方法之一。常选择适当的氧化剂或还原剂标准溶液作滴定剂，用于测定许多具有氧化还原性质的金属阳离子、阴离子和有机化合物，对一些不具有氧化性或还原性的物质，也可以通过发生化学计量反应转化为具有氧化性或还原性物质的形式进行间接滴定。常见氧化还原滴定法有高锰酸钾法、重铬酸钾法、碘量法等。

### 8.9.1 氧化还原滴定曲线

在氧化还原滴定过程中，随着滴定剂的加入，溶液中氧化态物质和还原态物质浓度不断地变化，因此有关电对的电极电势也随之不断变化。以滴定百分数(或滴定剂体积)为横坐标，溶液平衡电势为纵坐标绘制成的曲线称为氧化还原滴定曲线(titrimetric curve of redox)，它可以描述滴定过程中溶液电势的变化。滴定曲线既可通过实验测量数据绘制，也可利用 Nernst 方程从理论上计算而绘制。

现以 1.0 mol·L$^{-1}$ $H_2SO_4$ 体系中，0.100 0 mol·L$^{-1}$ $Ce(SO_4)_2$ 标准溶液滴定 20.00 mL 0.100 0 mol·L$^{-1}$ $FeSO_4$ 溶液为例，通过用 Nernst 方程计算来绘制氧化还原反应的滴定曲线。

氧化还原滴定反应为

$$Ce^{4+} + Fe^{2+} \longrightarrow Ce^{3+} + Fe^{3+}$$

已知在此条件下两电对的电极反应和条件电极电势分别为

$$Ce^{4+} + e^- \longrightarrow Ce^{3+} \qquad \varphi^{\ominus'}(Ce^{4+}/Ce^{3+}) = 1.44\ V$$

$$Fe^{3+} + e^- \longrightarrow Fe^{2+} \qquad \varphi^{\ominus'}(Fe^{3+}/Fe^{2+}) = 0.68\ V$$

应该指出的是：在滴定过程中的任一时刻，当反应体系达平衡时，溶液体系中同时存在两个电对，并且两电对的电极电势相等，即溶液平衡电势 $\varphi$。

$$\varphi = \varphi(Ce^{4+}/Ce^{3+}) = \varphi(Fe^{3+}/Fe^{2+})$$

因此，在滴定的不同阶段，可选择方便于计算的电对，用 Nernst 方程式计算滴定过程中任意时刻反应体系的溶液平衡电势，即溶液电势。与酸碱滴定法和沉淀滴定法相似，将整个滴定过程分为 4 个阶段进行讨论。

(1)滴定开始前。对于 0.100 0 mol·L$^{-1}$$Fe^{2+}$溶液，由于空气中氧的氧化作用，可将少量的 $Fe^{2+}$氧化为 $Fe^{3+}$，反应体系存在着 $Fe^{3+}/Fe^{2+}$电对，但由于 $Fe^{3+}$浓度不可知，故此时溶液电势无法计算。

(2)滴定开始至化学计量点前。在这一阶段，随着滴定剂 $Ce^{4+}$的滴加，滴定反应的进行，溶液中存在 $Fe^{3+}/Fe^{2+}$和 $Ce^{4+}/Ce^{3+}$两个电对。

$$\varphi(Fe^{3+}/Fe^{2+}) = \varphi^{\ominus'}(Fe^{3+}/Fe^{2+}) + 0.059\ 2\ V\lg\frac{[Fe^{3+}]}{[Fe^{2+}]}$$

$$\varphi(Ce^{4+}/Ce^{3+}) = \varphi^{\ominus'}(Ce^{4+}/Ce^{3+}) + 0.059\ 2\ V\lg\frac{[Ce^{4+}]}{[Ce^{3+}]}$$

理论上可以根据 Nernst 方程计算任一电对的电极电势得到。但在这一阶段的任一时刻，反应达平衡时，所滴加的 $Ce^{4+}$几乎全部转化为 $Ce^{3+}$，溶液中 $Ce^{4+}$浓度很小。若用 $Ce^{4+}/Ce^{3+}$电对来计算溶液电势比较麻烦，而溶液中存在剩余的 $Fe^{2+}$和生成 $Fe^{3+}$，其浓度容易计算，故选择 $Fe^{3+}/Fe^{2+}$电对来计算此阶段的溶液电势 $\varphi$。

当滴加 $Ce^{4+}$标准溶液 19.80 mL 时，即滴定百分数为 99%，则

$$\frac{[Fe^{3+}]}{[Fe^{2+}]}=\frac{\dfrac{0.1000\times19.80\times10^{-3}}{(20.00+19.80)\times10^{-3}}}{\dfrac{0.1000\times(20.00-19.80)\times10^{-3}}{(20.00+19.80)\times10^{-3}}}=99$$

可得此时的溶液电势为

$$\varphi=\varphi(Fe^{3+}/Fe^{2+})=\varphi^{\ominus'}(Fe^{3+}/Fe^{2+})+0.0592\ \mathrm{V}\lg\frac{[Fe^{3+}]}{[Fe^{2+}]}=0.68\ \mathrm{V}+0.0592\ \mathrm{V}\lg99=0.80\ \mathrm{V}$$

同理，当滴入 $Ce^{4+}$标准溶液 19.98 mL，滴定百分数为 99.9%时，

$$\varphi=\varphi(Fe^{3+}/Fe^{2+})=\varphi^{\ominus'}(Fe^{3+}/Fe^{2+})+0.0592\ \mathrm{V}\lg999=0.68\ \mathrm{V}+0.0592\ \mathrm{V}\lg999=0.86\ \mathrm{V}$$

(3)化学计量点时。加入 20.00 mL 0.1000 mol · $L^{-1}$ $Ce(SO_4)_2$ 标准溶液，此时 $Fe^{2+}$和 $Ce^{4+}$已定量完全反应，它们的浓度均很小且难以求得，因此，不能单独按两电对中的某一电对的电极电势来计算溶液电势。但由于化学计量点时，溶液也为平衡体系，故两电对的电极电势相等，都等于计量点时的溶液电势，即

$$\varphi(Fe^{3+}/Fe^{2+})=\varphi(Ce^{4+}/Ce^{3+})=\varphi_{sp}$$

式中，$\varphi_{sp}$ 为化学计量点时的溶液电势，则

$$\varphi_{sp}=\varphi^{\ominus'}(Fe^{3+}/Fe^{2+})+0.0592\ \mathrm{V}\lg\frac{[Fe^{3+}]}{[Fe^{2+}]}$$

$$\varphi_{sp}=\varphi^{\ominus'}(Ce^{4+}/Ce^{3+})+0.0592\ \mathrm{V}\lg\frac{[Ce^{4+}]}{[Ce^{3+}]}$$

将两式相加，可得

$$2\varphi_{sp}=\varphi^{\ominus'}(Ce^{4+}/Ce^{3+})+\varphi^{\ominus'}(Fe^{3+}/Fe^{2+})+0.0592\ \mathrm{V}\lg\frac{[Ce^{4+}][Fe^{3+}]}{[Ce^{3+}][Fe^{2+}]}$$

由化学计量关系可知在化学计量点时，

$$[Ce^{4+}]=[Fe^{2+}],\quad [Ce^{3+}]=[Fe^{3+}]$$

故有

$$\varphi_{sp}=\frac{\varphi^{\ominus'}(Ce^{4+}/Ce^{3+})+\varphi^{\ominus'}(Fe^{3+}/Fe^{2+})}{2}=\frac{0.68+1.44}{2}=1.06\ \mathrm{V}$$

(4)化学计量点后。加入过量的 $Ce(SO_4)_2$ 溶液，反应体系中 $Fe^{2+}$几乎全部被氧化成 $Fe^{3+}$，没有被氧化的 $Fe^{2+}$浓度难以计算，因此不能用 $Fe^{3+}/Fe^{2+}$电对来计算这一阶段的溶液电势。但溶液电势可由 $Ce^{4+}/Ce^{3+}$电对的电极电势计算。

当加入 20.02 mL 0.1000 mol · $L^{-1}$ $Ce(SO_4)_2$ 标准溶液，即加入过量 0.1%的 $Ce^{4+}$时，

$$[Ce^{4+}]=\frac{(20.02-20.00)\times10^{-3}\times0.1000}{(20.02+20.00)\times10^{-3}}\mathrm{mol\cdot L^{-1}}$$

$$[Ce^{3+}]=\frac{20.00\times10^{-3}\times0.1000}{(20.02+20.00)\times10^{-3}}\mathrm{mol\cdot L^{-1}}$$

$$\varphi=\varphi(Ce^{4+}/Ce^{3+})=\varphi^{\ominus'}(Ce^{4+}/Ce^{3+})+0.0592\ \mathrm{V}\lg\frac{[Ce^{4+}]}{[Ce^{3+}]}$$

$$=1.44\ \mathrm{V}+0.0592\ \mathrm{Vlg}\frac{(20.02-20.00)\times10^{-3}\times0.1000}{20.00\times10^{-3}\times0.1000}=1.26\ \mathrm{V}$$

同理可计算出此阶段任一时刻的溶液电势。

将以上所有计算结果列于表 8-1 中，以滴定剂加入的百分数为横坐标，溶液电势为纵坐标作图，可得到如图 8-5 所示的氧化还原滴定曲线。

**表 8-1 0.100 0 mol · $L^{-1}$ $Ce^{4+}$滴定 20.00 mL 同浓度 $Fe^{2+}$溶液时滴定过程的溶液电势**

| 加入 $Ce^{4+}$溶液体积 $V$/mL | $Fe^{2+}$被滴定的百分率/% | 溶液电势 $\varphi$/V |
|---|---|---|
| 1.00 | 5.0 | 0.60 |
| 2.00 | 10.0 | 0.62 |
| 4.00 | 20.0 | 0.64 |
| 8.00 | 40.0 | 0.67 |
| 10.00 | 50.0 | 0.68 |
| 12.00 | 60.0 | 0.69 |
| 18.00 | 90.0 | 0.74 |
| 19.80 | 99.0 | 0.80 |
| 19.98 | 99.9 | 0.86 |
| 20.00 | 100.0 | 1.06 |
| 20.02 | 100.1 | 1.26 |
| 22.00 | 110.0 | 1.38 |
| 30.00 | 150.0 | 1.42 |
| 40.00 | 200.0 | 1.44 |

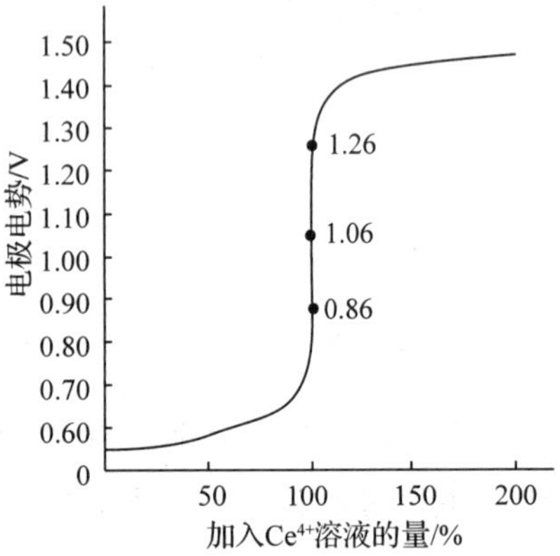


**图 8-5 氧化还原滴定曲线**

0.100 0 mol · $L^{-1}$ $Ce(SO_4)_2$ 标准溶液滴定 20.00 mL 的 0.100 0 mol · $L^{-1}$ $FeSO_4$

根据计算结果和滴定曲线可以看出，在氧化还原滴定过程中，随着滴定剂的加入，有关电对的氧化型和还原型的浓度发生了变化，使得溶液电势也发生相应的变化，特别是在化学计量点附近溶液电势发生了突跃。与其他滴定法相似，从化学计量点前 99.9% 的 $Fe^{2+}$被氧化到计量点后 $Ce^{4+}$过量 0.1%，溶液电势由 0.86 V 突然增加到 1.26 V，即 0.86~1.26 V 为突跃范围，据此可选择合适的指示剂。

## 8.9.2 化学计量点时的溶液电势

对于任意对称氧化还原滴定反应

$$n_2\mathrm{Ox}_1+n_1\mathrm{Red}_2 = n_2\mathrm{Red}_1+n_1\mathrm{Ox}_2$$

其有关电对的电极反应分别为

$$\mathrm{Ox}_1+n_1\mathrm{e}^- = \mathrm{Red}_1;\ \mathrm{Ox}_2+n_2\mathrm{e}^- = \mathrm{Red}_2$$

两电对电极电势分别为

$$\varphi_1=\varphi_1^{\ominus'}+\frac{0.0592\ \mathrm{V}}{n_1}\lg\frac{[\mathrm{Ox}_1]}{[\mathrm{Red}_1]} \quad (1)$$

$$\varphi_2 = \varphi_2^{\ominus'} + \frac{0.059\,2\ \text{V}}{n_2}\lg\frac{[\text{Ox}_2]}{[\text{Red}_2]} \tag{2}$$

反应达化学计量点时，两电对电极电势相等，将此时溶液的电势称为化学计量点电势，表示为 $\varphi_{sp}$，即 $\varphi_{sp}=\varphi_1=\varphi_2$。

式(1)$\times n_1$+式(2)$\times n_2$，整理后得

$$(n_1+n_2)\varphi_{sp} = n_1\varphi_1^{\ominus'} + n_2\varphi_2^{\ominus'} + 0.059\,2\ \text{V}\lg\frac{[\text{Ox}_1][\text{Ox}_2]}{[\text{Red}_1][\text{Red}_2]}$$

对于对称氧化还原反应，由化学计量关系可以看出，化学计量点时各反应物和生成物的浓度存在如下关系：

$$[\text{Ox}_1]=[\text{Red}_1];\ [\text{Ox}_2]=[\text{Red}_2]$$

可得

$$\varphi_{sp} = \frac{n_1\varphi_1^{\ominus'} + n_2\varphi_2^{\ominus'}}{n_1+n_2} \tag{8-21}$$

式(8-21)是对称氧化还原反应化学计量点时溶液电势的计算式。可以看出，其化学计量点溶液电势与相关电对的条件电极电势以及电子转移数有关，而与滴定剂与被测物的浓度无关。

若氧化还原滴定反应有不对称电对参与，则为不对称氧化还原反应。对于有不对称电对参加的氧化还原反应，可用同样的方法推导出计量点时溶液电势。

$$\varphi_{sp} = \frac{n_1\varphi_1^{\ominus'} + n_2\varphi_2^{\ominus'}}{n_1+n_2} + \frac{0.059\,2\ \text{V}}{n_1+n_2}\lg\frac{1}{a[\text{Red}_1]^{a-1}} \tag{8-22}$$

式中，$[\text{Red}_1]$为氧化剂的还原态平衡浓度，$a$ 为还原态在电极半反应中的系数。例如，$K_2Cr_2O_7$ 法测定 $FeSO_4$ 时，滴定反应为

$$Cr_2O_7^{2-}+6Fe^{2+}+14H^+ = 2Cr^{3+}+6Fe^{3+}+7H_2O$$

$K_2Cr_2O_7$ 的电极反应为

$$Cr_2O_7^{2-}+14H^++6e^- = 2Cr^{3+}+7H_2O$$

$Cr_2O_7^{2-}/Cr^{3+}$为不对称电对。因此滴定反应达化学计量点时溶液电势为

$$\varphi_{sp} = \frac{6\varphi^{\ominus'}(Cr_2O_7^{2-}/Cr^{3+})+\varphi^{\ominus'}(Fe^{3+}/Fe^{2+})}{6+1} + \frac{0.059\,2\ \text{V}}{6+1}\lg\frac{1}{2[Cr^{3+}]}$$

可以看出，滴定反应有不对称电极参与时，$\varphi_{sp}$ 除了与两电对的 $\varphi^{\ominus'}$ 和反应系数有关以外，也与浓度有关。

### 8.9.3 影响氧化还原滴定突跃范围的因素

氧化还原滴定曲线与其他类型的滴定曲线类似，在化学计量点附近溶液电势发生了突跃，指示剂就是依据此突跃范围选择的。

对于可逆的、对称电对的氧化还原滴定反应，$\varphi_1^{\ominus'}$ 和 $\varphi_2^{\ominus'}$ 分别代表滴定剂(氧化剂)和滴定待测物(还原剂)的条件电极电势，$n_1$、$n_2$ 为相应半反应的电子转移数。则突跃范围为

$$\varphi_2^{\ominus'} + \frac{0.059\,2\ \text{V}}{n_2}\lg\frac{99.9\%}{0.1\%} \sim \varphi_1^{\ominus'} + \frac{0.059\,2\ \text{V}}{n_1}\lg\frac{0.1\%}{99.9\%}$$

即
$$\varphi_2^{\ominus'}+\frac{0.059\ 2\ \text{V}}{n_2}\times3\sim\varphi_1^{\ominus'}-\frac{0.059\ 2\ \text{V}}{n_1}\times3$$

由上式可知，可逆的、对称电对的氧化还原滴定的突跃范围只与两电对的电子转移数及条件电极电势有关，与浓度无关。两电对的条件电极电势相差越大，滴定突跃范围越大；反之，两电对条件电极电势的差值越小，滴定突跃范围越小，如图 8-6 所示。

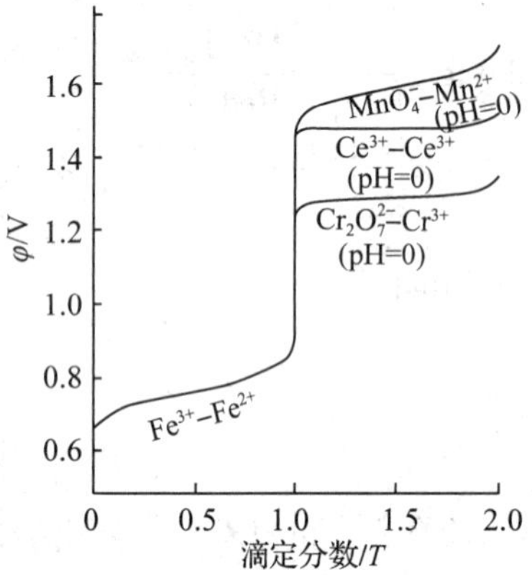


**图 8-6　$\Delta\varphi^{\ominus}$ 与滴定突跃**

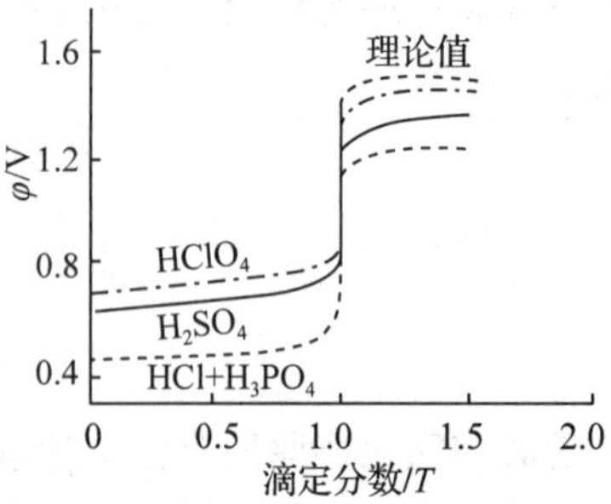


**图 8-7　反应介质与滴定突跃范围**

借助指示剂指示滴定终点时，要求突跃范围大于 0. 2 V。若要使滴定突跃明显，可设法降低还原剂电对的电极电势，如加入配位剂，使还原剂中氧化态物种的浓度降低，导致滴定曲线中的突跃起点降低，从而增大突跃范围。例如，用 $K_2Cr_2O_7$ 滴定 $Fe^{2+}$，当以 $H_2SO_4$ 和 $H_3PO_4$ 的混合溶液作介质时，由于 $H_3PO_4$ 对 $Fe^{3+}$的配位作用，使 $\varphi^{\ominus'}(Fe^{3+}/Fe^{2+})$降低，可增大滴定突跃范围。

另外，在不同介质中，氧化还原电对的条件电极电势不同，滴定曲线的突跃范围大小也不同，如图 8-7 所示。

## 8. 9. 4　氧化还原滴定指示剂

在氧化还原滴定中，可利用某些物质在化学计量点时颜色的改变指示滴定终点。常用于氧化还原滴定中的指示剂(indicator)有以下 3 种类型。

### 8. 9. 4. 1　本身发生氧化还原反应的指示剂

这类指示剂本身就是氧化剂或还原剂，其氧化态和还原态具有明显不同的颜色。在滴定过程中，随滴定剂的加入，指示剂由氧化态变为还原态，或者由还原态变化为氧化态，其颜色的变化可指示滴定终点。

若以 In(Ox)和 In(Red)分别表示指示剂的氧化态和还原态，$n$ 表示其电子转移数，并假定电极反应是可逆的，则指示剂的氧化还原半反应为

$$\text{In(Ox)}+ne^-\rightleftharpoons\text{In(Red)}$$

根据 Nernst 方程，氧化还原指示剂的电极电势与其浓度的关系为(25 ℃)

$$\varphi[\text{In(Ox)/In(Red)}]=\varphi^{\ominus'}[\text{In(Ox)/In(Red)}]+\frac{0.059\ 2\ \text{V}}{n}\lg\frac{[\text{In(Ox)}]}{[\text{In(Red)}]}$$

将该氧化还原型指示剂加入被滴溶液中，随着滴定的进行，溶液电势不断发生变化，指示剂

的[In(Ox)]和[In(Red)]的比值也变化，溶液的颜色也随之改变，与酸碱指示剂情况相似：

当$\frac{[In(Ox)]}{[In(Red)]} \geqslant 10$时，溶液呈指示剂氧化态In(Ox)的颜色，溶液电势$\varphi$为

$$\varphi = \varphi[In(Ox)/In(Red)] \geqslant \varphi^{\Theta'}[In(Ox)/In(Red)] + \frac{0.059\,2\ V}{n}$$

当$\frac{[In(Ox)]}{[In(Red)]} \leqslant \frac{1}{10}$时，溶液呈指示剂还原态In(Red)的颜色，溶液电势$\varphi$为

$$\varphi \leqslant \varphi^{\Theta'}[In(Ox)/In(Red)] - \frac{0.059\,2\ V}{n}$$

当$\frac{1}{10} < \frac{[In(Ox)]}{[In(Red)]} < 10$时，溶液呈现指示剂氧化态和还原态的混合色，溶液电势$\varphi$为

$$\varphi^{\Theta'}[In(Ox)/In(Red)] - \frac{0.059\,2\ V}{n} < \varphi < \varphi^{\Theta'}[In(Ox)/In(Red)] + \frac{0.059\,2\ V}{n}$$

此溶液电势$\varphi$的变化范围称为氧化还原指示剂的理论变色范围。

当$\frac{[In(Ox)]}{[In(Red)]} = 1$时，溶液呈氧化态和还原态的中间颜色，此时$\varphi = \varphi^{\Theta'}[In(Ox)/In(Red)]$，称为氧化还原指示剂的理论变色点。很显然，氧化还原指示剂的理论变色点就是指示剂电对的条件电极电势。

表 8-2 列出的是一些常用的氧化还原指示剂的条件电极电势，在选择指示剂时，应使指示剂的条件电极电势尽量与滴定反应的化学计量点电势接近，以减小终点误差。

**表 8-2　一些常用的氧化还原指示剂**

| 指示剂 | $\varphi^{\Theta'}(In)/V$ $[H^+]=1\ mol \cdot L^{-1}$ | 颜色变化 | |
|---|---|---|---|
| | | 氧化态 | 还原态 |
| 亚甲基蓝 | 0.53 | 蓝 | 无 |
| 二苯胺 | 0.76 | 紫 | 无 |
| 二苯胺磺酸钠 | 0.85 | 紫红 | 无 |
| 邻苯氨基苯甲酸 | 0.89 | 紫红 | 无 |
| 邻二氮菲-亚铁 | 1.06 | 浅蓝 | 红 |
| 硝基邻二氮菲-亚铁 | 1.25 | 浅蓝 | 紫红 |

与氧化还原滴定的突跃范围相比，指示剂的变色范围较窄，一般只要指示剂的条件电极电势落在滴定的突跃范围内就可以选用。例如，在$[H^+]=1\ mol \cdot L^{-1}$溶液中用$Ce^{4+}$滴定$Fe^{2+}$，突跃范围为0.86~1.26 V，化学计量点的电势为1.06 V，可以选择邻苯氨基苯甲酸或邻二氮菲-亚铁作指示剂。

### 8.9.4.2　自身指示剂

在氧化还原滴定中，有些标准溶液或被滴定物质本身有颜色，而反应后变成无色或浅色物质，此种情况在滴定时就不必另外加入指示剂。这种利用标准溶液本身的颜色变化来指示滴定终点的指示剂叫作自身指示剂。如$KMnO_4$本身为紫红色，其还原产物$Mn^{2+}$几乎无色。当用$KMnO_4$作标准溶液滴定无色或颜色很浅的物质时，无需另加指示剂，当滴定到达化学

计量点后，只要有微过量的 $KMnO_4$（浓度为 $2×10^{-6}$ mol·$L^{-1}$）存在，就可使溶液呈现粉红色，由此确定滴定终点。

#### 8.9.4.3 特殊指示剂

有些物质本身并不具有氧化还原性，但它能与氧化剂或还原剂产生特殊的颜色由此来确定滴定终点，这类物质也称为显色指示剂或专属指示剂。例如，可溶性淀粉能与 $I_2(I_3^-)$ 产生深蓝色吸附化合物，而且这一过程具有可逆性，当 $I_2$ 被还原成 $I^-$ 时，深蓝色消失，该反应的灵敏度很高。因此，在碘量法中，用淀粉溶液作指示剂，可根据其蓝色的出现或消失指示滴定终点。在室温下，淀粉可使浓度约为 $10^{-5}$ mol·$L^{-1}$ 碘溶液变为蓝色。但温度升高，灵敏度会降低。

## 8.10 常用的氧化还原滴定法(The Usual Redox Titration)

氧化剂或还原剂作为滴定剂的氧化还原滴定，应用十分广泛。因为氧化剂和还原剂的种类繁多，而且氧化或还原能力各不相同，所以氧化还原滴定法可以根据待测物的性质来选择合适的滴定剂。一般根据所用滴定剂的名称来命名，如高锰酸钾法、重铬酸钾法、碘量法、铈量法、溴酸钾法等。各种方法都有其特点和应用范围，应根据实际情况正确选用。下面介绍几种常用的氧化还原滴定法。

### 8.10.1 高锰酸钾法

#### 8.10.1.1 概述

$KMnO_4$ 是一种强氧化剂，它的氧化能力与溶液的酸度有关。

在强酸性溶液中，$KMnO_4$ 与还原剂作用可被还原为 $Mn^{2+}$。

$$MnO_4^- + 8H^+ + 5e^- = Mn^{2+} + 4H_2O \qquad \varphi^\ominus = 1.51 \text{ V}$$

由于在强酸性溶液中 $KMnO_4$ 的氧化性较强，因而高锰酸钾法一般在 0.5~1 mol·$L^{-1}$ $H_2SO_4$ 强酸性介质中进行滴定。因为 HCl 具有还原性，存在诱导反应干扰滴定，所以不能作为反应介质。另外，由于 $HNO_3$ 具有氧化性而且含有氮氧化物，容易产生副反应，因而也不采用硝酸介质。

在弱酸性、中性或弱碱性溶液中，$KMnO_4$ 被还原为 $MnO_2$。

$$MnO_4^- + 2H_2O + 3e^- = MnO_2\downarrow + 4OH^- \qquad \varphi^\ominus = 0.60 \text{ V}$$

由于反应产物为棕色的 $MnO_2$ 沉淀，妨碍终点观察，所以很少在此条件下使用。

在 pH>12 的强碱性溶液（大于 2 mol·$L^{-1}$ NaOH）中用 $KMnO_4$ 氧化有机物时，反应速率比在酸性条件下更快，所以常在此条件下测定有机物。

$$MnO_4^- + e^- = MnO_4^{2-} \qquad \varphi^\ominus = 0.56 \text{ V}$$

$KMnO_4$ 法有如下特点：

(1) $KMnO_4$ 氧化能力强，应用广泛，可直接或间接地测定多种无机物和有机物。可直接测定许多还原性物质，如 $Fe^{2+}$、As(Ⅲ)、$Sb^{3+}$、W(Ⅴ)、U(Ⅳ)、$H_2O_2$、$C_2O_4^{2-}$、$NO_2^-$ 等；利用返滴定法可测 $MnO_2$、$PbO_2$ 等物质；也可以通过 $MnO_4^-$ 与 $C_2O_4^{2-}$ 反应间接测定一些非氧

化还原物质如 $Ca^{2+}$、$Th^{4+}$ 等。

(2) $KMnO_4$ 溶液呈紫红色，当被滴试液为无色或颜色很浅时，滴定时不需外加指示剂。

(3) $KMnO_4$ 与还原性物质的反应历程比较复杂，易发生副反应。

(4) $KMnO_4$ 标准溶液不能直接配制，且标准溶液不够稳定，不能久置，使用前需重新标定。

#### 8.10.1.2　高锰酸钾标准溶液的配制和标定

市售高锰酸钾试剂常含有少量的 $MnO_2$ 及其他杂质，实验用水也含有少量(如尘埃、有机物等)还原性物质，因此 $KMnO_4$ 标准溶液不能直接配制。一般先配成近似浓度的溶液，放置一周后滤去沉淀(具体配制方法及操作见配套实验教材)，然后用基准物质标定其准确浓度。

标定 $KMnO_4$ 溶液的基准物很多，如 $Na_2C_2O_4$、$H_2C_2O_4 \cdot 2H_2O$、$(NH_4)_2Fe(SO_4)_2 \cdot 6H_2O$ 和纯铁丝等，其中常用的是 $Na_2C_2O_4$。$MnO_4^-$ 与 $C_2O_4^{2-}$ 的标定反应在 $H_2SO_4$ 介质中进行，其反应方程式为

$$2MnO_4^- + 5C_2O_4^{2-} + 16H^+ = 2Mn^{2+} + 10CO_2\uparrow + 8H_2O$$

标定时应注意以下实验条件：

(1) 酸度。溶液应保持足够大的酸度，一般为 0.5~1 $mol \cdot L^{-1}$。如果酸度不足，易生成 $MnO_2$ 沉淀，而酸度过高又会使 $H_2C_2O_4$ 分解。

(2) 温度。该反应在室温下反应速率较慢，故应将 $Na_2C_2O_4$ 溶液加热至 75~85 ℃时进行滴定。注意温度不能超过 90 ℃，否则 $H_2C_2O_4$ 会发生分解，导致标定结果比实际浓度偏高。

$$H_2C_2O_4 \xrightarrow{\geq 90\ ℃} H_2O + CO_2\uparrow + CO\uparrow$$

(3) 滴定速率和催化剂。$MnO_4^-$ 与 $C_2O_4^{2-}$ 的反应开始速率很慢，当有 $Mn^{2+}$ 离子生成之后，反应速率逐渐加快。因此，开始滴定时，滴定速度一定要慢，否则加入的 $KMnO_4$ 溶液来不及与 $C_2O_4^{2-}$ 反应，就在热的酸性溶液中分解，导致标定结果偏低。此后，因反应生成的 $Mn^{2+}$ 有催化作用，加快了反应速率，滴定速度可随之加快，但不能过快。

$$4MnO_4^- + 12H^+ = 4Mn^{2+} + 6H_2O + 5O_2\uparrow$$

(4) 滴定终点。$KMnO_4$ 本身作指示剂，依靠稍过量的 $KMnO_4$ 标准溶液来指示滴定终点，所以滴定至溶液由无色刚刚变为浅红色时即为滴定终点，终点颜色越浅越好。

根据 $Na_2C_2O_4$ 的质量(g)，消耗的 $KMnO_4$ 标准溶液的体积 $V$(mL)，即可求出标准溶液的准确浓度。

$$c(KMnO_4) = \frac{\frac{2}{5}m(Na_2C_2O_4)}{V(KMnO_4)M(Na_2C_2O_4)} \times 1\,000$$

#### 8.10.1.3　$KMnO_4$ 滴定法的应用示例

(1) 直接滴定法测定 $H_2O_2$。在酸性溶液中 $H_2O_2$ 被 $MnO_4^-$ 定量氧化，其反应式为

$$2MnO_4^- + 5H_2O_2 + 6H^+ = 2Mn^{2+} + 5O_2 + 8H_2O$$

反应在室温下即可顺利进行。滴定开始时反应较慢，随着 $Mn^{2+}$ 的生成而加速。若 $H_2O_2$ 中含有机物质，后者会消耗 $KMnO_4$，使测定结果偏高。

(2)间接滴定法测定 $Ca^{2+}$。溶液中的 $Ca^{2+}$ 没有可变价态，不能与 $KMnO_4$ 直接反应，因此采用间接滴定法测定 $Ca^{2+}$。可先将待测试液中的 $Ca^{2+}$ 沉淀为 $CaC_2O_4$，再经过滤、洗涤后将沉淀溶于热的稀 $H_2SO_4$ 溶液中，最后用 $KMnO_4$ 标准溶液滴定溶液中释放的 $H_2C_2O_4$，反应式为

沉淀：$$Ca^{2+}+C_2O_4^{2-} \xlongequal{} CaC_2O_4\downarrow$$

酸溶：$$CaC_2O_4+2H^+ \xlongequal{} Ca^{2+}+H_2C_2O_4$$

滴定：$$2MnO_4^-+5C_2O_4^{2-}+16H^+ \xlongequal{} 2Mn^{2+}+10CO_2\uparrow+8H_2O$$

根据所消耗的 $KMnO_4$ 的量，间接求得 $Ca^{2+}$ 的含量。为了保证 $Ca^{2+}$ 与 $C_2O_4^{2-}$ 1∶1 的计量关系，以及获得颗粒较大的 $CaC_2O_4$ 沉淀便于过滤和洗涤，必须控制好反应条件：① 在酸性试液中先加入过量 $(NH_4)_2C_2O_4$，再用稀氨水慢慢中和试液至甲基橙显黄色，使沉淀缓慢地生成。② 沉淀完全后须放置陈化一段时间。③ 用蒸馏水洗去沉淀表面吸附的 $C_2O_4^{2-}$。若在中性或弱碱性溶液中沉淀，会有部分 $Ca(OH)_2$ 或碱式草酸钙生成，使测定结果偏低。④为减少沉淀溶解损失，应用尽可能少的冷水洗涤沉淀。

(3)化学耗氧量(chemical oxygen demand，COD)的测定。化学耗氧量 $COD_{Mn}$ 是在规定条件下，用 $KMnO_4$ 氧化水样中的某些有机物及无机还原性物质所消耗的 $MnO_4^-$ 量相当的氧的质量浓度(以 $O_2$ 计，$mg\cdot L^{-1}$)。它是反映水体被还原性物质污染的主要指标。还原性物质包括有机物、亚硝酸盐、亚铁盐和硫化物等，但多数水受有机物污染极为普遍，因此，COD 可作为有机物污染程度的指标。

$COD_{Mn}$ 的测定方法是：先在水样中加入 $H_2SO_4$ 酸化后，加入过量的 $KMnO_4$ 溶液，沸水浴加热，将水样中的某些有机物及还原性物质氧化，然后用一定量过量的 $Na_2C_2O_4$ 还原剩余的 $KMnO_4$，再以 $KMnO_4$ 标准溶液返滴定过量的 $Na_2C_2O_4$，从而计算出水样中所含还原性物质所消耗的 $KMnO_4$，再换算为 $COD_{Mn}$。测定过程所发生的有关反应如下：

$$4KMnO_4+6H_2SO_4+5C \xlongequal{} 2K_2SO_4+4MnSO_4+5CO_2+6H_2O$$

$$MnO_4^-+5C_2O_4^{2-}+16H^+ \xlongequal{} 2Mn^{2+}+8H_2O+10CO_2\uparrow$$

$KMnO_4$ 法测定的化学耗氧量 $COD_{Mn}$ 只适用于较为清洁水样。对于工业废水和污染严重的环境水中 COD 的测定，要采用 $K_2Cr_2O_7$ 法，测定结果表示为 $COD_{Cr}$。

(4)有机物的测定。$KMnO_4$ 氧化有机物的反应在碱性溶液中比在酸性溶液中快，采用加入过量 $KMnO_4$ 并加热的方法可进一步加速反应。例如，测定甘油时，加入一定量过量的 $KMnO_4$ 标准溶液到含有试样的 $2\ mol\cdot L^{-1}$ NaOH 溶液中，放置片刻，溶液中发生如下反应：

$$C_3H_8O_3+14MnO_4^-+20OH^- \xlongequal{} 3CO_3^{2-}+14MnO_4^{2-}+14H_2O$$

待溶液中反应完全后将溶液酸化，此时 $MnO_4^{2-}$ 歧化成 $MnO_4^-$ 和 $MnO_2$，然后加入过量的 $Na_2C_2O_4$ 标准溶液还原所有高价锰为 $Mn^{2+}$，最后再以 $KMnO_4$ 标准溶液滴定剩余的 $Na_2C_2O_4$。由两次加入的 $KMnO_4$ 量和 $Na_2C_2O_4$ 的量，计算甘油的质量分数。甲醛、甲酸、酒石酸、柠檬酸、苯酚、葡萄糖等都可按此法测定。

## 8.10.2 重铬酸钾法

### 8.10.2.1 概述

重铬酸钾也是常用的氧化剂之一。在酸性溶液中，$K_2Cr_2O_7$ 与还原剂作用时，被还原为 $Cr^{3+}$：

$$Cr_2O_7^{2-}+14H^++6e^- \!=\!\!=\!\!= 2Cr^{3+}+7H_2O \quad \varphi^\ominus=1.232\ V$$

实际上，在不同的酸性介质溶液中，$Cr_2O_7^{2-}/Cr^{3+}$ 电对的条件电势常常比标准电势小。如在 4 mol · $L^{-1}$ $H_2SO_4$ 溶液中，$\varphi^{\ominus'}=1.15$ V；在 1 mol · $L^{-1}$ $HClO_4$ 溶液中，$\varphi^{\ominus'}=1.025$ V；在 3 mol · $L^{-1}$ HCl 溶液中，$\varphi^{\ominus'}=1.08$ V；在 1 mol · $L^{-1}$ HCl 溶液中，$\varphi^{\ominus'}=1.00$ V。

由于重铬酸钾容易提纯(可达 99.99%)，在 140~250 ℃干燥后，可直接称量配制标准溶液；$K_2Cr_2O_7$ 标准溶液非常稳定，可以长期保存；$K_2Cr_2O_7$ 的氧化性较 $KMnO_4$ 弱，在室温下，当 HCl 浓度低于 3 mol · $L^{-1}$ 时，$Cr_2O_7^{2-}$ 不能氧化 $Cl^-$，故可在 HCl 介质中用 $K_2Cr_2O_7$ 滴定 $Fe^{2+}$；在酸性介质中，橙黄色的 $Cr_2O_7^{2-}$ 的还原产物是绿色的 $Cr^{3+}$，颜色变化难以观察，故不能根据 $Cr_2O_7^{2-}$ 本身颜色变化来确定滴定终点，而需采用氧化还原指示剂。

### 8.10.2.2 重铬酸钾标准溶液的配制

$K_2Cr_2O_7$ 标准溶液可用直接法配制，但在配制前应将 $K_2Cr_2O_7$ 基准试剂在 140~250 ℃温度下烘至恒重。准确称取一定量的 $K_2Cr_2O_7$ 基准试剂，加水溶解后定量转移至一定体积的容量瓶中，稀释至刻度，摇匀。然后根据 $K_2Cr_2O_7$ 质量和定容的体积，计算标准溶液的准确浓度。

### 8.10.2.3 重铬酸钾法应用示例

(1)铁矿石中全铁量的测定。重铬酸钾法主要是用于测定 $Fe^{2+}$，是测定铁矿石中全铁量的标准方法。

试样用热的浓盐酸分解后，用 $SnCl_2$将试液中的 $Fe^{3+}$ 充分还原为 $Fe^{2+}$，过量的 $SnCl_2$ 用 $HgCl_2$ 氧化，此时溶液中出现 $Hg_2Cl_2$ 白色丝状沉淀，然后再加入 $H_2SO_4$-$H_3PO_4$ 混合酸，以二苯胺磺酸钠作指示剂，用 $K_2Cr_2O_7$ 标准溶液滴定 $Fe^{2+}$，至溶液由绿色变为紫红色为终点。滴定反应为

$$Cr_2O_7^{2-}+6Fe^{2+}+14H^+ \!=\!\!=\!\!= 2Cr^{3+}+6Fe^{2+}+7H_2O$$

由下式计算出铁矿石中样品中的全铁量：

$$\omega(Fe)=\frac{6c(K_2Cr_2O_7)V(K_2Cr_2O_7)M(Fe)}{m_s\times 1\ 000}$$

二苯胺磺酸钠属于氧化还原指示剂，其还原态为无色，氧化态为紫红色，指示剂电对的条件电极电势 $\varphi_{In}^{\ominus'}=0.85$ V。如果直接使用二苯胺磺酸钠，则理论变色点($\varphi_{In}^{\ominus'}=0.85$ V)低于突跃范围的下限(0.86 V)，滴定终点会提前出现，滴定误差较大，测定结果出现负偏离。因此，用重铬酸钾法测定 $Fe^{2+}$时，常于试液中加入 $H_3PO_4$。由于 $H_3PO_4$ 与 $Fe^{3+}$可形成稳定的$[Fe(HPO_4)_2]^-$无色配离子，可降低溶液体系中的 $Fe^{3+}$的浓度，从而降低了 $Fe^{3+}/Fe^{2+}$电对的电极电势，使滴定突跃的下限向下延伸，因而滴定的突跃范围增大，使二苯胺磺酸钠的变色点落在滴定突跃范围以内。此外，由于 $Fe^{3+}$浓度的降低也消除了 $Fe^{3+}$黄褐色对滴定终

点颜色的干扰。

(2)重铬酸钾法测定土壤中的腐殖质。腐殖质是土壤中结构复杂的有机物质，其含量与土壤的肥力有着密切的联系。

在浓 $H_2SO_4$ 与少量催化剂 $Ag_2SO_4$ 的存在下，加入过量的 $K_2Cr_2O_7$ 标准溶液，在 170~180 ℃下，使土壤中的碳被 $K_2Cr_2O_7$ 氧化成 $CO_2$，剩余的 $K_2Cr_2O_7$ 中加入 $H_3PO_4$ 和二苯胺磺酸钠指示剂，用 $FeSO_4$ 标准溶液滴定至溶液由紫红色变为绿色($Cr^{3+}$)即为滴定终点。记录 $FeSO_4$ 标准溶液所消耗的体积 $V$(mL)。滴定反应如下：

$$2K_2Cr_2O_7+8H_2SO_4+3C \longrightarrow 2K_2SO_4+2Cr_2(SO_4)_3+3CO_2\uparrow+8H_2O$$

$$Cr_2O_7^{2-}+6Fe^{2+}+14H^+ = 2Cr^{3+}+6Fe^{2+}+7H_2O$$

重铬酸钾法中用到的 $K_2Cr_2O_7$、$HgCl_2$ 等为有毒物质，直接排入下水道会造成环境污染，因此，要注意检测后废液的合理处理，真正将党的二十大报告提出的"全方位、全地域、全过程加强生态环境保护"精神落到实处，使我们的祖国天更蓝、山更绿、水更清。

## 8.10.3 碘量法

碘量法也是氧化还原滴定法中，应用比较广泛的一种方法。这是因为电对 $I_2/I^-$ 的标准电势既不高，也不低。碘可作为氧化剂而被中强的还原剂等所还原，碘离子也可作为还原剂而被中强的或强的氧化剂等所氧化。

### 8.10.3.1 概述

利用 $I_2$ 的氧化性和 $I^-$ 的还原性进行的滴定分析统称为碘量法。固体 $I_2$ 在水中的溶解度很小(0.001 33 mol · $L^{-1}$)，通常将 $I_2$ 溶解在 KI 溶液中，使之形成 $I_3^-/I^-$ 电对，其电极反应如下：

$$I_3^-+2e^- = 3I^-$$

为方便起见，一般可简写为

$$I_2+2e^- = 2I^-$$

碘量法又分为直接碘量法和间接碘量法。

直接碘量法是以 $I_2$ 作滴定剂直接滴定还原性较强的物质，如 $S^{2-}$、$SO_3^{2-}$、$S_2O_3^{2-}$ 和抗坏血酸等，采用淀粉作指示剂。直接碘量法不能在碱性溶液中进行，否则 $I_2$ 会发生歧化反应：

$$3I_2+6OH^- = IO_3^-+5I^-+3H_2O$$

间接碘量法则是利用 $I^-$ 的还原性，在一定条件下使氧化性物质首先与 $I^-$ 反应，定量析出 $I_2$，然后用 $Na_2S_2O_3$ 标准溶液滴定反应中释出的 $I_2$，从而间接测定。滴定反应为

$$I_2+2S_2O_3^{2-} = 2I^-+S_4O_6^{2-}$$

间接碘量法可以测定 $Cu^{2+}$、$CrO_4^{2-}$、$Cr_2O_7^{2-}$、$H_2O_2$ 等氧化性物质。为确保滴定结果的准确，应该严格控制滴定条件。首先要控制溶液的酸度使滴定在弱酸性或中性条件下进行，因为强酸性溶液中 $Na_2S_2O_3$ 易分解，

$$S_2O_3^{2-}+2H^+ = SO_2\uparrow+S\downarrow+H_2O$$

而碱性条件下，除了 $I_2$ 的歧化反应影响滴定外，$I_2$ 和 $Na_2S_2O_3$ 也会发生下列副反应，

$$4I_2+S_2O_3^{2-}+10OH^- = 8I^-+2SO_4^{2-}+5H_2O$$

同时，滴定过程中应加入过量的KI使$I_2$形成$I_3^-$离子，并且滴定时最好使用碘量瓶；另外，不要剧烈摇动，防止$I_2$的挥发。$I^-$被空气氧化的反应随光照及酸度增高而加快，因此，反应时应置于暗处，滴定前调节好酸度，析出$I_2$后，立即滴定。

#### 8.10.3.2 碘量法的终点指示

碘量法一般选择淀粉水溶液作指示剂，$I_2$与淀粉呈现蓝色，其显色灵敏度高，但实验时应注意以下几点：①所用的淀粉必须是可溶性淀粉。②由于$I_3^-$与淀粉的蓝色在热溶液中会消失，不能在热溶液中进行滴定。③淀粉在弱酸性溶液中灵敏度很高，显蓝色；但当pH<2时，淀粉会水解，与$I_2$作用显红色；若pH>9时，$I_2$转变为$IO^-$离子与淀粉不显色。④直接碘量法终点时，溶液由无色突变为蓝色，故应在滴定开始时加入。间接碘量法用淀粉指示液指示终点时，应等滴至$I_2$的黄色很浅时再加入淀粉指示液，若滴定开始时就加入淀粉，它易与$I_2$形成蓝色复合物而吸附$I_2$，使终点提前出现。

#### 8.10.3.3 碘量法标准溶液的制备

碘量法一般需要分别配制和标定$I_2$和$Na_2S_2O_3$两种标准溶液。

(1)$Na_2S_2O_3$标准溶液的配制。硫代硫酸钠($Na_2S_2O_3 \cdot 5H_2O$)不是基准物质，只能用标定法配制$Na_2S_2O_3$标准溶液。配制好的$Na_2S_2O_3$溶液在空气中不稳定，容易分解，再者水中微量的$Cu^{2+}$或$Fe^{3+}$等也能促进$Na_2S_2O_3$溶液分解，因此，应当用新煮沸并冷却的蒸馏水配制$Na_2S_2O_3$溶液。$Na_2S_2O_3$溶液应贮于棕色瓶中，于暗处放置两周后，过滤去除沉淀，然后再标定；标定后的$Na_2S_2O_3$溶液在贮存过程中如发现溶液变混浊，应重新标定。

标定$Na_2S_2O_3$溶液的基准物质有$K_2Cr_2O_7$、$KIO_3$、$KBrO_3$等。标定时，需在基准物酸性溶液中，加入过量KI，待析出$I_2$后，再用配制的$Na_2S_2O_3$溶液滴定。以$K_2Cr_2O_7$作基准物为例，在酸性$K_2Cr_2O_7$溶液中加入KI，

$$Cr_2O_7^{2-} + 6I^- + 14H^+ = 2Cr^{3+} + 3I_2 + 7H_2O$$

析出的$I_2$以淀粉为指示剂用$Na_2S_2O_3$溶液滴定。

$$I_2 + 2S_2O_3^{2-} = 2I^- + S_4O_6^{2-}$$

根据称取$K_2Cr_2O_7$的质量和消耗$Na_2S_2O_3$溶液的体积，可计算出$Na_2S_2O_3$标准溶液的浓度。

$$c(Na_2S_2O_3) = \frac{6m(K_2Cr_2O_7)}{(V-V_0)M(K_2Cr_2O_7)}$$

式中，$V$为滴定时消耗$Na_2S_2O_3$溶液的体积；$V_0$为空白试验消耗$Na_2S_2O_3$溶液的体积。

(2)$I_2$标准溶液的制备。用市售的碘固体先配成近似浓度的碘溶液，然后用基准试剂或已知准确浓度的$Na_2S_2O_3$标准溶液来标定碘溶液的准确浓度。由于$I_2$难溶于水，易溶于KI溶液，故配制时应将$I_2$、KI与少量水一起研磨后再用水稀释，并保存在棕色试剂瓶中待标定。$I_2$溶液可用$As_2O_3$基准物标定。由于$As_2O_3$在水中溶解度小，通常多用NaOH溶液溶解，使之生成亚砷酸钠，再用$I_2$溶液滴定$AsO_3^{3-}$。

$$As_2O_3 + 6NaOH = 2Na_3AsO_3 + 3H_2O$$

$$AsO_3^{3-} + I_2 + H_2O = AsO_4^{3-} + 2I^- + 2H^+$$

根据称取的$As_2O_3$质量和滴定时消耗$I_2$溶液的体积，可计算出$I_2$标准溶液的浓度。计

算公式如下：

$$c(I_2)=\frac{2m(As_2O_3)}{(V-V_0)M(As_2O_3)}$$

式中，$V$ 为滴定时消耗 $I_2$ 溶液的体积；$V_0$ 为空白试验消耗 $I_2$ 溶液的体积。

**8.10.3.4　碘量法应用示例**

(1)维生素 C 的测定。维生素 C 又称抗坏血酸($C_6H_8O_6$，Vc，摩尔质量为 171.62 g · mol$^{-1}$)，由于维生素 C 具有还原性，所以它能被 $I_2$ 滴定。维生素 C 的电极半反应为

$$C_6H_6O_6+2H^++2e^-\!=\!=\!=C_6H_8O_6\qquad \varphi^{\ominus}(C_6H_HO_6/C_6H_8O_6)=+0.18\ V$$

由于维生素 C 的还原性很强，在空气中极易被氧化，尤其在碱性介质中更甚，测定时应加入 HAc 使溶液呈现弱酸性，以减少维生素 C 的副反应。

测定时，称取一定量含维生素 C 试样，溶解在新煮沸且冷却的蒸馏水中，以 HAc 酸化，加入淀粉指示剂，迅速用 $I_2$ 标准溶液滴定至终点。由 $I_2$ 标准溶液计算出 Vc 的含量

$$\omega(Vc)=\frac{c(I_2)V(I_2)M(Vc)}{m}$$

(2)碘量法测定葡萄糖含量。在葡萄糖试液中加碱液使溶液呈碱性，加入一定量过量的 $I_2$ 标准溶液，由于 $I_2$ 在碱性溶液中生成 $IO^-$，葡萄糖的醛基被 $IO^-$ 氧化为葡萄糖酸。剩余的 $IO^-$ 在碱液中歧化为 $IO_3^-$ 和 $I^-$，溶液酸化后又析出 $I_2$，最后用 $Na_2S_2O_3$ 标准溶液滴定析出的 $I_2$。有关反应为

$$I_2+2OH^-\!=\!=\!=IO^-+H_2O$$

$$C_6H_{12}O_6+IO^-+OH^-\!=\!=\!=C_6H_{12}O_7+I^-+H_2O$$

$$3IO^-\!=\!=\!=IO_3^-+2I^-$$

$$IO_3^-+2I^-+6H^+\!=\!=\!=3I_2+3H_2O$$

$$I_2+2S_2O_3^{2-}\!=\!=\!=2I^-+S_4O_6^{2-}$$

根据 $I_2$ 与 $S_2O_3^{2-}$ 的反应计量关系，从 $I_2$ 标准溶液的加入量和滴定时 $S_2O_3^{2-}$ 的消耗量即可求出葡萄糖的含量。

$$\omega(C_6H_{12}O_6)=\frac{\left[c(I_2)V(I_2)-\frac{1}{2}c(Na_2S_2O_3)V(Na_2S_2O_3)\right]M(C_6H_{12}O_6)}{m(s)}$$

此外，碘量法还可用于测定甲醛、丙酮及硫脲等有机物。

## 思考题

1. 什么叫氧化还原反应？歧化反应？各举例说明。
2. 标准电极电势是如何规定的？
3. 在使用电极电势时应注意哪些问题？
4. 影响电极电势的因素有哪些？举例说明介质对电极电势的影响。
5. 书写能斯特方程表达式时，应注意哪些问题？
6. 举例说明如何用电极电势来判断原电池的正负极，并计算电池电动势。

7. 判断氧化还原反应方向的依据是什么?

8. 举例说明元素电极电势图的构成及应用。

9. 什么是条件电极电势?条件电极电势与标准电极电势有什么不同?影响条件电极电势的因素有哪些?

10. 如何衡量氧化还原反应进行的程度?氧化还原反应进行的程度取决于什么?

11. 如何确定对称电对氧化还原反应的化学计量点电势?

12. 氧化还原滴定曲线突跃大小与哪些因素有关?

## 习　题

### 一、选择题

1. 下列电极反应中,溶液中的 pH 值升高,其氧化型的氧化性减小的是(　　)。

A. $Br_2+2e^-=\!=\!=2Br^-$　　B. $Cl_2+2e^-=\!=\!=2Cl^-$

C. $MnO_4^-+5e^-+8H^+=\!=\!=2Mn^{2+}+4H_2O$　　D. $Zn^{2+}+2e^-=\!=\!=Zn$

2. 已知 $H_2O_2$ 在酸性介质中的电势图为 $O_2 \xrightarrow{0.67\ V} H_2O_2 \xrightarrow{1.77\ V} H_2O$,在碱性介质中的电势图为 $O_2^- \xrightarrow{0.08\ V} H_2O_2 \xrightarrow{0.87\ V} H_2O$,说明 $H_2O_2$ 的歧化反应(　　)。

A. 只在酸性介质中发生　　B. 只在碱性介质中发生

C. 无论在酸、碱性介质中都发生　　D. 与反应方程式的书写有关

3. 与下列原电池 $Zn | Zn^{2+} \| H^+, H_2 | Pt$ 电动势无关的因素是(　　)。

A. $Zn^{2+}$ 的浓度　　B. Zn 电极板的面积

C. $H^+$ 的浓度　　D. 温度

4. 298 K 时,已知 $\varphi^{\ominus}(Fe^{3+}/Fe^{2+})=0.771\ V$,$\varphi^{\ominus}(Sn^{4+}/Sn^{2+})=0.151\ V$,则反应 $2Fe^{2+}+Sn^{4+}=\!=\!=2Fe^{3+}+Sn^{2+}$ 的 $\Delta_r G_m^{\ominus}$ 为(　　)kJ/mol。

A. −268.7　　B. −177.8　　C. −119.9　　D. 119.9

5. 已知 $\varphi^{\ominus}(Hg^{2+}/Hg)=0.851\ V$,$\varphi^{\ominus}(Sn^{4+}/Sn^{2+})=0.151\ V$,$\varphi^{\ominus}(MnO_4^-/Mn^{2+})=1.507\ V$,$\varphi^{\ominus}(SO_4^{2-}/H_2SO_3)=0.172\ V$,$\varphi^{\ominus}(Fe^{2+}/Fe)=-0.447\ V$,$\varphi^{\ominus}(Fe^{3+}/Fe^{2+})=0.771\ V$。判断在酸性溶液中下列等浓度的离子哪些能共存(　　)。

A. $Sn^{2+}$ 和 $Hg^{2+}$　　B. $SO_3^{2-}$ 和 $MnO_4^-$　　C. $Sn^{4+}$ 和 Fe　　D. $Fe^{2+}$ 和 $Sn^{4+}$

6. 已知下列反应在标准状态下逆向自发进行

$$Sn^{4+}+Cu=\!=\!=Sn^{2+}+Cu^{2+}$$

$\varphi^{\ominus}(Cu^{2+}/Cu)=(1)$,$\varphi^{\ominus}(Sn^{4+}/Sn^{2+})=(2)$则有(　　)。

A. (1)=(2)　　B. (1)<(2)　　C. (1)>(2)　　D. 都不对

7. 在含有 $Fe^{3+}$、$Fe^{2+}$ 的溶液中,加入下述(　　)种溶液,$Fe^{3+}/Fe^{2+}$ 电势将降低(不考虑离子强度的影响)。

A. 邻二氮菲　　B. HCl　　C. $NH_4F$　　D. $H_2SO_4$

8. 已知 $\varphi^{\ominus}(Fe^{3+}/Fe^{2+})=0.77\ V$,$\varphi^{\ominus}(Sn^{4+}/Sn^{2+})=0.15\ V$,则 $2Fe^{3+}+Sn^{2+}=\!=\!=2Fe^{2+}+Sn^{4+}$ 反应的标准平衡常数的对数值为(　　)。

A. $\dfrac{(0.15-0.77)\times 2}{0.059\ 2}$　　B. $\dfrac{(0.77-0.15)\times 3}{0.059\ 2}$

C. $\dfrac{(0.77-0.15)\times 2}{0.059\ 2}$　　D. $\dfrac{0.77-0.15}{0.059\ 2}$

9. 若两电对在反应中电子转移数分别为 1 和 2,为使反应完全程度达到 99.9%两电对的条件电势之差

至少应大于(　　)。

A. 0.09 V　　B. 0.27 V　　C. 0.36 V　　D. 0.18 V

10. 下列反应中，计量点电势与突跃范围的中点电势一致的是(　　)。

A. $I_2+2S_2O_3^{2-}$ ══ $2I^-+S_4O_6^{2-}$　　B. $2Fe^{3+}+Sn^{2+}$ ══ $2Fe^{2+}+Sn^{4+}$

C. $Ce^{4+}+Fe^{2+}$ ══ $Ce^{3+}+Fe^{3+}$　　D. $2Fe^{3+}+SO_3^{2-}+H_2O$ ══ $2Fe^{2+}+SO_4^{2-}+2H^+$

11. 已知 $\varphi^{\ominus'}(Cr_2O_7^{2-}/Cr^{3+})=1.00$ V，$\varphi^{\ominus'}(Fe^{3+}/Fe^{2+})=0.68$ V。在 1 mol · $L^{-1}$ HCl 介质中，以 $K_2Cr_2O_7$ 滴定 $Fe^{2+}$时，选择(　　)指示剂更合适。

A. 二苯胺[$\varphi^{\ominus'}(In)=0.76$ V]　　B. 二甲基邻二氮菲-$Fe^{3+}$[$\varphi^{\ominus'}(In)=0.97$ V]

C. 次甲基蓝[$\varphi^{\ominus'}(In)=0.53$ V]　　D. 中性红[$\varphi^{\ominus'}(In)=0.24$ V]

12. 在 1 mol · $L^{-1}$ $H_2SO_4$ 介质中，$\varphi^{\ominus'}(MnO_4^-/Mn^{2+})=1.45$ V，$\varphi^{\ominus'}(Fe^{3+}/Fe^{2+})=0.68$ V，在此条件下，用 $KMnO_4$ 滴定 $Fe^{2+}$，其化学计量点电势为(　　)。

A. 0.75 V　　B. 0.91 V　　C. 1.32 V　　D. 1.45 V

13. $KMnO_4$ 法测定 $Ca^{2+}$时，可采用的指示剂是(　　)。

A. 淀粉　　B. 二苯胺磺酸钠　　C. 高锰酸钾　　D. 铬黑 T

14. 重铬酸钾法中加入 $H_2SO_4-H_3PO_4$ 的作用有(　　)。

A. 提供必要的酸度　　B. 掩蔽 $Fe^{3+}$

C. 提高 $\varphi(Fe^{3+}/Fe^{2+})$　　D. 降低 $\varphi(Fe^{3+}/Fe^{2+})$

15. 碘量法中最主要的反应 $I_2+2S_2O_3^{2-}$ ══ $2I^-+S_4O_6^{2-}$，应在什么条件下进行？(　　)。

A. 碱性　　B. 强酸性　　C. 中性弱酸性　　D. 加热

**二、填空题**

1. 将下列方程式配平

______ $PbO_2$ + ______ $Cr^{3+}$ + ______ ══ ______ $Cr_2O_7^{2-}$ + ______ $Pb^{2+}$ + ______(酸性介质)

______ $MnO_2$ + ______ $H_2O_2$ + ______ ══ ______ $MnO_4^-$ + ______(碱性介质)

2. 现有 3 种氧化剂 $Cr_2O_7^{2-}$、$H_2O_2$、$Fe^{3+}$，若要使 $Cl^-$、$Br^-$、$I^-$混合溶液中的$I^-$氧化为$I_2$，而$Br^-$和$Cl^-$都不发生变化，选用________最合适。已知 $\varphi^{\ominus}(Cl_2/Cl^-)=1.36$ V，$\varphi^{\ominus}(Br_2/Br^-)=1.065$ V，$\varphi^{\ominus}(I_2/I^-)=0.535$ V。

3. 把氧化还原反应 $Fe^{2+}+Ag^+$ ══ $Fe^{3+}+Ag$ 设计为原电池，则正极反应为______________，负极反应为__________________，原电池符号为____________________。

4. 在 $M^{n+}+ne^-=M(s)$电极反应中，当加入 $M^{n+}$的沉淀剂时，可使其电极电势值________，如增加 M 的量，则电极电势______________。

5. 已知 $\varphi^{\ominus}(Ag^+/Ag)=0.800$ V，$K_{sp}^{\ominus}=1.6\times10^{-10}$ 则 $\varphi^{\ominus}(AgCl/Ag)=$________。

6. 已知电极反应 $Cu^{2+}+2e^-$ ══ Cu 的 $\varphi^{\ominus}$ 为 0.347 V，则电极反应 $2Cu-4e^-$ ══ $2Cu^{2+}$ 的 $\varphi^{\ominus}$ 值为________。

7. $KMnO_4$ 与 HCl 反应酸度非常缓慢，加入 $Fe^{2+}$后，反应速度加快，是由于产生了____________。

8. 氧化还原滴定曲线描述了随______________加入，溶液________________的变化。

9. 在氧化还原滴定中，两电对的 $\Delta\varphi^{\ominus'}>0.2$ V 时，才有________，当 $\Delta\varphi^{\ominus'}$________时，才可用指示剂指示终点。

10. 在高锰酸钾法中，$KMnO_4$ 既是________，又是________。终点时粉红色越________，滴定误差越________。

11. 氧化还原指示剂的变色点是________，298 K 时，其变色范围是______________。

三、计算题

1. 确定下列物质中标"＊"的元素的氧化数。

$Na_2\overset{*}{S}_2O_4$；$K_2\overset{*}{S}_2O_8$；$K_2\overset{*}{Cr}_2O_7$；$K_2\overset{*}{Mn}O_4$；$Na\overset{*}{Cr}O_2$；$\overset{*}{N}O_2^+$；$\overset{*}{V}O_2^+$。

2. 确定下列物质中"氯"元素的氧化数。

$KClO_4$；$KClO_3$；$KClO_2$；$KClO$；$KCl$；$Cl_2$。

3. 用氧化数法配平下列氧化还原反应。

(1) $MnO_2+HCl(浓) \longrightarrow MnCl_2+Cl_2+H_2O$

(2) $KClO_3+HCl \longrightarrow KCl+Cl_2+H_2O$

(3) $K_2Cr_2O_7+H_2S+H_2SO_4 \longrightarrow K_2SO_4+Cr_2(SO_4)_3+S+H_2O$

(4) $FeS_2+O_2 \longrightarrow Fe_2O_3+SO_2$

4. 用离子-电子法配平下列氧化还原反应。

(1) $MnO_4^-+SO_3^{2-} \longrightarrow SO_4^{2-}+Mn^{2+}$ （酸介质中）

(2) $MnO_4^-+SO_3^{2-} \longrightarrow SO_4^{2-}+MnO_4^{2-}$ （碱介质中）

(3) $NaCrO_2+NaClO \longrightarrow Na_2CrO_4+NaCl$ （碱介质中）

(4) $H_2O_2+KI+H_2SO_4 \longrightarrow K_2SO_4+I_2+H_2O$

(5) $K_2Cr_2O_7+FeSO_4+H_2SO_4 \longrightarrow Fe_2(SO_4)_3+Cr_2(SO_4)_3+H_2O$

(6) $KIO_3+KI+H_2SO_4 \longrightarrow K_2SO_4+I_2+H_2O$

5. 写出下列反应相应的电池符号。(设各物质均处于标准态)

(1) $Cu^{2+}+Fe \longrightarrow Fe^{2+}+Cu$

(2) $Zn+2HCl \longrightarrow ZnCl_2+H_2$

(3) $Cu+Fe^{3+} \longrightarrow Fe^{2+}+Cu^{2+}$

6. 写出下列电池的电极反应、电池反应。并求电池电动势。

(1) $Mg \mid Mg^{2+}(1\ mol \cdot L^{-1}) \parallel Fe^{2+}(1\ mol \cdot L^{-1}) \mid Fe$

(2) $Ag, AgI \mid I^-(1\ mol \cdot L^{-1}) \parallel Ag^+(1\ mol \cdot L^{-1}) \mid Ag$

7. 已知：$Ag^++e^- \rightleftharpoons Ag$ $\varphi^\ominus(Ag^+/Ag)=0.800\ 0\ V$。试求下列 AgCl/Ag)，AgI/Ag 电对的标准电极电势$\varphi^\ominus(AgCl/Ag)$和$\varphi^\ominus(AgI/Ag)$。并说明为什么 Ag 不能从 HCl 中置换出 $H_2$，却能从 HI 中置换出 $H_2$。$K_{sp}^\ominus(AgCl)=1.6\times10^{-10}$，$K_{sp}^\ominus(AgI)=1.5\times10^{-16}$。

8. 将 Cu 片插入 0.5 $mol \cdot L^{-1}$ $CuSO_4$ 溶液中，Ag 片插入 0.5 $mol \cdot L^{-1}$ $AgNO_3$ 溶液中构成原电池。已知 $\varphi^\ominus(Cu^{2+}/Cu)=0.341\ 9\ V$，$\varphi^\ominus(Ag^+/Ag)=0.799\ 6\ V$。根据以上条件：(1)写出电池符号；(2)写出电极反应和电池反应；(3)求电池电动势；(4)计算反应的标准平衡常数。

9. 已知 $\varphi^\ominus(Fe^{3+}/Fe^{2+})=0.771\ V$，$\varphi^\ominus(O_2/OH^-)=0.401\ V$，$K_{sp}^\ominus[Fe(OH)_3]=2.64\times10^{-39}$，$K_{sp}^\ominus[Fe(OH)_2]=4.87\times10^{-17}$。试求：(1)电极反应 $Fe(OH)_3+e^- \rightleftharpoons Fe(OH)_2+OH^-$ 的标准电极电势；(2)反应 $4Fe(OH)_2+O_2+2H_2O \rightleftharpoons 4Fe(OH)_3$ 的标准平衡常数；(3)由上述结果，讨论在碱性条件下 Fe(Ⅱ)的稳定性。

10. 根据题意绘制 Fe、Cu 元素的电势图，并讨论：(1)配置 $FeSO_4$ 溶液时，为什么既要加酸，还要加几粒铁钉；(2) $Cu^+$ 在溶液中不稳定，易变成 $Cu^{2+}$ 和 Cu。

11. 计算 pH=10.0，$c(NH_3)=0.1\ mol \cdot L^{-1}$ 的溶液中，$Zn^{2+}/Zn$ 电对的条件电势。忽略离子强度的影响。已知 $\varphi^\ominus(Zn^{2+}/Zn)=-0.763\ V$，锌氨配离子的 $\lg\beta_1=2.27$，$\lg\beta_2=4.61$，$\lg\beta_3=7.01$，$\lg\beta_4=9.06$，$NH_4^+$ 的解离常数$K_a^\ominus=10^{-9.25}$。

12. 计算在 1 $mol \cdot L^{-1}$ HCl 介质中 $Fe^{3+}$ 与 $Sn^{2+}$ 反应的平衡常数及化学计量点时反应进行的程度。已知

$\varphi^{\ominus'}(Fe^{3+}/Fe^{2+}) = 0.68$ V，$\varphi^{\ominus'}(Sn^{4+}/Sn^{2+}) = 0.14$ V。

13. 分别计算用 0.2 mol · $L^{-1}$ 与 0.02 mol · $L^{-1}$ $Fe^{2+}$ 标准溶液滴定 $Cr_2O_7^{2-}$ 反应的化学计量点电势。假定滴定至计量点时，体积增大一倍，且 $[H^+] = 1$ mol · $L^{-1}$。

14. 某水溶液中含有 HCl 与 $H_2CrO_4$，吸取 25.00 mL 试液，用 0.200 0 mol · $L^{-1}$ NaOH 滴定剂滴到百里酚酞终点时消耗 40.00 mL。另取 25.00 mL 试样，加入过量 KI 和酸，使之析出 $I_2$，用 0.100 0 mol · $L^{-1}$ $Na_2S_2O_3$ 滴定，滴至终点时，消耗 40.00 mL，计算在 25.00 mL 试样中含 HCl 与 $H_2CrO_4$ 各多少克？HCl 与 $H_2CrO_4$ 浓度各为多少？

15. 以 $K_2Cr_2O_7$ 为基准物，采用间接碘量法标定 0.020 mol · $L^{-1}$ $Na_2S_2O_3$ 溶液的浓度。若滴定时，欲将消耗的 $Na_2S_2O_3$ 溶液的体积控制在 25 mL 左右，应称取 $K_2Cr_2O_7$ 多少克？

# 第9章

# 原子结构与周期系

# (Atomic Structure and Periodic System of Elements)

自然界中物质种类繁多，性质千差万别。要深刻地理解和掌握物质的性质和化学变化的内在联系，就必需了解原子的内部结构，尤其是核外电子的运动状态。本章将从近代原子结构理论中的一些基本概念出发，重点介绍与化学变化密切相关的核外电子运动状态、电子排布、周期系及元素性质的递变规律。

## 9.1 核外电子的运动状态(The Motion State of Electron in Atom)

原子是丰富多彩的物质世界的一种基本构件。尽管人类对原子结构的认识直到 20 世纪才有所突破，并逐步成熟起来。然而人类探索活动却可追溯到公元前。

### 9.1.1 原子结构模型的建立

在古代，由于科学技术落后，人类对物质结构的认识不外乎是直观地思维和猜测。早在公元前，古希腊唯物主义哲学家留希伯(Leucippus)与他的学生德谟克利特(Democritus，公元前 460—前 370 年)就提出了原子论。该理论认为，物质是由原子构成的，原子是一些完全等同的充实体，但由于存在形状、顺序、位置上的差别，而构成了不同的物质。古代的原子论尽管缺乏有力的实验证据，然而作为古希腊自然哲学的重要成果之一，它对后来的研究在思想上、方法上的影响都是至深的。在此之后，古罗马的卢克莱修，以及 17 世纪的托里拆利、波义耳、牛顿等人进一步发展了原子论。

道尔顿(J. Dalton，1766—1844 年)，英国化学家、物理学家，经过长达十几年对气体的研究，提出了分压定律、倍比定律等。在此基础上，1803 年提出了他的原子论(atomic theory)，即近代原子论。该理论认为“气体原子有一个中心硬核，外围是一层热氛”，原子是球形质点，不同物质的原子的大小、质量不同。道尔顿的原子论描述的原子同现代原子模型是十分相似的。因此，道尔顿的原子学说是人类研究物质结构历史上的一个重要里程碑，道尔顿因此被尊称为现代原子理论之父。

阴极射线(cathode ray)被发现后，1897 年，英国物理学家汤姆森(J. J. Thomson)利用特定电场、磁场作用于阴极射线，发现阴极射线是带负电的粒子流，并测出了这种粒子核质比($z/m$)。进一步研究证明，这种粒子是化学元素原子的组成部分，汤姆森把这种粒子称为电子(electron)。此后汤姆森提出了自己的原子模型，他认为：原子为密度均匀且带有正电的球体，质量及正电荷均匀分布于原子中，电子对称地嵌在这个球中。但这一原子结构模型在后来被卢瑟福的 α 粒子散射实验证明是不合理的。

1911 年，英国物理学家卢瑟福(E. Rutherford)进行了著名的 α 粒子散射实验。当他用高速 α 粒子轰击极薄的箔片时，发现大多数 α 粒子顺利通过，偏转角度不大，有少数发生了角度较大的偏转，极少数被完全弹回来。卢瑟福推断：原子有一个极小的带正电的原子核，电子在核外围较大空间内做绕核运动。这种原子结构模型可以解释大量的实验事实，很快被科学界接受了。但这一推断同时也受到了经典电磁理论的挑战。经典电磁理论认为：

①由于绕核运动的电子不断发射能量，电子的能量会逐渐减少，电子运动的轨道半径也将逐渐缩小，即电子将沿一条螺旋形轨道靠近原子核，最后落在原子上，导致原子的毁灭。原子将不是一个稳定的体系。

②由于核外运动的电子是连续地放出能量，因此，发射出电磁波(光波)的频率也应该是连续的。氢是周期表的第一号元素，氢原子核外只有一个电子，因而它的光谱(spectrrum)是最简单的。把纯净的氢气充入一个放电管内，使之在低压条件下发生光，将发生的光用棱镜色散后，可得到氢原子光谱(图 9-1)。氢原子光谱与太阳光的色散光谱完全不同，它是不连续的，称为不连续光谱或线状光谱(line spectrrum)，即由一些不连续的谱线组成(图 9-2)。在可见光(波长 λ 介于 400~750 nm)的范围内，有 4 条比较明显的谱线。

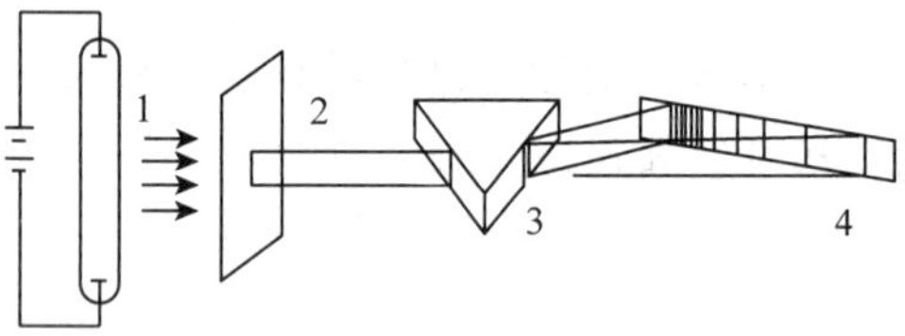


**图 9-1 氢原子光谱实验示意**

1. 氢气放电灯；2. 狭缝；3. 棱镜；4. 屏幕

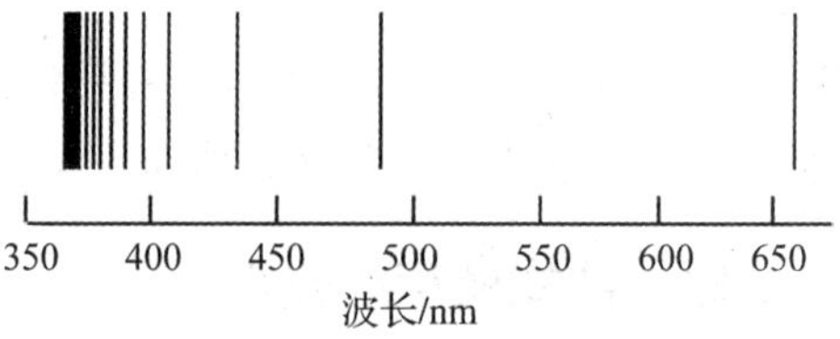


**图 9-2 氢原子光谱**

实际上原子并没有发生自发的毁灭，氢原子的光谱也不是连续光谱而是线状光谱。经典电磁波理论也无法解释这两个事实。

为了解释氢原子线状光谱的产生原因以及光谱的规律性，丹麦物理学家玻尔(N. Bohr)引用了普朗克(M. Plank)的量子论，提出了原子结构的玻尔理论。

### 9.1.2 玻尔理论

普朗克的量子论认为：物质吸收或释放能量是不连续的，量子化的。即能量只能一份一份地吸收或发射。能量子是辐射特征的最小单位。能量子是以光的形式传播的，所以也叫光量子。对于频率为 $\nu$ 的光，它的光子的能量为

$$E = h\nu \tag{9-1}$$

式中，$E$ 为光子的能量(J)；$h$ 为普朗克常数，值为 $6.626\times10^{-34}$ J·s；$\nu$ 为光的频率(Hz，1 Hz = 1 $s^{-1}$)。

玻尔理论在普朗克量子论及卢瑟福原子结构模型基础上提出了 3 点假设：

第一，电子沿一定的轨道做绕核运动，其角动量 $p$ 是 $h/2\pi$ 的整数倍，即

$$p = n\frac{h}{2\pi} \tag{9-2}$$

式中，$n$ 为正整数(1，2，3，…)。

第二，轨道能量不连续，轨道半径越大能量越高，电子可以向轨道跃迁。

第三，当电子由高能量轨道向低能量轨道跃迁时，电子的能量以光子形式放出，光子能量为

$$\Delta E = h\nu \tag{9-3}$$

式中，$\Delta E$ 为轨道能量差；$\nu$ 为光的频率。根据经典力学和上述假设，再根据

$$\text{总能量} = \text{动能} + \text{势能} \tag{9-4}$$

得

$$E_n = -\frac{1}{n^2} \times 2.179 \times 10^{-18}\ \text{J} \tag{9-5}$$

或

$$E_n = -\frac{13.6}{n^2}\ \text{eV}$$

对于氢原子来讲，原子序数 $Z=1$，可得 $E_n = -13.6/n^2$ eV(电子伏特)

当 $n=1$　　$E_1 = -13.6$ eV

$n=2$　　$E_2 = -13.6/4$ eV

$n=3$　　$E_3 = -13.6/9$ eV

…　　…

由此可见，随着量子数 $n$ 的增加，电子离原子核就越远，电子的能量也就越大(负值越小)，当 $n=\infty$ 时，意味着电子完全脱离原子核电场的引力，这时电子的能量增大到零。当电子在 $n$ 值不同的轨道间进行跃迁时，轨道能量之差与吸收或发射光的频率之间的关系为

$$\Delta E = E_2 - E_1 = h\nu \tag{9-6}$$

据此可以计算出电子由高能轨道跃迁回低能轨道时发射的谱线的频率。电子受到激发后，由外层各高能轨道跃迁回第一($n=1$)、第二($n=2$)、第三($n=3$)能级轨道时，便形成了氢光谱中的赖曼线系、巴尔麦线系和帕邢线系等。玻尔理论成功地解释了氢光谱的产生原因和规律，同时也圆满地解释了氢的电离能和类氢离子光谱。

玻尔理论成功地解释了氢原子光谱，开辟了用光谱数据研究各原子的电子能级的道路。其成功的关键在于抓住了微观世界中普遍存在的量子化特征，但是，用该理论进一步研究氢光谱的精细结构和多电子原子的光谱现象时，却遇到了无法克服的困难。实际上，玻尔理论中的“轨道”仍然是宏观世界中的概念，本质上仍属于经典力学的范畴(故称为旧量子论)。因此，进一步认识电子的本质特征及其运动规律，探求更新的原子结构理论成为了必然。

### 9.1.3　核外电子的运动特征

在玻尔的原子结构理论中，把电子当作了一个遵循经典力学原理的微粒处理。结果在解决多电子体系及磁场中谱线分裂等问题时遇到了巨大的困难。这说明经典力学理论不适用于电子。要正确认识、描述电子运动，就必须抓住电子这种微粒运动的本质特征。

#### 9.1.3.1　电子的波粒二象性

19 世纪初，人们从光的干涉、衍射以及爱因斯坦的光电效应等大量实验中认识到光不

仅具有波的性质，而且具有粒子的性质，即光具有波粒二象性(particle-wave duality)。而电子一开始就被当作是一种带负电的粒子。电子是否也具有波动性的一面呢？

1924年，法国物理学家德布罗意(L. de Broglie)在光的波粒二象性的启发下，大胆地提出了实物粒子也有波粒二象性的假设。实物粒子的波动称为物质波(matter wave)。

光波遵循质能方程及波的一般性质

$$E=mc^2 \tag{9-7}$$

$$\nu=c/\lambda \tag{9-8}$$

借助普朗克常数 $h$，可以得出

$$p=E/c=mc=h\nu/c=h/\lambda \tag{9-9}$$

式中，$p$ 为光子的动量；$E$ 为光子具有的能量；$c$ 为光速；$\lambda$ 为光的波长。

动量 $p$ 是表征光子粒子性的一个物理量，而波长是表征光子波动性的物理量。通过式(9-9)可以看出光子具有波与粒子两种性质。德布罗意认为，式(9-9)也同样适用于实物粒子(如电子)，即实物粒子的动量为

$$p=mv=h/\lambda \tag{9-10}$$

式中，$m$ 为粒子的质量；$v$ 为粒子的速度；$\lambda$ 为粒子物质波的波长。

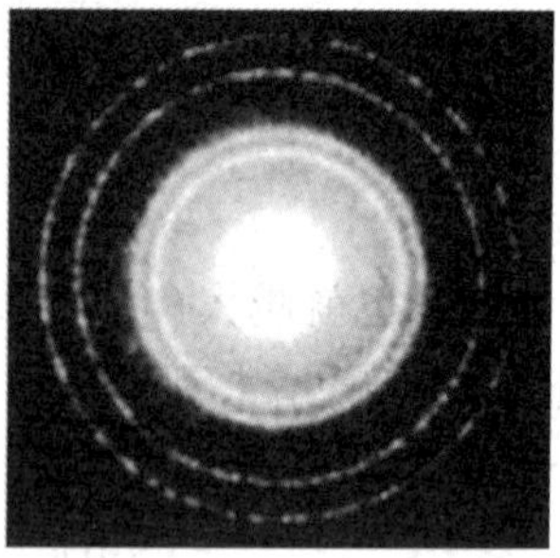

图 9-3 电子衍射图案

这一假设在几年之后，于1927年被戴维逊(C. J. Davisson)和革末(L. H. Germer)的电子衍射实验所证实。当用电子束轰击一个金属薄片时，让穿过金属薄片的电子打在感光片上，便可以获得由一系列明暗相间的同心环纹构成的图像(图9-3)。衍射是波动性的特征现象，因此证明电子也具有波动性。

#### 9.1.3.2 海森堡测不准原理

经典力学认为宏观粒子的位置和动量总是可以准确测定的，这样才能使一颗子弹以一定的速度在某一时间准确到达某一位置命中目标。而对于诸如电子这样的微观粒子来说，由于其质量小、速度大，具有波粒二象性，因此人们不可能准确地同时测定出它的运动速度和空间位置。这就是海森堡(W. Heisenberg)的测不准原理(uncertainty principle)。这一原理可用数学不等式表达为

$$\Delta x \geqslant \frac{h}{2\pi\ m\cdot\Delta v} \tag{9-11}$$

式中，$\Delta x$ 为位置的不准确量；$\Delta v$ 为速度的不准确量。

从这一不等式可以看出，当对粒子的位置测定得越准，则其速度或动量就测得越不准，反之亦然。

事实上，无论对于宏观物体还是微观粒子，都要受到测不准原理的制约。只不过在宏观参照系中对宏观物体受到的影响显得微乎其微。试比较，一个电子和一颗质量为10 g的子弹的位置的测不准量(假定它们速度测不准量均为0.01 m/s，电子的质量 $m_e=9.1\times10^{-31}$ kg)。对于子弹其位置的测不准量为

$$\Delta x \geqslant \frac{h}{2\pi\ m\cdot\Delta v}=6.63\times10^{-34}/(2\pi\times0.01\times0.01)=1.05\times10^{-30}\ \text{m}$$

电子位置的测不准量为

$$\Delta x \geqslant \frac{h}{2\pi\ m \cdot \Delta v} = 6.63\times10^{-34}/(2\pi\times0.01\times9.1\times10^{-31}) = 0.012\ \text{m}$$

显然对于一颗子弹来说 $10^{-30}$ m 的位置测不准量完全可以忽略，但 0.012 m 对电子来说，这一尺寸是氢原子半径的 $3\times10^{8}$ 倍，却是十分巨大的。

测不准原理是基于微观粒子特有的波粒二象性发现的客观规律，对宏观物体可认为是没有意义。不加条件地讲测不准原理，必将陷入不可知论的深渊。只有正确理解海森堡测不准原理才有助于全面了解、掌握微观世界的客观规律。

#### 9.1.3.3　电子波动性的统计性质

电子衍射实验证明了电子具有波动性，这种波动性与经典物理学中的各种波（如机械波、声波）有相似的地方，如它们都是实物或场的某种性质在空间或时间方面的周期性的扰动表现，具有相干性。但电子的波动性毕竟不完全等同于这些机械波，决不能把电子的波动理解为电子像一个波那样分布于一定空间区域或理解为电子在空间的振动。

人们就电子衍射进行过更为细致的实验。在衍射实验中，让电子以很小的电子流强度（小至让电子一个一个地）穿过金属片。起初电子在底片上出现的位置毫无规律，历经足够长的时间后，却可得到与大电子流强度条件下相同的电子衍射同心环纹图案。实验证明，电子衍射不是电子之间相互作用的结果，而是个别电子本身的波动性表现出的相干效应造成的，是大量彼此独立的电子运动或是单个电子在多次相同实验中的运动统计结果。对于大量电子，图案中衍射强度大的地方，出现电子的数目多；强度小的地方，出现电子的数目少。对单个电子来说，图案中衍射强度大的地方，电子出现的概率大，衍射强度小的地方，电子出现的概率小。

电子的波动性是大量的微观粒子运动的统计性规律的表现。人类对于电子波动性产生的内在原因尚不清楚，但是不难看出电子运动在不同空间区域出现的概率是由电子波动性控制的。

### 9.1.4　核外电子运动状态的描述

#### 9.1.4.1　微分波动方程

海森堡测不准原理说明，对于像电子这样的微观粒子不可能同时准确地确定它的位置和速度。这并不意味着电子的运动状态无法描述。从电子衍射得到的有规律的衍射环纹说明，电子运动本质上是有规律可循的。

在经典物理学中，可以用函数来描述电子具有波动性的一面。于是奥地利物理学家薛定谔（E. Schrodinger，1887—1961 年）根据德布罗意的物质波观点，建立了著名的微分波动方程（也称薛定谔方程）。与此同时，海森堡等人采用另一种方法建立了量子力学的矩阵方程，后经证明在数学上它们是完全等价的。薛定谔方程相对更直观、实用。

微分波动方程是一个二阶偏微分方程，形式为

$$\frac{\partial^2 \Psi}{\partial x^2} + \frac{\partial^2 \Psi}{\partial y^2} + \frac{\partial^2 \Psi}{\partial z^2} + \frac{8\pi^2 m}{h^2}(E - V)\Psi = 0 \tag{9-12}$$

式中，$h$ 为普朗克常数；$\pi$ 为常数；$m$ 为电子的质量；$\Psi$ 为波函数（wave function），是空间

坐标$(x, y, z)$的函数；$E$ 为粒子的总能量；$V$ 为粒子在$(x, y, z)$处的势能。

薛定谔方程中包含了表征波动性的波函数 $\Psi$ 和表征粒子性的总能量 $E$、势能 $V$ 两类物理量，因而可以正确反映微观粒子的波粒二象性。薛定谔方程的求解需要较多的高等数学知识，因此对薛定谔方程详细的求解过程不做过多讨论。

#### 9.1.4.2 波函数和原子轨道

对薛定谔方程求解，可获得若干个具体的函数 $\Psi(x, y, z)$，即方程的解。这些解是包含 $n$、$l$、$m$ 3 个常数的三变量$(x, y, z)$函数，而只有 $n$、$l$、$m$ 3 个常数满足一定的量子化条件的解才是合理的。薛定谔方程的合理的解 $\Psi_{n,l,m}(x, y, z)$称为波函数。每一个波函数表示电子的一个稳定状态，即一个原子轨道(atomic orbital)。因此，波函数和原子轨道是等同的，每个 $\Psi(x, y, z)$对应的 $E$ 值即是这一原子轨道的能量。

这里讲的原子轨道，尽管使用了“轨道”一词，但并不是说电子运动像玻尔理论假设的那样有着固定的运动轨迹。原子轨道仅是原子中电子运动状态的一个函数，代表一种电子的运动状态。表 9-1 中列出了氢原子和类氢离子(如 $H_2^+$、$He^+$、$Li^{2+}$ 等核外只有一个电子的离子)的波函数 $\Psi$ 与其对应能量。

**表 9-1 氢原子和类氢离子的波函数与能量**

| 原子轨道 | 能量/eV | $\Psi_{n,l,m}(r, \theta, \varphi)$ |
|---|---|---|
| 1s | -13.6 | $N_1 e^{-Zr/a_0}$ |
| 2s | -1/4×13.6 | $N_2(2-\frac{Zr}{a_0}r)e^{-Zr/2a_0}$ |
| $2p_z$ | -1/4×13.6 | $N_2(2-\frac{Zr}{a_0}r)e^{-Zr/2a_0}\cos\theta$ |
| $2p_x$ | -1/4×13.6 | $N_2(2-\frac{Zr}{a_0}r)e^{-Zr/2a_0}\sin\theta\cos\varphi$ |
| $2p_y$ | -1/4×13.6 | $N_2(2-\frac{Zr}{a_0}r)e^{-Zr/2a_0}\sin\theta\sin\varphi$ |
| $3d_{z^2}$ | -1/9×13.6 | $N_3\sqrt{\frac{1}{2}}(\frac{Zr}{a_0})^2 e^{-Zr/3a_0}(3\cos^2\theta-1)$ |
| $3d_{xz}$ | -1/9×13.6 | $N_3\sqrt{6}(\frac{Zr}{a_0})^2 e^{-Zr/3a_0}\sin\theta\cos\theta\cos\varphi$ |
| $3d_{zy}$ | -1/9×13.6 | $N_3\sqrt{6}(\frac{Zr}{a_0})^2 e^{-Zr/3a_0}\sin\theta\cos\theta\sin\varphi$ |
| $3d_{x^2-y^2}$ | -1/9×13.6 | $N_3\sqrt{\frac{3}{2}}(\frac{Zr}{a_0})^2 e^{-Zr/3a_0}\sin^2\theta\cos2\varphi$ |
| $3d_{xy}$ | -1/9×13.6 | $N_3\sqrt{\frac{3}{2}}(\frac{Zr}{a_0})^2 e^{-Zr/3a_0}\sin^2\theta\sin2\varphi$ |

表 9-1 中列出的波函数中的 3 个变量不是 $x$、$y$、$z$，而是 $r$、$\theta$、$\varphi$。这是在求解薛定谔方程中，为简化计算过程而将直角坐标系变换为球极坐标的数学处理所导致的。对于空间任意一点 $P$(图 9-4)，其空间位置的假定为$(x, y, z)$，那么 $P$ 点的这一位置同样可以用 $r$(极半

径，原点 $O$ 至 $P$ 的距离）、$\theta$（$\theta$ 角，$OP$ 与 $z$ 轴的夹角）、$\varphi$（$\varphi$ 角，$OP$ 与在 $xy$ 平面上的投影与 $x$ 轴的夹角）3 个坐标量来进行描述。它们之间的变换关系为

$$x = r\sin\theta\cos\varphi \qquad y = r\sin\theta\sin\varphi \qquad z = r\cos\theta$$

$$r = \sqrt{(x^2 + y^2 + z^2)}$$

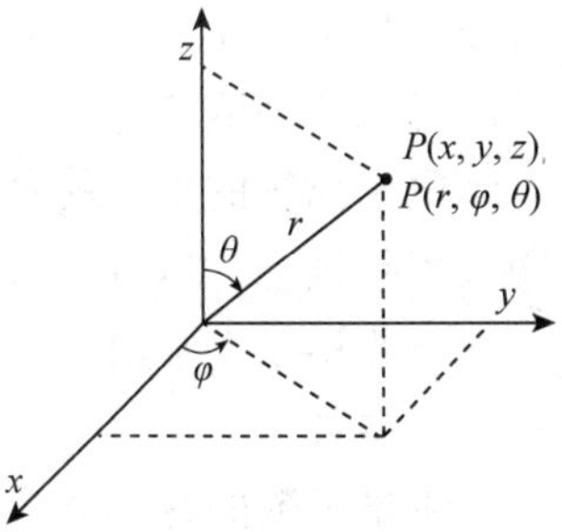

图 9-4 直角坐标系与球极坐标系间的变换

因此，球极坐标系可以描述直角坐标系所能描述的所有空间。在原子中，可以把原子核的中点看成坐标原点，$r$ 为电子与原子核的距离，$\theta$、$\varphi$ 则表示电子的方位，当确定 $r$、$\theta$、$\varphi$ 3 个值，就可确定电子的空间位置了。

**9.1.4.3 电子云与概率密度**

对于原子核外的电子运动来说，假定可用高速相机将电子某一瞬间在核外空间的位置记录下来，并将若干幅这样图像进行叠加，即可得到由大量小黑点（电子在胶片上的像）组成的疏密有致的圆形图案。原子核位于圆心，核外运动着的电子如同云雾一样将原子核笼罩，电子绕核运动的这种图像称之为电子云（electron cloud），图 9-5（a）为 1s 轨道电子云图。离核越近，小黑点越密，表明电子出现的概率较大；离核越远，小黑点越疏，表明电子出现的概率较小。因此，电子云是从统计的角度描述电子在核外空间运动的一种图像。

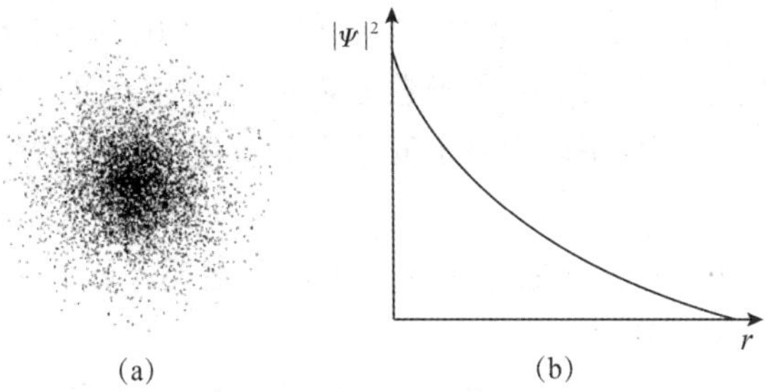

图 9-5 1s 轨道电子云图（a）与 $|\Psi|^2$–$r$ 曲线（b）

波函数 $\Psi$ 是描述核外电子运动状态的数学形式，但从波函数 $\Psi$ 本身却很难与核外电子云图像关联起来。既然电子云与波函数都反映了核外电子的运动状态，能否由波函数 $\Psi$ 获得与电子云相关的描述信息呢？

波函数 $\Psi$ 没有明确的直观的物理意义，但波函数 $\Psi$ 绝对值的平方 $|\Psi|^2$ 却有明确的物理意义。$|\Psi(r,\theta,\varphi)|^2$ 表示电子在核外（$r,\theta,\varphi$）一点处出现的概率密度（probability density）。所以，$|\Psi|^2$ 的空间图像就是电子云的空间分布图像。对应 1s 轨道电子云图，$r$ 越小，$|\Psi|^2$ 的值越大，小黑点越密；$|\Psi|^2$ 的值越小，小黑点越疏。如图 9-5（b）所示。

核外电子的概率和概率密度是两个相关但不同的概念：概率密度指在核外空间某点单位微体积内电子出现的概率，而概率通常指在以核外一定的区域内电子出现的概率。电子在核外空间某区域出现的概率等于概率密度与该区域总体积的乘积。

**9.1.4.4 4 个量子数**

前面提到，求解薛定谔方程时，只有符合一定的量子化条件，所得的波函数才是合理的。这是因为在一个波函数中，除了含有 $x$、$y$、$z$（或 $r$、$\theta$、$\varphi$）3 个变量外，还有 3 个常数项 $n$、$l$、$m$，这 3 个常数不是任意常数，而是有一定取值限制的，称为量子数（quantum number）。给定一套完全合理的量子数，一个原子轨道也就可以随之确定。化学中常用量子数来描述原子轨道或电子的运动状态。

（1）主量子数（principal quantum number）$n$。主量子数 $n$，其取值为正整数，即 $n = 1$，

2，3，4，…，$n$。主量子数是描述原子中电子出现概率最大区域离核远近的参数，或者说它是决定电子层数的。例如，$n=1$ 表示电子离核的平均距离最近的一层，即第一电子层；$n=2$ 表示电子离核的平均距离比第一层稍远的一层，即第二电子层。可见 $n$ 越大电子离核的平均距离也越远。

在光谱学上常用大写拉丁字母 K、L、M、N、O、P…分别表示 $n=1$，2，3，4，5，6…的电子层数。

主量子数的另一个重要意义是：$n$ 是决定原子轨道能量高低的主要因素。对于氢原子或是类氢离子这样的单电子体系而言，原子轨道的能量主要取决于主量子数 $n$。$n$ 值越大，原子轨道的能量越高。但是对于多电子原子来说，原子轨道的能量除了同主量子数 $n$ 有关以外，还同原子轨道的形状（角量子数 $l$）有关。

（2）角量子数（angular momentum quantum number）$l$。电子做绕核运动时不仅具有一定的能量，而且也具有一定的角动量 $M$，它的大小同原子轨道的角度有密切的关系。量子力学可以证明，电子绕核运动时的角动量也是量子化的。其大小为

$$|M| = \frac{h}{2\pi}\sqrt{l(l+1)} \tag{9-13}$$

式中，$l$ 为角量子数。因此，角量子数 $l$ 决定着原子轨道的角动量的大小。

对于给定主量子数 $n$ 的电子层而言，它所包含的原子轨道的角量子数 $l$ 的取值只能是小于 $n$ 值的非负整数，即 $l=0$，1，2，3，…，$n-1$。如 $n=1$ 时，$l$ 的取值只能是 0；$n=2$ 时，$l$ 可以为 0 或 1。角量子数的取值受主量子数 $n$ 的限制。主量子数 $n$ 表示的是电子层，角量子数 $l$ 对于同一个主量子数的不同取值就表示一个电子层中具不同状态的分层，即电子亚层（electronic subshell）。这是角量子数 $l$ 的第一个物理意义。

光谱学常用 s、p、d、f、g … 来表示 $l=0$，1，2，3，4…表示的电子亚层，如 $l=0$ 的电子亚层称为 s 亚层，$l=1$ 的电子亚层称为 p 亚层等。

对于角量子数 $l$ 不同的电子亚层，其包含的原子轨道（或电子云）有着特定的形状。因此，角量子数 $l$ 的另一个物理意义是它决定着原子轨道（或电子云）的形状。如 $l=0$ 时，原子轨道呈球形分布；$l=1$ 时，呈哑铃形分布；$l=2$ 时，则呈花瓣形分布。

角量子数 $l$ 的第三个重要物理意义是：它是多电子体系中决定电子能量的因素之一，即多电子原子中原子轨道的能量决定于主量子数 $n$ 和角量子数 $l$。

（3）磁量子数（magnetic quantum number）$m$。线状光谱在外加强磁场的作用下能发生分裂的实验表明：电子绕核运动的角动量 $M$，不仅其大小是量子化的，而且角动量 $M$ 在空间给定方向 $z$ 轴上的分量 $M_z$ 也是量子化的。即

$$M_z = m\frac{h}{2\pi} \tag{9-14}$$

式中，$m$ 为磁量子数。对于给定的 $l$ 值，$m$ 只能取 $-l \sim +l$ 之间的整数。如 $l=1$，则 $m$ 的取值就是 $-1$ 到 $+1$ 之间的整数，即 p 亚层的原子轨道在 $z$ 轴上的角动量 $M$ 的分量只能有 3 种：$m=0$，$m=+1$，$m=-1$。在 $z$ 轴上每一个特定的分量相当于原子轨道（或电子云）在空间的一种伸展方向。由此可见，磁量子数 $m$ 决定角动量在空间给定方向上的分量大小，即决定原子轨道（或电子云）在空间的伸展方向。对于角量子数为 $l$ 的亚层，$m$ 可以有 $2l+1$ 个取值。

所以，s 轨道($l=0$，$m=0$)无伸展方向，呈球形；p 轨道($l=1$，$m=0$、±1)有 3 个相互垂直伸展方向，即 $p_x$、$p_y$、$p_z$ 轨道；d 轨道($l=2$，$m=0$、±1、±2)有 5 个伸展方向，即 $d_{xy}$、$d_{yz}$、$d_{xz}$、$d_{x^2-y^2}$、$d_{z^2}$ 轨道；f 轨道有 7 个伸展方向。

角量子数 $l>0$ 的同一电子亚层内，原子轨道均存在多个伸展方向，这些轨道虽然伸展方向不同，通常情况下并不影响原子轨道的能量，即 $p_x$、$p_y$、$p_z$ 轨道能量完全相同，$d_{xy}$、$d_{yz}$、$d_{xz}$、$d_{x^2-y^2}$、$d_{z^2}$ 轨道能量也是完全相同的，这样的轨道称作简并轨道或等价轨道(equivalent orbital)。p 轨道称作三重简并轨道，d 轨道称作五重简并轨道。当简并轨道存在于磁场中时，由于伸展方向的不同，它们会显现出微小的能量差别，这就是原子的线状光谱在磁场中发生分裂的根本原因。

表 9-2 列出了主量子数、角量子数和磁量子数的关系。用 $n$、$l$、$m$ 3 个量子数就可以描述一个特定原子轨道的形状和伸展方向。

**表 9-2　核外电子运动状态与量子数之间的关系**

| $n$ | 电子层 | $l$ | 亚层 | $m$ | 轨道符号 | 轨道数 | 最多可容电子数 |
|---|---|---|---|---|---|---|---|
| 1 | K | 0 | 1s | 0 | 1s | 1 | 2 |
| 2 | L | 0 | 2s | 0 | 2s | 4 | 8 |
| | | 1 | 2p | -1,0,+1 | $2p_x$,$2p_y$,$2p_z$ | | |
| 3 | M | 0 | 3s | 0 | 3s | 9 | 18 |
| | | 1 | 3p | -1,0,+1 | $3p_x$,$3p_y$,$3p_z$ | | |
| | | 2 | 3d | -2,-1,0,+1,+2 | $3d_{xy}$, $3d_{xz}$, $3d_{yz}$, $3d_{x^2-y^2}$,$3d_{z^2}$ | | |
| 4 | N | 0 | 4s | 0 | 4s | 16 | 32 |
| | | 1 | 4p | -1,0,+1 | $4p_x$, 4 $p_y$, $4p_z$ | | |
| | | 2 | 4d | -2,-1,0,+1,+2 | $4d_{xy}$, $4d_{xz}$, $4d_{yz}$, $4d_{x^2-y^2}$, $4d_{z^2}$ | | |
| | | 3 | 4f | -3,-2,-1,0,+1,+2, +3 | … | | |

(4) 自旋量子数(spin quantum number) $m_s$。若用分辨率较高的光谱仪观察氢原子光谱，发现每一条谱线又可分为两条或几条线(即光谱的精细结构)。例如，由 $H_{1s}$ 向 $H_{2p}$ 跃迁得到的不是一条谱线，而是两条靠得很近的谱线。但氢原子的 1s 和 2p 各只有一个能级。因此，它们之间的跃迁应该只能产生一条谱线。1921 年，史特恩-盖拉赫(C. Stern-W. Gerlach)的实验发现银原子谱线在磁场作用下可分裂为两条谱线。用氢原子谱线进行类似的实验，也可得到同样的结果。这些事实是玻尔旧量子论无法解释的，为了解释这些事实和现象，1925 年，乌化贝克(Uhlenbeck)和哥德希密特(Goudsmit)提出了电子自旋的假设。他们认为电子除绕核做高速运动外，还有自身旋转运动，即绕自身的轴旋转，就如同地球绕太阳公转外，地球本身还有自转一样。根据量子力学计算，自旋角动量沿外磁场方向的分量 $M_s$ 为

$$M_s = m_s \frac{h}{2\pi} \tag{9-15}$$

式中，$m_s$ 为自旋量子数，其可能取值只有两个，即 $m_s=\pm1/2$。这说明电子的自旋只有两个方向，即顺时针方向或者反时针方向。一般用向上和向下的箭头“↑”和“↓”来表示。

综上所述，原子中每个电子的运动状态可以用 $n$、$l$、$m$、$m_s$ 4 个量子数来描述。主量子数 $n$ 主要决定原子轨道的能量；角量子数 $l$ 决定原子轨道的形状，同时也影响电子的能量；磁量子数 $m$ 决定原子轨道在空间的伸展方向；自旋量子数 $m_s$ 决定电子自旋的方向。因此，4 个量子数确定之后，电子在核外空间的运动状态也就确定了。

### 9.1.5 原子轨道的图像

无论是在薛定谔方程中，还是在由薛定谔方程求得的波函数 $\Psi$ 中均含有对应于直角坐标系的 $x$、$y$、$z$ 变量，或是对应于球极坐标的 $r$、$\theta$、$\varphi$ 变量。因此，波函数 $\Psi$ 有其对应的空间图像。

#### 9.1.5.1 原子轨道的电子云及其轮廓图

电子云图是用小黑点的疏密统计性地描述电子在核外空间运动的一种图像。角量子数 $l$ 不同的轨道，其电子云的形状也不同。s 轨道电子云呈球形分布；p 轨道电子云呈哑铃形分布；d 轨道电子云呈花瓣形分布(图 9-6)。

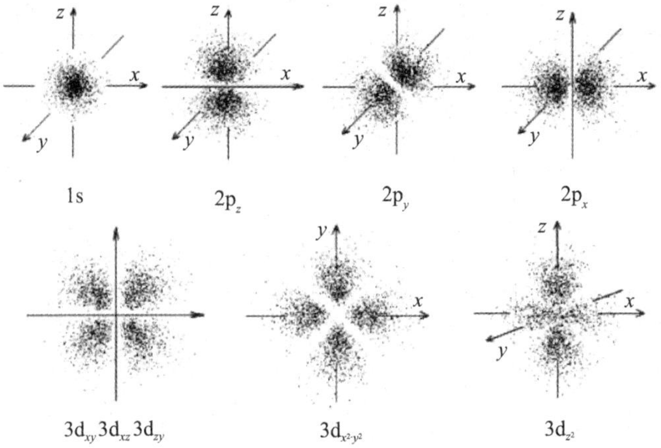


**图 9-6 氢原子电子云示意**

电子做绕核运动时，电子在离核远近不同的区域都可能出现，电子云没有明确的边界。如果将原子轨道电子云图中概率密度相同的点连起来，可以获得一系列的空间曲面，称为等密度面。选取一个等密度面，使得电子在这个曲面包围的空间内出现的概率在 90% 以上，则这一空间曲面描绘出了原子轨道的立体轮廓，这种图像称为原子轨道的轮廓图(图 9-7)。

原子轨道的电子云图与轮廓图虽然很形象，但若要详细考察原子轨道及其特征还需要了解原子轨道的径向分布图与角度分布图。

波函数 $\Psi$ 是包含了彼此独立的 3 个坐标变量 $r$、$\theta$、$\varphi$ 的函数，因此波函数 $\Psi$ 可写成

$$\Psi(r,\ \theta,\ \varphi) = R(r) \cdot Y(\theta,\ \varphi) \tag{9-16}$$

式中，$R(r)$ 为波函数 $\Psi$ 的径向部分；$Y(\theta,\ \varphi)$ 为波函数 $\Psi$ 的角度部分。

#### 9.1.5.2 径向分布图

波函数 $\Psi$ 的径向部分 $R(r)$ 可以反映在任意给定的角度方向上(即一定的 $\theta$ 和 $\varphi$)，波函数 $\Psi$ 随 $r$ 的变化情况。为表示核外电子随 $r$ 变化的概率分布情况，量子力学中引入了与 $R$

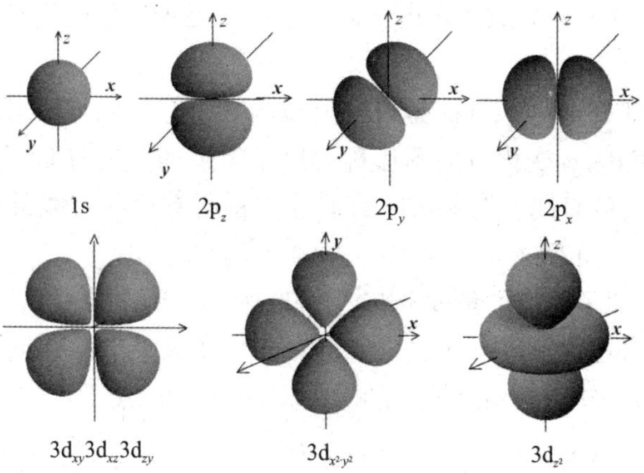


**图 9-7　氢原子原子轨道轮廓**

$(r)$ 相关的径向分布函数 $D(r)$。以薄球壳半径 $r$ 为横坐标、径向分布函数 $D(r)$ 为纵坐标作图，所得图形称为径向分布图，表示电子出现的概率随薄球壳半径变化的规律。图 9-8 为氢原子各原子轨道的径向分布图。从图中可以看出：

(1) 各原子轨道的径向分布图中均包含一个最高峰，即 $D(r)$ 的最大值，如 1s 轨道的最大值出现在距原子核 $r=53$ pm 处。各轨道的 $D(r)$ 最大值与原子核间的距离随主量子数 $n$ 的增大而增大。此外，有的原子轨道在最高峰内侧还有若干个小峰[$D(r)$ 的极大值]。

(2) 各原子轨道中峰的个数与主量子数 $n$ 与角量子数 $l$ 有关。图 9-8(a) 和 (b) 中，1s、2s、3s 依次有 1 个、2 个和 3 个峰；2p、3p、4p 依次有 1 个、2 个和 3 个峰……由此可以推出，对一原子轨道，其径向分布函数峰值的数目为 $(n-l)$ 个。在原子轨道的径向分布图的峰之间还存在一个最小值（即概率密度 $|\Psi|^2$ 为零的曲面），称为径向节面。因此，一个原子轨道同时还有 $(n-l-1)$ 个径向节面。

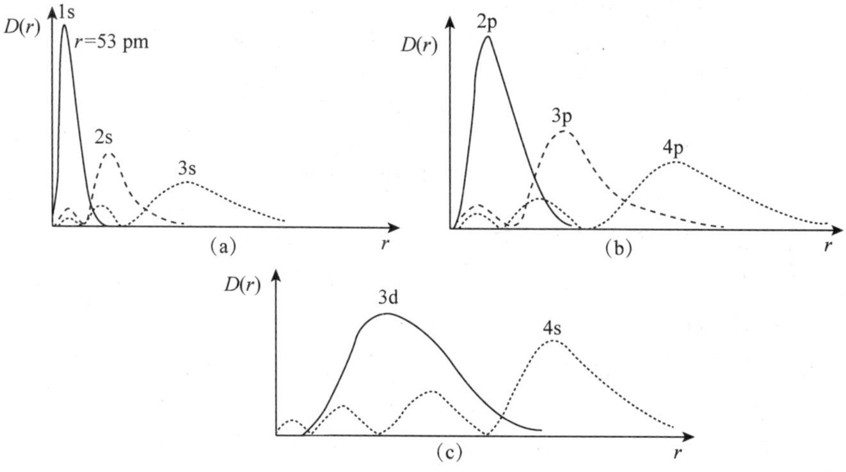


**图 9-8　氢原子轨道的径向分布**

(3) 由图 9-8 可知，$n$s 比 $n$p 多一个离核较近的峰，$n$p 比 $n$d 多一个离核较近的峰。这些近核的峰伸入到 $(n-1)$ 各峰内部，而且伸入的程度又各不相同，这种现象称作"钻穿"[图 9-

8(c)]。由于钻穿引起的效应导致了多电子体系中轨道能级的分裂与交错。

### 9.1.5.3 角度分布图

波函数 $\Psi$ 的角度部分 $Y(\theta, \varphi)$ 称为角度分布函数，它是原子轨道的轮廓及伸展方向的决定因素。$Y(\theta, \varphi)$ 随 $\theta$、$\varphi$ 变化时的图形称为原子轨道的角度分布图。其作法为：从坐标原点引出方向为 $(\theta, \varphi)$ 的直线，取其长度为 $Y$ 值，将所有这些直线的端点连成一个空间曲面即为原子轨道的角度分布图。

图 9-9 为 s、p、d 原子轨道的角度分布。由于角度分布函数 $Y(\theta, \varphi)$ 仅与角量子数 $l$ 与磁量子数 $m$ 有关，而与主量子数 $n$ 无关，所以只要量子数 $l$ 和 $m$ 相同，原子轨道的角度分布图就相同。在考察原子轨道的角度分布图时应注意以下几点：

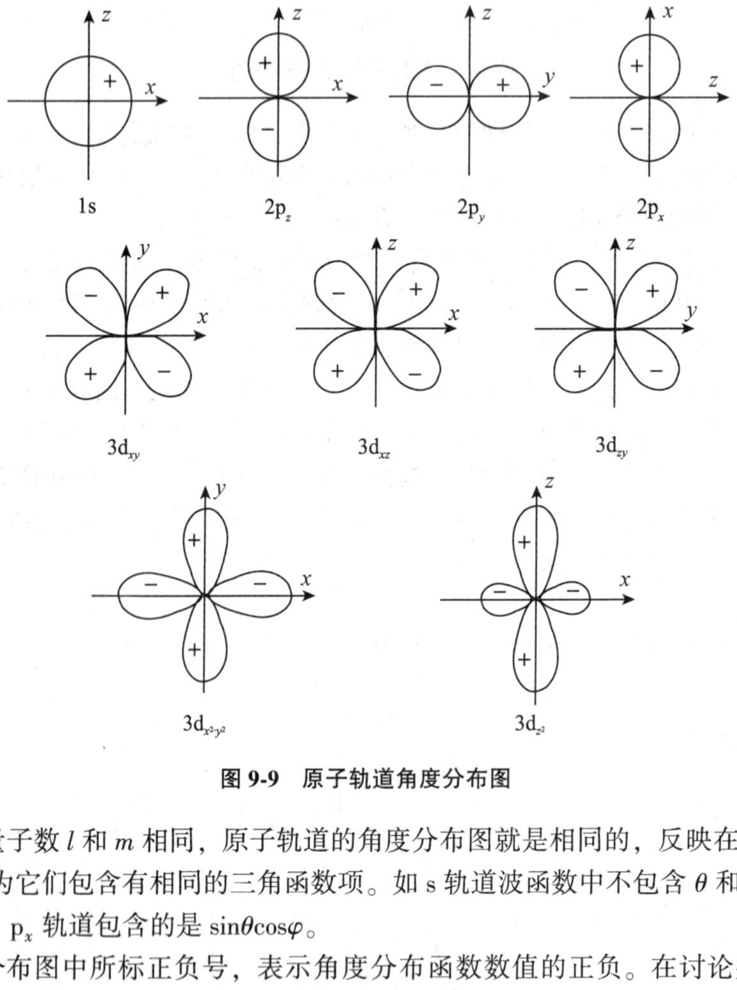


**图 9-9 原子轨道角度分布图**

(1) 只要量子数 $l$ 和 $m$ 相同，原子轨道的角度分布图就是相同的，反映在波函数或角度分布函数中即为它们包含有相同的三角函数项。如 s 轨道波函数中不包含 $\theta$ 和 $\varphi$；$p_z$ 轨道中包含的是 $\cos\theta$，$p_x$ 轨道包含的是 $\sin\theta\cos\varphi$。

(2) 角度分布图中所标正负号，表示角度分布函数数值的正负。在讨论共价键的形成时，这一点十分重要。不要将其误解为电荷的正负。

(3) 某些原子轨道的角度分布图中也存在概率密度 $|\Psi|^2$ 为零的曲面，称为角节面(图 9-10)。s 轨道由于没有角度依赖性，所以没有角节面；p 轨道有一个角节面，如 $p_z$ 轨道的角节面是 $x$ 轴与 $y$ 轴确定的平面，而 $p_x$ 轨道的角节面则是 $z$ 轴与 $y$ 轴确定的平面；在 d 轨道有两个节面，如 $d_{xz}$ 轨道的两个角节面为 $x$ 轴-$y$ 轴和 $z$ 轴-$y$ 轴确定的两个平面。$d_{z^2}$ 轨道的角节面较为特殊，它是沿 $z$ 轴顶点位于原点的两个圆锥面。

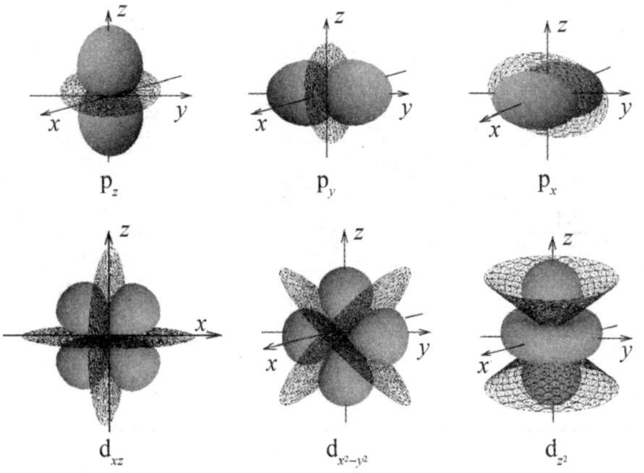


图 9-10　原子轨道中的角节面

## 9.2　核外电子排布和周期系（Electron Configuration in Atom and Periodic System of Elements）

核外电子的运动状态，可用 $n$、$l$、$m$ 和 $m_s$ 4 个量子数来进行描述。不同的元素其核外电子具有不同的排布形式。

### 9.2.1　轨道能级

在原子结构中，每一个原子轨道都对应着一定的能量状态。原子轨道离核越近，轨道能量越低。但单电子体系和多电子体系的轨道的能级又有一定的区别。

对于氢原子或类氢离子这样的单电子体系来说，由于核外仅有一个电子，不存在电子之间的相互作用和影响，因而通常情况下原子轨道能级仅取决于主量子数 $n$，与角量子数 $l$ 无关。同一电子层中，无论 s 轨道、p 轨道，还是 d 轨道、f 轨道，它们的能量是相等的。

原子或离子中含有两个或两个以上电子的体系称作多电子体系。由于多电子体系中电子数目的增多，体系中必然存在电子和电子之间的相互作用，因此各电子所处原子轨道的能级也就发生了相应的变化。

美国化学家鲍林根据大量光谱实验结果提出了多电子体系中原子轨道近似能级图（图 9-11）。从图中可以看出，总体上多电子体系原子轨道能级随着主量子数 $n$ 的增大而增大；在同一电子层内的轨道，其能级又随着角量子数 $l$ 的增大而增大；角量子数相同的轨道，主量子数越大，轨道能量越高。此外，在能级图中还存在一些特殊的现象：主量子数较大的轨道的能量反而较主量子数较小的轨道的能量要低，如 $E_{4s}<E_{3d}$、$E_{5s}<E_{4d}$、$E_{6s}<E_{4f}<E_{5d}\cdots$，这种现象称作能级交错。

### 9.2.2　屏蔽效应与钻穿效应

在多电子体系中，电子分别占着不同的电子层和电子亚层，从离核远近上看存在着差别。对于离核较远的电子来说，它不仅受到核的引力，同时还受到内层及同层电子的排斥作用，原子核的一部分正电荷则被抵消，表现为原子核的有效正电荷有所降低。一个带有 $Z$

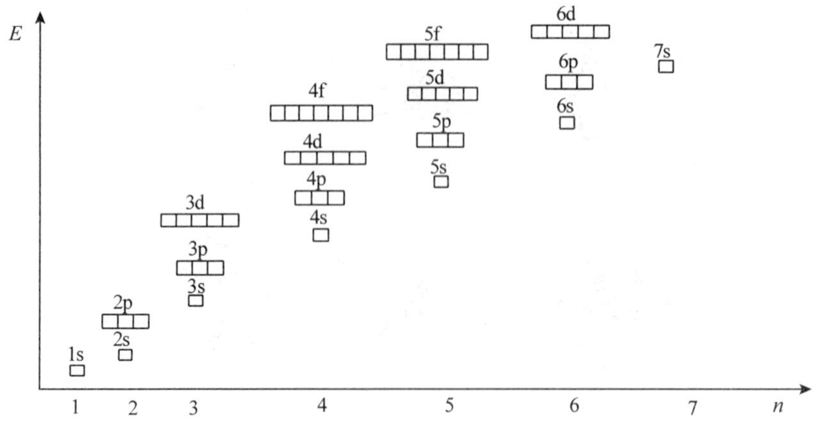


**图 9-11　多电子体系原子轨道近似能级**

个正电荷的原子核仅能让其外层电子感受到$(Z-\sigma)$个正电荷，$\sigma$ 称为屏蔽常数(screening effect)。由于内层及同层电子的排斥而使原子核有效正电荷降低的作用称为屏蔽作用。外层电子对内外电子没有屏蔽作用。由于屏蔽效应的存在使得角量子数相同的轨道能级随主量子数增加而升高。

对于主量子数 $n$ 相同而角量子数 $l$ 不同的电子来说，内层电子对 d 电子和 f 电子的屏蔽较强，而对 p 电子和 s 电子的屏蔽较弱，即同一电子层内，不同亚层电子的屏蔽常数为：d 电子和 f 电子的 $\sigma=1.0$，p 电子和 s 电子的 $\sigma=0.85\sim1.0$。这是因为核外电子除具有屏蔽作用外，还有另一种作用——钻穿作用(penetration effect)。

核外电子在做绕核运动的过程中，有时会钻到(渗到)离核较近的区域。电子钻得越深，它受其他电子的屏蔽就越小，电子的能量也就越低。由于电子的钻穿作用而使其能量发生变化的现象，称为钻穿效应。角量子数 $l$ 不同的电子，具有的钻穿本领不一样，s 电子钻穿能力最强，p 电子次之，d 电子较差，f 电子几乎无钻穿能力。正是由于这种钻穿能力上的差别，在同一电子层内有 $E_{ns}<E_{np}<E_{nd}<E_{nf}$，即主量子数 $n$ 相同而角量子数 $l$ 不同的轨道，它们的能级随 $l$ 的增大而增大。

明确了电子的屏蔽和钻穿效应，前面提到的能级交错现象也就不难理解了。虽然 4s 电子比 3d 电子离核要远，但由于 4s 电子比 3d 电子的钻穿本领强，在原子轨道径向分布图[图 9-8(c)]中表现为 4s 轨道的几个小峰位于 3d 轨道主峰的内侧。在绕核运动中，4s 电子可以钻到 3d 电子内层，从而使得 4s 轨道能级低于 3d 轨道能级，出现了 $E_{4s}<E_{3d}$ 的能级交错现象。能级图中的其他能级交错现象与此类似。

## 9.2.3　能级组

我国化学家徐光宪先生把多电子体系原子轨道能级顺序总结为 $n+0.7l$ 规则。用 $n+0.7l$ 值来近似地表示轨道能级，可方便地估计出原子轨道的能级顺序。将原子轨道中能量相近的轨道划分为一组称为能级组(group of energy level)。通常共分为 7 个能级组(表 9-3)。能级组通常采用罗马数字进行标识。

表 9-3 原子轨道的能级组划分

| 原子轨道 | $n+0.7l$ | 能级组 | 原子轨道 | $n+0.7l$ | 能级组 |
|---|---|---|---|---|---|
| 1s | 1.0 | Ⅰ | 5s | 5.0 | Ⅴ |
| 2s | 2.0 | Ⅱ | 4d | 5.4 | |
| 2p | 2.7 | | 5p | 5.7 | |
| 3s | 3.0 | Ⅲ | 6s | 6.0 | Ⅵ |
| 3p | 3.7 | | 4f | 6.1 | |
| 4s | 4.0 | Ⅳ | 5d | 6.4 | |
| 3d | 4.4 | | 6p | 6.7 | |
| 4p | 4.7 | | 7s | 7.0 | Ⅶ |

能级组与元素周期表中的周期存在着内在的一致性。(仔细观察周期表，每一周期从左到右起于 s 区终于 p 区，对应于能级组起于 $ns$ 轨道结束于 $np$ 轨道)

## 9.2.4 核外电子的排布规则

多电子体系中，多个电子必然占据多个轨道，而众多原子轨道离核的远近、伸展方向、能量高低各不相同。当电子填充原子轨道时是优先占据外层的高能轨道，还是内层的低能轨道？电子是分布在量子条件允许的某一状态，还是任意分布？光谱学实验结果及元素周期律说明，核外电子排布是遵循一定的规律的，即能量最低原理、泡利不相容原理和洪特规则。

(1)能量最低原理(lowest energy principle)。“能量越低越稳定”是自然界的一个通用法则。原子中核外电子的排布同样也遵循这一规则。多电子体系在基态时，核外电子的排布总是尽可能优先占据能量较低的轨道，按多电子体系原子轨道能级顺序，由低到高填入轨道。这就是能量最低原理。轨道的能级顺序就是鲍林近似能级图以及 $n+0.7l$ 规则所确立的轨道能级顺序。

(2)泡利不相容原理(Pauli exclusion principle)。泡利(Wolfgang Pauli)不相容原理可表述为：在同一个原子中没有 4 个量子数完全相同的电子，或在同一原子中没有运动状态完全相同的电子。以 He 原子为例，He 核外有两个电子，均填充在 1s 轨道上，因而，这两个电子的 $n$、$l$、$m$ 取值完全相同，两个电子运动状态上的区别，只能体现在量子数 $m_s$ 上，即一个电子 $m_s=1/2$，另一个电子 $m_s=-1/2$。$m_s$ 只能取+1/2 或-1/2 两值，因而每个轨道最多只能容纳两个电子，且它们的自旋相反，如

He　1s [⇅]

从泡利不相容原理可得出以下结论：①因为 s、p、d、f 各亚层中的轨道数分别为 1 个、3 个、5 个、7 个，所以各亚层最多可容纳电子的数目为 2 个、6 个、10 个、14 个。②对于第 $n$ 电子层来说，包含的轨道总数为 $n^2$ 个，所以最多可容纳 $2n^2$ 个电子。

(3)洪特规则(Hund's rule)。洪特(Friedrich Hund)在 1925 年从大量光谱实验数据中总结出来的规律：电子分布到能量相同的等价轨道时，总是以自旋相同的方向，优先分别占据不同的等价轨道。或者说：在等价轨道中自旋相同的电子越多体系越稳定。

以氮原子为例，N 原子核外有 7 个电子，按能量最低原理和泡利不相容原理，其中 1s 轨道上排 2 个，2s 轨道上排 2 个，剩余的 3 个电子排于 2p 轨道上。2p 是三重简并轨道，即有 3 个等价轨道。按洪特规则，这 3 个电子应分占 3 个 p 轨道，且自旋平行，排布形式如下：

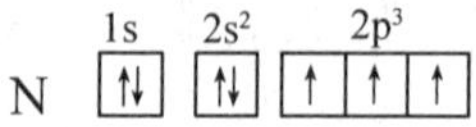


对于 2p 轨道上的电子如排布成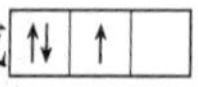，则必须有一个电子克服电子间的斥力，与另一电子配对而共处于一个轨道上。这一电子配对所需的电子成对能，使体系能量增高，稳定性降低。因此，洪特规则描述的电子优先分占不同的等价轨道是符合能量最低原理的一种排布形式。还应指出，作为洪特规则的特例，等价轨道的全空（$s^0$、$p^0$、$d^0$、$f^0$）、半充满（$s^1$、$p^3$、$d^5$、$f^7$）和全充满（$s^2$、$p^6$、$d^{10}$、$f^{14}$）是比较稳定的状态。

## 9.2.5 核外电子的排布与表示形式

### 9.2.5.1 核外电子的排布

在详细学习原子轨道的能级和电子排布规则后，我们便可很容易地对核外电子进行排布。以 26 号 Fe 元素为例，具体的方法如下：

第一步：根据核外电子排布规则，按轨道能级组顺序将电子依次从低能轨道填入。

$$1s^2\ 2s^2\ 2p^6\ 3s^2\ 3p^6\ 4s^2\ 3d^6$$

第二步：再将轨道以主量子数递增顺序依次排列，即可得到 Fe 元素的核外电子排布式。

$$1s^2\ 2s^2\ 2p^6\ 3s^2\ 3p^6\ 3d^6\ 4s^2$$

第三步：完成了核外电子的排布后，需要特别注意考虑洪特规则的特例。

如 Cr 是第 24 号元素，排布式为 $1s^2\ 2s^2\ 2p^6\ 3s^2\ 3p^6 3d^4 4s^2$，不符合洪特规则的特例，而应排布为 $1s^2\ 2s^2\ 2p^6\ 3s^2 3p^6\ 3d^5 4s^1$。

在进行核外电子排布时应注意，核外电子排布的 3 个规则只适用于一般情况，对于原子序数较大的原子，它们基态时的电子排布有些就不遵循这些规则，如 La 系和 Ac 系的元素。遇到这种情况，应以实验事实为准，而不可生搬硬套规则。表 9-4 中列出 109 种元素的电子排布式——基态电子组态。

**表 9-4　元素的基态电子组态**

| *Z* | 符号 | 组　态 | *Z* | 符号 | 组　态 | *Z* | 符号 | 组　态 |
|---|---|---|---|---|---|---|---|---|
| 1 | H | $1s^1$ | 8 | O | $[He]2s^2 2p^4$ | 15 | P | $[Ne]3s^2 3p^3$ |
| 2 | He | $1s^2$ | 9 | F | $[He]2s^2 2p^5$ | 16 | S | $[Ne]3s^2 3p^4$ |
| 3 | Li | $[He]2s^1$ | 10 | Ne | $[He]2s^2 2p^6$ | 17 | Cl | $[Ne]3s^2 3p^5$ |
| 4 | Be | $[He]2s^2$ | 11 | Na | $[Ne]3s^1$ | 18 | Ar | $[Ne]3s^2 3p^6$ |
| 5 | B | $[He]2s^2 2p^1$ | 12 | Mg | $[Ne]3s^2$ | 19 | K | $[Ar]4s^1$ |
| 6 | C | $[He]2s^2 2p^2$ | 13 | Al | $[Ne]3s^2 3p^1$ | 20 | Ca | $[Ar]4s^2$ |
| 7 | N | $[He]2s^2 2p^3$ | 14 | Si | $[Ne]3s^2 3p^2$ | 21 | Sc | $[Ar]3d^1 4s^2$ |

（续）

| Z | 符号 | 组　态 | Z | 符号 | 组　态 | Z | 符号 | 组　态 |
|---|---|---|---|---|---|---|---|---|
| 22 | Ti | $[Ar]3d^2 4s^2$ | 55 | Cs | $[Xe]6s^1$ | 88 | Ra | $[Rn]7s^2$ |
| 23 | V | $[Ar]3d^3 4s^2$ | 56 | Ba | $[Xe]6s^2$ | 89 | Ac | $[Rn]6d^1 7s^2$ |
| 24 | Cr | $[Ar]3d^5 4s^1$ | 57 | La | $[Xe]5d^1 6s^2$ | 90 | Th | $[Rn]6d^2 7s^2$ |
| 25 | Mn | $[Ar]3d^5 4s^2$ | 58 | Ce | $[Xe]4f^1 5d^1 6s^2$ | 91 | Pa | $[Rn]5f^2 6d^1 7s^2$ |
| 26 | Fe | $[Ar]3d^6 4s^2$ | 59 | Pr | $[Xe]4f^3 6s^2$ | 92 | U | $[Rn]5f^3 6d^1 7s^2$ |
| 27 | Co | $[Ar]3d^7 4s^2$ | 60 | Nd | $[Xe]4f^4 6s^2$ | 93 | Np | $[Rn]5f^4 6d^1 7s^2$ |
| 28 | Ni | $[Ar]3d^8 4s^2$ | 61 | Pm | $[Xe]4f^5 6s^2$ | 94 | Pu | $[Rn]5f^6 7s^2$ |
| 29 | Cu | $[Ar]3d^{10} 4s^1$ | 62 | Sm | $[Xe]4f^6 6s^2$ | 95 | Am | $[Rn]5f^7 7s^2$ |
| 30 | Zn | $[Ar]3d^{10} 4s^2$ | 63 | Eu | $[Xe]4f^7 6s^2$ | 96 | Cm | $[Rn]5f^7 6d^1 7s^2$ |
| 31 | Ga | $[Ar]3d^{10} 4s^2 4p^1$ | 64 | Gd | $[Xe]4f^7 5d^1 6s^2$ | 97 | Bk | $[Rn]5f^{19} 7s^2$ |
| 32 | Ge | $[Ar]3d^{10} 4s^2 4p^2$ | 65 | Tb | $[Xe]4f^9 6s^2$ | 98 | Cf | $[Rn]5f^{10} 7s^2$ |
| 33 | As | $[Ar]3d^{10} 4s^2 4p^3$ | 66 | Dy | $[Xe]4f^{10} 6s^2$ | 99 | Es | $[Rn]5f^{11} 7s^2$ |
| 34 | Se | $[Ar]3d^{10} 4s^2 4p^4$ | 67 | Ho | $[Xe]4f^{11} 6s^2$ | 100 | Fm | $[Rn]5f^{12} 7s^2$ |
| 35 | Br | $[Ar]3d^{10} 4s^2 4p^5$ | 68 | Er | $[Xe]4f^{12} 6s^2$ | 101 | Md | $[Rn]5f^{13} 7s^2$ |
| 36 | Kr | $[Ar]3d^{10} 4s^2 4p^6$ | 69 | Tm | $[Xe]4f^{13} 6s^2$ | 102 | No | $[Rn]5f^{14} 7s^2$ |
| 37 | Rb | $[Kr]5s^1$ | 70 | Yb | $[Xe]4f^{14} 6s^2$ | 103 | Lr | $[Rn]5f^{14} 6d^1 7s^2$ |
| 38 | Sr | $[Kr]5s^2$ | 71 | Lu | $[Xe]4f^{14} 5d^1 6s^2$ | 104 | Rf | $[Rn]5f^{14} 6d^2 7s^2$ |
| 39 | Y | $[Kr]4d^1 5s^2$ | 72 | Hf | $[Xe]4f^{14} 5d^2 6s^2$ | 105 | Db | $[Rn]5f^{14} 6d^3 7s^2$ |
| 40 | Zr | $[Kr]4d^2 5s^2$ | 73 | Ta | $[Xe]4f^{14} 5d^3 6s^2$ | 106 | Sg | $[Rn]5f^{14} 6d^4 7s^2$ |
| 41 | Nb | $[Kr]4d^4 5s^1$ | 74 | W | $[Xe]4f^{14} 5d^4 6s^2$ | 107 | Bh | $[Rn]5f^{14} 6d^5 7s^2$ |
| 42 | Mo | $[Kr]4d^5 5s^1$ | 75 | Re | $[Xe]4f^{14} 5d^5 6s^2$ | 108 | Hs | $[Rn]5f^{14} 6d^6 7s^2$ |
| 43 | Te | $[Kr]4d^5 5s^2$ | 76 | Os | $[Xe]4f^{14} 5d^6 6s^2$ | 109 | Mt | $[Rn]5f^{14} 6d^7 7s^2$ |
| 44 | Ru | $[Kr]4d^7 5s^1$ | 77 | Ir | $[Xe]4f^{14} 5d^7 6s^2$ | 110 | Ds | $[Rn]5f^{14} 6d^9 7s^1$ |
| 45 | Rh | $[Kr]4d^8 5s^1$ | 78 | Pt | $[Xe]4f^{14} 5d^9 6s1$ | 111 | Rg | $[Rn]5f^{14} 6d^{10} 7s^1$ |
| 46 | Pd | $[Kr]4d^{10}$ | 79 | Au | $[Xe]4f^{14} 5d^{10} 6s^1$ | 112 | Cn | $[Rn]5f^{14} 6d^{10} 7s^2$ |
| 47 | Ag | $[Kr]4d^{10} 5s^1$ | 80 | Hg | $[Xe]4f^{14} 5d^{10} 6s^2$ | 113 | Nh | $[Rn]5f^{14} 6d^{10} 7s^2 7p^1$ |
| 48 | Cd | $[Kr]4d^{10} 5s^2$ | 81 | Tl | $[Xe]4f^{14} 5d^{10} 6s^2 6p^1$ | 114 | Fl | $[Rn]5f^{14} 6d^{10} 7s^2 7p^2$ |
| 49 | In | $[Kr]4d^{10} 5s^2 5p^1$ | 82 | Pb | $[Xe]4f^{14} 5d^{10} 6s^2 6p^2$ | 115 | Mc | $[Rn]5f^{14} 6d^{10} 7s^2 7p^3$ |
| 50 | Sn | $[Kr]4d^{10} 5s^2 5p^2$ | 83 | Bi | $[Xe]4f^{14} 5d^{10} 6s^2 6p^3$ | 116 | Lv | $[Rn]5f^{14} 6d^{10} 7s^2 7p^4$ |
| 51 | Sb | $[Kr]4d^{10} 5s^2 5p^3$ | 84 | Po | $[Xe]4f^{14} 5d^{10} 6s^2 6p^4$ | 117 | Ts | $[Rn]5f^{14} 6d^{10} 7s^2 7p^5$ |
| 52 | Te | $[Kr]4d^{10} 5s^2 5p^4$ | 85 | At | $[Xe]4f^{14} 5d^{10} 6s^2 6p^5$ | 118 | Og | $[Rn]5f^{14} 6d^{10} 7s^2 7p^6$ |
| 53 | I | $[Kr]4d^{10} 5s^2 5p^5$ | 86 | Rn | $[Xe]4f^{14} 5d^{10} 6s^2 6p^6$ | | | |
| 54 | Xe | $[Kr]4d^{10} 5s^2 5p^6$ | 87 | Fr | $[Rn]7s^1$ | | | |

#### 9.2.5.2 核外电子排布的表示方式

核外电子排布的表示方式，主要有以下几种：

(1)电子排布式。电子排布式是将轨道符号按能级顺序排列，并在轨道符号右上角标出该轨道内排布的电子数目。如 Na 的电子排布式写作 $1s^22s^22p^63s^1$。

(2)轨道表示式。原子轨道表示是用□或○表示，并在其上方(或左边)加注轨道符号，用“↑”“↓”以及“⇅”表明电子的排布、自旋或是成对情况。如 Na 的轨道表示式写作

| | 1s | 2s | 2p | 3s |
|---|---|---|---|---|
| Na | [⇅] | [⇅] | [⇅][⇅][⇅] | [↑] |

(3)量子数表示法。量子数表示是用一套量子数($n$, $l$, $m$, $m_s$)定义电子的运动状态。如 $3s^2$ 电子用量子数可以分别表示为(3，0，0，1/2)，(3，0，0，-1/2)。

(4)“原子实+价层组态”表示法。一个完整的核外电子排布一般可以分成两部分。一部分是充满的稀有气体电子层结构的内层电子(称为原子实)；另一部分是原子实以外的外层电子，称为价层电子。原子实部分可用“[稀有气体元素]”来表示，而价层电子常用价层电子结构或价层组态(电子排布式)来表示。如表 9-4 中 Li 以下的所有元素的电子排布均采用了这种表示方法。

### 9.2.6 元素周期系

核外电子有规律地排布，使得元素性质随着核电荷数的递增呈现周期性变化，这个规律叫作元素周期律(periodic law of elements)。元素周期律的发现又使得自然界所有的元素集合成为一个完整的体系，称为周期系。认识元素周期系，才可以更深入地掌握元素化学性质的周期性。

#### 9.2.6.1 元素周期表

化学元素是人类历经数千年逐步认识的。至 19 世纪 70 年代，人类已认识了 60 余种元素。1869 年，俄国化学家门捷列夫(1834—1907 年)对当时已知的 63 种元素进行分类，并按原子量递增的顺序排成几行，将各行中性质相似的元素上下对齐，制出了人类历史上的第一张元素周期表。后经英国科学家莫斯莱的研究，将门捷列夫按原子量排列的元素顺序修正为按原子序数，形成了我们今天所用的元素周期表。

元素周期表从上到下分为 7 个周期，从左到右依次是ⅠA 族(碱金属)、ⅡA 族(碱土金属)、ⅢB 族(钪副族)、ⅣB 族(钛副族)、ⅤB 族(钒副族)、ⅥB 族(铬副族)、ⅦB 族(锰副族)、Ⅷ族(第八族铁系元素，共九种元素)、ⅠB 族(铜副族)、ⅡB 族(锌副族)、ⅢA 族(硼族)、ⅣA 族(碳族)、ⅤA 族(氮族)、ⅥA 族(氧族)、ⅦA 族(卤素)和 0 族(稀有气体)16 个族。La 系和 Ac 系元素称为内过渡元素，ⅢB 族~ⅡB 族的副族元素称为外过渡元素，总称为过渡元素，有时也将外过渡元素笼统地称作过渡元素。

元素周期表可提供元素符号、原子序数、原子量、电子组态以及放射性等信息，是化学工作者必备的数据资料。

#### 9.2.6.2 电子层结构与周期

周期表中同一周期中最外层电子组态从左到右，除第一周期外，总是起始于 $ns^1$，结束于 $ns^2np^6$ 轨道，每个周期对应一个能级组。即对于第 $n$ 周期来说，最先填充的轨道是第 $n$

能级组的 s 轨道，最后填充 p 轨道。例如，第五周期从左到右最后填充的便是 5s、4d、5p 轨道。

### 9.2.6.3　价层电子构型与族

第一主族(ⅠA)为碱金属，它们的价层电子构型为 $ns^1$。第二主族(ⅡA)为碱土金属，价层电子构型为 $ns^2$。ⅢA 族为硼族，价层电子构型为 $ns^2np^1$。ⅣA 族为碳族，价电子构型为 $ns^2np^2$；ⅤA 族为氮族，价电子构型为 $ns^2np^3$，p 轨道上电子排布为半充满；ⅥA 族为氧族，价电子构型为 $ns^2np^4$；ⅦA 族为卤素，价电子构型为 $ns^2np^5$。

可见，主族元素的族数是该族元素价层电子的总数。因此，对一给定的主族元素，知道其族数，也就知道了它的价电子构型，反之亦然。

0 族是稀有气体元素(以前也称作惰性气体)，包括 He、Ne、Ar、Kr、Xe、Rn 6 种元素。除 He 为 $1s^2$，其余价电子构型均为 $ns^2np^6$。由于稀有气体价层的 $ns$ 轨道和 $np$ 轨道是全充满的，因此在化学反应中一般都很不活泼。

副族元素主要是指第四周期以及之后ⅡA 族～ⅢA 族之间元素。

周期表上，在ⅡA 族～ⅢA 族依次排列了ⅢB(钪副族)、ⅣB(钛副族)、ⅤB(钒副族)、ⅥB(铬副族)、ⅦB(锰副族)、Ⅷ(第八族)、ⅠB(铜副族)和ⅡB(锌副族)。ⅢB 族～ⅦB 族族数等于最外层 s 电子与次外层 d 电子的总数，即等于其价层电子数；Ⅷ族为 $ns$ 和 $(n-1)d$ 电子总数等于 8、9、10 的元素；ⅠB 族与ⅡB 族的族数为最外层的 s 电子的数目，且 $(n-1)d$ 电子数目为 10。

副族元素中，有些价层组态不符合我们前面所学的三个电子排布规则，应特别注意。La 系和 Ac 系各 15 种元素，La 系组态为 $4f^{0\sim14}5d^{0\sim1}6s^2$，Ac 系组态为 $5f^{0\sim14}6d^{0\sim2}7s^2$，不符合电子排布规则的更为常见，此处不再一一叙述。

### 9.2.6.4　元素周期表中的分区

按照各元素原子价层电子的构型特征，周期表可划分为 5 个区：s 区、p 区、d 区、ds 区和 f 区(图 9-12)。

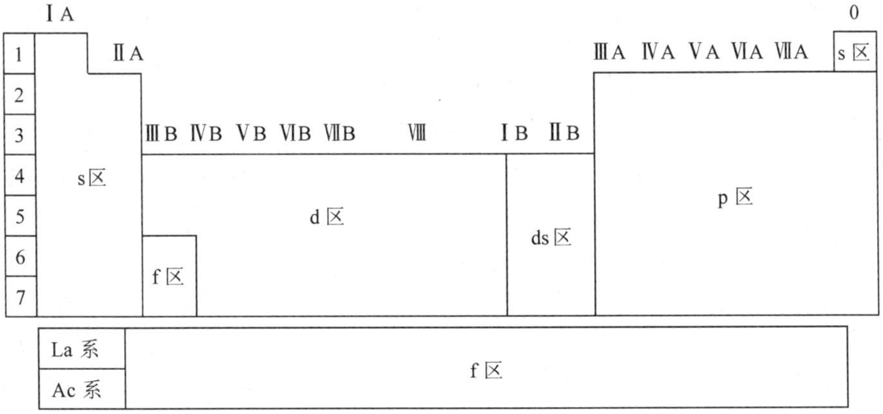


**图 9-12　周期表中的分区**

s 区：由ⅠA 和ⅡA 族以及 0 族的 He 元素(组态为 $2s^2$)构成，它们的最后一个电子均填充在 s 轨道上。价层结构为 $ns^1$ 或 $ns^2$。s 区元素除 H、He、Li、Be 元素外均是活泼金属，易失去 1 个电子或 2 个电子，形成+1 价或+2 价离子。

p 区：包含了ⅢA～ⅦA 和 0 族(He 除外)，该区元素最后一个电子填充于 p 轨道上，价层构型为 $ns^2np^{1\sim6}$(He 除外)，大部分为非金属。p 区下方部分元素为金属。

d 区：该区元素最后一个电子填充于 d 轨道上，包括ⅢB～ⅦB 族和Ⅷ族元素。其价层结构为 $(n-1)d^{1\sim9}ns^{1\sim2}$。

ds 区：由ⅠB 族和ⅡB 族组成，价层的结构为 $(n-1)d^{10}ns^{1\sim2}$。

f 区：由 La 系元素和 Ac 系元素组成，该区元素最后一个电子填充在 f 轨道上。结构为 $(n-2)f^{1\sim14}(n-1)d^{0\sim2}ns^2$。

综上所述，原子核外的电子层结构与价层组态、元素周期系紧密相关。已知元素的原子序数，可以推知该元素在周期表中的位置及其价层组态与性质，反之亦然。

例如，推测 30 号元素在周期表中的位置、价电子构型以及所在的区。我们根据原子序数为 30，可得出该元素核外电子排布为 $1s^22s^22p^63s^23p^63d^{10}4s^2$，价层组态为 $3d^{10}4s^2$；从而推断该元素属于 ds 区ⅡB 族，最外层 $n=4$，故属于第四周期。该元素为锌(Zn)。又如，推断价层组态为 $6s^26p^2$ 的元素在周期表中的位置及元素符号。最外层为第六电子层，故属第六周期，价层构型为 $ns^2np^2$，故该元素属于第ⅣA 族。该元素为铅(Pb)。

## 9.3 元素基本性质的周期性(Periodicity of Primary of the Elements)

原子的电子层结构及价层电子构型存在周期性的规律，这种周期性决定了元素的基本性质，如原子半径、电离势、电子亲合势、电负性等也显现出了周期性变化特征。

### 9.3.1 元素的原子半径

原子可以通过化学键与其他原子结合形成单质或化合物。当两个同种原子以共价键连接时(如 $N_2$、$O_2$)，它们的核间距的一半叫作原子的共价半径(covalent radius)[图 9-13(a)]。金属原子可以通过金属键以近似等径圆球的堆积方式形成金属晶体，相邻的两个金属原子核间距的一半则为金属半径(metallic radius)[图 9-13(b)]。对于稀有气体原子，在低温下可以认为是依靠范德华力形成的单原子分子，相邻两个稀有气体原子间的核间距的一半称为范德华半径(Vander Waals radius)。从上面的定义可知，这 3 种原子半径数据是有差别的。假定一种元素既可以形成双原子共价化合物，又可以形成金属晶体，也可以形成单原子分子晶体，那么，原子的共价半径理应比金属半径和范德华半径小。因此，在使用原子半径数据做比较时，应采用同一套数据。表 9-5 中给出各元素的原子半径数据，原子半径的周期性变化曲线如图 9-14 所示。以下就原子半径的变化规律进行讨论。

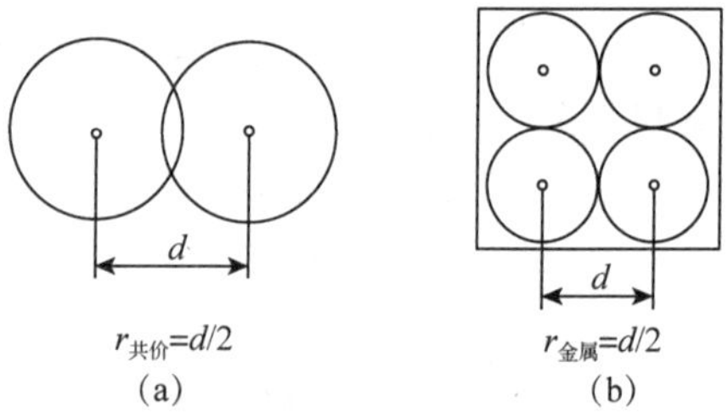


图 9-13 共价半径(a)与金属半径(b)示意

**表 9-5　原子半径**　　pm

| ⅠA | ⅡA | ⅢB | ⅣB | ⅤB | ⅥB | ⅦB | | Ⅷ | | ⅠB | ⅡB | ⅢA | ⅥA | ⅤA | ⅥA | ⅦA | 0 |
|---|---|---|---|---|---|---|---|---|---|---|---|---|---|---|---|---|---|
| H | | | | | | | | | | | | | | | | | He |
| 32 | | | | | | | | | | | | | | | | | 93 |
| Li | Be | | | | | | | | | | | B | C | N | O | F | Ne |
| 123 | 89 | | | | | | | | | | | 82 | 77 | 70 | 66 | 64 | 112 |
| Na | Mg | | | | | | | | | | | Al | Si | P | S | Cl | Ar |
| 154 | 136 | | | | | | | | | | | 118 | 117 | 110 | 104 | 99 | 154 |
| K | Ca | Sc | Ti | V | Cr | Mn | Fe | Co | Ni | Cu | Zn | Ga | Ge | As | Se | Br | Kr |
| 203 | 174 | 144 | 132 | 122 | 118 | 117 | 117 | 116 | 115 | 117 | 125 | 126 | 122 | 121 | 117 | 114 | 169 |
| Rb | Sr | Y | Zr | Nb | Mo | Tc | Ru | Rh | Pd | Ag | Cd | In | Sn | Sb | Te | I | Xe |
| 216 | 191 | 162 | 145 | 134 | 130 | 127 | 125 | 125 | 128 | 134 | 148 | 144 | 140 | 141 | 137 | 133 | 190 |
| Cs | Ba | La 系 | Hf | Ta | W | Re | Os | Ir | Pt | Au | Hg | Tl | Pb | Bi | Po | At | Rn |
| 235 | 198 | | 144 | 134 | 130 | 128 | 126 | 127 | 130 | 134 | 144 | 148 | 147 | 146 | 146 | 145 | — |

La 系 元 素

| La | Ce | Pr | Nd | Pm | Sm | Eu | Gd | Tb | Dy | Ho | Er | Tm | Yb | Lu |
|---|---|---|---|---|---|---|---|---|---|---|---|---|---|---|
| 169 | 165 | 164 | 164 | 163 | 162 | 185 | 162 | 161 | 190 | 158 | 158 | 158 | 170 | 158 |

(1)同族元素的原子半径变化。在同一主族中，从上到下由于核外电子层数的依次增多，原子半径依次增大，对同一副族来说，第五周期和第六周期较第四周期元素原子半径略大，第五周期和第六周期非常接近，这主要是镧系收缩所致。镧系收缩是指镧系元素随核电荷数增大，原子半径缓慢减小的现象。

(2) 同周期元素的原子半径变化。在短周期中，从左到右电子层数不变，而核电荷数增加，原子核对电子的引力也逐渐增加，致使原子半径从左到右逐渐减小。在周期末端 0 族处，原子半径突然增大，这主要是稀有气体以单原子分子存在，数据为范德华半径，而非共价半径。

在长周期中，主族元素原子半径变化与短周期相同。副族元素从左到右总原子半径趋势是减小，这是由于副族元素随核电荷数增加，将新增电子填充到了$(n-1)$d 轨道上。d 轨道电子有较强的屏蔽作用，核电荷的增加并未引起有效核电荷的明显增大。因而原子半径缩小的程度也较小。至 ds 区元素 d 轨道填充为 $d^{10}$，屏蔽作用更强，所以 ds 区原子半径有所增大。镧系元素新增电子填于 f 轨道上，则原子半径减小更为缓慢。镧系中具有 $f^7$、$f^{14}$ 结构的元素原子半径略有增大。

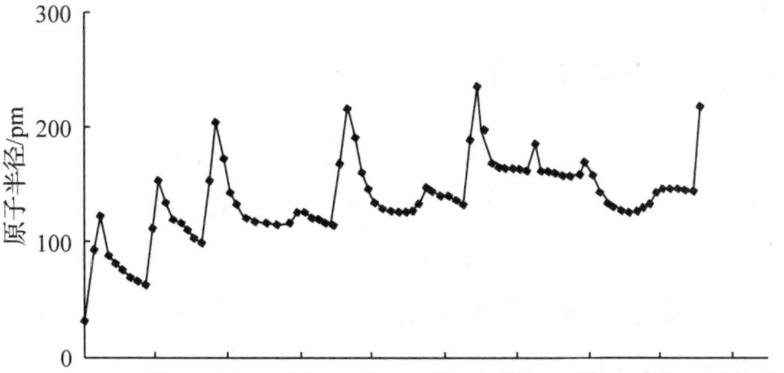


**图 9-14　原子半径的周期性变化**

### 9.3.2 电离势

原子失去电子变成正离子时，电子必须消耗能量以克服原子核对电子的引力。1 mol 基态气体原子失去 1 mol 电子变成气态正离子时消耗的能量称为该元素的第一电离势 $I_1$（或电离能，ionization energy），常以 kJ · mol$^{-1}$ 为单位。

$$M(g) \longrightarrow M^+(g) + e^- \qquad I_1$$

元素原子的电离势越小，说明元素越易失去电子，元素的金属性、还原性越强。对于可失去多个电子的原子，按失去电子的先后次序，对应有第一电离势($I_1$)，第二电离势($I_2$)等。由于价态越高的正电离子对核外电子的有效引力越大，且电子离核距离（相对于不同电子层的电子）越小，因此，总是 $I_1<I_2<I_3\cdots$

表 9-6 中列出了周期系中各元素的第一电离势。第一电离势的变化情况如图 9-15 所示。

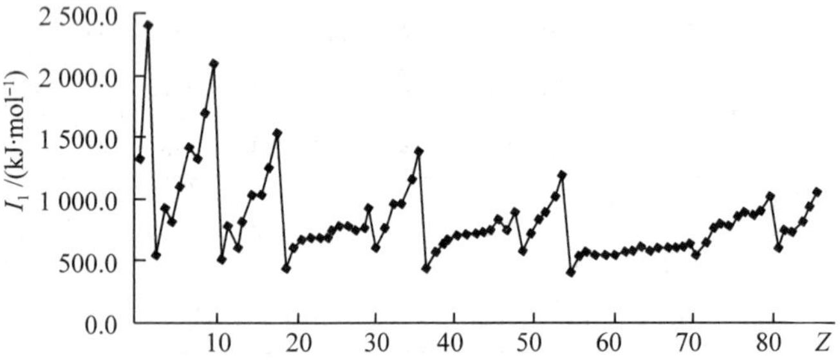

图 9-15　元素第一电离能的周期性变化

从表中可以看出，同一周期中元素的第一电离势从左到右总体上呈增大趋势，这主要是由于同一周期元素从左到右电子层数相同，但核电荷数依次增加，原子半径依次减小，核外电子受到的引力也随之加大。其中，ⅡA、ⅤA、ⅡB 等出现的反常情况是由于这些元素具有洪特规则特例中描述的全充满或半充满的稳定结构。这些反常情况在第一电离势图中表现为两个大峰之间出现的小峰。稀有气体在同周期中第一电离势最大。

同一周期过渡元素的第一电离能，由于受 d 轨道电子的屏蔽，从左到右的增加趋势相对较小，内过渡元素的第一电离能变化则更小。

周期表中同主族元素的第一电离势从上到下，由于电子层数的增加，原子半径增大，电离势依次减小。因此，$I_1$ 最小的元素是位于左下角的铯(Cs)，而 $I_1$ 最大的元素是位于周期表右上角的氦(He)。总体上看，主族元素所处周期越靠下，元素的金属性越强。同一副族的元素的电离势变化辐度较小，且不太规则。除ⅢB 族外，其他副族元素的金属性有逐渐减小的趋势。

### 9.3.3 电子亲合能

1 mol 气态原子在基态时获得 1 mol 电子放出的能量称作该元素的电子亲合能(electronic affinity)，即第一电子亲合能。电子亲合能常用 $E_A$ 或 $Y$ 符号来表示，单位为 kJ · mol$^{-1}$。

$$F(g) + e^- = F^-(g) \qquad E_A = -332\ kJ \cdot mol^{-1}$$

电子亲合能可以衡量原子获得电子的难易程度。亲合能数值绝对值越大，原子变成负离子的倾向也越大，表明其非金属性越强。

电子亲合能的测定较为困难，部分元素的电子亲合能数据列于表 9-7 中。

**表 9-6 元素的第一电离势**

kJ · $mol^{-1}$

| ⅠA | ⅡA | ⅢB | ⅣB | ⅤB | ⅥB | ⅦB | Ⅷ | | | ⅠB | ⅡB | ⅢA | ⅥA | ⅤA | ⅥA | ⅦA | 0 |
|---|---|---|---|---|---|---|---|---|---|---|---|---|---|---|---|---|---|
| H | | | | | | | | | | | | | | | | | He |
| 1 310.2 | | | | | | | | | | | | | | | | | 2 369.0 |
| Li | Be | | | | | | | | | | | B | C | N | O | F | Ne |
| 519.5 | 898.2 | | | | | | | | | | | 799.5 | 1 084.9 | 1 400.4 | 1 312.1 | 1 678.6 | 2 077.7 |
| Na | Mg | | | | | | | | | | | Al | Si | P | S | Cl | Ar |
| 495.2 | 736.7 | | | | | | | | | | | 576.8 | 785.4 | 1 010.3 | 998.2 | 1 249.4 | 1 518.4 |
| K | Ca | Sc | Ti | V | Cr | Mn | Fe | Co | Ni | Cu | Zn | Ga | Ge | As | Se | Br | Kr |
| 418.3 | 589.0 | 630.1 | 657.1 | 649.4 | 651.9 | 716.4 | 758.3 | 757.3 | 735.6 | 744.4 | 905.1 | 578.0 | 761.1 | 945.2 | 939.6 | 1 138.3 | 1 348.8 |
| Rb | Sr | Y | Zr | Nb | Mo | Tc | Ru | Rh | Pd | Ag | Cd | In | Sn | Sb | Te | I | Xe |
| 402.5 | 548.7 | 614.7 | 659.0 | 662.9 | 684.0 | 701.4 | 701.1 | 718.8 | 803.6 | 730.0 | 866.5 | 557.5 | 707.6 | 832.6 | 868.0 | 1 007.0 | 1 168.7 |
| Cs | Ba | La | Hf | Ta | W | Re | Os | Ir | Pt | Au | Hg | Tl | Pb | Bi | Po | At | Rn |
| 375.2 | 502.2 | 系 | 640.7 | 760.2 | 768.9 | 759.3 | 838.3 | 876.8 | 867.2 | 888.8 | 1 005.6 | 588.5 | 714.5 | 702.3 | 811.3 | 929.8 | 1 035.6 |
| Fr | Ra | Ac | | | | | | | | | | | | | | | |
| 369.0 | 508.6 | 系 | | | | | | | | | | | | | | | |

| | | | | | | | | | | | | | | |
|---|---|---|---|---|---|---|---|---|---|---|---|---|---|---|
| La | Ce | Pr | Nd | Pm | Sm | Eu | Gd | Tb | Dy | Ho | Er | Tm | Yb | Lu |
| 537.6 | 533.8 | 526.1 | 532.8 | 535.1 | 543.4 | 546.3 | 592.6 | 564.6 | 572.3 | 579.8 | 587.8 | 595.8 | 602.6 | 522.8 |
| Ac | Th | Pa | U | Np | Pu | Am | Cm | Bk | Cf | Es | Fm | Md | No | Lr |
| 498.1 | 585.8 | 567.5 | 582.9 | 596.4 | 583.9 | 577.4 | 580.0 | 600.3 | 607.0 | 618.6 | 626.3 | 634.0 | 640.7 | |

**表 9-7　元素的电子亲合能**　　kJ · mol$^{-1}$

| ⅠA | ⅡA | ⅣB | ⅤB | ⅥB | ⅦB | Ⅷ | | | ⅠB | ⅡB | ⅢA | ⅣA | ⅤA | ⅥA | ⅦA | 0 |
|---|---|---|---|---|---|---|---|---|---|---|---|---|---|---|---|---|
| H | | | | | | | | | | | | | | | | He |
| −72.9 | | | | | | | | | | | | | | | | +21 |
| Li | Be | | | | | | | | | | B | C | N | O | F | Ne |
| −59.8 | +240 | | | | | | | | | | −23 | −122 | +58<br>+800$^{2}$<br>+1 290$^{3}$ | −141<br>+780$^{2}$ | −322 | +29 |
| Na | Mg | | | | | | | | | | Al | Si | P | S | Cl | Ar |
| −52.9 | +230 | | | | | | | | | | −44 | −120 | −74 | −200.4<br>+590$^{2}$ | −348.7 | +35 |
| K | Ca | Ti | V | Cr | Mn | Fe | Co | Ni | Cu | Zn | Ga | Ge | As | Se | Br | Kr |
| −48.4 | +156 | −37.7 | −90.4 | −63 | | −56.2 | −90.3 | −123.1 | −123 | +87 | −36 | −116 | −77 | −195<br>+420$^{2}$ | −324.5 | +39 |
| Rb | Sr | Zr | Nb | Mo | Te | Ru | Rh | Pd | Ag | Cd | In | Sn | Sb | Te | I | Xe |
| −46.9 | | | | −96 | | | | | | +58 | −34 | −121 | −101 | −190.1 | −295 | +40 |
| Cs | Ba | Hf | Ta | W | Re | Os | Ir | Pt | Au | Hg | Tl | Pb | Bi | Po | At | Rn |
| −45.5 | +52 | | −80 | −50 | −15 | | | −205.3 | −222.7 | | −50 | −100 | −100 | −180 | −270 | +40 |

注：上标 2 的数据为第二电子亲合能，上标 3 的数据为第三电子亲合势。

电子亲合能在元素周期系中的规律性是不太明显的。一般来说，原子半径较小的原子容易得到电子，而有较大的 $E_A$。所以，在同一周期中自左向右，元素的原子半径逐渐减小，$E_A$ 值则逐渐增大。在同一族元素的原子半径由上而下逐渐增大，$E_A$ 值则依次减小。

稀有气体元素的外层电子组态是 $1s^2$ 或 $ns^2np^6$；Be、Mg 的外层电子组态为 $ns^2$；N 的组态是 $ns^2np^3$，它们都具有较为稳定的电子组态，得到一个电子以后即破坏了原来的全充满或半充满的稳定结构，所以它们的 $E_A$ 值皆为正值。卤素的外层电子组态是，差一个电子就变为稳定的稀有气体组态 $ns^2np^6$，因此，它们有着较大获得电子的趋势，$E_A$ 值也较大。

总之，非金属元素原子的 $E_A$ 值一般较大。表示它们易于得到电子形成负离子。金属元素原子的 $E_A$ 值一般较小。F 的非金属性最强，$E_A$ 值应当最大。可是它却小于 Cl 和 Br，这是因为 F 的原子半径太小，电子之间的排斥力较大。在得到电子时，由于排斥作用使得放出的能量反而减少了。

## 9.3.4　电负性

元素的电离势和元素的电子亲合势都只从一个方面反映某原子得失电子的能力，实际上有的元素在形成化合物时，它的原子既难失去电子，又难获得电子，如碳、氢元素等。只从电离势或电子亲合势的大小来衡量金属、非金属的活泼性是有一定的局限性的。因此，在原子相互化合时，必须把该原子失去电子的难易和结合电子的难易统一起来考虑。通常把原子在分子中吸引电子的能力或本领叫作元素的电负性(electronegativity)，用 $\chi$ 表示。电负性的概念首先是由鲍林在 1932 年提出的，他并指定氟的电负性为 4.0，依此对比可以求出其他元素的电负性，因此电负性是一个相对的数值。鲍林的电负性数据列于元素电负性表 9-8 中。

**表 9-8　元素的电负性**

| ⅠA | ⅡA | ⅢB | ⅣB | ⅤB | ⅥB | ⅦB | Ⅷ | | | ⅠB | ⅡB | ⅢA | ⅥA | VA | ⅥA | ⅦA |
|---|---|---|---|---|---|---|---|---|---|---|---|---|---|---|---|---|
| H | | | | | | | | | | | | | | | | |
| 2.2 | | | | | | | | | | | | | | | | |
| Li | Be | | | | | | | | | | | B | C | N | O | F |
| 0.98 | 1.57 | | | | | | | | | | | 2.04 | 2.55 | 3.04 | 3.44 | 3.98 |
| Na | Mg | | | | | | | | | | | Al | Si | P | S | Cl |
| 0.93 | 1.31 | | | | | | | | | | | 1.61 | 1.9 | 2.19 | 2.58 | 3.16 |
| K | Ca | Sc | Ti | V | Cr | Mn | Fe | Co | Ni | Cu | Zn | Ga | Ge | As | Se | Br |
| 0.82 | 1.0 | 1.36 | 1.54 | 1.63 | 1.66 | 1.55 | 1.83 | 1.88 | 1.91 | 1.9 | 1.65 | 1.81 | 2.01 | 2.18 | 2.55 | 2.96 |
| Rb | Sr | Y | Zr | Nb | Mo | Tc | Ru | Rh | Pd | Ag | Cd | In | Sn | Sb | Te | I |
| 0.82 | 0.95 | 1.22 | 1.33 | 1.6 | 2.16 | 1.9 | 2.2 | 2.28 | 2.2 | 1.93 | 1.69 | 1.78 | 1.96 | 2.05 | 2.1 | 2.66 |
| Cs | Ba | La | Hf | Ta | W | Re | Os | Ir | Pt | Au | Hg | Tl | Pb | Bi | Po | At |
| 0.79 | 0.89 | 1.1~1.27 | 1.3 | 1.5 | 2.36 | 1.9 | 2.2 | 2.2 | 2.28 | 2.54 | 2 | 2.04 | 2.33 | 2.02 | 2 | 2.2 |

根据元素的电负性的大小，可以衡量元素的金属性和非金属性的强弱，一般来说，非金属元素的电负性大于金属元素，非金属元素的电负性在 2.0 以上，金属元素的电负性在 2.0 以下。但应注意，元素的金属性和非金属性之间并没有严格的界限。由表 9-8 可知，元素的电负性也是呈现周期性变化的。在同一周期中从左到右电负性递增，元素的非金属性逐渐增强；在同一主族中，从上到下元素的电负性递减，元素的非金属性依次减弱。但副族元素没有明显的变化规律，而且第三系列过渡金属元素电负性比第二系列过渡元素的电负性大。在周期表中，右上方氟的电负性最大，非金属性最强，左下方的铯的电负性最小，金属性最强。

## 思考题

1. 怎样运用玻尔理论来解释氢原子光谱？玻尔理论对原子结构理论的发展有何贡献？有何缺陷？
2. 什么叫微观粒子的波粒二象性？微观粒子的波和经典机械波有何不同？
3. "氢原子中只有一个电子层"这种说法对吗？
4. 将基态氢原子的电子激发到 2s 或 2p 轨道需要的能量有无差别？若是氦(He)原子，情况又会如何？
5. 电子云图中黑点的疏密程度有何含义？
6. 下列说法是否正确？不正确者应如何改正？

(1) s 电子绕核运动，其轨道为一个圆圈。

(2) 主量子数 $n$ 为 1 时，有自旋相反的两条轨道。

(3) 主量子数 $n$ 为 4 时，其轨道总数为 16，电子层内最多可容纳 32 个电子。

(4) 主量子数 $n$ 为 3 时，有 3s、3p、3d、3f 4 条轨道。

7. 一个 $n=3$ 的电子层可以容纳多少个电子？为什么第三周期只有 8 种元素？
8. 什么是屏蔽效应和钻穿效应？怎样解释能级交错现象？

9. s区、p区、d区、ds区元素的原子结构各有什么特征？它们在长式周期表中各占多少列？列数和s、p、d轨道上的电子数有何对应关系？

10. 推测Cr元素的最高正价是多少？根据是什么？

## 习 题

### 一、选择题

1. 下列核外电子的各组量子数中合理的是（　　）。

A. 2，1，−1，−1/2　　B. 3，1，2，+1/2　　C. 2，1，0，0　　D. 1，2，0，+1/2

2. 下列哪个电子亚层可以容纳最多电子（　　）。

A. $n=2$，$l=1$　　B. $n=3$，$l=2$　　C. $n=4$，$l=3$　　D. $n=5$，$l=0$

3. 在下列的电子组态中激发态的是（　　）。

A. $1s^22s^22p^6$　　B. $1s^22s^13s^1$　　C. $1s^22s^1$　　D. $1s^22s^22p^63s^1$

4. 某多电子原子中四个电子的量子数表示如下，其中能量最高的电子是（　　）。

A. 2，1，1，−1/2　　B. 2，1，0，−1/2

C. 3，1，1，−1/2　　D. 3，2，−2，−1/2

5. 某元素基态原子，在$n=5$的轨道中仅有2个电子，则该原子$n=4$的轨道中含有电子（　　）。

A. 8个　　B. 18个　　C. 8~18个　　D. 8~23个

6. 某原子基态时，次外层中包含有$3d^7$，该元素的原子序数为（　　）。

A. 25　　B. 26　　C. 27　　D. 28

7. 下列原子中原子半径最大的是（　　）。

A. Na　　B. Al　　C. Cl　　D. K

8. 下列元素中第一电离能最大的是（　　）。

A. B　　B. C　　C. N　　D. O

9. “镧系收缩”使得下列那些元素性质相似（　　）。

A. Mn和Tc　　B. Sc和Y　　C. Zr和Hf　　D. Ru和Rh

10. 下列各组元素中电负性相差最大的是（　　）。

A. H和Rn　　B. F和Cs　　C. H和Cs　　D. F和Rn

### 二、填空题

1. 填写缺少的量子数

(1) $n=$______，$l=2$，$m=0$，$m_s=+1/2$；

(2) $n=2$，$l=$______，$m=0$，$m_s=-1/2$；

(3) $n=4$，$l=$______，$m=0$，$m_s=$______；

(4) $n=3$，$l=1$，$m=$______，$m_s=-1/2$。

2. 3d轨道的主量子数为____，角量子数为____，该电子亚层的轨道有____种空间取向（伸展方向），最多可容纳____个电子。

3. 第四周期中，p轨道半充满的是______元素，d轨道半充满的是______元素，s轨道半充满的是______元素，s轨道与d轨道电子数目相同的是______元素。

4. Be与N的第一电离能比同周期相邻元素的第一电离______（大，小或相等），这是因为____________________________________________。

5. 填充下表

| 元素符号 | 原子序数 | 电子排布式 | 价电子构型 | 周　期 | 族 | 区 |
|---|---|---|---|---|---|---|
| | 49 | | | | | |
| | | $1s^22s^22p^6$ | | | | |
| | | | $4d^55s^1$ | | | |

## 三、判断题

1. 宏观物体不具有波粒二象性的运动属性。（　　）

2. 电子的波性，是大量电子运动表现出来的统计性规律的结果。（　　）

3. s 电子绕核运动，其轨道为一个圆圈，而 p 电子是走∞的。（　　）

4. 氢原子有自旋相反的两条轨道，且没有 2p 轨道。（　　）

5. 主量子数 $n$ 为 3 时，有 3s、3p、3d、3f 4 条轨道。（　　）

## 四、简答题

1. 下列电子的各套量子数中，哪些是错误的？指明其原因并更正。

(1)3，2，2，1/2；　　(2)2，-1，0，1/2；

(3)2，0，-2，-1/2；　　(4)1，0，0，0。

2. 在同一原子基态的组态中，$n$、$l$、$m$ 3 个量子数相同的两个电子，它们的自旋量子数如何？若 $n$、$l$ ($l$>0)相同，$m$ 不同的两个电子，它们的自旋量子数如何？

3. 已知某元素价层电子组态为 $4s^24p^3$，试指出该元素的原子序数，属于哪一周期？哪一族？最高化合价是多少？是金属元素还是非金属元素？

4. 已知某元素在氪前，当此元素的原子失去 3 个电子后，在它的角量子数为 2 的轨道内电子恰为半充满，试推断其为何种元素？

5. 解释下列现象：

(1) Na 的第一电离能小于 Mg，而 Na 的第二电离能却大大超过 Mg；

(2) Mg 的第一电离能比它相邻的元素 Na 和 Al 都大；

(3) V 与 Nb 的原子半径相差较大，而 Nb 和 Ta 的原子半径几乎一样。

# 第10章

# 化学键与分子结构

(Chemical Bond and Molecular Structure)

在化学反应中,分子是物质能独立存在并保持其化学特性的最小微粒。物质的化学性质主要决定于分子的性质,而分子的性质又是由化学键和分子的内部结构来决定的。

通常把分子或晶体内直接相邻的原子或离子之间强烈的相互作用,称为化学键。化学键一般可分为离子键、共价键和金属键3种基本类型。本章从两个方面来探讨原子构成分子和分子构成物质的问题:第一,化学键的类型和它的性质;第二,分子中原子的空间排列(空间构型)、分子间力、晶体的结构和性能等。

## 10.1 离子键(Ionic Bond)

### 10.1.1 离子键的形成及特征

#### 10.1.1.1 离子键的形成

20世纪初,德国化学家柯塞尔(W. Kossel)根据稀有气体原子具有较稳定结构的事实提出了离子键理论。该理论认为:离子键是靠正负离子间的静电引力而形成的化学键。当活泼的金属原子和活泼的非金属原子在一定条件下互相接近时,活泼金属原子易失去最外层电子形成稳定结构的带正电的离子(cation, positive ion),活泼非金属原子易得到电子形成稳定结构的带负电的离子(anion, positive ion)。正负离子之间由于静电引力(electrostatic force of attraction)相互靠近,当它们充分接近时,离子的外电子层之间又产生排斥力,当吸引力和排斥力相平衡时,体系能量最低,正负离子间便形成稳定的结合体。这种靠正负离子间的静电引力而形成的化学键叫离子键。具有离子键的物质称为离子化合物(ionic compound)。从电负性差的角度看,离子键形成的条件主要是当 $\Delta \chi \geqslant 1.7$ 的典型的金属和非金属间才能形成离子键。

例如,NaCl 的形成过程

$$\begin{array}{c} Na(3s^1) \xrightarrow{-e^-} Na^+(2s^2 2p^6) \\ \\ Cl(3s^2 3p^5) \xrightarrow{+e^-} Cl^-(3s^2 3p^6) \end{array} \Bigg\rangle \longrightarrow NaCl$$

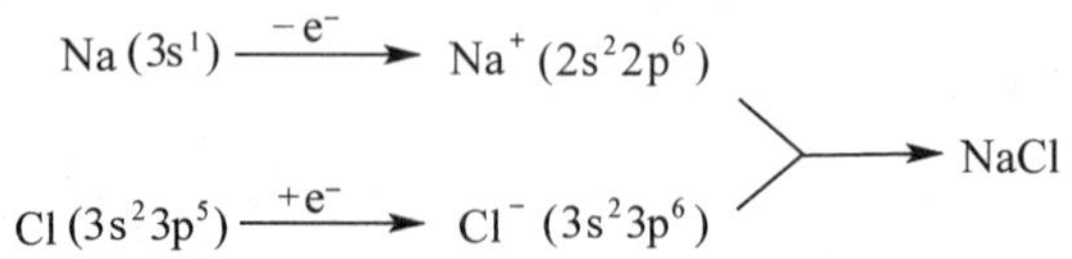

#### 10.1.1.2　离子键的特征

(1)离子键的本质。离子键的本质是静电引力。原子得失电子形成正负离子后，靠静电引力结合在一起。如果把正负离子看作是球形对称的，而且它们所带电荷分别为 $q^+$ 和 $q^-$，两者之间距离为 $R$，则它们的静电引力为

$$f=\frac{q^+ \cdot q^-}{R^2}$$

从上式可看出，离子电荷越大，离子间距离越小，静电引力越大，离子键越强。

(2)离子键无饱和性和方向性。离子是带电体，它的电荷分布是球形对称的，所以它对空间各个方向上的吸引力是相同的，无方向性(non-orientation)。只要空间条件许可，每个离子均可吸引尽量多的异号离子，无饱和性(non-saturation)，所以离子晶体是由正负离子按化学式组成比排列形成的巨型分子。如 NaCl 晶体，在每个钠离子的周围配位 6 个氯离子，而且在每个氯离子周围也配位 6 个钠离子。NaCl 代表晶体中正负离子的组成比，而不是晶体中存在 NaCl 分子。当然，这并不意味着一个离子周围排列的相反电荷离子数目可以是任意的。与一个离子相邻的相反电荷离子数目由正负离子的半径比($r_+/r_-$，cation-anion radius)决定。见表 10-1 所列。

**表 10-1　AB 型离子半径比与晶体构型间的关系**

| 半径比($r_+/r_-$) | 一般构型 | 配位数 | 实例 |
|---|---|---|---|
| 0.225 ~ 0.414 | ZnS 型 | 4 | BeO、BeS、MgTe 等 |
| 0.414 ~ 0.732 | NaCl 型 | 6 | KCl、KBr、AgF、MgO、CaS 等 |
| 0.732 ~ 1.000 | CsCl 型 | 8 | CsBr、TlCl、$NH_4Cl$ 等 |

(3)离子键的部分共价性。离子键理论认为，正负离子完全靠静电作用力形成离子键，而且不存在原子轨道的相互重叠。但近代化学实验和量子化学计算表明，即使是电负性相差最大的元素所形成的化合物。如 CsF，其化学键也不全是离子键，其中键的离子性仅有 92%，剩下的 8%是由于原子轨道部分重叠而具有的共价性(covalency)。同样其他元素所构成的离子键也必然具有一定的共价性，而且共价成分一定高于 8%。如前所讲的电负性差超过 1.7 就是离子键，也是一种近似的办法。如 H—F，它的电负性为 1.8，大于 1.7，但 H—F 仍是共价键而不是离子键。因此，在离子键和共价键之间存在一定程度的键型转化和过渡。

### 10.1.2　离子键形成的能量效应

离子键的强度可由晶格能(lattice energy)来衡量。晶格能 $U$ 表示由气态正离子和气态负离子结合成 1 mol 离子晶体时所放出的能量，或由 1 mol 离子晶体离解成气态离子时所吸收的能量。例如，对 NaCl 晶体来说，晶格能就是下列反应的焓变。

$$Na^+(g) + Cl^-(g) \longrightarrow NaCl(s)$$

由于上述反应的 $U$ 不能直接测量，波恩 - 哈伯(Born-Haber)设计了一个热化学循环，由此可间接地求算晶格能。

$$\begin{array}{ccc}
\text{Na(s)} + \frac{1}{2}\text{Cl}_2\text{(g)} & \xrightarrow{\Delta_f H_m^\ominus} & \text{NaCl(s)} \\
\downarrow \Delta_{sub}H_m^\ominus \quad\quad \downarrow \Delta_{diss}H_m^\ominus & & \uparrow U \\
& \text{Cl(g)} \xrightarrow{E_A} & \text{Cl}^-\text{(g)} \\
& & + \\
\text{Na(g)} & \xrightarrow{I} & \text{Na}^+\text{(g)}
\end{array}$$

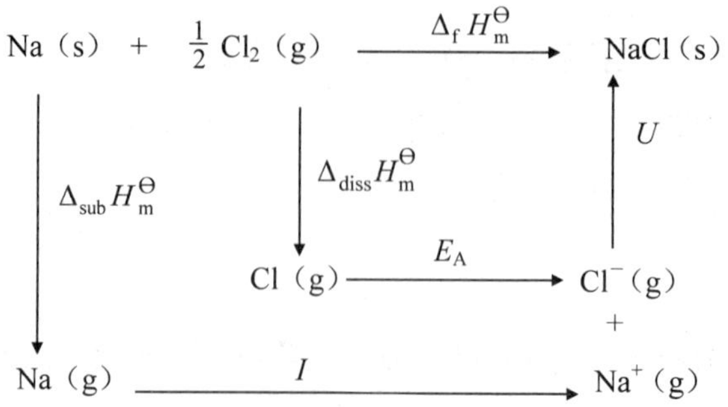

式中，$\Delta_{sub}H_m^\ominus$ 为 Na 的升华热（heat of sublimation，109 kJ·mol$^{-1}$）；$I$ 为 Na 的电离能（ionization energy，495.2 kJ·mol$^{-1}$）；$\Delta_{diss}H_m^\ominus$ 为 $Cl_2$ 的离解能（energy of dissociation，121 kJ·mol$^{-1}$）；$E_A$ 为 Cl 的电子亲和能（energy of electron affinities，-348.7 kJ·mol$^{-1}$）；$\Delta_f H_m^\ominus$ 为 NaCl 的生成焓（enthalpy of formation，-411 kJ·mol$^{-1}$）。

由盖斯定律可得

$$\Delta_f H_m^\ominus = \Delta_{sub}H_m^\ominus + I + \frac{1}{2}\Delta_{diss}H_m^\ominus + E_A + U$$

$$U = \Delta_f H_m^\ominus - (\Delta_{sub}H_m^\ominus + I + \frac{1}{2}\Delta_{diss}H_m^\ominus + E_A)$$

$$= -411 - [109 + 495.4 + \frac{1}{2} \times 121 + (-348.7)] \text{ kJ·mol}^{-1}$$

$$= -727.0 \text{ kJ·mol}^{-1}$$

晶格能的大小常用来比较离子键的强度和晶体的牢固程度。离子化合物的晶格能越大，表示正负离子间结合力越强，晶体越牢固，因此晶体的熔点越高，硬度越大。

### 10.1.3 离子的特征

构成离子化合物的基本结构粒子是离子，因此离子的性质在很大程度上决定离子键的强弱和离子化合物的性质。

#### 10.1.3.1 离子电荷

离子电荷（ionic charge）是指原子在形成离子化合物过程中相应原子失去或得到电子而带的电荷的数目。离子电荷的多少直接影响离子键的强度，也影响离子化合物的性质。如 $Fe^{2+}$ 和 $Fe^{3+}$，虽然是同种原子形成的离子，但性质不同：$Fe^{2+}$ 离子在水溶液中是浅绿色的，具有还原性；$Fe^{3+}$ 离子在水溶液中是黄棕色的，有氧化性。

#### 10.1.3.2 离子的电子构型

离子的电子构型（electronic configuration）是指离子外层的电子数目。对于简单负离子，最外层一般具有稳定的 8 电子构型，如 $F^-$、$S^{2-}$、$Cl^-$ 等，而正离子比较复杂（由于失电子的数目不同），外层电子构型可分为以下 5 种（括号内为离子的价电子构型）：

① 2 电子构型（$1s^2$）：如 $Li^+$、$Be^{2+}$ 等。

② 8 电子构型（$ns^2np^6$）：如 $Na^+$、$Mg^{2+}$、$Al^{3+}$、$Sc^{3+}$、$Ti^{4+}$ 等。

③ 9~17 电子构型（$ns^2np^6nd^{1-9}$）：如 $Mn^{2+}$、$Fe^{2+}$、$Fe^{3+}$、$Co^{2+}$、$Ni^{2+}$ 等 d 区元素的

离子。

④ 18 电子型($ns^2np^6nd^{10}$)：如 $Cu^+$、$Ag^+$、$Zn^{2+}$、$Cd^{2+}$、$Hg^{2+}$ 等 ds 区元素的离子及 $Sn^{4+}$、$Pb^{4+}$ 等 p 区高氧化态金属正离子。

⑤ (18+2)电子型[$(n-1)s^2(n-1)p^6(n-1)d^{10}ns^2$]：次外层为 18 个电子，最外层为 2 个电子，如 $Sn^{2+}$、$Pb^{2+}$、$Sb^{3+}$、$Bi^{3+}$ 等 p 区低氧化态金属正离子。

离子的电子构型对离子化合物性质的影响很大，如 $Na^+$ 和 $Cu^+$ 离子电荷相同，离子半径也几乎相同(分别为 95 nm 和 96 nm)，但由于 $Na^+$ 和 $Cu^+$ 构型不同，NaCl 易溶于水，而 CuCl 难溶于水。

**10.1.3.3　离子半径**

通常把离子晶体中正负离子核间的距离作为正负离子的半径(ionic radius)之和，即 $d=r_+ + r_-$(图 10-1)。而离子半径实际上是正负离子在晶体中相互接触的半径，但在晶体中正负离子是不可能真正接触的，它们之间保持一定距离，而且这种距离受离子的电子层和有效核电荷等因素的影响。

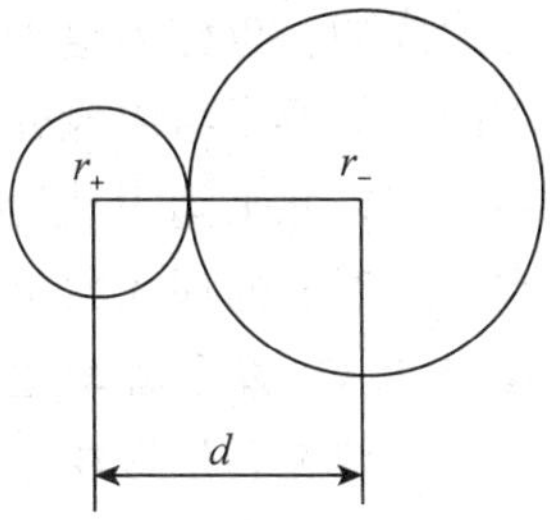

**图 10-1　离子半径示意**

一般来说，离子半径的大小是由核电荷对核外电子吸引的强弱来决定的。因此，它在周期表中的变化规律与原子半径的变化规律大致相同。离子半径的变化有如下一些规律：

(1) 电荷数相同的同一主族离子，离子半径随电子层数的增大而增大。如

$$r(F^-) < r(Cl^-) < r(Br^-) < r(I^-)$$

(2) 同周期的离子，当电子构型相同时，随离子电荷数的增加，阳离子半径减小，阴离子半径增大。如

$$r(Na^+) > r(Mg^{2+}) > r(Al^{3+})；r(F^-) < r(O^{2-})$$

(3) 对于具有相同电子数的原子或离子称作等电体(isoelectronic species)的离子半径随核电荷数的增加而减小。如

$$r(F^-) > r(Ne) > r(Na^+) > r(Al^{3+}) > r(Si^{4+})$$

(4) 由于离子形成时作用于外层电子有效核电荷的改变，对于同一元素形成的离子，有如下关系：高价正离子半径 < 低价正离子半径 < 原子半径 < 负离子半径。如

$$r(Fe^{3+}) < r(Fe^{2+}) < r(Fe)；r(S^{2-}) > r(S)$$

离子半径的大小影响了离子化合物性质。对于同构型的离子晶体，离子电荷越大，半径越小，晶格能越大，化合物熔、沸点越高。如 LiF 的熔点(1 040 ℃)比 KF 的(856 ℃)高。

## 10.2　共价键(Covalent Bond)

离子键理论成功地说明了离子化合物的形成和特征，但不能说明相同原子是如何形成单质分子，也不能说明电负性相近的元素原子是如何形成化合物的。为了阐述这类分子的本质和特征，早在 1916 年，路易斯就提出了经典共价键理论。他认为，分子中的原子通过共用电子对使每一个原子达到稳定的稀有气体电子结构。原子通过共用电子对而形成的化学键称共价键。但是经典共价键理论没有阐明共价键的本质。直到 1927 年海特勒-伦敦(Heitler-

London)应用量子力学(quantum mechanics)研究氢分子的结构之后，对共价键的本质才有了初步了解。现代共价键理论是以量子力学为基础，但因为分子的薛定谔方程比较复杂，对它严格求解至今还极为困难，为此只好采用某些近似的假设以简化计算。不同的假设产生不同的物理模型。一种假设认为成键电子只能在以化学键相连的两原子间的区域内运动；另一种假设认为成键电子可以在整个分子的区域内运动。前者发展为价键理论，后者发展为杂化轨道理论。

## 10.2.1 价键理论

价键理论(valence bond theory，VBT)是以相邻原子间电子相互配对为基础来说明共价键的形成的，也称为电子配对法或 VB 法。德国化学家海特勒和伦敦在 1927 年用量子力学处理两个氢原子组成氢分子形成过程中，得到电子能量 $E$ 与两个原子核间的距离 $R$ 之间的关系，并以此来阐明共价键本质的基础上，后经许多科学家如鲍林(L. Pauling)等进一步补充和发展形成的现代共价键理论。

### 10.2.1.1 量子力学处理氢分子的结果

海特勒和伦敦在运用量子力学原理处理氢原子形成氢分子的过程中，得到氢分子的能量($E$)与核间距($R$)的关系曲线，结果如图 10-2 所示(图中实线为计算值，虚线为测量值)。该图表明了如果电子自旋相反的两个氢原子相互接近，系统能量将像图线 $b$ 那样发生变化，由高到低。在 $R_0$(87 pm)(实际是 74 pm)位置是能量最低点。也就是在此点，体系能量最低，处于稳定状态，氢分子的这种状态叫基态(ground state)。此时两个原子的原子轨道的重叠达到最大，如此形成了稳定的氢分子。但当 $R$ 继续变小，原子核之间存在的斥力使体系的能量又迅速增大。这种排斥作用，又将氢原子推回平衡位置。因此，稳定状态的氢分子中的两个原子在平衡距离 $R_0$ 附近振动。如果自旋相同的两个氢原子靠近，系统能量将像曲线 $a$ 那样变化，能量越来越高，也就是两核间的排斥力不断增大，电子云重叠变少，系统处于不稳定的排斥态(exclude state)，处于这种状态下的两个氢原子是无法形成氢分子的。

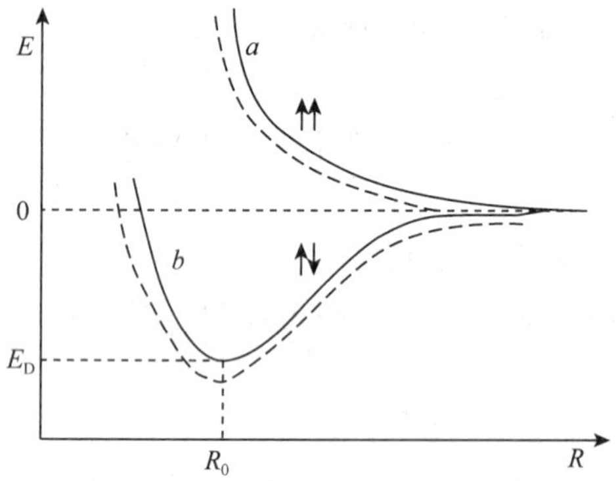

图 10-2 $H_2$ 分子形成时能量变化

### 10.2.1.2 价键理论的基本要点

(1)具有自旋方向相反的单电子的两个原子相互靠近时，核间电子云密度较大，单电子可以配对形成稳定的共价键。

(2)成键电子的原子轨道相互重叠时，必须满足最大重叠原理(maximum overlap principle)。也就是说当成键原子轨道重叠越多，两核间电子云密度越大，形成的键就越稳定牢固。因此，两个原子成键时总是在原子轨道重叠最大的方向上成键。

### 10.2.1.3 共价键的特点

(1)共价键的饱和性(staturation)。形成共价键时，成键原子必须有成单电子(也称未成对电子，unpaired electron)，而且自旋方向相反。一个原子的一个成单电子，只能和另一个原子的成单电子配对成键。也就是说，原子有几个成单电子，则只能形成几个共价键，即共价键具有饱和性。如氢原子形成氢分子就只能是 $H_2$，而不会形成 $H_3$、$H_4$ 等。

（2）共价键的方向性（orientation）。在形成共价键时，原子总是采取原子轨道最大重叠方式成键，但原子轨道除 s 轨道是球形对称外，p、d、f 轨道在空间都有一定伸展方向。所以，成键时原子轨道只能沿着一定方向才能发生最大重叠，这就是共价键的方向性。除此以外，原子轨道的重叠还必须满足对称性匹配原则。对称性匹配（symmetry matching）是指原子轨道重叠必须考虑原子轨道的正、负号，只有同号原子轨道才能进行有效的重叠。

例如，HCl 分子中 H 原子的 1s 电子和 Cl 原子中的 $3p_x$ 电子成键时，轨道的重叠可以有如图 10-3 所示的 4 种方式，但哪种是可行的呢？

从图 10-3 中看出（c）的重叠方式为对称性不匹配，为无效重叠。只有（a）种方式符合最大重叠原理，因此形成 HCl 分子时，两原子将采取（a）种方式进行重叠成键，所以 HCl 是直线形分子。

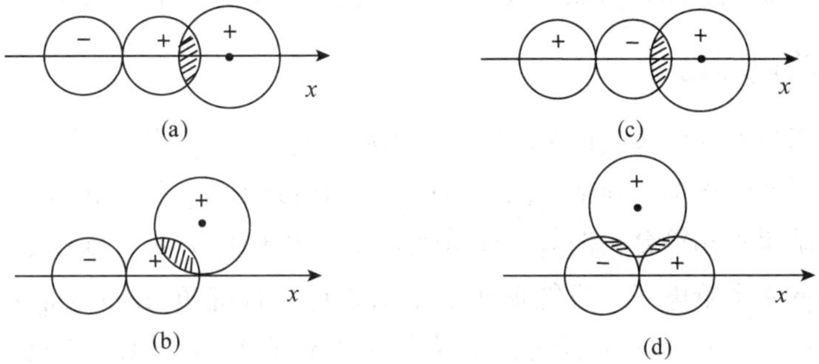


**图 10-3　HCl 分子中 s 和 $p_x$ 轨道的重叠方式示意**

### 10.2.1.4　共价键的类型

按原子轨道重叠方式不同，可将共价键分为 σ 键（σ bound）和 π 键（π bound）两种类型。

（1）σ 键。原子轨道沿键轴的方向，以"头碰头"的方式发生重叠，轨道重叠部分是沿着键轴呈圆柱形对称分布的，这种键称为 σ 键。如图 10-4 所示，氢分子的成键采取 1s−1s 重叠，HCl 分子的成键采取 $1s-3p_x$ 重叠，氯分子的成键采取 $3p_x-3p_x$ 重叠。

（2）π 键。图 10-5 表示 $N_2$ 分子中原子轨道的重叠情况。当两原子的 $2p_x$ 轨道重叠形成

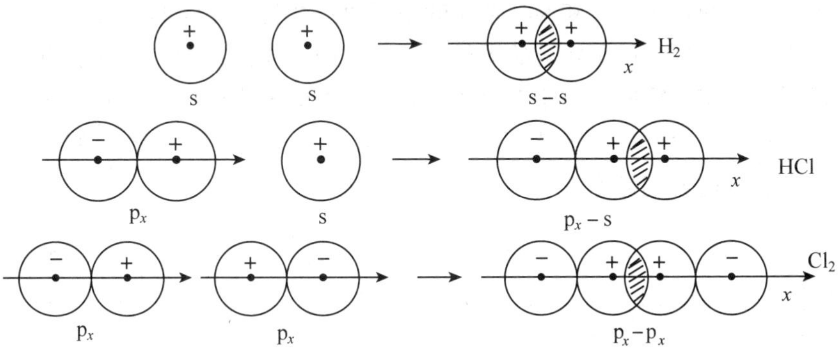


**图 10-4　σ 键的形成**

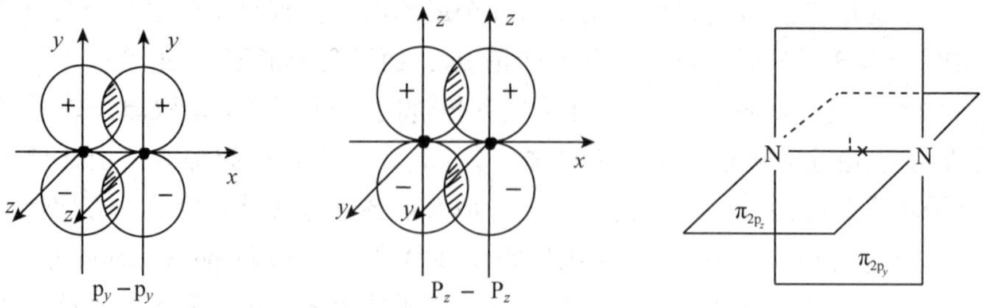


图 10-5 π键的形成

σ 键后，剩下的相互平行的两个 $2p_y$ 和 $2p_z$ 轨道就只能以“肩并肩”的方式重叠成键，形成的键叫 π 键。

由于形成的 π 键不能实现轨道最大重叠，而且 π 键的电子云分布在键轴平面两侧，受原子核作用不如 σ 键大，所以 π 键稳定性不如 σ 键，键能也较小，化学活性较高，易断裂。

## 10. 2. 2 杂化轨道理论

价键理论可以较好地解释共价键的形成、本质、特点和许多双原子分子的结构，但用它来解释多原子分子几何构型(molecular geometry)时却碰到困难，因为由该理论所做出的推断结论往往与实验结果不相符合。例如，按价键理论推断 $CH_4$ 分子，碳原子基态价电子层结构为 $2s^22p^2$，只有 2 个单电子，只能形成 2 个共价键，且键角(bond angle，键轴之间的夹角)应该为 90°左右。但经实验测定，甲烷分子不但存在 4 个 C—H 键，而且键角均为 109°28′，理论与实验不符。为了解决这些矛盾，鲍林在 VB 法基础上，提出了杂化轨道理论。

### 10. 2. 2. 1 杂化轨道理论的基本要点

(1)杂化和杂化轨道。杂化轨道理论认为，原子在形成分子的过程中，为了增大轨道有效重叠程度，增强成键能力，同一原子中能量相近的某些原子轨道能重新组合成一系列能量相等的新轨道，这个过程称为原子轨道的杂化(hybridization)，由此而形成的的新轨道称为杂化轨道(hybrid orbital)。

(2)杂化轨道的特点。第一，只有能量相近的轨道才能相互杂化。因此常见的有 $ns$$n$p、$(n-1)$d$ns$$n$p 和 $ns$$n$p$n$d 形式的杂化。第二，每个杂化轨道都包含有参与杂化的各原子轨道成分，而且形成的杂化轨道的数目和参与杂化的原子轨道数目是相同的。第三，杂化轨道有特定的空间伸展方向，与原来原子轨道的图像和伸展方向不同，且所形成分子的空间构型由原子轨道杂化的类型决定。第四，杂化轨道比未杂化前的原子轨道成键能力更强，因为杂化轨道的形状有利于原子轨道的最大重叠，图 10-6 表示一个 s 轨道和一个 p 轨道经杂化所得的杂化轨道的形状，因此成键能力更强。

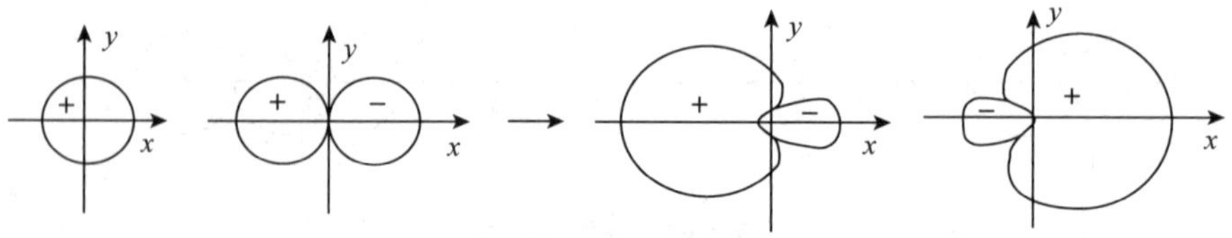


图 10-6 一个 s 轨道与一个 p 轨道经杂化所得的杂化轨道形状

### 10.2.2.2　杂化轨道类型和实例

(1) sp 杂化。由 1 个 *n*s 轨道和 1 个 *n*p 轨道进行的杂化，称为 sp 杂化。杂化后产生 2 个等同的 sp 杂化轨道，每个 sp 杂化轨道均含有 1/2 s 和 1/2 p 成分，轨道间夹角为 180°，呈直线形。如 $BeCl_2$ 分子的形成(图 10-7)。Be 原子基态时价电子构型为 $2s^2$，在与 Cl 原子成键时，原子中的一个 2s 电子可被激发到 2p 轨道上，形成 $2s^12p^1$ 构型的激发态(excited state)，2s、2p 轨道杂化后，形成 2 个等同的 sp 杂化轨道，这 2 个杂化轨道分别和 1 个 Cl 原子的 3p 轨道重叠形成 2 个 sp-p 的 σ 键，构成直线形 $BeCl_2$ 分子。

相类似的周期表中ⅡB 族的 Zn、Cd、Hg 等元素形成的共价化合物(如 $ZnCl_2$、$CdCl_2$、$HgCl_2$)，它们的中心原子也是采取 sp 杂化，构成直线形分子。

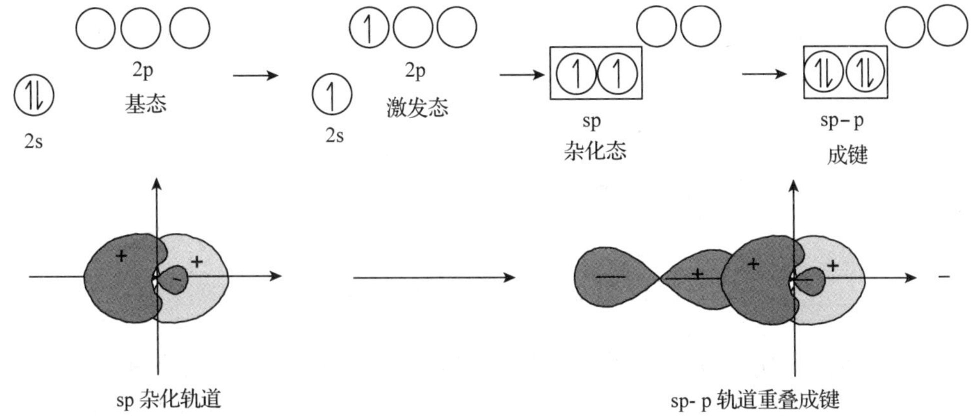


**图 10-7　sp 杂化和 $BeCl_2$ 分子的形成**

(2) $sp^2$ 杂化。由 1 个 *n*s 轨道和 2 个 *n*p 轨道进行的杂化，称为 $sp^2$ 杂化。杂化后产生 3 个等同的 $sp^2$ 杂化轨道，每个轨道均含有 1/3 s 和 2/3 p 的成分，轨道间夹角为 120°，呈平面三角形。如 $BF_3$ 分子的形成(图 10-8)过程中，B 原子在与 F 成键时，B 的 1 个 2s 电子激发到 2p 轨道上，形成 $2s^12p_x^{\ 1}2p_y^{\ 1}$ 价电子构型，然后 2s、$2p_x$ 和 $2p_y$ 3 个轨道杂化，形成 3 个等同的 $sp^2$ 杂化轨道。这 3 个 $sp^2$ 杂化轨道分别和 3 个氟原子的 2p 轨道重叠，形成 3 个 σ 键 ($sp^2$-p)，构成平面三角形 $BF_3$ 分子。

像 $BCl_3$、$BBr_3$、$SO_3$ 以及 $CO_3^{2-}$、$NO_3^-$ 等的中心原子也是采用 $sp^2$ 杂化。

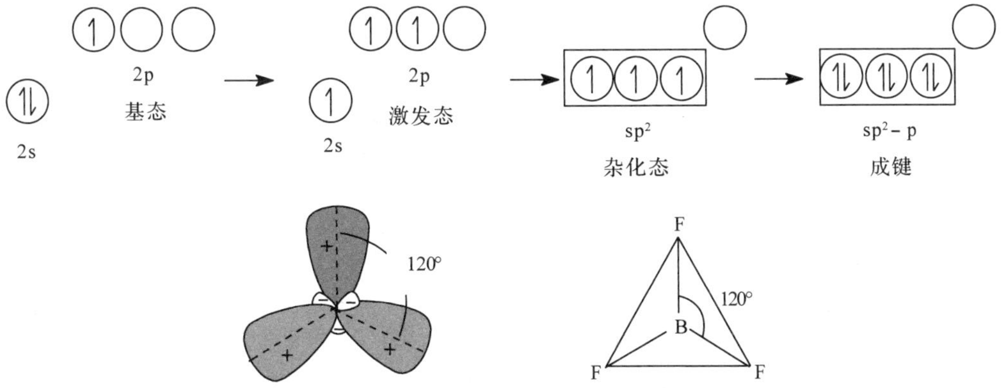


**图 10-8　$sp^2$ 杂化及 $BF_3$ 分子的结构**

（3）$sp^3$ 杂化。由 1 个 $ns$ 轨道和 3 个 $np$ 轨道进行的杂化，称为 $sp^3$ 杂化。杂化后产生 4 个等同的 $sp^3$杂化轨道，每个杂化轨道均含有 1/4 s 和 3/4 p 轨道成分，而且能量相同，键角为 109°28′，形成分子时呈正四面体构型。

图 10-9 表示出 $CH_4$ 分子的形成过程。C 原子基态时价电子构型为 $2s^22p^2$，在与 H 原子成键时，C 原子上 1 个 2s 电子被激发到 2p 轨道上，形成 $2s^12p_x^{\ 1}2p_y^{\ 1}2p_z^{\ 1}$ 构型，4 个轨道杂化后形成 4 个等同的 $sp^3$ 杂化轨道，C 原子的 4 个 $sp^3$ 杂化轨道各和 1 个 H 原子的 1s 轨道重叠，形成 4 个 σ 键($sp^3$-s)，构成正四面体的 $CH_4$ 分子。

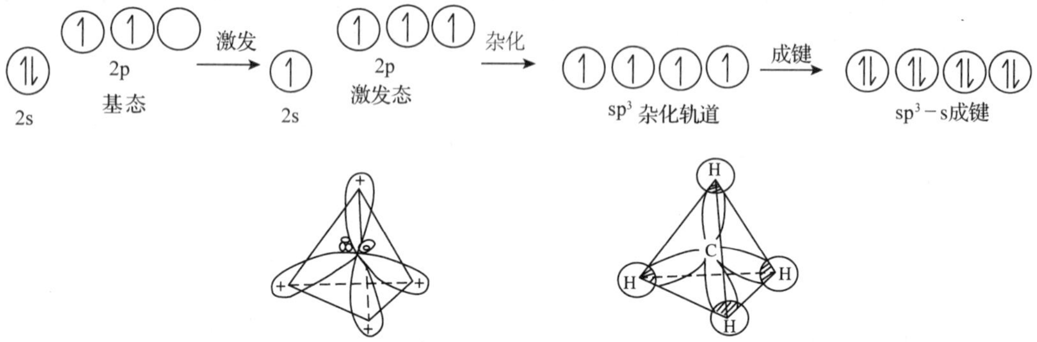


**图 10-9　$sp^3$ 杂化及 $CH_4$ 分子的形成**

像 $CCl_4$、$CF_4$、$SiH_4$、$SiCl_4$ 等也是采用 $sp^3$ 杂化。上述 3 种类型的杂化是全部由具有未成对电子的轨道形成的。因为每个杂化轨道的成分相同，这种杂化是等性杂化(equivalent hybridization)。

(4)不等性 $sp^3$ 杂化。如果具有孤对电子的原子轨道也参与成单电子的轨道杂化，这样得到的每个杂化轨道的性质不完全相同，这种由于孤对电子占据而形成不等同的杂化轨道的过程称为不等性杂化(nonequivalent hybridization)。如 $NH_3$ 分子中的 N 原子和 $H_2O$ 分子中的 O 原子，都是以不等性 $sp^3$ 杂化轨道成键。图 10-10 表示 $NH_3$和 $H_2O$ 的形成。

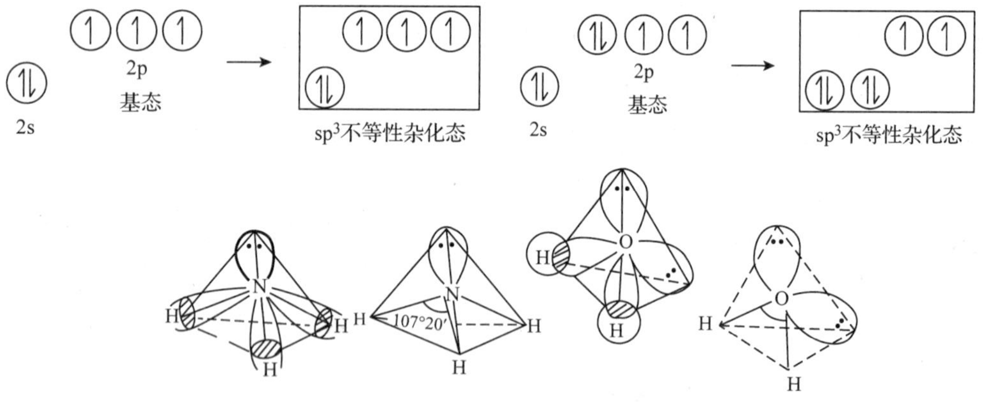


**图 10-10　$NH_3$ 和 $H_2O$ 的形成**

①$NH_3$ 分子：N 原子的价电子构型为 $2s^22p^3$，有 1 个 2s 和 3 个 2p 轨道参与杂化，采取不等性 $sp^3$ 杂化得到 4 个 $sp^3$ 杂化轨道，空间取向为四面体形。其中，1 个 $sp^3$ 杂化轨道被 1

对孤对电子占据，不参与成键，另 3 个 $sp^3$ 杂化轨道分别与 3 个 H 原子的 1s 电子形成 3 个 $sp^3$-s 的 σ 键，孤对电子会对所形成的键产生斥力，压缩键的夹角，因此氨分子不是正四面体结构，而是三角锥形，键角为 107°20′。

②$H_2O$ 分子：O 原子的价电子构型为 $2s^22p^4$，O 原子采用不等性 $sp^3$ 杂化，其中 2 个 $sp^3$ 杂化轨道被 2 对孤对电子占据，另 2 个 $sp^3$ 杂化轨道分别与 2 个 H 原子的 1s 电子形成 2 个 σ 键($sp^3$-s)，由于孤对电子的排斥作用，它的 2 个 H—O 键的夹角就只有 104. 5°，分子呈现 V 形。

杂化轨道理论可解释许多分子的空间结构。常见的一些中心原子的杂化类型和分子空间构型见表 10-2 所列。

**表 10-2　中心原子的杂化类型和分子空间构型间的关系**

| 杂化类型 | sp | $sp^2$ | | $sp^3$ | | |
|---|---|---|---|---|---|---|
| | | 等性 | 不等性 | 等性 | 不等性 | 不等性 |
| 分子形状 | 直线形 | 三角形 | 角形 | 正四面体 | 三角锥 | 角形 |
| 参与杂化的轨道 | 1 个 s，1 个 p | 1 个 s，2 个 p | | 1 个 s，3 个 p | | |
| 杂化轨道数目 | 2 | 3 | | 4 | | |
| 孤对电子数目（参与杂化轨道中） | 0 | 0 | 1 | 0 | 1 | 2 |
| 杂化轨道空间几何图形 | 直线形 | 正三角形 | 三角形 | 正四面体 | 四面体 | 四面体 |
| 成键杂化轨道间夹角 | 180° | 120° | <120° | 109°28′ | <109°28′ | <109°28′ |
| 实例 | $BeCl_2$<br>$CO_2$<br>$HgCl_2$<br>$C_2H_2$ | $BF_3$<br>$SO_3$<br>$C_2H_4$ | $SO_2$<br>$NO_2$ | $CH_4$<br>$SiF_4$<br>$NH_4^+$ | $NH_3$<br>$PCl_3$<br>$H_3O^+$ | $H_2O$<br>$OF_2$ |

## 10. 3　键型过渡(Variation of Bonding Type)

### 10. 3. 1　离子的极化与变形

离子是带电体，它可以产生电场。在该电场作用下，使周围带异号电荷的离子的电子云发生变形，这一现象称为离子的极化(polarization)。离子极化的强弱决定于离子的两方面性质：离子的极化力(polarization power)和离子的变形性(distortion)。

极化力是指离子产生电场强度的大小。离子产生的电场强度越大，极化力越大。离子的电场强度可用 $Z/r^2$ 来表示，$Z$ 为离子电荷，$r$ 为离子半径。可见，离子极化力大小主要取决于：

①离子的半径：半径越小，极化力越大。如 $Mg^{2+}>Ca^{2+}>Ba^{2+}$。

②离子的电荷：正电荷高的阳离子，极化力大。如 $Na^+<Mg^{2+}<Al^{3+}$。

③离子的电子构型：在半径和电荷相近时，离子的电子构型也影响极化力，其大小次序是：18、18+2 电子构型>9～17 电子构型>8 电子构型。

离子的变形性是指离子在电场作用下，电子云发生变形的难易。变形性大小主要取决于：

①离子半径：半径越大，变形性越大。如 $F^- < Cl^- < Br^- < I^-$。

②离子的电荷：负离子电荷越高，变形性越大，正离子电荷越高，变形性越小。如 $Si^{4+} < Al^{3+} < Mg^{2+} < Na^+ < F^- < O^{2-}$。

③电子构型：18 电子构型、9~17 电子构型>8 电子构型。

④复杂离子的变形性通常不大，而且复杂离子中心氧化数越高，变形性越小。如 $ClO_4^- < F^- < NO_3^- < OH^- < Br^- < I^-$。

一般来说，正离子半径小，负离子半径大，所以正离子极化力大，变形性小，而负离子正相反，变形性大，极化力小。通常考虑离子相互极化时，一般只考虑在正离子产生的电场下，负离子发生变形，即正离子使负离子极化。如果正离子也有一定的变形性(如半径较大且 18 电子构型的 $Ag^+$、$Hg^{2+}$等)，它也可被负离子极化，极化后的正离子又反过来增强了对负离子的极化作用。随着极化作用的增强，负离子电子云明显地向正离子方向偏移，使原子轨道重叠的部分增加，即离子键向共价键过渡。

## 10.3.2 离子极化对化学键型的影响

阴、阳离子结合成化合物时，如果相互间完全没有极化作用，则其间的化学键纯属离子键；实际上，相互极化的关系或多或少存在着。对于含 $d^{1\sim10}$ 电子的阳离子与半径大或电荷高的阴离子结合时尤为明显。由于阳、阴离子相互极化，使电子云发生强烈变形，而使阳、阴离子外层电子云重叠。相互极化越强，电子云重叠的程度也越大，键的极性也越减弱，从而由离子键过渡到共价键，如图 10-11 所示。以卤化银为例来说明离子极化对键型的影响(表 10-3)。

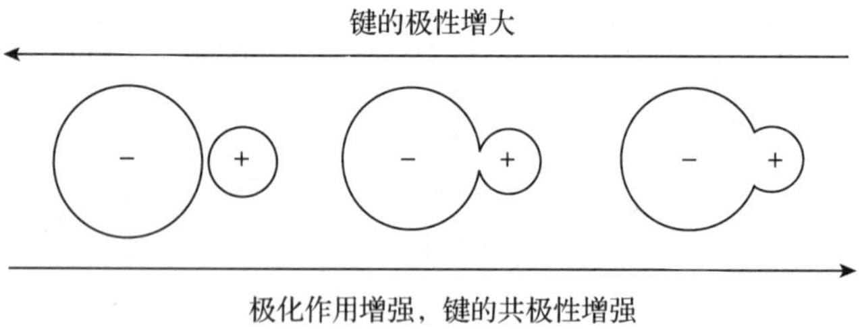


**图 10-11 离子极化**

**表 10-3 离子极化对键型的影响**

| 化合物 | 离子半径之和/pm | 实测键长/pm | 键型 |
|---|---|---|---|
| AgF | 259 | 246 | 离子型 |
| AgCl | 310 | 277 | 过渡型 |
| AgBr | 322 | 288 | 过渡型 |
| AgI | 346 | 299 | 共价型 |

## 10.3.3 离子极化对化合物性质的影响

(1)熔点、沸点。在 NaCl、$MgCl_2$、$AlCl_3$ 化合物中，极化力 $Al^{3+} > Mg^{2+} > Na^+$，NaCl 为典型的离子化合物，而 $AlCl_3$ 接近于共价化合物，所以它们的熔点分别为 801 ℃、714 ℃和

192 ℃（$AlCl_3$ 在 230 kPa 压力下）。

（2）溶解度（solubility）。在卤化银中，溶解度按 AgF、AgCl、AgBr 和 AgI 依次递减。这是由于 $Ag^+$ 极化力较强，而 $F^-$ 半径小，不易发生变形，AgF 仍保持离子化合物，故在水中易溶。随 $Cl^- \to Br^- \to I^-$ 半径依次增大，变形性也随之增大，所以这 3 种卤化银共价性依次增加，溶解度依次降低。

（3）颜色（color）。在一般情况下，如果组成化合物的正、负离子都无色，该化合物也无色；若其中一个离子有色，则该化合物就呈该离子的颜色。例如，$K^+$ 无色，$CrO_4^{2-}$ 黄色，所以 $K_2CrO_4$ 也呈黄色。但是 $Ag^+$ 无色，$Ag_2CrO_4$ 却呈砖红色，而不呈黄色。又如 $Ag^+$、$I^-$ 均无色，AgI 却呈黄色。这些显然与 $Ag^+$ 具有较强的极化作用有关。影响无机物显色的因素很多，离子极化只是其中一个因素。

离子极化在许多方面影响着无机化合物的性质，可把它看作离子键理论的重要补充。但离子极化理论还很不完善，尚需进一步研究。

## 10.4 分子间力（Intermolecular Force）

化学键是分子内部原子间强烈的相互作用力，化学键是决定物质化学性质的主要因素。但除了分子内部的作用力外，在分子与分子之间还存在一种比化学键弱很多的相互作用力，简称分子间力，也叫范德华力。分子间力可影响物质的物理性质，如熔点、沸点、溶解度、物质的状态等。分子间力的大小与分子结构和分子极性有关。

### 10.4.1 分子的极性

（1）键的极性（polarity of bond）和键矩（dipole moment of bond）。构成物质的分子都是电中性的。在分子中对于所有原子核来说，可以假设它们正电荷之总和位于某一点，负电荷之总和也位于某一点，这两点分别为正、负电荷的中心。在化学键中也存在这两点，当这两点重合的键为非极性共价键（non-polar covalent bond），如由同种原子构成的分子 $H_2$、$Cl_2$ 等；若不重合则为极性共价键，如 HCl 等。键的极性大小可用“键矩”（偶极矩，$\mu$）来表示。它是个矢量（方向是从正到负），也就是从正极到负极。单位为 C · m（库仑 · 米）。它的大小由成键原子的电负性差值来决定，差值 $\Delta x$ 越大，共价键的极性越大。$\Delta x=0$ 则为非极性键。

（2）分子的极性（molecular polarity）。同样，在分子中如果正、负电荷的中心重合，则该分子为非极性分子。中心不重合的分子为极性分子。分子极性的大小由偶极矩（diploe moment）来衡量。在极性分子中，正、负电荷中心的距离为 $d$。极性分子正或负电荷所带的电量用 $q$ 表示，它们两者的乘积称为偶极矩 $\mu$。$\mu=qd$，单位为 C · m。$\mu=0$ 为非极性分子，$\mu>0$ 为极性分子。而且 $\mu$ 越大，分子极性越强。

分子是由原子通过化学键结合而组成的。分子有无极性显然与键的极性有关。由非极性键组成的分子一定是非极性分子。而由极性键组成的分子是否有极性，不仅与键的极性有关，而且与分子的空间构型有关。在一些原子和分子中尽管每个键都有极性，但由于分子的空间结构对称，使分子的偶极矩 $\mu=0$，各键的极性相互抵消，分子的偶极矩等于零，则为非极性分子。如 $CO_2$ 分子，由于 $CO_2$ 分子是直线形的对称结构，两个 C—O 键的极性大小相等，方向相反，相互抵消，分子的偶极矩 $\mu=0$，所以 $CO_2$ 分子为非极性分子。$CH_4$ 分子中的 C—H 键是极性键，但分子为对称的正四面体结构，键的极性相互抵消，分子的偶极矩 $\mu=0$，分子为非极性分子。如果分子的空间结构不完全对称，分子的偶极矩 $\mu \neq 0$，各键的极性不能抵消，分子仍有极性，如 $H_2O$ 分子。

### 10.4.2 分子间力

分子间力是一个整体的概念，为了更好地了解和分析分子间力的性质，常把分子间力分为取向力(或定向力)、诱导力和色散力 3 种类型。

(1)取向力(orientation force)。取向力是极性分子和极性分子间的作用力，也称定向力。当两个极性分子相互靠近时，极性分子的永久偶极(inherent dipole)之间，同极相斥，异极相吸，致使分子发生转动，使分子在空间按异极相邻状态取向。把极性分子永久偶极间同极相斥，异极相吸的空间作用力称为取向力，如图 10-12(a)所示。分子极性越大，偶极矩越大，取向力越大。

(2)诱导力(induced force)。诱导力主要是极性分子和非极性分子之间的作用力。当非极性分子和极性分子充分接近时，极性分子的永久偶极使非极性分子的电子云变形，正、负电荷中心不重合而产生偶极，即诱导偶极(induced dipole)。永久偶极和诱导偶极之间所产生的分子间作用力称为诱导力，这种诱导力也存在于极性分子和极性分子之间，如图 10-12(b)所示。

诱导力与分子极性、分子变形性和分子间距有关。分子极性越大，偶极矩越大，诱导力越大。原子半径越大，在外电场作用下越易变形，诱导力越大。分子间距越大，诱导力越小。诱导力与温度无关。

(3)色散力(dispersion force, London force)。由于电子的运动和原子核的振动，可使电子云和原子核间发生瞬间的相对位移，由此产生瞬间偶极(instantaneous dipole)。这种瞬间偶极会使相邻分子也产生与它相应的瞬间诱导偶极。瞬间偶极与瞬间诱导偶极之间相互吸引产生的作用力称为色散力。可见，色散力存在于一切分子之间。虽然瞬间偶极存在时间很短，但它是始终存在的、不断重复出现的，使得分子之间始终存在色散力，如图 10-12(c)所示。

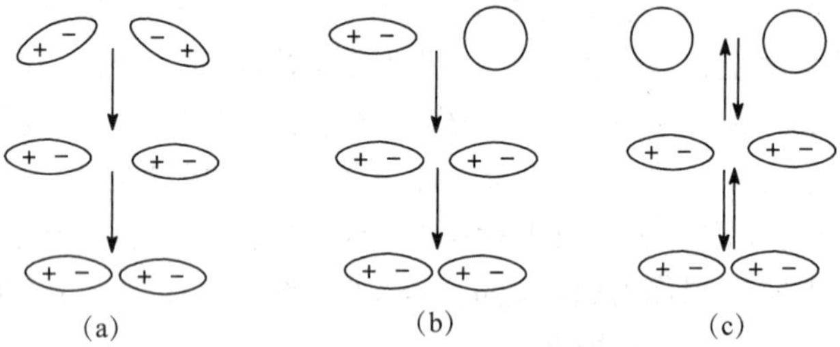


**图 10-12 分子间的相互作用**

(a)极性分子间相互作用；(b) 极性分子与非极性分子间相互作用；(c)非极性分子间相互作用

色散力与分子变形性和分子间距等因素有关。分子变形性越大，色散力越大；分子距离越大，色散力越小。

总之在非极性分子间只存在色散力；极性分子和非极性分子间存在色散力和诱导力；在

极性分子和极性分子间，3 种力都存在。分子间力的特征是：①分子间力是永远存在的。②没有饱和性和方向性。③它是一种短程作用，它与分子间距离的 6 次方成反比。④作用力很小，一般只有几十千焦，远小于化学键的键能（100～600 kJ・$mol^{-1}$）。所以，它只能改变物质物理性质，不会对化学性质产生影响。⑤3 种力中，色散力是主要的，取向力只有在极性分子中才占较大比例。一些分子的分子间作用力的分配见表 10-4 所列。

**表 10-4　一些分子的分子间作用力的分配**　　kJ・$mol^{-1}$

| 分子 | $\mu$/($10^{-30}$ C・m) | 取向力 | 诱导力 | 色散力 | 总作用力 |
|---|---|---|---|---|---|
| Ar | 0 | 0 | 0 | 8.49 | 8.49 |
| Xe | 0 | 0 | 0 | 17.41 | 17.41 |
| CO | 0.40 | 0.003 | 0.008 | 8.74 | 8.75 |
| HI | 1.27 | 0.025 | 0.113 | 25.87 | 26.01 |
| HBr | 2.64 | 0.690 | 0.502 | 21.94 | 23.13 |
| HCl | 3.57 | 3.31 | 1.00 | 16.83 | 21.14 |
| $NH_3$ | 4.91 | 13.31 | 1.55 | 14.95 | 29.81 |
| $H_2O$ | 6.18 | 36.39 | 1.93 | 9.00 | 47.32 |

3 种分子间力在分子中所起作用具有相对性。它取决于分子的极性和变形性大小。分子极性越大，取向力越重要，所起作用就越大；变形性越大，色散力就越重要，起的作用就越大；诱导力在三者中起次要作用。

对于组成和结构相似的物质，随相对分子质量的增大，分子间作用力增大，分子变形性增大，色散力也随着增大，物质熔、沸点升高。HCl、HBr 和 HI 中分子极性依次降低，取向力依次减弱，但由于相对分子质量增大，变形性依次增大，色散力依次增强，因此三者的沸点是依次升高的。可见，在通常情况下相对分子质量的变化对物质熔、沸点的影响大于分子极性对其的影响。

当相对分子质量相同或相近时，极性分子化合物的熔、沸点比非极性分子化合物的高。这是因为极性分子间除了色散力之外，还存在取向力和诱导力。如 CO 和 $N_2$ 的相对分子质量均为 28，分子大小也接近，变形性也相近，在色散力相当时，由于 CO 是极性分子，它还存在取向力和诱导力，因此它的沸点高。CO 和 $N_2$ 的沸点分别为 −192 ℃和 −196 ℃。

## 10.4.3　氢键

### 10.4.3.1　氢键的形成

根据分子间力对物质熔、沸点的影响可知，结构相似的同系列物质的熔、沸点一般随相对分子质量的增大而升高，但在氢化物中，$NH_3$、$H_2O$、HF 的熔、沸点比相邻的同族的氢化物都要高，其中 $H_2O$ 和 HF 的沸点是同族氢化物中最高的，如图 10-13 所示。原因是在分子间除以上 3 种力外，还存在一种特殊的分子间力——氢键（hydrogen bond）。

当氢原子和电负性大的 X 原子（如 F、O、N）以共价键结合后，其电子云强烈地偏向 X 原子，而氢原子几乎成为赤裸的质子，这个半径小且带正电的氢原子可以和另一个含孤对电子并带部分负电荷的、电负性大的 Y 原子充分靠近而产生吸引力。这样形成的以 H 原子为

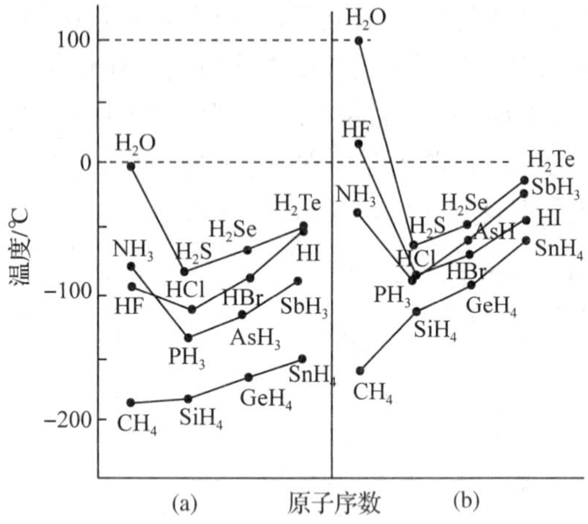


**图 10-13　VA、VIA、VIIA 族元素氢化物熔点(a)与沸点(b)变化**

中心的 X—H…Y 键称为氢键。

从上述描述可以知道要形成氢键必须具备两个条件：①分子中必须有电负性较大而半径小的元素 X，并与 H 原子形成强极性的共价键，如 HF。②体系(或分子)中还必须具有靠近 H 原子的另一个电负性大、半径小而且具有孤对电子的原子 Y。

#### 10.4.3.2　氢键的特点

(1)氢键是一种很弱的键。氢键键能一般在 40 $kJ \cdot mol^{-1}$ 以下，比一般化学键弱 1~2 个数量级，但比范德华力稍强。

(2)氢键的强弱和元素电负性及原子半径有关。X、Y 原子的电负性越大，半径越小，形成的氢键越强。氢键的强弱顺序如下：

$$F—H\cdots F > O—H\cdots O > N—H\cdots F > N—H\cdots O > N—H\cdots N$$

(3)氢键具有方向性和饱和性。氢键中 X、H、Y 三原子一般是在一条直线上，这就是氢键的方向性。又由于氢原子的体积小，当它与一个 Y 原子形成氢键后，另一个 Y 原子就难以再与它靠近，这就是氢键的饱和性。

#### 10.4.3.3　氢键的种类

氢键存在的范围很广，依据它存在的位置不同我们可以把它分为分子内氢键(intramolecular hydrogen bond)和分子间氢键(intermolecular hydrogen bond)。由两个分子形成的氢键叫分子间氢键。同一分子内形成的氢键叫分子内氢键。同种分子间可形成氢键，不同种分子间也可形成氢键。图 10-14 表示 HF、$H_2O$、$NH_3$ 形成的分子间氢键。分子内氢键常见于邻位有合适取代基的芳香族化合物。如果在苯酚的邻位上有—COOH、—CHO、—OH、—$NO_2$ 等基团，便易于形成分子内氢键，如邻位硝基苯酚和邻苯二酚(图 10-15)。

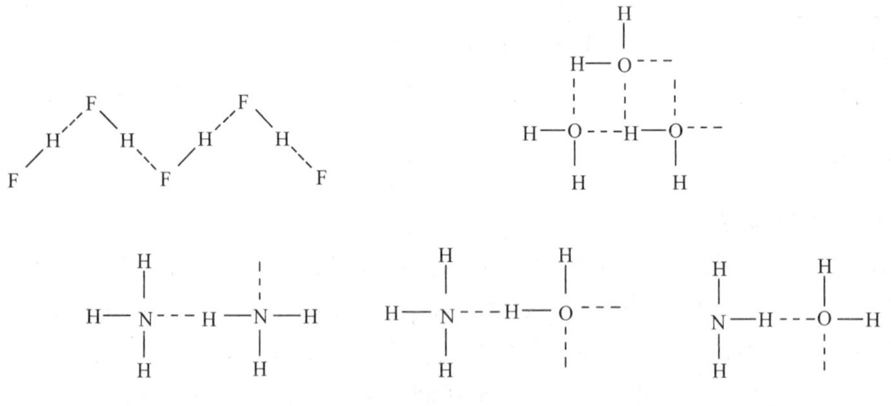

**图 10-14　分子间氢键示例**

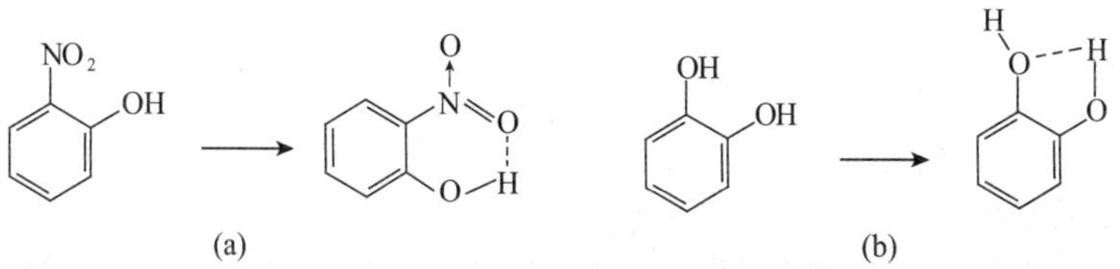


**图 10-15　邻位硝基苯酚(a)和邻苯二酚(b)中的分子内氢键**

#### 10.4.3.4　氢键对物质性质的影响

(1)对物质的熔、沸点的影响。分子间形成氢键会使分子间的结合力增大，因此含氢键的物质比同系列中不含氢键的物质的熔、沸点要高。如图 10-13 中，HF、$H_2O$ 的沸点是同族氢化物中最高的。分子内氢键的形成常使其熔点、沸点低于同类化合物。如邻位硝基苯酚的沸点为 45 ℃，而间位或对位硝基苯酚的沸点分别为 96 ℃和 114 ℃。

(2)对溶解度的影响。在极性溶剂中，如果溶质分子与溶剂分子间形成氢键，促使分子间的结合，有利于溶质分子的溶解。如 $NH_3$ 在水中的溶解度很大，0 ℃时 1 体积的水可以溶解 1 200 体积的氨。这里除氨分子有很强的极性外，更重要的是氨分子和水分子可以形成分子间的氢键。另外，如果溶质分子形成分子内氢键，则在极性溶剂中的溶解度减小，而在非极性溶剂中的溶解度增大。例如，在 20 ℃时，邻位硝基苯酚和对位硝基苯酚在水中的溶解度之比为 0. 39∶1，而在苯中溶解度之比为 1. 03∶1。

(3)对生物体的影响。氢键对生命非常重要。这是因为生物体内的蛋白质和 DNA 分子内或分子间都存在大量的氢键，蛋白质长链分子之间靠羰基上的氧和氨基上的氢以氢键(C═O⋯H—N)彼此在折叠平面上相连接，如图 10-16(a)所示。蛋白质长链分子本身又可以螺旋形排列，螺旋各圈之间也因为氢键的存在而增强结构的稳定性，如图 10-16(b)所示。由此可见，如果没有氢键的存在，也就没有这些特殊而又稳定的大分子结构，也就没有我们的生命体了。

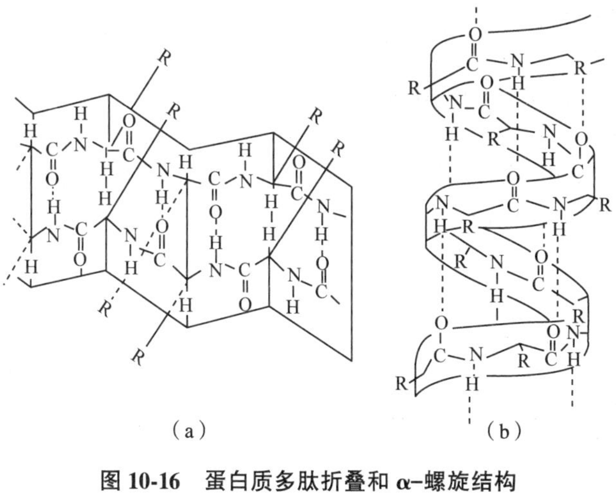


**图 10-16　蛋白质多肽折叠和 α–螺旋结构**

## 思考题

1. 离子键和共价键有何不同？
2. 元素的电负性是什么？如何根据两种元素的电负性判断它们之间形成化合物的价键类型？
3. 为何通常状态下 $CO_2$ 为气态，$SiO_2$ 为固态？
4. 氢键是如何形成的？是否含氢的化合物其分子间都可以形成氢键？
5. 指出下列各分子中的中心原子采取什么杂化轨道，空间构型如何？

$CH_4$；$C_2H_4$；$C_2H_2$；$H_2O$；$PH_3$；$BeCl_2$；$CO_2$

6. 预测下列键极性的大小，并按离子性由强到弱的顺序排列。

(1) Li—F，Li—H，Li—Li，Li—S

(2) K—F，Al—F，C—F，N—F

## 习　题

### 一、选择题

1. 下列离子中具有 9~17 电子组态的是(　　)。

A. $Na^+$　　B. $Ni^{2+}$　　C. $Pb^{2+}$　　D. $Zn^{2+}$

2. 下列各组中离子、原子半径大小关系不正确的是(　　)。

A. $Na^+ < Cs^+$　　B. $Cu^{2+} > Cu^+$　　C. $S^{2-} > Cl^-$　　D. $F^- > F$

3. 在 BrCH＝CHBr 分子中，C—Br 键采用的成键轨道是(　　)。

A. sp-p　　B. $sp^2$-s　　C. $sp^2$-p　　D. $sp^3$-p

4. 对于典型的双键，下列说法正确的是(　　)。

A. 相对于单键其键长更短，键能更高

B. 由一个 σ 键和一个 π 键构成

C. 包含两对共用电子对

D. 以上说法都正确

5. 下列分子中具有平面三角形几何构型的是(　　)。

A. $ClF_3$　　B. $BF_3$　　C. $NH_3$　　D. $PCl_3$

6. 下列分子、离子中，中心原子轨道与 $NH_3$ 分子的中心原子杂化轨道最相似的是(　　)。

A. $H_2O$　　B. $H_3O^+$　　C. $NH_4^+$　　D. $BCl_3$

7. 下列分子中含有极性键的非极性分子是(　　)。

A. $BeCl_2$　　B. $H_2S$　　C. $F_2$　　D. HBr

8. 下列物种中，变形性最大的是(　　)。

A. $O^{2-}$　　B. $S^{2-}$　　C. $F^-$　　D. $Cl^-$

9. 下列物质中只需克服色散力即沸腾的是(　　)。

A. HCl　　B. Cu　　C. $CH_2Cl_2$　　D. $CS_2$

10. 下列化合物中存在氢键的是(　　)。

A. HCl　　B. $C_2H_5OC_2H_5$　　C. $HNO_3$　　D. $CH_3F$

### 二、填空题

1. Fe 原子的电子价层电子组态____________，$Fe^{2+}$ 的价层组态为____________，$Fe^{3+}$ 的价层组态

为______________，三者的半径大小为____________。

2. Li—F，Li—H，Li—Li，Li—S 按键极性由大到小应排为__________________________。

3. $C_2H_4$ 分子中包含有_______个 σ 键，_____ 个 π 键，两个 C 原子采用了_____杂化形式，π 键在_________ 原子与___________ 原子间形成。

4. AgCl、AgBr、AgI 在水中的溶解度依次____________，颜色依次___________，这是因为_____________________。而 HgS 较 ZnS 的颜色更深，则是因为______________________，正离子的这种作用称为____________。

5. $H_2Te$ 比 $H_2S$ 的沸点高是因为____________________，而 $H_2O$ 比 $H_2S$ 的沸点高则因为 _________。

**三、计算题**

已知 KI 的晶格能($U$)为$-631.9\ kJ \cdot mol^{-1}$，钾的升华热为 $90.0\ kJ \cdot mol^{-1}$，钾的电离能为 $418.9\ kJ \cdot mol^{-1}$，碘的升华热为 $62.4\ kJ \cdot mol^{-1}$，碘的离解能为 $151\ kJ \cdot mol^{-1}$，碘的电子亲合能为$-310.5\ kJ \cdot mol^{-1}$。求碘化钾的生成热( $\Delta_f H_m^{\ominus}$ )。

**四、简答题**

1. (1)试用杂化轨道理论说明 $BF_3$ 是平面三角形，而 $NF_3$ 却是三角锥形。

(2) $NH_4^+$ 与 $NH_3$ 分子的中心 N 原子的杂化方式是否相同？$NH_4^+$ 中 4 个 N—H 键是否有差异？

(3)分析 HCN 分子中共价键的形成及分子空间构型。

2. 下列化合物按熔点从高到低的顺序排列：

NaF；$SiF_4$；NaBr；$SiBr_4$；NaCl；$SiCl_4$；NaI；$SiI_4$。

3. 指出下列各对分子之间存在的分子间作用力的类型(取向力、诱导力、色散力、氢键)。

(1)苯和 $CCl_4$；　　(2) 甲醇和 $H_2O$；

(3) $CS_2$ 和 $H_2O$；　　(4) HBr 和 HI。

4. 下列化合物中哪些化合物能形成氢键？

$C_2H_6$；$H_2O_2$；$C_2H_5OH$；$CH_3CHO$；$H_3BO_3$；$H_2SO_4$；$(CH_3)_2O$

5. 比较下列各组中两种物质的熔点高低，并简单说明原因。(提示：物质的熔点与化学键、分子间作用力、极化作用、晶体类型等诸多因素有关)

(1) $NH_3$ 和 $PH_3$；　　(2) $PH_3$ 和 $SbH_3$；

(3) $Br_2$ 和 ICl；　　(4) MgO 和 $Na_2O$；

(5) $SiO_2$ 和 $SO_2$；　　(6) $SnCl_2$ 和 $SnCl_4$。

# 第 11 章

# 配位平衡及配位滴定法

# (Coordination Equilibrium and Titration)

配位化合物(coordination compounds)简称配合物，过去称络合物(complex)，是化合物中较大的一个类别，近些年来的发展尤其迅速。在有机化学方面，过渡金属离子能与烯烃、炔烃和一氧化碳等各种不饱和分子配位，形成新的化合物；在分析化学方面，可用作显色剂、指示剂、沉淀剂、滴定剂、萃取剂、掩蔽剂等；在生物方面，生物体中许多金属元素都以配合物的形式存在，如血红素是铁的配合物，叶绿素是镁的配合物，维生素 $B_{12}$ 是钴的配合物；在医药方面，如可利用配合物将人体中的有害元素排出体外。配合物具有多种重要的特性，因此与有机、分析、材料等化学领域以及生物科学、环境科学、农业科学等都有着密切的关系，应用极为广泛。

本章主要介绍配位化合物的基本概念、基础结构理论、配位平衡、配位滴定分析法以及配位化合物的应用等。

## 11.1 配位化合物的组成和命名(Composition and Nomenclature of Coordination Compounds)

### 11.1.1 配位化合物的基本概念

最早有记载的配位化合物是 18 世纪初用作颜料的普鲁士蓝，其化学式为 $KFe[Fe(CN)_6]$。1798 年，法国化学家塔萨厄尔发现 $CoCl_3$ 和 $NH_3$ 都是稳定的化合物，但在它们结合成新的化合物 $CoCl_3 \cdot 6NH_3$ 后，其性质与原组分化合物不同。19 世纪发现了更多的钴氨配合物和其他配合物。1893 年，瑞士化学家维尔纳(A. Werner，1866—1919 年)首次提出了配位键、配位数和配位化合物结构等一系列基本概念，成功解释了很多配合物的特性。配位化合物才有了本质上的发展。

配位理论学说认为，配位化合物一般是由一个金属离子(或原子)和围绕在它周围的几个阴离子或中性分子所组成的。这个金属离子(或原子)称为中心离子(central ion)；按一定的空间位置排列在中心离子周围的其他离子或中性分子，称为配位体(ligand)，简称配体；中心离子和若干个配体所构成的单位叫配位单元，在化学式上用方括号括起来，表示配合物的内界(inner)，是配合物的特征部分。距离中心离子较远的其他离子称为外界离子，构成配合物的外界(outer)，在化学式中写在方括号之外。内界和外界构成配位化合物(coordination compounds)。

例如，将氨水加到硫酸铜溶液中，随着氨水的量增多会看到溶液逐渐变为深蓝色。用酒精处理后，还可以得到深蓝色的晶体。将该晶体溶于水，经分析证明除了 $SO_4^{2-}$ 离子和深蓝色的$[Cu(NH_3)_4]^{2+}$离子外，几乎检查不出 $Cu^{2+}$ 离子的存在，认为形成了配位化合物$[Cu(NH_3)_4]SO_4$，即

$$CuSO_4+4NH_3 = [Cu(NH_3)_4]SO_4$$

在 $[Cu(NH_3)_4]SO_4$ 中，$Cu^{2+}$离子为中心离子，$NH_3$ 为配体，$Cu^{2+}$离子和 4 个 $NH_3$ 形成的$[Cu(NH_3)_4]^{2+}$为配位单元，即内界，$SO_4^{2-}$ 为配合物的外界。

配位单元可以是电中性的，如三氯·三氨合钴(Ⅲ)$[Co(NH_3)_3Cl_3]$；也可以是带电荷的(正负均可)，如$[Co(NH_3)_6]^{3+}$、$[Co(NH_3)_5H_2O]^{3+}$、$[HgI_4]^{2-}$等。有时把带电荷的配位单元叫配离子。配离子和带相反电荷的离子组成中性的化合物，叫配合物。配离子和配合物在概念上有所不同，但使用时常不加区分。有时使用配合物这一名词，就是指配离子，所以配合物是一个总称。

可以看出，配位化合物是组成复杂的物质。配合物和无机化学中另一类组成复杂的物质——复盐(double salt)是不同的。复盐是由两种或两种以上的同种晶型的简单盐类所组成的化合物，如 $KAl(SO_4)_2 \cdot 12H_2O$(明矾)是 $K_2SO_4$ 和 $Al_2(SO_4)_3$ 的混合盐，$KMgCl_3 \cdot 6H_2O$(光卤石)是 KCl 和 $MgCl_2$ 的混合盐，在水溶液中它们分别都解离为简单离子。从组成上比较，配合物和复盐无法区别。所以认为：在溶液中几乎全部解离形成简单离子的叫复盐，在溶液中不能完全解离成简单离子并存在稳定配离子的叫配合物。例如，$[Cu(NH_3)_4]SO_4$ 在水溶液中基本上以 $SO_4^{2-}$ 离子和$[Cu(NH_3)_4]^{2+}$离子存在，$Cu^{2+}$和 $NH_3$ 的浓度是极小的。

## 11.1.2　配位化合物的组成

### 11.1.2.1　中心离子或中心原子

中心离子是指配位化合物的内界中，位于其结构几何中心的离子或原子，也称为形成体。一般是具有空的价电子轨道的金属阳离子，大多是过渡金属离子或某些金属原子，如铁、钴、镍、铜、银、金、锌、铝等金属元素的离子，它们形成配合物的能力很强。有些具有空的价电子轨道的中性原子也可以成为配合物的形成体，如$[Ni(CO)_4]$、$[Fe(CO)_5]$中的 Ni 和 Fe 都是中性的原子。一些高氧化数的非金属元素也可作为中心离子，如 $Na[BF_4]$中的 B(Ⅲ)、$K_2[SiF_6]$中的 Si(Ⅳ)以及 $NH_4[PF_6]$中的 P(Ⅴ)等。也有少数阴离子作中心离子的，如$[I(I_2)]^-$中的 $I^-$、$[S(S)_8]^{2-}$中的 $S^{2-}$等。

### 11.1.2.2　配位体和配位原子

配位体是指在内界中与中心离子结合的，含有孤电子对(lone electron pair)的分子或离子，简称配体。常见的阴离子配体有 $F^-$、$Cl^-$、$Br^-$、$I^-$、$CN^-$、$SCN^-$、$NH_2^-$、$RCOO^-$、$OH^-$、$NO_2^-$、$S_2O_3^{2-}$、$C_2O_4^{2-}$ 等。分子配体有 $NH_3$、乙二胺(en)、乙二胺四乙酸(EDTA)、吡啶(pyridine)、$H_2O$、CO(羰基)、$C_2H_5OH$、$N_2H_4$ 等。配体中具有孤电子对，在形成配合物时直接与中心离子(原子)结合的原子，称为配位原子，如 $CN^-$中的 C 原子，$H_2O$ 中的 O 原子，$NH_3$ 中 N 原子等。

在一个配位单元中的配体可以是同一种阴离子或分子，也可以是既有阴离子又有分子。其中，含有不同配体的配位单元，叫混合型配合物，如$[Pt(NH_3)_4(NO_2)Cl]CO_3$。配体是否进入配合物内界（配位单元），可以通过测导电性和化学方法来确定。例如，Pt（Ⅱ）—$NH_3$—$Cl^-$可形成5种配合物，各取1 mol溶于水中，测量它们的摩尔导电率和生成AgCl沉淀的物质的量，则可以确定其配合物的配位情况，见表11-1所列。$[Pt(NH_3)_4]Cl_2$中$Cl^-$全部在配合物的外界，故可生产2 mol AgCl沉淀，且导电率相近于$MgCl_2$，$[Pt(NH_3)_3Cl]Cl$中一个$Cl^-$进入内界，故只生成1 mol AgCl沉淀，同时导电率与NaCl相类似，其他3个配合物中$Cl^-$全部进入了内界。

**表11-1 Pt（Ⅱ）—$NH_3$—$Cl^-$形成配合物情况**

| 配合物 | 摩尔电导率×100/($S\cdot m^2\cdot mol^{-1}$) | AgCl物质的量/mol |
|---|---|---|
| $[Pt(NH_3)_4]Cl_2$ | 3.0 | 2 |
| $[Pt(NH_3)_3Cl]Cl$ | 1.2 | 1 |
| $[Pt(NH_3)_2Cl_2]$ | — | 0 |
| $K[Pt(NH_3)_2Cl_3]$ | 1.1 | 0 |
| $K_2[PtCl_4]$ | 2.8 | 0 |

只有一个配位原子的配体称为单齿（基）配体（unidentate ligand），如$F^-$、$OH^-$、$CN^-$、$SCN^-$、$NH_3$、$NO_2^-$、$H_2O$等。有两个配位原子的配体叫二齿（双基）配体（bidentate ligand），如$C_2O_4^{2-}$和乙二胺等。凡含有两个以上配位原子并且能与中心离子进行多点结合的配体，叫多齿（基）配体（multidentate ligand），常见的有乙二胺四乙酸，详见后续章节。

#### 11.1.2.3 配位数

在配合物中，与中心离子或中心原子直接结合的配位原子的总数目，称为该中心离子（或中心原子）的配位数（coordination number），缩写为C.N。配位数也是配合物的重要特征之一。对于单齿配体，配位数等于中心离子周围配体的个数，如$[Cu(NH_3)_4]^{2+}$中$Cu^{2+}$离子的配位数是4；但对于多齿配体，配位数则不等于配体的个数，如$[Cu(en)_2]^{2+}$中的$Cu^{2+}$离子的配位数是4，而不是配体乙二胺（en）的个数2，因为一个乙二胺分子含有两个配位原子。

中心离子常见的配位数为2、4、6，如在$[Co(NH_3)_6]Cl_3$和$[Pt(NH_3)_2Cl_2]$中的配位数分别为6和4。配位数为3、5、8的配合物较为少见。影响配位数的因素主要是中心离子的电荷和半径，同时，配体的电荷、半径以及配合物形成时的外界条件也有一定的影响。

一般来说，中心离子的电荷数越多，其吸引配体的能力就越强，配位数就越大。例如，$[PtCl_4]^{2-}$中的$Pt^{2+}$的配位数是4，而$[PtCl_6]^{2-}$中的$Pt^{4+}$的配位数是6。相同电荷的中心离子的半径越大，其周围可容纳配体的有效空间就越大，配位数也就越多。如$Al^{3+}$和$F^-$离子可以形成配位数为6的$[AlF_6]^{3-}$离子，而半径较小的$B^{3+}$就只能形成配位数为4的$[BF_4]^-$离子。

对于同一种中心离子来说，一般当配体电荷少而且体积小时，配位数大。例如，$F^-$离子的离子半径小于$Cl^-$离子，与$Al^{3+}$离子形成配位数为6的$[AlF_6]^{3-}$配离子，而$Cl^-$离子与

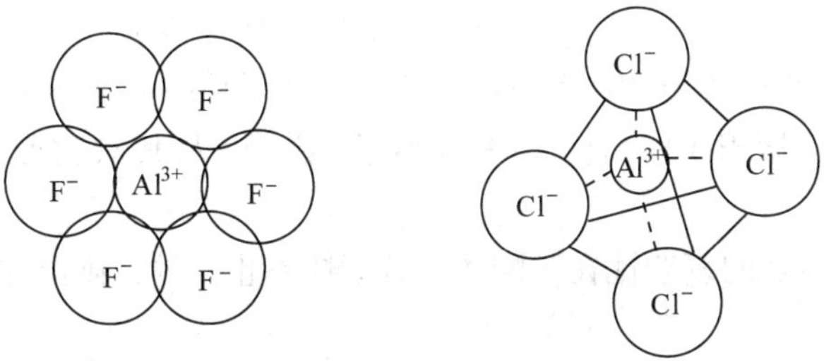


**图 11-1　配体与配位数的关系**

$Al^{3+}$离子结合时，只能形成配位数为 4 的$[AlCl_4]^-$配离子，如图 11-1 所示。

另外，在形成配合物时，配体的浓度、温度等条件也会影响配位数。配体的浓度增大，利于形成高配位数的配离子；温度升高，由于热振动的原因，使配位数减少。

通常中心离子的配位数常常是它所带电荷的 2 倍。下面是一些常见金属离子的配位数，见表 11-2 所列。

**表 11-2　常见金属离子的配位数**

| 1 价金属离子 | 配位数 | 2 价金属离子 | 配位数 | 3 价金属离子 | 配位数 |
|---|---|---|---|---|---|
| $Cu^+$ | 2，4 | $Ca^{2+}$ | 6 | $Al^{3+}$ | 4，6 |
| $Ag^+$ | 2 | $Fe^{2+}$ | 6 | $Sc^{3+}$ | 6 |
| $Au^+$ | 2，4 | $Co^{2+}$ | 4，6 | $Cr^{3+}$ | 6 |
| | | $Ni^{2+}$ | 4，6 | $Fe^{3+}$ | 6 |
| | | $Cu^{2+}$ | 4，6 | $Co^{3+}$ | 6 |
| | | $Zn^{2+}$ | 4，6 | $Au^{3+}$ | 4 |

#### 11.1.2.4　配离子的电荷数

配离子的电荷数等于组成该配离子的中心离子与配体电荷数的代数和。配合物内界电荷数与外界电荷数的代数和为零。例如，$[Fe(CN)_6]^{3-}$的电荷数为$(+3)+6\times(-1)=-3$；$[Cu(en)_2]^{2+}$的电荷数为+2；$[Cu(NH_3)_4]SO_4$的电荷数为$[(+2)+0\times4]+(-2)=0$，是电中性的。

### 11.1.3　配合物的命名

配合物的命名服从一般无机化合物的命名原则。命名方法步骤如下：

(1)配合物由内界配离子和外界离子组成，在内、外界之间先阴离子，后阳离子。当内界为配阳离子，外界阴离子为简单离子，如 $Cl^-$、$OH^-$等，则配合物名称为：某化+配离子名称；外界阴离子为复杂阴离子时，如 $SO_4^{2-}$、$NO_3^-$等，则配合物名称为：某酸+配离子名称。当内界为配阴离子，外界为阳离子，则将配阴离子看成“复杂酸根离子”，先命名配离子，配合物名称为：配离子名称+酸+外界阳离子名称。如

$[Co(NH_3)_6]Cl_3$　　三氯化六氨合钴(Ⅲ)

$[Cu(NH_3)_4]SO_4$　　硫酸四氨合铜(Ⅱ)

$K_3[Fe(CN)_6]$　　六氰合铁(Ⅲ)酸钾

没有外界的配合物的命名则与以下内界配离子的命名方法相同。如

$[Ni(CO)_4]$　　四羰基合镍(Ⅱ)

(2)配合物中的内界配离子的命名方法一般依照如下顺序：配体数(中文数字)+配体名称(不同的配体用“·”隔开)+“合”+中心离子(原子)及其氧化数(括号内以罗马数字注明)。

配合物和配离子命名的复杂性在于配体。若配体不止一种，则配体的命名顺序要遵从以下规则：

① 若配体中既有阴离子又有中性分子，则先阴离子后中性分子。如

$[Pt(NH_3)_2Cl_2]$　　二氯·二氨合铂(Ⅱ)

② 若配体中既有无机配体又有有机配体，则先命名无机配体(简单离子-复杂离子-中性分子)，而后有机配体(有机酸根-简单有机分子-复杂有机分子)。如

$K[Sb(C_6H_5)Cl_5]$　　五氯·苯基合锑(Ⅴ)酸钾

$K[Pt\ Cl_2(NO_2)(NH_3)]$　　二氯·一硝基·一氨合铂(Ⅱ)酸钾

$[Pt(NO_2)(NH_3)(NH_2OH)(Py)]Cl$　　氯化一硝基·一氨·一羟氨·吡啶合铂(Ⅱ)

③ 同类型的配体，按配位原子元素符号的英文字母顺序排列。如

$[Co(NH_3)_5\ H_2O]\ Cl_3$　　三氯化五氨·一水合钴(Ⅲ)

(3)某些配体的化学式相同，但提供的配位原子不同时，其名称也不同，应加以区别。如 $NO_2^-$(配位原子是 N)称为硝基，$ONO^-$(配位原子是 O)称为亚硝酸根，$SCN^-$(配位原子是 S)称为硫氰酸根，$NCS^-$(配位原子是 N)称为异硫氰酸根。

以下再列举一些配合物的命名：

$[Co(NH_3)_3(NO_2)_3]$　　三硝基·三氨合钴(Ⅲ)

$[CoCl(NH_3)_5]Cl_2$　　二氯化一氯·五氨合钴(Ⅲ)

$[Co(NH_3)_2(EN)_2](NO_3)_3$　　硝酸·二氨·二乙二胺合钴(Ⅲ)

$H_2[PtCl_6]$　　六氯合铂(Ⅳ)酸

$Na_3[Ag(S_2O_3)_2]$　　二硫代硫酸根合银(Ⅰ)酸钠

$K[Co(NO_2)_4(NH_3)_2]$　　四硝基·二氨合钴(Ⅲ)酸钾

某些常见配合物除上述系统命名法以外，通常还用一些习惯名称。如$[Cu(NH_3)_4]^{2+}$为铜氨配离子，$[Ag(NH_3)_2]^+$为银氨配离子，$K_3[Fe(CN)_6]$为铁氰化钾(赤血盐)，$K_4[Fe(CN)_6]$为亚铁氰化钾(黄血盐)，$H_2[SiF_6]$为氟硅酸，$K_2[PtCl_6]$为氯铂酸钾等。

## 11.2 配合物的价键理论(Valence Bond Theory on Coordination Compound)

在配合物中，中心离子与配体之间靠什么作用力相结合的呢？配合物为何有一定的空间结构、配位数和稳定性、颜色、磁性等？自 1798 年塔斯尔特在实验室制得第一个六氨合钴(Ⅲ)氯化物以来，很多科学家力求给以科学的解释。直到 1893 年瑞士化学家维尔纳提出的配位理论，才成为配位化学中价键概念的一项指导原则，但维尔纳的配位理论并不能说明配合物中心离子和配体之间的结合力的本质。目前，配合物化学键理论主要有价键理论(VBT)、晶体场理论(CFT)和分子轨道理论(MOT)。

### 11.2.1 配合物价键理论的基本要点

配合物价键理论是美国化学家鲍林(L. Pauling)将杂化轨道理论应用到配合物结构而逐渐形成和发展起来的。配合物价键理论的基本要点是:

(1)中心离子(原子)的价电子层必须有空轨道，而且在形成配合物时发生杂化，形成的杂化轨道具有一定的空间构型，杂化的类型有 $d^2sp^3$、$sp^3d^2$、$dsp^2$、$sp^3$、sp 等。

(2)配体的配位原子都具有未成键的孤对电子。

(3)配位原子含有孤对电子的轨道与中心离子(原子)的空杂化轨道重叠，配体中配位原子提供孤对电子，由此形成中心离子与配位原子之间的共价键称为配位键。

配位键可以分为 σ 配位键和 π 配位键。σ 配位键的特征是电子云围绕在中心离子和配位原子的两个原子核的连接线(称键轴)呈圆柱形对称。例如，在$[Ag(NH_3)_2]^+$配离子中，中心离子 $Ag^+$采用 sp 杂化轨道接受配体 $NH_3$ 分子中配位氮原子的孤对电子形成 σ 配位键。配离子中常含有这种 σ 配位键，一般来说，σ 配位键的数目就是中心离子(或原子)的配位数。

有些配离子是由含 π 键电子的分子(离子)与具有空轨道的中心离子(原子)结合而成的。如 $K[Pt(CH_2{=\!=}CH_2)Cl_3]$中，配体乙烯分子中确实没有孤对电子，只具有能形成 π 键的电子，乙烯分子就是通过 π 键电子和 $Pt^{2+}$离子配位的。

### 11.2.2 配位键的形成和配合物的空间构型

由于中心离子的杂化轨道有一定的方向性，中心离子采用不同类型的杂化轨道与配位原子形成配位键，于是形成具有不同空间构型的配合物。配合物的空间构型就是指配体在中心离子周围空间的排布方式。现分别讨论常见的配位数为 2、4、6 的配离子配位键的形成及空间构型。

#### 11.2.2.1 配位数为 2 的配离子

例如，$Ag^+$离子与 2 个 $NH_3$ 分子形成$[Ag(NH_3)_2]^+$时，如图 11-2 所示。$Ag^+$离子的价层电子结构为 $4d^{10}5s^05p^0$，两个配位氮原子的两对孤对电子，只能进入 $Ag^+$离子的 5s 和 5p 轨道，很显然 s 轨道与 p 轨道的成键情况不同，那么在$[Ag(NH_3)_2]^+$离子中的两个 $NH_3$ 应具有不同的配位性质，但实验证明这两个 $NH_3$ 的性质并无差别。因此，价键理论认为，在形成配离子时，中心离子(或原子)提供的空轨道必须杂化，形成一组等价的杂化轨道，以接受配体的孤对电子。当然，这些杂化轨道具有一定的方向性和饱和性。$Ag^+$离子的价层电子结构为 $4d^{10}5s^05p^0$，与 $NH_3$ 形成配合物时，$Ag^+$离子的一个 5s 轨道与一个 5p 轨道发生 sp 等性杂化，形成两个能量相同的 sp 杂化轨道(轨道间夹角为 180°)，分别接受 2 个 N 原子提供的孤对电子生成 2 个共价配位键，并且两个 N 原子含孤对电子的原子轨道一定沿着 $Ag^+$离子的 sp 杂化轨道的轴线方向与 sp 杂化轨道重叠，这样重叠程度最大，形成 σ 配位键。因此，$[Ag(NH_3)_2]^+$配离子的几何构型是直线形。通常配位数为 2 的配离子，其空间构型一般是直线形。由此可见，配离子的空间构型主要取决于中心离子的杂化轨道的空间分布形状。

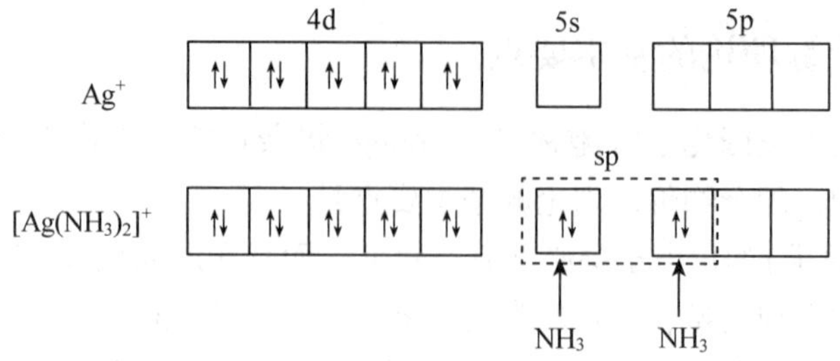


图 11-2 $[Ag(NH_3)_2]^+$离子配位键的形成示意

### 11.2.2.2 配位数为 4 的配离子

例如，$Zn^{2+}$离子与 4 个 $NH_3$ 分子形成$[Zn(NH_3)_4]^{2+}$时，如图 11-3 所示。$Zn^{2+}$价电子层结构为 $3d^{10}4s^04p^0$。与 $NH_3$ 形成配离子时，中心离子 $Zn^{2+}$发生等性的 $sp^3$ 杂化，形成 4 个能量完全相等的 $sp^3$ 杂化轨道，方向为指向正四面体的 4 个顶角，与 4 个 $NH_3$ 分子形成 4 个 σ 配位键，所以其配离子的空间构型为正四面体。

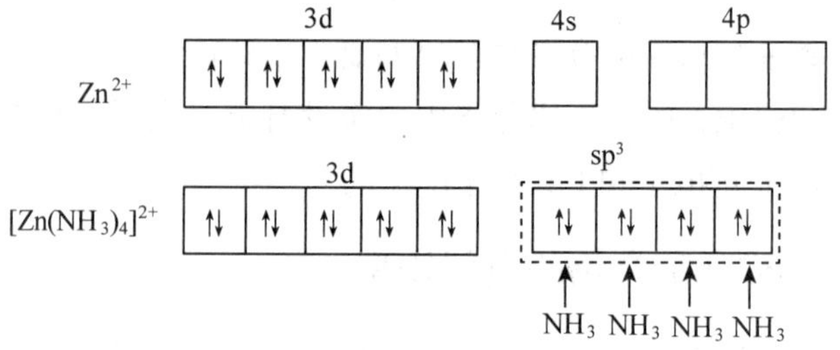


图 11-3 $[Zn(NH_3)_4]^{2+}$离子配位键的形成示意

$Ni^{2+}$离子与 4 个 $CN^-$离子形成$[Ni(CN)_4]^{2-}$时如图 11-4 所示。$Ni^{2+}$价电子层结构为 $3d^84s^04p^0$。$Ni^{2+}$离子与 $CN^-$离子形成配离子时，8 个 3d 电子重排到 4 个 3d 轨道中，空出 1 个 3d 轨道与 1 个 4s 轨道及 2 个 4p 轨道发生 $dsp^2$ 杂化，形成 4 个能量完全等同的 $dsp^2$ 杂化轨道，其方向为指向正四边形的 4 个顶角，分别与 4 个 $CN^-$离子形成 4 个 σ 配位键，所以$[Ni(CN)_4]^{2-}$配离子的空间构型为平面正方形。

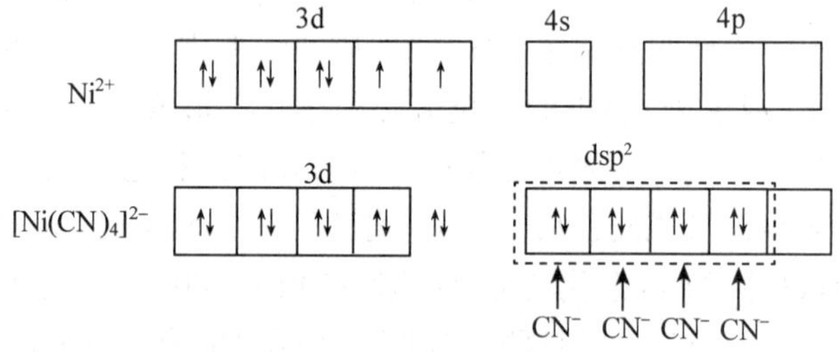


图 11-4 $[Ni(CN)_4]^{2-}$离子配位键的形成示意

现已知的配位数为 4 的配离子中，可有两种成键方式，对应有两种空间构型：一种以 $sp^3$ 杂化轨道成键，其空间构型为正四面体；另一种以 $dsp^2$ 杂化轨道成键，其空间构型为平面正方形。

#### 11.2.2.3　配位数为 6 的配离子

例如，当 $Fe^{3+}$离子和 6 个 $F^-$离子形成$[FeF_6]^{3-}$配离子时，中心离子 $Fe^{3+}$离子的价电子层结构为 $3d^54s^04p^0$，在配体 $F^-$离子的作用下，$Fe^{3+}$离子的 1 个 4s、3 个 4p 和 2 个 4d 空轨道进行杂化，形成 6 个等性 $sp^3d^2$ 杂化空轨道，可接纳由 6 个 $F^-$离子提供的 6 对孤对电子，形成 6 个 σ 配位键。6 个等性 $sp^3d^2$ 杂化轨道在空间是对称分布的，正好指向正八面体的 6 个顶角。轨道夹角为 90°。所以$[FeF_6]^{3-}$配离子的空间构型为正八面体形，$Fe^{3+}$离子位于正八面体的中心，6 个 $F^-$离子在正八面体的 6 个顶角上。

但当 $Fe^{3+}$离子和 6 个 $CN^-$离子形成$[Fe(CN)_6]^{3-}$配离子时，中心离子 $Fe^{3+}$离子配体 $CN^-$的作用下，$Fe^{3+}$的 3d 电子重新排布，原有未成对电子数减少，空出 2 个 d 轨道，这 2 个 3d 轨道和 1 个 4s、3 个 4p 轨道进行杂化，形成 6 个等性 $d^2sp^3$ 杂化空轨道，可接纳由 6 个 $CN^-$离子提供的 6 对孤对电子，形成 6 个 σ 配位键。6 个等性 $d^2sp^3$ 杂化轨道在空间也是对称分布的，也呈正八面体形。所以$[Fe(CN)_6]^{3-}$配离子的空间构型也为正八面体形。

因此，配位数为 6 的配离子有两种成键方式：一种是中心离子提供由外层的 *n*s、*n*p、*n*d 轨道形成的 $sp^3d^2$ 杂化轨道与配体成键；另一种是中心离子提供由次外层的$(n-1)$d、*n*s、*n*p 轨道形成的 $d^2sp^3$ 杂化轨道与配体成键。但对应的空间构型都是正八面体。

再如 $[Co(CN)_6]^{3-}$配离子的形成：$Co^{3+}$离子的价电子层结构为 $3d^64s^04p^0$。在 $CN^-$离子影响下 6 个 3d 电子重排，空出 2 个 3d 空轨道。形成配离子时，$Co^{3+}$离子发生等性 $d^2sp^3$ 杂化，形成 6 个 $d^2sp^3$ 杂化空轨道，接纳 6 个 $CN^-$离子提供的孤对电子。$[Co(CN)_6]^{3-}$配离子的空间构型也为八面体。

现将形成配离子的几种重要杂化轨道及其空间构型列于表 11-3。

**表 11-3　配离子的空间构型**

| 配位数 | 轨道杂化类型 | 空间构型 | 结构示意 | 实　例 |
|---|---|---|---|---|
| 2 | sp | 直线型 | 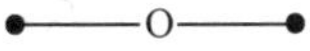 | $[Ag(NH_3)_2]^+$、$[Cu(NH_3)_2]^+$、$[Cu(CN)_2]^-$ |
| 3 | $sp^2$ | 平面三角形 | 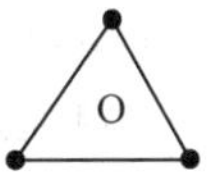 | $[CuCl_3]^{2-}$、$[HgI_3]^-$ |
| 4 | $sp^3$ | 四面体 | 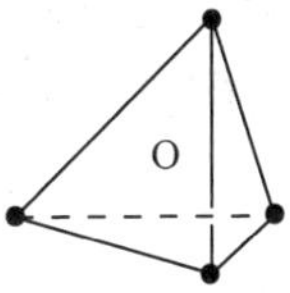 | $[ZnCl_4]^{2-}$、$[NiCl_4]^{2-}$、$[BF_4]^-$、$[Ni(CO)_4]$、$[Zn(CN)_4]^{2-}$ |
| 4 | $dsp^2$ | 平面正方形 | 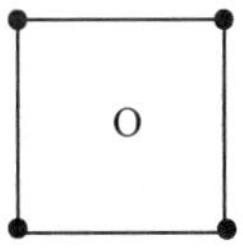 | $[Cu(NH_3)_4]^{2+}$、$[Cu(CN)_4]^{2-}$、$[PtCl_4]^{2-}$、$[Ni(CN)_4]^{2-}$ |
| 6 | $d^2sp^3$ $(sp^3d^2)$ | 正八面体 | 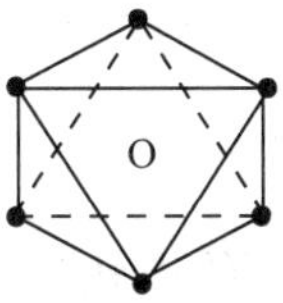 | $[Fe(CN)_6]^{4-}$、$[W(CO)_6]$、$[Co(NH_3)_6]^{3+}$、$[PtCl_6]^{2-}$、$[CeCl_6]^{2-}$、$[Ti(H_2O)_6]^{3+}$ |

在上面讨论配离子的空间构型时，会发现每一个配离子都有一定的空间结构。配离子如果只有一种配体，那么配体在中心离子周围排列的方式只有一种，但是如果配离子中含有两种或几种不同的配体，则配体在中心离子周围可能有几种不同的排列方式。

如$[Pt(NH_3)_4]^{2+}$配离子的4个$NH_3$分子中，只有一种方式排布在$Pt^{2+}$周围。如果用两个$Cl^-$取代两个$NH_3$，生成了$[Pt(NH_3)_2Cl_2]$，这时在$Pt^{2+}$离子周围的$Cl^-$和$NH_3$可能有两种不同的结构：同种配体(两个$NH_3$或两个$Cl^-$)在平面正方形结构中，占有相邻的位置(称为顺式)或占有对角位置(称为反式)。

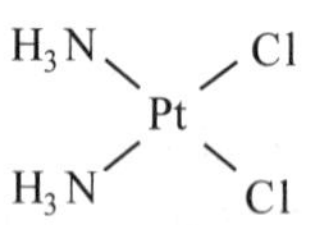

顺式

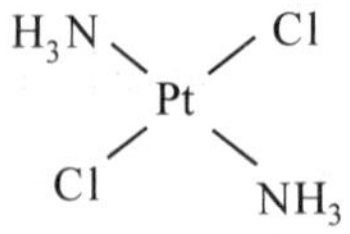

反式

实验事实证明了上述推断：顺式$[Pt(NH_3)_2Cl_2]$为橙黄色，比较不稳定，溶解度较大，每100 g水可溶解0.252 3 g(298 K时)；而反式$[Pt(NH_3)_2Cl_2]$为亮黄色，溶解度较小，每100 g水可溶解0.036 g(298 K时)。

顺式与反式配合物都能被$Cl_2$氧化，成为两个性质不同的六配位的铂(Ⅳ)的配合物$[Pt(NH_3)_2Cl_4]$，其中顺式是橙色的，而反式是黄色的。

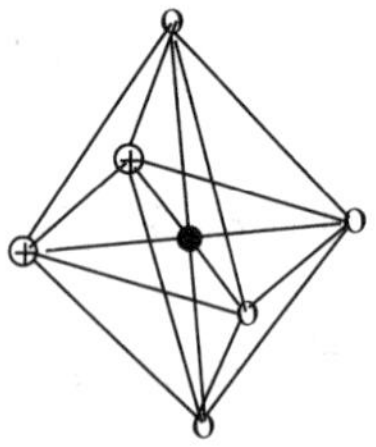
顺式

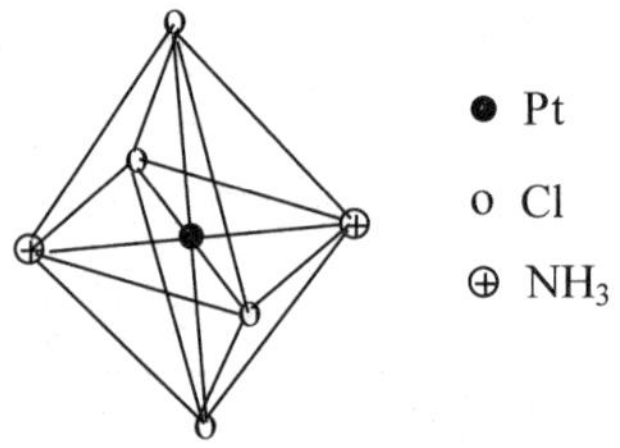

反式

顺式$[Pt(NH_3)_2Cl_2]$同乙二胺反应生成$[Pt(en)(NH_3)_2]$、反式$[Pt(NH_3)_2Cl_2]$与乙二胺不发生反应。像这样化学组成完全相同的一些配离子(或配合物)仅仅由于配体围绕中心离子在空间位置不同而产生性质不同的异构体，互称为几何异构体(对上例的情况来说，也可称顺-反异构体)。这种几何异构现象，在配位数为6的配合物中，是很常见的。在配位数为4的平面正方形配离子中也有所见。

### 11.2.3 外轨型配合物和内轨型配合物

配合物的价键理论指出，中心离子(原子)的价电子层必须有空轨道，而且在形成配合物时发生杂化。根据中心离子(原子)杂化时所提供的空轨道所属电子层的不同，可将中心离子(原子)的杂化类型分为外轨型(outer-orbital type)和内轨型(inner-orbital type)两种类型。

#### 11.2.3.1 外轨型配合物

若中心离子(原子)全部用最外层价电子的空轨道(*n*s、*n*p、*n*d)组成杂化轨道，和配位原子形成的配位键，称为外轨配键，对应的配合物称为外轨型配合物。

如图 11-5 所示，配离子$[Ni(NH_3)_4]^{2+}$的形成，$Ni^{2+}$提供最外层的 1 个 4s 和 3 个 4p 杂化为 $sp^3$ 杂化轨道，与配位原子 N 成键；配离子$[FeF_6]^{3-}$的形成，$Fe^{3+}$以最外层的 1 个 4s、3 个 4p 和 2 个 4d 杂化为 $sp^3d^2$ 杂化轨道，与配位原子 F 成键，像这样形成的配位键皆为外轨配键，所形成的配合物为外轨型配合物。属于外轨型配合物的还有$[Fe(H_2O)_6]^{2+}$、$[Fe(H_2O)_6]^{3+}$、$[Co(H_2O)_6]^{2+}$、$[CoF_6]^{3-}$、$[Co(NH_3)_6]^{2+}$等。在形成外轨型配合物时，中心离子的电子排布不受配体的影响，保持其自由离子的价电子构型，所以配合物的未成对电子数和自由离子中的成单电子数相同。

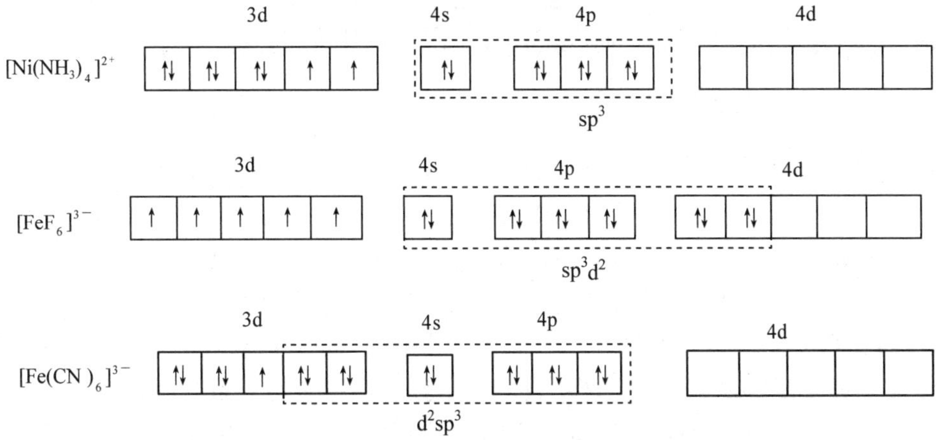


**图 11-5　外轨型、内轨型配合物的电子组态**

有些金属离子，其次外层 d 轨道，即$(n-1)$d 轨道全填满电子($d^{10}$)，如 $Ag^+$、$Zn^{2+}$、$Cd^{2+}$、$Hg^{2+}$等离子，没有可利用的次外层轨道，只形成外轨型配合物。

#### 11.2.3.2　内轨型配合物

若中心离子(原子)有次外层 d 轨道，即$(n-1)$d 轨道和最外层的 $n$s、$n$p 轨道进行杂化，和配位原子形成的配位键，称为内轨配键，对应的配合物称为内轨型配合物。

例如，图 11-5 中配离子$[Fe(CN)_6]^{3-}$就是内轨型配离子。在形成内轨型配合物时，中心离子 $Fe^{3+}$的 3d 轨道上的电子排布受配体的影响而发生重排，其原有的价电子构型发生变化，原来的成单电子重新配对，空出 2 个 3d 轨道，再与外层 4s、4p 空轨道进行杂化，形成 6 个 $d^2sp^3$ 杂化轨道，接纳 6 个 $CN^-$配体提供的孤对电子，好像配体的孤对电子深入中心离子的内层轨道似的，所以这类型配离子叫作内轨型配离子或内轨型配合物。

因此，中心离子(原子)采取 sp、$sp^3$、$sp^3d^2$ 杂化轨道成键，形成配位数为 2、4、6 的配合物都是外轨型配合物，中心离子(原子)采取 $dsp^2$ 或 $d^2sp^3$ 杂化轨道成键形成配位数为 4 或 6 的配合物都是内轨型配合物。

#### 11.2.3.3　形成外轨型或内轨型配合物的影响因素

中心离子(原子)的价电子层结构是影响外轨型或内轨型配合物形成的主要因素。若金属离子的次外层 d 轨道全填满电子($d^{10}$)，没有可利用的次外层空轨道，则只形成外轨型配合物；若金属离子的次外层 d 轨道上的电子数小于 5，总有空的$(n-1)$d 轨道，一般倾向于形成内轨型配合物。

如果金属离子的次外层 d 轨道上的电子数未完全填满，特别是 $d^4 \sim d^9$，则既可以形成外轨型配合物，也可以形成内轨型配合物，这时配体的电负性是决定配合物类型的主要因素。$F^-$、$OH^-$、$H_2O$ 等配体的配位原子电负性大，其孤对电子只能进入中心离子的外层轨道，对内层 d 电子的作用很弱，故这些配体倾向于生成外轨型配合物；$CN^-$、CO 等配体中的配位原子 C 的电负性小，易给出孤对电子，对中心离子的电子结构影响较大，故易形成内轨型配合物。而 $NH_3$、$Cl^-$等配体既可生成内轨型配合物，也可生成外轨型配合物。

另外，中心离子(原子)的电荷增多有利于形成内轨型配合物，这是因为中心离子电荷较多时，对配位原子的孤对电子引力增强，有利于以内层 d 轨道参与成键。如 $[Co(NH_3)_6]^{2+}$为外轨型配合物，而$[Co(NH_3)_6]^{3+}$为内轨型配合物。

## 11.2.4 配位化合物的磁性

配合物的磁性是配合物的重要性质之一，它对配合物结构的研究提供了重要的实验依据。物质的磁性是指它在磁场中表现出来的性质。若把物质放在磁场中，按照它们受磁场的影响可分为能被磁场排斥的反磁性物质(diamagnetism material)、能被磁场吸引的顺磁性物质(paramagnetic material)以及可被磁场强烈吸引的强磁性物质。

物质的磁性与组成物质的原子、分子或离子中的电子自旋运动有关。当仅考虑电子自旋运动时，若这些电子都是偶合的，即正自旋电子数和反自旋电子数相等(电子皆已成对)，由电子自旋产生的磁效应彼此抵消，这种物质在磁场中表现出反磁性。反之，有未成对电子存在时，由电子自旋产生的磁效应不能抵消，这种物质就表现出顺磁性。

顺磁性物质的分子中如含有不同数目的未成对电子，则它们在磁场中产生的磁性强弱也不同，可以由实验测出。通常把顺磁性物质在磁场中产生的磁性强弱，用物质的磁矩($\mu$)来表示，物质的磁矩与分子中的未成对电子数(也叫成单电子数)($n$)有如下的近似关系：

$$\mu = \sqrt{n(n+2)} \tag{11-1}$$

磁矩 $\mu$ 的单位为玻尔磁子，简写为 $\mu_B$。因此，磁矩 $\mu$ 的大小可反映出分子中成单电子数目的多少。对于 $\mu=0$ 的物质，其中电子皆已成对，无未成对电子，为反磁性物质；$\mu>0$ 的物质，其中有无未成对电子，为顺磁性物质，磁矩 $\mu$ 随成单电子数的增多而增大。

任何配合物均可用 Gouy 磁天平测出它的磁化率，再换算成磁距 $\mu$，可计算出未成对电子数。将其和自由金属离子中的未成对电子数相比，就可以确定配合物的自旋状态。由式(11-1)计算不同成单电子数 $n$ 对应的磁矩 $\mu$ 理论值列于表 11-4 中。

**表 11-4 未成对电子数 $n$ 与磁距 $\mu$ 的理论值**

| $n$ | 0 | 1 | 2 | 3 | 4 | 5 |
|---|---|---|---|---|---|---|
| $\mu_B$ | 0 | 1.73 | 2.83 | 3.88 | 4.90 | 5.91 |

前面在讨论配离子空间构型时，配离子$[FeF_6]^{3-}$和$[Fe(CN)_6]^{3-}$都为正八面体，中心离子 $Fe^{3+}$的配位数都是 6。$Fe^{3+}$的价电子层结构为 $3d^5 4s^0 4p^0$，实验测得 $[FeF_6]^{3-}$的磁矩 $\mu=5.9\ \mu_B$，$[Fe(CN)_6]^{3-}$的磁矩 $\mu=2.0\ \mu_B$。由表 11-4 可知，$[FeF_6]^{3-}$含有 5 个未成对电子，

而$[Fe(CN)_6]^{3-}$只含有 1 个未成对电子。又由于配体 $F^-$ 和 $CN^-$ 都不含未成对电子。说明$[FeF_6]^{3-}$和$[Fe(CN)_6]^{3-}$的中心离子 $Fe^{3+}$分别含有不同的成单 d 电子，形成配位键时中心离子的杂化类型不同。即$[FeF_6]^{3-}$的中心离子 $Fe^{3+}$以 4s、4p、4d 轨道杂化成 $sp^3d^2$ 轨道，为外轨型配离子；$[Fe(CN)_6]^{3-}$的中心离子 $Fe^{3+}$以 3d、4s、4p 轨道杂化成 $d^2sp^3$ 轨道，为内轨型配离子。

因此，可按磁矩的大小来判断配合物是外轨型还是内轨型。但应该注意的是，式(11-1)仅适用于第一过渡系列金属离子形成的配合物，对第二、三过渡系列的其他金属离子的配合物一般是不适用的。

### 11.2.5　不同类型配合物的稳定性

对于相同中心离子(原子)来说，由于 $sp^3d^2$ 杂化轨道能量比$(n-1)d^2sp^3$ 杂化轨道能量高；$sp^3$ 杂化轨道能量比$(n-1)dsp^2$ 杂化轨道能量高，因此当形成相同配位数的配离子时，如$[FeF_6]^{3-}$和$[Fe(CN)_6]^{3-}$，其稳定性是不同的，一般内轨型配合物比外轨型配合物稳定。而且，配离子在水溶液中的离解程度不同，一般内轨型配合物比外轨型配合物的离解程度小。

价键理论比较简单明确，能解释许多配合物的配位数和空间构型，也可以解释配离子的稳定性。但目前来说，价键理论仅仅是一个定性的理论，没有讨论配体对中心离子的影响，因而不能定量或半定量地说明配合物的性质，也不能解释过渡金属配离子为何有不同的颜色、紫外光谱和可见吸收光谱问题，对于配合物的磁性问题的解释也具有一定的局限性。为了弥补价键理论的不足，又发展出晶体场理论、配位场理论和分子轨道理论。

## 11.3　晶体场理论简介(Brief Introduction of Crystal Field Theory)

1929 年，皮塞(H. Bethe)和范弗里克(J. H. Van. Vlack)首先提出了晶体场理论，直到 20 世纪 50 年代才开始将晶体场理论应用于配合物的研究。该理论将配体和金属离子之间的作用完全看作静电作用(吸引和排斥)，同时考虑到配体对中心离子 d 轨道的影响。

### 11.3.1　晶体场理论基本要点

(1)将配体视为点电荷或偶极子，把配位键设想为完全带正电荷的阳离子与配体之间的静电引力，类似于离子晶体中阴、阳离子之间的静电吸引和排斥，而非共价键。

(2)配体产生的静电场使金属原来 5 个简并的 d 轨道分裂成两组或两组以上能级不同的轨道，有的比晶体场中 d 轨道的平均能量降低了，有的升高了。分裂的情况主要决定于配体的本质以及配体的空间分布。

(3)d 电子在分裂的 d 轨道上重新排布，此时配位化合物体系总能量降低，这个总能量的降低值称为晶体场稳定化能(CFSE)。

晶体场理论能较好地说明配位化合物中心原子(或离子)上的未成对电子数，并由此进一步说明配位化合物的光谱、磁性、颜色和稳定性等。

### 11.3.2 中心原子 d 轨道在晶体场中的能级分裂

过渡元素的离子共有 $d_{xy}$、$d_{yz}$、$d_{xz}$、$d_{x^2-y^2}$、$d_{z^2}$ 5 个 d 轨道。在自由离子状态，这 5 个 d 轨道为能量相等但空间取向不同的简并轨道。如果离子处于一个带负电荷的球形场中心，则 5 个 d 轨道受到球形负电场的静电排斥力相同，各个 d 轨道的能量均增高，但不会发生能级分裂。在配合物中，金属离子周围具有一定数量的配体，且配体按某种空间排列形式分布，则中心离子受到来自这些配体产生的电场不是球形对称的，因而 d 轨道受到的影响也不同。下面以正八面体构型的配合物为例来介绍 d 轨道在晶体场中的能级分裂。

如果某中心离子处在一个含有 6 个相同的配体，6 个配体分别沿 $\pm x$、$\pm y$ 和 $\pm z$ 的方向向中心离子的八面体场(图 11-6)移动，则带正电的中心离子与配体(阴离子或极性分子)带负电的一端相互吸引；同时中心离子 d 轨道上的电子受到配体的排斥。其作用可以分为两种情况：

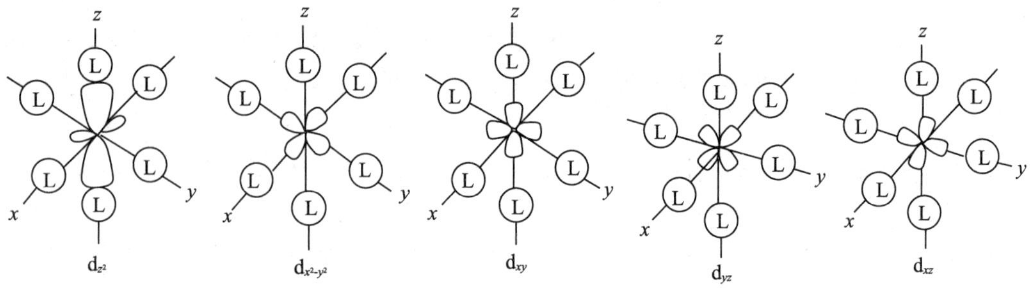


**图 11-6 八面体配合物的 d 轨道**(L 为配体)

(1) $d_{z^2}$ 和 $d_{x^2-y^2}$ 轨道沿着坐标轴伸展，与配体恰好处于迎头相碰的状态，因这两个 d 轨道的电子受到配体负电荷的排斥力较大，使得这两个轨道能量上升较高，称为 $d_\gamma$ 轨道(或 $e_g$ 轨道)，而且这两个 d 轨道的能量相等。

(2) $d_{xy}$、$d_{yz}$、$d_{xz}$ 轨道正好插入配体的空隙中间，这些轨道上的电子受到的静电排斥作用相对较小，故能量上升较低。但仍比处于自由状态时的能量高，将这 3 个轨道称为 $d_\varepsilon$ 轨道(或 $t_{2g}$ 轨道)，而且这 3 个 d 轨道的能量相等。

因此，在八面体型配合物中，由于配体的电场作用使原来能量相等的 5 个简并轨道分裂成两组：一组是能量较高的 2 个 $d_\gamma$ 轨道，另一组是能量较低的 3 个 $d_\varepsilon$ 轨道。其中，$d_\gamma$ 和 $d_\varepsilon$ 是晶体场所用的符号，$e_g$ 和 $t_{2g}$ 是分子轨道理论用的符号。

### 11.3.3 分裂能及其影响因素

$d_\gamma$ 和 $d_\varepsilon$ 两组轨道之间的能量差称为 d 轨道的分裂能(splitting energy)，以 $\Delta$ 表示，如图 11-7 所示。它相当于一个电子在 $d_\gamma$ 和 $d_\varepsilon$ 之间跃迁所需要的能量。此能量的大小可由配合物的光谱来测定。不同类型的配合物 $\Delta$ 值是不同的，即使相同类型的配合物，也由于配体和中心离子的不同而有不同的 $\Delta$ 值。

晶体场理论可计算分裂后 $d_\gamma$ 和 $d_\varepsilon$ 的相对能量，为此需选择一个计算此能量的比较标准。假设自由状态时中心离子 d 轨道的平均能量为 $E_0$，在球形场中 d 轨道的能量升高至 $E$

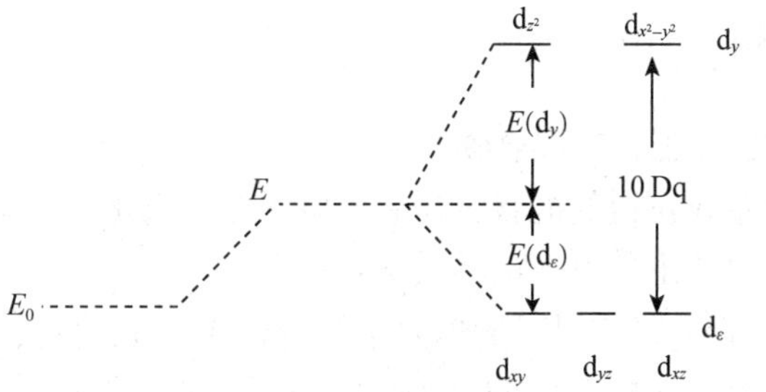


**图 11-7　中心离子的 d 轨道能量在正八面体场中的分裂**

(平均能量)，$E \neq E_0$，令 $E = 0$ 作为计算相对能量的比较标准。

在正八面体场中，规定它的 d 轨道分裂成 $d_\gamma$ 和 $d_\varepsilon$ 轨道的能量差 $\Delta = 10\ Dq$，Dq 为能量单位，即

$$\Delta = E(d_\gamma) - E(d_\varepsilon) = 10\ Dq \qquad (11\text{-}2)$$

又因为当 d 轨道发生能级分裂后，所有轨道能量变化值的代数和为 0 Dq，则有

$$4E(d_\gamma) + 6E(d_\varepsilon) = 0\ Dq \qquad (11\text{-}3)$$

将式(11-2)和式(11-3)两式联立，解方程得

$$E(d_\gamma) = +6\ Dq = \frac{3}{5}\Delta$$

$$E(d_\gamma) = -4\ Dq = -\frac{2}{5}\Delta$$

可见，在正八面体场中，d 轨道能级分裂的结果是，每个 $d_\gamma$ 轨道能量比分裂前(球形场)上升 6 Dq，每个 $d_\varepsilon$ 轨道能量下降 4 Dq，如图 11-8 所示。但是和自由状态时的 d 轨道的能量相比，5 个 d 轨道的能量都有所升高，只是程度不同而已。

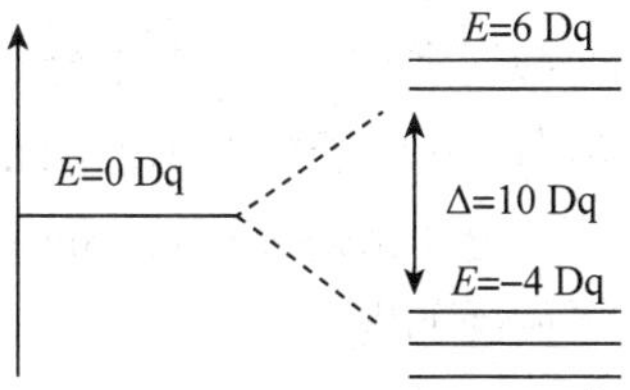


**图 11-8　d 轨道在八面体场中 Δ 的相对值**

分裂能(Δ)的大小既与中心离子有关，也与配体有关。影响配合物分裂能的主要因素，就是组成配合物的配体、中心离子、配位数以及配离子的空间构型。

(1)当同一中心原子和不同配体形成相同构型的配离子时，分裂能随配体场的强弱不同而不同。配体场由弱至强的顺序是：

$I^- < Br^- < S^{2-} < SCN^- < Cl^- < NO_3^- < F^- < OH^- < C_2O_4^{2-} < H_2O < NCS^- < NH_3 < en < bipy < NO_2^- < CN^- < CO$

这称为光谱化学序列。通常前 3 个叫作弱场，后 3 个叫作强场。配体场越强，d 轨道分裂能越大。

(2)中心原子对分裂能的影响顺序既与离子的电荷有关，又与其在周期表的位置有关。同种原子，电荷越高，对分裂能的影响越大，即金属元素高价离子比低价离子的 Δ 值要大。周期系同族金属元素自上而下分裂能增大。例如，同族同价第二过渡系金属离子比第一过渡系的分裂能增大 40%~50%；第三过渡系比第二过渡系又增加 20%~25%。

(3)一般来说，在同种配体中，接近中心离子距离相同的前提下，配离子的空间构型与分裂能的关系为：平面正方形(Δ=17. 42 Dq)> 八面体(Δ=10 Dq)>四面体(Δ=4. 45 Dq)。

## 11.3.4 晶体场理论的应用

### 11.3.4.1 高自旋配合物和低自旋配合物

过渡元素的 d 电子在 d 轨道的能级分裂后，电子排布仍须遵守能量最低原理、泡利不相容原理以及洪特规则，因此出现以下两种情况：

(1)根据洪特规则，d 电子应尽可能地先单独分占 1 个 d 轨道，且自旋平行，从而形成高自旋态(high spin state)，相应的配合物叫高自旋配合物(high spin complex)。例如，$[Fe(H_2O)_6]^{3+}$测量磁矩为$\mu=5.9\ \mu_B$，由表 11-4 可知，有 5 个成单电子，中心离子 $Fe^{3+}$的电子组态为 $d^1d^1d^1d^1d^1$。

(2)根据能量最低原理，中心离子(原子)的 d 电子尽可能先占据能量最低的轨道，尽可能排在能量较低的 $d_\varepsilon$ 轨道，从而形成低自旋态(low spin state)，相应的配合物叫低自旋配合物(low spin complex)。例如，$[Fe(CN)_6]^{3-}$中的测量磁矩为$\mu=2.0\ \mu_B$，可知有 1 个成单电子，中心离子 $Fe^{3+}$的电子组态为 $d^2d^2d^1d^0d^0$。

对于过渡金属离子究竟是形成高自旋配合物还是形成低自旋配合物，主要由配离子的空间构型、中心离子(原子)d 电子的数目和中心离子(原子)所处的配体场等因素决定。下面以八面体场进行讨论。

对于 d 电子数目为 1~3 的中心离子(原子)，d 电子均以单电子形式分布在能量较低的 3 个 $d_\varepsilon$ 轨道上，而且自旋方向相同。

对于 d 电子数目为 4~7 的中心离子(原子)，d 电子排布又分为两种方式：一种方式依洪特规则排布，d 电子分别进入 $d_\gamma$ 和 $d_\varepsilon$ 轨道，须克服分裂能；另一种方式依能量最低原理排布，d 电子全部进入能量较低的 $d_\varepsilon$ 轨道配对，需要克服电子成对能 $P$。

电子成对能(electron pairing energy)是指当一个轨道中已有一个电子时，若在该轨道填入相反的电子与之成对，而必须克服的电子与电子之间的静电排斥作用所需要的能量，记为 $P$。

八面体型配合物中心离子(原子)d 电子的可能排布情况列于表 11-5。

**表 11-5 八面体场 d 电子在 $d_\varepsilon$ 和 $d_\gamma$ 轨道中的分布**

| d 电子数 | 实例 | 弱场 | | 强场 | |
|---|---|---|---|---|---|
| | | $d_\varepsilon$ | $d_\gamma$ | $d_\varepsilon$ | $d_\gamma$ |
| 1 | $Ti^{3+}$ | ↑ | | ↑ | |
| 2 | $V^{3+}$ | ↑ ↑ | | ↑ ↑ | |
| 3 | $Cr^{3+}$，$V^{2+}$ | ↑ ↑ ↑ | | ↑ ↑ ↑ | |
| 4 | $Cr^{2+}$，$Mn^{3+}$ | ↑ ↑ ↑ | ↑ | ↑↓ ↑ ↑ | |
| 5 | $Mn^{2+}$，$Fe^{3+}$ | ↑ ↑ ↑ | ↑ ↑ | ↑↓ ↑↓ ↑ | |
| 6 | $Fe^{2+}$，$Co^{3+}$ | ↑↓ ↑ ↑ | ↑ ↑ | ↑↓ ↑↓ ↑↓ | |
| 7 | $Co^{2+}$ | ↑↓ ↑↓ ↑ | ↑ ↑ | ↑↓ ↑↓ ↑↓ | ↑ |
| 8 | $Ni^{2+}$ | ↑↓ ↑↓ ↑↓ | ↑ ↑ | ↑↓ ↑↓ ↑↓ | ↑ ↑ |
| 9 | $Cu^{2+}$ | ↑↓ ↑↓ ↑↓ | ↑↓ ↑ | ↑↓ ↑↓ ↑↓ | ↑↓ ↑ |
| 10 | $Cu^{+}$，$Zn^{2+}$ | ↑↓ ↑↓ ↑↓ | ↑↓ ↑↓ | ↑↓ ↑↓ ↑↓ | ↑↓ ↑↓ |

一般来说，当分裂能 Δ 小于电子成对能 $P$，形成高自旋型配离子；当分裂能 Δ 大于电子成对能 $P$，形成低自旋型配离子。在强场中，分裂能 Δ 大于电子成对能 $P$；在弱场中，分裂能 Δ 小于电子成对能 $P$。

对于八面体型配离子，由表 11-5 可见，d 电子数目为 1、2、3、8、9、10 的中心离子，由于电子排布只有一种方式，无论配体场强度如何，都只有一种电子构型，多形成高自旋配合物。d 电子数目为 4、5、6、7 的中心离子，配位场较强时，形成低自旋配合物，配位场较弱时，形成高自旋配合物。

#### 11.3.4.2　配合物的颜色

$d^{1\sim10}$ 过渡金属离子的配合物大多是有颜色的。晶体场理论能较好地解释这个现象。由于这些金属离子的 d 轨道未充满，而且在晶体场的影响下，过渡金属的 d 轨道发生能级分裂，d 电子可以吸收光能，在低能量的 $d_\varepsilon$ 轨道向高能量的 $d_\gamma$ 轨道之间发生电子跃迁，这种跃迁叫作 d-d 跃迁。发生 d-d 跃迁所需的能量就是轨道的分裂能 Δ，一般在 $1.99\times10^{-19}\sim5.96\times10^{-19}$ J，波数为 10 000~30 000 $cm^{-1}$ 范围，即可见光的波长(400~760 nm)范围内。吸收光的波长越短，表示电子跃迁所需要的能量越大，即 Δ 越大。因此，配离子具有颜色。表 11-6 是一些无机配离子的颜色。

表 11-6　一些无机配离子的颜色

| 配离子 | 颜色 | 配离子 | 颜色 |
|---|---|---|---|
| $[Co(CN)_6]^{3-}$ | 无色 | $[CoCl_4]^{2-}$ | 蓝 |
| $[Co(NH_3)_6]^{3+}$ | 黄红 | $[Cu(NH_3)_4]^{2+}$ | 蓝 |
| $[Cr(H_2O)_6]^{3+}$ | 紫 | $[Cu(H_2O)_4]^{2+}$ | 暗蓝 |
| $[Ti(H_2O)_6]^{3+}$ | 紫红 | $[Ni(H_2O)_6]^{2+}$ | 绿=蓝+黄 |
| $[Co(H_2O)_6]^{3+}$ | 淡红 | | |

如$[Ti(H_2O)_6]^{3+}$配离子，自由离子 $Ti^{3+}$的电子构型为 $3d^14s^04p^0$，配位时形成 $d^2sp^3$ 杂化轨道，由 6 个配体 $H_2O$ 组成的配体场作用下，$Ti^{3+}$离子的 1 个 3d 成单电子进入能量最低的 1 个 $d_\varepsilon$ 轨道。当可见光照射$[Ti(H_2O)_6]^{3+}$溶液时，吸收 490 nm 左右的蓝绿色的光，这个 d 电子便跃迁到 $d_\gamma$ 轨道，说明 $d_\gamma$ 轨道与 $d_\varepsilon$ 的能级差 Δ。这也就是$[Ti(H_2O)_6]^{3+}$配离子显紫红色(蓝绿色的互补色)的原因。

一种配离子能显色必须具备两个条件：① d 轨道中的 d 电子未充满。② 分裂能 Δ 在可见光的光量子能量范围内。$Sc^{3+}$、$Zn^{2+}$离子的水合配离子无色，正是由于 $Sc^{3+}$离子中无 d 电子，$Zn^{2+}$离子的 d 轨道已充满的原因。

#### 11.3.4.3　晶体场稳定化能

在晶体场中，中心离子(原子)的 d 轨道不是处在全满或全空时，d 电子进入能级分裂轨道后的总能量低于进入球形场未分裂 d 轨道的总能量，这个总能量的降低值，称为晶体场稳定化能(crystal field stablization energies，CFSE)。d 电子在晶体场中分裂后的 d 轨道中排布，其能量表示为 $E_{晶}$，在球形场中的能量表示为 $E_{球}$。由 $E_{球}=0$ Dq，则

$$CFSE = E_{球} - E_{晶} = 0 - E_{晶} \tag{11-4}$$

例如，$[Fe(H_2O)_6]^{2+}$配离子中的 6 个 d 电子在八面体弱场中，将 4 个电子排在 $d_\varepsilon$ 轨道，2 个电子排在 $d_\gamma$ 轨道，相应的总能量 $E_{晶}$(弱场)为

$$E_{晶}(弱场) = 4E(d_\varepsilon) + 2E(d_\gamma) = 4\times(-4) + 2\times6 = -4\ Dq$$

则其晶体场稳定化能 CFSE(弱场)为

$$CFSE(弱场) = E_{球} - E_{晶} = 0 - (-4\ Dq) = 4\ Dq$$

如果 $Fe^{2+}$离子在八面体强场中，如$[Fe(CN)_6]^{4-}$配离子中的 6 个 d 电子则尽可能排布在较低的 $d_\varepsilon$ 轨道，相应的总能量 $E_{晶}$(强场)为

$$E_{晶}(强场) = 6\times(-4) = -24\ Dq$$

则其晶体场稳定化能 CFSE(强场)为

$$CFSE(强场) = E_{球} - E_{晶} = 0 - (-24\ Dq) = 24\ Dq$$

显然，$Fe^{2+}$离子在八面体强场中的晶体场稳定化能大于其在弱场中的稳定化能，事实上$[Fe(CN)_6]^{4-}$配离子的稳定性大于$[Fe(H_2O)_6]^{2+}$。晶体场稳定化能越大，配合物就越稳定。因此，利用晶体场稳定化能的大小就可以定量地分析配合物的稳定性。

晶体场稳定化能与中心离子的 d 电子有关，也与晶体场的强弱有关，此外，还与配合物的空间构型有关。

利用稳定化能还可以进一步讨论配位化合物的热力学和反应动力学等性质。

## 11.4 配位平衡(Coordination Equilibrium)

### 11.4.1 配合物的稳定常数

#### 11.4.1.1 配合物的稳定常数

向硝酸银溶液中加入氨水时，首先生成白色氢氧化银沉淀，继续加氨水可使沉淀溶解而形成配离子$[Ag(NH_3)_2]^+$。此时若向溶液中加入 NaCl，则不会有 AgCl 沉淀生成，这似乎说明溶液中的 $Ag^+$离子全部被配合形成$[Ag(NH_3)_2]^+$。可是若加入 KI 则有 AgI 沉淀析出，通入 $H_2S$ 也有 $Ag_2S$ 沉淀生成。这些现象都说明溶液中还有 $Ag^+$存在，溶液体系中不仅有 $Ag^+$离子和 $NH_3$ 的配位反应，同时还存在$[Ag(NH_3)_2]^+$的解离反应，配位与解离反应在一定条件下最后达到平衡，这种平衡称为配位解离平衡，简称配位平衡。

$$Ag^+ + 2NH_3 \rightleftharpoons [Ag(NH_3)_2]^+$$

依据化学平衡的一般原理，其标准平衡常数表达式为

$$K_f^\ominus = \frac{c[Ag(NH_3)_2]^+/c^\ominus}{c(Ag^+)/c^\ominus[c(NH_3)/c^\ominus]^2} = 1.1\times10^7$$

$K_f^\ominus$ 叫作标准稳定常数(standard stability constant)，也叫形成常数(formation constant)，可简记为 $K_f$。

以 M 表示金属离子(原子)，L 表示配体，$n$ 表示配体数，配位平衡可写成

$$M + nL \rightleftharpoons ML_n$$

$$K_f = \frac{c[ML_n]/c^{\Theta}}{c(M)/c^{\Theta}[c(L)/c^{\Theta}]^n} \tag{11-5a}$$

应当注意，在书写配离子的稳定常数表达式时，所有浓度均为相对平衡浓度。为书写方便，用 $[M^{n+}]$、$[L]$ 和 $[ML_n]$ 分别表示中心离子、配体和配离子（配合物）的相对平衡浓度，即

$$K_f = \frac{[ML_n]}{[M][L]^n} \tag{11-5b}$$

$K_f$ 越大，说明生成配离子的倾向越大，而解离的倾向就越小，即配离子越稳定。由于 $K_f$ 测定方法和条件的不同，其数值常有差异。本书所用数据除注明外均为稳定常数 $K_f$。一些常见配合物的稳定常数见附录Ⅸ。

有时也可以从解离程度来表示配离子的稳定性，其平衡常数叫作不稳定常数（instability constant），用 $K_d$ 表示。$K_d$ 越大，表示配离子越容易解离，即越不稳定。显然 $K_d$ 和 $K_f$ 互为倒数，即

$$K_d = \frac{1}{K_f} \tag{11-6}$$

### 11.4.1.2　逐级稳定常数

对于配位数大于 1 的配合物，即 $ML_n$ 型（1∶$n$）配合物，其配离子的形成一般是逐级分步进行的，因此溶液中存在着一系列的配位平衡，每一步都有其相应的逐级稳定常数（stepwise stability constant）。以 $ML_n$ 的形成为例（为方便表示，常常略去中心离子和配体的电荷），其逐级配位反应和平衡常数如下：

| | | |
|---|---|---|
| $M+L \rightleftharpoons ML$ | 第一级稳定常数 | $K_{f_1} = \frac{[ML]}{[M][L]}$ |
| $ML+L \rightleftharpoons ML_2$ | 第二级稳定常数 | $K_{f_2} = \frac{[ML_2]}{[ML][L]}$ |
| ⋮ | ⋮ | ⋮ |
| $ML_{n-1}+L \longrightarrow ML_n$ | 第 $n$ 级稳定常数 | $K_{f_n} = \frac{[ML_n]}{[ML_{n-1}][L]}$ |

以上 $K_{f_1}$，$K_{f_2}$，…，$K_{f_n}$ 称为逐级稳定常数。

### 11.4.1.3　累积稳定常数

在许多配位平衡的计算中，常用到 $K_{f_1}K_{f_2}K_{f_3}$ 等数值，这样将逐级稳定常数依次相乘得到的乘积称为累积稳定常数（cumulative stability constant），常以 $\beta$ 表示。

| | | |
|---|---|---|
| $M+L \rightleftharpoons ML$ | 第一级累积稳定常数 | $\beta_1 = K_{f_1}$ |
| $M+2L \rightleftharpoons ML_2$ | 第二级累积稳定常数 | $\beta_2 = K_{f_1}K_{f_2}$ |
| ⋮ | ⋮ | ⋮ |
| $M+nL \rightleftharpoons ML_n$ | 第 $n$ 级累积稳定常数 | $\beta_n = K_{f_1}K_{f_2}\cdots K_{f_n}$ |

最后一级累积稳定常数又称为总稳定常数（overall stability constant），对于 1∶$n$ 型配合物 $ML_n$ 的总稳定常数 $K_{f_{总}}$ 为

$$K_{f_{总}} = K_{f_1}K_{f_2}\cdots K_{f_n} = \beta_n = \frac{[ML_n]}{[M][L]^n} \tag{11-7}$$

在化学手册中，通常列出常见配合物的逐级稳定常数 $K_{f_i}$ 或累积稳定常数 $\beta_i$，或者是它们的常用对数值如 $\lg K_{f_i}$，$\lg\beta_i$。

## 11.4.2 稳定常数的应用

### 11.4.2.1 溶液中各级配合物浓度的计算

当金属离子与单基配位体配位时，由于各逐级稳定常数差别不大，因此在同一溶液中其每一级形成的相应配合物会同时存在，各级配合物的平衡浓度可分别表示为

$$[ML] = \beta_1[M][L]$$
$$[ML_2] = \beta_2[M][L]^2$$
$$\vdots$$
$$[ML_n] = \beta_n[M][L]^n$$

由物料平衡式可得

$$\begin{aligned} c(M) &= [M]+[ML]+[ML_2]+\cdots+[ML_n] \\ &= [M]+\beta_1[M][L]+\beta_2[M][L]^2+\cdots+\beta_n[M][L]^n \\ &= [M](1+\beta_1[L]+\beta_2[L]^2+\cdots+\beta_n[L]^n) \end{aligned}$$

由分布系数 $\delta$ 的定义式，可知

$$\delta(M) = \frac{[M]}{c(M)} = \frac{1}{1+\beta_1[L]+\beta_2[L]^2+\cdots+\beta_n[L]^n}$$

$$\delta(ML) = \frac{[ML]}{c(M)} = \frac{\beta_1[L]}{1+\beta_1[L]+\beta_2[L]^2+\cdots+\beta_n[L]^n}$$

$$\vdots \qquad\qquad \vdots$$

$$\delta(ML_n) = \frac{[ML_n]}{c(M)} = \frac{\beta_n[L]^n}{1+\beta_1[L]+\beta_2[L]^2+\cdots+\beta_n[L]^n}$$

由此可见，在配位平衡体系中，各级配合物的分布系数 $\delta$ 仅与[L]有关，与金属离子总浓度 $c(M)$ 无关。已知[L]时，即可求出各级配合物的 $\delta$ 值，从而可求出各级配合物的平衡浓度。

在多配体的配位平衡中，逐级稳定常数的差别不大，各级配合物都占有一定的比例。要计算配离子溶液中各级配离子的浓度非常复杂，但在实际生产和分析化学中，一般总是加入过量配位剂，在这种情况下便可以认为溶液中主要存在最高配位数的配离子，而其他成分的配离子浓度可忽略不计，从而可使计算大为简化。

### 11.4.2.2 计算配离子溶液有关离子的浓度

**【例 11.1】** 将 0.02 $mol \cdot L^{-1}$ $CuSO_4$ 溶液和 1.08 $mol \cdot L^{-1}$ 氨水等体积混合，计算达到平衡时溶液中的 $Cu^{2+}$、$NH_3$ 和$[Cu(NH_3)_4]^{2+}$的平衡浓度各为多少？已知$[Cu(NH_3)_4]^{2+}$的 $K_f$ 为 $4.8\times10^{12}$

**解**：两种溶液等体积混合后，体积扩大 1 倍，因此溶液浓度为

$$c(Cu^{2+})=\frac{1}{2}\times 0.02\ mol\cdot L^{-1}=0.01\ mol\cdot L^{-1}$$

$$c(NH_3)=\frac{1}{2}\times 1.08\ mol\cdot L^{-1}=0.54\ mol\cdot L^{-1}$$

由于混合溶液 $NH_3$ 的浓度大于 $Cu^{2+}$的浓度，$[Cu(NH_3)_4]^{2+}$的 $K_f$ 又很大，常假定 $Cu^{2+}$全部转化为$[Cu(NH_3)_4]^{2+}$，然后再从$[Cu(NH_3)_4]^{2+}$的微弱解离讨论。

设达到平衡时 $Cu^{2+}$的平衡浓度$[Cu^{2+}]=x\ mol\cdot L^{-1}$

$$\begin{array}{ccccc} Cu^{2+} & + & 4NH_3 & \rightleftharpoons & [Cu(NH_3)_4]^{2+} \\ x & & 0.54-4\times(0.01-x) & & (0.01-x) \end{array}$$

$$K_f=\frac{[Cu(NH_3)_4^{2+}]}{[Cu^{2+}][NH_3]^4}=\frac{0.01-x}{x(0.50+4x)^4}=4.8\times 10^{12}$$

由于 $x$ 很小，可以近似认为

$$0.01-x\approx 0.01;\ 0.54-4\times(0.01-x)\approx 0.54-4\times 0.01=0.50$$

所以
$$\frac{0.01}{x(0.50)^4}=4.8\times 10^{12}$$

$$x=3.3\times 10^{-14}$$

即达到平衡时溶液中，$[Cu^{2+}]=3.3\times 10^{-14}\ mol\cdot L^{-1}$，$[NH_3]\approx 0.50\ mol\cdot L^{-1}$，$[Cu(NH_3)_4]^{2+}$的平衡浓度约为 0.01 $mol\cdot L^{-1}$。

### 11.4.2.3　比较不同配离子的相对稳定性

具有相同类型的配离子(配合物)，可通过比较标准稳定常数 $K_f^{\ominus}$ 的大小直接判断其相对稳定性。

**【例 11.2】** 比较$[HgCl_4]^{2-}$和$[HgBr_4]^{2-}$配离子的稳定性。

**解**：$[HgCl_4]^{2-}$和$[HgBr_4]^{2-}$配离子的配体数相同，可直接用 $K_f^{\ominus}$ 的大小比较其稳定性。查附录Ⅸ可知 $[HgCl_4]^{2-}$的 $K_f^{\ominus}=1.2\times 10^{15}$，$[HgBr_4]^{2-}$的 $K_f^{\ominus}=1.0\times 10^{21}$。

因为 $K_f^{\ominus}([HgBr_4]^{2-})>K_f^{\ominus}([HgCl_4]^{2-})$，所以$[HgBr_4]^{2-}$比$[HgCl_4]^{2-}$稳定得多。

应当着重指出，在用标准稳定常数比较配离子的稳定性时，配离子类型必须相同才能比较，否则会出错误。例如，乙二胺四乙酸和 $Cu^{2+}$离子形成的配合物$[CuY]^{2-}$的 $K_f^{\ominus}=6.3\times 10^{18}$，乙二胺和 $Cu^{2+}$离子形成的配合物$[Cu(en)_2]^{2+}$的 $K_f^{\ominus}=4.1\times 10^{19}$，从 $K_f^{\ominus}$ 大小来看，似乎后者比前者稳定，但事实恰好相反。这是因为$[CuY]^{2-}$为 1∶1 型，$[Cu(en)_2]^{2+}$是 1∶2 型。对于不同类型的配离子，其稳定性要看溶液中解离出 $Cu^{2+}$浓度的大小，所以必须计算出平衡时金属离子浓度。

**【例 11.3】** 分别计算 0.10 $mol\cdot L^{-1}$ $[CuY]^{2-}$溶液和 0.10 $mol\cdot L^{-1}$ $[Cu(en)_2]^{2+}$溶液中 $Cu^{2+}$的平衡浓度。计算结果说明什么问题？

**解**：设$[CuY]^{2-}$溶液中 $Cu^{2+}$的平衡浓度$[Cu^{2+}]=x\ mol\cdot L^{-1}$，

$$Cu^{2+}+Y^{4-}\rightleftharpoons [CuY]^{2-}$$

平衡浓度/$(mol\cdot L^{-1})$　　$x$　　$x$　　$0.10-x$

$$K_f=\frac{0.10-x}{x^2}=6.3\times10^{18}$$

由于 $x$ 很小，故 $0.10-x\approx0.10$，解得 $x=[Cu^{2+}]=1.3\times10^{-10}\ mol\cdot L^{-1}$。

设$[Cu(en)_2]^{2+}$溶液中 $Cu^{2+}$ 的平衡浓度$[Cu^{2+}]=y\ mol\cdot L^{-1}$，

$$Cu^{2+}+2en \rightleftharpoons [Cu(en)_2]^{2+}$$

平衡浓度/$(mol\cdot L^{-1})$　　$y$　　$2y$　　$0.10-y$

$$K_f=\frac{0.10-y}{y(2y)^2}=4.1\times10^{19}$$

由于 $y$ 很小，故 $0.10-y\approx0.10$，解得 $y=[Cu^{2+}]=8.4\times10^{-8}\ mol\cdot L^{-1}$。

从以上计算结果可看出，同浓度的$[Cu(en)_2]^{2+}$溶液中 $Cu^{2+}$ 离子浓度大于$[CuY]^{2-}$溶液中 $Cu^{2+}$ 离子的浓度，说明$[CuY]^{2-}$比$[Cu(en)_2]^{2+}$稳定。因此只有相同类型的配离子才能用标准稳定常数比较其稳定性。

### 11.4.3 配位平衡的移动

在水溶液中，配离子与组成它的中心离子和配体之间存在着配位平衡

$$M+nL \rightleftharpoons ML_n$$

根据化学平衡移动原理，如果向溶液中加入某种试剂(如酸、碱、沉淀剂、氧化还原剂或其他配位剂等)，与溶液中的金属离子 M 或配体 L 发生反应，使其浓度改变，则会使上述配位平衡发生移动，配离子的稳定性就会受到影响。配合平衡只是一种相对的平衡状态，即动态平衡。在实际工作中，经常遇到配位平衡和其他化学平衡共同存在时的多重平衡问题。

#### 11.4.3.1 配位平衡和酸碱平衡

很多配合物的配体本身是弱酸阴离子或弱碱，在酸性溶液中，配体可能与质子结合生成酸，降低了配体的浓度，使配位平衡向着解离的方向移动，此时溶液中同时存在着配位平衡和酸碱平衡，总反应实际上是配位平衡和酸碱平衡之间的竞争反应。例如，在酸性介质中 $Fe^{3+}$ 离子与 $F^-$ 的配位反应

$$Fe^{3+}+6F^- \rightleftharpoons [FeF_6]^{3-}\qquad K_f=\frac{[FeF_6^{3-}]}{[Fe^{3+}][F^-]^6}$$

当酸度过大，$[H^+]>0.05\ mol\cdot L^{-1}$ 时，$H^+$ 离子与 $F^-$ 离子结合生成 HF，使$[FeF_6]^{3-}$发生解离，以下两个平衡共存：

$$[FeF_6]^{3-} \rightleftharpoons Fe^{3+}+6F^-\qquad K(1)=K_d=\frac{1}{K_f}=\frac{[Fe^{3+}][F^-]^6}{[FeF_6^{3-}]}\qquad(1)$$

$$6F^-+6H^+ \rightleftharpoons 6HF\qquad K(2)=\frac{[HF]^6}{[F^-]^6[H^+]^6}=\frac{1}{(K_a)^6}\qquad(2)$$

总反应式为(1)+(2)=(3)：

$$[FeF_6]^{3-}+6H^+ \rightleftharpoons Fe^{3+}+6HF\qquad(3)$$

总反应平衡常数 $K(3)$：

$$K(3)=K(1)K(2)=\frac{[HF]^6[Fe^{3+}][F^-]^6}{[F^-]^6[H^+]^6[FeF_6^{3-}]}=\frac{1}{(K_a)^6K_f}$$

即竞争平衡常数(competitive equilibrium constant)，也叫多重平衡常数，表示为 $K_j$。

由 $K_j$ 的表达式可以看出，配离子的稳定常数 $K_f$ 越小，配体的解离常数 $K_a$ 越小，竞争平衡常数 $K_j$ 就越大。说明如果配离子稳定性越小，弱酸越弱，总平衡向右移动的趋势大，即配离子越容易被破坏。

在配位平衡体系中，这种由于配体 L 与 $H^+$结合，引起配体浓度下降，使配离子稳定性降低的现象称为配体的酸效应(acid effect)。

**【例 11.4】** 在$[Ag(NH_3)_2]^+$的溶液中加入酸时，将发生什么变化?

**解**：加入酸后，溶液存在两个平衡的竞争：

$$\begin{array}{c} Ag^+ + 2NH_3 \rightleftharpoons [Ag(NH_3)_2]^+ \\ + \\ 2H^+ \\ \Vert \\ 2NH_4^+ \end{array}$$

即(1) $Ag^+ + 2NH_3 \rightleftharpoons [Ag(NH_3)_2]^+$　　$K_f([Ag(NH_3)_2]^+) = 1.1\times10^7$

(2) $NH_3 + H^+ \rightleftharpoons NH_4^+$　　$K_b = 1.77\times10^9$

2×式(2)−式(1)得

$$[Ag(NH_3)_2]^+ + 2H^+ \rightleftharpoons 2NH_4^+ + Ag^+$$

$$K = \frac{(K_b)^2}{K_f} = 2.85\times10^{11}$$

可见，平衡常数 $K$ 很大，说明 $H^+$与 $Ag^+$在竞争 $NH_3$ 的过程中，平衡向$[Ag(NH_3)_2]^+$离解的方向移动。即$[Ag(NH_3)_2]^+$配离子在酸性条件下不稳定。

另一方面，溶液酸度过低会影响配位平衡中金属离子的浓度，从而影响配位平衡，如

$$Fe^{3+} + 6F^- \rightleftharpoons [FeF_6]^{3-}$$

在碱性条件下，$Fe^{3+}$离子发生水解反应

$$Fe^{3+} + 3H_2O \rightleftharpoons Fe(OH)_3 + 3H^+$$

随着水解反应的进行，$Fe^{3+}$离子浓度降低，配位平衡向解离方向移动，配离子稳定性降低。因此，配离子只能在一定的 pH 值范围内稳定存在。

#### 11.4.3.2　配位平衡和沉淀溶解平衡

在配离子溶液中，如果加入某种沉淀剂，与中心离子生成沉淀，则配位平衡受到影响，甚至遭到破坏，配离子将发生部分或完全离解；另外，在一些难溶盐的溶液中加入某种配位剂，则由于配离子的形成而使得沉淀溶解。这两种情况都指的是溶液中同时存在着配位平衡和沉淀溶解平衡，溶液反应的过程本质上是配位剂和沉淀剂争夺金属离子的过程。

例如，在含有$[Ag(NH_3)_2]^+$的溶液中加入 NaCl，则 $NH_3$ 以形成配离子的作用形式和 $Cl^-$生成沉淀的作用形式竞争 $Ag^+$，溶液中同时存在配位平衡和沉淀溶解平衡，如下：

$$[Ag(NH_3)_2]^+ \rightleftharpoons Ag^+ + 2NH_3$$

$$Ag^+ + Cl^- \rightleftharpoons AgCl(s)$$

总反应为 $[Ag(NH_3)_2]^+ + Cl^- \rightleftharpoons 2NH_3 + AgCl(s)$

则多重平衡常数 $K_j$ 为

$$K_j = \frac{[NH_3]^2}{[Ag(NH_3)_2^+][Cl^-]} = \frac{1}{K_{sp}K_f}$$

总反应进行程度的大小取决于配离子稳定常数 $K_f$ 和沉淀的溶度积 $K_{sp}$。

由以上讨论可知，一方面，中心离子与所加入的沉淀剂生成的沉淀越难溶（$K_{sp}$ 越小），同时配离子稳定常数越不稳定（$K_f$ 越小），则多重反应进行的程度越大（$K_j$ 越大），配离子越易离解，而沉淀越容易生成，只要沉淀剂足够，配离子就会全部解离，转化为沉淀；另一方面，对于难溶电解质，金属离子与配体形成的配离子越稳定（$K_f$ 越大），同时沉淀的溶解度越大（$K_{sp}$ 越大），只要配体足够，沉淀就会完全溶解，转化为相应的配离子。

很显然，配位反应可以促进沉淀溶解，沉淀反应可以促进配离子解离。因此，沉淀能否被溶解，配离子能否被沉淀所破坏，主要取决于 $K_f$ 和 $K_{sp}$ 的相对大小，同时还与配位剂和沉淀剂的浓度有关系。

**【例 11.5】** 100 mL 1.0 $mol \cdot L^{-1} NH_3 \cdot H_2O$ 中能溶解多少克的 AgBr 固体？已知 $K_f([Ag(NH_3)_2]^+) = 1.1 \times 10^7$，$K_{sp}(AgBr) = 5.35 \times 10^{-13}$。

**解**：在 $NH_3 \cdot H_2O$ 溶液中溶解 AgBr，溶液中必然存在着沉淀溶解和配位解离两个平衡：

$$AgBr \rightleftharpoons Ag^+ + Br^- \qquad K_{sp}(AgBr) = 5.35 \times 10^{-13}$$

$$Ag^+ + 2NH_3 \rightleftharpoons [Ag(NH_3)_2]^+ \qquad K_f([Ag(NH_3)_2]^+) = 1.10 \times 10^7$$

两式相加得多重平衡式 $AgBr + 2NH_3 \rightleftharpoons [Ag(NH_3)_2]^+ + Br^-$

该反应的平衡常数：

$$K = \frac{[Ag(NH_3)_2^+][Br^-]}{[NH_3]^2} = \frac{1}{K_j} = K_{sp}(AgBr) K_f([Ag(NH_3)_2]^+)$$

$$= 1.10 \times 10^7 \times 5.35 \times 10^{-13} = 5.89 \times 10^{-6}$$

设平衡时 $[Br^-] = x\ mol \cdot L^{-1}$，则 $[Ag(NH_3)_2^+] \approx x\ mol \cdot L^{-1}$，$[NH_3] = (1-2x)\ mol \cdot L^{-1}$。由于 $K$ 较小，说明 AgBr 转化为 $[Ag(NH_3)_2^+]$ 离子的部分很小，$x \ll 1.0$，故 $1-2x \approx 1.0\ mol \cdot L^{-1}$，代入 $K$ 得

$$K = \frac{[Ag(NH_3)_2^+][Br^-]}{[NH_3]^2} \approx \frac{x^2}{(1-2x)^2} \approx x^2 = 5.89 \times 10^{-6}$$

$$x = 2.42 \times 10^{-3}\ mol \cdot L^{-1}$$

即 100 mL 1.0 $mol \cdot L^{-1} NH_3 \cdot H_2O$ 中能溶解 $2.43 \times 10^{-3} \times 188 \times 0.1 = 0.046$ g 的 AgBr 固体。

**【例 11.6】** 欲将 0.01 mol AgI(s) 分别溶解在 1.0 L $NH_3$ 溶液和 KCN 溶液中，计算它们的浓度至少应为多大？

**解**：AgI(s) 溶解在 $NH_3$ 水中时存在沉淀和配位的多重平衡：

$$AgI \rightleftharpoons Ag^+ + I^- \qquad K_{sp}(AgI) = 8.51 \times 10^{-17}$$

$$Ag^+ + 2NH_3 \rightleftharpoons [Ag(NH_3)_2]^+ \qquad K_f([Ag(NH_3)_2]^+) = 1.1 \times 10^7$$

两式相加得多重平衡式　$AgI+2NH_3 \rightleftharpoons [Ag(NH_3)_2]^+ + I^-$

该反应的平衡常数：

$$K=\frac{[Ag(NH_3)_2^+][I^-]}{[NH_3]^2}=\frac{1}{K_j}=K_{sp}(AgI)K_f([Ag(NH_3)_2]^+)=9.36\times10^{-10}$$

若 AgI 沉淀全部溶解生成$[Ag(NH_3)_2]^+$和 $I^-$离子，并且$[Ag(NH_3)_2]^+$较稳定，解离很少，则

$$[Ag(NH_3)_2^+]\approx[I^-]=0.01\ mol\cdot L^{-1}$$

代入 $K$，即可计算出此时 $NH_3$ 的平衡浓度为

$$[NH_3]=\sqrt{\frac{[Ag(NH_3)_2^+][I^-]}{K}}=\sqrt{\frac{0.01\times0.01}{9.36\times10^{-10}}}=327\ mol\cdot L^{-1}$$

在溶解 AgI 过程中要消耗 $NH_3$，根据反应计量关系可知消耗的氨水浓度为 $0.01\times2=0.02$ $mol\cdot L^{-1}$。因此，要溶解 0.01 mol AgI，需要氨水的浓度至少为

$$c(NH_3)=327+0.02=327.02\ mol\cdot L^{-1}$$

使氨水达到 327.02 $mol\cdot L^{-1}$ 是根本不可能的（浓氨水最大浓度约为 15 $mol\cdot L^{-1}$），所以 AgI(s)不能溶于氨水中。

对于 AgI(s)溶于 KCN 时，同理可计算出 $CN^-$的平衡浓度为

$$[CN^-]=\sqrt{\frac{[Ag(CN)_2^-][I^-]}{K}}=\sqrt{\frac{[Ag(CN)_2^-][I^-]}{K_{sp}(AgI)K_f([Ag(CN)_2]^-)}}$$

$$=\sqrt{\frac{0.01\times0.01}{8.51\times10^{-17}\times1.3\times10^{21}}}=3.01\times10^{-5}\ mol\cdot L^{-1}$$

由于溶解 0.01 mol AgI 时已消耗掉 0.020 mol KCN，则 1 L 溶液中要求 KCN 的浓度至少为

$$c(KCN)=0.02+3.01\times10^{-5}\approx0.02\ mol\cdot L^{-1}$$

#### 11.4.3.3　配位平衡和氧化还原平衡

配位平衡与氧化还原平衡也是相互影响的。

**【例 11.7】**计算$[Ag(CN)_2]^- + e^- \rightleftharpoons Ag + 2CN^-$的标准电极电势 $\varphi^\ominus$。

**解**：计算 $\varphi^\ominus\{[Ag(CN)_2]^-/Ag\}$，实际上是计算在溶液体系中含有 $CN^-$离子时，氧化还原电对 $Ag^+/Ag$ 的实际电极电势 $\varphi(Ag^+/Ag)$。电对 $Ag^+/Ag$ 的电极半反应为

$$Ag^+ + e^- \rightleftharpoons Ag(s)\qquad \varphi^\ominus(Ag^+/Ag)=0.7996\ V$$

在 25 ℃时，由 Nernst 方程式可得

$$\varphi(Ag^+/Ag)=\varphi^\ominus(Ag^+/Ag)+0.0592\ V\lg[Ag^+]$$

同时，在溶液中 $Ag^+$和 $CN^-$离子存在着配位平衡：

$$Ag^+ + 2CN^- \rightleftharpoons [Ag(CN)_2]^-$$

$$K_f([Ag(CN)_2]^-)=\frac{[Ag(CN)_2^-]}{[Ag^+][CN^-]^2}=1.3\times10^{21}$$

25 ℃，$[Ag(CN)_2^-]=[CN^-]=1\ mol\cdot L^{-1}$ 时，$[Ag^+]=\frac{[Ag(CN)_2^-]}{[CN^-]^2K_f}=\frac{1}{K_f}$，代入 Nernst 方程：

$$\varphi(Ag^+/Ag)=\varphi^\ominus(Ag^+/Ag)+0.059\ 2\ V\lg\frac{1}{K_f}=0.799\ 6-1.249=-0.451\ V$$

所以 $\varphi^\ominus\{[Ag(CN)_2]^-/Ag\}=-0.451\ V$

从【例 11.7】的计算结果可以看出，当自由 $Ag^+$离子形成配离子后，作为氧化态的金属离子平衡浓度降低，使其标准电极电势变小，并且生成的配离子越稳定，电极电势降低得越多。因此，配位平衡可使氧化还原反应平衡移动，影响氧化还原反应的完全程度，甚至影响氧化还原反应的方向。例如，在水溶液中，$Fe^{3+}$离子可氧化 $I^-$：

$$2Fe^{3+}+2I^-═══2Fe^{2+}+I_2$$

若溶液中含有 $F^-$，由于$[FeF_6]^{3-}$配离子的形成，降低了 $Fe^{3+}$ 离子的浓度，使得 $\varphi(Fe^{3+}/Fe^{2+})$小于 $\varphi^\ominus(I_2/I^-)$，反应方向逆转为 $I_2$ 氧化 $Fe^{2+}$离子：

$$2Fe^{2+}+I_2+12F^-═══2[FeF_6]^{3-}+2I^-$$

还有一些金属元素在简单化合物中见不到的氧化态，却可以在配合物中出现。例如，$Co^{3+}$是一个强氧化剂，在水溶液中能把 $H_2O$ 氧化为 $O_2$，平常很少见。

$$Co^{3+}+e^-═══Co^{2+} \qquad \varphi^\ominus=1.83\ V$$

当形成配合物时，其电极电势降低，Co(Ⅲ)变得稳定。

$$[Co(NH_3)_6]^{3+}+e^-=[Co(NH_3)_6]^{2+} \qquad \varphi^\ominus=0.043\ V$$

$$[Co(CN)_6]^{3-}+e^-=[Co(CN)_5]^{3-}+CN^- \qquad \varphi^\ominus=-0.83\ V$$

例如，Au 很难溶于单一的酸，但易溶于王水($V_{浓HNO_3}:V_{浓HCl}=1:3$)，由下列电极电势看出：

$$Au^{3+}+3e^-═══Au \qquad \varphi^\ominus=1.498\ V$$

$$[AuCl_4]^-+3e^-═══Au+4Cl^- \qquad \varphi^\ominus=1.08\ V$$

此外，$Cu^+$在水溶液中不稳定，可发生歧化反应，当形成$[Cu(NH_3)_2]^+$时则变得相当稳定；常见的 $Ag^+$稳定，而 $Ag^{2+}$极不稳定，当 $Ag^{2+}$与联吡啶(bpy)形成配合物时，Ag(Ⅱ)可以稳定存在。这些都是由于形成配合物后作为氧化态的中心离子浓度降低，使得电对的 $\varphi^\ominus$ 减小，氧化态的氧化性减弱。

另外，不仅配位平衡可以影响氧化还原反应，而且氧化还原反应也可以影响配位平衡，甚至破坏配位平衡。例如，利用生成$[Co(NCS)_4]^{2-}$蓝色配离子定性鉴定 $Co^{2+}$离子时，为防止生成红色$[Fe(NCS)_6]^{3-}$对反应的干扰，可先加入 $SnCl_2$ 将 $Fe^{3+}$还原为 $Fe^{2+}$。

#### 11.4.3.4 配合物之间的转化

在含有配离子的溶液中加入另外一种能与中心离子(原子)生成更稳定配离子的配位剂时，这时即发生了配离子的转化。

**【例 11.8】** 向含有$[Ag(NH_3)_2]^+$配离子的溶液中加入 KCN，将会发生什么变化？

**解**：$[Ag(NH_3)_2]^+$配离子溶液有如下配位平衡：

(1) $Ag^+ + 2NH_3═══[Ag(NH_3)_2]^+ \qquad K_f([Ag(NH_3)_2]^+)=1.1\times10^7$

当加入 KCN 后，溶液又出现下列配位平衡：

(2) $2Ag^+ + 2CN^-═══[Ag(CN)_2]^- \qquad K_f([Ag(CN)_2]^-)=1.3\times10^{21}$

即溶液同时着存在两个平衡，式(2)-式(1)，可得多重平衡总反应式：

$$[Ag(NH_3)_2]^+ + 2CN^- \longrightarrow [Ag(CN)_2]^- + 2NH_3$$

该总反应的平衡常数为

$$K=\frac{[Ag(CN)_2^-][NH_3]^2}{[CN^-]^2[Ag(NH_3)_2^+]}=\frac{K_f([Ag(CN)_2]^-)}{K_f([Ag(NH_3)_2]^+)}=\frac{1.3\times10^{21}}{1.1\times10^7}=1.1\times10^{14}$$

看来此总反应平衡常数 $K$ 很大，说明溶液中 $[Ag(NH_3)_2]^+$ 基本上都转化为 $[Ag(CN)_2]^-$。【例 11.8】表明，两种配离子稳定性相差很大时，转化为稳定配离子的反应就接近完全。当然，配离子之间的转化还与配体的浓度有关。

其实配离子的转化具有普遍性，像金属离子在水溶液中的配位反应，也是配离子之间的转化。例如，$Cu^{2+}$ 和 $NH_3$ 形成 $[Cu(NH_3)_4]^{2+}$ 的配位反应，实际上是如下反应：

$$[Cu(H_2O)_4]^{2+} + 4NH_3 \longrightarrow [Cu(NH_3)_4]^{2+} + 4H_2O$$

只是通常简写为 $Cu^{2+} + 4NH_3 \longrightarrow [Cu(NH_3)_4]^{2+}$。

因此，配位平衡只是一种相对平衡状态，平衡移动的方向同溶液中的 pH 值、沉淀反应、氧化还原反应等有着密切的关系。利用这些关系，可实现配离子的形成和离解，以达到某种科学实验或生产实践的目的。如溶液中含有大量的 $[Ag(S_2O_3)_2]^{3-}$ 离子，在回收 Ag 时，加入 $Na_2S$，则发生沉淀和配位平衡的竞争平衡，得到 $Ag_2S$ 沉淀，再用硝酸氧化成 $Ag_2SO_4$ 或在过量的盐酸中用铁粉来置换：

$$2[Ag(S_2O_3)_2]^{3-} + S^{2-} \longrightarrow Ag_2S + 4S_2O_3^{2-}$$

$$Ag_2S + 2HCl + Fe \longrightarrow 2Ag\downarrow + FeCl_2 + H_2S\uparrow$$

又如氰化物毒性极大，为消除含氰废液，往往用 $FeSO_4$ 进行消毒，使之转化为毒性小而且更稳定的配合物，反应为

$$6NaCN + 3FeSO_4 \longrightarrow Fe_2[Fe(CN)_6] + 3Na_2SO_4$$

## 11.5　螯合物(Chelate)

### 11.5.1　螯合物的形成

由多基配体与中心离子形成的具有环状结构的配合物，称为螯合物(chelate compound)。

螯合物的结构特点是配体与金属离子结合像螃蟹双螯钳住中心离子一样，所以这类配合物才有螯合物之称。螯合物分子中的环状结构，称为螯合环(chelate ring)。螯合环上有几个原子就称为几元环。如图 11-9 所示，乙二胺与 $Cu^{2+}$ 生成的螯合物中有 2 个五元环、乙酰丙酮基(acac⁻)与 $Cu^{2+}$ 生成的螯合物中有 2 个六元环、邻菲罗啉(*o*-phen)与 $Fe^{2+}$ 生成的螯合物中有 3 个五元环、丙二酸根离子通过 2 个氧原子与金属离子($Fe^{2+}$)形成六元环的螯合物。

螯合物可以是带着电荷的配离子，也可以是不带电的中性分子。电中性的螯合物又称为内配盐，它们在水中的溶解度一般都很小。

根据螯合物形成的条件，凡含有两个或两个以上配位原子且能够同中心离子形成环状结构的配体叫螯合剂(chelate agent)，因此，螯合剂为多齿配体(也称多基配体)。螯合剂绝大多数是含 N、O、S 等配位原子的有机化合物，如氨基乙酸($NH_2CH_2COOH$)、氨基三乙酸 $[N(CH_2COOH)_3]$、乙二胺四乙酸等。其中，既含有氨基又含有羧基的螯合剂称为氨羧配位

[Cu(en)₂]²⁺      [Cu(acac)₂]

[Fe(phen)₃]²⁺      [Zn(EDTA)]

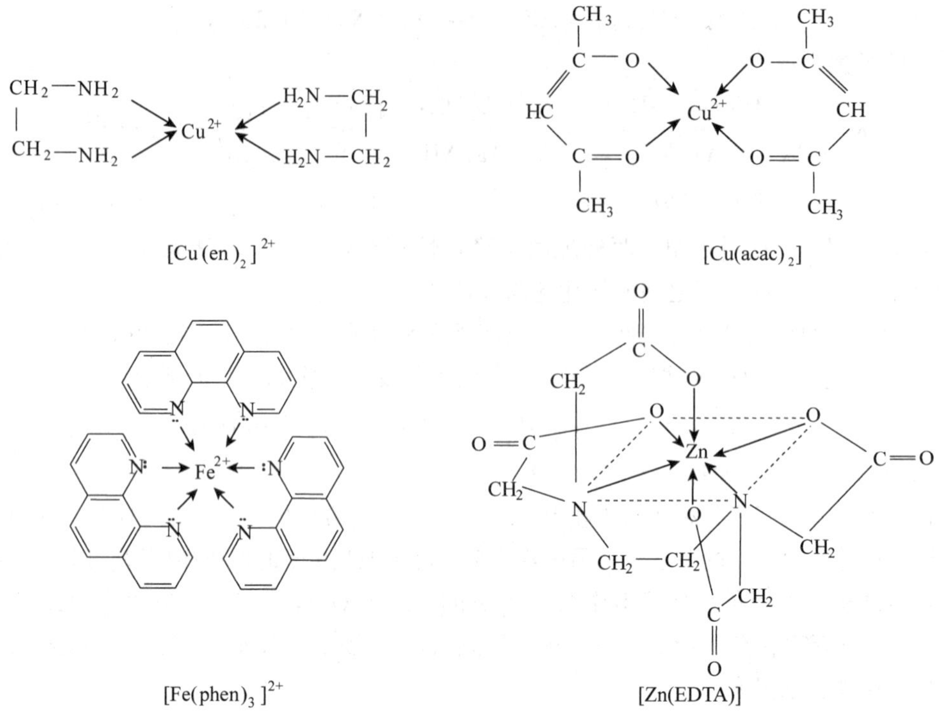

**图 11-9　几个螯合物的环状结构**

剂，螯合能力强，可与大多数金属离子形成螯合物。但是也有较少数的无机物，如三聚磷酸钠与 $Ca^{2+}$ 离子可形成螯合物，其结构如下：

$$\left[ -O-\overset{\overset{O}{\uparrow}}{\underset{\underset{Na}{O}}{P}}-O-\overset{\overset{O}{\uparrow}}{\underset{\underset{Ca}{O}}{P}}-O-\overset{\overset{O}{\uparrow}}{\underset{\underset{O}{O}}{P}}-O- \right]_n$$

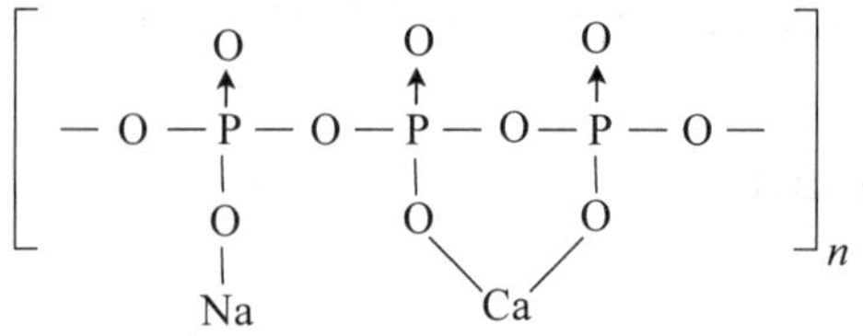

由于 $Ca^{2+}$、$Mg^{2+}$ 离子都能与三聚磷酸钠形成稳定螯合物，所以可以把三聚磷酸钠加入锅炉水中，用于防止钙、镁形成难溶盐沉淀结在锅炉内壁。

在螯合物中一般不用配位数来确定中心离子与螯合剂的分子比，而用螯合比来表示，如 $[Ni(en)_2]^{2+}$ 中，$Ni^{2+}$：en 的螯合比为 1：2。

## 11.5.2　螯合物的稳定性

螯合物的稳定性和它的环状结构(环的大小和环的多少)有关。一般来说，以五元环、六元环稳定。四元环、七元环、八元环比较少见，并且也不稳定。一个配位原子与中心离子形成的五元环或六元环的数目越多，螯合物就越稳定。例如，一个 EDTA 分子能向 1 个金属离子提供 6 个配位原子(4 个氧原子和 2 个氮原子)形成 5 个五元环的螯合物，所以 [Zn(EDTA)] 要比 $[Zn(NH_3)_4]^{2+}$ 的稳定性高 $10^7$ 倍，[Zn(EDTA)] 的结构如图 11-9 所示。

螯合物比一般配合物更稳定的原因主要是：当单齿配体取代水合配离子中的水分子时，

溶液中的总质点数不变；而当螯合剂取代水分子时，每个螯合剂分子可取代出两个或多个水分子，取代后总质点数增加，而使体系的混乱度增加，熵值增大之故。如

$$[Cd(H_2O)_4]^{2+}+4CH_3NH_2 \Longrightarrow [Cd(CH_3NH_2)_4]^{2+}+4H_2O \qquad (1)$$

$$[Cd(H_2O)_4]^{2+}+2en \Longrightarrow [Cd(en)_2]^{2+}+4H_2O \qquad (2)$$

式(1)中，反应前后的质点总数均为5。式(2)中，质点数由反应前的3个增加为反应后的5个。由于分子数的增加，熵值会增加。配体改变时，对 $\Delta H^\ominus$ 的影响不大(因为都是形成Cd—N键，$CH_3NH_2$和en在组成与结构上都相似，故 $\Delta H^\ominus$ 几乎不变)，据 $\Delta G(T)=\Delta H^\ominus - T\Delta S^\ominus$，螯合后 $\Delta S^\ominus$ 越大，$\Delta G^\ominus$ 就越小，从而 $K_f^\ominus$ 越大，螯合物就越稳定。化学上常用的EDTA钠盐为强螯合剂，就是因为它充分利用了螯合以后的熵增加效应。

## 11.6 EDTA及配位滴定(EDTA and Coordination Titration)

配位反应在分析化学中的应用非常广泛，如许多萃取剂、显色剂、掩蔽剂、沉淀剂等都是配位剂。所以，配位反应和配位滴定的有关理论知识是分析化学的重要内容之一。

### 11.6.1 配位滴定反应的特点

配位滴定法是以配位反应为基础的滴定分析方法。几乎所有的金属离子都可以采用配位滴定法直接或间接来进行测定。配位反应的种类虽然很多，但并不是所有的配位反应都能用来进行配位滴定，能够用于配位滴定的配位反应必须符合以下条件：

①反应必须定量进行，即在一定条件下只形成一种配位数的配合物。

②反应进行要完全，形成的配合物必须相当稳定，否则不易得到明显的滴定终点。

③反应速度要足够快。

④要有适当的方法确定滴定终点。

配位剂可分为无机配位剂和有机配位剂两大类。无机配位剂早在19世纪就已应用于分析化学中。例如，用$AgNO_3$标准溶液滴定氰化物中$CN^-$时，其滴定反应如下：

$$Ag^++2CN^- \Longrightarrow [Ag(CN)_2]^-$$

当滴定到化学计量点时，稍过量的$Ag^+$就与$[Ag(CN)_2]^-$反应生成$Ag[Ag(CN)_2]$白色沉淀，指示滴定终点的到达。

无机配位剂很多，但一般只有一个可供配位的电子对，属于单基配位体。与大多数金属离子只形成简单的配合物，而且稳定性差，存在分级配位现象，很难确定它们的计量关系。所以，无机配位剂大多不符合滴定反应的要求，但在分析化学中可用作掩蔽剂、显色剂和指示剂等。

有机配位剂一般含有两个或两个以上可供配位的电子对，属于多基配位体。它与许多金属离子易形成螯合物。由于螯合物的稳定性很高，克服了无机配位剂的一些缺点，能满足滴定反应的基本要求，因此螯合剂在配位滴定中得到了日益广泛的应用。目前，应用最广泛的有机配位剂是氨羧配位剂。氨羧配位剂是以氨基二乙酸为基体的有机螯合剂，以N、O为键合原子，可以和许多金属离子形成组成一定并且非常稳定的可溶性螯合物。

目前，常见的氨羧配位剂有数十种，如EDTA、环己二胺四乙酸(DCTA)、氨三乙酸

(NTA)和乙二醇二乙醚二胺四乙酸(EGTA)等,其中常用的是EDTA。用EDTA标准溶液可滴定几十种金属离子,即EDTA滴定法。通常所说的配位滴定法实际上主要是指EDTA滴定法。

### 11.6.2 EDTA

#### 11.6.2.1 EDTA的结构与性质

EDTA是一个四元有机酸,为书写方便常用$H_4Y$表示。其结构式为

$$\text{HOOCH}_2\text{C} \diagdown \text{N}-\text{CH}_2-\text{CH}_2-\text{N} \diagup \text{CH}_2\text{COOH}$$
$$\text{HOOCH}_2\text{C} \diagup \qquad\qquad\qquad \diagdown \text{CH}_2\text{COOH}$$

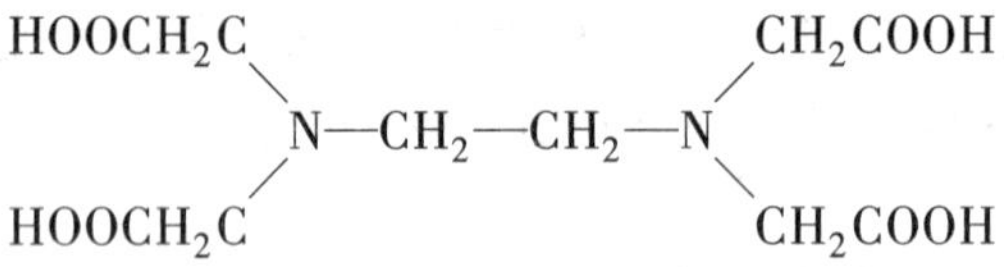

其配位原子分别为2个氨基中的N原子和4个羧基的羟基O原子。在水溶液中,乙二胺四乙酸2个羧基上的$H^+$转移到N原子上,形成双偶极离子:

$$^-\text{OOCH}_2\text{C} \diagdown \overset{H}{\underset{+}{N}}-\text{CH}_2-\text{CH}_2-\overset{+}{\underset{H}{N}} \diagup \text{CH}_2\text{COOH}$$
$$\text{HOOCH}_2\text{C} \diagup \qquad\qquad\qquad \diagdown \text{CH}_2\text{COO}^-$$

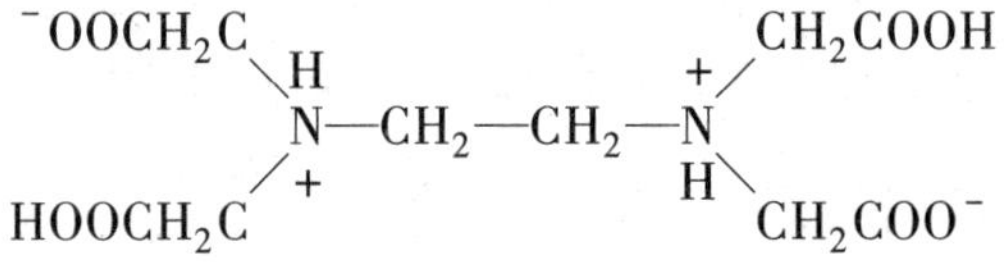

EDTA是一种无毒、无臭、具有酸味的白色结晶粉末,微溶于水,22 ℃时每100 mL水中仅能溶解0.02 g,难溶于酸和一般有机溶剂(如乙醇、丙酮、苯等),但易溶于氨水和NaOH等碱性溶液,生成相应的盐。

由于EDTA在水中的溶解度较小,故在配位滴定中通常采用水溶性较好的EDTA二钠盐,用$Na_2H_2Y \cdot 2H_2O$表示,习惯上也称作EDTA。实际工作中,EDTA多数情况下指的是$Na_2H_2Y \cdot 2H_2O$。EDTA二钠盐溶解度较大,22 ℃时每100 mL水可溶解11.1 g。此溶液的浓度约为0.3 $mol \cdot L^{-1}$,pH值约为4.4。

#### 11.6.2.2 EDTA在水溶液中各存在型体的分布

EDTA是一个四元酸,当它溶解于水时,具有4个可离解的$H^+$,但在高酸度溶液中,它的2个羧基还可再接受$H^+$形成$H_6Y^{2+}$,这样,EDTA就相当于六元酸,在水溶液中有六级离解平衡:

$$H_6Y^{2+} \rightleftharpoons H_5Y^+ + H^+ \qquad K_{a_1} = 1.3 \times 10^{-1} = 10^{-0.9}$$
$$H_5Y^+ \rightleftharpoons H_4Y + H^+ \qquad K_{a_2} = 2.5 \times 10^{-2} = 10^{-1.6}$$
$$H_4Y \rightleftharpoons H_3Y^- + H^+ \qquad K_{a_3} = 1.0 \times 10^{-2} = 10^{-2.0}$$
$$H_3Y^- \rightleftharpoons H_2Y^{2-} + H^+ \qquad K_{a_4} = 2.14 \times 10^{-3} = 10^{-2.67}$$
$$H_2Y^{2-} \rightleftharpoons HY^{3-} + H^+ \qquad K_{a_5} = 6.92 \times 10^{-7} = 10^{-6.16}$$
$$HY^{3-} \rightleftharpoons Y^{4-} + H^+ \qquad K_{a_6} = 5.50 \times 10^{-11} = 10^{-10.26}$$

在水溶液中,EDTA以$H_6Y^{2+}$、$H_5Y^+$、$H_4Y$、$H_3Y^-$、$H_2Y^{2-}$、$HY^{3-}$和$Y^{4-}$ 7种型体存在。为书写简便,略去电荷,分别用Y、HY⋯$H_6Y$表示。平衡时,其物料平衡式为

$$c(Y) = [Y] + [HY] + [H_2Y] + [H_3Y] + [H_4Y] + [H_5Y] + [H_6Y]$$

式中,$c(Y)$为EDTA的分析浓度,即总浓度。各型体的平衡浓度占总浓度的分数,称为

该型体的分布系数，用 $\delta$ 表示。若以 pH 值为横坐标，EDTA 的各存在型体的分布系数 $\delta$ 值为纵坐标，绘出 EDTA 的分布曲线，如图 11-10 所示。

由分布曲线可以看出，在不同的 pH 值条件下，EDTA 的各存在型体分布也不同。各型体在溶液中的分布情况随溶液 pH 值的变化而变化，与 EDTA 总浓度无关。表 11-7 列出了不同 pH 值条件下 EDTA 的主要存在型体或优势型体。

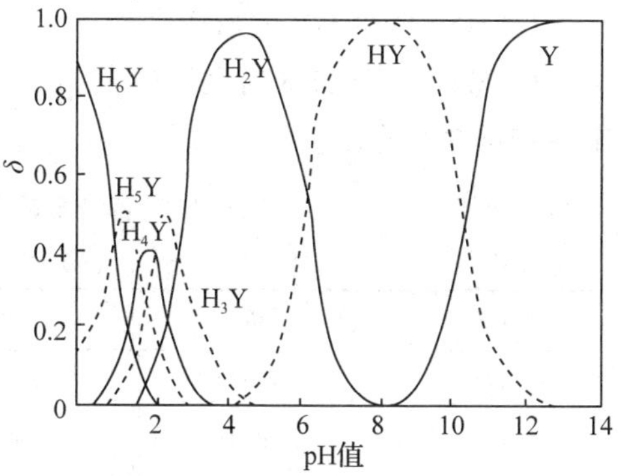


**图 11-10　不同 pH 值时 EDTA 各存在型体的分布曲线**

**表 11-7　不同 pH 值时 EDTA 的主要存在型体**

| pH 值 | <0.9 | 0.9~1.6 | 1.6~2.0 | 2.0~2.7 | 2.7~6.2 | 6.2~10.3 | >10.3 |
|---|---|---|---|---|---|---|---|
| EDTA 的主要存在型体 | $H_6Y$ | $H_5Y$ | $H_4Y$ | $H_3Y$ | $H_2Y$ | HY | Y |

在 EDTA 的 7 种型体中只有 Y 才能直接与金属离子发生配位反应，形成稳定配合物。而仅当 pH >10.3 时，Y 才是主要存在型体。因此，影响 EDTA 与金属离子形成配合物稳定性的一个重要因素就是溶液的 pH 值。

## 11.6.3　EDTA 螯合物的特点

(1)普遍性。前已述及，EDTA 分子中的 2 个氨基氮原子和 4 个羧基氧原子都有孤对电子，为六基配位体，因此，绝大多数金属离子均能与 EDTA 形成螯合物。

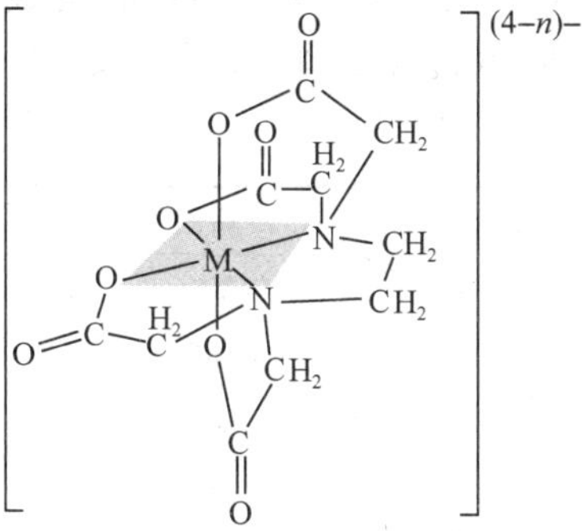


**图 11-11　EDTA-$M^{n+}$ 螯合物立体结构**

(2)简单性。多数金属离子的配位数不超过 6，而一个 EDTA 分子中含有 6 个配位原子，因此一般情况下，EDTA 与大多数金属离子以 1∶1 的配位比形成螯合物。这一点为定量计算提供了极大的方便。只有极少数高价金属离子与 EDTA 不是按照 1∶1 配位，如五价钼与 EDTA 形成 Mo(Ⅴ)∶Y=2∶1 的螯合物 $[(MoO_2)_2Y]^{2-}$，在中性或碱性溶液中 Zr(Ⅳ)与 EDTA 也形成 2∶1 的配合物 $[(ZrO)_2Y]$。

(3)高稳定性。EDTA 与大多数金属离子可形成 5 个五元环的螯合物，其立体结构如图 11-11 所示。因此，EDTA 与大多数金属离子形成的螯合物具有高稳定性。为方便起见，略去各组分的电荷，金属离子与 EDTA 形成螯合物的反应简写为

$$M+Y \xlongequal{} MY$$

配合物 MY 的稳定常数为

$$K_f(MY)=\frac{[MY]}{[M][Y]} \tag{11-8}$$

$K_f(MY)$也叫 MY 的形成常数。一些金属离子与 EDTA 形成螯合物 MY 的稳定常数对数值 $\lg K_f(MY)$见表 11-8 所列。由表 11-8 中的数据可看出，绝大多数金属离子与 EDTA 形成的配合物都相当稳定。

**表 11-8　部分金属离子与 EDTA 螯合物的 $\lg K_f(MY)$**

（离子强度 $I$=0. 1，18~25 ℃）

| 金属离子 | $\lg K_f$ | 金属离子 | $\lg K_f$ | 金属离子 | $\lg K_f$ |
|---|---|---|---|---|---|
| $Ag^+$ | 7. 32 | $Fe^{3+}$ | 25. 10 | $Pd^{2+}$ | 18. 5 |
| $Al^{3+}$ | 16. 3 | $Ga^{3+}$ | 20. 3 | $Pt^{3+}$ | 16. 4 |
| $Ba^{2+}$ | 7. 86 | $Hg^{2+}$ | 21. 7 | $Sc^{3+}$ | 23. 1 |
| $Be^{2+}$ | 9. 2 | $In^{3+}$ | 25. 0 | $Sn^{2+}$ | 22. 11 |
| $Bi^{3+}$ | 27. 94 | $Li^+$ | 2. 79 | $Sr^{2+}$ | 8. 73 |
| $Ca^{2+}$ | 10. 69 | $Mg^{2+}$ | 8. 7 | $Th^{4+}$ | 23. 2 |
| $Cd^{2+}$ | 16. 46 | $Mn^{2+}$ | 13. 87 | $TiO^{2+}$ | 17. 3 |
| $Co^{2+}$ | 16. 31 | Mo(Ⅳ) | ~28 | $Tl^{3+}$ | 37. 8 |
| $Co^{3+}$ | 36 | $Na^+$ | 1. 66 | $U^{4+}$ | 25. 8 |
| $Cr^{3+}$ | 23. 4 | $Ni^{2+}$ | 18. 62 | $Vo^{2+}$ | 18. 8 |
| $Cu^{2+}$ | 18. 80 | $Pb^{2+}$ | 18. 04 | $Y^{3+}$ | 18. 09 |
| $Fe^{2+}$ | 14. 32 | $Zr^{4+}$ | 29. 50 | $Zn^{2+}$ | 16. 50 |

(4)水溶性。EDTA 与金属离子形成的螯合物大多带有电荷而易溶于水，从而使得 EDTA 滴定能在水溶液中进行。

(5)颜色倾向性。一般来说，EDTA 与无色的金属离子生成无色的螯合物，与有色的金属离子生成颜色更深的螯合物。几种有色 EDTA 螯合物的颜色见表 11-9 所列。

**表 11-9　几种有色 EDTA 螯合物的颜色**

| 螯合物 | 颜色 | 螯合物 | 颜色 |
|---|---|---|---|
| $CoY^{2-}$ | 紫红 | $Fe(OH)Y^{2-}$ | 褐(pH≈6) |
| $CrY^-$ | 深紫 | $FeY^-$ | 黄 |
| $Cr(OH)Y^{2-}$ | 蓝(pH>0) | $MnY^{2-}$ | 紫红 |
| $CuY^{2-}$ | 蓝 | $NiY^{2-}$ | 蓝绿 |

## 11.7 影响 EDTA 配合物稳定性的因素(Factors Affecting the Stability of EDTA Complex)

化学反应中，通常把主要考察的一种反应看成是主反应(main reaction)，将其他与之有关的反应看作为副反应(side reaction)。配位滴定反应中所涉及的化学平衡是很复杂的，所有存在于配位滴定中的化学反应可表示如下：

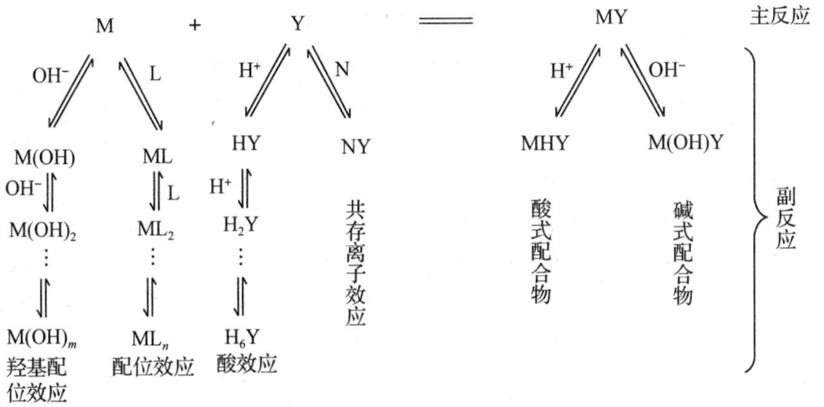


除了被测金属离子 M 与滴定剂 Y 之间的主反应外，还存在以下 3 类副反应：

①Y 的副反应：配位剂 Y 的酸效应及 Y 与金属离子 M 以外金属离子的配位效应。

②M 的副反应：金属离子 M 的水解效应及 M 与 Y 以外配位剂的配位效应。

③MY 的副反应：生成酸式配合物 MHY 及碱式配合物 MOHY 的副反应。

显然，这些副反应的存在都会影响配合物 MY 的稳定性。在这 3 类副反应中，前两类对滴定不利，第三类虽对滴定是有利的，但因反应的程度很小，一般忽略不计。M、Y 及 MY 的各种副反应进行的程度，可由其相应的副反应系数显示出来。本节仅讨论最主要的两个副反应酸效应和配位效应。

## 11.7.1　酸效应及酸效应系数

当 Y 与 M 进行配位反应时，溶液中的 $H^+$ 就会与 Y 形成相应的共轭酸（HY、$H_2Y$…$H_6Y$），使溶液中 Y 的平衡浓度降低，从而不利于 MY 的形成，降低了 MY 的稳定性。这种由于 $H^+$ 的存在使配位体 Y 参加主反应能力降低的现象称为酸效应（acid effect），也称为 pH 效应或质子化效应。这种副反应系数称为酸效应系数（acid effect coefficient），用 $\alpha_{Y(H)}$ 表示。

酸效应系数 $\alpha_{Y(H)}$ 表示平衡时未与 M 配位的 EDTA 各种存在型体的总浓度[Y′]是游离 Y 离子平衡浓度[Y]的多少倍。

因为 $[Y'] = [Y] + [HY] + [H_2Y] + \cdots + [H_6Y]$，所以

$$\alpha_{Y(H)} = \frac{[Y']}{[Y]} = \frac{[Y]+[HY]+[H_2Y]+\cdots+[H_6Y]}{[Y]}$$

$$= 1 + \frac{[H^+]}{K_{a_6}} + \frac{[H^+]^2}{K_{a_5}K_{a_6}} + \cdots + \frac{[H^+]^6}{K_{a_1}K_{a_2}\cdots K_{a_6}} \tag{11-9}$$

从式(11-9)可以看出，$\alpha_{Y(H)}$ 仅是 $[H^+]$ 的函数，即溶液的酸度越高（pH 值越小），$\alpha_{Y(H)}$ 值越大，酸效应越严重，越不利于 MY 的形成。若 Y 无酸效应发生，则未与 M 配位的 EDTA 就全部以 Y 型体存在，此时 $\alpha_{Y(H)} = 1$，$\lg\alpha_{Y(H)} = 0$。

$\alpha_{Y(H)}$ 数值往往比较大，为应用方便，常采用它的对数值 $\lg\alpha_{Y(H)}$。EDTA 在不同 pH 值下的 $\lg\alpha_{Y(H)}$ 值见表 11-10 所列。

表 11-10 EDTA 的 $\lg\alpha_{Y(H)}$

| pH 值 | $\lg\alpha_{Y(H)}$ | pH 值 | $\lg\alpha_{Y(H)}$ | pH 值 | $\lg\alpha_{Y(H)}$ | pH 值 | $\lg\alpha_{Y(H)}$ | pH 值 | $\lg\alpha_{Y(H)}$ |
|---|---|---|---|---|---|---|---|---|---|
| 0.0 | 23.64 | 2.5 | 11.90 | 5.0 | 6.45 | 7.5 | 2.78 | 10.0 | 0.45 |
| 0.1 | 23.06 | 2.6 | 11.62 | 5.1 | 6.26 | 7.6 | 2.68 | 10.1 | 0.39 |
| 0.2 | 22.47 | 2.7 | 11.35 | 5.2 | 6.07 | 7.7 | 2.57 | 10.2 | 0.33 |
| 0.3 | 21.89 | 2.8 | 11.09 | 5.3 | 5.88 | 7.8 | 2.47 | 10.3 | 0.28 |
| 0.4 | 21.32 | 2.9 | 10.84 | 5.4 | 5.69 | 7.9 | 2.37 | 10.4 | 0.24 |
| 0.5 | 20.57 | 3.0 | 10.60 | 5.5 | 5.51 | 8.0 | 2.27 | 10.5 | 0.20 |
| 0.6 | 20.18 | 3.1 | 10.37 | 5.6 | 5.33 | 8.1 | 2.17 | 10.6 | 0.16 |
| 0.7 | 19.62 | 3.2 | 10.14 | 5.7 | 5.15 | 8.2 | 2.07 | 10.7 | 0.13 |
| 0.8 | 19.08 | 3.3 | 9.92 | 5.8 | 4.98 | 8.3 | 1.97 | 10.8 | 0.11 |
| 0.9 | 18.54 | 3.4 | 9.70 | 5.9 | 4.81 | 8.4 | 1.87 | 10.9 | 0.09 |
| 1.0 | 18.01 | 3.5 | 9.48 | 6.0 | 4.65 | 8.5 | 1.77 | 11.0 | 0.07 |
| 1.1 | 17.49 | 3.6 | 9.27 | 6.1 | 4.49 | 8.6 | 1.67 | 11.1 | 0.06 |
| 1.2 | 16.98 | 3.7 | 9.06 | 6.2 | 4.34 | 8.7 | 1.57 | 11.2 | 0.05 |
| 1.3 | 16.49 | 3.8 | 8.85 | 6.3 | 4.20 | 8.8 | 1.48 | 11.3 | 0.04 |
| 1.4 | 16.02 | 3.9 | 8.65 | 6.4 | 4.06 | 8.9 | 1.38 | 11.4 | 0.03 |
| 1.5 | 15.55 | 4.0 | 8.44 | 6.5 | 3.92 | 9.0 | 1.29 | 11.5 | 0.02 |
| 1.6 | 15.11 | 4.1 | 8.24 | 6.6 | 3.79 | 9.1 | 1.19 | 11.6 | 0.02 |
| 1.7 | 14.68 | 4.2 | 8.04 | 6.7 | 3.67 | 9.2 | 1.10 | 11.7 | 0.02 |
| 1.8 | 14.27 | 4.3 | 7.84 | 6.8 | 3.55 | 9.3 | 1.01 | 11.8 | 0.01 |
| 1.9 | 13.88 | 4.4 | 7.64 | 6.9 | 3.43 | 9.4 | 0.92 | 11.9 | 0.01 |
| 2.0 | 13.51 | 4.5 | 7.44 | 7.0 | 3.32 | 9.5 | 0.83 | 12.0 | 0.01 |
| 2.1 | 13.16 | 4.6 | 7.24 | 7.1 | 3.21 | 9.6 | 0.75 | 12.1 | 0.01 |
| 2.2 | 12.82 | 4.7 | 7.04 | 7.2 | 3.10 | 9.7 | 0.67 | 12.2 | 0.005 |
| 2.3 | 12.50 | 4.8 | 6.84 | 7.3 | 2.99 | 9.8 | 0.59 | 13.0 | 0.000 8 |
| 2.4 | 12.19 | 4.9 | 6.65 | 7.4 | 2.88 | 9.9 | 0.52 | 13.9 | 0.000 1 |

## 11.7.2 配位效应及配位效应系数

当金属离子 M 与 Y 发生配位反应时，如果体系中有别的配位剂 L 存在，L 也能与 M 配位，则定会使主反应受到影响。

这种由于其他配位剂 L 的存在使金属离子 M 参加主反应能力降低的现象称为配位效应(coordination effect)。这种副反应系数称为配位效应系数(coordination effect coefficient)，用 $\alpha_{M(L)}$ 表示。$\alpha_{M(L)}$ 表示溶液中未参加主反应的金属离子各型体的总浓度[M′]是游离金属离子 M 平衡浓度[M]的多少倍。

因为 $[M']=[M]+[ML]+[ML_2]+[ML_3]+\cdots+[ML_n]$，所以

$$\alpha_{M(L)}=\frac{[M']}{[M]}=\frac{[M]+[ML]+[ML_2]+\cdots+[ML_n]}{[M]}$$

$$=1+\beta_1[L]+\beta_2[L]^2+\cdots+\beta_n[L]^n$$

从上式中可以看出，$\alpha_{M(L)}$ 仅是[L]的函数，即溶液中[L]越大，$\alpha_{M(L)}$ 值也越大，副反应越严重，越不利于 MY 的形成。当[L]一定时，$\alpha_{M(L)}$ 为一定值。若 M 无配位效应发生，则[M′]=[M]，此时 $\alpha_{M(L)}=1$，$\lg\alpha_{M(L)}=0$。

### 11.7.3　条件稳定常数

当金属离子 M 与配位体 Y 反应生成配合物 MY 时，若没有副反应发生，则反应达平衡时，MY 的稳定常数 $K_f$(MY)是衡量配位反应进行程度的主要标志，故 $K_f$ 又称为绝对稳定常数(absolute stability constant)，它与溶液组分浓度、酸度、其他配位剂或干扰离子的影响无关。但是，配位反应的实际情况十分复杂，在主反应进行的同时，常伴有副反应的发生，致使溶液中 M 和 Y 参加主反应的能力受到影响。

如果只考虑酸效应和配位效应时，当反应达平衡时，溶液中未与 M 配位的 EDTA 各种型体平衡浓度之和为

$$[Y']=[Y]+[HY]+[H_2Y]+\cdots+[H_6Y]$$

同样，溶液中未与 Y 配位的金属离子各种型体平衡浓度之和为

$$[M']=[M]+[ML]+[ML_2]+[ML_3]+\cdots+[ML_n]$$

反应生成的 MY 和发生副反应的 MY 的总浓度为

$$[MY']=[MY]+[MHY]+[M(OH)Y]$$

则可以得到实际情况下配位反应的平衡常数，称为条件稳定常数(conditional stability constant)，用 $K_f'$表示，其定义为

$$K_f'(MY)=\frac{[MY']}{[M'][Y']} \qquad (11\text{-}10a)$$

在很多情况下，[MHY]和[M(OH)Y]可以忽略不计，所以有

$$K_f'(MY)=\frac{[MY]}{[M'][Y']} \qquad (11\text{-}10b)$$

根据酸效应系数和配位效应系数的定义可得

$$[Y']=[Y]\alpha_{Y(H)} \qquad [M']=[M]\alpha_{M(L)}$$

所以

$$K_f'(MY)=\frac{[MY]}{[M]\alpha_{M(L)}[Y]\alpha_{Y(H)}}=\frac{K_f(MY)}{\alpha_{M(L)}\alpha_{Y(H)}} \qquad (11\text{-}10c)$$

对式(11-10c)取对数得

$$\lg K_f'=\lg K_f-\lg\alpha_{Y(H)}-\lg\alpha_{M(L)} \qquad (11\text{-}11a)$$

当溶液中只有酸效应而无配位效应时，即 $\alpha_{M(L)}=1$，则 $\lg\alpha_{M(L)}=0$ 时，此时

$$\lg K_f'=\lg K_f-\lg\alpha_{Y(H)} \qquad (11\text{-}11b)$$

条件稳定常数考虑了溶液中存在的副反应，所以更能准确反映 EDTA 在一定条件下与金属离子形成配合物的稳定性，$K_f'$越大，配合物 MY 的稳定性越高。因 EDTA 滴定中常存在副反应，所以应用条件稳定常数来衡量 EDTA 配合物的实际稳定性。

**【例 11.9】**计算在 pH=10.0 的 $NH_3-NH_4Cl$ 缓冲溶液中，若溶液中游离 $NH_3$ 的浓度为 0.10 $mol\cdot L^{-1}$ 时 ZnY 的条件稳定常数 $\lg K_f'$(ZnY)。

**解：**此时除了酸效应外还有配位效应。

查表 11-8 可知 $\lg K_f$(ZnY)=16.50；查表 11-10 可知 pH=10.0 时，$\lg\alpha_{Y(H)}=0.45$；查文

献可知 Zn(Ⅱ)-$NH_3$ 配合物累积稳定常数分别为

$$\beta_1=10^{2.37},\ \beta_2=10^{4.81},\ \beta_3=10^{7.31},\ \beta_4=10^{9.46}$$

则 $$\alpha_{Zn(NH_3)}=1+\beta_1[NH_3]+\beta_2[NH_3]^2+\beta_3[NH_3]^3+\beta_4[NH_3]^4$$
$$=1+10^{2.37}\times(0.10)+10^{4.81}\times(0.10)^2+10^{7.31}\times(0.10)^3+10^{9.46}\times(0.10)^4$$
$$=10^{5.52}$$

$$\lg K_f'(ZnY)=\lg K_f(ZnY)-\lg\alpha_{Zn(NH_3)}-\lg\alpha_{Y(H)}=16.50-5.52-0.45=10.53$$

## 11.8 配位滴定法的基本原理(The Basic Principle of Coordination Titration)

### 11.8.1 配位滴定曲线

在配位滴定中，若以配位剂作为滴定剂，则随着滴定剂的不断加入，溶液中被测金属离子的浓度不断降低，与酸碱滴定类似，在化学计量点附近，pM 值发生突变。利用适当的指示剂可以确定滴定终点。整个滴定过程中金属离子浓度的变化规律可用配位滴定曲线(以加入滴定剂的体积为横坐标，以 pM 值为纵坐标的平面曲线图)表述。考虑到各种副反应的影响，必须应用条件稳定常数进行计算。

现以 0.010 00 $mol\cdot L^{-1}$ EDTA 标准溶液滴定 20.00 mL 0.010 00 $mol\cdot L^{-1}$ $Ca^{2+}$溶液(在 pH=10.0 的 $NH_3$-$NH_4Cl$ 缓冲溶液中)为例，讨论滴定过程中 pCa 的变化规律。

由于 $Ca^{2+}$不易水解，也不与 $NH_3$ 配位，不存在配位效应，故仅考虑 EDTA 的酸效应。首先计算 CaY(略去电荷)的条件稳定常数 $K_f'(CaY)$。查表 11-8 得 $\lg K_f(CaY)=10.69$；查表 11-10 得 pH=10.0 时，$\lg\alpha_{Y(H)}=0.45$。

故 $$\lg K_f'(CaY)=\lg K_f(CaY)-\lg\alpha_{Y(H)}=10.69-0.45=10.24$$

$$K_f'(CaY)=1.7\times10^{10}$$

与酸碱滴定曲线、沉淀滴定曲线相类似，也可以把配位滴定过程分为滴定前、滴定开始至化学计量点前、化学计量点时以及计量点后 4 个部分来计算和讨论滴定过程中 pCa 的变化。

(1)滴定前。溶液中的 $Ca^{2+}$浓度为 0.010 00 $mol\cdot L^{-1}$，故

$$pCa=-\lg[Ca^{2+}]=-\lg 0.010\,00=2.00$$

(2)滴定开始至化学计量点前。溶液中的 $Ca^{2+}$离子有未被螯合而剩余的 $Ca^{2+}$及 CaY 解离出来的 $Ca^{2+}$，但因为 $K_f'(CaY)$数值较大，CaY 较稳定，所以由 CaY 解离的 $Ca^{2+}$极少，可忽略不计。pCa 由剩余的 $Ca^{2+}$来计算。

设加入 EDTA 的体积为 $V$ mL，则溶液中剩余的$[Ca^{2+}]$为

$$[Ca^{2+}]=0.010\,00\times\frac{20.00-V}{20.00+V}$$

例如，当 $V=19.98$ mL 时，则$[Ca^{2+}]=5.0\times10^{-6}$ $mol\cdot L^{-1}$；pCa=5.30。

(3)化学计量点时。由于配合物 CaY 相当稳定，所以在化学计量点时 $Ca^{2+}$几乎全部形成 CaY，此时

$$[CaY] \approx 0.01000 \times \frac{20.00}{20.00+20.00} = 5.0 \times 10^{-3}\ mol \cdot L^{-1}$$

溶液中 $Ca^{2+}$ 的浓度可近似地由 CaY 的解离来计算。CaY 可解离出等浓度的 $[Ca^{2+\prime}]$ 和 $[Y']$，由于不存在配位效应，则有 $[Ca^{2+}]=[Ca^{2+\prime}]=[Y']$，

所以
$$K_f'(CaY) = \frac{[CaY]}{[Ca^{2+\prime}][Y']} = \frac{5.0\times10^{-3}}{[Ca^{2+}]^2} = 1.7\times10^{10}$$

$$[Ca^{2+}] = \sqrt{\frac{5.0\times10^{-3}}{1.7\times10^{10}}} = 5.4\times10^{-7}\ mol \cdot L^{-1};\ pCa = 6.27$$

(4)化学计量点后。此时溶液中 $[Ca^{2+}]$ 主要取决于过量的 EDTA 的浓度。设已加入 EDTA 的体积为 $V$ mL，则有

$$[Y'] = \frac{V-20.00}{V+20.00} \times 0.01000$$

$$[CaY] = 0.01000 \times \frac{20.00}{V+20.00}$$

代入 $K_f'(CaY) = \frac{[CaY]}{[Ca^{2+}][Y']}$，可计算 $[Ca^{2+}]$：

$$[Ca^{2+}] = \frac{[CaY]}{K_f'[Y']} = \frac{20.00}{1.7\times10^{10}\times(V-20.00)}$$

例如，当 $V=20.02$ mL 时，$[Ca^{2+}]=5.8\times10^{-8}\ mol \cdot L^{-1}$；pCa = 7.24。

如此逐一计算，将结果列于表 11-11，然后以 EDTA 加入的体积 $V$ 为横坐标，以 pCa 值为纵坐标作图，绘出 pH = 10.0 时用 $0.01000\ mol \cdot L^{-1}$ EDTA 标准溶液滴定同浓度的 $Ca^{2+}$ 溶液的滴定曲线，如图 11-12 所示。

**表 11-11　pH = 10 时，$0.01000\ mol \cdot L^{-1}$ EDTA 滴定 20.00 mL $0.01000\ mol \cdot L^{-1}$ $Ca^{2+}$ 溶液的 pCa**

| EDTA 加入量 $V$/mL | 滴定百分率/% | $[Ca^{2+}]$ | pCa |
|---|---|---|---|
| 0.00 | 0.0 | 0.010 | 2.00 |
| 10.00 | 50.0 | $3.3\times10^{-3}$ | 2.48 |
| 18.00 | 90.0 | $5.3\times10^{-4}$ | 3.28 |
| 19.80 | 99.0 | $5.0\times10^{-5}$ | 4.30 |
| 19.98 | 99.9 | $5.0\times10^{-6}$ | 5.30 |
| 20.00 | 100.0 | $5.4\times10^{-7}$ | 6.27 |
| 20.02 | 100.1 | $4.9\times10^{-8}$ | 7.23 |
| 20.20 | 101.0 | $5.9\times10^{-9}$ | 8.23 |
| 22.00 | 110.0 | $5.9\times10^{-10}$ | 9.23 |
| 30.00 | 150.0 | $1.2\times10^{-10}$ | 9.92 |
| 40.00 | 200.0 | $5.9\times10^{-11}$ | 10.23 |

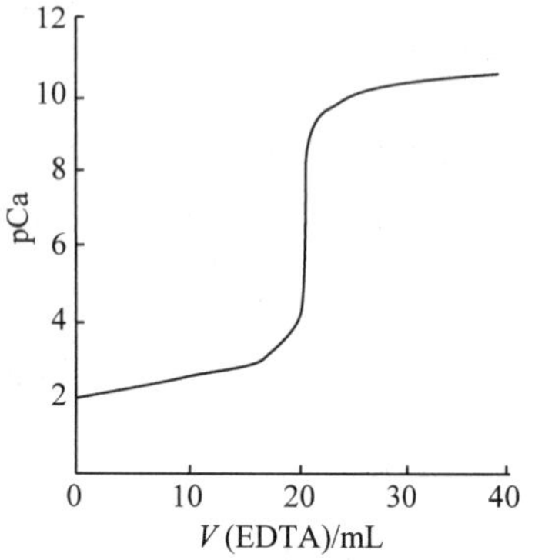


**图 11-12 pH=10 时，0.010 00 mol·L⁻¹ EDTA 滴定 20.00 mL 0.010 00 mol·L⁻¹ $Ca^{2+}$ 的滴定曲线**

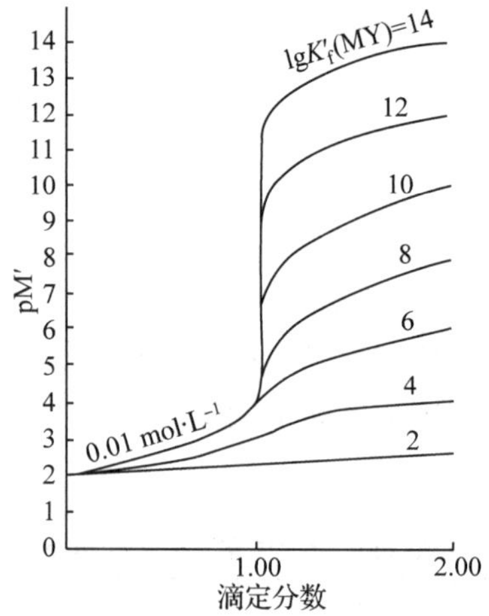


**图 11-13 EDTA 滴定具有不同 $\lg K_f'$ 金属离子的滴定曲线**

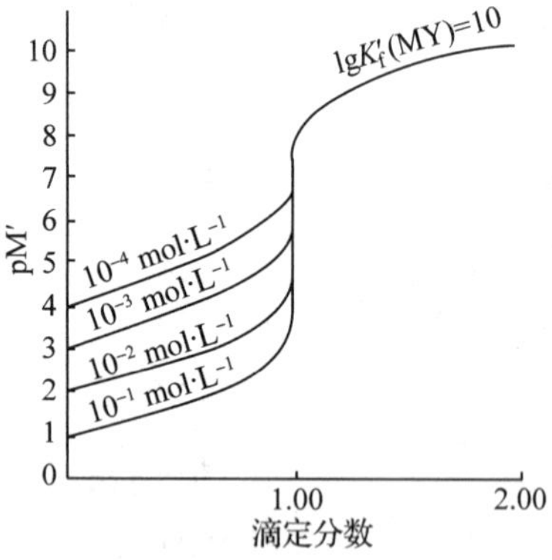


**图 11-14 不同浓度的 EDTA 滴定相同金属离子的滴定曲线**

### 11.8.2 影响配位滴定突跃的因素

从图 11-12 的滴定曲线看出，在化学计量点附近 pCa 有一个滴定突跃。影响配位滴定突跃范围大小的主要因素是滴定所生成配合物的条件稳定常数 $K_f'(MY)$ 以及被滴定金属离子的初始浓度 $c(M)$。

#### 11.8.2.1 $K_f'(MY)$ 对滴定突跃的影响

图 11-13 是 $c(M)$ 一定时，不同 $\lg K_f'(MY)$ 的 EDTA 配位滴定曲线。由图 11-13 可以看出，$K_f'(MY)$ 越大，滴定突跃就越大。而 $K_f'(MY)$ 又主要取决于 $K_f$、$\alpha_{M(L)}$ 和 $\alpha_{Y(H)}$ 的大小，故：

①$K_f$ 越大，$K_f'$ 相应增大，滴定突跃就大，反之则小。

②溶液体系的酸度越大，pH 值越小，$\alpha_{Y(H)}$ 越大，$K_f'$ 越小，滴定突跃也就越小。

③若缓冲体系及其他辅助配位剂的配位作用的存在，使得 [L] 越大，$\alpha_{M(L)}$ 增大，$K_f'$ 减小，从而使滴定突跃变小。

#### 11.8.2.2 金属离子浓度对滴定突跃的影响

图 11-14 是配合物的 $\lg K_f'(MY)$ 一定时，用 EDTA 滴定不同浓度金属离子的滴定曲线。由图 11-14 可以看出，$c(M)$ 越大，滴定曲线的起点越低，滴定突跃范围越大。因此，溶液的浓度不宜过稀，一般选用 0.01 mol·L⁻¹ 左右。

### 11.8.3 直接准确滴定的条件

根据影响配位滴定突跃范围的因素可知，$c(M)$ 和 $K_f'(MY)$ 越大，突跃范围越大，越有利于指示剂的选择，测定结果的准确度越高。

根据滴定分析的一般要求，测定结果的相对误差不大于 ±0.1%，故化学计量点时配合物 MY 的离解部分必须小于 0.1%。假设金属离子的初始浓度 $c(M)$ 为 0.02 mol·L⁻¹，则滴定到化学计量点时，至少有 99.9% 的 M 生成 MY。若滴定剂和 M 的原始浓度相等，则有

$$[MY] \approx \frac{0.02}{2} = 0.01\ \text{mol}\cdot\text{L}^{-1};$$

$$[M'] = [Y'] \leqslant 0.01 \times 0.1\% = 10^{-5}\ \text{mol}\cdot\text{L}^{-1}$$

为满足此条件，$K_f'(MY)$ 值应为

$$K_f'(MY) = \frac{[MY]}{[M'][Y']} \geqslant \frac{0.01}{10^{-5} \times 10^{-5}} = 10^{8}$$

即

$$\lg K_f'(MY) \geqslant 8$$

因此，当被滴金属离子浓度为 $c(\mathrm{M})$（通常约为 $10^{-2}\ \mathrm{mol\cdot L^{-1}}$）时，EDTA 可直接准确滴定单一金属离子的判决条件为

$$\lg c(\mathrm{M})K_f'(\mathrm{MY})\geqslant 6$$

或

$$c(\mathrm{M})K_f'(\mathrm{MY})\geqslant 10^6$$

**【例 11.10】** 在 pH = 5.0 时，能否用 EDTA 标准溶液直接准确滴定 $Mg^{2+}$？在 pH = 10.0 的氨性缓冲溶液中呢？

**解：** 查表 11-8 可知 $\lg K_f(\mathrm{MgY})=8.7$；查表 11-10 可知 pH = 5.0 时，$\lg\alpha_{\mathrm{Y(H)}}=6.45$；pH = 10.0 时，$\lg\alpha_{\mathrm{Y(H)}}=0.45$。

由于 pH = 5.0 时，$\lg K_f'(\mathrm{MgY})=\lg K_f(\mathrm{MgY})-\lg\alpha_{\mathrm{Y(H)}}=8.7-6.45=2.3<8$，所以 pH = 5.0 时不能直接准确滴定 $Mg^{2+}$。

pH = 10.0 时，$\lg K_f'(\mathrm{MgY})=\lg K_f(\mathrm{MgY})-\lg\alpha_{\mathrm{Y(H)}}=8.7-0.45=8.3>8$，因此在 pH = 10.0 的氨性缓冲溶液中，$Mg^{2+}$ 可被直接准确滴定。

## 11.8.4　酸效应曲线和配位滴定中酸度的控制

### 11.8.4.1　配位滴定的最高允许酸度（最低 pH 值）

从上面的讨论可以看出，当 $\lg K_f'(\mathrm{MY})\geqslant 8$ 时，金属离子 M 才能被直接准确滴定。若配位反应中只有 EDTA 的酸效应而无其他副反应时，则有

$$\lg K_f'(\mathrm{MY})=\lg K_f(\mathrm{MY})-\lg\alpha_{\mathrm{Y(H)}}\geqslant 8$$

即

$$\lg\alpha_{\mathrm{Y(H)}}\leqslant \lg K_f(\mathrm{MY})-8$$

将不同 EDTA 配合物的 $K_f'(\mathrm{MY})$ 代入上式，计算所得的 $\lg\alpha_{\mathrm{Y(H)}}$ 值对应的 pH 值就是 EDTA 滴定该金属离子的最低 pH 值（最高允许酸度）。若溶液 pH 值低于这一限度，金属离子就不能被准确滴定。

**【例 11.11】** 求用 EDTA 标准溶液滴定 $Zn^{2+}$ 时所允许的最低 pH 值。

**解：** 查表 11-8 可知，$\lg K_f(\mathrm{ZnY})=16.50$，则

$$\lg\alpha_{\mathrm{Y(H)}}\leqslant \lg K_f-8=16.50-8=8.50$$

再查表 11-10 得到与 $\lg\alpha_{\mathrm{Y(H)}}=8.50$ 对应的 pH ≈ 4。因此，EDTA 滴定 $Zn^{2+}$ 允许的最低 pH 值约为 4。

### 11.8.4.2　酸效应曲线

在配位滴定中，了解各种金属离子滴定时所允许的最低 pH 值，对解决实际问题有很大帮助。可以用上述方法计算出 EDTA 溶液滴定其他金属离子所允许的最低 pH 值，然后以 $\lg\alpha_{\mathrm{Y(H)}}$ 或 $\lg K_f(\mathrm{MY})$ 为横坐标，以 pH 值为纵坐标作图，可得如图 11-15 所示的 $\lg K_f(\mathrm{MY})$-pH 关系曲线，称为酸效应曲线（acid effect curve），或称林邦（Ringbom）曲线。

酸效应曲线可以解决以下几个问题：

（1）从酸效应曲线上可以查找出各种金属离子单独被准确滴定时允许的最低 pH 值（最高酸度）。若滴定时溶液的 pH 值小于该值，则 $\lg K_f'(\mathrm{MY})<8$，化学计量点时金属离子配位不完全，不满足滴定分析的要求。例如，滴定 $Fe^{3+}$、$Cu^{2+}$ 和 $Zn^{2+}$ 时，溶液的 pH 值必须分别大于 1.2、3 和 4。

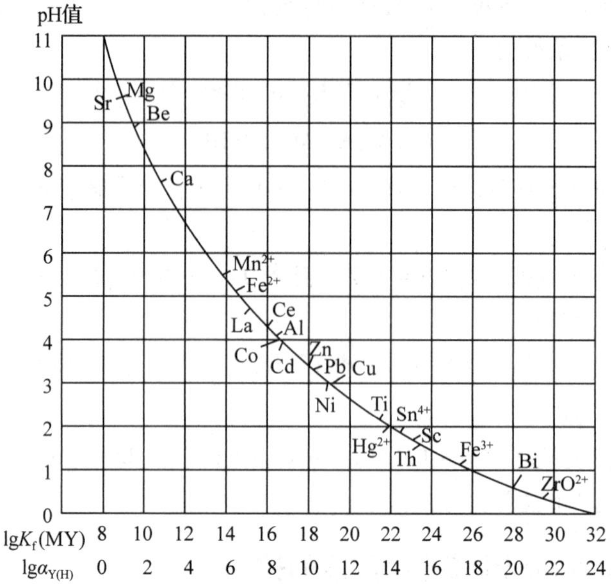


**图 11-15 EDTA 的酸效应曲线**

(2)从酸效应曲线可以判断，对于金属离子混合溶液，在一定 pH 值范围内，哪些离子可被准确滴定，哪些离子对滴定有干扰。例如，在 pH=10.0 附近滴定 $Mg^{2+}$时，溶液中若同时存在位于 $Mg^{2+}$下方的离子(如 $Ca^{2+}$或 $Mn^{2+}$等)，此时它们均可被同时滴定。就是说可用“上不干扰下干扰”的原则来判断共存金属离子对被滴金属离子是否有干扰。

(3)当溶液中多种金属离子同时存在时，可根据酸效应曲线设计实验方案，利用控制溶液酸度的方法，实现混合金属离子溶液的选择性滴定或连续滴定，以确定各组分含量。例如，当溶液中有 $Bi^{3+}$、$Zn^{2+}$及 $Mg^{2+}$共存时，用甲基百里酚蓝作指示剂，在 pH=1.0 时，用 EDTA 滴定 $Bi^{3+}$，此时 $Zn^{2+}$及 $Mg^{2+}$不干扰滴定；然后调节 pH=5.0~6.0，连续滴定 $Zn^{2+}$，而 $Mg^{2+}$不能被定量滴定；最后在 pH=10.0~11.0 时滴定 $Mg^{2+}$。

#### 11.8.4.3 配位滴定的最高 pH 值(最低允许酸度)

必须指出，配位滴定时实际采用的 pH 值要比允许的最低 pH 值略高一些，以便使金属离子反应更完全。但过高的 pH 值又会引起金属离子的水解生成沉淀或羟基效应，使 $\lg K_f'(MY)$降低，影响 MY 的形成，甚至会使滴定无法进行。所以，不同金属离子被滴定时有不同的最高 pH 值(最低允许酸度)。在没有其他配位剂存在时，最高 pH 值就由 $M(OH)_n$ 的溶度积求得。

例如，用 EDTA 标准溶液滴定 0.02 mol·L$^{-1}$ $Mg^{2+}$离子溶液时，根据沉淀溶解平衡原理，可得

$$[OH^-] \leqslant \sqrt{\frac{K_{sp}[Mg(OH)_2]}{[Mg^{2+}]}} \leqslant \sqrt{\frac{1.8\times10^{-11}}{2.0\times10^{-2}}} = 3.0\times10^{-5}\ \text{mol}\cdot\text{L}^{-1}$$

即 pH≤9.48。因此，为防止滴定时生成 $Mg(OH)_2$ 沉淀，应使溶液体系的 pH 值不高于 9.48。

由此可见，在配位滴定中，应根据被测金属离子以及所选用的指示剂性质进行综合考

虑，拟定合适的 pH 值范围。

#### 11.8.4.4　pH 缓冲溶液在配位滴定中的作用

由于 EDTA 在滴定过程中随着 MY 的形成会不断释放出 $H^+$：

$$H_2Y+M \longrightarrow MY+2H^+$$

使得溶液的 pH 值逐渐减小，增大了酸效应，使配合物越不稳定，减小了突跃范围，不利于滴定的进行。因此，在配位滴定中，通常需加入缓冲溶液来控制溶液的 pH 值。

## 11.9　金属指示剂(Metallochromic Indicator)

在配位滴定中，通常利用一种能与金属离子生成有色配合物的显色剂来指示滴定终点，这种能够指示溶液中金属离子浓度变化的显色剂称为金属离子指示剂，简称金属指示剂。

### 11.9.1　金属指示剂的变色原理

金属指示剂是一类具有配位能力的有机染料，属于有机配位剂，并且多为有机多元弱酸。由于在溶液中与金属离子所形成配合物与游离指示剂本身的颜色显著不同，因而能指示滴定过程金属离子浓度的变化情况。

若以 M 表示金属离子，In 表示金属指示剂的阴离子，Y 表示滴定剂 EDTA(略去所有离子的电荷)，则金属指示剂的变色过程可以简述如下：

在一定 pH 值下用 EDTA 滴定 M 时，在待测溶液中加少量指示剂，有如下反应发生：

$$M+In(\text{甲色}) \longrightarrow MIn(\text{乙色})$$

滴定开始至化学计量点前，加入的 EDTA 先与游离的金属离子反应：

$$M+Y \longrightarrow MY$$

随着滴定剂的加入，溶液中游离金属离子的浓度不断减小。接近计量点时，游离金属离子已消耗至尽。由于 MIn 的稳定性小于 MY 的稳定性，故再加入的 EDTA 就会夺取 MIn 中的 M，从而使指示剂游离出来，溶液颜色由乙色变为甲色，指示滴定终点到达。其反应如下：

$$MIn(\text{乙色})+Y \longrightarrow MY+In(\text{甲色})$$

### 11.9.2　金属指示剂应具备的条件

金属离子的显色剂很多，但只有其中一部分能用作金属指示剂。一般来讲，金属指示剂应具备下列条件：

(1)在滴定的 pH 值范围内，指示剂本身 In 与指示剂配合物 MIn 的颜色应明显不同，这样才能有利于终点的判断。

(2)指示剂配合物 MIn 的稳定性应适当。若 MIn 的稳定性太低，$K'_f(MIn) \ll K'_f(MY)$，那么在计量点之前 EDTA 就会竞争 MIn 中的 M，使指示剂 In 释放出来，导致终点提前；若 MIn 的稳定性过高，则滴定到化学计量点时所加入的 Y 不能夺取 MIn 中的 M 而释放出指示剂 In，使终点拖后，甚至得不到滴定终点。因此，一般要求 $K'_f(MY)$ 至少是 $K'_f(MIn)$ 的 10~100 倍。

(3)金属指示剂与金属离子的反应必须灵敏、迅速，有良好的变色可逆性。

(4)指示剂本身及其配合物 MIn 都应易溶于水。如果生成胶体或沉淀，则会影响显色反应的可逆性，从而使变色不明显。

(5)金属指示剂应较稳定，便于贮藏和使用。

### 11.9.3 金属指示剂的选择

与酸碱滴定类似，指示剂的选择原则都是以滴定过程中化学计量点附近产生的突跃范围为基本依据的。

根据配位平衡原理，被测金属离子 M 与配合物 MIn 在溶液中有下列配位解离平衡：

$$\mathrm{MIn} \rightleftharpoons \mathrm{M+In}$$

考虑到溶液中副反应的影响，可得

$$K_f'(\mathrm{MIn})=\frac{[\mathrm{MIn}]}{[\mathrm{M}'][\mathrm{In}']}$$

$$\lg K_f'(\mathrm{MIn})=\mathrm{pM}'+\lg\frac{[\mathrm{MIn}]}{[\mathrm{In}']}$$

当达到指示剂的变色点时，有[MIn]=[In′]，溶液呈 In 和 MIn 的混合色，则

$$\lg K_f'(\mathrm{MIn})=\mathrm{pM}'$$

即为指示剂的理论变色点。

需要注意的是：金属指示剂不像酸碱指示剂有一个确定的变色点。因为金属指示剂不仅是配位剂，而且具有酸碱性质，指示剂与金属离子 M 形成的有色配合物 MIn 的条件稳定常数 $K_f'(\mathrm{MIn})$将随 pH 值的变化而变化，故指示剂变色点时的 pM′也随 pH 值的变化而不同。因此，在选择金属指示剂时，要求金属指示剂能在化学计量点附近发生明显的颜色变化，并且须考虑体系的酸度，使指示剂变色点的 $\mathrm{pM}'_{ep}$应尽量与化学计量点 $\mathrm{pM}'_{sp}$一致，以减小终点误差。

虽然金属指示剂的选择可以通过有关常数进行理论计算，但目前金属指示剂的有关常数还不齐全，所以在实际工作中大多采用实验方法来选择指示剂，即先试验待选指示剂在终点时的变色敏锐程度，然后再检查滴定结果的准确度，这样就可以确定该指示剂是否符合要求。

### 11.9.4 金属指示剂的封闭、僵化和氧化变质

金属指示剂在化学计量点附近应有敏锐的颜色变化，但实际应用时会存在下列一些现象：

(1)指示剂的封闭现象。当配位滴定进行到计量点时，稍过量的滴定剂 EDTA 并不能夺取 MIn 中的金属离子，导致计量点附近没有颜色变化。这种现象称为指示剂的封闭现象。消除指示剂的封闭现象可通过分析造成封闭的不同原因而采取相应的措施来完成。如由于溶液中存在干扰离子，产生封闭现象，可采用加入适当的掩蔽剂消除这些离子的干扰；由待测离子 M 本身造成的封闭，可采用返滴定法进行消除；由于指示剂配合物 MIn 的变色可逆性差导致的封闭，只好重新更换指示剂。

(2)指示剂的僵化现象。有些指示剂本身或其金属离子配合物的水溶性比较差，使到达终点时溶液变色缓慢而使终点拖长，这种现象称为指示剂的僵化现象。通常可采用加入适当的有机溶剂增大其溶解度，或采用加热的办法来消除指示剂的僵化现象。

(3)指示剂的氧化变质现象。多数金属离子指示剂含有不同数量的双键，所以在日光、

氧化剂、空气等充足时很容易分解变质。因此，金属指示剂在使用时，通常将其与中性盐（如 NaCl、$KNO_3$ 等）按一定比例（一般质量比为 1∶100）配成固体混合物，或在指示剂溶液中加入还原剂（如盐酸羟胺、抗坏血酸等）进行保护。另外，指示剂溶液配制后，不要放置时间过长，最好是现用现配。

### 11.9.5　常用的金属指示剂

以下介绍几种常用的金属指示剂。

(1) 铬黑 T。铬黑 T 简称 EBT，属偶氮染料。其化学名称为 1-(1-羟基-2-萘偶氮基)-6-硝基-2-萘酚-4-磺酸钠。结构式为

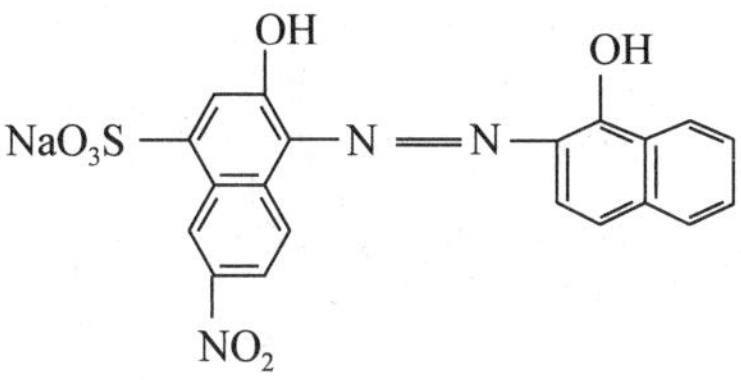


铬黑 T（常用符号 $NaH_2In$ 表示）是带有金属光泽的黑褐色粉末。溶于水时，磺酸基上的 $Na^+$ 全部离解形成 $H_2In^-$。在水溶液中存在下列酸碱平衡：

$$\underset{\substack{pH<6.3\\ 紫红色}}{H_2In^-} \xrightleftharpoons{pK_{a_2}=6.3} \underset{\substack{pH=8\sim11\\ 蓝色}}{HIn^{2-}} \xrightleftharpoons{pK_{a_3}=11.6} \underset{\substack{pH>11.6\\ 橙色}}{In^{3-}}$$

铬黑 T 能与许多金属离子（如 $Ca^{2+}$、$Mg^{2+}$、$Zn^{2+}$、$Cd^{2+}$、$Pb^{2+}$、$Hg^{2+}$ 等）形成红色配合物。在 pH<6.3 和 pH>11.6 的溶液中，由于指示剂本身接近红色，与配合物颜色接近，故不好使用。根据酸碱指示剂的变色原理（$pH=pK_a\pm1$），pH=7.3～10.6 时，铬黑 T 溶液呈蓝色，所以，理论上在这个 pH 值范围内，铬黑 T 可以作为金属指示剂使用。但实验结果表明，使用铬黑 T 的最适宜酸度范围是 pH=9.0～10.5。使用时要注意 $Al^{3+}$、$Fe^{3+}$、$Co^{3+}$、$Ni^{2+}$、$Cu^{3+}$、$Ti^{3+}$ 等离子对铬黑 T 有封闭作用。

固体铬黑 T 性质相对稳定，但其水溶液易发生分子聚合而变质，尤其在酸性条件下，聚合更为严重，加入三乙醇胺，可减缓其聚合速率。在碱性溶液中，铬黑 T 极易被氧化并褪色，加入盐酸羟胺或抗坏血酸等还原剂可防止其氧化。

铬黑 T 水溶液仅能保存几天。因此在实际应用时，通常把铬黑 T 固体与纯净的中性盐（如 NaCl 等）按 1∶100 的比例混合后直接使用。

(2) 钙指示剂。钙指示剂简称 NN 或钙红，也属偶氮染料。其化学名称为 2-羟基-1-(2-羟基-4-磺酸基-1-萘偶氮基)-3-萘甲酸。结构式为

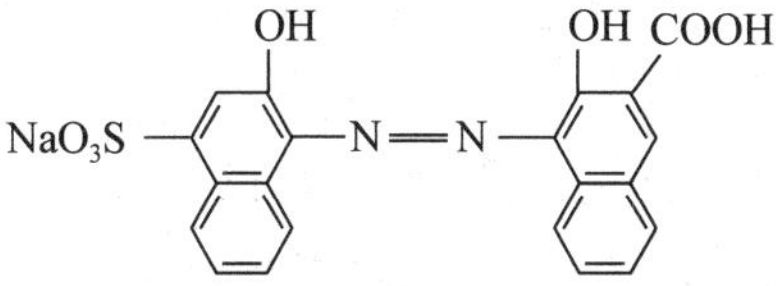


纯的钙指示剂（用符号 $Na_2H_2In$ 表示）为紫黑色粉末。在水溶液中有下列酸碱平衡：

$$H_2In^{2-}(\text{红色}) \xrightleftharpoons{pK_{a_3}=7.26} HIn^{3-}(\text{蓝色}) \xrightleftharpoons{pK_{a_4}=13.67} In^{4-}(\text{紫色})$$

钙指示剂与 $Ca^{2+}$ 可形成红色配合物 CaIn。通常在 pH = 12～13 测定 $Ca^{2+}$ 时，用钙指示剂指示终点(蓝色)。在此条件下测定 $Ca^{2+}$，不仅终点颜色变化明显，而且试液中即使有 $Mg^{2+}$ 共存也不会干扰 $Ca^{2+}$ 的测定，因为 pH = 12～13 时，$Mg^{2+}$ 已生成 $Mg(OH)_2$ 白色沉淀而析出。

钙指示剂受封闭的情况与铬黑 T 相似，可用 KCN 和三乙醇胺联合掩蔽来消除。

纯的固态钙指示剂性质稳定，但它的水溶液和乙醇溶液都不稳定，故一般用固体试剂与 NaCl 按 1∶100 的比例混合后使用。

(3)二甲酚橙。二甲酚橙简称 XO，属三苯甲烷类显色剂，其化学名称为 3-3'-双[*N*,*N*-二(羧甲基)-氨甲基]-邻甲酚磺酞，结构式为

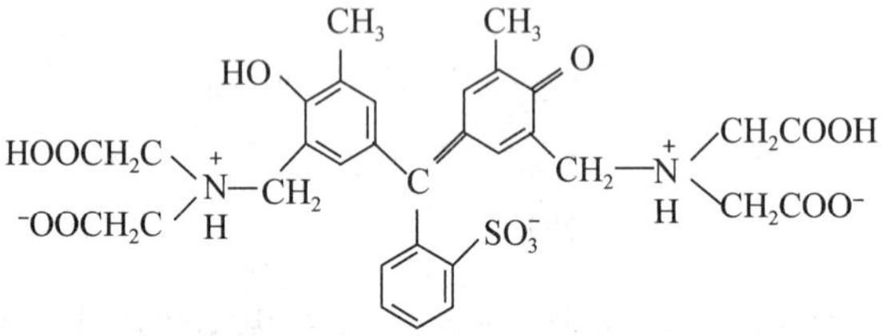


二甲酚橙为易溶于水的紫色结晶。它有 7 种不同型体，其中 $H_6In$ 至 $H_2In^{4-}$ 都是黄色，$HIn^{5-}$ 至 $In^{6-}$ 为红色。在 pH = 5～6 时，主要以 $H_2In^{4-}$ 型体存在。$H_2In^{4-}$ 的酸碱离解平衡如下：

$$\underset{\text{黄色}}{H_2In^{4-}} \xrightleftharpoons{pK_{a_5}=6.3} \underset{\text{红色}}{H^+ + HIn^{5-}}$$

由此可见，pH>6.3 时，呈红色；pH<6.3 时，呈黄色。二甲酚橙与金属离子形成的配合物都是红紫色，因此，它适合在 pH<6.3 的酸性溶液中使用。通常将其配成 0.5%的水溶液，可稳定 2～3 周。许多金属离子可用二甲酚橙作指示剂直接滴定，如 $ZrO^{2+}$(pH<1)、$Bi^{3+}$(pH = 1～2)、$Th^{4+}$(pH = 2.3～3.5)、$Pb^{2+}$、$Zn^{2+}$、$Cd^{2+}$、$Hg^{2+}$、$La^{3+}$、$Y^{3+}$(pH = 5.0～6.0)等，终点由红紫色转变为亮黄色，变色敏锐。

$Al^{3+}$、$Fe^{3+}$、$Ni^{2+}$、$Ti^{4+}$ 等离子对二甲酚橙有封闭作用，其中 $Al^{3+}$、$Ti^{4+}$ 可用氟化物掩蔽，$Ni^{2+}$ 可用邻二氮菲掩蔽，$Fe^{3+}$ 可用抗坏血酸还原。

## 11.10 提高配位滴定选择性的方法(Methods to Improve the Selectivity of Coordination Titration)

EDTA 能与许多金属离子形成配合物，而实际测定的样品常常是多种金属离子共存。滴定时相互干扰现象比较严重。因此，提高配位滴定选择性，是配位滴定中要解决的重要问题。本节介绍一些提高配位滴定选择性的主要方法。

利用配位滴定法直接准确滴定单一金属离子 M 的判决条件是：

$$\lg K_f'(MY) \geqslant 8;\ \lg c(M) K_f'(MY) \geqslant 6$$

实验证明，当 $\lg K_f'(MY) \leqslant 3$ 或者 $\lg c(M) K_f'(MY) \leqslant 1$ 时，M 就基本不被滴定。

如果被滴定溶液中共存有两种金属离子 M 和 N 时，则准确滴定 M 离子而 N 离子不干扰滴定的条件为

$$\lg K_f'(MY)-\lg K_f'(NY)\geqslant 5;\ \lg c(M)K_f'(MY)-\lg c(N)K_f'(NY)\geqslant 5$$

当然，在测定 M 后，若共存离子 N 也满足 $\lg c(N)K_f'(NY)\geqslant 6$，则 N 也可被继续滴定。

### 11.10.1　控制溶液的酸度

通过酸效应曲线可知，不同金属离子被 EDTA 滴定时允许的最低 pH 值是不同的。若溶液中同时存在两种或两种以上的金属离子，并都符合被 EDTA 滴定的条件 $\lg cK_f'\geqslant 6$ 时，若要对共存离子进行分别滴定则应满足 $\lg c(M)K_f'(MY)-\lg c(N)K_f'(NY)\geqslant 5$。这样滴定时可通过控制溶液的酸度，提高配位滴定的选择性。

如果两种金属离子与 EDTA 所形成的配合物的稳定性很相近时，就不能利用控制酸度的方法来进行分别滴定，可采用其他方法。

### 11.10.2　利用掩蔽和解蔽作用

当不能用控制酸度的方法选择性滴定 M 时，有时可利用加入掩蔽剂来降低干扰离子的浓度，从而达到消除干扰的目的，这种方法称为掩蔽法。常用的掩蔽法有配位掩蔽法、沉淀掩蔽法和氧化还原掩蔽法。其中，配位掩蔽法应用最广。

配位掩蔽法是利用配位反应来降低干扰离子浓度以消除干扰。例如，当 $Al^{3+}$ 和 $Zn^{2+}$ 共存时，加入 $NH_4F$ 使 $Al^{3+}$ 生成稳定的 $[AlF_6]^{3-}$ 配离子而被掩蔽起来，调节 pH 值为 5~6，选用二甲酚橙作指示剂，可准确滴定 $Zn^{2+}$，而 $Al^{3+}$ 不干扰。

沉淀掩蔽法是利用沉淀反应来降低干扰离子的浓度，以消除干扰的方法。例如，在 $Ca^{2+}$、$Mg^{2+}$ 两种离子共存的溶液中，加入 NaOH，使溶液 pH≥12，$Mg^{2+}$ 全部生成 $Mg(OH)_2$ 沉淀，使用钙指示剂，可用 EDTA 直接滴定 $Ca^{2+}$。

氧化还原掩蔽法是利用氧化还原反应来改变干扰离子的价态，以消除干扰的方法。例如，用 EDTA 滴定 $Bi^{3+}$、$Zr^{4+}$、$Th^{4+}$ 等离子时，溶液中如果存在 $Fe^{3+}$ 就会干扰滴定，这时可在酸性溶液中加入抗坏血酸或盐酸羟胺，将 $Fe^{3+}$ 还原成 $Fe^{2+}$，以消除 $Fe^{3+}$ 的干扰。

掩蔽某些离子滴定以后，若还要测定被掩蔽离子，可采用适当的方法使掩蔽的离子释放出来，这种方法称为解蔽，所用试剂称为解蔽剂。例如，$Zn^{2+}$ 和 $Pb^{2+}$ 共存时，用配位滴定法分别测定 $Zn^{2+}$ 和 $Pb^{2+}$ 时，先用氨水中和试液，再加入 KCN，掩蔽 $Zn^{2+}$（$Zn^{2+}$ 对 $Pb^{2+}$ 的测定有干扰）。在 pH=10.0 时，以铬黑 T 作指示剂，用 EDTA 可准确滴定 $Pb^{2+}$。然后加入甲醛，以破坏 $[Zn(CN)_4]^{2-}$ 配离子而释放出 $Zn^{2+}$，其反应如下：

$$[Zn(CN)_4]^{2-}+4HCHO+4H_2O = Zn^{2+}+4HOCH_2CN(\text{羟基乙腈})+4OH^-$$

### 11.10.3　采用其他配位剂

除 EDTA 外，氨羧配位剂种类很多，许多氨羧配位剂也能与金属离子生成配合物，但其稳定性与 EDTA 配合物的稳定性有时差别很大，故选用其他氨羧配位剂作为滴定剂，有可能提高滴定某些金属离子的选择性。下面介绍几种滴定剂：

(1) EGTA（乙二醇二乙醚二胺四乙酸）。EGTA 与 $Ca^{2+}$、$Mg^{2+}$ 形成的配合物稳定性相差

较大，故可在 $Ca^{2+}$、$Mg^{2+}$共存时，用 EGTA 直接滴定 $Ca^{2+}$。

(2) EDTP(乙二胺四丙酸)。EDTP 与 $Cu^{2+}$形成的配合物有相当高的稳定性，而与 $Zn^{2+}$、$Cd^{2+}$、$Mn^{2+}$、$Mg^{2+}$等离子形成的配合物稳定性就相对低得多，故可以在 $Zn^{2+}$、$Cd^{2+}$、$Mn^{2+}$、$Mg^{2+}$存在下，用 EDTP 直接滴定 $Cu^{2+}$。

(3) DCTA(环己烷二胺四乙酸)。DCTA 也可简称 $C_Y$DTA，它与金属离子形成的配合物一般比相应的 EDTA 配合物更稳定。但 DCTA 与金属离子配位反应速率较慢，使终点拖长，且价格较贵，一般不使用。但它与 $Al^{3+}$的配位反应速率相当快，用 DCTA 滴定 $Al^{3+}$，可省去加热等手续。

在配位滴定中，为消除干扰离子的影响，还可采用化学分离的方法，将干扰离子预先分离，再进行滴定。常见的分离方法有沉淀分离法、溶剂萃取分离法、层析分离法、离子交换分离法等。

## 11.11 配位滴定及配合物的应用(Application of Complexometric Titration and Complexes)

### 11.11.1 配位滴定法应用实例

#### 11.11.1.1 水的总硬度及钙、镁含量的测定

最初水的硬度是指水沉淀肥皂的能力，使肥皂沉淀的主要原因是水中存在的钙、镁离子。水的总硬度指水中钙、镁离子的总硬度，其中包括碳酸盐硬度(即通过加热能以碳酸盐形式沉淀下来的钙、镁离子，又称暂时硬度)和非碳酸盐硬度(即加热后不能沉淀下来的那一部分钙、镁离子，又称永久硬度)。硬度的表示方法在国际、国内都尚未统一，我国目前使用的表示方法是将所测得的钙、镁折算成 CaO 或 $CaCO_3$ 的质量，即 1 L 水中含有多少毫克(mg)的 CaO 或 $CaCO_3$，单位为 $mg \cdot L^{-1}$。工业用水和生活饮用水对水的硬度都有一定的要求，我国《生活饮用水卫生标准》(GB 5749—2006)规定以 $CaCO_3$ 计的硬度不得超过 450 $mg \cdot L^{-1}$。

(1)水的总硬度的测定。在一份水样中加入 pH = 10.0 的氨性缓冲溶液和少许铬黑 T 指示剂，此时溶液呈红色，其反应如下：

$$Mg^{2+} + HIn^{2-}(\text{蓝色}) = MgIn^{-}(\text{红色}) + H^{+}$$

当用 EDTA 标准溶液滴定时，它先与游离的 $Ca^{2+}$配位，再与 $Mg^{2+}$配位，接近计量点时，EDTA 从 $MgIn^-$中夺取 $Mg^{2+}$，从而使指示剂游离出来，溶液的颜色由红色变为纯蓝色，即为终点。有关反应如下：

$$Ca^{2+} + H_2Y^{2-} = CaY^{2-} + 2H^{+}$$

$$Mg^{2+} + H_2Y^{2-} = MgY^{2-} + 2H^{+}$$

$$MgIn^{-} + H_2Y^{2-} = MgY^{2-} + HIn^{2-} + H^{+}$$

水的总硬度可由 EDTA 标准溶液的浓度 $c$(EDTA)和消耗体积 $V_1$(EDTA)以及水样的体积 $V$(s)来计算。

$$总硬度=\frac{c(EDTA)V_1(EDTA)M(CaCO_3)}{V(s)}$$

式中，$V_1(EDTA)$为$Ca^{2+}$、$Mg^{2+}$共消耗EDTA的体积(mL)；$M(CaCO_3)$为$CaCO_3$的摩尔质量($g \cdot mol^{-1}$)；$V(s)$为水样的体积(L)。

水样中若有$Fe^{3+}$、$Al^{3+}$等干扰离子时，可用三乙醇胺掩蔽。如有$Cu^{2+}$、$Pb^{2+}$、$Zn^{2+}$、$Co^{2+}$、$Ni^{2+}$等干扰离子，可用$Na_2S$、KCN等掩蔽。

(2)水样中钙含量的测定。另取一份相同体积的水样，用NaOH调至pH=12.0，此时$Mg^{2+}$生成$Mg(OH)_2$沉淀，不干扰$Ca^{2+}$的测定。加入少量钙指示剂，溶液呈红色。

$$\underset{}{Ca^{2+}}+\underset{蓝色}{HIn^{3-}}=\!=\!=\underset{红色}{CaIn^{2-}}+H^+$$

滴定开始至计量点，有关反应为

$$Ca^{2+}+H_2Y^{2-}=\!=\!=CaY^{2-}+2H^+$$

$$CaIn^{2-}+H_2Y^{2-}=\!=\!=CaY^{2-}+HIn^{3-}+H^+$$

溶液由红色变为蓝色即为终点，所消耗的EDTA的体积为$V_2(EDTA)$，按下式计算$Ca^{2+}$的质量浓度，单位为$mg \cdot L^{-1}$。

$$\rho(Ca^{2+})=\frac{c(EDTA)V_2(EDTA)M(Ca^{2+})}{V(s)}$$

式中，$\rho(Ca^{2+})$为$Ca^{2+}$的质量浓度($mg \cdot L^{-1}$)；$V_2(EDTA)$为滴定时$Ca^{2+}$消耗EDTA的体积(mL)；$M(Ca^{2+})$为$Ca^{2+}$的摩尔质量($g \cdot mol^{-1}$)。

关于水中$Mg^{2+}$的质量浓度，可依下式计算：

$$\rho(Mg^{2+})=\frac{c(EDTA)[V_1(EDTA)-V_2(EDTA)]M(Mg^{2+})}{V(s)}$$

式中，$\rho(Mg^{2+})$为$Mg^{2+}$的质量浓度($mg \cdot L^{-1}$)；$M(Mg^{2+})$为$Mg^{2+}$的摩尔质量($g \cdot mol^{-1}$)。

#### 11.11.1.2　可溶性硫酸盐中$SO_4^{2-}$的测定

$SO_4^{2-}$不能与EDTA直接反应，可采用间接滴定法进行测定。即在含有$SO_4^{2-}$的溶液中加入已知准确浓度的过量的$BaCl_2$标准溶液，使$SO_4^{2-}$与$Ba^{2+}$充分反应生成$BaSO_4$沉淀，剩余的$Ba^{2+}$，以铬黑T作指示剂，EDTA标准溶液滴定。由于$Ba^{2+}$与铬黑T的配合物不够稳定，终点颜色变化不明显，因此，实验时常加入已知量的$Mg^{2+}$标准溶液，以提高测定的准确性。$SO_4^{2-}$的质量分数可用下式求得：

$$\omega(SO_4^{2-})=\frac{[c(Ba^{2+})V(Ba^{2+})+c(Mg^{2+})V(Mg^{2+})-c(EDTA)V(EDTA)]M(SO_4^{2-})\times10^{-3}}{m(s)}$$

式中，$c(Ba^{2+})$为加入$BaCl_2$标准溶液的浓度($mol \cdot L^{-1}$)；$V(Ba^{2+})$为加入$BaCl_2$标准溶液的体积(mL)；$c(Mg^{2+})$为加入$Mg^{2+}$标准溶液的浓度($mol \cdot L^{-1}$)；$V(Mg^{2+})$为加入$Mg^{2+}$标准溶液的体积(mL)；$c(EDTA)$为EDTA标准溶液的浓度($mol \cdot L^{-1}$)；$V(EDTA)$为滴定时消耗EDTA的体积(mL)；$M(SO_4^{2-})$为$SO_4^{2-}$的摩尔质量($g \cdot mol^{-1}$)；$m(s)$为称取硫酸盐样的质量(g)。

## 11.11.2 配位化合物(螯合物)的应用

### 11.11.2.1 在化工方面的应用

配合物在化工方面的应用极为普遍，同时在工业生产中发挥着重要的作用。例如，配合物用于冶金，使传统的冶金工艺发生了根本性的变化，诞生了湿法冶金。含 Au 的矿砂用 KCN 溶液处理，使 Au 生成配合物进入液相，再用金属 Zn 将 Au 还原为单质。这种现代工艺也被土法淘金的人利用，结果是含氰的废水到处排放，造成严重的污染。现在已将微生物用于金矿处理，此工艺可以改变因废水造成的污染。

在电镀工业中也用到配合物，如镀 Zn、Cd 或 Cr 时，多用 KCN 加到镀液中，控制金属离子的浓度，使镀层光亮、致密。随着环保意识的增强，更多更好的配位剂已取代了 KCN，现在的电镀工业几乎都是“无氰电镀”。

### 11.11.2.2 在分析化学方面的应用

(1)掩蔽剂。多种金属离子共同存在时，要测定其中某一金属离子，其他金属离子往往会与试剂发生同类反应而干扰测定。例如，$Cu^{2+}$和 $Fe^{3+}$离子都会氧化 $I^-$离子成为 $I_2$。因此，在用 $I^-$离子测定 $Cu^{2+}$时(间接碘量法)，$Fe^{3+}$会产生干扰，如果加入 $F^-$或 $H_2PO_4^-$ 离子，使之与 $Fe^{3+}$离子生成稳定的$[FeF_6]^{3-}$或$[Fe(H_2PO_4)_4]^-$就可防止 $Fe^{3+}$的干扰。这种防止干扰的作用称为掩蔽作用。如加入配位剂 NaF、$H_3PO_4$ 等阻止干扰反应的物质在分析化学中称为掩蔽剂。选择掩蔽剂时应满足以下要求：其一，掩蔽剂只能与干扰离子形成稳定的配合物(螯合物)，并且一般是可溶的；其二，掩蔽剂本身要稳定。

配位掩蔽作用在离子鉴定反应中，用以消除其他离子的干扰，也十分重要。例如，在农业生产上，土壤中可溶性磷会和 $Fe^{3+}$、$Al^{3+}$等金属离子形成难溶的 $AlPO_4$ 和 $FePO_4$，而不能被作物根系吸收。所以，一般在施用磷肥后，再追施有机肥，利用有机肥中所含的羟基酸(如柠檬酸、酒石酸等)与 $Fe^{3+}$、$Al^{3+}$等离子形成易溶的螯合物，从而改善磷的利用效率。

(2)检验离子的特效试剂。由于配合物(螯合物)稳定性高，常常具有特征颜色的特点，所以在定性分析时，应用螯合物可以作为检验特定离子的特效试剂。例如，丁二酮肟是鉴定 $Ni^{2+}$离子的特效试剂，它与 $Ni^{2+}$在稀氨溶液中生成樱桃红色的沉淀。*N,N'*-二乙氨基二硫代甲酸钠(铜试剂)是 $Cu^{2+}$的特效试剂，它与铜离子在氨溶液中生成棕色螯合物沉淀。利用缩二脲与 $Cu^{2+}$反应生成特殊的蓝色螯合物来测定蛋白质。邻菲罗啉可与 $Fe^{2+}$生成橙红色螯合物，故又称为亚铁灵。

(3)有机沉淀剂。某些有机螯合剂能和金属离子在水中形成溶解度极小的沉淀，它具有相当大的分子质量和固定组成。利用这一特点可使少量的金属离子产生相当多的沉淀，这种沉淀还有易于过滤和洗涤的优点，因此利用有机沉淀剂可以大大提高重量分析的精确度。例如，8-羟基喹啉能从热的 HAc-$Ac^-$缓冲溶液中定量沉淀 $Cd^{2+}$、$Co^{2+}$、$Cu^{2+}$、$Al^{3+}$、$Fe^{3+}$、$Ni^{2+}$、$Zn^{2+}$、$Mn^{2+}$等离子，这样就可以同 $Ca^{2+}$、$Sr^{2+}$等离子分离开来。

(4)萃取分离。当金属离子与有机螯合剂形成螯合物时，一方面由于它不带电，另一方面又由于有机配体在金属离子的外围且极性小，具有疏水性，因而螯合物难溶于水，易溶于有机溶剂(如 $CHCl_3$、汽油等)。利用这一性质就可以将某些金属离子从水溶液(水相)中萃取到有机溶剂(有机相)中，从而达到分离或富集金属离子的目的。萃取不仅是生产中分离稀有金属的一个重要手段，在分析化学中也得到广泛应用。例如，在含有 $Fe^{3+}$、$La^{3+}$、$Ca^{2+}$ 离子的水溶液中，用 0.1 mol · $L^{-1}$ 乙酰丙酮/苯萃取时，和 $Fe^{3+}$ 离子形成的螯合物最稳定，优先进入有机相中，经几次萃取，即可完全分离。

### 11.11.2.3 生物化学中的配合物

配合物在生物化学中的应用非常广泛，而且相当重要。许多酶(生化反应中高效专一的催化和调节剂)的作用与其结构中含有配位的金属离子有关。生物体中能量的转换、传递或电荷转移，化学键的形成或断裂以及伴随这些过程出现的能量变化和分配等，一般是由于金属离子与有机体生成的复杂配合物的作用。例如，输送 $O_2$ 的血红素是 $Fe^{2+}$ 的配合物，煤气中毒是 CO 与血红素中的 $Fe^{2+}$ 生成更稳定的配合物，从而失去了输送 $O_2$ 的功能。

近年来配合物在生物学、医药学等方面也显现出其重要作用。例如，在混合氨基酸的锌、铜配合物中加入适量增效剂而形成的农用多效素，它既能作农用杀菌剂，又能促进农作物的生长；在预混合饲料中添加的微量元素氨基酸配合物，对维生素破坏比无机矿物盐要小得多；含有双吲哚生物碱的锌离子配合物可用于癌的化学治疗。

配合物除以上几方面的应用外，在现代科技如激光材料、超导材料、纳米材料、功能材料以及生物医药等研究和生产领域都离不开配位化学。

## 思考题

1. 配合物与复盐有何异同？

2. “稳定常数大的配位化合物一定比稳定常数小的配合物稳定”，这种说法是否正确？

3. 解释下列现象：

(1) AgCl 可溶解于 $NH_3 \cdot H_2O$ 中，却不能溶解在 $NH_4Cl$ 中。

(2) 将 KSCN 加入 $NH_4Fe(SO_4)_2 \cdot 12H_2O$ 溶液中，生成血红色配合物，但加到 $K_3[Fe(CN)_6]$ 溶液中并不出现红色。

(3) 存在 $[CuCl_4]^{2-}$ 配离子，却不存在 $[CuI_4]^{2-}$。

(4) Au 不能溶解于一般的酸，却可以溶解于王水中。

4. $[PbCl_2(NH_3)_4]^{2+}$ 有几个异构体？$[PbCl_3(NH_3)_3]^{+}$ 有几种异构体？

5. 乙二胺四乙酸二氢钙盐可用于铅中毒的解毒治疗。这种试剂为何能有这种作用？为什么要选择共钙盐，而不使用乙二胺四乙酸？

6. $[Cr(NH_3)_6]^{3+}$ 是内轨型还是外轨型配位化合物？

7. EDTA 与金属离子形成的配合物有哪些特点？为什么？

8. 配合物的条件稳定常数与其稳定常数、酸效应系数及配位效应系数之间有什么关系？

9. 配位滴定中，金属离子能被 EDTA 准确直接滴定的条件是什么？

10. 金属指示剂的作用原理是什么？金属离子指示剂应具备哪些条件？选择指示剂的依据是什么？使用时应注意哪些问题？

11. 配位滴定中为何要使用缓冲溶液？

## 习 题

### 一、选择题

1. 在 $K[Co(C_2O_4)_2(en)]$ 中，中心原子的配位数为(　　)。

A. 3　　B. 4　　C. 5　　D. 6

2. 下列分子或离子能作螯合剂的是(　　)。

A. $H_2N—NH_2$　　B. $CH_3COO^-$　　C. HO—OH　　D. $H_2NCH_2CH_2NH_2$

3. 可与 $Cu^{2+}$ 形成稳定的六元环螯合物的配体是(　　)。

A. 碳酸根　　B. 乙酰丙酮　　C. 丁二酸根　　D. 乙二胺

4. 中心原子以 $sp^3$ 杂化轨道形成配离子时，其空间构型为(　　)。

A. 直线形　　B. 平面四边形　　C. 八面体　　D. 四面体

5. 能溶解 $Zn(OH)_2$、AgBr、$Cr(OH)_3$、$Fe(OH)_3$ 4 种沉淀的是(　　)。

A. 氨水　　B. 氰化钾溶液　　C. 硝酸　　D. 盐酸

6. 已知 $[Co(NH_3)_6]^{3+}+e^- \rightleftharpoons [Co(NH_3)_6]^{2+}$ 的 $\varphi^\ominus=0.10$ V，$\varphi^\ominus(Co^{3+}/Co^{2+})=1.84$ V，以下正确的是(　　)。

A. $K_f^\ominus([Co(NH_3)_6]^{2+})=K_f^\ominus([Co(NH_3)_6]^{3+})$　　B. $K_f^\ominus([Co(NH_3)_6]^{2+})>K_f^\ominus([Co(NH_3)_6]^{3+})$

C. $K_f^\ominus([Co(NH_3)_6]^{2+})<K_f^\ominus([Co(NH_3)_6]^{3+})$　　D. 都不对

7. 已知 $[Ni(en)_3]^{2+}$ 的 $K_f^\ominus=2.14\times10^{18}$，将 2.00 mol · $L^{-1}$ en 溶液与 0.20 mol · $L^{-1}$ $NiSO_4$ 溶液等体积混合，则平衡时 $Ni^{2+}$ 的浓度为(　　)mol · $L^{-1}$。

A. $1.36\times10^{-18}$　　B. $2.91\times10^{-18}$　　C. $1.36\times10^{-19}$　　D. $4.36\times10^{-20}$

8. $[Ni(CN)_4]^{2-}$ 为平面四方形构型，中心离子杂化轨道类型和 3d 电子排布方式是(　　)。

A. $sp^3$，$d^2d^2d^2d^1d^1$　　B. $sp^3$，$d^2d^2d^2d^2d^0$　　C. $dsp^2$，$d^2d^2d^2d^1d^1$　　D. $dsp^2$，$d^2d^2d^2d^2d^0$

9. 下列离子中属于低自旋的是(　　)。

A. $[CoF_6]^{3-}$　　B. $[FeF_6]^-$　　C. $[Fe(CN)_6]^{3-}$　　D. $[MnCl_4]^{2-}(\mu=5.88)$

10. 下列配离子中，属反磁性的是(　　)。

A. $[Mn(CN)_6]^{4-}$　　B. $[Cu(NH_3)_4]^{2+}$　　C. $[Co(CN)_6]^{3-}$　　D. $[Fe(CN)_6]^{3-}$

11. EDTA 溶液中以 $Y^{4-}$ 形式存在的分布分数($\delta_Y$)，下面说法正确的是(　　)。

A. $\delta_Y$ 随酸度增大而减小　　B. $\delta_Y$ 随 pH 值增大而减小

C. $\delta_Y$ 随酸度增大而增大　　D. $\delta_Y$ 与 pH 值变化无关

12. EDTA 溶液的浓度为 $c$ mol · $L^{-1}$，在一定酸度下其酸根 Y 的分布分数为 $\delta$，则酸根 Y 的酸效应系数 $\alpha$ 等于(　　)。

A. $\frac{c}{\delta}$　　B. $\frac{\delta}{c}$　　C. $\frac{1}{\delta}$　　D. $\frac{1}{c\delta}$

13. 已知 Ca-EDTA 配合物的稳定常数为 $K_{CaY}^\ominus$，在一定酸度下 Y 的酸效应系数 $\alpha_{Y(H)}$，若无其他副反应，则在这个酸度下 EDTA-Ca 配合物的条件稳定常数为 $K_{CaY}^{\ominus\prime}$ 等于(　　)。

A. $\alpha_{Y(H)}K_{CaY}^\ominus$　　B. $\alpha_{Y(H)}/K_{CaY}^\ominus$　　C. $K_{CaY}^\ominus/\alpha_{Y(H)}$　　D. $1/\alpha_{Y(H)}K_{CaY}^\ominus$

14. 在 EDTA 滴定中，下列有关 EDTA 酸效应的叙述正确的是(　　)。

A. 酸效应系数越大，配合物 MY 的稳定性越高

B. 酸效应系数越小，配合物 MY 的稳定性越高

C. 介质的 pH 值越大，EDTA 的酸效应系数越大

D. EDTA 的酸效应系数越大，滴定的突跃范围越大

15. 以 0.020 00 mol · $L^{-1}$EDTA 溶液滴定同浓度的 $Zn^{2+}$离子，若 $\Delta pM = \pm 0.2$，终点误差 TE = 0.1%，要求 $\lg K_{ZnY}^{\ominus\prime}$ 的最小值是(  )。

A. 5　　B. 6　　C. 7　　D. 8

16. 已知 $\lg K_{ZnY}^{\ominus} = 16.50$，若 pH 在 4、5、6、7 时，$\lg\alpha_{Y(H)}$ 分别为 8.44、6.45、4.65、3.32，若用 0.02 mol · $L^{-1}$EDTA 滴定 0.02 mol · $L^{-1}$ $Zn^{2+}$溶液，则滴定时允许的最高酸度是(  )。

A. pH = 4　　B. pH = 5　　C. pH = 6　　D. pH = 7

17. 用 EDTA 直接滴定无色金属离子 M，终点时溶液的颜色是(  )。

A. 游离指示剂的颜色　　B. MY 的颜色　　C. MIn 的颜色　　D. B 和 C 的混合色

18. 在 $Bi^{3+}$、$Fe^{3+}$混合溶液中，用 EDTA 法测定 $Bi^{3+}$，消除 $Fe^{3+}$ 的干扰，宜选用下列哪种掩蔽方法(  )。

A. 控制酸度法　　B. 配合掩蔽法　　C. 氧化还原掩蔽法　　D. 离子交换法

19. 在用 EDTA 滴定 $Ca^{2+}$离子时，$Mg^{2+}$有干扰，选用下列哪种方法消除其干扰(  )。

A. 沉淀掩蔽法　　B. 配合掩蔽法　　C. 氧化还原掩蔽法　　D. 萃取法

**二、填空题**

1. 碳酸氯 · 硝基 · 四氨合铂(Ⅳ)的化学式为________，配体是______，配位原子是______，配位数是______

2. 铜溶解于 KCN 水溶液，放出氢气，反应方程式为__________。这表明_______的形成，______了 Cu 的还原性。

3. 向$[Cu(NH_3)_4]SO_4$ 溶液中加入 $NH_3$，平衡将向配合物的______方向移动；加入 $Na_2S$，平衡将向配合物的______方向移动。(选填形成或解离)

4. 实验测得$[Fe(CN)_6]^{3-}$络离子的磁矩为 1.7 $\mu_B$，则中心离子 $Fe^{3+}$采用了________杂化形式，是______轨型络合物。

5. $[Ag(S_2O_3)_2]^{3-}$的 $K_f^{\ominus} = a$，$[AgCl_2]^-$的 $K_f^{\ominus} = b$，则$[Ag(S_2O_3)_2]^{3-} + 2Cl^- \rightleftharpoons [AgCl_2]^- + 2S_2O_3^{2-}$ 的平衡常数为 $K^{\ominus}$ = __________。

6. 已知 $H_2O$ 和 $Cl^-$作配体时，其中含 2 个 $Cl^-$，$Ni^{2+}$的八面体配合物水溶液难导电，则该配合物的化学式为______。

7. EDTA 的化学名称为______。因它在水中的溶解度小，所以在滴定中常用______形式。

8. 用 EDTA 准确滴定金属离子的条件是______或______。

9. 配位滴定曲线突跃范围的大小取决于______和______。

10. 只考虑 EDTA 的酸效应时，pH 值越大，EDTA 滴定曲线的突跃范围______。

11. 在配位滴定中，若出现指示剂的封闭现象则可能是因为______。消除此现象的措施是______。若出现指示剂的僵化现象则可能是因为_______。消除此现象的措施是_______。

12. 金属指示剂的条件之一是 $K_{MIn}^{\ominus\prime}$ 与 $K_{MY}^{\ominus\prime}$ 约相差______倍。即 $\lg K_{MY}^{\ominus\prime} - \lg K_{MIn}^{\ominus\prime} \approx$ ______。

**三、简答题**

1. 写出下列配合物的化学式：

(1)硫酸二氯 · 四氨合铂(Ⅳ)；　　(2)二氯 · 二乙二胺合镍(Ⅱ)；

(3)四氰合金(Ⅲ)络离子；　　(4)六氯合铂(Ⅳ)酸钾；

(5)二硫代硫酸根合银(Ⅰ)酸钠；　　(6)二羟基 · 四水合铝(Ⅲ)离子。

2. 命名下列配合物、配离子，并指出中心原子、配体、配位原子和配位数。

(1)$K_2[HgI_4]$；　　(2)$[Cu(NH_3)_4](OH)_2$；

(3) $[Pt(NCS)_6]^{2-}$；　　(4) $[Co(NH_3)_3(H_2O)Cl_2]^+$。

3. 判断下列配合物哪些为内轨配合物，哪些为外轨配合物，并指出配离子的中心离子的价电子构型、杂化方式、单电子数和配离子的空间构型。

(1) $[CoF_6]^{3-}$($\mu$=4.9 $\mu_B$)；　　(2) $[Co(CN)_6]^{3-}$(反磁性)；

(3) $[Ni(CN)_4]^{2-}$(反磁性)；　　(4) $[CoI_4]^{2-}$($\mu$=3.5 $\mu_B$)。

4. Zn 与 $NH_3$ 的配位反应能用于滴定分析吗？为什么？

5. 在 EDTA 滴定过程中，影响滴定突跃范围大小的主要因素是什么？

6. 在 EDTA 配位滴定时为什么通常要加入酸碱缓冲溶液？

**四、计算题**

1. 在含有 1 mol·L$^{-1}$ $NH_3 \cdot H_2O$ 和 0.1 mol·L$^{-1}$ $[Ag(NH_3)_2]^+$的溶液中以及在含有 1 mol·L$^{-1}$ KCN 和 0.1 mol·L$^{-1}$ $[Ag(CN)_2]^-$的溶液中，$Ag^+$离子浓度各等于多少？

2. 在含有 2.5 mol·L$^{-1}$ $AgNO_3$ 和 0.411 mol·L$^{-1}$ NaCl 溶液里，如果不使 AgCl 沉淀生成，溶液中最低的自由 $CN^-$离子浓度应是多少？

3. 若在 1 L 水中溶解 0.10 mol $Zn(OH)_2$，需要加入多少克固体 NaOH？已知 $K_{sp}^{\ominus}(Zn(OH)_2)=1.2\times10^{-17}$，$K_f^{\ominus}([Zn(OH)_4]^{2-})=4.6\times10^{17}$

4. 计算下列电极的标准电极电势。

(1) $[AuCl_4]^- + 3e^- = Au + 4Cl^-$　　$K_f^{\ominus}([AuCl_4]^-)=2\times10^{21}$；

(2) $[Fe(CN)_6]^{3-} + e^- = [Fe(CN)_6]^{4-}$；

(3) $[Co(NH_3)_6]^{3+} + e^- = [Co(NH_3)_6]^{2+}$。

5. 15 mL 0.020 mol·L$^{-1}$ EDTA 与 10 mL 0.020 mol·L$^{-1}$ $Zn^{2+}$溶液相混合，若 pH=4.0。求 $c_{eq}(Zn^{2+})$，若欲控制 $c_{eq}(Zn^{2+})$为 $10^{-7.0}$ mol·L$^{-1}$，问溶液 pH 值应控制为多大？

6. 称取 0.500 g 煤样，灼烧时其中的 S 完全氧化为 $SO_4^{2-}$，处理为溶液后，除去重金属离子，加入 0.050 0 mol·L$^{-1}$ $BaCl_2$ 标准溶液 20.00 mL，使之形成 $BaSO_4$ 沉淀，再用 0.025 0 mol·L$^{-1}$ EDTA 滴定过量的 $Ba^{2+}$，用去 20.00 mL。求煤中 S 的质量分数。

7. 测定奶粉中 Ca 含量，称取 2.5 g 试样经灰化处理，制备为试液，然后用 EDTA 标准溶液滴定消耗了 25.10 mL。称取 0.625 6 g 高纯锌，用稀 HCl 溶解后，定容为 1.000 L。吸取 10.00 mL，用上述 EDTA 溶液滴定消耗了 10.80 mL。求奶粉中 Ca 含量(以 mg·g$^{-1}$ 表示)。

8. 今有一水样，取 100 mL 一份，调节溶液的 pH=10，以铬黑 T 为指示剂，用 0.010 00 mol·L$^{-1}$ EDTA 标准溶液滴定至终点，用去 25.40 mL；另取一份 100 mL 水样，调节溶液的 pH=12，用钙指示剂，用 0.010 00 mol·L$^{-1}$ EDTA 标准溶液滴定至终点，用去 14.25 mL。求每升水样中所含 Ca 和 Mg 的质量。

# 第12章 吸光光度法

# (Absorption Photometry)

吸光光度法是基于物质对光的选择性吸收而建立起来的分析方法，包括比色法、可见分光光度法及紫外分光光度法等。本章重点讨论可见光区的吸光光度法。

有些物质的溶液是有色的，如 $KMnO_4$ 水溶液呈紫红色，$K_2Cr_2O_7$ 水溶液呈橙色。许多物质的溶液本身是无色或浅色的，但它们与某些试剂发生反应生成有色物质，如 $Fe^{3+}$ 与 $SCN^-$ 生成血红色配合物，$Fe^{2+}$ 与邻二氮菲生成红色配合物。有色物质溶液颜色的深浅与其浓度有关，浓度越大，颜色越深。如果是通过与标准色阶比较颜色深浅的方法确定溶液中有色物质的含量，则称为目视比色法，如果是使用分光光度计，利用溶液对单色光的吸收程度确定物质含量，则称为分光光度法。

吸光光度法主要用于测定试样中的微量组分，具有以下特点：

(1)灵敏度高。常可不经富集用于测定试样质量分数为 $10^{-5}$~$10^{-2}$ 的微量组分，甚至可测定低至质量分数为 $10^{-8}$~$10^{-6}$ 的痕量组分。通常所测试的浓度下限达 $10^{-6}$~$10^{-5}$ mol · $L^{-1}$。

(2)准确度高。一般目视比色法的相对误差为5%~10%，分光光度法为2%~5%。

(3)应用广泛。几乎所有的无机离子和许多有机化合物都可以直接或间接地用分光光度法进行测定。不仅能用于测定微量组分，也能用于高含量组分，配合物组成、化学平衡等的研究。如农业部门常用于品质分析、动植物生理生化及土壤、植株等的测定。

(4)仪器简单、操作方便、快速。近年来，由于新的、灵敏度高、选择性好的显色剂和掩蔽剂的不断出现，以及化学计量学方法的应用，常常可以不经分离就能直接进行比色或分光光度测定。

例如，含铁量为0.001%的试样，若用滴定法测定，称量1 g试样，仅含铁0.01 mg，用 $1.6\times10^{-3}$ mol · $L^{-1}$ $K_2Cr_2O_7$ 标准溶液来滴定，仅需消耗0.02 mL即达终点。一般滴定管的读数误差为0.02 mL。显然，不能用滴定法测定上述试样中微量铁。但是如果将含铁0.01 mg的试样，在容量瓶中配成50 mL溶液，在一定条件下，用1,10-邻二氮菲显色，即生成橙红色的1,10-邻二氮菲亚铁络合物就可用吸光光度法来测定。

## 12.1 吸光光度法基础(Fundamentals of Spectrophotometry)

### 12.1.1 光的基本性质

光是一种电磁辐射，同时具有波动性和微粒性。光的传播，如光的折射、衍射、偏振和干涉等现象可用光的波动性来解释。描述波动性的重要参数是波长 $\lambda$(m)，频率 $\nu$(Hz)，它们与光速 $c$ 的关系是：

$$\lambda\nu = c \tag{12-1}$$

在真空介质中光速为 $2.997\ 9\times10^8\ \text{m}\cdot\text{s}^{-1}$，约等于 $3\times10^8\ \text{m}\cdot\text{s}^{-1}$。还有一些现象，如光电效应、光的吸收和发射等，只能用光的微粒性才能说明，即把光看作是带有能量的微粒流。这种微粒称为光子或光量子。单个光子的能量 $E$ 决定于光的频率。

$$E = h\nu = h\frac{c}{\lambda} \tag{12-2}$$

式中，$E$ 为光子的能量(J)；$h$ 为普朗克常数($6.626\times10^{-34}$ J·s)。

由式(12-2)可知，不同波长的光(电磁辐射)具有不同的能量，波长越长(频率越低)，能量越低；反之，波长越短，能量越高。如果按其频率或波长的大小排列，则可得电磁波谱表(表 12-1)。

**表 12-1 电磁波谱及各谱区相应分析方法**

| 光谱名称 | 波长范围 | 能量 $E$/J | 辐射源 | 分析方法 |
|---|---|---|---|---|
| X 射线 | 0.1~10 nm | $1.99\times10^{-17}$~$1.99\times10^{-15}$ | X 射线管 | X 射线光谱法 |
| 远紫外光 | 10~200 nm | $9.94\times10^{-19}$~$1.99\times10^{-17}$ | 氢、氘、氙灯 | 真空紫外光度法 |
| 近紫外光 | 200~400 nm | $4.97\times10^{-19}$~$9.94\times10^{-19}$ | 氢、氘、氙灯 | 紫外光度法 |
| 可见光 | 400~750 nm | $2.65\times10^{-19}$~$4.97\times10^{-19}$ | 钨灯 | 比色及可见光度法 |
| 近红外光 | 0.75~2.5 μm | $7.95\times10^{-20}$~$2.65\times10^{-19}$ | 碳化硅热棒 | 近红外光度法 |
| 中红外光 | 2.5~5.0 μm | $3.97\times10^{-20}$~$7.95\times10^{-20}$ | 碳化硅热棒 | 中红外光度法 |
| 远红外光 | 5.0~1 000 μm | $1.99\times10^{-22}$~$3.97\times10^{-20}$ | 碳化硅热棒 | 远红外光度法 |
| 微波 | 0.1~100 cm | $1.99\times10^{-25}$~$1.99\times10^{-22}$ | 电磁波发生器 | 微波光谱法 |
| 无线电波 | 1~1 000 m | $1.99\times10^{-28}$~$1.99\times10^{-25}$ | | 核磁共振光谱法 |
| 声波 | 15~$10^6$ km | $1.99\times10^{-34}$~$1.32\times10^{-29}$ | | 光声光谱法 |

### 12.1.2 光的互补与溶液的颜色

我们将眼睛能够感觉到的那一小段的光称为可见光，它只是电磁波中的一个很小的波段(400~750 nm)，也就是我们日常所见的日光、白炽光，都是由红、橙、黄、绿、青、蓝、紫 7 种不同色光组合而成的复合光(即由不同波长的光所组成的光)。理论上，将仅具有某一波长的光称为单色光，单色光由具有相同能量的光子所组成。由不同波长的光组成的光称为复合光。单色光其实只是一种理想的“单色”，实际上常含有少量其他波长的色光。各种单色光之间并无严格的界限，如黄色与绿色之间就有各种不同色调的黄绿色。不仅 7 种单色光可以混合成白光，两种适当颜色的单色光按一定强度比

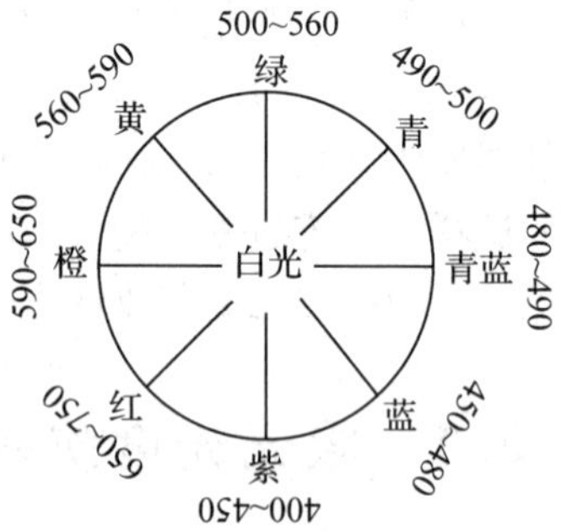

图 12-1 互补色光与波长(nm)范围示意

例混合也可得到白光，这两种单色光称为互补色光。如图 12-1 所示，图中处于对角线上的两种单色光为互补色光。例如，绿色光和紫色互补，黄色光和蓝色光互补等。

颜色是物质对不同波长光的吸收特性表现在人视觉上所产生的反映。一种物质呈现何种颜色，是与入射光组成和物质本身的结构有关。如果把不同颜色的物体放在暗处，什么颜色也看不到。当光束照射到物体上时，由于不同物质对于不同波长的光的吸收、透射、反射、折射的程度不同而呈现不同的颜色。溶液呈现不同的颜色是由溶液中的质点(离子或分子)对不同波长的光具有选择性吸收而引起的。当白光通过某一均匀溶液时，如该溶液对可见光区波段的光都不吸收，即入射光全部透过，则溶液无色透明；如果各种颜色的光几乎全部被吸收，则溶液呈黑色；当白光通过某一有色溶液时，该溶液会选择性地吸收某些波长的色光而让那些未被吸收的色光透射过去(即溶液呈现透射光的颜色)，即呈现的是它吸收光的互补色光的颜色。例如，$KMnO_4$ 溶液选择吸收了白光中的绿色光，与绿色光互补的紫色光因未被吸收而透过溶液，所以 $KMnO_4$ 溶液呈现紫色。再如，$CuSO_4$ 溶液因选择性地吸收了白光中的黄色光而显蓝色。

### 12.1.3 光吸收曲线

当依次将各种波长的单色光通过某一有色溶液，测量每一波长下有色溶液对该波长光的吸收程度(吸光度 $A$)，然后以波长($\lambda$)为横坐标，吸光度($A$)为纵坐标作图，得到一条曲线，称为该溶液的吸收曲线，也称为吸收光谱。光吸收曲线能更清楚地描述物质对光的吸收情况。图 12-2 是 4 种浓度 $KMnO_4$ 溶液的吸收曲线。

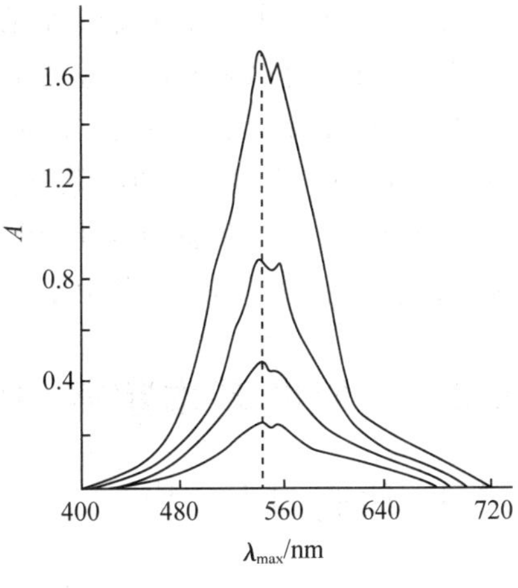

**图 12-2 $KMnO_4$ 溶液的吸收光谱曲线**

从图 12-2 可知：

(1)同一溶液对不同波长的光的吸收程度不同。如 $KMnO_4$ 对绿色光区中 525 nm 的光吸收程度最大，此波长称为最大吸收波长，以 $\lambda_{max}$ 或 $\lambda_{最大}$表示，所以吸收曲线上有一高峰。相反，对红光和紫光则基本不吸收，所以，$KMnO_4$ 溶液呈现紫红色。

(2)不同浓度的 $KMnO_4$ 溶液的光吸收曲线形状相似，其最大吸收波长不变；不同物质溶液吸收曲线的形状和最大吸收波长均不相同。光吸收曲线与物质特性有关，故据此可作为物质定性分析的依据。

(3)不同浓度的同一物质溶液，在一定波长处的吸光度随溶液的浓度的增加而增大。这个特性可作为物质定量分析的依据。由于不同波长处物质的吸光度不同，所以测定的灵敏度也不同。只有在 $\lambda_{max}$ 处测定吸光度，灵敏度才最高。因此，吸收曲线是吸光光度法中选择测量波长的依据。

### 12.1.4 吸收光谱产生的原理

分子吸收光谱是分子中的价电子在分子轨道间跃迁产生的。图 12-3 是双原子分子的能级示意。图中 $A$ 和 $B$ 表示不同能量的电子运动能级(简称电子能级)，$A$ 是电子能级的基态，

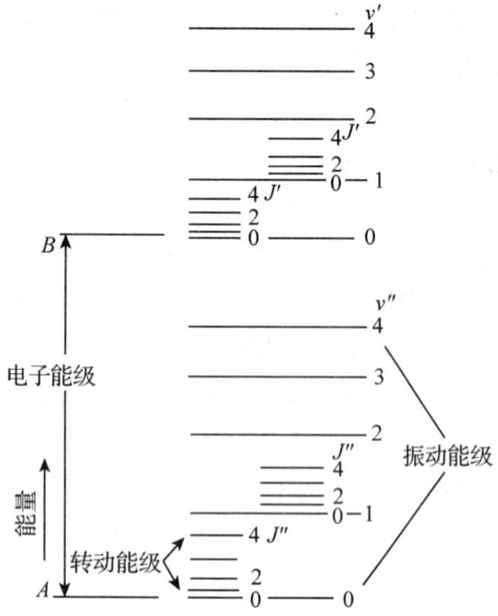


**图 12-3 分子中电子能级、振动能级和转动能级示意**

$B$ 是电子能级的最低激发态。在同一电子能级内，分子的能量还因振动能量的不同而分成若干支级，称为振动能级。当分子处于某一电子能级中某一振动能级时，分子的能量还会因转动能量的不同再分为若干分级，称为转动能级。显然，电子能级的能量差 $\Delta E_e$，振动能级的能量差 $\Delta E_v$ 和转动能级的能量差 $\Delta E_r$ 间相对大小关系为

$$\Delta E_e > \Delta E_v > \Delta E_r$$

当分子状态一定时，分子的总能量就是分子所处的电子能级、振动能级和转动能级的能量之和。

分子的转动能级能量差一般在 0.005～0.05 eV，产生此能级的跃迁，需吸收波长为 250～25 μm 的远红外光，这种光谱称为转动光谱或远红外光谱。

分子的振动能级能量差一般在 0.05～1 eV，需吸收波长为 25～1.25 μm 的红外光才能产生跃迁，在分子振动时，同时有分子的转动运动。这样，分子振动产生的吸收光谱中，必然包括转动光谱，所以常称为振-转光谱。振-转光谱是一系列波长间隔很小的谱线，加上谱线变宽和仪器分辨率低的原因，观察到的是一个谱峰，或称吸收带。因此，它是带状光谱，每一不同的吸收带对应于不同的振动跃迁。由于它所吸收的能量处于红外光区，所以常称为红外光谱。各种物质的分子对红外光的选择吸收与其分子结构密切相关，故红外吸收光谱可应用于分子结构的研究。

分子的电子能级能量差 1～20 eV，比分子振动能级差要大几十倍，所吸收光的波长为 1.25～0.06 μm，主要位于真空紫外区到可见光区，称为电子光谱或紫外、可见光谱。通常，分子是处在电子能级基态的振动能级上。当用紫外、可见光照射分子时，价电子跃迁产生的吸收光谱包含了大量谱线，并由于这些谱线的重叠而成为连续的吸收带。

## 12.2 光吸收基本定律(Basic Law of Light Absorption)

### 12.2.1 朗伯-比耳定律

1760 年，朗伯(Lambert)指出，当一束平行的单色光通过一定浓度的均匀吸收溶液时，该溶液对光的吸收程度与液层厚度 $b$ 成正比。这种关系称为朗伯定律，数学表达式为

$$\lg \frac{I_0}{I} = K_1 b \qquad (12\text{-}3)$$

1852 年，比耳(Beer)指出，当一束平行的单色光通过液层厚度一定的、均匀的吸收溶液时，该溶液对光的吸收程度与溶液中吸光物质的浓度 $c$ 成正比。这种关系称为比耳定律，数学表达式为

$$\lg \frac{I_0}{I} = K_2 c \qquad (12\text{-}4)$$

如果同时考虑溶液浓度与液层厚度(光程)对光吸收程度的影响，即将朗伯定律与比耳定律结合起来，则可得

$$\lg \frac{I_0}{I} = Kbc \tag{12-5}$$

该式称为朗伯-比耳定律的数学表达式。上述各式中，$I_0$、$I$ 分别为入射光强度和透射光强度；$b$ 为光通过的液层厚度或光程(cm)；$c$ 为吸光物质的浓度($mol \cdot L^{-1}$)；$K_1$、$K_2$ 和 $K$ 均为比例常数，与吸光物质的性质、入射光波长及温度等因素相关。上式的物理意义为：当一束平行的单色光通过均匀的某吸收溶液时，溶液对光的吸收程度与吸光物质的浓度和光通过的液层厚度(光程)的乘积成正比。

由于式(12-5)中的 $\lg \frac{I_0}{I}$ 项表明了溶液对光的吸收程度，定义为吸光度，并用符号 $A$ 表示；透射光强度与入射光强度之比 $\frac{I}{I_0}$，表示了入射光透过溶液的程度，称为透光度(以%表示，也称透光率)，以 $T$ 表示，所以式(12-5)又可表示为

$$A = \lg \frac{I_0}{I} = \lg \frac{1}{T} = Kbc \tag{12-6}$$

应用该定律时应注意：①朗伯-比耳定律不仅适用于有色溶液，也可适用于其他均匀非散射的吸光物质(包括液体、气体和固体)。②该定律应用于单色光，既适用于可见光，也适用于红外光和紫外光，是各类吸光光度法的定量依据。③吸光度具有加和性，是指溶液的总吸光度等于各吸光物质的吸光度之和。根据这一规律，可以进行多组分的测定及某些化学反应平衡常数的测定。这个性质对于理解吸光光度法的实验操作和应用都有着极其重要的意义。

### 12.2.2 吸光系数和摩尔吸光系数

式(12-6)中的比例常数 $K$ 值随 $c$，$b$ 所用单位不同而不同。如果液层厚度 $b$ 的单位为 cm，浓度 $c$ 的单位为 $g \cdot L^{-1}$，则 $K$ 用 $a$ 表示，$a$ 称为吸光系数，其单位是 $L \cdot g^{-1} \cdot cm^{-1}$。则式(12-6)写为

$$A = abc \tag{12-7}$$

如果液层厚度 $b$ 的单位仍为 cm，但浓度 $c$ 的单位为 $mol \cdot L^{-1}$，则常数 $K$ 用 $\varepsilon$ 表示，$\varepsilon$ 称为摩尔吸光系数，其单位是 $L \cdot mol^{-1} \cdot cm^{-1}$。此时式(12-6)成为

$$A = \varepsilon bc \tag{12-8}$$

吸光系数 $a$ 和摩尔吸光系数 $\varepsilon$ 是吸光物质在一定条件、一定波长和溶剂情况下的特征常数。同一物质与不同显色剂反应，生成不同的有色化合物时具有不同的 $\varepsilon$ 值，同一化合物在不同波长处的 $\varepsilon$ 也可能不同。在最大吸收波长处的摩尔吸光系数，常以 $\varepsilon_{max}$ 或 $\varepsilon_{最大}$ 表示。$\varepsilon$ 值越大，表示该有色物质对入射光的吸收能力越强，显色反应越灵敏。所以，可根据不同显色剂与待测组分形成有色化合物的 $\varepsilon$ 值的大小，比较它们对测定该组分的灵敏度。以前曾认为 $\varepsilon > 1 \times 10^4$ 的反应即为灵敏反应，随着近代高灵敏显色反应体系的不断开发，现在，通常认为 $\varepsilon \geqslant 6 \times 10^4$ 的显色反应才属灵敏反应，$\varepsilon < 2 \times 10^4$ 已属于不灵敏的显色反应。目前，已有

许多 $\varepsilon \geqslant 1.0\times10^5$ 的高灵敏显色反应可供选择。

应该指出的是，$\varepsilon$ 值仅在数值上等于浓度为 1 mol · L$^{-1}$，液层厚度为 1 cm 时有色溶液的吸光度，在分析实践中不可能直接取浓度为 1 mol · L$^{-1}$ 的有色溶液测定 $\varepsilon$ 值，而是根据低浓度时的吸光度，通过计算求得。

**【例 12.1】**纯化后的胡萝卜素（$C_{40}H_{56}$，其摩尔质量为 536 g · mol$^{-1}$），用氯仿配成浓度为 2.50 mg · L$^{-1}$的溶液，在 $\lambda_{max}=465$ nm，比色皿厚度为 1.0 cm，测得吸光度为 0.550。试计算胡萝卜素的 $\varepsilon$ 值。

**解：**$$c(C_{40}H_{56})=\frac{m(C_{40}H_{56})}{M(C_{40}H_{56})V(C_{40}H_{56})}=\frac{2.50\times10^{-3}\ \text{g}}{536\ \text{g}\cdot\text{mol}^{-1}\times1.00\ \text{L}}=4.66\times10^{-6}\ \text{mol}\cdot\text{L}^{-1}$$

$$\varepsilon=\frac{A}{bc}=\frac{0.550}{1.0\ \text{cm}\times4.66\times10^{-6}\ \text{mol}\cdot\text{L}^{-1}}=1.2\times10^5\ \text{L}\cdot\text{mol}^{-1}\cdot\text{cm}^{-1}$$

还应指出的是，上例求得的 $\varepsilon$ 值是把待测组分看作完全转变为有色化合物计算的。实际上，溶液中的有色物质浓度常因副反应和显色反应平衡的存在，并不完全符合这种化学计量关系，因此，求得的摩尔吸光系数称为表观摩尔吸光系数。

### 12.2.3 偏离朗伯-比耳定律的原因

根据朗伯-比耳定律，当波长和强度一定的入射光通过液层厚度一定的有色溶液时，吸光度与有色溶液浓度成正比。若以一系列标准溶液的吸光度为纵坐标，对应的浓度为横坐标作图，可得一条通过原点的直线，称为标准曲线或工作曲线，如图 12-4 所示。但在实际工作中，经常出现标准曲线不呈直线的情况，特别是当吸光物质浓度较高时，标准曲线明显地弯向浓度轴，个别情况弯向吸光度轴，这种情况称为偏离朗伯-比耳定律。若在曲线弯曲部分进行定量分析，将会引起较大的误差。

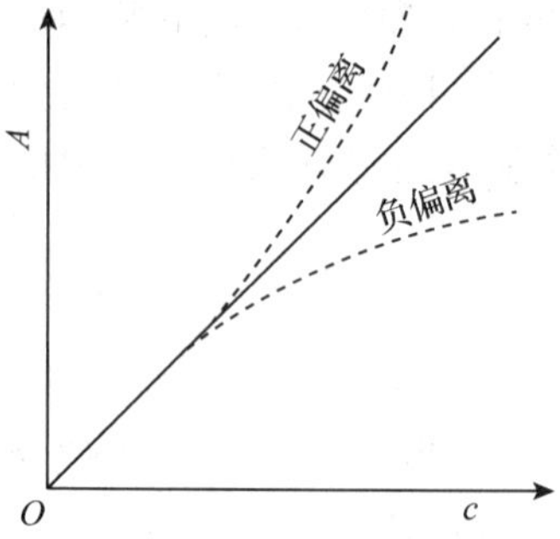


**图 12-4 标准曲线及对朗伯-比耳定律的偏离**

偏离朗伯-比耳定律的原因主要是仪器或溶液的实际条件与朗伯-比耳定律所要求的理想条件不一致。引起这种偏离的因素很多，大致可分为两类：一类是物理性的，即仪器性的因素；另一类是化学性因素。

#### 12.2.3.1 物理性因素

由于物理性因素引起的偏离，包括入射光不是真正的单色光、介质不均匀、单色器内的内反射，以及因光源的波动、检测器灵敏度波动等引起的偏离，其中最主要的是非单色光作为入射光引起的偏离。

(1)单色光不纯引起的偏离。严格地说，朗伯-比耳定律只适用于单色光，但采用任何方法都不可能得到绝对纯的单色光，实际上得到的都是具有某一波段的复合光。由于物质对不同波长光的吸收程度不同，因而导致对朗伯-比耳定律的偏离。

设有两种波长的单色 $\lambda_1$ 和 $\lambda_2$ 分别通过溶液，根据朗伯-比耳定律则有

$\lambda_1$ 时， $$A_1=\lg\frac{I_{0_1}}{I_1}=\varepsilon_1 bc \text{ 或 } I_1=I_{0_1}\times10^{-\varepsilon_1 bc}$$

$\lambda_2$ 时，
$$A_2=\lg\frac{I_{0_2}}{I_2}=\varepsilon_2 bc \text{ 或 } I_2=I_{0_2}\times 10^{-\varepsilon_2 bc}$$

若让含 $\lambda_1$ 和 $\lambda_2$ 的复合光通过待测溶液，其吸光度为

$$A=A_1+A_2=\lg\frac{I_{0_1}+I_{0_2}}{I_1+I_2}=\lg\frac{I_{0_1}+I_{0_2}}{I_{0_1}\times 10^{-\varepsilon_1 bc}+I_{0_2}\times 10^{-\varepsilon_2 bc}}$$

从上式可见，当 $\varepsilon_1=\varepsilon_2$ 时，$A=\varepsilon bc$，$A$ 与 $c$ 呈直线关系；当 $\varepsilon_1\neq\varepsilon_2$ 时，$A\neq\varepsilon bc$，即 $A$ 与 $c$ 不呈直线关系。$\varepsilon_1$ 与 $\varepsilon_2$ 相差越大，即 $\lambda_1$ 和 $\lambda_2$ 相差越大，对朗伯-比耳定律偏离就越严重。实验证明，只有在选用的入射光波带宽度适中，吸光度随波长变化不大时，朗伯-比耳定律才成立。所以实际工作中，并不严格要求很纯的单色光。一般应将入射光波长选择在被测物质的最大吸收处，这不仅保证了测定有较高的灵敏度，而且此处的吸收曲线较为平坦，在 $\lambda_{max}$ 附近各波长的光 $\varepsilon$ 值大体相等，非单色光引起的偏离比在其他波长处小得多。

(2)介质不均匀引起的偏离。朗伯-比耳定律的另一基本假设是吸光物质的溶液是均匀的，非散射的。若被测溶液不均匀，如胶体溶液、悬浊液或乳浊液，当入射光通过溶液时，有一部分被吸收，还有一部分因散射现象而损失，使所测吸光度增加，标准曲线偏离直线向吸光度轴弯曲，产生正偏离。

### 12.2.3.2 化学性因素

溶液对光的吸收程度取决于吸光物质的性质和数目，不同物质，甚至同一物质的不同型体对光的吸收程度可能不同。溶液中的吸光物质因解离、缔合、溶剂化作用或化合物形式的改变，可能引起对比耳定律的偏离。

设化合物 HB 在溶液中存在下列离解平衡：

$$HB \rightleftharpoons H^+ + B^-$$

溶液的总吸光度为

$$A_{总}=A_{HB}+A_{B^-}=(\varepsilon_{HB}c_{HB}+\varepsilon_{B^-}c_{B^-})b$$

当有 pH 缓冲溶液时，酸型 HB 与碱型 B 比值在各种浓度下保持不变。但若无缓冲作用，解离度将随稀释而增大。若 $\varepsilon_{B^-}>\varepsilon_{HB}$，当溶液浓度增大时，产生负偏离；若 $\varepsilon_{B^-}<\varepsilon_{HB}$，当溶液浓度增大时，产生正偏离。

又如 $Cr_2O_7^{2-}$ 水溶液在 450 nm 处有最大吸收，但因存在下列平衡：

$$Cr_2O_7^{2-}+H_2O \rightleftharpoons 2HCrO_4^- \rightleftharpoons 2CrO_4^{2-}+2H^+$$

当 $Cr_2O_7^{2-}$ 溶液按一定程度稀释时，$Cr_2O_7^{2-}$ 的浓度并不按相同的程度降低，而 $Cr_2O_7^{2-}$、$2HCrO_4^-$ 及 $2CrO_4^{2-}$ 对光的吸收特性明显不同，此时，若仍以 450 nm 处测得的吸光度制作工作曲线，将严重地偏离朗伯-比耳定律。如果控制溶液均在高酸度时测定，由于六价铬均以重铬酸根形式存在，就不会引起偏离。

另外，按吸收定律假定，所有的吸光质点(分子或离子)的行为必须是相互无关的，而不论其数量和种类如何，这一假定也是利用光吸收的加合性同时测定多组分混合物的基础。但事实证明，这种假设只是在稀溶液($<10^{-2}$ mol · L$^{-1}$)时才是基本正确的。当溶液浓度较大时，往往因凝聚、聚合或缔合作用、水解及配合物配位数的改变等改变了物质的吸光特性，结果使吸收曲线的位置、形状及峰高随着浓度的增加而改变。

所以，在用吸光光度法进行分析测定时，要控制溶液的条件，使被测组分以一种形式存在，以克服化学因素引起的偏离。

## 12.3 光度测定方法及其仪器(Photometric Methods and Instruments)

### 12.3.1 目视比色法

用眼睛观察、比较溶液颜色深浅以确定物质含量的分析方法称为目视比色法。常用的目视比色法采用标准系列法，也称标准色阶法。这种方法是使用一套由同种材料制成、大小形状相同的平底玻璃管(称为比色管)，分别加入一系列不同量的标准溶液和待测溶液，在实验条件相同的情况下，再加入等量的显色剂和其他试剂，稀释至一定刻度，然后从管口垂直向下观察，比较待测溶液与标准溶液颜色的深浅。若待测液与某一标准溶液颜色一致，则说明两者浓度相等；若待测液颜色介于两标准溶液之间，则取其算术平均值作为待测液的浓度。

目视比色法的优点是仪器简单、操作简便，适用于大批试样的分析，灵敏度较高。因为是在复合光——白光下进行测定，故某些显色反应不符合朗伯-比耳定律时，仍可用该法进行测定。因而它广泛用于准确度要求不高的常规分析中，如土壤和植株中氮、磷、钾的快速检测等。

目视比色法的主要缺点是准确度不高，如果待测液中存在第二种有色物质，就无法进行测定。另外，由于许多有色溶液颜色不稳定，标准系列不能久存，经常需在测定时配制，比较麻烦。虽然可采用某些稳定的有色物质(如重铬酸钾、硫酸铜和硫酸钴等)配制永久性标准系列，或利用有色塑料、有色玻璃成永久色阶，但由于它们的颜色与试液的颜色往往有差异，也需要进行校正。

### 12.3.2 光度测定方法

#### 12.3.2.1 方法原理

吸光光度法是借助分光光度计测定溶液的吸光度，根据朗伯-比耳定律确定物质溶液的浓度。吸光光度法与目视比色法在原理上并不完全一样。吸光光度法是比较有色溶液对某一波长光的吸收情况，目视比色法则是比较透过光的强度。例如，测定溶液中 $KMnO_4$ 的含量时，吸光光度法测量的是 $KMnO_4$ 溶液对黄绿色光的吸收情况，目视比色法则是比较 $KMnO_4$ 溶液透过红紫色光的强度。

#### 12.3.2.2 测定方法

(1)比较法。是先配制与被测试液浓度相近的标准溶液 $c_s$、被测试液 $c_x$，在相同条件下显色后，测其相应的吸光度为 $A_s$ 和 $A_x$，根据朗伯-比耳定律：

$$A_s=\varepsilon bc_s;\ A_x=\varepsilon bc_x$$

两式相比得

$$\frac{A_s}{A_x}=\frac{\varepsilon bc_s}{\varepsilon bc_x}$$

则得

$$c_x = \frac{A_x}{A_s} c_s \tag{12-9}$$

需要注意的是，利用式(12-9)进行计算时，只有当 $c_x$ 与 $c_s$ 相近时，结果才可靠，否则将有较大误差。

(2)标准曲线法。也称工作曲线法，应用最为广泛。具体的做法为：配制一系列浓度不同的标准溶液，借助分光光度计在最大吸收波长处分别测量其吸光度。以标准溶液的浓度为横坐标，相应的吸光度为纵坐标作图，绘制标准曲线。同样条件下测定待测溶液的吸光度，根据吸光度，从标准曲线上即可求得被测物质的浓度或含量。当测试样品较多时，利用标准曲线法比较方便，而且误差较小。

吸光光度法的特点是：因入射光是纯度较高的单色光，故使偏离朗伯-比耳定律的情况大为减少，标准曲线直线部分的范围更大，分析结果的准确度较高。因可任意选取某种波长的单色光，故利用吸光度的加和性，可同时测定溶液中两种或两种以上的组分。由于入射光的波长范围扩大了，许多无色物质，只要它们在紫外或红外光区域内有吸收峰，都可以用吸光光度法进行测定。

### 12.3.3　分光光度计及其基本部分

分光光度计一般按工作波长范围分类，紫外、可见分光光度计主要应用于无机物和有机物含量的测定，红外分光光度计主要用于结构分析。分光光度计有各种型号，但仪器的基本结构是相似的，通常由光源、单色器、吸收池、检测器和显示系统 5 个基本部件组成：

光源 → 单色器 → 样品室 → 检测器 → 显示仪表或记录仪

#### 12.3.3.1　光源

紫外-可见分光光度计一般采用钨灯(350~800 nm，可见光用)和氘灯(190~400 nm，紫外光用)作为光源，根据不同波长的要求选择使用。要求光源有一定的强度且稳定。光源的作用是提供分析所需的复合光，要求在所需的光谱区域内，发射连续的具有足够强度和稳定的可见及紫外光。

#### 12.3.3.2　分光系统

分光系统的作用是将光源发出的复合光分解为按波长顺序排列的单色光，由入射和出射狭缝、反射镜和色散元件组成，其关键部分是色散元件。色散元件有两种基本形式：棱镜和衍射光栅。

(1)棱镜。由玻璃或石英玻璃制成。复合光通过棱镜时，由于棱镜材料的折射率不同而产生折射。但是，折射率与入射光的波长有关。对一般的棱镜材料，在紫外-可见光区内，折射率与波长之间的关系可用科希经验公式表示：

$$n = A + \frac{B}{\lambda^2} + \frac{C}{\lambda^2} \tag{12-10}$$

式中，$n$ 为波长为 $\lambda$ 的入射光的折射率；$A$、$B$、$C$ 均为常数。所以，当复合光通过棱镜的两个界面发生两次折射后，根据折射定律，波长小的偏向角大，波长大的偏向角小(图 12-5)，故而能将复合光色散成不同波长的单色光。

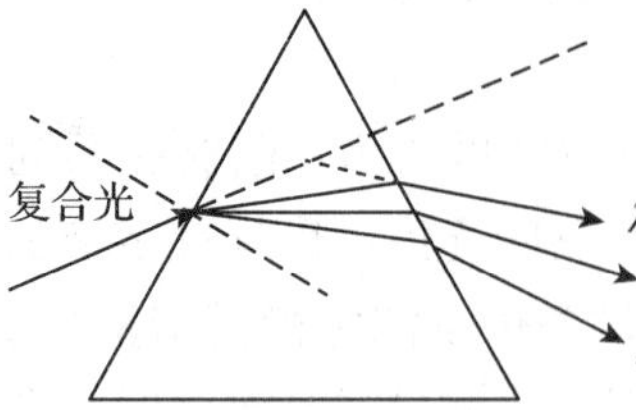


**图 12-5　棱镜的色散作用**

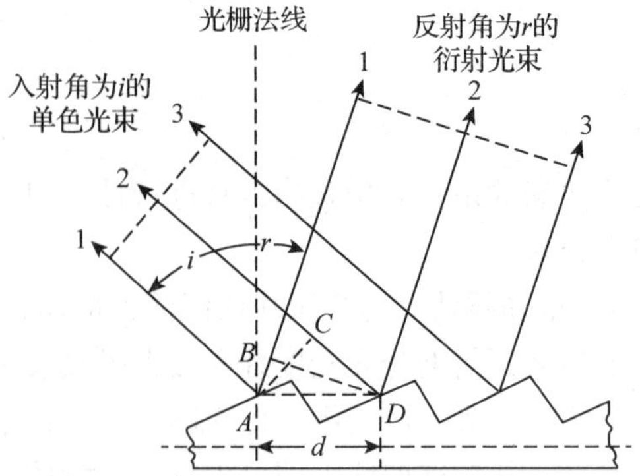


**图 12-6　光栅衍射原理示意**

(2)光栅。光栅有多种，光谱仪中多采用平面闪耀光栅。它由高度抛光的表面(如铝)上刻划许多根平行线槽而成。一般为 600 条/mm，1 200 条/mm，多的可达 2 400 条/mm，甚至更多。当复合光照射到光栅上时，光栅的每条刻线都产生衍射作用，而每条刻线所衍射的光又会互相干涉而产生干涉条纹。光栅正是利用不同波长的入射光产生的干涉条纹的衍射角不同，波长长的衍射角大，波长短的衍射角小，从而使复合光色散成按波长顺序排列的单色光。光栅的衍射原理如图 12-6 所示。

**12.3.3.3　样品室**

样品室包括吸收池架和吸收池。吸收池(又称比色皿)由玻璃或石英玻璃制成，用于盛放试液。有不同厚度规格的吸收池。玻璃吸收池只能用于可见光区，而石英吸收池既可用于可见光区，也可用于紫外光区。

**12.3.3.4　检测器**

检测器是一种光电转换元件，其作用是将透过吸收池的光信号强度变成可测量的电信号强度，进行测量。目前，在可见-紫外分光光度计中多用光电管和光电倍增管。

光电倍增管是利用二次电子发射放大光电流的一种真空光敏器件。它由一个光电发射阴极，一个阳极以及若干级倍增极所组成。图 12-7 是光电倍增管的结构和光电倍增原理示意。

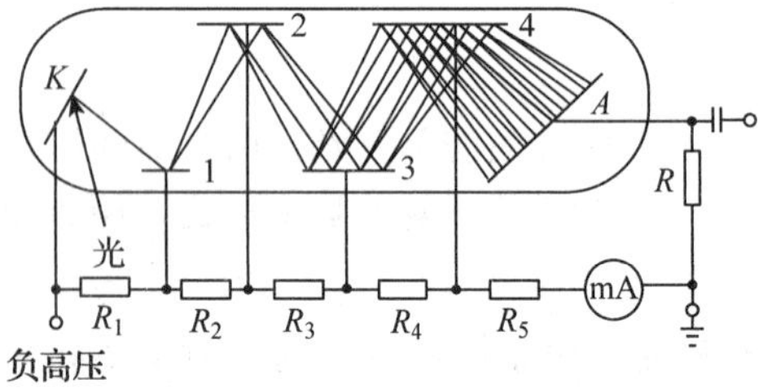


**图 12-7　光电倍增管的结构和原理**

*K*. 光敏阴极；1~4. 倍增极；
*R*，$R_1$~$R_5$. 电阻；*A*. 阳极

当阴极 *K* 受到光撞击时，发出光电子，*K* 释放的一次光电子再撞击倍增极，就可产生增加了若干倍的二次光电子，这些电子再与下一级倍增级撞击，电子数依次倍增，经过 9~16 级倍增，最后一次倍增极上产生的光电子可以比最初阴极放出的光电子高 $10^6$ 倍，最高可达成 $10^9$ 倍，最后倍增了的光电子射向阳极 *A* 形成电流。阳极电流与入射光强度及光电倍增管的增益成正比，改变光电倍增管的工作电压，可改变其增益。光电流通过光电倍增管的负载电阻 *R*，即可变成电压信号，送入放大器进一步放大。

**12.3.3.5　显示仪表和记录仪**

早期的分光光度计多采用检流计、微安表作显示装置，直接读出吸光度或透光率。近代的分光光度计则多采用数字电压表等显示和用 X–Y 记录仪直接绘出吸收(或透射)曲线，并配有计算机数据处理台。

## 12.4 显色反应与反应条件(Color Reaction and Reaction Conditions)

### 12.4.1 显色反应

测定某种物质时，如果待测物质本身有较深的颜色，就可以进行直接测定，但大多数待测物质是无色或很浅的颜色，故需要选适当的试剂与被测离子反应生成有色化合物再进行测定，这是分光光度法测定金属离子最常用的方法。此反应称为显色反应，所用的试剂称为显色剂。

#### 12.4.1.1 显色反应的选择

显色反应主要有配位反应和氧化–还原反应，当同一组分常可与多种显色剂反应生成不同的有色化合物。通常，选择显色反应应考虑下列因素：

(1)首先是选择灵敏高，即摩尔吸光系数大的反应。但是，在分析化学中接触到的试样大多是成分复杂的物质，必须认真考虑共存组分的干扰，即希望显色反应的选择性好，干扰少。需要指出的是，在满足测定灵敏度的前提下，选择性的好坏常常成为选择显色反应的主要依据。例如，Fe(Ⅱ)与 1,10–邻二氮菲在 pH = 2~9 的水溶液中生成橙红色配合物的反应，虽然灵敏度不是很高，$\varepsilon_{508\ nm} = 1.1\times10^4\ L\cdot mol^{-1}\cdot cm^{-1}$，但由于选择性好，在实际分析中仍广泛被采用。

(2)有色化合物的组成恒定，符合一定的化学式。对于形成不同配位比的配位反应，必须注意控制实验条件，使其生成一定组成的配合物，以免引起误差。

(3)有色化合物的化学性质应足够稳定，至少保证在测量过程中溶液的吸光度基本恒定。这就要求有色化合物不容易受外界环境条件的影响，如日光照射、空气中的氧和二氧化碳的作用等，此外，也不应受溶液中其他化学因素的影响。

(4)有色化合物与显色剂的关系差别要大，即显色剂对光的吸收与络合物的吸收有明显区别，一般要求两者的吸收峰波长之差(称为对比度)$\Delta\lambda > 60$ nm。

#### 12.4.1.2 显色剂

灵敏的分光光度法是以待测物质与显色剂之间的反应为基础的。多数无机配位剂单独与金属离子生成的配合物，如 $Cu^{2+}$ 与 $NH_3$ 形成的蓝色配合物，$Fe^{3+}$ 与 $SCN^-$ 形成的红色配合物等，组成不恒定，也不够稳定，反应的灵敏度不高；选择性较差，所以单独应用不多。目前，不少高灵敏的方法是基于金属的硫氰酸盐、氟化物、氯化物、溴化物和碘化物的配阴离子与碱性染料的阳离子形成的离子缔合物的反应，特别是基于这些离子缔合物的萃取体系和引入表面活性剂或水溶性高分子的多元体系。例如，在 $0.12\ mol\cdot L^{-1}\ H_2SO_4$ 介质中，在聚乙烯醇存在下，$Hg^{2+}$–$I^-$–乙基罗丹明 B 离子缔合物显色体系的 $\varepsilon$ 高达 $1.14\times10^6\ L\cdot mol^{-1}\cdot cm^{-1}$，$\lambda_{max} = 605$ nm，测量范围是 0~2.5 μg(Hg)/25 mL。

分光光度法中主要使用有机显色剂。有机显色剂及其与金属离子反应产物的颜色和它们的分子结构有密切关系。由于显色剂分子结构的复杂性和各基团间相互影响的多样性，分子结构与颜色的关系十分复杂。根据近代发色理论，显色分子中多含有不饱和的共轭链，如—C═C—、—N═N—、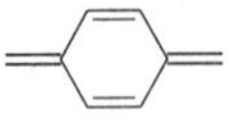、>C═S 等，其一端与某些供电子基(如—OH、—$NH_2$、$R(R')\ddot{N}$—、$R(H)\ddot{N}$— 等)或吸电子基(—$NO_2$、>C═O 等)相连，而另一端一般再与另一供电性相反的基团相连。当吸收一定波长的光量子能量后，从电子给予体通过共轭作用，传递到电子接受基团，显色分子发生极化并产生一定的偶极矩，使价电子在不同能级间跃迁而得到不同的颜色。

有机显色剂的种类繁多，分类方法各异。本书不做赘述。

#### 12.4.1.3 多元络合物

(1)三元(多元)混配混合物。由一种中心离子和两种(或三种)配位体形成的配合物称为三元混配配合物。例如，Mo(Ⅳ)$NH_2OH$ 和硝基磺苯酚 K 形成的三元配合物，其结构为

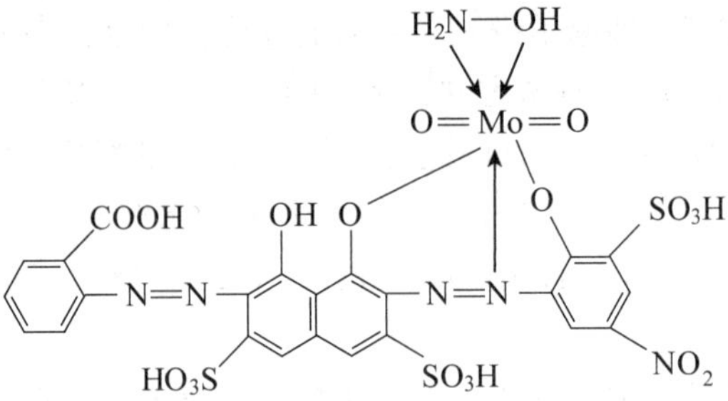


混配配合物形成的条件：首先是中心离子应能分别与这两种配位体单独发生配位反应；其次是中心离子与一种配位体形成的配合物必须是配位不饱和的，只有再与另一种配位体配位后，才能满足其配位数的要求。混配配合物 $ML_1L_2$ 中，$L_1$ 和 $L_2$ 可能都是有机配位体，也可能其中之一是无机配位体。由于配位反应的空间效应，其中一种配位体最好是体积小的单齿配位体，如 $NH_2OH$、$H_2O_2$、$F^-$等，另一种是多齿配位体。混配配合物的特点是极为稳定，并且具有不同于单一配位体配合物的性质，不仅能提供具有分析价值的特殊灵敏度和选择性，并且常常能改善其可萃性和溶解性。例如，用 $H_2O_2$ 测定 $V$(Ⅴ)，灵敏度太低($\varepsilon_{450\ nm}$ = $2.7\times10^2\ L\cdot mol^{-1}\cdot cm^{-1}$)，用 PAR 显色灵敏度虽较高($\varepsilon_{550\ nm}=3.6\times10^4\ L\cdot mol^{-1}\cdot cm^{-1}$)，但选择性很差。如果在一定条件下使之形成 $V$(Ⅴ)-$H_2O_2$-PAR 三元配合物，不仅灵敏度较高($\varepsilon_{540\ nm}=1.4\times10^4\ L\cdot mol^{-1}\cdot cm^{-1}$)，选择性也较好。

(2)三元离子缔合物。离子缔合物型三元配合物与三元混配配合物的区别是一种配位体已满足中心离子配位数的要求，但彼此间的电性并未中和，因此，形成的是带有电荷的二元配离子，当带有相反电荷的第二种配位体离子参与反应时，便可通过电价键结合成离子缔合物型的三元配合物。这类配合物体系多属 M-B-R 型。M 为金属离子，B 为有机碱，如吡啶、喹啉、安替比林类、邻二氮菲及其衍生物、二苯胍和有机染料等阳离子，R 为电负性配位体，如卤素离子 $X^-$、$SCN^-$、$SO_4^{2-}$、$ClO_4^-$、$HgI_4^{2-}$、水杨酸、邻苯二酚等。

离子缔合物型三元配合物在金属离子的萃取分离和萃取光度法中占有重要地位。由于在

光度测定之前需要经萃取法分离、富集。因此，提高了测定的灵敏度和选择性。例如，在 $H_2SO_4$ 溶液中，$InI_4^-$ 配阴离子可与孔雀绿阳离子（$B^+$）形成离子缔合物 $[InI_4]^-$，用苯萃取，测定吸光度，$\varepsilon = 1.05 \times 10^5$ L·$mol^{-1}$·$cm^{-1}$，用于测定铟，非常灵敏。需要指出的是，为了克服离子缔合物用于光度分析需经萃取分离，操作比较麻烦和有机污染的缺点，近些年提出了用水溶性高分子，如聚乙烯醇、阿拉伯树胶等增溶分散的方法，不仅可以直接在水相中进行测定，而且提高了测定灵敏度。例如，在 1.1 mol/L HCl 介质中，在聚乙烯醇存在下，$Zn^{2+}$-SCN-罗丹明体系的 $\varepsilon_{607\ nm} = 2.6 \times 10^4$ L·$mol^{-1}$·$cm^{-1}$。

（3）金属离子-络合剂-表面活性剂体系。许多金属离子与显色剂反应时，加入某些表面活性剂，可以形成胶束化合物，它们的吸收峰向长波方向移动（红移），而测定的灵敏度显著提高。目前，常用于这类反应的表面活性剂有溴化十六烷基吡啶、氯化十四烷基二甲基苄胺、氯化十六烷基三甲基铵、溴化十六烷基三甲基铵、溴化羟基十二烷基三甲基铵、OP 乳化剂。例如，稀土元素、二甲酚橙及溴化十六烷基吡啶反应，生成三元络合物，在 pH 值为 8~9 时呈蓝紫色，用于痕量稀土元素总量的测定。

（4）杂多酸。溶液的酸性的条件下，过量的钼酸盐与磷酸盐、硅酸盐、砷酸盐等含氧的阴离子作用生成杂多酸，可作为吸光光度法测定相应的磷、硅、砷等元素的基础。杂多酸法需要还原反应的酸度范围较窄，必须严格控制反应条件。很多还原剂都可应用于杂多酸中。氯化锡及某些有机还原剂，如 1-氨基-2-萘酚-4-磺酸加亚硫酸盐和氢醌，常用于磷的测定。硫酸肼在煮沸溶液中作砷钼酸盐和磷钼酸盐的还原剂。抗坏血酸也是较好的还原剂。

## 12.4.2 显色反应条件的选择

确定了显色反应以后，还要确定合适的反应条件，这一般是通过实验研究来得到的。这些实验条件包括：溶液酸度，显色剂用量，试剂加入顺序，显色时间，显色温度，有机配合物的稳定性及共存离子的干扰等。

### 12.4.2.1 反应体系的酸度

反应时，介质溶液的酸度常常是首先需要确定的问题。因为酸度的影响是多方面的，表现为

$$M(待测组分) + R(显色剂) \rightleftharpoons MR(有色化合物)?$$

$$\downarrow OH^- \quad \downarrow H^+ \quad \searrow N \qquad \downarrow H^+ \quad \downarrow OH^- \quad \searrow R$$

$$M(OH) \quad HR \quad NR \qquad MHR \quad M(OH)R \quad MR_2 \cdots$$

$$\vdots \qquad \vdots \qquad \vdots$$

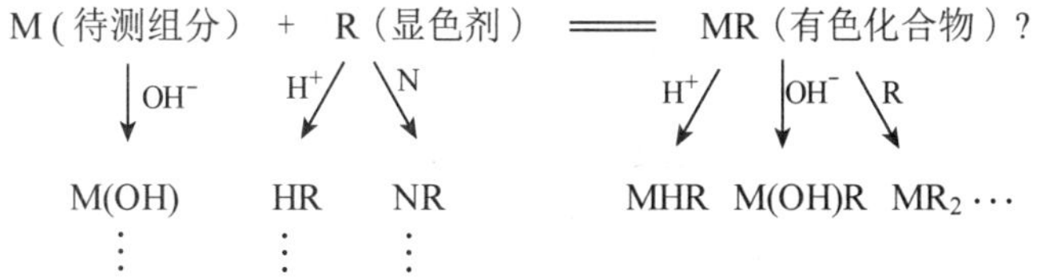

R 的不同型体可能有不同的颜色，产生不同的吸收；M 离子可能形成羟基配合物乃至沉淀，影响显色反应的定量完成；有干扰组分时，可能会影响主反应进行的程度；影响显色配合物存在的型体，甚至组成比，产生不同的吸收。例如，Fe(Ⅲ)与磺基水杨酸的反应随 pH 值的改变，产物的组成和颜色会产生明显的改变。pH=1.8~2.5 时，形成 1:1 的紫红色配合物；在 pH=4~8 时，生成 1:2 的橙红色配合物；pH=8~11.5 时，生成 1:3 的黄色配合物；pH>12 时，只能生成棕红色的 $Fe(OH)_3$ 沉淀。

对某种显色体系，最适宜的 pH 值范围与显色剂、待测元素以及共存组分的性质有关。

目前，虽然已有从有关平衡常数值估算显色反应适宜酸度范围的报导，但在实践中，仍然是通过实验来确定的。其方法是保持其他实验条件相同，分别测定不同 pH 值条件下显色溶液和空白溶液相对于纯溶剂的吸光度，显色溶液和空白溶液吸光度之差值呈现最大而平坦的区域，即为该显色体系最适宜的 pH 值范围。控制溶液酸度的有效方法是加入适宜的缓冲溶液。缓冲溶液的选择，不仅要考虑其缓冲 pH 值范围和缓冲容量，还要考虑缓冲溶液阴、阳离子可能引起的干扰效应。

**12.4.2.2　显色剂的用量**

为了使显色反应进行完全，一般需加入过量的显色剂。但显色剂不是越多越好。对于有些显色反应，显色剂加入太多，反而会引起副反应，对测定不利。在实际工作中，通常根据实验结果来确定显色剂的用量。

显色剂用量对显色反应的影响一般有 3 种可能的情况，如图 12-8 所示。其中，图 12-8(a)的曲线形状比较常见，当显色剂用量达到某一数值时，吸光度不再增大，出现 *ab* 平坦部分，这意味着显色剂用量已足够，于是可在 *ab* 之间选择合适的显色剂用量。图 12-8(b)与图 12-8(a)不同之处是平坦部分较窄，即当显色剂浓度继续增大时，试液的吸光度反而下降。例如，用 $SCN^-$测定 Mo(Ⅴ)时，Mo(Ⅴ)与 $SCN^-$生成 $Mo(SCN)_3^{2+}$(浅红)、$Mo(SCN)_5$(橙红)、$Mo(SCN)_6^-$(浅红)配位数不同的络合物，用吸光光度法测定时，通常测得的是 $Mo(SCN)_5$ 的吸光度。因此，如果 $SCN^-$浓度太高，由于生成浅红色的 $Mo(SCN)_6^-$ 络合物，将使试液的吸光度降低。遇此情况，必须严格控制显色剂的量，否则得不到正确的结果。图 12-8(c)与前两种情况完全不同，随显色剂用量增大，试液的吸光度也增大。例如，用 $SCN^-$测定 $Fe^{3+}$，随着 $SCN^-$浓度的增大，生成颜色越来越深的高配位数络合物 $Fe(SCN)_4^-$ 和 $Fe(SCN)_5^{2-}$，溶液颜色由橙黄色变至血红色。对于这种情况，只有严格地控制显色剂的用量，才能得到准确的结果。

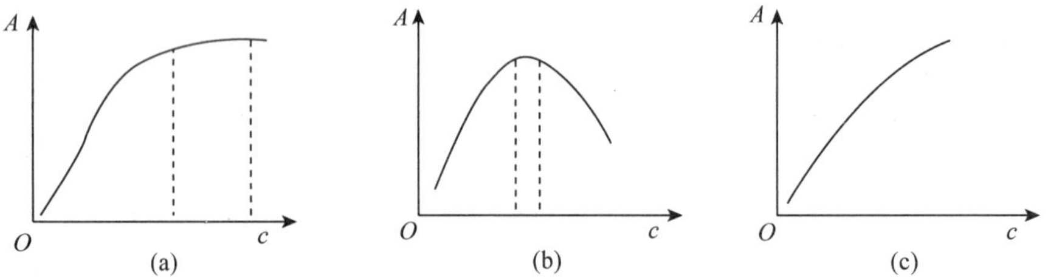


**图 12-8　试液吸光度与显色剂浓度的关系**

**12.4.2.3　显色反应时间**

有些显色反应瞬间完成，溶液颜色很快达到稳定状态，并在较长时间内保持不变；有些显色反应虽能迅速完成，但有色配合物的颜色很快开始褪色；有些显色反应进行缓慢，溶液颜色需经一段时间后才稳定。因此，必须经实验来确定最合适测定的时间区间。实验方法为配制一份显色溶液，从加入显色剂起计算时间，每隔几分钟测量一次吸光度，制作吸光度-时间曲线，根据曲线来确定适宜时间。

**12.4.2.4　显色反应温度**

通常，显色反应大多在室温下进行。但是，有些显色反应必需加热至一定温度才能完成。例如，用硅钼酸法测定硅的反应，在室温下需 10 min 以上才能完成；而在沸水浴中，则只需 30 s 便能完成。许多有色化合物在温度较高时容易分解，如 $MnO_4^-$ 溶液长时间煮沸就会与水中的微生物或有机物反应而褪色。同样，通过实验确定显色反应的适宜温度。

**12.4.2.5 溶剂**

有机溶剂常降低有色化合物的解离度，从而提高了显色反应的灵敏度。例如，在 $Fe(SCN)_3$ 的溶液中加入与水混溶的有机溶剂(如丙酮)，由于降低了 $Fe(SCN)_3$ 的解离度而使颜色加深，提高了测定的灵敏度。此外，有机溶剂还可能提高显色反应的速率，影响有色配合物的溶解度和组成等。如用偶氮氯膦Ⅲ法测定 $Ca^{2+}$，加入乙醇后，吸光度显著增大。又如，用氯代磺酚 S 法测定铌(V)时，在水溶液中显色需几个小时，加入丙酮后，则只需 30 min。

**12.4.2.6 干扰及其消除方法**

试样中存在干扰物质会影响被测组分的测定。例如，干扰物质本身有颜色或与显色剂反应，在测量条件下也有吸收，造成正干扰。干扰物质均与被测组分反应或与显色剂反应，使显色反应不完全，也会造成干扰。干扰物质在测量条件下从溶液中析出，使溶液变混浊，无法准确测定溶液的吸光度。

为消除以上原因引起的干扰，可采取以下几种方法：

(1)控制溶液酸度。例如，用二苯硫腙法测定 $Hg^{2+}$时，$Cd^{2+}$、$Cu^{2+}$、$Co^{2+}$、$Ni^{2+}$、$Sn^{2+}$、$Zn^{2+}$、$Pb^{2+}$、$Bi^{3+}$等均可能发生反应，但如果在稀酸(0.5 mol·L$^{-1}$$H_2SO_4$)介质中进行萃取，则上述离子不再与二苯硫腙作用，从而消除其干扰。

(2)加入掩蔽剂。选取的条件是掩蔽剂不与待测离子作用，掩蔽剂以及它与干扰物质形成的配合物的颜色应不干扰待测离子的测定。例如，用二苯硫腙法测 $Hg^{2+}$时，即使在 0.5 mol·L$^{-1}$ $H_2SO_4$ 介质中进行萃取，尚不能消除 $Ag^+$和大量 $B^{3+}$的干扰。这时，加 KSCN 掩蔽 $Ag^+$，EDTA 掩蔽 $Bi^{3+}$可消除其干扰。

(3)利用氧化还原反应，改变干扰离子的价态。例如，用铬天青 S 比色测定 $Al^{3+}$时，$Fe^{3+}$有干扰，加入抗坏血酸将 $Fe^{3+}$还原为 $Fe^{2+}$后，干扰即消除。

(4)利用校正系数。例如，用 $SCN^-$测定钢中钨时，可利用校正系数扣除钒(V)的干扰，因为钒(V)与 $SCN^-$生成蓝色$(NH_4)_2[VO(SCN)_4]$配合物而干扰测定。实验表明，质量分数为1%的钒相当于0.20%钨(随实验条件不同略有变化)。这样，在测得试样中钒的量后，就可以从钨的结果中扣除钒的影响。

(5)利用参比溶液消除显色剂和某些共存有色离子的干扰。例如，用铬天青 S 比色法测定钢中的铝、$Ni^{2+}$、$Co^{2+}$等干扰测定。为此可取一定量试液，加入少量 $NH_4F$，使 $Al^{3+}$形成 $[AlF_6]^{3-}$络离子而不再显色，然后加入显色剂及其他试剂，以此作参比溶液，以消除 $Ni^{2+}$、$Co^{2+}$对测定的干扰。

(6)选择适当的波长。例如，$MnO_4^-$ 的最大吸收波长为 525 nm，测定 $MnO_4^-$ 时，若溶液中有 $Cr_2O_7^{2-}$ 存在，由于它在 525 nm 处也有一定的吸收，故影响 $MnO_4^-$ 的测定。为此，可选用 545 nm 甚至 575 nm 波长进行 $MnO_4^-$ 的光度测定。这时，测定灵敏度虽较低，但却在很大程度上消除了 $Cr_2O_7^{2-}$ 的干扰。

(7)增加显色剂的用量。当溶液中存在有消耗显色剂的干扰离子时，可以通过增加显色

剂的用量来消除干扰。

(8)分离。若上述方法均不能奏效时，只能采用适当的预先分离的方法。

## 12.5 仪器测量误差和测量条件的选择(Error of Instrument Measurement and Selection of Measuring Conditions)

### 12.5.1 吸光度测量的误差

在吸光光度法分析中，除了前面已讲述的偏离朗伯-比耳定律所引起的误差外，仪器测量不准确也是误差的主要来源。这些误差可能来源于光源不稳定、实验条件的偶然变动、读数不准确及仪器噪声等引起的。其中，透光度与吸光度的读数误差是衡量测定结果的主要因素，也是衡量仪器精度的主要指标之一。透光度与吸光度的读数误差对浓度测量的相对误差有何影响呢？现讨论如下：

在光度计中，透光度的标尺刻度是均匀的，吸光度与透光度呈负对数关系，故它的标尺刻度是不均匀的。光度计算尺上吸光度与透光度的关系，如图 12-9 所示。

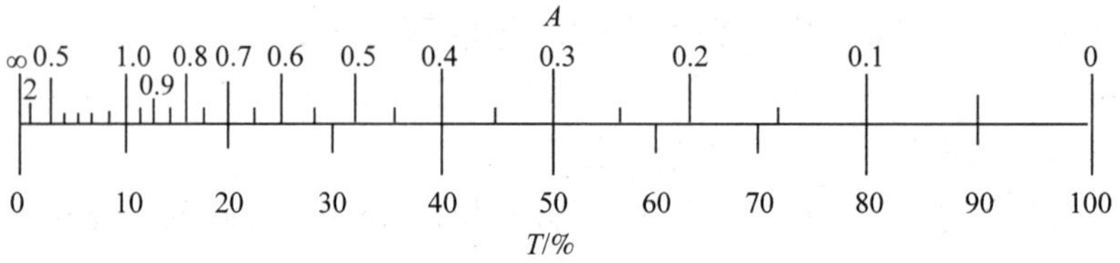


**图 12-9 光度计计算尺上吸光度与透光度的关系**

由图 12-9 可见，对一给定的分光光度计，透光度读数误差 $\Delta T$ 为 0.01~0.02，基本上为一常数。但在不同吸光度范围内读数将对测定带来不同程度的误差，因为吸光度测量的误差不为常数。吸光度越大，读数波动所引起的吸光度读数误差也越大。

为了提高光度法分析结果的准确度，透光度(或吸光度)在什么范围内具有较小的浓度测量误差呢？可推证如下：

若在测量吸光度 $A$ 时产生了一个微小的绝对误差 $\mathrm{d}A$，则测量 $A$ 的相对误差 $E_r$ 为

$$E_r=\frac{\mathrm{d}A}{A} \tag{12-11}$$

根据朗伯-比耳定律 $A=\varepsilon bc$

当 $b$ 值一定时，两边微分得 $\mathrm{d}A=\varepsilon b\mathrm{d}c$

$\mathrm{d}c$ 为测量浓度 $c$ 的微小的绝对误差。两式相除得

$$\frac{\mathrm{d}A}{A}=\frac{\mathrm{d}c}{c} \tag{12-12}$$

由此可见，吸光度测量的相对误差$\frac{\mathrm{d}A}{A}$与浓度测量的相对误差$\frac{\mathrm{d}c}{c}$相等。

又因为 $A=-\lg T=-0.434\ln T$

微分得 $\mathrm{d}A=-0.434\,\frac{\mathrm{d}T}{T}$

$$\frac{\mathrm{d}A}{A}=\frac{\mathrm{d}T}{T\ln T} \qquad (12\text{-}13)$$

将式(12-11)、式(12-12)代入式(12-13)得

$$E_r=\frac{\mathrm{d}c}{c}\times 100\%=\frac{\mathrm{d}A}{A}\times 100\%=\frac{\mathrm{d}T}{T\ln T}\times 100\% \qquad (12\text{-}14)$$

由于 $T$ 的测量绝对误差是固定的，即 $\mathrm{d}T=\Delta T$，故

$$E_r=\frac{\mathrm{d}c}{c}\times 100\%=\frac{\mathrm{d}T}{T\ln T}\times 100\%=\frac{0.434\Delta T}{T\lg T}\times 100\% \qquad (12\text{-}15)$$

由式(12-15)可知，浓度的相对误差，不仅与透光度的绝对误差 $\Delta T$ 有关，还与透光度读数范围有关。表 12-2 列出了不同 $\Delta T$ 和不同的 $T$ 值时计算的浓度相对误差。将表 12-2 中数据($\Delta T=\pm 1.0\%$)作图，可得图 12-10。

由表 12-2 和图 12-10 均可看出透光度很大或很小时相对误差都较大，即吸光度读数最好落在标尺的中间而不要落在标尺的两端。

在实际测定时，只有使待测溶液的透光度 $T$ 在 15%~65%，或使吸光度 $A$ 在 0.2~0.8，才能保证浓度测量的相对误差较小($|E_r|<4\%$)。当透光度 $T=36.8\%$ 或 $A=0.434$ 时，浓度测量的相对误差最小。

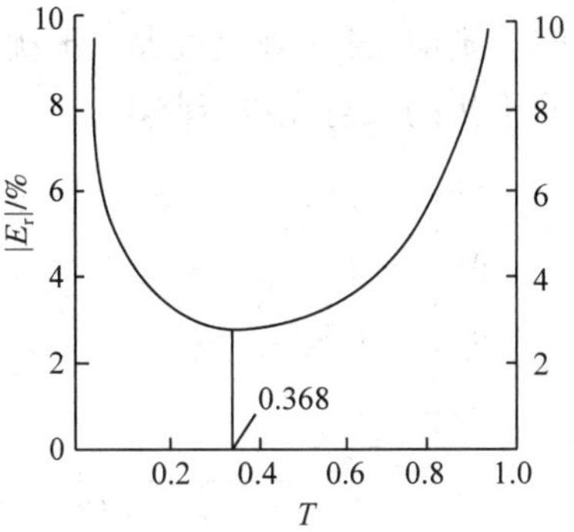

图 12-10 $|E_r|-T$ 关系

表 12-2 不同 $T$(或 $A$)值时浓度测量的相对误差

| 透光度 $T/\%$ | 吸光度 $A$ | 浓度相对误差 $E_r/\%$ $\Delta c/c=0.434\Delta T/T\lg T/\%$ | |
|---|---|---|---|
| | | $\Delta T=\pm 1.0\%$ | $\Delta T=\pm 0.5\%$ |
| 95 | 0.022 | ±20.5 | ±10.3 |
| 90 | 0.045 | ±10.6 | ±5.30 |
| 80 | 0.097 | ±5.60 | ±2.80 |
| 70 | 0.155 | ±4.01 | ±2.00 |
| 60 | 0.222 | ±3.26 | ±1.63 |
| 50 | 0.301 | ±2.88 | ±1.44 |
| 40 | 0.398 | ±2.73 | ±1.37 |
| 36.8 | 0.434 | ±2.72 | ±1.36 |
| 30 | 0.523 | ±2.77 | ±1.39 |
| 20 | 0.699 | ±3.11 | ±1.56 |
| 10 | 1.000 | ±4.34 | ±2.17 |
| 5 | 1.301 | ±6.70 | ±3.43 |

## 12.5.2 测量条件的选择

为了提高分光光度法的灵敏度和准确度，在选择合适的显色反应条件基础上，还必须注意选择适当的测量条件。

### 12.5.2.1 测量波长的选择

根据吸收光谱曲线，以选择被测组分具有最大吸收时的波长（$\lambda_{max}$）的光作为入射光，这称为"最大吸收原则"。选用 $\lambda_{max}$ 的光作为测量波长，不仅灵敏度高，而且能够减少或消除由非单色光引起的对朗伯-比耳定律的偏离。但是若在 $\lambda_{max}$ 处有其他吸光物质干扰测定时，则应根据"吸收最大，干扰最小"的原则来选择测量波长，即可选用灵敏度稍低但能避开干扰的入射光进行测定。

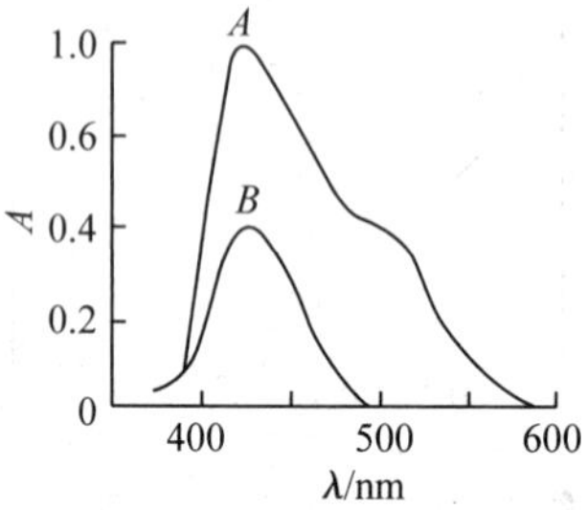


**图 12-11 溶液的吸收光谱曲线**

曲线 A 为钴配合物的吸收曲线；
曲线 B 为 1-亚硝基-2-苯酚-3,6 磺酸显色剂的吸收曲线

现以图 12-11 为例。显色剂和钴配合物在 420 nm 波长处均有最大吸收峰。如用此波长测定钴，则未反应的显色剂会发生干扰而降低测定的准确度。这时可选择 500 nm 波长测定，在此波长下显色剂不发生吸收，而钴配合物则有一吸收平台。因此，用此波长测定，灵敏度虽有所下降，却消除了干扰，提高了测定的准确度和选择性。

### 12.5.2.2 选择适当的参比溶液

基于吸光度具有加和性，可用适当的参比溶液消除干扰。其具体做法是使用参比溶液来调节仪器的零点。它可以消除由于吸收池壁及溶剂、试剂对入射光的反射和吸收带来的误差，并可扣除干扰的影响。参比溶液的选择方法如下：

（1）如果仅待测物与显色剂的反应产物有吸收，可用纯溶剂作参比溶液，称为"溶剂空白"。一般用蒸馏水作参比溶液。

（2）当样品溶液无色，而显色剂及试剂有色时，可用不加样品的显色剂、试剂的溶液作参比溶液，称为"试剂空白"。

（3）当样品溶液中其他离子有色，而试剂、显色剂无色时，应采用不加显色剂的样品溶液作参比溶液，称为"样品空白"。

（4）当显色剂和试液在测定波长处都有吸收，或显色剂与试液中共存组分的反应产物有吸收，可在一份试液中先加入适当的掩蔽剂将被测组分掩蔽起来，再按相同的操作方法加入显色剂和其他试剂，以此作为参比溶液进行测定。

总之，选择参比溶液总的原则是，使试液的吸光度真正反映待测组分的浓度。

### 12.5.2.3 控制合适的吸光度读数范围

前面已指出，吸光度在 0.2~0.8 时，测量结果的准确度较高，一般应控制标准溶液和被测试液的吸光度在 0.2~0.8 范围内。为此，可通过控制溶液的浓度或选择不同厚度的吸收池来改变溶液的吸光度。

## 12.6　吸光光度法的应用(Application of Spectrophotometry)

吸光光度法广泛地应用于微量组分的测定，也能用于多组分和常量组分的测定。同时还用于研究化学平衡、配合物组成及弱酸(或弱碱)解离常数的测定等。这里仅简单介绍高含量组分和多组分的测定。

### 12.6.1　示差吸光光度法

#### 12.6.1.1　示差吸光光度法的原理

一般来说，吸光光度法只适用于微量组分的测定，当被测组分浓度过高或过低，即吸光度读数超出了准确测量的范围，这时即使不偏离朗伯-比耳定律，也会引起很大的测量误差，导致准确度降低。采用示差吸光光度法可以弥补这一不足，使测定误差降低至 0.5%以下，有时达到重量法或滴定分析法同等的精密度。目前，主要有高浓度示差吸光光度法、低浓度示差吸光光度法和使用两个参比溶液的精密示差吸光光度法。它们的基本原理相同，这里只讨论应用最多的高浓度示差吸光光度法。

示差吸光光度法与普通分光光度法的主要区别是它所采用的参比溶液不同。示差吸光光度法是采用比待测溶液浓度稍低的标准溶液作参比溶液，测量待测溶液的吸光度，从测得的吸光度求出它的浓度。其原理如下：

设：用作参比的标准溶液浓度为 $c_s$，待测试液浓度为 $c_x$，且 $c_x > c_s$。

根据朗伯-比耳定律有

$$A_s = \varepsilon b c_s \qquad A_x = \varepsilon b c_x$$

两式相减得相对吸光度为

$$A_{相对} = \Delta A = A_x - A_s = \varepsilon b(c_x - c_s) = \varepsilon b \Delta c = \varepsilon b c_{相对} \tag{12-16}$$

式(12-16)表明，所得吸光度之差与这两种溶液的浓度差成正比。这样便可以作 $\Delta A$-$\Delta c$ 标准曲线，根据测得的 $\Delta A$ 求出 $\Delta c$ 值，再依 $c_x = c_s + \Delta c$ 即可求出待测试液的浓度。

#### 12.6.1.2　示差吸光光度法的误差

对于浓度过高或过低的试液，示差光度法比普通光度法的准确度要高得多。提高测量准确度的根本原因在于示差光度法扩展了读数标尺，如图 12-12 所示。假设按一般吸光光度法用试剂空白作参比溶液，测得试液的透光度 $T_x = 5\%$，显然，这时的测量误差是很大的。采用示差吸光光度法时，若用按一般吸光光度法测得 $T_1 = 10\%$ 的标准溶液作参比溶液，即使其透光率从标尺上的 $T_1 = 10\%$ 处调至 $T_2 = 100\%$ 处时，相当于把标尺扩展到原来的 10 倍

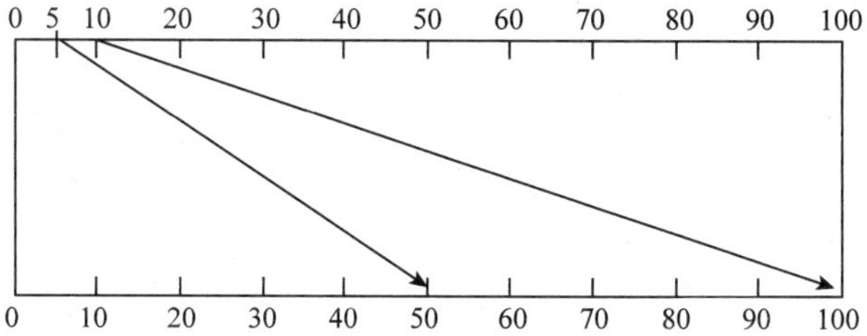


图 12-12　示差光度法标尺扩展原理

( $T_2/T_1=100\%/10\%=10$ )。这样待测试液透光度由原来的 5%，读数落在测量误差很大的区域；改为用示差法测定时，透光度则为 50%，读数落在测量误差较小的区域，从而提高了测定的准确度。因此，用示差吸光光度法测定浓度过高或过低的试液，其准确度比一般吸光光度法高。只要选择合适的参比溶液，参比溶液的浓度越接近待测试液的浓度，测量误差越小，最小误差可达 0.3%。

## 12.6.2 双波长吸光光度法

对于吸收光谱有重叠的单组分(显色剂与有色络合物的吸收光谱重叠)或多组分(两种性质相近的组分所形成的有色络合物吸收光谱重叠)、试样、混浊试样以及背景吸收较大的试样，由于存在很强的散射和特征吸收，难以找到一个合适的参比溶液来抵消这种影响。利用双波长吸光光度法，使两束不同波长的单色光以一定的时间间隔交替地照射同一吸收池，测量并记录两者吸光度的差值。这样就可以从分析波长的信号中扣除来自参比波长的信号，消除上述各种干扰，求得待测组分的含量。该法不仅简化了分析手续，还能提高分析方法的灵敏度、选择性及测量的精密度。因此，被广泛用于环境试样及生物试样的分析。

### 12.6.2.1 双波长吸光光度法的原理

双波长吸光光度法的原理如图 12-13 所示。从光源发射出来的光线分成两束，分别经过两个单色器，得到两束波长不同的单色光。借助切光器，使这两道光束以一定的频率交替照到装有试液的吸收池，最后由检测器显示出试液对波长为 $\lambda_1$ 和 $\lambda_2$ 和的光的吸光度差 $\Delta A$。

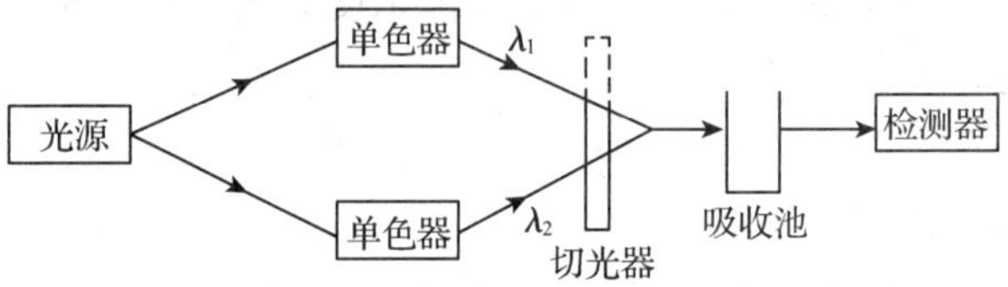


**图 12-13 双波长吸光光度法原理**

设波长为 $\lambda_1$ 和 $\lambda_2$ 的两束单色光的强度相等，则有

$$A_{\lambda_1}=\varepsilon_{\lambda_1}bc;\ A_{\lambda_2}=\varepsilon_{\lambda_2}bc$$

所以

$$\Delta A=A_{\lambda_1}-A_{\lambda_2}=(\varepsilon_{\lambda_1}-\varepsilon_{\lambda_2})bc \qquad (12\text{-}17)$$

可见 $\Delta A$ 与吸光物质浓度成正比。这是用双波长吸光光度法进行定量分析的理论依据。由于只用一个吸收池，而且以试液本身对某一波长的光的吸光度为参比，因此消除了因试液与参比液及两个吸收池之间的差异所引起的测量误差，从而提高了测量的准确度。

### 12.6.2.2 双波长吸光光度法的应用

(1)混浊试液中组分的测定。混浊试液中组分的测定在一般吸光光度法中必须使用相同浊度的参比溶液，但在实际中很难找到合适的参比溶液。在双波长光度法中，作为参比的不是另外的参比溶液，而是试液本身，它只需要用一个比色皿盛装试液，用两束不同波长的光照射试液时，两束光都受到同样的悬浮粒子的散射，当 $\lambda_1$ 和 $\lambda_2$ 相距不大时，由同一试样产生的散射可认为大致相等，不影响吸光度差 $\Delta A$ 的值。一般选择待测组分的最大吸收波长为测量波长( $\lambda_1$ )，选择与 $\lambda_1$ 相近而两波长相差在 40~60 nm 范围内且又有较大的 $\Delta A$ 值的波长为参比波长。

(2)单组分的测定。用双波长吸光光度法进行定量分析，是以试液本身对某一波长的光的吸光度作为参比，这不仅避免了因试液与参比溶液或两吸收池之间的差异所引起的误差，而且还可以提高测定的灵敏度和选择性。在进行单组分的测定时，以络合物吸收峰作测量波长，参比波长的选择有：以等吸收点为参比波长；以有色络合物吸收曲线下端的某一波长作为参比波长；以显色剂的吸收峰为参比波长。

(3)两组分共存时的分别测定。当两种组分(或它们与试剂生成的有色物质)的吸收光谱有重叠时，要测定其中一个组分就必须设法消除另一组分的光吸收。对于相互干扰的双组分体系，它们的吸收光谱重叠，选择参比波长和测定波长的条件是：待测组分在两波长处的吸光度之差 $\Delta A$ 要足够大，干扰组分在两波长处的吸光度应相等，这样用双波长法测得的吸光度差只与待测组分的浓度成线性关系，而与干扰组分无关，从而消除了干扰。

## 12.6.3　多组分的分析

在实际工作中所遇到的试样，往往是复杂的多组分体系。应用吸光光度法，常常可能在同一试样溶液中不进行分离而测定一个以上的组分。多组分体系中若各吸光物质之间没有相互作用，且服从朗伯-比耳定律，这时体系的总吸光度等于各组分吸光度之和，即吸光度具有加和性。假定溶液中同时存在两种组分 $x$ 和 $y$，它们的吸收光谱一般存在如图 12-14 所示情况：

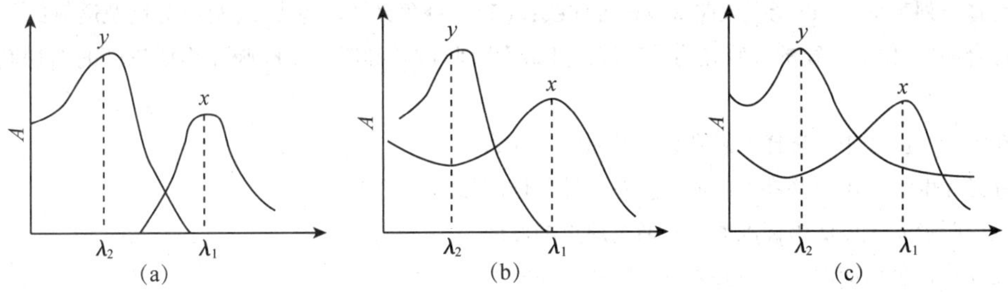


**图 12-14　混合溶液的吸收光谱**

(a)光谱不重叠；(b)光谱部分重叠；(c)光谱双向重叠

(1)光谱不重叠。即各组分的最大吸收波长或某些波段处不重叠，或至少可能找到某一波长处 $x$ 有吸收而 $y$ 不吸收，在另一波长处，$y$ 吸收而 $x$ 不吸收，则可分别在波长 $\lambda_1$ 和 $\lambda_2$ 时，测定组分 $x$ 和 $y$ 而相互不产生干扰。如图 12-14(a)所示，$x$ 组分最大吸收波长处 $y$ 组分吸光度为零，$y$ 组分最大吸收波长处 $x$ 组分的吸光度为零，所以两组分互不干扰，就可在各个组分的最大吸收波长条件下，按单组分的测定方法分别测定其吸光度。

(2)吸收光谱有部分重叠。如图 12-14(b)所示，在 $x$ 组分的吸收峰 $\lambda_1$ 处 $y$ 组分没有吸收，而在 $y$ 的吸收峰 $\lambda_2$ 处 $x$ 组分有吸收，则可先在 $\lambda_1$ 处按单组分测定测得混合物溶液中 $x$ 组分的浓度 $c_x$；至于 $y$ 组分的测定，可在 $\lambda_2$ 处测得混合物溶液的吸光度 $A_{x+y}$，即可根据吸光度的加和性计算出 $y$ 组分的浓度 $c_y$。即

$$A_{y,\ \lambda_2} = A_{x+y,\ \lambda_2} - A_{x,\ \lambda_2} \tag{12-18}$$

$$A_{x,\ \lambda_2} = \varepsilon_{x,\ \lambda_2} b c_x \tag{12-19}$$

在式(12-19)中，$b$ 为已知，$c_x$ 已求得，而 $\varepsilon_{x,\lambda_2}$ 可用 $x$ 组分的标准溶液在波长 $\lambda_2$ 处

测得。

(3)吸收光谱双向重叠。两者的吸收曲线在对方的吸收峰处都有吸收，如图 12-14(c)所示。可找出两个波长，在该波长下，两组分的吸光度差值 $\Delta A$ 较大，在波长为 $\lambda_1$ 和 $\lambda_2$ 测定吸光度 $A_1$ 和 $A_2$，由吸光度的加和性得联立方程：

$$A_1 = \varepsilon_{x,1} bc_x + \varepsilon_{y,1} bc_y$$
$$A_2 = \varepsilon_{x,2} bc_x + \varepsilon_{y,2} bc_y$$

式中，$c_x$、$c_y$ 分别为 $x$ 和 $y$ 的浓度；$\varepsilon_{x,1}$、$\varepsilon_{y,1}$ 分别为 $x$ 和 $y$ 在波长 $\lambda_1$ 时的摩尔吸光系数；$\varepsilon_{x,2}$、$\varepsilon_{y,2}$ 分别为 $x$ 和 $y$ 在波长 $\lambda_2$ 时的摩尔吸光系数。各摩尔吸光系数值，可用 $x$ 和 $y$ 的标准溶液在两波长处测得，解联立方程可求出 $c_x$ 和 $c_y$ 值。

原则上对任何数目的组分都可以用此方法建立方程求解，在实际应用中通常仅限于两个或三个组分的体系。如能利用计算机解多元联立方程，则不会受到这种限制。但随着测量组分的增多，实验结果的误差也将增大。

对于多组分分析，还有导数分光光度法等多种分析方法，有兴趣的同学可查阅有关参考书。

## 思考题

1. 解释下列名词：(1)光吸收曲线及标准曲线；(2)互补色光及单色光；(3)吸光度及透射比。
2. 符合朗伯-比耳定律的某吸光物质溶液，其最大吸收波长和吸光度随吸光物质浓度的增加其变化情况如何？
3. 在吸光光度法中，选择入射光波长的原则是什么？
4. 分光光度计是由哪些部件组成的？各部件的作用如何？
5. 试说明吸光光度法中标准曲线不通过原点的原因。
6. 酸度对显色反应的影响主要表现在哪些方面？
7. 测量吸光度时，应如何选择参比溶液？
8. 示差吸光光度法的原理是什么？为什么它能提高测定的准确度？
9. 光度分析的误差来源主要有哪些方面？

## 习　题

**一、选择题**

1. 吸光物质的摩尔吸收系数与下列哪些因素有关(　　)。

A. 入射光波长　　B. 被测物质的浓度　　C. 液层厚度　　D. 溶剂

2. 某有色溶液，当用 1 cm 吸收池时，其透光率为 $T$，若改用 2 cm 吸收池，则透光率应为(　　)。

A. $2T$　　B. $2\lg T$　　C. $\sqrt{T}$　　D. $T^2$

3. 有色溶液的摩尔吸光系数 $\varepsilon$ 与下列哪种因素有关(　　)。

A. 入射光波长　　B. 比色皿厚度　　C. 有色物质浓度　　D. 有色物质稳定性

4. 若测得某溶液在 $\lambda_{max}$ 时 $A=0.89$，可以采取下列哪些措施(　　)。

A. 增大光源亮度　　B. 改变入射光波长　　C. 稀释溶液　　D. 换用大的比色皿

## 二、填空题

1. 某试液用 2 cm 比色皿测量时，$T=60\%$，若改用 3 cm 比色皿，$T$ 为 ________，$A$ 为________。

2. 在以参比溶液调节仪器的零点时，因无法调至透光率为 100%，而只好调节至 95%处，此处测得一有色溶液的透光率读数为 35.2%，该有色溶液的真正透光率为 ________。

3. 为了降低测量误差，吸光光度分析中比较适宜的吸光度范围是________，吸光度为________时，测量误差最小。

## 三、判断题

1. 同一物质与不同显色剂反应，生成不同的有色化合物时具有相同的 $\varepsilon$ 值。(　　)

2. 符合朗伯-比耳定律的某有色溶液稀释时，其最大吸收峰的波长 $\lambda_{max}$ 的位置向长波方向移动。(　　)

3. 若显色剂用量多，则显色反应完成程度高，故显色剂用量越多越好。(　　)

4. 在光度分析中，溶液浓度越大，吸光度越大，测量结果越准确。(　　)

5. 某物质的摩尔吸光系数 $\varepsilon$ 很大，说明该物质对某波长的光吸收能力强。(　　)

## 四、计算题

1. 称取 0.500 g 钢样，溶于酸后，使其中的 Mn 氧化成 $MnO_4^-$，在容量瓶中将溶液稀释至 100 mL。稀释后的溶液用 2.0 cm 比色皿在波长 520 nm 处测得 $A=0.620$，$MnO_4^-$ 在此波长处的 $\varepsilon=2\ 235\ L\cdot mol^{-1}\cdot cm^{-1}$。计算钢样中 Mn 的质量分数。[$M(Mn)=54.9\ g\cdot mol^{-1}$]

2. 某钢样含镍约 0.12%，用丁二酮肟光度法[$\varepsilon=1.3\times10^4(L\cdot mol^{-1}\cdot cm^{-1})$]进行测定。试样溶解后，转入 100 mL 容量瓶中，显色，并加入稀释至刻度。取部分试液于波长 470 nm 处用 1 cm 比色皿进行测量。如要求此时的测量误差最小，应称取试样多少克？

3. 有一溶液，每毫升含铁 0.056 mg，吸取此试液 2.0 mL 于 50 mL 容量瓶中显色，用 1 cm 吸收池于 508 nm 处测得吸光度 $A=0.400$。计算吸光系数 $\alpha$ 和摩尔吸光系数 $\varepsilon$。

4. 用磺基水杨酸分光光度法测铁，称取 0.500 0 g 铁铵矾[$NH_4Fe(SO_4)_2\cdot 12H_2O$]溶于 250 mL 水中制成铁标准溶液，吸取 5.00 mL 试样溶液稀释至 250 mL，从中吸取 2.00 mL 按标准溶液显色条件显色定容至 50 mL，测得$A=0.400$。求试样溶液中的铁的含量(以 $g\cdot L^{-1}$ 计)。已知 $M(Fe)=55.85$，$M[NH_4Fe(SO_4)_2\cdot 12H_2O]=482.18$。

5. 某有色络合物的 0.001 0%水溶液在 510 nm 处，用 2 cm 吸收池测得透光率 $T$ 为 0.420，已知其摩尔吸光系数为 $2.5\times10^3\ L\cdot mol^{-1}\cdot cm^{-1}$。试求此有色络合物的摩尔质量。

6. 采用双硫腙吸光光度法测定其含铅试液，于 520 nm 处，用 1 cm 比色皿，以水作参比，测得透射比为 8.0%。已知 $\varepsilon=1.0\times10^4 L\cdot mol^{-1}\cdot cm^{-1}$。若改用示差法测定上述试液，问需多大浓度的 $Pb^{2+}$ 标准溶液作参比溶液，才能使浓度测量的相对标准偏差最小？

# 第13章

# 电势分析法

## (Potentiometric Analysis)

电势分析法是一种电化学分析方法，它是利用待测物的氧化还原共轭电对的电极电势与待测物活度(或浓度)之间的关系，通过测量原电池的电动势(即用电势计测定两电极间的电势差)，以求得物质含量的分析方法。电势分析法又可分为直接电势法(potentiometry)和电势滴定法(potentiometric titration )。

该方法所需仪器简单，操作方便，分析速度快，灵敏度高，准确度好；易与计算机联用，可实现自动化或连续分析；伴随微电极的研究成功，可在生物体内实时监控。因此，该方法已在土壤、食品、水质、环保等领域均得到广泛的应用。

## 13.1 基本原理(Fundamentals)

在电势分析法中，将两个电极浸入溶液中构成一个原电池，其中一个电极的电极电势随溶液中被测离子活度(或浓度)的变化而变化，称为指示电极(indicator electrode)；而另一个电极的电极电势不受试液组成变化的影响，具有恒定的数值，称为参比电极(reference electrode)。通过测量原电池的电动势，即可求得被测离子的活度(或浓度)。

电极电势 $\varphi$ 与被测离子活度 $a$ 之间的关系服从 Nernst 方程。例如，某种金属 M 与其金属离子 $M^{n+}$组成的电极 $M^{n+}/M$，根据 Nernst 方程，其电极电势可表示为

$$\varphi(M^{n+}/M)=\varphi^{\ominus}(M^{n+}/M)+\frac{RT}{nF}\ln a(M^{n+})$$

式中，$a(M^{n+})$ 为金属离子 $M^{n+}$的活度。

当 25 ℃ 时，上式可简化为

$$\varphi(M^{n+}/M)=\varphi^{\ominus}(M^{n+}/M)+\frac{0.059\ 2}{n}\lg a(M^{n+}) \tag{13-1}$$

当溶液浓度很小时，可用 $M^{n+}$的浓度 $c(M^{n+})$ 代替活度，则有

$$\varphi(M^{n+}/M)=\varphi^{\ominus}(M^{n+}/M)+\frac{0.059\ 2}{n}\lg c(M^{n+}) \tag{13-2}$$

由 Nernst 方程可知，电极电势 $\varphi(M^{n+}/M)$ 随着溶液中金属离子 $M^{n+}$的活度 $a(M^{n+})$ 变化而变化。因此，若测量出此电极的 $\varphi(M^{n+}/M)$，即可由上式计算出 $a(M^{n+})$。但目前还无法测量单个电极的电极电势，因而一般测量的是该金属电极与参比电极所组成的原电池的

电动势 $E$，即

$$E=\varphi(\text{正})-\varphi(\text{负})=\varphi(\text{参比})-\varphi(\text{指示})=\varphi(\text{参比})-\left[\varphi^{\ominus}(M^{n+}/M)+\frac{0.059\,2}{n}\lg a(M^{n+})\right] \tag{13-3}$$

在一定条件下，$\varphi$（参比）和 $\varphi^{\ominus}(M^{n+}/M)$ 为恒定值，可将它们合并，用常数 $K$ 表示，则上式变为

$$E=K-\frac{0.059\,2}{n}\lg a(M^{n+}) \tag{13-4}$$

式(13-4)表明，由指示电极与参比电极组成原电池的电池电动势是该金属离子活度 $a$（$M^{n+}$）的函数，因此只要测出原电池的电动势 $E$，就可求得 $a(M^{n+})$。这就是电势分析法的基本原理。

## 13.2　电极的分类(Classification of Electrodes)

### 13.2.1　参比电极

参比电极，就是在测量原电池电动势的过程中，不受试液组成变化的影响，其电势具有恒定的数值的一类电极。电势分析法中所使用的参比电极，不仅要求其电极电势与试液组成无关，还要求其性能稳定、重现性好、使用寿命长并且易于制备。

#### 13.2.1.1　标准氢电极

标准氢电极（standard hydrogen electrode，SHE）是参比电极的一级标准，其电极电势值规定在任何温度下都是 0 V。

电极符号为

$$\text{Pt},\ H_2(p)\ |\ H^+(\text{aq},\ a=1.0\ \text{mol}\cdot\text{L}^{-1})$$

电极反应为

$$H^+(\text{aq},\ a=1.0\ \text{mol}\cdot\text{L}^{-1})+e^- \rightleftharpoons \frac{1}{2}H_2(100\ \text{kPa})$$

但氢电极是一种气体电极，制备较麻烦，使用时很不方便，而且铂黑易中毒，因此，在电化学分析中，不常使用氢电极作参比电极。

#### 13.2.1.2　甘汞电极

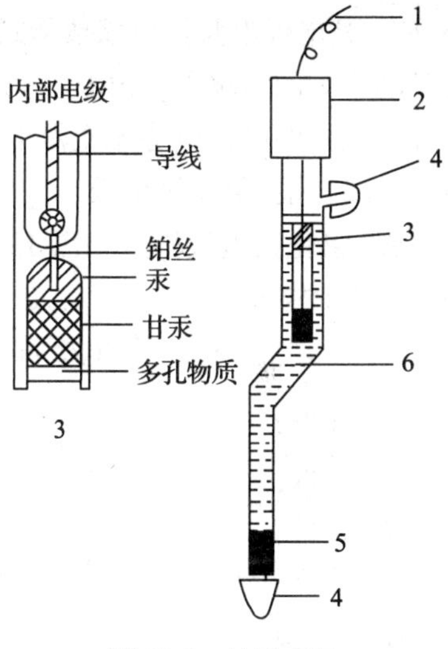


**图 13-1　甘汞电极**

1. 导线；2. 绝缘体；3. 内部电极；4. 橡皮塞；5. 多孔物质；6. 饱和 KCl 溶液

甘汞电极是最常用的参比电极的二级标准。容易制备，使用方便。其构造如图 13-1 所示，是由金属 Hg、$Hg_2Cl_2$ 以及 KCl 溶液组成的电极。电极由两个玻璃套管组成，内管中封接一根铂丝，铂丝插入纯汞中(厚度为 0.5~1 cm)，下置一层甘汞($Hg_2Cl_2$)和汞的糊状物，玻璃管中装入的是 KCl 溶液，即内参比溶液，电极下端与被测溶液接触部分是熔结陶瓷芯或玻璃砂芯等多孔物质。

电极符号为

$$\text{Hg},\ Hg_2Cl_2(s)\ |\ \text{KCl(aq)}$$

电极反应为

$$Hg_2Cl_2(s) + 2e^- \rightleftharpoons 2Hg(l) + 2Cl^-$$

电极电势为

$$\varphi(Hg_2Cl_2/Hg) = \varphi^\ominus(Hg_2Cl_2/Hg) - \frac{2.303RT}{F}\lg a(Cl^-)$$

25 ℃时电极电势为

$$\varphi(Hg_2Cl_2/Hg) = \varphi^\ominus(Hg_2Cl_2/Hg) - 0.059\,2\lg a(Cl^-) \tag{13-5}$$

由式(13-5)可知，当温度一定时，甘汞电极的电极电势主要取决于 $a\,(Cl^-)$。若$a\,(Cl^-)$一定时，其电极电势是恒定值。不同浓度 KCl 溶液可使甘汞电极的电极电势具有不同的恒定值。在 25 ℃ 时，不同浓度 KCl 溶液的甘汞电极的电极电势(相对于标准氢电极)见表 13-1 所列。

**表 13-1　不同浓度 KCl 溶液的甘汞电极的电极电势**（25 ℃ ）

| KCl 溶液浓度 | 电极名称 | 电极电势/V |
|---|---|---|
| 0.1 mol·L$^{-1}$ | 0.1 mol 甘汞电极 | +0.337 |
| 1.0 mol·L$^{-1}$ | 标准甘汞电极 | +0.281 |
| 饱和 | 饱和甘汞电极 | +0.244 |

常用的参比电极是饱和甘汞电极(saturated calomel electrod，SCE)，如果温度不是 25 ℃，其电极电势值应该按下式进行校正：$\varphi = 0.243\,8 - 7.6\times10^{-4}(t-25)$。可见在常温或温度变动不大的情况下，由温度变化而产生的误差可以忽略，只有在高温(80 ℃ 以上)时，饱和甘汞电极的电极电势才变得不稳定，此时可用 Ag-AgCl 电极来代替。

### 13.2.1.3　银-氯化银电极

银-氯化银电极构造如图 13-2 所示，是在银丝上覆盖一层氯化银，并浸在一定浓度的 KCl 溶液中构成。

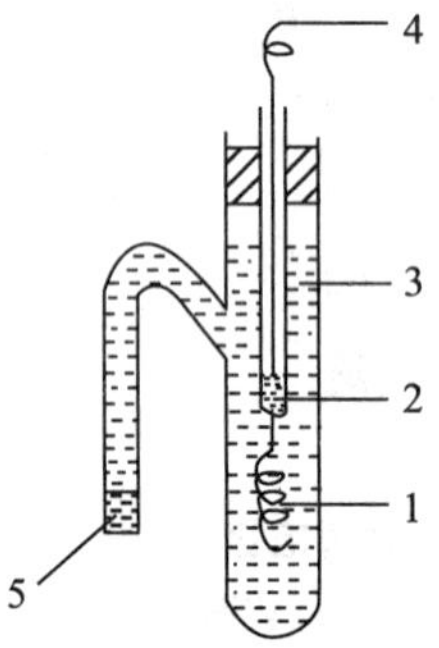


**图 13-2　银-氯化银电极**

1. 镀 AgCl 的 Ag 丝；2. Hg；3. KCl 溶液；4. 导线；5. 多孔物质

电极符号为

$$Ag,\ AgCl(s)\mid Cl^-(aq)$$

电极反应为

$$AgCl(s) + e^- \rightleftharpoons Ag(s) + Cl^-$$

电极电势为

$$\varphi(AgCl/Ag) = \varphi^\ominus(AgCl/Ag) - \frac{2.303RT}{F}\lg a(Cl^-)$$

25 ℃ 时电极电势为

$$\varphi(AgCl/Ag) = \varphi^\ominus(AgCl/Ag) - 0.059\,2\lg a(Cl^-) \tag{13-6}$$

可见，在一定温度下，其电极电势随 $a\,(Cl^-)$的变化而变化。如果把 $Cl^-$溶液作为内参比溶液并固定其活度不变，银-氯化银电极就可以作为参比电极使用。25 ℃时不同浓度的 KCl 溶液的银-氯化银电极的电极电势见表 13-2 所列。这里应该指出的是，银-氯化银电极通常用作参比电极，但也可以作为氯离子的指示电极。

表 13-2　不同浓度 KCl 溶液的银-氯化银电极的电极电势(25 ℃)

| KCl 溶液浓度 | 电极名称 | 电极电势/V |
|---|---|---|
| $0.1\ mol \cdot L^{-1}$ | 0.1 mol 银-氯化银电极 | +0.290 |
| $1.0\ mol \cdot L^{-1}$ | 标准银-氯化银电极 | +0.222 |
| 饱和 | 饱和银-氯化银电极 | +0.200 |

### 13.2.2　指示电极

指示电极，就是电化学测量过程中电极电势随待测离子活度(或浓度)的变化而变化，并能反应出待测离子活度(或浓度)的一类电极。电势分析法中所使用的指示电极具有灵敏度高、选择性好、重现性好、响应快等特点。常用的指示电极有金属类电极(metallic indicator electrode)和离子选择性电极(ion-selective electrode，ISE)两大类。

#### 13.2.2.1　金属类指示电极

常见的金属类电极有以下 3 类：

(1)第一类电极。这类电极也被称为金属-金属离子电极。将某种金属浸在含有该种金属离子的溶液中，达到平衡后构成的电极。其电极电势决定于金属离子的活度(或浓度)。

电极反应为 $$M^{n+} + ne^- \rightleftharpoons M$$

电极电势为 $$\varphi = \varphi^{\ominus} + \frac{2.303RT}{nF}\lg a(M^{n+})$$

25 ℃时电极电势为 $$\varphi = \varphi^{\ominus} + \frac{0.0592}{n}\lg a(M^{n+}) \tag{13-7}$$

这类电极能反应阳离子的活度(或浓度)变化，可用于测定有关离子的活度(或浓度)，这些金属包括银、铜、锌、镉、铅、汞等。

(2)第二类电极。这类电极也被称为金属-金属难溶盐电极。由一种表面涂有该金属难溶盐涂层的金属浸入与难溶盐同类的阴离子溶液中构成。金属-金属难溶盐电极对相应的阴离子有响应，其电极电势取决于阴离子的活度(或浓度)。例如，Ag-AgCl 电极可指示氯离子的活度(或浓度)。

电极反应为 $$AgCl(s) + e^- \rightleftharpoons Ag(s) + Cl^-$$

电极电势为 $$\varphi(AgCl/Ag) = \varphi^{\ominus}(AgCl/Ag) - \frac{2.303RT}{F}\lg a(Cl^-)$$

25 ℃时电极电势为 $$\varphi(AgCl/Ag) = \varphi^{\ominus}(AgCl/Ag) - 0.0592\lg a(Cl^-) \tag{13-8}$$

由式(13-8)可见，电极电势随氯离子活度(或浓度)的变化而变化。这类电极制作容易，电极电势稳定，常用的还有 $Ag-Ag_2S$ 电极、Ag-AgI 电极等。

(3)零类电极。这类电极也可称为惰性金属电极。由性质稳定的惰性金属(如铂或金)浸在某物质的氧化态和还原态组成的溶液中所构成。在溶液中，电极本身并不参与反应，仅作为导体，是物质的氧化态和还原态交换电子的场所，通过它可以指示溶液中氧化还原体系的电极电势，平衡时，电极电势与溶液中对应的离子活度(或浓度)之间的关系为

$$\varphi = \varphi^{\ominus} + \frac{2.303RT}{nF}\lg\frac{a(\text{氧化态})}{a(\text{还原态})}$$

例如，将铂丝插入 $Fe^{3+}$ 和 $Fe^{2+}$ 混合溶液中。

电极符号为

$$Pt \mid Fe^{3+}, Fe^{2+}$$

电极反应为

$$Fe^{3+} + e^- \rightleftharpoons Fe^{2+}$$

电极电势为

$$\varphi(Fe^{3+}/Fe^{2+}) = \varphi^{\ominus}(Fe^{3+}/Fe^{2+}) + \frac{2.303RT}{F}\lg\frac{a(Fe^{3+})}{a(Fe^{2+})}$$

25 ℃时电极电势为

$$\varphi(Fe^{3+}/Fe^{2+}) = \varphi^{\ominus}(Fe^{3+}/Fe^{2+}) + 0.059\,2\lg\frac{a(Fe^{3+})}{a(Fe^{2+})} \tag{13-9}$$

#### 13.2.2.2 离子选择性电极

离子选择性电极(ion selective electrode)也称为膜电极(membrane electrode)，是一类电化学传感器。能选择性地对特定离子产生响应，而对其他离子不响应，或响应很弱，其电极电势与该离子活度(或浓度)之间有一定的关系。因此，可以指示该离子的活度(或浓度)。

近些年来，各种类型的离子选择性电极相继出现，进行电势分析时具有简便、快速、灵敏度高等特点，并且发展非常迅速，应用较为广泛。下面详细介绍离子选择性电极。

## 13.3 离子选择性电极(Ion Selective Electrode)

离子选择性电极是以固态或液态敏感膜为传感器，对溶液中某种离子产生选择性的响应，其电极电势与该离子活度(或浓度)的对数呈线性关系，因而可以指示该离子的活度(或浓度)，属于指示电极。离子选择性电极的电极电势产生机理与金属类指示电极不同，电极上没有电子的转移，是由敏感膜两侧的离子交换和扩散而产生的电势差。目前，已制成几十种离子选择性电极，可直接或间接地用于 $Na^+$、$K^+$、$Ag^+$、$NH_4^+$、$Ca^{2+}$、$Cu^{2+}$、$Pb^{2+}$、$F^-$、$Cl^-$、$Br^-$、$I^-$等多种离子的测定。

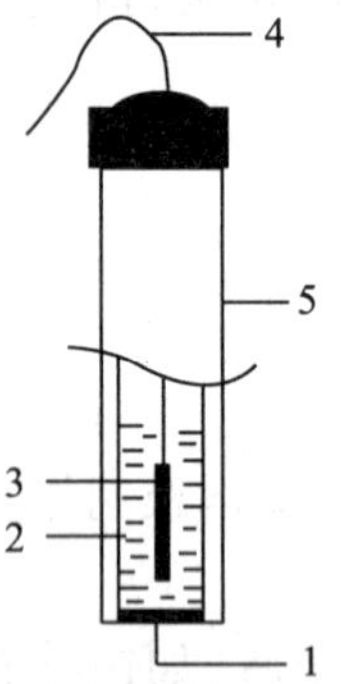


**图 13-3 离子选择性电极的基本结构**

1. 敏感膜；2. 内参比溶液；3. 内参比电极；4. 带屏蔽的导线；5. 电极腔体

### 13.3.1 离子选择性电极的构造

离子选择性电极基本上都由敏感膜、内导体、电极腔体以及带屏蔽的导线等部分组成。其中，敏感膜是离子选择性电极最重要的组成部分，它起到将溶液中给定离子的活度转变为电势信号的作用；内导体包括内参比溶液和内参比电极，起到将膜电势引出的作用；电极腔体通常用高绝缘的、化学稳定性好的玻璃或塑料制成，起着固定敏感膜的作用；带屏蔽的导线主要是将内导体传出的膜电势输送至仪器的输入端，并防止旁路漏电和外界电磁场以及静电感应的干扰。其基本构造如图 13-3 所示。

### 13.3.2 离子选择性电极的测量原理

离子选择性电极的电极电势不能直接测出，通常以离子选择性电极作指示电极，饱和甘汞电极作参比电极，插入被测溶液中组成原电池，然后通过测量原电池的电动势来求得被测离子的活度(或浓度)。当离子选择性电极为正极，饱和甘汞电极为负极时，如果对阳离子 $M^{n+}$有响应，原电池电动势表示为

$$E = \varphi^{\ominus} + \frac{2.303RT}{nF}\lg a(M^{n+}) - \varphi(\text{甘汞})$$

整理得
$$E = K + \frac{2.303RT}{nF}\lg a(M^{n+})$$

25 ℃时
$$E = K + \frac{0.059\ 2}{n}\lg a(M^{n+}) \tag{13-10}$$

同理，对阴离子 $R^{n-}$有响应时，原电池电动势表示为

$$E = K - \frac{2.303RT}{nF}\lg a(R^{n-})$$

25 ℃时
$$E = K - \frac{0.059\ 2}{n}\lg a(R^{n-}) \tag{13-11}$$

浓度较小时，用浓度代替活度，25 ℃ 时式(13-11)可变为

$$E = K + \frac{0.059\ 2}{n}\lg c(M^{n+}) \text{ 或 } E = K - \frac{0.059\ 2}{n}\lg c(R^{n-})$$

式(13-10)与式(13-11)分别适用于阳离子($M^{n+}$)与阴离子($R^{n-}$)的离子选择性电极。在一定条件下，离子选择性电极的电极电势与被测离子的活度(或浓度)的对数值呈线性关系，斜率为 $\frac{2.303RT}{nF}$，这是离子选择性电极测定离子活度(或浓度)的基本原理。

## 13.3.3　离子选择性电极的类型及其响应机理

根据电极敏感膜的响应机理、膜的组成和结构等，1975 年，IUPAC 建议将离子选择性电极分为以下几类：

- 离子选择性电极
  - 基本(原)电极
    - 晶体膜电极
      - 均相膜电极
      - 非均相膜电极
    - 非晶体膜电极
      - 刚性基质电极(各种玻璃电极)
      - 流动载体电极(液膜电极)
        - 带正电荷载体电极
        - 带负电荷载体电极
        - 中性载体电极
  - 敏化电极
    - 气敏电极
    - 酶电极

### 13.3.3.1　基本(原)电极

(1)晶体膜电极。这类电极的敏感膜一般由导电性难溶盐晶体组成，它对形成难溶盐的阳离子或阴离子有 Nernst 响应。根据活性物质在电极膜中的分布状况，又可分为均相膜电极和非均相膜电极。

均相膜电极包括单晶膜电极和多晶膜电极。

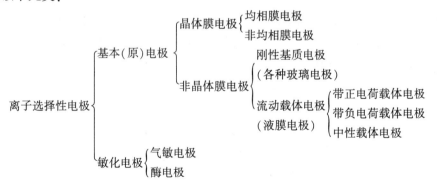

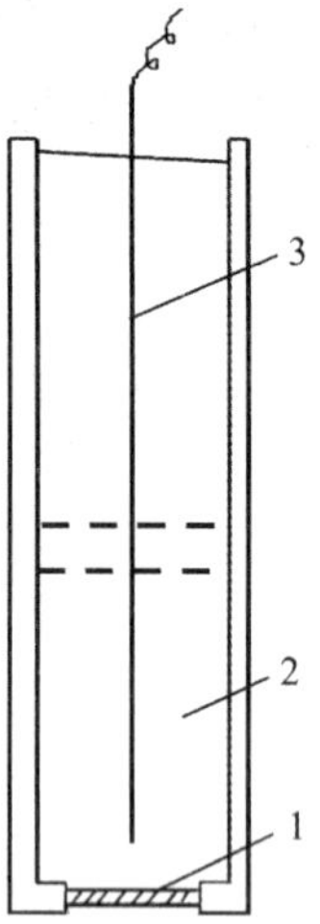


**图 13-4 氟离子选择性电极**

1. 氟化镧单晶膜；2. 内充液(0.1 mol·$L^{-1}$ NaF 溶液+0.1 mol·$L^{-1}$ NaCl 溶液)；3. Ag-AgCl 内参比电极

①单晶膜电极：如氟离子选择性电极，由掺有 $EuF_2$(有利于导电)的 $LaF_3$ 单晶切片构成对 $F^-$有高度选择性相应的电极。将膜封在硬塑料管的一端，管内一般装 0.1 mol·$L^{-1}$ NaCl 和 0.1～0.01 mol·$L^{-1}$ NaF 混合溶液作内参比溶液，以 Ag-AgCl 作内参比电极($F^-$用来控制膜内表面的电位，$Cl^-$用来固定内参比电极的电位)。其电极结构如图 13-4 所示。

当氟离子电极浸入待测试液时，溶液中的 $F^-$与膜上的 $F^-$进行离子交换，如果试液中 $F^-$活度较高，$F^-$通过迁移进入晶体的空穴中。反之，晶体表面的 $F^-$进入试液，晶格中的 $F^-$又进入空穴，这样在晶体膜与溶液界面间形成了双电层，从而产生膜电位。

其 25 ℃时膜电位的表达式为

$$\varphi(\text{膜}) = K - 0.059\ 2\lg a(F^-) \qquad (13\text{-}12)$$

氟离子选择性电极对 $F^-$有很宽的线性响应范围，在 $10^{-6}$～1 mol·$L^{-1}$ 活度有良好的线性响应，检出下限可达 $10^{-7}$ mol·$L^{-1}$。电极响应的下限取决于膜晶体的溶解度。同时，由于 $LaF_3$ 晶体对通过晶格而进入空穴的离子的半径大小、电荷有很严格的限制，所以氟离子电极有很高的选择性，$NO_3^-$、$SO_4^{2-}$、$Ac^-$、$X^-$ 和 $HCO_3^-$ 等阴离子均不干扰，但易受溶液 pH 值的影响，主要是由于存在下列平衡：

$$H^+ + 3F^- \rightleftharpoons HF + 2F^- \rightleftharpoons HF_2^- + F^- \rightleftharpoons HF_3^{2-}$$

HF、$HF_2^-$ 和 $HF_3^{2-}$ 不能被电极响应，因此测定 $F^-$的溶液的 pH 值不能太低，如果 pH 值太高，会发生下列反应：

$$LaF_3(s) + 3OH^- \rightleftharpoons La(OH)_3 + 3F^-$$

使电极表面形成 $La(OH)_3$ 层，改变膜表面的性质，并释放出 $F^-$，使试液中 $F^-$活度提高。因此，测量溶液的最适宜 pH 值范围为 5.0 ～ 6.0。一些能与 $F^-$生成稳定配合物的阳离子，如 $Fe^{3+}$、$Al^{3+}$、$Th^{4+}$、$Zr^{4+}$等使测定产生负误差，可用 EDTA 或柠檬酸盐掩蔽以消除干扰。

②多晶膜电极：由难溶盐的沉淀粉末(如 AgCl、AgBr、AgI、$Ag_2S$ 等)在高温下压制而成，其中 $Ag^+$起传递电荷的作用。为了增加卤化银电极的导电性和机械强度，减少对光的敏感性，常在卤化银中掺入硫化银，用此法可制得对 $Cl^-$、$Br^-$、$I^-$和 $S^{2-}$有响应的离子选择性电极；也可用 $Ag_2S$ 作为基底，掺入适当的金属硫化物(如 CuS、CdS、PbS 等)压制成阳离子($Cu^{2+}$、$Cd^{2+}$、$Pb^{2+}$等)选择性电极。其测定浓度范围一般在 $10^{-6}$～$10^{-1}$ mol·$L^{-1}$。

非均相膜电极是将难溶盐分布在硅橡胶、聚氯乙烯、聚苯乙烯、石蜡等惰性材料中，制成电极膜。如 $I^-$选择性电极是由 AgI 分布在硅橡胶中而制成。

不是所有难溶盐都可以制成离子选择性电极，只有溶解度足够小，室温下有离子导电性，化学稳定性好并且机械强度较大的晶体才可制成电阻不太大、电势稳定的敏感膜。

(2)非晶体膜电极。这类电极的膜是由一种含有离子型物质或电中性的支持体组成，支持体物质是多孔的塑料膜或无孔的玻璃膜。膜电位是由于膜相中存在离子交换物质引起的。根据膜的物理状况，又可区分为刚性基质电极和流动载体电极。

①刚性基质电极：由离子交换型的刚性基质薄膜玻璃熔融烧制而成，如 pH 玻璃电极，

**表 13-3　玻璃膜的主要化学组成和电极的选择性**

| 被测离子 | 玻璃膜组成(摩尔分数) | 电位选择性系数 |
|---|---|---|
| $Na^+$ | 11% $Na_2O$, 18% $Al_2O_3$, 71% $SiO_2$ | $K_{Na^+,K^+}$—2 800(pH=11) |
| $K^+$ | 27% $Na_2O$, 5% $Al_2O_3$, 68% $SiO_2$ | $K_{Na^+,K^+}$—$10^5$ |
| $Ag^+$ | 11% $Na_2O$, 18% $Al_2O_3$, 71% $SiO_2$ | $K_{Li^+,Na^+}$—3 |
| $Li^+$ | 15% $Li_2O$, 25% $Al_2O_3$, 60% $SiO_2$ | $K_{Na^+,K^+}$—20 |
| $H^+$ | 22% $Na_2O$, 6% CaO, 72% $SiO_2$ | $K_{Li^+,K^+}$—1 000 |

注：$K_{Na^+,K^+}$—2 800(pH=11)表示$K^+$的活度比$Na^+$的活度大2 800倍时，在pH=11条件下，$Na^+$、$K^+$两种离子对电极电势的贡献才相等；其他的类推。

钠离子玻璃电极等。表 13-3 是各种离子电极及其玻璃膜的化学组成。

pH 玻璃电极是由一种特殊玻璃制成的球泡状的敏感膜，玻璃球内盛有 0.10 mol · $L^{-1}$ HCl 溶液作为内参比溶液，以 Ag-AgCl 电极为内参比电极，浸在内参比溶液中。其结构如图 13-5 所示。

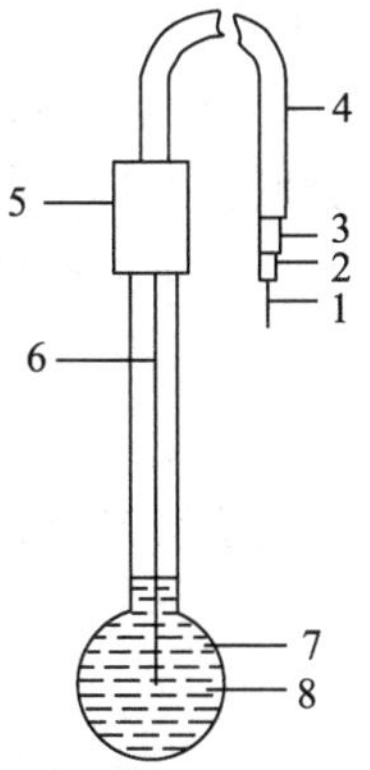


**图 13-5　pH 玻璃电极**

1. 导线；2. 绝缘体；3. 网状金属屏；4. 外套管；5. 电极帽；6. Ag/AgCl 内参比电极；7. 内参比溶液；8. 玻璃薄膜

pH 玻璃电极对 $H^+$离子的选择性响应，主要取决于膜的组成和结构。在 $SiO_2$ 中加入一定量的 $Na_2O$ 后制成的玻璃膜晶格中，Na(Ⅰ)取代了晶格中的部分 Si(Ⅳ)的位置，使一些氧桥键断裂：

$$—\overset{|}{\underset{|}{Si}}(Ⅳ)—O^-\ Na^+$$

Na(Ⅰ)与氧的键合为离子键，形成了可供离子交换的定域体。

玻璃膜的表面必须经水浸泡(水合)才能显示 pH 玻璃电极的功能。当玻璃膜电极浸泡在纯水中时，水分子会渗透到膜中，使玻璃球的外表面形成很薄的水化层。在水化层中，由于硅酸盐结构中的 $SiO_3^{2-}$ 与 $H^+$ 的键合能力远大于 $Na^+$ 的键合能力(约为 $10^{14}$ 倍)，致使水化层中的 $Na^+$ 会从硅酸盐晶格的结点上向外流动，而水中的 $H^+$ 又相应地进入水化层，因此在水化层发生如下的离子交换：

$$—O—\overset{|}{\underset{|}{Si}}—O^-\ Na^+ + H^+ \rightleftharpoons —O—\overset{|}{\underset{\overset{|}{\underset{|}{O}}}{Si}}—O^-\ H^+ + Na^+$$

因此，水中浸泡后的玻璃膜由 3 部分组成：膜内、外两表面的两个水化层及膜中间的干玻璃层。水化层的外表面几乎所有的 $Na^+$的点位均被 $H^+$ 占据。从表面到水化层内部 $H^+$的数目逐渐减少，而数目逐渐增加。在玻璃膜的中部属于干玻璃层区域，点位全部被 $Na^+$ 占据，如图 13-6 所示。

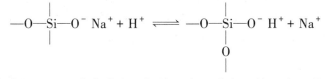

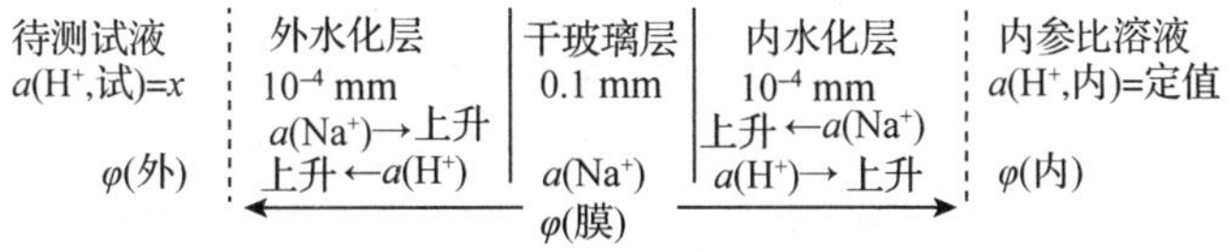


**图 13-6　玻璃膜浸泡后的示意**

当水化层与待测溶液接触时，水化层中的 $H^+$ 与溶液中的 $H^+$ 建立如下平衡：

$$H^+(\text{水化层}) \rightleftharpoons H^+(\text{溶液})$$

由于水化层表面和待测溶液的 $H^+$ 活度不同，形成活度差，$H^+$ 便从活度大的一方向活度小的一方迁移，这样改变了固-液两相界面电荷的分布，从而产生了相界电势 $\varphi$（外），同样道理，在玻璃膜内侧由于水化层和内参比溶液的 $H^+$ 活度不同，也产生了相界电势 $\varphi$（内）。玻璃膜两侧产生的电势差即为膜电势 $\varphi$（膜），由此可见，pH 玻璃电极的膜电势的产生不是由于电子的得失，而是离子迁移(或扩散)的结果。

相界电势 $\varphi$ 符合 Nernst 方程，可用下式表示(25 ℃时)：

$$\varphi(\text{外}) = \varphi^{\ominus}(\text{外}) + 0.059\,2\lg\frac{a(H^+,\text{待测液})}{a'(H^+,\text{外})} \tag{13-13}$$

$$\varphi(\text{内}) = \varphi^{\ominus}(\text{内}) + 0.059\,2\lg\frac{a(H^+,\text{内参液})}{a'(H^+,\text{内})} \tag{13-14}$$

式中，$a$（$H^+$，待测液）和 $a$（$H^+$，内参液）分别表示玻璃膜外部待测试液和内参比溶液的 $H^+$ 活度；$a'$($H^+$，外）和 $a'$($H^+$，内）分别表示膜外侧、内侧水化层表面的 $H^+$ 活度；$\varphi^{\ominus}$(外)和 $\varphi^{\ominus}$(内)分别由外侧、内侧水化层的表面性质决定。由于玻璃膜两侧水化层的性质相同，所以 $\varphi^{\ominus}$(外)和 $\varphi^{\ominus}$(内)相等。又由于内、外水化层的 $Na^+$ 几乎完全被 $H^+$ 取代，故 $a'$($H^+$，外）和 $a'$($H^+$，内）相等。所以

$$\varphi(\text{膜}) = \varphi(\text{外}) - \varphi(\text{内}) = 0.059\,2\lg\frac{a(H^+,\text{待测液})}{a(H^+,\text{内参液})} \tag{13-15}$$

由于内参比溶液 $H^+$ 活度是一定的，$a$（$H^+$，内参液）为一定值，则

$$\varphi(\text{膜}) = K + 0.059\,2\lg a(H^+,\text{待测液}) \tag{13-16}$$

$$\varphi(\text{膜}) = K - 0.059\,2\text{pH} \tag{13-17}$$

式中，$K$ 为常数；$\varphi$（膜）的大小仅与膜外溶液 $a$（$H^+$，待测液）有关。可见在一定温度下，pH 玻璃电极的膜电势与待测液的 pH 值呈直线关系。

根据式(13-15)可知，当 $a$（$H^+$，待测液）= $a$（$H^+$，内参液）时，膜电势 $\varphi$（膜）等于零，但实际上 $\varphi$（膜）并不等于零，在玻璃膜两侧仍存在一定的电势差，这种电势差称为不对称电势 $\varphi$（不），它是由于膜内、外两个表面的情况不同而引起的，如组成不均匀、表面张力不同、水化程度不同、由于吸附外界离子而使硅胶层的 $H^+$ 离子交换容量改变等。对于同一支玻璃电极，一定的条件下，$\varphi$（不）是一个常数。

对于整个 pH 玻璃电极来说，其电极电势应包括内参比电极的电极电势 $\varphi$（内参）、膜电势 $\varphi$（膜）和不对称电势 $\varphi$（不）3 部分，即

$$\varphi(\text{玻璃电极}) = \varphi(\text{内参}) + \varphi(\text{膜}) + \varphi(\text{不}) = \varphi(\text{内参}) + K - 0.059\,2\text{pH} + \varphi(\text{不})$$

对于给定的一支玻璃电极，一定条件下，$\varphi$（内参）、$\varphi$（不）和 $K$ 均为常数，所以令

$$\varphi(\text{内参}) + K + \varphi(\text{不}) = K'$$

则 25 ℃ 时有

$$\varphi(\text{玻璃电极}) = K' - 0.059\,2\text{pH} \tag{13-18}$$

说明在一定温度下，玻璃电极的电极电势与待测溶液的 pH 值呈直线关系。

②流动载体电极：又叫液态膜电极。它的电极薄膜是由待测离子的盐类、螯合物等溶解在与水不混溶的有机溶剂中，再使这种有机溶液掺入惰性多孔物质而制成的，如图 13-7

所示。

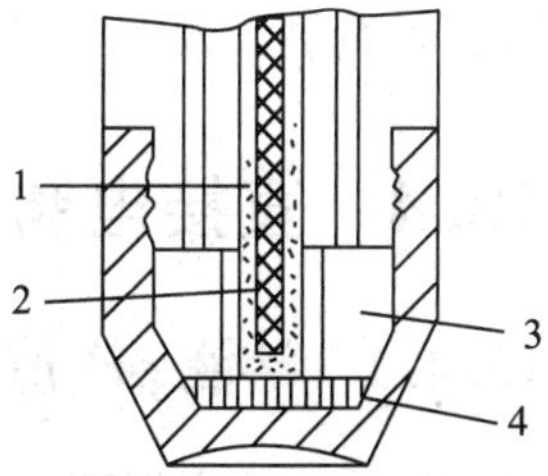


**图 13-7　液态膜电极**

1. 内参比液；2. 内参比电极；3. 离子交换剂贮槽；4. 多孔薄膜

例如，钙离子($Ca^{2+}$)电极属带负电荷的流动载体电极，流动载体为磷酸二酯衍生物[$(RO)_2PO_4^-$]。电极内装有两种溶液：一种是 0.1 mol·$L^{-1}$$CaCl_2$ 溶液，Ag-AgCl 内参比电极插在此溶液中；另一种是不溶于水的有机交换剂的非水溶液，即 0.1 mol·$L^{-1}$磷酸二癸钙溶于苯基磷酸二辛酯中。浸有液体离子交换剂的多孔性膜与待测试液隔开的这种多孔性膜具有疏水性。在膜两面发生以下离子交换反应：

$$\underset{\text{有机相}}{[(RO)_2PO_4]Ca} \rightleftharpoons \underset{\text{有机相}}{2(RO)_2PO_4^-} + \underset{\text{水相}}{Ca^{2+}}$$

反应式中 R 为 $C_8 \sim C_{16}$，若为癸基则 R 为 $C_{10}$。由于这种液体离子交换剂对 $Ca^{2+}$ 有选择性，所以在内部溶液与待测试液之间，因 $Ca^{2+}$ 的活度(或浓度)不同而产生一个电势差(膜电势)。

$NO_3^-$ 电极属于带正电荷的流动载体电极，流动载体为溶于邻硝基苯二烷醚的季铵盐。

$K^+$电极属于中性载体膜电极，流动载体为大环聚醚化合物。

**13.3.3.2　敏化电极**

敏化电极是将离子选择性电极与另一种特殊的膜组成的复合电极，可分为气敏电极和酶(底物)电极两种。

(1)气敏电极。是一种气体传感器，是对某些气体敏感的电极，在主体电极敏感膜上覆盖一层透气膜，可用来分析水溶液中所溶解的气体。例如，氨电极是由 pH 玻璃电极的敏感膜外加一透气膜组成的，其中透气膜是由聚四氟乙烯、聚丙烯和硅橡胶等制作而成，这样的膜具有疏水性，但是能透过气体，并且将内参比溶液和待测溶液分开。在玻璃膜和透气膜之间形成一层中介液(0.1 mol·$L^{-1}$ $NH_4Cl$ 溶液)薄膜，测定时，当氨电极插入试液中时，试液中的 $NH_4^+$ 生成氨分子($NH_4^+ + OH^- \rightleftharpoons NH_3 + H_2O$)通过透气膜，进入中介液，发生反应($NH_3 + H_2O \rightleftharpoons NH_4^+ + OH^-$)，引起的中介液的 pH 值发生变化，可以由 pH 玻璃电极指示出来，从而测定出试样中的 $NH_4^+$ 的活度(或浓度)。

根据同样的原理，可以制成 $CO_2$、$NO_2$、$H_2S$、$SO_2$ 等气敏电极。

(2)酶(底物)电极。是利用实验方法在离子选择性电极敏感膜上涂有一层某种蛋白酶制成的。由于试液中的待测物质受到酶的催化作用，产生能被离子选择性电极敏感膜所响应的离子，从而间接测定试液中物质的含量。例如，将尿素酶固定在凝胶内，涂布在 $NH_4^+$ 玻璃电极的敏感膜上，构成尿素酶电极。当把电极插入含有尿素的溶液时，尿素经扩散进入酶层，受酶催化水解生成 $NH_4^+$，化学反应为

$$CO(NH_2)_2 + H^+ + 2H_2O \rightleftharpoons 2NH_4^+ + HCO_3^-$$

$NH_4^+$ 可以被 $NH_4^+$ 玻璃电极响应，引起电极电势的变化，电势值在一定浓度范围内与尿素的活度(或浓度)符合 Nernst 方程式，从而求得尿素的含量。

由于酶的专一性，所以酶电极具有极高的选择性。但酶电极稳定性差，其制备有一定困难，所以应用不是很广，但在生物化学分析中具有重要意义，目前此类电极可应用于氨基

酸、葡萄糖、尿素、胆固醇等有机物质的测定。

# 13.4 直接电势法(Potentiometry)

## 13.4.1 溶液 pH 值的测定

### 13.4.1.1 测定原理

用直接电势法测定溶液 pH 值时，指示电极是玻璃电极，参比电极是饱和甘汞电极，两者插入试液中组成原电池，其电池符号可表示为

(-)Ag | AgCl，0.1 mol·$L^{-1}$HCl | 玻璃膜 | 试液 ‖ KCl(饱和)，$Hg_2Cl_2$，Hg(+)

电池电动势(25 ℃)为 $E=\varphi$(甘汞电极) + $\varphi$(液) − $\varphi$(玻璃电极)

即 $$E=\varphi(\text{甘汞电极})+\varphi(\text{液})-K'+0.0592\text{pH} \tag{13-19}$$

式(13-19)中，$\varphi$(液)是液体接界电势(简称液接电势)，即两种组成或活度不同的溶液接触时界面上产生的电势差，一定条件下为常数。一般可通过搅拌减小液接电势。$\varphi$(甘汞电极)和 $K'$ 在一定条件下都是常数，将其合并为常数 $K$，即得

$$E=K+0.0592\text{pH} \tag{13-20}$$

可见，在一定温度下，电池电动势与溶液的 pH 值呈直线关系，所以通过测量该电池的电动势，就可以求得溶液的 pH 值。

### 13.4.1.2 测定方法

式(13-20)中的 $K$ 包含 $\varphi$(不)和 $\varphi$(液)，都是难以测量和计算的，所以不能通过直接测量原电池的电动势求得溶液的 pH 值。

在实际测量工作中，在测量被测溶液 pH 值之前，要先用标准 pH 缓冲溶液校正仪器，然后测出标准缓冲溶液的电动势，相同测量条件下，再测定待测溶液，可分别得到标准缓冲溶液的电动势为 $E_s$ 和待测溶液的电动势为 $E_x$。

$$E_s=K+0.0592\text{pH}_s \quad (25\ ℃) \tag{13-21}$$

$$E_x=K+0.0592\text{pH}_x \quad (25\ ℃) \tag{13-22}$$

两式相减得

$$E_x-E_s=0.0592(\text{pH}_x-\text{pH}_s)$$

即 $$\text{pH}_x=\text{pH}_s+\frac{E_x-E_s}{0.0592} \quad (25\ ℃) \tag{13-23}$$

以 $\text{pH}_s$ 的标准缓冲溶液为基准，通过测量 $E_s$ 和 $E_x$ 就可以得出 $\text{pH}_x$ 值，这就是酸度计测量溶液 pH 值的工作原理。

### 13.4.1.3 测定条件和误差

用于校正仪器的 pH 缓冲溶液是 pH 值测量的基准，它的 pH 值的准确度直接影响测定结果的准确度。为了减小测定误差，缓冲溶液和被测溶液的 pH 值应尽量接近。表 13-4 为常用的标准 pH 缓冲溶液在 0 ~ 60 ℃ 时的 pH 值。

(1)碱差和酸差。普通 pH 玻璃电极的膜材料为 $Na_2O$、CaO、$SiO_2$，用此玻璃电极测定 pH 值时，pH 值在 1~9 范围内，电极响应正常。但当溶液的 pH>9 或溶液中的 $Na^+$浓度较高

表 13-4　常用 pH 标准缓冲溶液的 pH 值

| 温度/℃ | 0.05 mol·L⁻¹ 四草酸氢钾 | 0.05 mol·L⁻¹ 邻苯二甲酸氢钾 | 25 ℃饱和酒石酸氢钾 | 0.025 mol·L⁻¹ 混合磷酸盐 | 0.01 mol·L⁻¹ 硼砂 | 25 ℃饱和氢氧化钙 |
|---|---|---|---|---|---|---|
| 0 | 1.668 | 4.006 | — | 6.981 | 9.458 | 13.416 |
| 5 | 1.669 | 3.999 | — | 6.949 | 9.391 | 13.210 |
| 10 | 1.671 | 3.996 | — | 6.921 | 9.330 | 13.011 |
| 15 | 1.673 | 3.996 | — | 6.898 | 9.276 | 12.820 |
| 20 | 1.676 | 3.998 | — | 6.879 | 9.226 | 12.637 |
| 25 | 1.680 | 4.003 | 3.559 | 6.864 | 9.182 | 12.460 |
| 30 | 1.684 | 4.010 | 3.551 | 6.852 | 9.142 | 12.292 |
| 35 | 1.688 | 4.019 | 3.547 | 6.844 | 9.105 | 12.130 |
| 40 | 1.694 | 4.029 | 3.547 | 6.838 | 9.072 | 11.975 |
| 50 | 1.706 | 4.055 | 3.555 | 6.833 | 9.015 | 11.697 |
| 60 | 1.721 | 4.087 | 3.573 | 6.837 | 9.968 | 11.426 |

时，由于溶液中的 $H^+$ 浓度较小，在电极和溶液界面间进行离子交换的不仅有 $H^+$，还有 $Na^+$。因此，在碱性较强的情况下，测得的 pH 值偏低，这种误差称为“碱差”或“钠差”。改变玻璃成分可以减小这种误差，如用 $Li_2O$ 来取代 $Na_2O$，用这种锂玻璃制成的电极，可测 pH 值为 13.5 的溶液。当溶液的 pH<1 时，玻璃电极的响应也有误差，称为“酸差”。这主要是由于在强酸溶液中，水分子活度减小，而 $H^+$ 是靠 $H_2O$ 传送的，这样到达电极表面的 $H^+$ 活度就小，所以测得的 pH 值偏高。

此外，使用玻璃电极测定 pH 值时，溶液的离子强度不能太大，一般不超过 3 mol·L⁻¹，否则测定误差较大。

(2) 不对称电势。由于 pH 玻璃电极一般存在着 1～30 mV 的不对称电势，因此，在使用电极前将玻璃电极放在水或溶液中充分浸泡(一般浸泡 24 h 左右)，使不对称电势降至最低并趋于恒定，同时也使玻璃膜表面充分水化，有利于对 $H^+$ 的响应。

(3) 电极的内阻。玻璃电极的内阻很大，为 50～500 MΩ，所以，必须使用高输入阻抗的测量仪器测量。

## 13.4.2　离子活度(或浓度)的测定

### 13.4.2.1　基本原理

直接电势法测定离子活度(或浓度)时，是将离子选择性电极作为指示电极，选择合适的参比电极组成原电池，由高输入阻抗的测量仪器测得电池电动势来确定待测离子的活度(或浓度)。测定的基本装置如图 13-8 所示。下面以氟离子选择性电极测定 $a(F^-)$ [或 $c(F^-)$] 为例，介绍测量的原理。

测量时，使用氟离子电极和饱和甘汞电极组成如下的原电池：

(−) Hg，$Hg_2Cl_2$ | KCl(饱和) ‖ 试液 | $LaF_3$ 晶体 | NaF，NaCl 溶液 | AgCl，Ag (+)

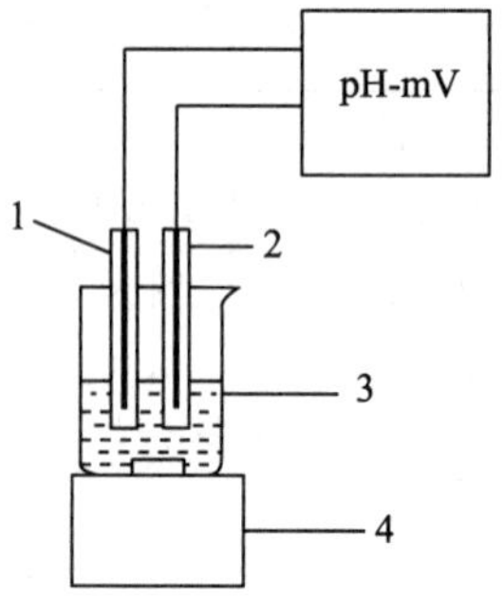


**图 13-8 离子选择性电极的测定系统**

1. 离子选择性电极；2. 参比电极；3. 试液；4. 电磁搅拌器

若指示电极为正极，参比电极为负极，则电池电动势为

$$E = \varphi(\text{氟}) - \varphi(\text{甘汞}) = K' - \frac{2.303RT}{F}\lg a(\mathrm{F^-}) - \varphi(\text{甘汞})$$

$$= K - \frac{2.303RT}{F}\lg a(\mathrm{F^-})$$

25 ℃ 时，整理为 $$E = K - \frac{0.059\ 2}{n}\lg a(\mathrm{F^-}) \quad (13\text{-}24)$$

在一定条件下，$K$ 为定值。从式(13-24)可知，原电池的电动势与被测氟离子的活度(或浓度)的对数值呈线性关系，只要测得原电池的电动势便可求得氟离子的活度(或浓度)。

对于任意待测离子，原电池电动势与该离子活度(或浓度)的关系可用下式表示：

$$E = K \pm \frac{2.303RT}{nF}\lg a_i \quad (13\text{-}25)$$

$$E = K \pm \frac{0.059\ 2}{n}\lg a_i \quad (25\ ℃) \quad (13\text{-}26)$$

当测定阳离子时，式中取“+”；测定阴离子时，式中取“-”。

离子选择性电极响应的是离子活度而不是离子浓度，但是当溶液中离子活度系数控制不变时，Nernst 方程式中的活度即可用浓度代替。当离子浓度小于 $10^{-3}$ mol · $L^{-1}$ 时，活度系数近似等于 1，浓度与活度相等；当离子浓度较大时，活度系数小于 1，不是一个常数，这时可以把浓度很大的惰性电解质溶液，即总离子强度调节缓冲液(total ionic strength adjustment buffer，TISAB)加到标准溶液与待测溶液中去，使它们的离子强度很高而且近似一致，从而使两者活度系数相接近。总离子强度调节缓冲液的作用，除固定溶液的离子强度保持活度系数不变外，还起缓冲作用和掩蔽干扰离子的作用。

#### 13.4.2.2 测定方法

(1)标准比较法。此法的原理与玻璃电极测量溶液 pH 值的原理相似。先配制一个标准溶液 $c_s$，在标准溶液和待测溶液 $c_x$ 中分别加入一定的 TISAB，然后在相同条件下测出标准溶液的电动势 $E_s$ 和待测溶液的电动势 $E_x$。

则有

$$E_x = K \pm \frac{2.303RT}{nF}\lg c_x \quad (13\text{-}27)$$

$$E_s = K \pm \frac{2.303RT}{nF}\lg c_s \quad (13\text{-}28)$$

两式相减得 $$E_x - E_s = \pm\frac{2.303RT}{nF}(\lg c_x - \lg c_s) \quad (13\text{-}29)$$

25 ℃ 时，设 $S = \dfrac{0.059\ 2\ \mathrm{V}}{n}$，上式可变为

$$\lg c_x = \frac{\Delta E}{S} + \lg c_s \text{或} c_x = c_s 10^{\frac{\Delta E}{S}} \quad (13\text{-}30)$$

根据式(13-30)即可求得待测离子的浓度。式(13-29)中“±”的选取与式(13-26)相同。在实际工作中，为了减少测量误差，应尽量使标准溶液和待测溶液的浓度接近，并且测量时，两溶液温度一致。

(2)标准曲线法。在相同条件下，配制一系列标准溶液，并测定出各自的电动势，以电动势 $E$ 为纵坐标，lg$a$ 或 lg$c$ 为横坐标，作 $E$-lg$a$ 或 $E$-lg$c$ 标准曲线，若符合 Nernst 方程式，则标准曲线呈线性关系。在相同条件下测得待测液的电动势，从标准曲线上即可查出待测液的活度或浓度，这一方法称为标准曲线法。

标准曲线法的优点是操作简便、快速，适合同时测定大批试样。

(3)标准加入法。采用标准加入法可避免由于活度系数变化而造成测定误差。所谓标准加入法是将标准溶液加入到待测溶液中进行测定分析的方法。

设待测溶液中某离子的浓度为 $c_x$，测定时溶液的体积为 $V_x$，测得电动势为 $E_1$，而准确加入一定体积 $V_s$(约为 $V_x\times10^{-2}$)的该离子标准溶液 $c_s$，测得电动势为 $E_2$。若增加的体积为 $\Delta V$，且 $\Delta V\ll V_x$，对于阳离子，则 25 ℃ 时，则有

$$E_1 = K + \frac{0.059\,2}{n}\lg c_x \tag{13-31}$$

$$E_2 = K + \frac{0.059\,2}{n}\lg\frac{c_xV_x + c_sV_s}{V_x + V_s} \tag{13-32}$$

因为浓度改变量很小，且在相同条件下测定电动势，所以可认为 $K'$ 不变。

两式相减得

$$E_2 - E_1 = \Delta E = \frac{0.059\,2}{n}\lg\frac{c_xV_x + c_sV_s}{c_x(V_x + V_s)} \tag{13-33}$$

设 $S = \dfrac{0.059\,2}{n}$，又由于 $V_s\ll V_x$，即 $V_x+V_s\approx V_x$，则整理上式可得

$$c_x = \frac{c_sV_s}{V_x}(10^{\frac{\Delta E}{S}} - 1)^{-1} \tag{13-34}$$

由式(13-34)可求得待测离子的浓度。

标准加入法可以较好地消除试样中的干扰因素。但其操作时间长，不适用于大批试样的分析。

## 13.5　电势滴定法(Potentiometric Titration)

电势滴定法是根据滴定过程中电池电动势的变化来确定滴定终点的分析方法。在一定测量条件下，许多因素对电动势测量结果的影响可以相互抵消。

### 13.5.1　电势滴定法的基本原理

电势滴定法是将适当的指示电极和参比电极插入待测溶液组成化学电池。进行电势滴定时，溶液用电磁搅拌器进行搅拌，每加入一定量的标准溶液，就测量一次电动势，直到超过化学计量点为止。这样就得到一系列的滴定剂体积($V$)和相应的电动势($E$)数值。通过对 $E$ 和 $V$ 作图或计算，从而确定滴定反应的终点，求出待测试样的含量。如果使用自动电势滴

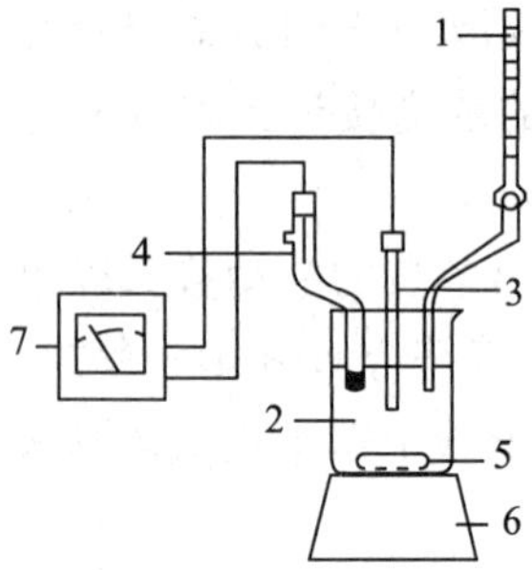


**图 13-9　电势滴定的基本装置**

1. 滴定管；2. 被测溶液；3. 离子选择电极；4. 甘汞电极；5. 电磁棒；6. 电磁搅拌器；7. 检流计

定仪，用计算机处理数据，则可直接得出测定结果。典型的电势滴定分析装置如图 13-9 所示。

## 13.5.2　电势滴定终点的确定方法

例如，指示电极为银电极，参比电极为饱和甘汞电极，用 0.100 0 mol · $L^{-1}$ $AgNO_3$ 滴定同浓度的 NaCl 溶液，反应方程式为

$$AgNO_3 + NaCl \longrightarrow NaNO_3 + AgCl\downarrow$$

滴定过程所得到的实验数据见表 13-5 所列。

确定其滴定终点的方法有以下 3 种：

(1) *E-V* 曲线法。以加入标准溶液的体积 *V* 为横坐标，以电动势 *E* 为纵坐标，根据表 13-5 中的数据即可绘制出如图 13-10(a) 所示的 *E-V* 曲线，该曲线的转折点即为化学计量点。

**表 13-5　0.100 0 mol · $L^{-1}$ $AgNO_3$ 滴定同浓度 NaCl 溶液的数据**

| $V(AgNO_3)$/mL | $E$/mV | $\Delta E$/mV | $\Delta V(AgNO_3)$/mL | $\Delta E/\Delta V$/(mV · $mL^{-1}$) | $\Delta^2 E/\Delta V^2$ |
|---|---|---|---|---|---|
| 5.00 | 62 | 23 | 10.00 | 2.3 | — |
| 15.00 | 85 | 22 | 5.00 | 4.4 | — |
| 20.00 | 107 | 16 | 2.00 | 8 | — |
| 22.00 | 123 | 15 | 1.00 | 15 | — |
| 23.00 | 138 | 8 | 0.50 | 16 | — |
| 23.50 | 146 | 15 | 0.30 | 50 | — |
| 23.80 | 161 | 13 | 0.20 | 65 | — |
| 24.00 | 174 | 9 | 0.10 | 90 | — |
| 24.10 | 183 | 11 | 0.10 | 110 | — |
| 24.20 | 194 | 39 | 0.10 | 390 | 2 800 |
| 24.30 | 233 | 83 | 0.10 | 830 | 4 400 |
| 24.40 | 316 | 24 | 0.10 | 240 | -5 900 |
| 24.50 | 340 | 11 | 0.10 | 110 | -1 300 |
| 24.60 | 351 | 7 | 0.10 | 70 | -400 |
| 24.70 | 358 | — | — | — | — |

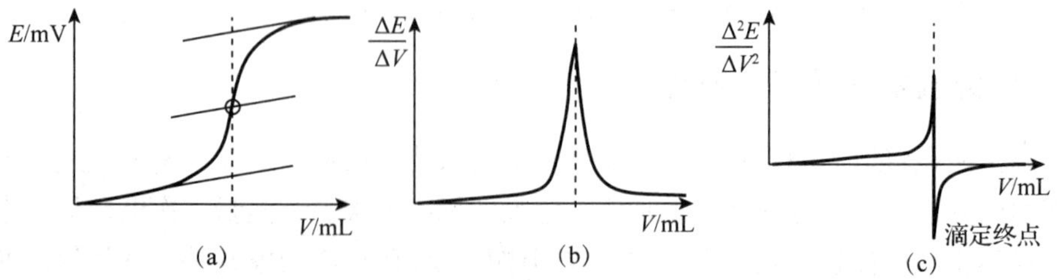


**图 13-10　电势滴定的滴定曲线**

（2）$\frac{\Delta E}{\Delta V}-V$ 曲线法。如果滴定曲线比较平坦，突跃不明显，则可绘制一级微商曲线，即 $\frac{\Delta E}{\Delta V}-V$ 曲线法，也称作一级微商法。以 $V$ 为横坐标，以 $\frac{\Delta E}{\Delta V}$ 为纵坐标绘制出如图 13-10(b) 所示的一级微商曲线。曲线最高点所对应的体积值即为化学计量点的体积。用此作图法确定化学计量点较为准确，但作图手续麻烦。

（3）$\frac{\Delta^2 E}{\Delta V^2}-V$ 曲线法。也称作二级微商法。既然一级微商曲线的最高点是化学计量点，则二级微商 $\frac{\Delta^2 E}{\Delta V^2}=0$ 时为化学计量点，如图 13-10(c) 所示。因此，在二级微商曲线上当 $\frac{\Delta^2 E}{\Delta V^2}=0$ 时，所对应的标准溶液体积 $V$ 值也就是化学计量点的体积。

从表 13-5 中看出，加入 24. 30 mL 标准溶液时，$\frac{\Delta^2 E}{\Delta V^2}=4\ 400$；加入 24. 40 mL 标准溶液时，$\frac{\Delta^2 E}{\Delta V^2}=-5\ 900$，设 $\frac{\Delta^2 E}{\Delta V^2}=0$ 时，加入标准溶液的体积为 $x$，则可按图 13-11 所示进行比例计算：

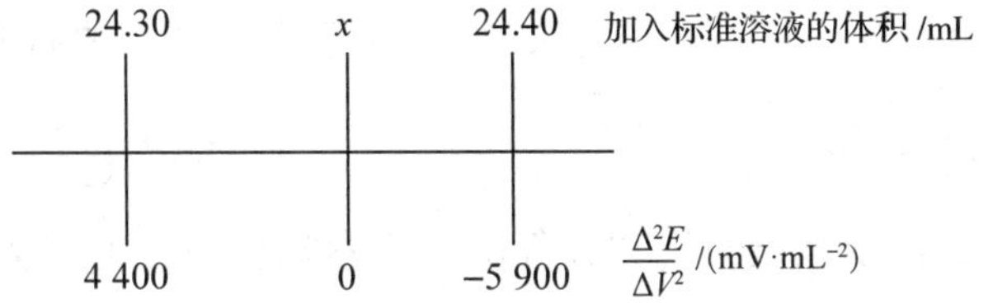


**图 13-11 内插法**

$$\frac{24.40-24.30}{-5\ 900-4\ 400}=\frac{x-24.30}{0-4\ 400}$$

$$x=\frac{-4\ 400\times 0.10}{-5\ 900-4\ 400}+24.30=24.34\ \text{mL}$$

滴定达到化学计量点时，消耗标准溶液的体积为 24. 34 mL。

二级微商法可以不绘制滴定曲线，因而实际工作中常被使用。

### 13. 5. 3 电势滴定法的应用

电势滴定法能应用于各种类型滴定分析法中。特别是对于有颜色、混浊的试液，或者滴定突跃范围太小以及多组分共存的滴定体系，以及难以用指示剂确定滴定终点的体系，均可用电势滴定法获得较准确的滴定终点。

#### 13. 5. 3. 1 酸碱滴定

一般酸碱滴定都可使用电势滴定法，特别是对于 $cK_a<10^{-8}$ 的弱酸或 $cK_b<10^{-8}$ 的弱碱，以及相邻两级电离平衡常数相差小于 $10^4$ 倍的多元酸、多元碱或混合酸、混合碱等。滴定中通常采用饱和甘汞电极作参比电极，pH 玻璃电极作指示电极。因为 pH 玻璃电极的电极电势与溶液的 pH 值呈线性关系，所以在化学计量点附近，玻璃电极的电极电势随溶液 pH 值

的大幅度变化而产生突跃，据此可以确定滴定终点。

#### 13.5.3.2 配位滴定

在配位滴定过程中，溶液中的金属离子浓度发生变化，在化学计量点附近，金属离子浓度发生突跃，因此，可以选择合适的指示电极和参比电极进行电势滴定。例如，用 $AgNO_3$ 和 $CN^-$ 的配位反应生成 $[Ag(CN)_2]^-$ 配离子，来测定 $CN^-$。在滴定过程中 $Ag^+$ 浓度发生变化，因而可选用银电极作指示电极，饱和甘汞电极为参比电极组成原电池，进行电势滴定。再如，可以用钙离子选择性电极作指示电极，以 EDTA 作标准溶液，采用电势滴定法测定试样中 $Ca^{2+}$ 的含量。

#### 13.5.3.3 氧化还原滴定

氧化还原反应的电势滴定一般以 Pt 电极作指示电极，甘汞电极作参比电极。滴定过程中，被测物质的氧化态和还原态所组成共轭电对的电极电势：

$$\varphi = \varphi^{\ominus} + \frac{2.303RT}{nF}\lg\frac{c(\text{氧化态})}{c(\text{还原态})}$$

在化学计量点附近，被滴定物质的氧化态和还原态相对平衡浓度发生突变，必然引起指示电极的电极电势突跃，因此可以确定滴定终点。经典氧化还原滴定法中的高锰酸钾法测定 $Fe^{2+}$、$AsO_3^{3-}$、$V^{4+}$、$Sn^{2+}$、$C_2O_4^{2-}$、$I^-$、$NO_2^-$、$Cu^{2+}$ 等，重铬酸钾法测定 $Fe^{2+}$、$Sn^{2+}$、$I^-$、$Ce^{3+}$ 等，碘量法测定 $AsO_3^{3-}$、$Sb^{3+}$、维生素 C、咖啡因等，均可进行利用电势滴定法进行测定。

#### 13.5.3.4 沉淀滴定

例如，以银电极为指示电极，饱和甘汞电极为参比电极，可用 $AgNO_3$ 标准溶液滴定 $Cl^-$、$Br^-$、$I^-$、$CN^-$ 以及一些有机酸的阴离子等。用铂电极作指示电极，可用六氰合铁(Ⅱ)酸钾标准溶液滴定 $Pb^{2+}$、$Ca^{2+}$、$Zn^{2+}$、$Ba^{2+}$ 等，还可以间接测定 $SO_4^{2-}$。

## 思考题

1. 什么是直接电势法和电势滴定法？
2. 电势分析法的基本原理是什么？
3. 什么是指示电极和参比电极？常用的指示电极和参比电极有哪些？举例说明。
4. 为何用直接电势法测定溶液 pH 值时，必须使用标准缓冲溶液进行校正？
5. 简述 pH 玻璃电极和饱和甘汞电极的基本构造、电极反应、电极符号以及电极电势的计算式。
6. 对于 pH 玻璃电极的适用 pH 值范围有什么要求？什么是碱差？什么是酸差？
7. 简述离子选择性电极的一般工作原理、种类、性能和应用。
8. 电势滴定法是如何确定化学计量点的，有何优点？举例说明。

## 习　题

**一、填空题**

1. 指示电极是指________。它必须符合以下要求________；________；________。
2. 直接电位法测 pH 值时，常用________电极作正极，称为________电极；用________电极作负极，称为________电极。

3. 电位分析法中的 3 种基本测定方法是________，________，________。电位滴定法中 3 种确定终点的方法是________，________，________。

## 二、选择题

1. 在电位分析法中，指示电极的电极电位应与被测离子的浓度(　　)。

A. 无关　　B. 成正比

C. 的对数成正比　　D. 符合能斯特公式的形式

2. 在电位分析法中，作为参比电极，其要求之一是电极(　　)。

A. 电极电位应等于零

B. 电极电位与温度无关

C. 电极电位在一定条件下为定值

D. 电极电位随试液中被测离子活度变化而变化

3. pH 玻璃电极的响应机理与膜电位的产生是由于(　　)。

A. $H^+$在玻璃膜表面还原而传递电子

B. $H^+$进入玻璃膜的晶格缺陷而形成双电层结构

C. $H^+$穿透玻璃膜使膜内外 $H^+$产生浓差而形成双电层结构

D. $H^+$在玻璃膜表面进行离子交换和扩散而形成双电层结构

4. 普通玻璃电极不宜测定 pH>9 的溶液的 pH 值，主要原因是(　　)。

A. $Na^+$在电极上有响应　　B. $OH^-$在电极上有响应

C. 玻璃被碱腐蚀　　D. 玻璃电极内阻太大

5. 玻璃膜电极使用的内参比电极一般是(　　)。

A. 甘汞电极　　B. 标准氢电极　　C. Ag-AgCl 电极　　D. 氟电极

6. 在电位滴定法中，以 $E$-$V$ 作图绘制滴定曲线，滴定终点为(　　)。

A. 曲线的最大斜率点　　B. 曲线的最小斜率点

C. $E$ 为最大正值的点　　D. $E$ 为最大负值的点

## 三、计算题

1. 下列原电池(25 ℃)

(-)玻璃电极 | 标准溶液或未知液 ‖ 饱和甘汞电极(+)

当标准缓冲溶液的 pH = 4.00 时电动势为 0.209 V，当缓冲溶液由未知溶液代替时，测得下列电动势值(1)0.088 V；(2)0.312 V。求未知溶液的 pH 值。

2. 25 ℃时下列电池的电动势为 0.518 V(忽略液接电势)

$$(-)\mathrm{Pt} \mid \mathrm{H_2}(10^5\ \mathrm{Pa}),\ \mathrm{HA}\ (0.01\ \mathrm{mol \cdot L^{-1}}),\ \mathrm{A^-}(0.01\ \mathrm{mol \cdot L^{-1}})\ \|\ \mathrm{SCE}(+)$$

计算弱酸 HA 的 $K_a$ 值。

3. 25 ℃时，用 $F^-$电极测定水中 $F^-$，取 25.00 mL 水样，加入 10 mL TISAB，定容到 50.00 mL，测得电极电势为 0.137 V，加入 $1.00\times10^{-3}$ mol · $L^{-1}$标准 $F^-$溶液 1.00 mL 后，测得电极电势为 0.117 V。计算水样中 $F^-$含量。

4. 用 pH 玻璃电极测定 pH = 5.00 的溶液，其电极电势为 43.5 mV，测定另一未知溶液时，其电极电势为 14.5 mV，若该电极的响应斜率 $S$ 为 58.0 mV/pH。试求未知溶液的 pH 值。

5. 将钙离子选择电极和饱和甘汞电极插入 100.00 mL 水样中，用直接电位法测定水样中的 $Ca^{2+}$。25 ℃时，测得钙离子电极电势为-0.061 9 V(对 SCE)，加入 0.073 1 mol · $L^{-1}$ 的 $Ca(NO_3)_2$ 标准溶液 1.00 mL，搅拌平衡后，测得钙离子电极电势为-0.048 3 V(对 SCE)。试计算原水样中 $Ca^{2+}$的浓度?

6. 在 0.100 0 mol · $L^{-1}$ $Fe^{2+}$溶液中，插入 Pt 电极(+)和 SCE(-)，在 25 ℃测得电池电动势 0.395 V。问有多少 $Fe^{2+}$被氧化成 $Fe^{3+}$?

# 第14章 元素选述

## (Selected Introduction of Elements)

在元素周期表中，从 B 元素到 At 元素划一条斜线，则位于斜线右上方的(包括位于斜线上的) 22 种元素为非金属元素，约占已发现元素总数的 1/5，位于斜线左下方的为金属元素，B、Si、As、Se、Te 称为准金属，At 为人工合成元素。将元素分为金属和非金属的主要依据是元素单质的性质。金属的电离势低，有光泽，是电和热的良导体，有可塑性；而非金属的电离势很高，许多晶体不导电，无光泽，也不容易变形。实际上，在金属与非金属之间没有明显的界线。本章将对金属和非金属、重要元素及其化合物分别介绍。

## 14.1 卤素 (Halogen)

### 14.1.1 通性

卤素在希腊文里是成盐元素的意思，这些元素都能与碱金属化合生成典型的盐。包括周期系第ⅦA 族 F、Cl、Br、I、At 5 种元素。At 是 20 世纪 40 年代才发现的放射性元素，只微量存在于铀和钍的蜕变产物中，本章不做讨论。

由于卤素单质具有很高的化学活性，它们在自然界不可能以游离态存在，而是大多以稳定的卤化物形式存在。卤素原子的最外层电子构型为 $ns^2np^5$，有 7 个价电子，与稳定的 8 电子构型 $ns^2np^6$ 相比，仅差一个电子；核电荷是同周期元素中最多的(稀有气体除外)，原子半径是同周期元素中最小的，故它们很容易取得电子，其非金属性和同周期元素相比是最强的。所以，卤素有获得一个电子而形成氧化数为-1 的 $X^-$离子的强烈倾向，因此，卤素都是强氧化剂，其中 F 的氧化性最强。卤素还可以与一些电负性较小的非金属元素化合形成具有共价键的化合物。卤素原子的电离势很高，一般仅有电负性最低的 I 有能形成较稳定的 $I^+$ 阳离子的微弱趋势，如形成 $IClO_4$，而 F、Cl、Br 不可能失去电子形成阳离子，但是，除 F 外，它们的价电子层中都有空 $n$d 轨道，当它们与电负性更大的元素化合时，空的 $n$d 轨道可以参加成键，因此它们可显更高氧化态。另外，卤素与电负性比它们更高的元素化合时，形成+1、+3、+5、+7 氧化数的化合物。卤族元素的性质及电子构型见表 14-1 所列。

### 14.1.2 卤素单质

卤素单质皆为双原子分子。固态时为分子晶体，因此其熔、沸点都较低。从氟到碘随着

表 14-1　卤族元素的性质及电子构型

| 性　质 | F | Cl | Br | I |
|---|---|---|---|---|
| 物态(298 K，101 325 Pa) | 气体 | 气体 | 液体 | 固体 |
| 颜色 | 淡黄色 | 黄绿色 | 红棕色 | 紫黑色、紫色 |
| 熔点/K | 53. 38 | 172 | 265. 8 | 386. 5 |
| 沸点/K | 84. 86 | 238. 8 | 332 | 457. 9 |
| 临界温度/K | 144 | 417 | 588 | 786 |
| 临界压力/MPa | 5. 57 | 7. 7 | 10. 32 | 11. 76 |
| 在水中的溶解度(298 K) /($mol \cdot L^{-1}$) | 反应 | 0. 1 | 0. 2 | 0. 001 3 |
| 共价半径/pm | 64 | 99 | 114. 5 | 133. 3 |
| 离子半径/pm | 133 | 181 | 195 | 220 |
| 第一电离势/($kJ \cdot mol^{-1}$) | 1 681 | 1 251 | 1 140 | 1 008 |
| 电负性(Pauling 标度) | 3. 98 | 3. 16 | 2. 96 | 2. 66 |
| 离子的水合能/($kJ \cdot mol^{-1}$) | -507 | -368 | -335 | -293 |
| $X_2$ 的离解能/($kJ \cdot mol^{-1}$) | 158 | 243. 8 | 194. 2 | 152. 9 |
| 价电子构型 | $2s^22p^5$ | $3s^23p^5$ | $4s^24p^5$ | $5s^25p^5$ |
| 氧化态 | -1 | 7，5，3，1，0，-1 | 7，5，3，1，0，-1 | 7，5，3，1，0，-1 |

分子质量的增加，熔、沸点也随之增高。在常温下，氟、氯是气体，溴是液体，碘是固体。气态卤素单质的颜色随着分子质量的增大由浅黄色→黄绿色→红棕色→紫色。卤素单质为非极性分子，难溶于水而易溶于有机溶剂，例如，溴可溶解于乙醇、乙醚、四氯化碳、二硫化碳等溶剂中，碘可溶解于乙醇、四氯化碳、二硫化碳等溶剂中。氟原子的价电子层中没有空 d 轨道，具有最小的原子半径，因此在卤素中表现出反常的变化规律。氟不溶于水，因为它与水剧烈反应而放出氧气。氟的电子亲和能比氯低，但氟在水溶液中仍是极强的氧化剂，因为氟的离解能比氯小，且水合能较大，所以总能量降低比氯大。尽管溴和碘的离解能较低，但它们的电子亲和能和水合能都比氯小，故它们仍是比氯弱的氧化剂。

在卤素分子内原子间是以共价键相结合的，由于它们的价电子层结构相同，所以，卤素在性质上极其相似。但随着原子序数的增加，外层电子离核越来越远，核对价电子的引力逐渐减小，从而导致性质的差异性。例如，从氟到碘其电离势、电子亲合势、电负性以及卤素单质的标准电极电势等依次减小。

#### 14. 1. 2. 1　氟的特殊性

氟的原子半径小，电负性大，具有极高的活泼性，绝大多数金属加热后在氟中可以“燃烧”。氟及其化合物具有很大的毒性。氟的价电子层没有 d 轨道，不易形成正氧化态。氟的电子亲合能比氯小，这是因为氟原子半径很小，核周围的电子云密度较大，当它接受一个外来电子时引起电子之间较大斥力，这种斥力部分抵消了氟原子获得一个电子成为氟离子时所放出的能量。而氯的原子半径大，核周围电子云密度较小，当它接受一个外来电子时，所引起的电子斥力不像在氟原子中那样显著，故氯的电子亲和能反而比氟大。大量的氟用于制取氟的有机化合物，如氟利昂-12($CCl_2F_2$)致冷剂和聚四氟乙烯工程塑料等。但20世纪70年代，发现这类化合物可扩散到太空而与臭氧作用生成氧，从而破坏大气的臭氧层，产生空洞，因而这种用途将逐渐被淘汰。

**14.1.2.2 卤素单质氧化性的变化规律**

氧化性是卤素单质最突出的化学性质。根据标准电极电位 $E^{\ominus}$ 数据，可以得出卤素单质($X_2$)的氧化能力和卤素阴离子($X^-$)的还原能力的递变顺序：

$$X_2\text{ 的氧化能力}\qquad F_2>Cl_2>Br_2>I_2$$

$$X^-\text{的还原能力}\qquad F^-<Cl^-<Br^-<I^-$$

(1)与金属的作用。氟能与所有的金属直接化合，反应剧烈。氯对金属的作用比氟的活泼性要小，一般要在高温下进行，但氯与锑粉的反应，在室温下就能进行，生成 $SbCl_3$ 和 $SbCl_5$。

$$2Sb(\text{过量})+3Cl_2 \xlongequal{} 2SbCl_3$$

$$2Sb+5Cl_2(\text{过量}) \xlongequal{} 2SbCl_5$$

干燥的液态氯因其不与铁、铅、金和铂反应，故可用钢制的容器贮存运输，但必须注意湿的氯会腐蚀铁制容器。

加热情况下溴也能与锑粉作用；碘与锑粉反应，要求温度更高。

(2)与非金属作用。氟能与所有的非金属($N_2$、$O_2$ 及部分稀有气体除外)直接化合，反应剧烈。氯与磷反应产物为 $PCl_3$ 或 $PCl_5$。

$$P_4(\text{过量})+6Cl_2 \xlongequal{} 4PCl_3(\text{无色液体})$$

$$P_4(\text{过量})+10Cl_2 \xlongequal{} 4PCl_5(\text{白色四方晶体})$$

通常情况下，能与氯反应的非金属也能与溴、碘反应，只是反应的速率、条件不同。

(3)与氢的作用。氟在低温和黑暗中可以和氢直接反应放出大量的热并引起爆炸。氯与氢混合曝光时才能发生爆炸反应。

$$H_2(g)+Cl_2(g) \xlongequal{} 2HCl(g)\quad \Delta H_m^{\ominus}=-184.6\ kJ\cdot mol^{-1}$$

溴和氢反应需要加热，碘和氢则要求在更高的温度下才能反应，且反应不完全，原因是碘化氢不稳定会分解。

(4)与 $H_2O$ 的作用。卤素与水作用发生氧化还原反应而放出氧。反应通式为

$$2X_2+2H_2O \xlongequal{} 4H^++4X^-+O_2\uparrow$$

从热力学角度分析，氟与水的反应自由能变化 $\Delta G_m^{\ominus}$ 最大，自发反应的倾向很强，反应十分剧烈。

$$F_2+H_2O \xlongequal{} 2H^+ + 2F^- + \frac{1}{2}O_2\uparrow\qquad \Delta G_m^{\ominus}=-798\ kJ\cdot mol^{-1}$$

从标准电极电势数据来看，氯也能置换水中的氧，但因反应活化能很高，反应速率很慢，实际上并不发生上述置换反应，而发生氯分子的歧化反应：

$$Cl_2+H_2O \xlongequal{} H^++Cl^-+HClO$$

氯的水溶液在日光下才会加速分解放出氧气：

$$HClO \xlongequal{h\nu} HCl + \frac{1}{2}O_2\uparrow$$

溴氧化水的反应速率很慢，但当溴化氢溶液浓度高时，相反会与氧作用而析出溴；同时，高温下溴可以氧化水：

$$Br_2+H_2O \xlongequal{} HBrO+HBr$$

$$2HBr+\frac{1}{2}O_2 \xlongequal{} Br_2+H_2O$$

碘不能置换水中的氧，但当氧作用于碘化氢溶液时会析出碘。

$$2H^++2I^-+\frac{1}{2}O_2 \xlongequal{} I_2+H_2O$$

## 14.1.3　卤化氢、氢卤酸

卤化氢的通式是 HX。室温下卤化氢皆为无色、有刺鼻臭味的气体，在空气中会“冒烟”，这是因为卤化氢与空气中的水蒸气结合形成了酸雾，卤化氢为极性分子，在水中有很大的溶解度。卤化氢极易液化，液态卤化氢不导电。卤化氢的水溶液称为氢卤酸，除氢氟酸以外均为强酸。但要注意，氢氟酸的酸性随其浓度的增大而增强，当 $c = 5.0\ mol \cdot L^{-1}$ 时，它将变成很强的酸。表 14-2 列出了卤化氢的一些重要性质。

**表 14-2　卤化氢的一些重要性质参数**

| 性　质 | HF | HCl | HBr | HI |
|---|---|---|---|---|
| 熔点/℃ | -83.4 | -114.2 | -86.86 | -50.8 |
| 沸点/℃ | 20.02 | -85.03 | -66.72 | -35.6 |
| 气化焓/($kJ \cdot mol^{-1}$) | 30.1 | 16.2 | 17.6 | 19.8 |
| 生成焓/($kJ \cdot mol^{-1}$) | -271.2 | -92.3 | -36.4 | 25.9 |
| 偶极矩/($\times 10^{-30}\ C \cdot m$) | 6.1 | 3.6 | 2.7 | 1.5 |
| 饱和溶液的质量分数/%(SPT 状态下) | 35.3 | 42 | 49 | 57 |
| 恒沸溶液/$p^\ominus$(温度/℃，质量分数/%) | 12 035.37 | 11 020.24 | 12 647 | 12 257 |

(1)热稳定性。HX 的热稳定性可用其标准生成焓 $\Delta_f H_m^\ominus$ 来衡量，一般来说，$\Delta_f H_m^\ominus$ 为负值的化合物其稳定性要比 $\Delta_f H_m^\ominus$ 为正值的化合物要高。气态 HX 的 $\Delta_f H_m^\ominus$ 如下：

| | HF | HCl | HBr | HI |
|---|---|---|---|---|
| $\Delta_f H_m^\ominus/(kJ \cdot mol^{-1})$ | -271.2 | -92.3 | -36.4 | 25.9 |

所以 HX 的稳定性顺序为 HF>HCl>HBr>HI。

(2)还原性。在卤化氢分子中由于卤素原子的电负性比氢大，卤素原子都处于低氧化态(氧化数等于-1)，故卤化氢都有一定的还原性。卤化氢的还原性按照 HF、HCl、HBr、HI 的顺序增强。

(3)酸性。卤化氢的水溶液叫氢卤酸，除 HF 为弱酸外，HCl、HBr、HI 都是强酸，其酸性依次增强。其水溶液电离通式为

$$HX(aq) = H^+(aq) + X^-(aq)$$

氢氯酸又叫盐酸，浓盐酸一般含37%的HCl，密度$\rho=1.19\times10^3\ kg\cdot m^{-3}$，$c\approx12\ mol\cdot L^{-1}$。纯盐酸无色，工业用盐酸由于含有$FeCl_3$杂质而稍带黄色。

氢氟酸的弱酸性与它具有较大的键焓和由于氢键而产生的分子缔合结构有关。它只能部分电离：

$$HF+H_2O \rightleftharpoons H_3O^+ + F^-$$

许多金属氟化物也可以形成稳定的二氟氢盐，如$NaHF_2$和$KHF_2$。当浓度$c(HF)\geq 5.0\ mol\cdot L^{-1}$时，其电离度反而急剧增大，这种反常现象是由于浓度增大时二聚体$H_2F_2$的浓度增大了，而$H_2F_2$的酸性比HF强得多。

$$H_2F_2+H_2O \rightleftharpoons H_3O^+ + HF_2^-$$

氢氟酸最特殊的性质是对玻璃的作用。不管是二氧化硅还是硅酸盐(玻璃的主要成分)都能与氢氟酸或HF气体发生反应：

$$SiO_2+4HF = SiF_4\uparrow + 2H_2O$$

$$CaSiO_3+6HF = CaF_2 + SiF_4\uparrow + 3H_2O$$

根据这一反应，氢氟酸被广泛应用于分析化学上测定石英砂等矿物中$SiO_2$的含量，还用于玻璃器皿上刻蚀标记和花纹。通常氢氟酸贮存在塑料容器里。氢氟酸对皮肤会造成难以治疗的灼伤，使用时要戴防毒面罩和橡皮手套，同时在通风橱中操作，注意安全。

在氢卤酸中，盐酸是最重要的强酸之一，是一种重要的工业原料和化学试剂，常用来制备金属氯化物。在皮革工业、染料工业、食品工业(合成酱油、生产味精和葡萄糖)，以及轧钢、焊接、电镀、搪瓷、医药(胃酸内含少量盐酸，它能促使消化和杀死病菌)等行业也有很广泛的应用。

### 14.1.4 卤素的含氧酸及其盐

卤素中除氟的含氧酸只有次氟酸HFO外，其他卤素皆可形成次卤酸(HXO)、亚卤酸($HXO_2$)、卤酸($HXO_3$)和高卤酸($HXO_4$)4类含氧酸，见表14-3所列。在这些含氧酸阴离子中，除碘可以以$sp^3d^2$杂化轨道形成八面体结构的含氧酸($H_5IO_6$)外，卤素原子一般都是采取$sp^3$杂化的方式形成含氧酸阴离子，如图14-1所示。

**表14-3 卤素的含氧酸**

| 含氧酸 | 氧化态 | 氯 | 溴 | 碘 |
|---|---|---|---|---|
| 次卤酸 | 1 | HClO | HBrO | HIO |
| 亚卤酸 | 3 | $HClO_2$ | $HBrO_2$ | $HIO_2$ |
| 卤酸 | 5 | $HClO_3$ | $HBrO_3$ | $HIO_3$ |
| 高卤酸 | 7 | $HClO_4$ | $HBrO_4$ | $HIO_4$、$H_5IO_6$ |

#### 14.1.4.1 次卤酸(HXO)及其盐(MXO)

HFO为无色化合物，它的熔点是−117 ℃，在室温下易分解，与水反应迅速放出氧气，其结构有待进一步研究。HClO、HBrO、HIO都是弱酸，且仅存在于溶液中。酸的强度随卤

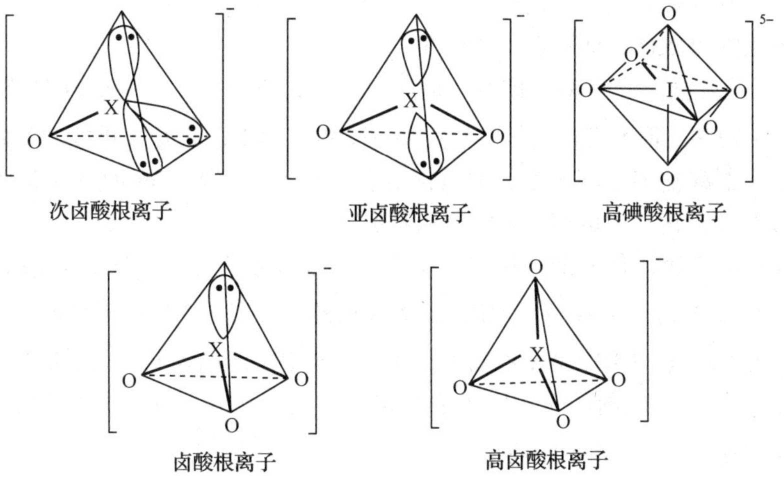


**图 14-1　各种卤酸根离子结构**

素原子序数的增加而减小。HClO、HBrO 和 HIO 的离解平衡常数($K_a^\ominus$)分别为 $2.9\times10^{-8}$、$2.1\times10^{-9}$ 和 $1.8\times10^{-11}$。

在酸性介质中，仅有次氯酸会发生歧化反应，而在碱性介质中，次卤酸盐都会发生歧化反应。在室温或稍低于室温时，$ClO^-$的歧化反应速度很慢，在 75 ℃左右的热溶液中歧化速率加快，产物是 $Cl^-$和 $ClO_3^-$；$BrO^-$在 0 ℃附近的低温下歧化反应较慢，在室温时歧化反应速率相当快；$IO^-$即使在更低的温度下歧化反应速率也很快。溶液中不存在次碘酸盐。

次卤酸盐中最常见最重要的是次氯酸盐。用氯与 $Ca(OH)_2$ 反应，生成漂白粉：

$$2Cl_2+2Ca(OH)_2 \xlongequal{} Ca(ClO)_2+CaCl_2+2H_2O$$

漂白粉是次氯酸钙、氯化钙和氢氧化钙所组成的水合复盐，次氯酸钙是其有效成分。漂白粉在空气中久置会逐渐失效，这是因为它与空气中的 $CO_2$ 作用生成 HClO，而 HClO 不稳定会立即分解。

#### 14.1.4.2　亚卤酸($HXO_2$)及其盐($MXO_2$)

在亚卤酸 $HClO_2$、$HBrO_2$、$HIO_2$ 中，仅亚氯酸存在于水溶液中，它的酸性比次氯酸强。亚氯酸的热稳定性差，易分解为 $ClO_2$、$Cl_2$ 和 $H_2O$：

$$8HClO_2 \xlongequal{} 6ClO_2+Cl_2+4H_2O$$

亚氯酸是弱酸，其盐比亚氯酸稳定。亚氯酸及其盐具有氧化性，可作漂白剂。

#### 14.1.4.3　卤酸($HXO_3$)及其盐($MXO_3$)

$HClO_3$ 和 $HBrO_3$ 仅存在于溶液中，$HIO_3$ 是无色晶体。它们的稳定性随着卤素原子序数的增加而增强，酸性则依次减弱，且都有氧化性，故卤酸都是强酸和强氧化剂，稳定性次序为 $HClO_3<HBrO_3<HIO_3$。

卤酸盐在水中的溶解度随卤素原子序数增加而减少。绝大多数氯酸盐易溶于水，溴酸盐稍溶于水，而碘酸盐中很多是不溶于水的。所有的卤酸盐加热时都能分解。在卤酸盐中较重要的是氯酸盐，它与二氧化锰混合后加热，是实验室制氧的方法，如

$$2KClO_3 \xrightarrow[\triangle]{MnO_2} 2KCl+3O_2\uparrow$$

氯酸钾是一种强氧化剂，常用来制造火柴、炸药、信号弹等。

#### 14.1.4.4 高卤酸($HXO_4$)及其盐($MXO_4$)

(1)高氯酸及其盐。高氯酸($HClO_4$)是高卤酸中比较重要的，纯的高氯酸是无色液体，浓度可达70%~72%，很不稳定，但能稳定存在于水溶液中，它是无机酸中最强的酸，又是一种氧化剂。高氯酸盐多易溶于水，但其钾盐($KClO_4$)、铷盐($RbClO_4$)和铯盐($CsClO_4$)溶解度很小，故在分析化学中可用它来定量地测定钾。

(2)高溴酸及其盐。高溴酸($HBrO_4$)是强酸，强度接近于$HClO_4$，它的氧化能力高于$HClO_4$和高碘酸($HIO_4$)。6 mol·$L^{-1}$ $HBrO_4$溶液较稳定，在373 K也不分解。

(3)高碘酸及其盐。$HIO_4$是无色晶体，在水溶液中以四面体$IO_4^-$离子形式存在；氧化能力比$HClO_4$强，与一些试剂的作用既平稳又迅速，是分析化学中常用的强氧化剂。例如，$HIO_4$可将$Mn^{2+}$离子氧化成$MnO_4^-$离子：

$$2Mn^{2+}+5IO_4^-+3H_2O = 2MnO_4^-+5IO_3^-+6H^+$$

### 14.1.5 拟卤素

拟卤素(pseudohalogen)是指由两个或两个以上电负性较大的元素的原子组成的原子团，这些原子团在自由状态时，与卤素单质相似，而成为阴离子时与卤素阴离子的性质也相似。重要的拟卤素有氰$(CN)_2$、硫氰$(SCN)_2$、硒氰$(SeCN)_2$和氧氰$(OCN)_2$等，见表14-4所列。

**表 14-4 常见的拟卤素**

| | 卤素 | 氰 | 硫氰 | 氧氰 |
|---|---|---|---|---|
| 单质 | $X_2$ | $(CN)_2$ | $(SCN)_2$ | $(OCN)_2$ |
| 酸 | HX | HCN | HSCN | HOCN |
| 盐 | KX | KCN | KSCN | KOCN |

拟卤素与卤素性质比较如下：

(1)拟卤素离子和卤素离子都有还原性。如

$$2SCN^-+4H^++MnO_2 = Mn^{2+}+(SCN)_2+2H_2O$$

$$2Cl^-+4H^++MnO_2 = Mn^{2+}+Cl_2+2H_2O$$

(2)游离态时都是二聚体，通常具有挥发性(多聚体除外)，并具有特殊的刺激性气味。二聚体拟卤素不稳定，许多二聚体还会发生聚合作用，如

$$n(CN)_2 \xlongequal{室温} 2(CN)_n$$

$$n(SCN)_2 \xlongequal{673\ K} 2(2SCN)_n$$

(3)碱性溶液中易发生歧化反应。如

$$(CN)_2+2OH^- = CN^-+OCN^-+H_2O$$

$$Cl_2+2OH^- = Cl^-+OCl^-+H_2O$$

(4)与金属反应生成一价阴离子的盐。如

$$2Fe+3(SCN)_2 = 2Fe(SCN)_3$$

$$2Fe+3Cl_2 = 2FeCl_3$$

它们的 $Ag^+$、$Hg_2^{2+}$ 和 $Pb^{2+}$ 盐皆不溶于水。拟卤素所形成的盐常与卤化物共晶。

(5)与氢形成氢酸，但拟卤素所形成的酸一般比氢卤酸弱，其中以氢氰酸最弱。

(6)易形成配合物。如

$$3CN^-+CuCN = [Cu(CN)_4]^{3-}$$

$$2I^-+HgI_2 = [HgI_4]^{2-}$$

(7)与卤素单质类似。自由状态的拟卤素也可以用化学或电解法氧化相应的氢酸或氢酸盐制得。

$$Cl_2+2SCN^- = 2Cl^-+(SCN)_2$$

重要的拟卤化合物有氰化物和硫氰化物。氰为无色可燃气体，剧毒，有苦杏仁味。氰与水反应生成氢氰酸和氰酸。

$$(CN)_2+H_2O = HCN+HOCN$$

氰化氢为无色气体，剧毒，液态 HCN 沸点为 26 ℃，凝固点为-14 ℃。HCN 能与水互溶，其水溶液是极弱的酸，称氢氰酸。氢氰酸的盐又称为氰化物，常见的氰化物有 NaCN 和 KCN，都易溶于水，并因水解而显强碱性。所有的氰化物都是剧毒，误食 0.05 g KCN 可以致死，使用氰化物时要格外注意安全。在氰化物的废液中应加入次氯酸钠或过氧化氢，把它氧化成无毒的氧氰化物，或者加入 $FeSO_4$，使它生成无毒的$[Fe(CN)_6]^{4-}$，然后弃去，以免污染水域。

硫氰是黄色液体，不稳定，其水溶液的性质类似于溴。实验室中常用的硫氰化物有硫氰化钾和硫氰化铵。$SCN^-$是一种很好的配位体，它可用 S 原子或 N 原子上的孤对电子作为电子给予体。$SCN^-$与 $Fe^{3+}$反应形成血红色的配离子。

$$Fe^{3+}+nSCN^- = [Fe(SCN)_n]^{(n-3)-}$$

随溶液中 $SCN^-$浓度不同，上式中 $n$ 可从 1~6 不定。分析化学中常用此反应鉴定 $Fe^{3+}$。

## 14.2　氧、硫、硒(Oxygen, Sulfur and Selenium)

周期系ⅥA 族包括氧、硫、硒、碲和钋 5 种元素，通称为氧族元素。氧和硫是典型的非金属，硒是准金属元素。

氧、硫、硒元素的性质和它们的原子价电子层有 6 个电子($ns^2np^4$)密切相关，它们的原子都能结合 2 个电子形成氧化数为-2 的阴离子，但和卤素原子相比，它们结合 2 个电子不像卤素原子结合 1 个电子那么容易(结合第二个电子需要吸收能量)，因而它们的非金属性弱于卤素。另外，由氧向硫过渡，电离势和电负性有一个突变，所以硫和硒能显正氧化态，并且最高氧化数为+6，而氧不能呈现最高正氧化态。

### 14.2.1　氧和臭氧

#### 14.2.1.1　氧

氧是地壳中分布最广的元素，主要以二氧化硅、硅酸盐及其他氧化物和含氧酸盐的形式存在。自然界中的氧有 3 种同位素：$^{16}O$、$^{17}O$、$^{18}O$，其中$^{16}O$ 的含量最高，占 99.76%，氧单质有两种同素异形体，即氧($O_2$)和臭氧($O_3$)。

氧是无色、无味的气体，在-183 ℃则为蓝色的液体，-219 ℃时变为浅蓝色的固体。在氧分子中，2个氧原子通过1个σ键和2个三电子π键结合成非极性同核双原子分子。氧分子具有顺磁性。氧在水中溶解度很小，在标准状态下，1 L水溶解氧气为31 mL。水域的污染导致水体溶氧量减少，已是环保工作亟待解决的问题。室温下，氧在酸性或碱性介质中显示出一定的氧化性，它的标准电极电势如下：

酸性介质中 $O_2+4H^++4e^- = 2H_2O$ $E^\ominus=+1.229$ V

碱性介质中 $O_2+2H_2O+4e^- = 4OH^-$ $E^\ominus=+0.401$ V

#### 14.2.1.2 臭氧

臭氧是浅蓝色气体，因其具有特殊的鱼腥臭味而得名。在雷雨放电或无声放电时，由 $O_2$ 转化成其同素异形体 $O_3$。

$$3O_2 \xlongequal{\text{雷电}} 2O_3$$

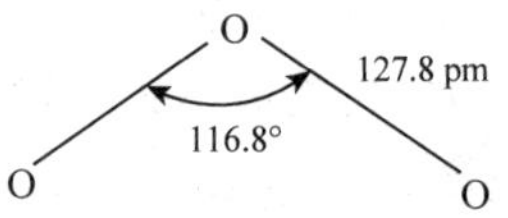


图 14-2 $O_3$ 的分子结构

臭氧存在于地球表面25 km的大气层中，臭氧层可以保护地面生物免受太阳紫外线的强辐射。液态臭氧(-112.4 ℃)为深蓝色，固态臭氧(-251.4 ℃)为紫黑色。

臭氧分子结构呈角形，如图14-2所示，键角为116.8°，中心氧原子以$sp^2$杂化轨道成键，除每2个氧原子间的σ键外，在3个氧原子间还存在着一个离域键$\pi_3^4$(三原子四电子键)，所以$O_3$分子是反磁性的。

臭氧很不稳定，氧化性比氧气更强。通常条件下，臭氧能氧化许多不活泼的单质，如Hg、As、S等，松节油、煤气在臭氧中能自燃，有机色素遇臭氧会褪色，而氧则不能。

由标准电极电势数据可以看出，臭氧在酸性或碱性介质中的氧化性都较强。

酸性介质中 $O_3+2H^++2e^- = O_2+2H_2O$ $E^\ominus=+2.07$ V

碱性介质中 $O_3+H_2O+2e^- = O_2+2OH^-$ $E^\ominus=+1.24$ V

在酸性介质中，臭氧可使碘从KI溶液中析出，此反应常作为臭氧的鉴定反应。

$$O_3+2I^-+2H^+ = I_2+O_2+H_2O$$

由于臭氧的强氧化性，因此其可用于处理废气和净化废水中的有害成分，如酚、苯、硫、醇和异戊二烯等，并用于饮用水的消毒，取代氯气处理饮用水；作为漂白剂漂白麻、棉和纸张等；医学上作为杀菌剂用于杀菌消毒；臭氧还可作为皮毛的脱臭剂。

#### 14.2.1.3 过氧化氢

过氧化氢($H_2O_2$)俗称双氧水，纯$H_2O_2$为淡蓝色液体，熔点-0.78 ℃，沸点151.6 ℃。过氧化氢在自然界中存在很少，仅微量存在于雨雪和某些植物汁液中。市售的过氧化氢浓度为30%左右。在医学医药上，过氧化氢除了可以用于合成维生素$B_1$、维生素$B_2$以及激素类药物外，还常用3%过氧化氢水溶液杀菌、消毒。在化学化工上，过氧化氢可以作为漂白剂，作为氧化剂用于合成有机过氧化物。另外，过氧化氢还可以作为食品工业的消毒剂、燃料电池的燃料、防毒面具的氧源以及液体燃料推进剂等。过氧化氢很不稳定，室温下分解较慢，受热、见光或有催化剂$Mn^{2+}$、$Fe_2O_3$、$MnO_2$、$Cu^{2+}$、$Cr^{3+}$等存在时，剧烈分解并放出大量的热，所以，$H_2O_2$应贮存在不透光的塑料瓶或棕色瓶中，置于阴凉处，必要时可以加入微量的锡酸钠、焦磷酸钠、8-羟基喹啉等稳定剂。纯的 $H_2O_2$ 浓度可达 99%，用于高能燃料、强氧化剂等。

过氧化氢分子中含有过氧基—O—O—，O 的氧化数是-1，每个氧原子各连着一个氢原子。VB 法认为每个氧原子都采用 $sp^3$ 杂化，每个氧原子都有两个孤电子对，两个氧原子间借助于 $sp^3$ 杂化轨道重叠形成 σ 键，每个氧原子各用一个 $sp^3$ 杂化轨道分别与两个氢原子的 s 轨道形成 O—H σ 键。由于孤电子对的排斥作用，键角不是 109°28′而是约为 95°，两个氢原子和氧原子不在同一平面上，其分子是立体结构，如图 14-3 所示。

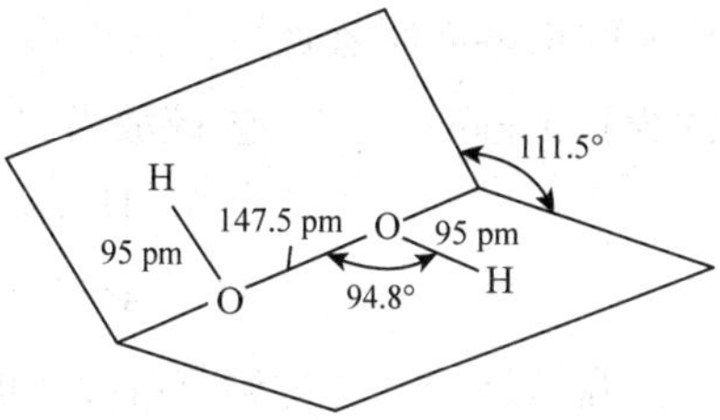


**图 14-3　过氧化氢的分子结构**

过氧化氢水溶液显弱酸性，其水溶液电离式如下：

$$H_2O_2 \rightleftharpoons H^+ + HO_2^- \qquad K_{a_1}^{\ominus} = 2.4\times10^{-12}$$

$$HO_2^- \rightleftharpoons H^+ + O^{2-} \qquad K_{a_2}^{\ominus} = 1.1\times10^{-25}$$

所以，过氧化氢能与金属氢氧化物中和生成金属过氧化物。

$$2LiOH+H_2O_2 \xlongequal{P_2O_5\ 脱水} Li_2O_2+2H_2O$$

过氧化氢既具有氧化性又有还原性，其电势如下：

$E_A^{\ominus}/V$　　$O_2 \xrightarrow{+0.695} H_2O_2 \xrightarrow{+1.776} H_2O$；$O_2 \xrightarrow{+1.229} H_2O$

$E_B^{\ominus}/V$　　$O_2 \xrightarrow{-0.076} HO_2^- \xrightarrow{+0.882} OH^-$；$O_2 \xrightarrow{+0.401} OH^-$

从电势图可以看出，无论在酸性溶液中，还是在碱性溶液中，过氧化氢都是强氧化剂。例如，

$$2Fe^{2+}+H_2O_2+2H^+ = 2Fe^{3+}+2H_2O$$

$$4H_2O_2+PbS(黑色) = 4H_2O+PbSO_4(白色)$$

后一反应常用于油画的漂白。

但是，当过氧化氢遇到强氧化剂时，过氧化氢可以表现出还原性，例如，在 6.0 $mol\cdot L^{-1}$ 硫酸介质中或碱性介质中，$H_2O_2$ 与 $KMnO_4$ 的反应：

$$2MnO_4^- + 5H_2O_2 + 6H^+ = 2Mn^{2+}+5O_2\uparrow + 8H_2O$$

$$2MnO_4^- + 3H_2O_2 = 2OH^- + 2MnO_2+3O_2\uparrow +2H_2O$$

## 14.2.2　硫的化合物

硫是主要的成矿元素，但地壳中单质硫很少，绝大多数以硫化物和硫的含氧化合物等形式存在。

### 14.2.2.1　硫化物

硫与电负性比它小的元素所形成的化合物称为硫化物(sulfide)，如 $Na_2S$、CaS、$H_2S$ 等。

$H_2S$ 是一种无色有毒的气体，具有臭鸡蛋气味，当空气中含 0.1% $H_2S$ 气体时就会引起头疼、晕眩等症状，吸入较多 $H_2S$ 气体会造成昏迷甚至死亡。空气中的限量标准是 0.01 mg · $L^{-1}$。$H_2S$ 的水溶液叫氢硫酸，在 0 ℃，1 体积水能溶解 4.7 体积的 $H_2S$，饱和 $H_2S$ 水溶液的浓度约为 0.1 mol · $L^{-1}$。氢硫酸为二元弱酸，在溶液中可分步电离：

$$H_2S \rightleftharpoons H^+ + HS^- \qquad K_{a_1}^{\ominus} = 1.3\times10^{-7}$$

$$HS^- \rightleftharpoons H^+ + S^{2-} \qquad K_{a_2}^{\ominus} = 7.1\times10^{-15}$$

在溶液中，通过调节溶液酸度的方法可以控制溶液中 $S^{2-}$ 的浓度。

除碱金属、碱土金属硫化物外，绝大多数金属硫化物难溶于水且大多数具有特征的颜色。例如，

| ZnS | SnS | HgS | $Ag_2S$ | $Bi_2S$ | CuS | $Sb_2S_3$ | CdS | FeS |
|---|---|---|---|---|---|---|---|---|
| 白色 | 棕色 | 黑色 | 黑色 | 棕色 | 黑色 | 橙色 | 黄色 | 黑色 |

在分析化学上利用这种特征建立了分离、鉴别不同金属离子的 $H_2S$ 系统分析法。

由于氢硫酸是一种很弱的酸，这些硫化物无论是易溶或微溶于水的都会产生一定程度的水解，而使溶液显碱性，如 $Na_2S$ 溶于水时几乎全部水解，其水溶液可以作为强碱使用。

$$Na_2S + H_2O \rightleftharpoons NaHS + NaOH$$

$H_2S$ 和硫化物具有还原性，其中 $S^{2-}$ 可被氧化成单质 S 或更高氧化态硫的化合物。如碘能将 $H_2S$ 氧化成单质 S，更强的氧化剂(如 $Cl_2$、$Br_2$ 等)可将 $H_2S$ 氧化成硫酸。

$$H_2S + I_2 = 2HI + S\downarrow$$

$$H_2S + 4Cl_2 + 4H_2O = H_2SO_4 + 8HCl$$

$H_2S$ 水溶液在空气中久置混浊，是由于 $H_2S$ 被空气中的 $O_2$ 氧化成单质 S 的缘故。

$$2H_2S + O_2 = 2H_2O + 2S\downarrow$$

**14.2.2.2 硫的含氧化合物**

硫的氧化物有多种，如 $S_2O$、SO、$S_2O_3$、$SO_2$、$SO_3$、$S_2O_7$、$SO_4$ 等，其中最重要的是 $SO_2$ 和 $SO_3$。硫又能形成种类繁多的含氧酸，硫的含氧酸主要是亚硫酸和硫酸，它们又能形成相应的各种硫的含氧酸盐。硫的主要含氧酸见表 14-5 所列。

(1)二氧化硫、亚硫酸和亚硫酸盐。硫在空气中燃烧即得到 $SO_2$，许多金属的硫化物矿灼烧时能生成氧化物，同时放出 $SO_2$。

$$2ZnS + 3O_2 = 2ZnO + 2SO_2$$

$SO_2$ 是无色有刺激性气味的有毒气体，空气中 $SO_2$ 含量的限量标准是 0.02 mg · $L^{-1}$。$SO_2$ 易溶于水，在 20 ℃时，1 体积水能溶解 40 体积 $SO_2$。$SO_2$ 易液化，可用作致冷剂。液态 $SO_2$ 还是许多物质的良好溶剂，它的导电性约为纯水的 2 倍。

$SO_2$ 具有氧化性和还原性，以还原性为主。如在酸性溶液中还原碘。

$$SO_2 + 2H_2O + I_2 = SO_4^{2-} + 4H^+ + 2I^-$$

利用这个反应可以定量地测定亚硫酸盐的含量。$SO_2$ 只有遇到很强的还原剂时才显示出氧化性，如与 $H_2S$ 的反应。

$$SO_2 + 2H_2S = 3S + 2H_2O$$

**表 14-5　硫的主要含氧酸**

| 名称 | 化学式 | 硫的氧化数 | 结构式* | 存在形式 |
|---|---|---|---|---|
| 焦亚硫酸 | $H_2S_2O_5$ | +4 | 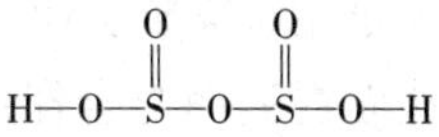 | 盐 |
| 连二亚硫酸 | $H_2S_2O_4$ | +3 | 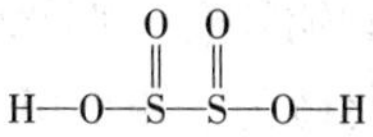 | 盐 |
| 亚硫酸 | $H_2SO_3$ | +4 | 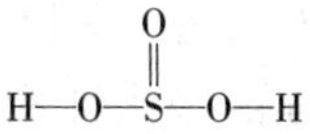 | 盐 |
| 硫酸 | $H_2SO_4$ | +6 | 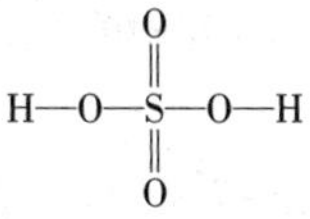 | 酸，盐 |
| 焦硫酸 | $H_2S_2O_7$ | +6 | 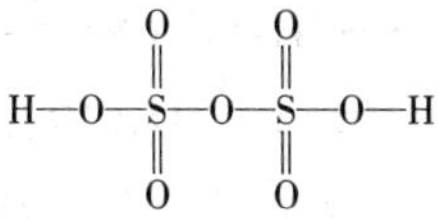 | 酸，盐 |
| 硫代硫酸 | $H_2S_2O_3$ | +2 | 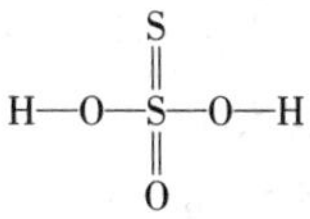 | 盐 |
| 过一硫酸 | $H_2SO_5$ | +8 | 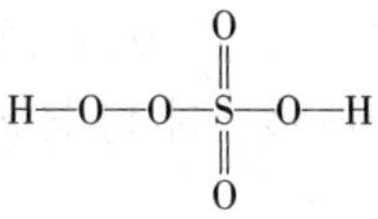 | 酸，盐 |
| 过二硫酸 | $H_2S_2O_8$ | +7 | 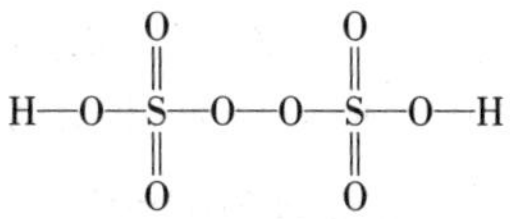 | 酸，盐 |
| 次硫酸 | $H_2SO_2$ | +2 | H—O—S—O—H | 盐 |
| 连多硫酸 | $H_2S_xO_6$<br>$x=2\sim6$ | +5，+3.3，+2.5，<br>+2，+1.7 | 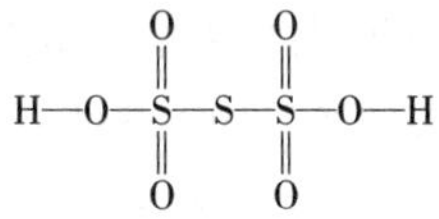 | 盐 |

注：* 结构式是 Lewis 结构，书写方法参阅翟仁通，普通化学，1994。

$SO_2$ 的水溶液是亚硫酸，实际上它是一种水合物 $SO_2 \cdot xH_2O$，其水溶液中存在下列平衡：

$$SO_2 \cdot xH_2O \rightleftharpoons H^+ + HSO_3^- + (x-1)H_2O \qquad K_{a_1}^{\ominus} = 1.54\times10^{-2}(291\ K)$$

$$HSO_3^- \rightleftharpoons H^+ + SO_3^{2-} \qquad K_{a_2}^{\ominus} = 1.02\times10^{-7}(291\ K)$$

$SO_2$ 主要用于制造硫酸和亚硫酸盐，还大量用于制造合成洗涤剂，食物防腐剂，住所和用具的消毒杀菌剂，纸张、羊毛、丝、草帽辫等的漂白剂。但是，$SO_2$ 是造成酸雨并成为破坏生态平衡的一大公害。为了保护环境，变害为利，可使烟道气中的 $SO_2$ 还原为单质 S：

$$SO_2 + 2CO \xrightarrow[500\ ℃]{\text{铝矾土}} 2CO_2 + S$$

或用石灰乳吸收成为亚硫酸钙：

$$Ca(OH)_2+SO_2 \longequal CaSO_3+H_2O$$

亚硫酸盐有很多实际用途，例如，亚硫酸氢钙大量用于造纸工业，用它溶解木质制造纸浆。$Na_2SO_3$ 和 $NaHSO_3$ 大量用于染料工业，也用作漂白织物时的去氯剂。另外，由于 $NaHSO_3$ 能抑制植物的光呼吸，从而提高净光合作用，农业上常用其作为抑制剂，使农作物增产。

(2)三氧化硫、硫酸和硫酸盐。纯净的三氧化硫是无色易挥发的针状固体，熔点 289.8 K，沸点 317.8 K。气态三氧化硫为三角形单分子。三氧化硫是强氧化剂，极易吸收水分，溶于水生成硫酸。纯硫酸是一种无色、无味、黏滞的油状液体，凝固点 283.4 K，沸点 611.2 K，含量高达 98.3%，具有很强的吸水性和脱水性。

浓硫酸是一种氧化性二元强酸，热的浓硫酸氧化性更强，可以氧化许多金属和非金属，如

$$Cu+2H_2SO_4(\text{浓}) \longequal CuSO_4+SO_2\uparrow+2H_2O$$

$$C+2H_2SO_4(\text{浓}) \longequal 2SO_2\uparrow+CO_2\uparrow+2H_2O$$

$$Zn+2H_2SO_4(\text{浓}) \longequal ZnSO_4+SO_2\uparrow+2H_2O$$

由于 Zn 是活泼金属，除了上述反应外，同时还发生下列反应：

$$3Zn+4H_2SO_4 \longequal 3ZnSO_4+S\downarrow+4H_2O$$

$$4Zn+5H_2SO_4 \longequal 4ZnSO_4+H_2S\uparrow+4H_2O$$

Au、Pt 等惰性金属在加热时也不与浓硫酸作用。此外，由于钝化作用，冷的浓硫酸不与 Fe、Al 等金属作用，所以，可用钢、铝制作的化工容器运输浓硫酸。

稀硫酸具有一般酸的通性，能与电势顺序在 H 以前的金属(如 Zn、Mg、Fe 等)反应而放出 $H_2$：

$$Zn+H_2SO_4 \longequal ZnSO_4+H_2\uparrow$$

硫酸是一种重要的化工原料，往往用硫酸的年产量来衡量一个国家的化工生产能力。硫酸用于肥料工业中制造过磷酸钙和硫酸铵，还大量用于石油的精炼、炸药的生产以及制造各种矾、染料、颜料、药物等。

硫酸是二元酸，可以形成两种盐：正盐和酸式盐。在酸式硫酸盐中，仅有最活泼的碱金属元素(如 Na、K)能形成稳定的固态酸式硫酸盐。在碱金属的硫酸盐中加入过量的硫酸便有酸式硫酸盐生成。

$$Na_2SO_4+H_2SO_4 \longequal 2NaHSO_4$$

酸式硫酸盐均易溶于水，也易熔化。

硫酸盐的热稳定性与相应的阳离子有关。如 $K_2SO_4$、$Na_2SO_4$、$BaSO_4$ 等硫酸盐较稳定，在 1 273 K 时也不分解，而 $CuSO_4$、$Ag_2SO_4$ 等硫酸盐则发生分解：

$$CuSO_4 \xlongequal[1\,273\text{ K}]{\triangle} CuO + SO_3$$

$$Ag_2SO_4 \xlongequal{\triangle} Ag_2O+SO_3$$

一般硫酸盐都易溶于水。硫酸银略溶，碱土金属(Be、Mg 除外)和铅的硫酸盐都微溶。可溶性硫酸盐从溶液中所析出的晶体常带有结晶水，如 $CuSO_4\cdot5H_2O$、$FeSO_4\cdot7H_2O$、$Na_2SO_4\cdot10H_2O$ 等。含结晶水的可溶性硫酸盐又称作矾，如 $CuSO_4\cdot5H_2O$ 称作胆矾(chalcanthite)，也叫蓝矾，可用作消毒杀菌剂和农药等；$KAl(SO_4)_2\cdot12H_2O$ 称作明矾(alumen)，可用作净水剂、造纸填充剂和媒染剂等；$FeSO_4 \cdot 7H_2O$ 叫绿矾，可用作农药和工业原料等。

**14.2.2.3 硒**

硒是分散的稀有元素，1871 年从硫酸厂的铅室泥中发现的，是人体必需的微量元素之一，当硒的浓度在 0.04~0.1 $mg \cdot kg^{-1}$ 时对人体有益，达到 4 $mg \cdot kg^{-1}$ 时则有害，成年人每天饮食中硒的标准以 0.3 mg 为宜。自然界中无单独的硒矿，微量的硒存在于以 $FeS_2$ 为主的一些硫化物矿内，在煅烧这些矿时，硒就富集于烟道灰内。

生物具有富集硒的功能，河虾、鱼类、芥菜、海味、大蒜、大米、小麦和一些动物内脏等肉类中含有丰富的硒。

硒的游离态有红色和黑色两种无定形同素异形体，它是典型的半导体材料，用于制造光电管和硒光电池等电子元件。少量的硒加到普通玻璃中可消除由于玻璃中含有 $Fe^{2+}$ 而产生的绿色(少量硒的红色与绿色互补成为无色)。

硒与活泼金属(Na、K、Ca 等)、活泼非金属($O_2$、$F_2$、$Cl_2$ 等)反应，形成硒化物，也可溶于强酸($H_2SO_4$、$HNO_3$)、强碱(NaOH、KOH)中。硒在空气或氧中燃烧能生成 $SeO_2$。$SeO_2$ 是易挥发的白色固体，易溶于水，其水溶液呈弱酸性，蒸发其水溶液可得到无色结晶的亚硒酸。

(1)硒的氢化物及其酸。硒化氢($H_2Se$)是无色、有恶臭的气体，与 $H_2S$ 具有相似的性质，但毒性比 $H_2S$ 更大，热稳定性和在水中的溶解度比 $H_2S$ 小，但其水溶液的酸性、自身的还原性却比 $H_2S$ 强。$H_2Se$ 与空气接触逐渐分解析出硒；燃烧 $H_2Se$ 时，有 $SeO_2$ 产生，若空气不足则生成单质硒。

$$2H_2Se+O_2 = 2Se\downarrow + 2H_2O$$

$$2H_2Se+3O_2 = 2SeO_2+2H_2O$$

硒的金属化合物与水或稀酸作用产生 $H_2Se$：

$$Al_2Se_3 + 6H_2O = 2Al(OH)_3+3H_2Se\uparrow$$

(2)硒的氧化物及其酸。硒有 $SeO_2$ 和 $SeO_3$ 两种形式的氧化物，二氧化物是最稳定氧化物。$SeO_2$ 是白色针状晶体，由无限长的链状分子组成，加热时升华而不熔化。$SeO_2$ 易与水作用，生成弱酸性水溶液，蒸发可析出六方晶形的无色亚硒酸($H_2SeO_3$)结晶。$H_2SeO_3$ 是二元弱酸，其酸性比 $H_2SO_3$ 弱。

$SeO_2$ 具有氧化性，易被还原成游离的硒：

$$H_2SeO_3 + 2SO_2 + H_2O = Se + 2H_2SO_4$$

在氧化剂 $Cl_2$、$Br_2$、$KMnO_4$ 等作用下，$H_2SeO_3$ 被氧化为硒酸($H_2SeO_4$)。

$$H_2SeO_3 + Cl_2 + H_2O = H_2SeO_4 + 2HCl$$

硒酸的铅盐和钡盐不溶于水。硒酸与硫酸相似，是强酸，有强烈的吸水性，可使有机物炭化，其氧化性远高于硫酸。例如，浓硒酸与盐酸的混合液与王水一样可溶解铂和金，热的硒酸能溶解 Cu、Ag 和 Au。在溶解度和晶形方面，硒酸盐和硫酸盐很相似。

## 14.3 碳、氮、磷(Carbon，Nitrogen and Phosphorus)

碳元素位于ⅣA 族，基态原子的价电子层结构为 $2s^22p^2$，碳原子为等电子原子(价电子数目与价电子轨道数相等)，电负性较大，倾向于将 s 电子激发到 p 轨道形成共价键，常见氧化态为+4，主要以形成+4 氧化数的共价化合物为主。碳在地壳中的丰度为 0.023%，含量虽不多，但它却是地球上化合物最多的元素。大气中的 $CO_2$、各种碳酸盐矿物、金刚石、石墨、煤、石油、天然气等碳氢化合物。动植物体中的脂肪、蛋白质、淀粉和纤维素等也都是碳的化合物，碳是组成生物界的主要元素。金刚石和石墨是碳的两种同素异形体，它们的单质晶体几乎都属于原子晶体。

氮、磷位于 VA 族，是对生命现象有重大意义的元素。基态原子的价电子层结构为 $ns^2np^3$，常见化合物的氧化数为+5、+3、-3，原子半径较小，电负性较大，氢化物水溶液不显酸性。自然界中氮主要以单质氮状态存在于大气中，单质氮是不活泼的双原子分子，2 个 N 原子强烈地结合为一个 σ 键和 2 个 π 键的共价三键，它的离解能高达 941.6 kJ · $mol^{-1}$。磷在自然界多以磷酸盐形式出现，生命体的细胞、蛋白质、骨骼和牙齿中都含有磷。

## 14.3.1 碳及其主要化合物

### 14.3.1.1 一氧化碳(CO)

CO 为无色无臭的剧毒气体，不助燃但可自燃，空气中如有 1/800 体积的 CO，30 min 内即可致人死亡。CO 的中毒机理是因为它能与血液中携带 $O_2$ 的血红蛋白结合，形成稳定的配合物，使血红蛋白丧失了输送氧气的能力，所以 CO 中毒将导致机体组织缺氧。如果血液中 50%的血红蛋白与 CO 结合，即可引起心肌坏死。CO 在空气中的最大允许量为 0.02 mg · $L^{-1}$。CO 中 C 有一对孤电子对，因此 CO 作为一种配体，能与一些有空轨道的金属原子或离子形成配合物，如

$$Fe+5CO \xlongequal{} Fe(CO)_5$$

在工业上应用 Fe、Ni 等金属与 CO 形成挥发性的羰基配合物而与杂质分离，然后再加热使之分解，可得到纯度很高的金属。

CO 有很强的还原性，在高温下还原许多金属氧化物而制得金属单质。

$$Fe_2O_3+3CO \xlongequal{} 2Fe+3CO_2$$

$$CuO+CO \xlongequal{} Cu+CO_2$$

### 14.3.1.2 二氧化碳($CO_2$)

碳、碳化物在空气或氧气中完全燃烧以及生物体内许多物质的氧化产物都是 $CO_2$。

$$C+O_2 \xlongequal{} CO_2$$

$$CH_4+2O_2 \xlongequal{} CO_2+2H_2O$$

$CO_2$ 是无色、无臭、不能燃烧的气体，固态 $CO_2$ 也叫干冰，在 195 K 直接升华为气体，常用作致冷剂。地面上的 $CO_2$ 主要来自煤、石油、天然气及其他含碳化合物的燃烧或碳酸钙矿石分解。$CO_2$ 是直线形分子，结构为 O═C═O，在水中溶解度不大，溶于水的 $CO_2$ 仅有小部分生成碳酸。碳酸是二元弱酸，在水溶液中的电离平衡如下：

$$H_2CO_3 \rightleftharpoons HCO_3^-+H^+ \qquad K_{a_1}^{\ominus}=4.30\times10^{-7}$$

$$HCO_3^- \rightleftharpoons CO_3^{2-}+H^+ \qquad K_{a_2}^{\ominus}=5.61\times10^{-11}$$

这是假设溶于水的 $CO_2$ 全部变成碳酸的情况，实际上 $CO_2$ 在水中只有小部分(1%～4%)生成碳酸，大部分以水合 $CO_2$ 的形式存在。

碳酸是二元弱酸，可以生成两种盐：碳酸盐(正盐)和碳酸氢盐(酸式盐)。所有碳酸氢盐都溶于水，正盐中除铵盐和碱金属盐易溶于水外，其他多数难溶于水。迄今为止，只知道 $NH_4^+$ 和碱金属有固态的碳酸氢盐，它们在水中的溶解度比相应的正盐溶解度小。大多数碳酸盐(如 $CaCO_3$、$ZnCO_3$ 等)加热分解为金属氧化物和 $CO_2$：

$$CaCO_3 \xlongequal{\triangle} CaO + CO_2\uparrow$$

而碱金属的碳酸盐在高温下加热分解。碳酸盐受热分解的难易程度与阳离子的极化作用有关。碱金属及 $NH_4^+$ 离子的酸式碳酸盐加热时容易分解：

$$2NaHCO_3 \xlongequal{\triangle} Na_2CO_3 + CO_2 + H_2O$$

$$NH_4HCO_3 \xlongequal{\triangle} NH_3\uparrow + CO_2\uparrow + H_2O$$

热稳定性有如下顺序：$M_2CO_3 > MHCO_3 > H_2CO_3$。

## 14.3.2　氮及其主要化合物

氮主要以单质状态存在于空气中，除了土壤中含有一些以铵盐及硝酸盐形式存在的少量的氮外，氮以无机化合物形式存在于自然界是很少的。而氮普遍存在于有机体中，它是组成动植物体蛋白质的重要元素，是生命的基础。

### 14.3.2.1　氮单质的性质

氮是无色、无臭的气体，密度为 1.25 $g \cdot L^{-1}$，熔点为 63 K，沸点为 77 K，临界温度为 126 K，是难液化的气体，微溶于水。工业上从分馏液态空气制取氮气，实验室里用加热氯化铵饱和溶液和固体亚硝酸钠混合物制备氮气。

$$NH_4Cl + NaNO_2 \xlongequal{} NH_4NO_2 + NaCl$$

$$NH_4NO_2 \xlongequal{\triangle} N_2 + 2H_2O$$

很高的 $N \equiv N$ 键能导致氮的相对稳定性，常温下只有碱金属的锂与氮气直接化合，但在高温时它除了能和某些金属（如 Mg、Ca、Al、B 等)化合外，也能与非金属(如 O、H 等)直接化合生成氮化物。

常温下 Li 与 $N_2$ 的化合反应：

$$6Li + N_2 \xlongequal{} 2Li_3N$$

高温下铍除外的碱土金属与 $N_2$ 的化合反应：

$$3Ca + N_2 \xlongequal{} Ca_3N_2$$

白热状态下 B 与 $N_2$ 的化合反应：

$$2B + N_2 \xlongequal{} 2BN$$

非金属高温下与 $N_2$ 的化合反应：

$$N_2 + 3H_2 \xlongequal{} 2NH_3$$

$$N_2 + O_2 \xlongequal{} 2NO$$

氮主要用于合成氨、制造化肥、硝酸和炸药等。此外，用氮气充填粮仓可以达到安全长期保存粮食的目的，液态氮还可作深度冷冻剂。

### 14.3.2.2　氨及铵盐

氨是有刺激性气味的无色气体，沸点为 -33.4 ℃，常压下易液化、易溶于水，其溶解度大于其他所有气体，在 0 ℃时，1 体积水可溶解 1 200 体积氨，在 20 ℃时，1 体积水可溶解 700 体积氨，氨的水溶液称为氨水，呈弱碱性。

氨分子呈三角锥形，氮原子上有孤电子对，可与许多金属离子配位形成氨配合物，如 $[Ag(NH_3)_2]^+$、$[Cu(NH_3)_4]^{2+}$、$[Zn(NH_3)_4]^{2+}$，这样可使一些不溶于水的化合物，如 $AgCl$、$Cu(OH)_2$ 等溶解在氨水中。

实验室制取氨的反应是通过铵盐与强碱缓慢加热而得到：

$$NH_4Cl+NaOH \xlongequal{} NH_3+NaCl+H_2O$$

工业上，氨的制备是在高温高压和催化剂存在的条件下用氮气、氢气合成的：

$$N_2+3H_2 \xlongequal{} 2NH_3$$

氨能还原多种氧化剂，如常温下，氨在水溶液中可被许多氧化剂（$Cl_2$、$H_2O_2$ 等）所氧化：

$$3Cl_2+2NH_3 \xlongequal{} N_2+6HCl$$

氨也能发生取代反应：

$$HgCl_2+2NH_3 \xlongequal{} Hg(NH_2)Cl+NH_4Cl$$

$$COCl_2+4NH_3 \xlongequal{} CO(NH_2)_2+2NH_4Cl$$

氨还能和许多其他离子或分子形成共价配位键生成配合物。

氨与酸中和反应得到铵盐（$NH_4^+$），铵盐一般是无色晶体，除少数铵盐如高氯酸铵（$NH_4ClO_4$）、钴亚硝酸钠二铵 $(NH_4)_2Na[Co(NO_2)_6]$ 等难溶于水外，一般都易溶于水，溶解度、晶型与碱金属相似，更接近于钾盐和铷盐。固态铵盐受热时易分解，分解产物依组成铵盐的酸不同而变化。

氧化性酸的铵盐，受热后分解生成 $N_2$ 及氮的氧化物：

$$5NH_4NO_3 \xlongequal{433.6\ K} 4N_2+9H_2O+2HNO_3$$

挥发性酸的铵盐，受热后分解生成 $NH_3$ 及挥发性酸：

$$NH_4Cl \xlongequal{\triangle} NH_3+HCl$$

非挥发性酸的铵盐，受热后分解出 $NH_3$：

$$(NH_4)_2SO_4 \xlongequal{\triangle} NH_3+NH_4HSO_4$$

铵盐是重要的化肥，硝酸铵还可用来制造炸药。

#### 14.3.2.3 氮的含氧酸及其盐

（1）亚硝酸及其盐。亚硝酸是一种弱酸，游离的亚硝酸只存在于水溶液中，溶液呈淡蓝色。室温下其 $pK_a^\ominus$ 值约为 3.34，很不稳定，微热甚至冷时便分解：

$$3HNO_2 \xlongequal{} HNO_3+2NO+H_2O$$

此反应为歧化反应。亚硝酸盐比较稳定，特别是ⅠA、ⅡA 金属及 $NH_4^+$ 的亚硝酸盐，都有很高的热稳定性。据此，采用高温适度还原硝酸盐的方法制备亚硝酸盐：

$$NaNO_3+Pb \xlongequal{} NaNO_2+PbO$$

除了浅黄色的 $AgNO_2$ 不溶外，一般亚硝酸盐易溶于水。亚硝酸盐均有毒，是致癌物质，我国国家标准限定，肉类食品中亚硝酸钠的含量不得超过 0.15 $g \cdot kg^{-1}$，所以饮水和腌制食品要严格限制亚硝酸盐的含量。

亚硝酸既有氧化性又有还原性，一般地，无论介质的酸碱性，其氧化性均强于还原性，且随着介质酸性的增强，氧化性明显增强。如

$$4H^+ + 2NO_2^- + 2I^- = 2NO + I_2 + 2H_2O$$

该反应可以定量地进行，可用于测定亚硝酸盐的含量。当遇到更强的氧化剂时，亚硝酸盐则是还原剂。如

$$Cl_2 + NO_2^- + H_2O = 2H^+ + 2Cl^- + NO_3^-$$

(2)硝酸及其盐。纯硝酸为无色液体，密度为 1.522 kg·L$^{-1}$，熔点为-41.5 ℃，沸点为 84 ℃，具有挥发性，见光或受热会逐渐分解，使溶液呈黄色或红棕色。

$$4HNO_3 = 4NO_2 + 2H_2O + O_2$$

工业上制备硝酸的方法是氨的催化氧化，实验室中常用硝酸钠与浓硫酸共热，相关反应的化学方程如下：

$$4NH_3(g) + 5O_2(g) \xrightarrow[1\,000\ ℃]{Pt-Rh\ 催化剂} 4NO(g) + 6H_2O$$

$$2NO(g) + O_2(g) = 2NO_2(g)$$

$$3NO_2(g) + H_2O = 2HNO_3 + NO(g)$$

$$NaNO_3 + H_2SO_4(浓) = NaHSO_4 + HNO_3\uparrow$$

实验室常用的浓硝酸含 $HNO_3$ 约 69.2%，更浓的硝酸由于其中所含 $NO_2$ 从溶液中逸出而与空气中的湿气形成细小的硝酸雾滴，故称为发烟硝酸。硝酸的分子呈平面三角形。硝酸中氮的氧化数为+5，是氮的最高氧化态，所以，硝酸是氧化性强酸，非金属元素除 Cl、O 外，都能被硝酸氧化成氧化物或含氧酸。

$$C + 4HNO_3(浓) = CO_2 + 4NO_2 + 2H_2O$$

$$S + 6HNO_3(浓) = H_2SO_4 + 6NO_2 + 2H_2O$$

$$5HNO_3(浓) + 3P + 2H_2O = 3H_3PO_4 + 5NO$$

$$3I_2 + 10HNO_3(稀) = 6HIO_3 + 10NO + 2H_2O$$

除 Au、Pt 等少数金属外，硝酸几乎可氧化所有金属，但 Fe、Ca、Cr、Al 等金属与冷的浓硝酸作业时会有钝化现象发生，其原因是金属表面被硝酸氧化生成一层致密的氧化物，阻止金属进一步被氧化。因此，可以用铝制容器盛放浓硝酸。

Au、Pt 等惰性金属可溶解于氧化性更强的王水中：

$$Au + HNO_3 + 4HCl = H[AuCl_4] + NO + 2H_2O$$

$$3Pt + 4HNO_3 + 18HCl = 3H_2[PtCl_6] + 4NO + 8H_2O$$

王水的强氧化性是因为含有 $HNO_3$、$Cl_2$、NOCl 等强氧化剂。

$$HNO_3 + 3HCl = NOCl + Cl_2 + 2H_2O$$

同时，体系中高浓度的 $Cl^-$ 可与金属离子形成稳定的配离子，如 $[AuCl_4]^-$、$[PtCl_6]^{2-}$，从而有利反应向金属溶解的方向进行。

浓硝酸与氢氟酸混合物的氧化性、配位性比王水更强，它能溶解王水不能溶解的 Nb、Ta：

$$Nb + 5HNO_3 + 7HF = H_2(NbF_7) + 5NO_2 + 5H_2O$$

硝酸盐大多是无色易溶于水的晶体，它的水溶液没有氧化性。硝酸盐在常温下较稳定，

但在高温时固体硝酸盐会分解放出 $O_2$ 而显氧化性，硝酸盐热分解的产物决定于盐的阳离子。

电势序中 Mg 以前的金属硝酸盐热分解成 $O_2$ 和亚硝酸盐：

$$2NaNO_3 = 2NaNO_2 + O_2$$

位于 Mg 和 Cu 之间的，分解成 $NO_2$、$O_2$ 及对应氧化物：

$$2Cu(NO_3)_2 = 2CuO + 4NO_2 + O_2$$

$$2Pb(NO_3)_2 = 2PbO + 4NO_2 + O_2$$

位于 Cu 之后的，分解成 $NO_2$、$O_2$ 及对应金属单质：

$$2AgNO_3 = 2Ag + 2NO_2 + O_2$$

## 14.3.3 磷及其主要化合物

### 14.3.3.1 单质磷

磷在自然界中主要以磷酸盐的形式存在，单质磷有白磷(黄磷)、红磷和黑磷 3 种同素异形体。磷是生物体中不可缺少的元素之一。在植物体中磷主要存在于种子的蛋白质中，在动物体中则存在于脑、血液和神经组织的蛋白质中，骨骼和牙齿中也含有磷。

气态及溶于 $CS_2$ 中的磷均以 $P_4$ 四面体形式存在，白磷在常温下有很高的化学活性，通常要贮存于水中以隔绝空气。白磷是剧毒物质，而红磷、黑磷无毒。红磷的结构直到 1968 年才被测定出来，由 $P_2$ 基团连接 $P_8$ 和 $P_9$ 基团，线形管状排列，具有五角形截面，是一种较复杂的分子晶体，黑磷具有类似石墨的片状结构，由于黑磷能导电，故它有“金属磷”之称。

### 14.3.3.2 磷酸和磷酸盐

纯磷酸为无色晶体，熔点为 315.5 K，通常状况下含量达 85%，密度为 1.7 kg · $L^{-1}$，能与水以任意比混合，是非氧化性的三元中强酸，$K^{\ominus}_{a_1} = 7.52\times10^{-3}$，$K^{\ominus}_{a_2} = 6.23\times10^{-8}$，$K^{\ominus}_{a_3} = 2.2\times10^{-13}$。工业上，主要用 80%左右的硫酸分解磷酸钙制取磷酸：

$$Ca_3(PO_4)_2 + 3H_2SO_4 = 2H_3PO_4 + 3CaSO_4$$

30%的 $HNO_3$ 和白磷作用可制得纯磷酸：

$$3P + 5HNO_3 + 2H_2O = 3H_3PO_4 + 5NO$$

由于在磷酸分子中存在着氢键，所以磷酸呈黏稠状，结构如图 14-4 所示。

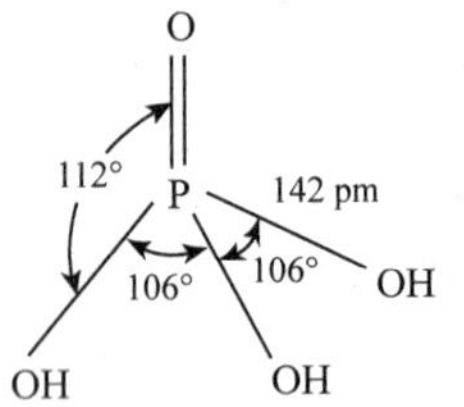


图 14-4 磷酸分子结构示意

磷酸受强热时，能脱水缩合成各种复杂的酸：

$$2H_3PO_4 = H_4P_2O_7(\text{焦磷酸}) + H_2O$$

$$3H_3PO_4 = H_5P_3O_{10}(\text{三磷酸}) + 2H_2O$$

$$4H_3PO_4 = (HPO_3)_4(\text{四偏磷酸}) + 4H_2O$$

焦磷酸、三磷酸和四偏磷酸都是多磷酸，它们是由数目不同的单磷酸分子脱水后通过氧原子连接起来的。如果磷氧链继续增长，可得到高聚磷酸或高聚磷酸盐。高聚磷酸钠就是一个常见的高聚磷酸盐，它具有显著地吸附 $Ca^{2+}$、$Mg^{2+}$的能力，是常用的锅炉用水的软化剂。

磷酸在水溶液中分 3 步电离，能生成 3 个系列的盐：磷酸盐($M_3PO_4$)、磷酸一氢盐($M_2HPO_4$)、磷酸二氢盐($MH_2PO_4$)。在这些化合物中磷酸根是以单个的 $PO_4^{3-}$ 四面体的形式存在的。磷酸二氢盐都易溶于水，磷酸一氢盐和正盐除了 $K^+$、$Na^+$ 和 $NH_4^+$ 离子的盐外，一般不溶于水。所有磷酸盐在水溶液中都将发生不同程度的水解，使溶液具有不同的酸碱性。如 1% $Na_3PO_4$ 水溶液的 pH 值为 12.1，呈强碱性；1% $Na_2HPO_4$ 水溶液 pH 值为 8.9，呈弱碱性；而 1% $NaH_2PO_4$ 水溶液的 pH 值为 6.4，呈弱酸性。

磷酸二氢盐与磷酸一氢盐以不同质量分数混合，可得到不同 pH 值的缓冲溶液，分析化学中常以此方法配制标准缓冲系列。如混合磷酸盐，得到 pH 值为 6.86、6.92、6.88、6.85、6.90 等系列缓冲溶液。

用适量的硫酸处理磷酸钙，得到磷酸二氢钙，这是一种重要的磷肥，在农业实践上有重要用途：

$$Ca_3(PO_4)_2+2H_2SO_4 \xlongequal{} 2CaSO_4+Ca(H_2PO_4)_2$$

所生成的混合物叫作过磷酸钙，可直接用作肥料，其中有效成分磷酸二氢钙易溶于水，易被植物吸收。

如果用磷酸代替硫酸，产物中不含 $CaSO_4$，称为重过磷酸钙。

$$Ca_3(PO_4)_2+4H_3PO_4 \xlongequal{} 3Ca(H_2PO_4)_2$$

施肥时要保持有效成分的可溶性不变，土壤 pH 值最好大于 $pK_{a_1}^{\ominus}$ 小于 $pK_{a_2}^{\ominus}$，即 pH 值最好在 2~7。实际上一般在 6.5~7.5。因为 pH<5.5 时，土壤中 $Fe^{3+}$、$Al^{3+}$ 等离子的浓度会加大，使磷肥因生成相应的磷酸盐沉淀固定而失效。

## 14.4 主族金属元素(Main Group Metal Elements)

主族金属元素是指周期表中ⅠA、ⅡA 和ⅢA 至ⅥA 族元素，即 s 区和 p 区元素。ⅠA 族又称碱金属，包括 Li、Na、K、Rb、Cs、Fr；ⅡA 族包括 Be、Mg、Ca、Sr、Ba、Ra，由于 Ca、Sr、Ba、Be、Mg 的氧化物具碱性和“土性”(既难溶，又难熔)，习惯上将ⅡA 族金属称为碱土金属。碱金属是每一周期中原子半径最大，电负性最小的元素，其简单盐类皆易溶于水。这两族金属的金属活泼性最强，电负性很小，与其他元素化合时主要形成离子型化合物。

p 区金属元素包括 Al、Ga、In、Tl、Ge、Sn、Pb、Sb、Bi、Po 共 10 个元素，原子的外层电子构型为 $ns^2np^{1\sim4}$，当与其他元素化合时，价电子部分或全部参加反应，氧化态不止一种。这里着重介绍ⅠA、ⅡA 金属和 p 区的 Al、Sn、Pb。

### 14.4.1 碱金属元素

碱金属元素易失去最外层电子，原子半径在同周期元素中最大，金属键较弱，密度小，质地软。例如，钾、钠可用刀切，铯比石蜡还软，熔点 301.2 K。在碱金属元素中，随着原子序数的增大，其电离能、电负性、气态阳离子水合热、标准电极电势依次减小。

碱金属元素化学性质非常活泼，它们能与电负性较大的非金属元素，如卤素、硫、氧、磷、氮和氢等直接化合，形成离子型化合物，而且比任何其他金属的相应化合物要稳定得多。碱金属元素与氢、氧和水的作用情况如下：

(1)与单质氢反应。碱金属元素能与氢在高温下直接化合，生成碱金属氢化物。

$$2M+H_2 \xlongequal{\triangle} 2MH$$

碱金属元素的氢化物为白色晶体，可能因混有痕量其他金属元素而发灰。由于碱金属元素和氢的电负性相差较大，所以碱金属元素的氢化物为 NaCl 型离子晶体，又称为盐型氢化物。

(2) 与单质氧反应。锂与氧反应得到唯一的氧化物 $Li_2O$，钠与氧反应得到 $Na_2O$、$Na_2O_2$，其他碱金属元素与氧反应生成通式为 $MO_2$ 的超氧化物，它含有超氧离子 $O_2^-$。所有碱金属元素的简单的一氧化物可以由碱金属元素还原其相应的过氧化物、硝酸盐和亚硝酸盐来制备：

$$Na_2O_2+Na \xlongequal{} 2Na_2O$$

$$2KNO_3+10K \xlongequal{} 6K_2O+N_2$$

碱金属元素的氧化物是离子化合物，可溶于水，相应的氢氧化物都是强碱，其反应如下：

$$Na_2O+ H_2O \xlongequal{} 2NaOH$$

$$K_2O+H_2O \xlongequal{} 2KOH$$

过氧化物与水作用生成 $H_2O_2$，$H_2O_2$ 立即分解放出 $O_2$：

$$Na_2O_2+2H_2O \xlongequal{} 2NaOH+ H_2O_2$$

$$2H_2O_2 \xlongequal{} 2H_2O+O_2$$

所以，$Na_2O_2$ 广泛用作氧气发生剂和漂白剂。在潮湿的空气中，$Na_2O_2$ 能吸收 $CO_2$ 并放出 $O_2$：

$$2Na_2O_2+2CO_2 \xlongequal{} 2Na_2CO_3+ O_2$$

因此，它可用作空中飞行或潜水、登山和防毒面具中的氧源。

碱金属的超氧化物是很强的氧化剂，与水剧烈反应产生氧气和过氧化氢，与 $CO_2$ 反应放出氧气：

$$4KO_2+6H_2O \xlongequal{} 4KOH+4H_2O_2+ O_2$$

$$4KO_2+2CO_2 \xlongequal{} 2K_2CO_3+3O_2$$

故 $KO_2$ 常用于急救器中提供氧气。

(3) 与水反应。碱金属元素不仅能从非氧化性酸中置换出氢气，生成相应的盐，而且还能与水剧烈作用，生成氢氧化物并放出氢气。如

$$2Na+2H_2O \xlongequal{} 2NaOH+H_2$$

### 14.4.2 碱土金属元素

同周期的碱土金属元素比碱金属元素多一个核电荷，核对外层电子的作用力增强，原子半径比同周期的碱金属元素小，所以，碱土金属原子要失去一个电子较碱金属元素难，但是，碱土金属仍是活泼性很强的金属元素。

碱土金属元素的电负性除铍外都很小，所以铍可以形成共价化合物，镁、钙、锶、钡与电负性较大的非金属元素以形成离子化合物为主。

(1) 与氧反应。在常温或加热条件下，碱土金属元素能与氧直接化合生成单一的氧化物，当氧过量并加压时，有过氧化物生成：

$$2Sr+O_2 \xlongequal{常温常压} 2SrO$$

$$2Ba+O_2 \xlongequal{常温常压} 2BaO$$

$$Sr+O_2(过量) \xlongequal{加热加压} SrO_2$$

$$Ba+O_2(过量) \xlongequal{加热加压} BaO_2$$

一般情况下，镁在空气中是稳定的(表面形成致密的氧化镁薄膜而阻止镁与氧的进一步反应)，当加热时，镁在空气中剧烈燃烧放出大量的热并产生耀眼的特征白光，生成氧化镁：

$$2Mg+O_2 = 2MgO$$

据此，镁常常用于制作照明弹、镁光灯等。

(2)与水反应。碱土金属元素易失去价层电子而变成阳离子，是较强的还原剂。钙、锶、钡能与水发生激烈反应：

$$Ca + 2H_2O = Ca(OH)_2 + H_2$$

$$Sr + 2H_2O = Sr(OH)_2 + H_2$$

$$Ba + 2H_2O = Ba(OH)_2 + H_2$$

金属铍和镁只能与热的水蒸气作用，生成相应的氢氧化物并放出氢气：

$$Mg+2H_2O(g) \xlongequal{\triangle} Mg(OH)_2 + H_2$$

$$Be+2H_2O(g) \xlongequal{\triangle} Be(OH)_2 + H_2$$

碱土金属中钙、镁是生物必需元素。镁是叶绿素主要组成元素，又是许多代谢的致活剂。钙主要以草酸钙形式存在于较老的组织中，动物体中的 99% 的钙以 $CaCO_3$ 和 $Ca_3(PO_4)_2$ 的形式存在于骨骼和牙齿中。适当提高钙、镁营养水平，可促进植株根系发育和蛋白质、糖类的合成与代谢，改善品质，提高产量。

### 14.4.3　铝、锡、铅

铝、锡、铅是属于 p 区的金属元素，处于金属元素和非金属元素的接界处，原子的外层电子构型为 $ns^2np^{1\sim2}$，它们的单质和化合物都具有两性，参与化学反应时常表现出多种氧化数。

(1)铝。铝是银白色金属，俗称钢精，质轻，在自然界含量最多，具有良好的导电性和延展性。由于在空气中铝被氧化，表面形成了一层致密的氧化膜而变为“钝态”。铝是常表现为+3 氧化态的活泼的金属。在高温下铝与氧反应并放出大量的热：

$$4Al+3O_2 = 2Al_2O_3 \qquad \Delta_r H_m^{\ominus} = -3\ 339.4\ kJ \cdot mol^{-1}$$

该反应充分表明了铝的亲氧性。冶金工程上，利用这一性质，把铝粉和其他金属氧化物混合灼热时，铝可以从其他金属氧化物中把金属还原出来，得到 $Al_2O_3$ 及金属单质，反应猛烈，放出大量的热，称为铝热反应(thermit reaction)。

$$2Al+Fe_2O_3 \xlongequal{点燃} Al_2O_3 + 2Fe$$

在铝盐溶液中加入氨水，可以得到白色絮状氢氧化铝沉淀：

$$Al^{3+}+3NH_3 \cdot H_2O = Al(OH)_3 + 3NH_4^+$$

高纯铝(99.950%)不与一般酸反应，只溶解于王水；普通铝是典型的两性元素，它的单质、氧化物和氢氧化物都能与酸(稀的盐酸或硫酸)、碱反应，在酸性介质中以 $Al^{3+}$ 形式存在，在碱性介质中以 $Al(OH)_4^-$ 形式存在；在冷的浓硫酸或浓、稀硝酸中被钝化。热的浓硫酸可以与铝反应：

$$2Al+6H_2SO_4(浓) \xlongequal{\triangle} Al_2(SO_4)_3+3SO_2+6H_2O$$

$$Al_2O_3+2OH^-+3H_2O \xlongequal{} 2Al(OH)_4^-$$

$$Al(OH)_3+3H^+ \xlongequal{} Al^{3+}+3H_2O$$

铝与卤素反应生成三卤化铝，$AlF_3$ 是离子型化合物，有低挥发性；而 $AlCl_3$、$AlBr_3$ 和 $AlI_3$ 由于离子极化作用和卤离子半径的逐渐增大，已过渡为共价型化合物，很容易升华。

(2)锡。锡是银白色的脆性金属，较活泼，常见的 3 种同素异形体中以白锡最常见。在化合物中表现为+2 和+4 氧化态，以+4 氧化态稳定。

锡在空气中较稳定，加热时生成 $SnO_2$：

$$Sn+O_2 \xlongequal{} SnO_2$$

锡在冷的稀盐酸中溶解缓慢，但能迅速溶解于热浓盐酸中，与稀硝酸反应生成 $Sn(NO_3)_2$，与浓硝酸反应生成不溶于水的锡酸 $\beta-H_2SnO_3$；加热时与浓硫酸反应生成 $Sn(SO_4)_2$：

$$Sn(s)+ 4H_2SO_4(浓) \xlongequal{} Sn(SO_4)_2+ 2SO_2+ 4H_2O$$

$$Sn(s)+ 4HNO_3(浓) \xlongequal{} H_2SnO_3(s)+ 4NO_2+ H_2O$$

锡与氢氧化钠溶液作用生成亚锡酸盐和氢气：

$$Sn+2OH^-+2H_2O \xlongequal{} Sn(OH)_4^{2-}+H_2\uparrow$$

+2 氧化态的 $Sn^{2+}$盐具有还原性，与碱反应生成白色 $Sn(OH)_2$ 沉淀，该沉淀具有两性，既能与酸作用又能与碱作用，溶于碱生成亚锡酸盐：

$$Sn(OH)_2+2H^+ \xlongequal{} Sn^{2+}+2H_2O$$

$$Sn(OH)_2+OH^- \xlongequal{} Sn(OH)_3^-$$

+2 氧化态的 $Sn^{2+}$盐重要的是氯化亚锡，其在水溶液中易水解生成碱式盐沉淀：

$$SnCl_2+H_2O \xlongequal{} Sn(OH)Cl\downarrow+H^++Cl^-$$

因此，配制 $SnCl_2$ 溶液时必须加入适当的盐酸防止水解。$SnCl_2$ 是常用的还原剂：

$$SnCl_2+ 2HgCl_2 \xlongequal{} SnCl_4+ Hg_2Cl_2\downarrow$$

$$Hg_2Cl_2+ SnCl_2 \xlongequal{} SnCl_4+ 2Hg\downarrow$$

$SnCl_2$ 溶液在放置过程中易被空气中的氧氧化成 $Sn^{4+}$而变质，为此，可在溶液中加入一些锡粒防止氧化。

$$2Sn^{2+}+O_2+4H^+ \xlongequal{} 2Sn^{4+}+2H_2O$$

$$Sn+Sn^{4+} \xlongequal{} 2Sn^{2+}$$

(3)铅。铅是属于中等活泼的金属，可形成氧化数为+2 和+4 氧化数的化合物，以+2 氧化数化合物较为稳定，主要以方铅矿(PbS)分布于地壳中。

常温下，铅在空气中易被氧化，表面因生成致密而又黏牢的 PbO 或碱式碳酸铅 $Pb(OH)_2CO_3$ 而钝化，但可与水缓慢反应。

$$2Pb+O_2+2H_2O = 2Pb(OH)_2$$

$$Pb+O_2+H_2O+CO_2 = Pb(OH)_2CO_3$$

由于 $PbCl_2$ 和 $PbSO_4$ 的溶解度小，且氢在铅上析出的过电位高，所以铅和稀 HCl 及 $H_2SO_4$ 几乎不作用，但铅与热浓 $H_2SO_4$ 强烈作用，生成可溶性酸式盐 $Pb(HSO_4)_2$。

铅易溶于浓 $HNO_3$、浓碱以及含有溶解氧的 HAc 中。

$$Pb+4HNO_3(\text{浓}) = Pb(NO_3)_2+2NO_2(g)+2H_2O$$

$$Pb+4KOH+2H_2O = K_4[Pb(OH)_6]+H_2$$

$$2Pb+O_2 = 2PbO$$

$$PbO+2CH_3COOH = Pb(CH_3COO)_2+H_2O$$

将强碱加入含 $Pb^{2+}$ 离子的溶液中可得到白色 $Pb(OH)_2$ 沉淀。$Pb(OH)_2$ 具有两性，加入酸、碱可将沉淀溶解。

$$Pb(OH)_2+2H^+ = Pb^{2+}+2H_2O$$

$$Pb(OH)_2+OH^- = Pb(OH)_3^-$$

$Pb(NO_3)_2$、$Pb(CH_3COO)_2$、$PbCl_2$、$PbSO_4$、$PbCrO_4$ 等是铅的几种重要盐。$Pb(NO_3)_2$ 为白色晶体，是制备其他铅化合物的原料，易溶于水，使溶液显酸性。

$$Pb^{2+}+H_2O = Pb(OH)^++H^+$$

$Pb(NO_3)_2$ 受热易分解：

$$2Pb(NO_3)_2 \xlongequal{\triangle} 2PbO+4NO_2\uparrow+O_2\uparrow$$

$Pb(CH_3COO)_2$ 是少数几种易溶于水的铅盐之一，是一种弱电解质，味甜，但毒性很大，俗称铅糖或铅霜。利用 $Pb^{2+}$ 与 $CrO_4^{2-}$ 生成黄色 $PbCrO_4$ 沉淀的反应可以鉴定 $Pb^{2+}$；$Pb^{2+}$ 与 $SO_4^{2-}$ 反应生成 $PbSO_4$ 白色沉淀，该沉淀不溶于水或稀硫酸，但可溶于浓硫酸中，生成可溶盐 $Pb(HSO_4)_2$。利用铅的难溶盐可将铅同其他元素分离。

## 14.5　过渡金属元素(Transition Metal Elements)

学术上对过渡金属元素包括的范围有多种划分方法，众说不一，但各种划分方法总没脱离过渡金属元素是介于元素周期表 s 区和 p 区之间元素的这一实质，所以，过渡金属元素实际上包括了元素周期表中的 d 区元素和 ds 区元素，即周期表中第四、五、六周期，从第ⅢB 族到ⅡB 族共 10 个直列，31 个元素(镧系、锕系中只含 La、Ac)，统称为过渡元素。见表 14-6 方框中所列。

这些元素在原子结构上，其共同特点是价电子依次填充在次外层 d 轨道中，并且最外电子层上只有两个或一个电子，因此其单质都是金属。它们的金属性强于同周期的 p 区元素，弱于同周期的 s 区元素。

根据过渡元素的原子结构特点和许多性质上的相似性，把它们分成 3 个系列：第一过渡系，从 Sc～Zn 共 10 种元素；第二过渡系，从 Y～Cd 共 10 种元素；第三过渡系，从 La～Hg 共 10 种元素。

表 14-6 过渡元素

| ⅠA | ⅡA | ⅢB | ⅣB | ⅤB | ⅥB | ⅦB | Ⅷ | | | ⅠB | ⅡB |
|---|---|---|---|---|---|---|---|---|---|---|---|
| Li | Be | | | | | | | | | | |
| Na | Mg | | | | | | | | | | |
| K | Ca | Sc | Ti | V | Cr | Mn | Fe | Co | Ni | Cu | Zn |
| Rb | Sr | Y | Zr | Nb | Mo | Tc | Ru | Rh | Pd | Ag | Cd |
| Cs | Ba | La | Hf | Ta | W | Re | Os | Ir | Pt | Au | Hg |
| Fr | Ra | Ac | | | | | | | | | |

## 14.5.1 单质的物理性质和化学性质

(1)氧化态和原子半径。

① 氧化态：过渡元素的价层电子结构为$(n-1)d^{1\sim10}ns^{1\sim2}$，最外层的 s 电子和次外层的全部或部分 d 电子(ⅡB 族除外)都是价电子。成键时最外层的 s 电子先失去。另外，由于次外层 d 轨道和最外层 s 轨道能量相近，而且 d 轨道还没有达到稳定结构，因此除 s 电子可以成键外，有时 d 电子也可以部分或全部参加成键，所以过渡元素常具有多种氧化态，一般由+2 依次变到与族数相同的氧化态（最高氧化态），这种氧化态表现以第一过渡系 Sc 到 Zn 最为典型。

过渡元素氧化态的变化规律：同一周期从左到右，氧化数首先逐渐升高，但高氧化态逐渐不稳定(特别是第四周期元素)，随后氧化数又逐渐降低。在各族中自上向下，氧化数的可变性趋向减小，高氧化态又趋向稳定。

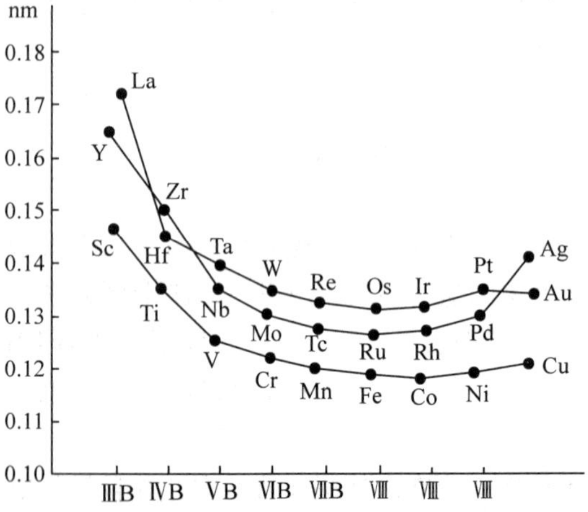


图 14-5 过渡元素原子半径变化规律

② 原子半径：由于过渡元素的特殊电子层结构，电子填充 d 轨道未饱和，d 电子屏蔽效应小，各周期自左向右随着核电荷(原子序数)的依次增加，核对外层电子引力增大，所以，原子半径依次减小，第五、六周期同族元素原子半径很接近。另外，次外层达到 18 电子后屏蔽效应增大，同一族中自上而下原子半径增大。再者，由于“镧系收缩”，第五、六周期同族元素原子半径近似。过渡元素原子半径变化规律如图 14-5 所示。

(2)单质的物理性质。过渡金属元素具有金属元素的特性，与同周期的主族金属元素相比，它们一般具有较小的原子半径和较大的密度。在过渡金属晶体中，过渡元素的最外层 s 电子和 d 电子都有可能参加成键，金属键很强，这对过渡金属元素单质的物理性质影响很大。过渡金属一般具有银白色光泽，除钪族和锌族外，一般都有较高的熔点、沸点、熔化焓、气化焓、升华焓和硬度，第三过渡系元素几乎都有特别大的密度，其中以重铂系金属 Os、Ir、Pt 的密度为最大，它们的密度分别为：

22.28 kg · $L^{-1}$、22.42 kg · $L^{-1}$、21.45 kg · $L^{-1}$，Re 的熔点 3 453.2 K，W 的熔点 3 653.2 K，是所有金属中最高的。

过渡金属一般都具有较好的延展性和良好的导热、导电性能。Ag 是所有金属中导热和导电性能最好的金属。由于过渡金属元素都有较满的($n$-1)d 电子层，在它们的原子或离子中，多数具有成单的电子，因此过渡元素及其化合物通常具有顺磁性，基于此，在材料科学方面有着广泛的应用，并对国民经济和生产实践具有重要影响。Cr、Mn、Mo、W、Ni 等是炼钢中常用的合金元素。合金具有原来金属所不具备的特性，能提高和改善钢的机械性能，增加钢的硬度、弹性、耐热性和抗腐蚀性。例如，Fe、Co 合金是良好的顺磁性材料，合金广泛地用在汽车、飞机、轮船和导弹等的制造工业上。

过渡金属元素和它们的化合物很多都具有催化剂的性质，如合成氨用的 Fe-Mo 催化剂，催化 $SO_2 \rightarrow SO_3$ 使用的 Pt、$V_2O_5$ 催化剂，氧化 $NH_3 \rightarrow NO$ 的 Pt - Rh 催化剂等。催化作用的产生可能是由于过渡金属元素具有多种变价的氧化数易于生成某些中间产物的缘故，也可能是在某些情况下，过渡金属可以提供合适的反应表面(如铂黑)的缘故。

过渡金属元素的水合离子或溶液常具有特征颜色，原因在于其离子的($n$-1)d 轨道中往往有一定数目的未成对电子，它可以被可见光中不同波长的光所激发，从而表现出不同的颜色。例如，$Cu^{2+}$蓝色、$Co^{2+}$粉红色、$Ni^{2+}$绿色、$Mn^{2+}$肉色、$Fe^{3+}$棕黄色、$Fe^{2+}$淡绿色、水合 $Ti^{3+}$紫红色、$V^{3+}$绿色、$Cr^{3+}$暗绿色等。如果离子中电子都已自旋配对，如 $d^0$、$d^{10}$ 等类型的离子($Sc^{3+}$、$Ag^+$、$Zn^{2+}$等)多为无色。

过渡金属元素在动、植物的生命活动中具有特殊意义。例如，Fe 是人体中最丰富的微量元素，存在于血红细胞的血红蛋白中，参与体内氧的交换与输送，如果 Fe 的代谢发生故障，会导致生物体功能的紊乱，人体缺铁，则表现为缺铁性贫血症。Mn 是多种酶的组成部分，能提高酶的活性。Co 在人体内主要通过生成维生素 $B_{12}$ 来促进红细胞的发育和生长，缺 Co 引起食欲不振，皮肤粗糙和恶性贫血。Zn 参与植物细胞呼吸过程，对叶绿素的形成、糖类的积聚、种子的生长有很大关系。Cu 影响植物体内酶的活动和氧化还原过程，缺 Cu 能引起禾本科植物叶尖变白，影响生长和结实，降低产量。在植物体内，Fe 是叶绿体组成成分，也是一些酶的成分，它们在细胞呼吸和代谢中起着重要的作用，植物缺 Fe 会产生黄萎病，等等。

此外，根据电离势的变化规律，低价态过渡金属化合物多为离子型化合物，高价态则为共价化合物；过渡金属阳离子可成为中心离子接受配位体的孤电子对而形成配离子。

(3)单质的化学性质。过渡金属元素化学活泼性差别很大，从活泼金属 Sc 分族起活泼性逐渐降低，到惰性的铂系金属。在每一族中，第一过渡系金属较活泼，第二和第三过渡系金属较稳定，所以 Sc、Y、La 是过渡元素中最活泼的金属，它们在空气中能迅速被氧化，与水反应则放出氢，也能溶于酸，这是因为它们的次外层 d 轨道中仅一个电子，这个电子对它们性质的影响不显著，所以它们的性质较活泼并接近于碱土金属。其他过渡金属在通常情况下不与水作用，但一般都可以从稀盐酸或稀硫酸中置换氢。

过渡金属元素的化学活泼性之所以出现上述变化规律，主要是由于它们的核电荷和原子半径规律性的变化，其中核电荷起主导作用。同一族中自上而下原子半径增加不大，而核电荷却增加较多，对外层电子的吸引力增强，特别是第三过渡系元素，它们与相应的第二过渡系元素相比原子半径增加很少(镧系收缩的影响)，所以其化学性质显得更不活泼。

过渡金属元素存在多种氧化态，它们常具有+2 氧化态，因为该类元素原子大多在最外层只具有一对电子。例如，Ni 的电子构型为[Ar]$3d^84s^2$，Co 为[Ar]$3d^74s^2$，失去一对 4s 电子生成 $Ni^{2+}$和 $Co^{2+}$离子。由于屏蔽效应和钻穿效应导致的能级交错现象，3d 与 4s 能级接近，二价离子不需很多能量就可以失去一个或多个 3d 电子得到三价或更高价态离子，所以 d 区元素相邻两个氧化态间的差值常为 1 或 2。例如，Mn 有-1、0、+1、+2、+3、+4、+5、+6、+7 等氧化态。

## 14.5.2 氧化物及其水合物的酸碱性

由于过渡元素金属性所表现出来的规律性，其氧化物及其水合物酸碱性变化也同样有一定规律：在同一周期中从左到右，各元素最高氧化态氧化物及其水合物的碱性逐渐减弱，酸性逐渐增强。例如，第四周期元素 Sc 到 Mn，它们的氧化物及其水合物的酸碱性变化情况如下：

碱性增强

←————————————————

| $Sc_2O_3$ | $TiO_2$ | $V_2O_5$ | $CrO_3$ | $Mn_2O_7$ |
|---|---|---|---|---|
| $Sc(OH)_3$ | $Ti(OH)_4$ | $HVO_3$ | $H_2CrO_4(H_2Cr_2O_7)$ | $HMnO_4$ |
| 碱性 | 两性 | 弱酸性 | 中强酸 | 强酸 |

————————————————→

酸性增强

在同一族中，各元素氧化态相同时的氧化物及其水合物的酸性自上而下逐渐减弱，碱性逐渐增强。如 Ti、Zr、Hf 的氢氧化物 $M(OH)_4$ 中，$Ti(OH)_4$ 的碱性较弱些。这种有规律的变化是和过渡元素高氧化态离子半径有规律的变化相一致的。

此外，同一元素在高氧化态时酸性较强，随着氧化态的降低而酸性减弱(或碱性增强)。例如，不同氧化态 Mn 的氧化物的酸碱性变化见表 14-7 所列。

**表 14-7 Mn 的不同氧化态氧化物酸碱性变化**

| Mn 的氧化态 | +2 | +3 | +4 | +6 | +7 |
|---|---|---|---|---|---|
| 氧化物 | MnO | $Mn_2O_3$ | $MnO_2$ | $MnO_3$ | $Mn_2O_7$ |
| 酸碱性 | 碱性 | 弱酸性 | 两性 | 酸性 | 酸性 |

过渡元素氧化物的水合物可以用通式 $R(OH)_x$ 来代表，R 代表过渡元素(中心离子)，$x$ 是元素的氧化数。$R(OH)_x$ 型化合物在水溶液中电离方式由中心离子的电荷多少和半径大小确定。一种是在 R—O 键处断裂，称为碱式电离，$R(OH)_x$ 在水溶液中呈碱性；另一种是在 O—H 键处断裂，称为酸式电离，其水溶液呈酸性。

$$R(OH)_x = R^{x+} + xOH^-$$

$$R(OH)_x \longrightarrow RO^{x-} + xH^+$$

例如，$Mn^{2+}$、$Mn^{3+}$、$Mn^{4+}$、$Mn^{6+}$、$Mn^{7+}$等的电荷数依次增多，半径依次减小，结果它们与 O 之间的引力逐渐增强，因此，$Mn(OH)_2$、$Mn(OH)_3$、$Mn(OH)_4$、$H_2MnO_4$、$HMnO_4$

的酸性依次增强，碱性依次减弱。$Sc^{3+}$、$Y^{3+}$、$La^{3+}$3 者电荷相同，但半径依次增大，结果它们与 O 之间的引力依次减弱，因此，它们的水合物碱性依次增强。

## 思考题

1. 试解释卤素单质的氧化性及卤素阴离子还原性的变化规律。
2. 解释主族金属元素的特点。
3. 解释过渡金属元素的特点及其氧化数的变化规律。

## 习　题

**一、选择题**

1. 对角线关系是指(　　)。
   A. 任何相邻周期左上角与右下角的两个元素的性质都相似
   B. 相邻周期右上角元素和左下角元素的性质相似
   C. 周期表中右上角元素和左下角元素性质相反
   D. 主要是指第二、三周期的 Li 和 Mg、Be 和 Al、B 和 Si 的性质相似
2. 惰性电子对效应是指(　　)。
   A. 成对电子的反应活性小
   B. 第五、六周期 p 区元素的 s 电子对相对稳定
   C. 单电子轨道有的电子形成电子对相对稳定
   D. 具有弧电子对的原子可作为配位原子
3. 下列几种氧化物中氧化性最强的是(　　)。
   A. $CO_2$　　B. $GeO_2$　　C. $SnO_2$　　D. $PbO_2$
4. 酸性介质中，能使 $Mn^{2+}$ 氧化为 $MnO_4^-$ 的是(　　)。
   A. $K_2Cr_2O_7$　　B. NaClO　　C. $NaBiO_3$　　D. $Cl_2$
5. 下列关于汞的叙述中，错误的是(　　)。
   A. 汞在常温下是液态
   B. 金属溶解在汞中形成汞齐
   C. 汞是不活泼的金属，不能与 HCl、$H_2SO_4$、$HNO_3$ 等反应
   D. 汞和硫粉常温下可生成 HgS
6. 下列各组元素中，单质和化合物化学性质最相似的是(　　)。
   A. Fe 和 Co　　B. K 和 Na　　C. B 和 Si　　D. Cu 和 Ag
7. 下列的叙述中，正确的是(　　)。
   A. HI 是强酸但是比 HF 更弱的还原剂
   B. HI 是强酸但是比 HF 更强的还原剂
   C. HI 是弱酸但是比 HF 更强的还原剂
   D. HI 是弱酸但是比 HF 更弱的还原剂
8. 下列含氧酸中酸性最强的是(　　)。
   A. $H_2MoO_4$　　B. $HMnO_4$　　C. $HVO_3$　　D. $H_2CrO_4$

## 二、填空题

1. KI 溶液久置于空气中变黄，原因是______________________________，反应方程式为______________________________。

2. 写出水溶液中下列物质的颜色：$MnO_4^-$________，$MnO_4^{2-}$________，$Mn^{2+}$________，$Cr_2O_7^{2-}$________，$CrO_4^{2-}$__________，$Cu^{2+}$__________，$Cr(OH)_4^-$__________。

3. 过渡金属元素的低价氢氧化物多呈________性，________溶于水，而高价氧化物呈________，在酸性介质中具有较强的__________。

4. 镧系元素包括从 La~Lu 的______种元素。由于镧系收缩的影响，使镧系元素________，第五、六周期________性质相似，在自然界________，______________分离。

5. 将 $Cl_2(g)$通入 $Ca(OH)_2$ 溶液中，反应的产物是________，其中，________具有漂白作用，当向上述混合物中加入稀硫酸时会产生__________气体。

## 三、简答题

1. 试从原子、分子结构解释卤化氢中 HF 分子的极性最强，生成热最大(绝对值)，熔点、沸点特别高，而氢氟酸的酸性在氢卤酸中最小，其他三种酸均为强酸。

2. 写出下列反应的化学方程式：(1) Al 溶于 NaOH 溶液中；(2) $Na_2O_2$ 溶于稀硫酸中；(3) 氢化钙与水作用；(4) 金属 K 在空气中燃烧；(5) 碱金属超氧化物与水作用。

3. 在酸性溶液中，用足量的 $Na_2SO_3$ 与 $MnO_4^-$ 作用时，为什么 $MnO_4^-$ 总是被还原为 $Mn^{2+}$，而不能得到 $MnO_4^{2-}$ 或 $MnO_2$？

# 习题答案

## 第1章

### 一、选择题

1. C　2. A　3. B　4. A　5. A　6. C　7. B　8. C

### 二、填空题

1. 30 553 $g \cdot mol^{-1}$

2. ①；⑥；①；⑥

3. $[(As_2S_3)_m \cdot nHS^- \cdot (n-x)H^+]^{x-} \cdot xH^+$；$MgCl_2$

4. 胶粒带电；溶质分子的溶剂化作用

5. 负；$AlCl_3$

### 三、计算题

1. (1)1.95 L　(2)Zn 过量

2. $p_{总}=536.3$ kPa，$p(CO_2)=415.7$ kPa，$p(O_2)=103.9$ kPa，$p(H_2)=16.6$ kPa

3. $M=776.5$

4. (1)摩尔质量为 180 $g \cdot mol^{-1}$　(2)分子式 $C_6H_{12}O_6$

5. $\{[Al(OH)_3]_m \cdot nAlO^+ \cdot (n-x)Cl^-\}^{x+} \cdot xCl^-$

6. $[(AgCl)_m \cdot nAg^+ \cdot (n-x)NO_3^-]^{x+} \cdot xNO_3^-$

## 第2章

### 一、选择题

1. D　2. D　3. C　4. C　5. C　6. C　7. A　8. A

### 二、填空题

1. 54.56；-10.47；98.65；0

2. -20.1；-200

3. C；B；350；A；11 143；D

4. 178；161.1

### 三、判断题

1. ×　2. ×　3. √　4. ×　5. ×

### 四、计算题

1. $Q=\Delta H=40.68$ kJ；$W=-3.1$ kJ；$\Delta U=37.58$ kJ

2. 90 $kJ \cdot mol^{-1}$

3. -128.07 $kJ \cdot mol^{-1}$

4. (1)689.9 $kJ \cdot mol^{-1}$；吸热反应　(2) $\Delta_r G_m^{\ominus}=582.37$ $kJ \cdot mol^{-1}$

5. 618.5 K

## 第3章

### 一、选择题

1. B　2. B　3. D　4. C　5. B　6. A

二、填空题

1. $mol \cdot L^{-1} \cdot s^{-1}$；$(mol \cdot L^{-1})^{-1/2} \cdot s^{-1}$

2. 反应历程；活化能；活化分子百分数

3. 205.3

4. 增大；增大；不变

三、计算题

1. 69.3 min

2. 102.6 $kJ \cdot mol^{-1}$；$3.25\times10^{13}\ s^{-1}$

3. 1.96；0.96

4. $4.8\times10^3$

5. 97.6 $kJ \cdot mol^{-1}$；$1.67\times10^{-3}\ mol \cdot L^{-1} \cdot s^{-1}$

6. 20%

7. (1) 1 848 s (2) 283.3 K

## 第4章

一、选择题

1. D 2. B 3. C 4. D 5. D 6. A

二、填空题

1. 降低；升高

2. 逆向

3. 4；逆反应；100；逆反应

4. 40.16

5. $\dfrac{\dfrac{[Fe^{2+}]}{c^\ominus}\cdot\dfrac{p(H_2)}{p^\ominus}}{\left(\dfrac{[H^+]}{c^\ominus}\right)^2}$；$\dfrac{p(CO_2)}{p^\ominus}$；$\dfrac{\left[\dfrac{p(NO)}{p^\ominus}\right]^2}{\left[\dfrac{p(O_2)}{p^\ominus}\right]\left[\dfrac{p(N_2)}{p^\ominus}\right]}$

6. $4\Delta_r G_m^\ominus(3)-2\Delta_r G_m^\ominus(1)-2\Delta_r G_m^\ominus(2)$；$\dfrac{(K_3^\ominus)^4}{(K_1^\ominus)^2(K_2^\ominus)^2}$

三、判断题

1. √ 2. × 3. ×

四、计算题

1. $c(SO_2)=0.08\ mol \cdot L^{-1}$；$c(SO_3)=0.32\ mol \cdot L^{-1}$；$c(O_2)=0.84\ mol \cdot L^{-1}$；$K_c=19.05\ (mol \cdot L^{-1})^{-1}$

2. $p(I_2) = p(H_2)=12.2$ kPa；$p(HI)=91.7$ kPa；$K^\ominus=56.6$

3. $K^\ominus=\dfrac{[O_2]/c^\ominus}{p(O_2)/p^\ominus}$；$K^\ominus=1.38\times10^{-3}$；$c(O_2, aq) = 2.87\times10^{-4}\ mol \cdot L^{-1}$

4. $K^\ominus(383\ K) = 9.58\times10^{-3}$；$p(CO_2)>0.97$ kPa

5. $T_b^*=348$ K；$T_b(20\ kPa)=304$ K

## 第5章

一、选择题

1. A 2. D 3. B 4. B 5. D 6. D 7. B 8. A 9. B 10. C 11. C 12. C 13. A 14. D 15. A 16. D 17. A 18. B 19. A 20. B 21. A

二、填空题

1. 分析方法；分析原理
2. 化学分析；仪器分析
3. 系统
4. 系统；偶然；真实值；平均值
5. 0.0002；0.00035；0.0017
6. 精密度；样本标准
7. 空白；对照；增加平行测定的次数量
8. 5；2
9. 准确；不确定
10. 反应定量完成；反应迅速；有适当的方法确定终点
11. 返滴定法（又叫剩余量滴定法）
12. 无水 $Na_2CO_3$；硼砂（$Na_2B_4O_7 \cdot 10H_2O$）；$H_2C_2O_4 \cdot 2H_2O$；邻苯二甲酸氢钾（$KHC_8H_4O_4$）
13. 准确；完全程度；选择是否恰当
14. 每毫升标准溶液相当于待测物质的克数或毫克数；$T_{\frac{待测物}{标准溶液}}$；$\bar{\omega}_X = \frac{T_{\frac{X}{S}} \times V_S}{m}$；$T_{A/B} = \frac{a}{b} \cdot \frac{c_B M_A}{1\,000}$

三、计算题

1. −0.07%；−0.3%
2. 第一组：$\bar{d}_1 = 0.24\%$　　$S_1 = 0.28\%$　　$RSD_1 = 0.74\%$

第二组：$\bar{d}_2 = 0.24\%$　　$S_2 = 0.33\%$　　$RSD_2 = 0.87\%$

第二组数据中的最大值为38.3，最小值为37.3；第一组的最大值为38.4，最小值为37.6。显然，第二组数据较为分散，但计算结果却表明两组数据的平均偏差相同，因此用平均偏差不能正确地反映出两组数据的精密度的好坏。若用标准偏差 $S$ 表示精密度，由于 $S_2 > S_1$，表明第一组数据的精密度较第二组数据的好，数据的分散特征得到正确的反映。因此，现在文献常用 $S$ 或 $RSD$ 表示测定的精密度。

3. 甲的准确度最高，精密度最好；丙的精密度也较好，但其准确度不如甲的好；乙的精密度差，并且准确度也差。
4. 舍弃
5. 122 mL
6. 0.006 702 g · mL$^{-1}$；0.009 582 g · mL$^{-1}$；0.009 262 g · mL$^{-1}$

## 第6章

一、选择题

1. C　2. D　3. B　4. C　5. D　6. A

二、判断题

1. √　2. ×　3. ×　4. ×　5. √　6. ×

三、写出下列化合物水溶液的质子条件式

略。

四、计算题

1. pH = 5.3；$\alpha = 0.01\%$
2. pH = 8.88（NaAc）；pH = 11.15（NaCN）
3. 6.80；12.10
4. $V$(NaAc) = 114 mL；$V$(HAc) = 386 mL

5. $4.7 \times 10^{-3}$ mol · $L^{-1}$；0.10 mol · $L^{-1}$

6. (1) 9.92 (2) 6.59 (3) 9.28 (4) 9.85

7. (1) 5.26 (2) 不能 (3) 5.28

8. 7.0~9.7；6.0~9.7

9. $pH_1 = 2.71$；$pH_2 = 4.49$

10. 0.953 5；0.503 0；0.108 1

11. $Na_2CO_3$：0.267 2；NaOH：0.350 0

12. 0.043 10

## 第 7 章

**一、选择题**

1. A 2. B 3. D 4. C 5. B 6. B 7. A 8. A 9. D 10. A

**二、填空题**

1. $3.0 \times 10^{-6}$；$2.0 \times 10^{-6}$；$1.08 \times 10^{-28}$

2. (5)>(4)>(1)>(2)>(3)

3. $Pb^{2+}$；$Ag^{+}$；$Ba^{2+}$

4. $AgNO_3$；$K_2CrO_4$；$Ag_2CrO_4$(砖红色)；$(NH_4)Fe(SO_4)_2 \cdot 12H_2O$；KSCN 或 $NH_4SCN$；$Fe(SCN)^{2+}$(血红色)；$AgNO_3$；吸附指示剂

5. 中性；弱碱性；6.5~10.5；$[Ag(NH_3)_2]^{+}$；高

6. 银离子；卤素离子；过滤法；硝基苯

**三、判断题**

1. × 2. × 3. √ 4. × 5. × 6. ×

**四、计算题**

1. $2.08 \times 10^{6}$

2. 能生成 AgCl；$1.8 \times 10^{-8}$；$9.8 \times 10^{-3}$

3. 3.14~6.49

4. 0.66 g

5. (1) $5.5 \times 10^{-16}$ mol · $L^{-1}$ (2) $1.98 \times 10^{-14}$ mol · $L^{-1}$

6. 0.986 2

7. 0.171 1 mol · $L^{-1}$；0.205 3 mol · $L^{-1}$

8. 0.658 5

## 第 8 章

**一、选择题**

1. C 2. C 3. B 4. D 5. D 6. C 7. C 8. C 9. B 10. C 11. B 12. C 13. C 14. ABD 15. C

**二、填空题**

1. $3PbO_2 + 2Cr^{3+} + H_2O = Cr_2O_7^{2-} + 3Pb^{2+} + 2H^{+}$

$2MnO_2 + 3H_2O_2 + 2OH^{-} = 2MnO_4^{-} + 4H_2O$

2. $Fe^{3+}$

3. $Ag^{+} + e^{-} = Ag$；$Fe^{2+} = Fe^{3+} + e^{-}$；$Pt \mid Fe^{2+}, Fe^{3+} \parallel Ag^{+} \mid Ag$

4. 降低；不变

5. 0.22 V

6. 0.347 V
7. 诱导反应
8. 滴定剂；平衡电势
9. 突越范围；$\Delta\varphi^{\Theta'}$大于 0.4 V
10. 滴定剂；指示剂；浅；小
11. 指示剂的条件电极电势 $\varphi^{\Theta'}(\text{In})$；$\varphi^{\Theta'}(\text{In})\pm\dfrac{0.059\ 2\ \text{V}}{n}$

### 三、计算题

1~5. 略

6. (1)$E^{\Theta}=1.925$ V　(2)$E^{\Theta}=0.951\ 3$ V

7. $\varphi^{\Theta}(\text{AgCl/Ag})=0.221$ V；$\varphi^{\Theta}(\text{AgI/Ag})=-0.135$ V

8. (1)Cu | $CuSO_4(0.5\ \text{mol}\cdot\text{L}^{-1})$ ‖ $AgNO_3(0.5\ \text{mol}\cdot\text{L}^{-1})$ | Ag

(2)正极：$Ag^{+}+e^{-}$ ══ Ag　负极：Cu ══ $Cu^{2+}+2e^{-}$　总反应：$Cu+2Ag^{+}$ ══ $2Ag+Cu^{2+}$

(3)$E=0.449$ V

(4)$K^{\Theta}=3.05\times10^{15}$

9. $\varphi^{\Theta}[Fe(OH)_3/Fe(OH)_2]=-0.546$ V，$K^{\Theta}=1.14\times10^{64}$在碱性条件，Fe(Ⅱ)更易被 $O_2$ 氧化

10. (1)加酸，防止水解，加铁钉，防止 $Fe^{2+}$被溶解的氧氧化成 $Fe^{3+}$

(2)$Cu^{+}$易发生歧化生成 $Cu^{2+}$和 Cu

11. $\varphi^{\Theta'}(Zn^{2+}/Zn)=-0.916$ V

12. $\lg K^{\Theta'}=18.30$，$\dfrac{c(Fe^{2+})}{c(Fe^{3+})}=1.3\times10^{6}$，溶液中 $Fe^{3+}$有 99.999 9%被还原至 $Fe^{2+}$，因此反应十分完全。

13. (1)$\varphi_{sp}=1.26$ V　(2)$\varphi_{sp}=1.27$ V

14. $m(HCl)=0.194\ 5$ g，$m(H_2CrO_4)=0.157\ 3$ g；$c(HCl)=0.213\ 4\ \text{mol}\cdot\text{L}^{-1}$，

　$c(H_2CrO_4)=0.053\ 32\ \text{mol}\cdot\text{L}^{-1}$

15. $m(K_2Cr_2O_7)=0.025$ g

## 第 9 章

### 一、选择题

1. A　2. C　3. B　4. D　5. C　6. C　7. D　8. C　9. C　10. B

### 二、填空题

1. (1)3(4…)　(2) 0 (1 )　(3) 0(1，2，3)；(1/2 或-1/2)　(4)-1(0，1)
2. 3；2；5；10
3. As；Cr，Mn；K，Cr，Cu ；Ti
4. 大；轨道为全充满或半充满
5.

| 元素符号 | 原子序数 | 电子排布式 | 价电子构型 | 周期 | 族 | 区 |
|---|---|---|---|---|---|---|
| In | | $[Kr]4d^{10}5s^{2}5p^{1}$ | $5s^{2}5p^{1}$ | 5 | ⅢA | p |
| Ne | 10 | | $2s^{2}2p^{6}$ | 2 | 0 | P |
| Mo | 42 | $[Kr]4d^{5}5s^{1}$ | | 5 | ⅥB | d |

### 三、判断题

1. ×　2. √　3. ×　4. ×　5. ×

**四、简答题**

1. (1)正确；(2)、(3)、(4)错误，原因略。

2. (1)电子自旋相反；(2)自旋相同。

3. 33 号元素；第 4 周期；ⅤA 族元素；As；最高化合价+5,；金属。

4. Fe。

5. 略。

## 第 10 章

**一、选择题**

1. B 2. B 3. C 4. D 5. B 6. B 7. A 8. B 9. D 10. C

**二、填空题**

1. $3d^64s^2$；$3d^6$；$3d^5$；$r(Fe)>r(Fe^{2+})>r(Fe^{3+})$

2. Li—F>Li—S>Li—H>Li—Li

3. 5；2；$sp^2$；C；C

4. 减小；加深；$X^-$变形性依次增加，极化作用依次增强；$Hg^{2+}$较 $Zn^{2+}$离子半径更大，电子云变形性更大，HgS 中的极化作用更强；附加极化

5. $H_2Te$ 中色散力更强；$H_2O$ 中存在分子间氢键

**三、计算题**

$-326.8\ kJ\cdot mol^{-1}$

**四、简答题**

1. (1) $BF_3$ 分子中 B 采用 $sp^2$ 杂化，分子空间构形为平面三角形；$NF_3$ 分子中 N 采用不等性的 $sp^3$ 杂化，分子空间构型为三角锥形；

(2)不同，$NH_4^+$ 中 N 原子采用等性 $sp^3$ 杂化，$NH_3$ 中 N 原子采用不等性 $sp^3$ 杂化；$NH_4^+$ 中的 4 个 N—H 键无差异；

(3) HCN 分子中，C 原子采用 sp 杂化，其两个 sp 杂化轨道分别与 H 的 1s，N 的一个 2p 轨道重叠形成，$\sigma_{C—H}$ 键 和 $\sigma_{C—N}$ 键，未参与杂化的两个 2p 轨道与 N 原子的另两个 2p 轨道形成两个 $\pi_{C—N}$ 键；分子空间构型为直线形。

2. $NaF>NaCl>NaBr>NaI>SiI_4>SiBr_4>SiCl_4>SiF_4$

3. (1)仅色散力；

(2)取向力，诱导力，色散力，氢键；

(3)诱导力，色散力；

(4)取向力，诱导力，色散力。

4. 可以形成氢键的有：$H_2O_2$，$C_2H_5OH$，$H_2SO_4$，$H_3BO_3$。

5. (1) $NH_3$ 高，$NH_3$ 间可形成氢键；

(2) $SbH_3$ 高，$SbH_3$ 分子间色散力强；

(3) ICl 高，极性分子的取向力；

(4) MgO 的高，$Mg^{2+}$电荷更高，半径更小；

(5) $SiO_2$ 高于 $SO_2$，原子晶体熔点高于分子晶体；

(6) $SnCl_2$ 高，$Sn^{4+}$极化力强于 $Sn^{2+}$。

## 第 11 章

**一、选择题**

1. B 2. D 3. B 4. D 5. B 6. C 7. C 8. D 9. C 10. C 11. A 12. C 13. C 14. B

15. D　16. A　17. A　18. C　19. A

二、填空题

1. $[PtCl(NH_3)_4(NO_2)]CO_3$；$Cl^-$、$NO_2^-$、$NH_3$；Cl、N；6

2. $Cu+4KCN+2H_2O = K_2[Cu(CN)_4]+2KOH+H_2\uparrow$；$[Cu(CN)_4]^{2-}$；增强

3. 形成；解离

4. $d^2sp^3$；内

5. b/a

6. $[NiCl_2(H_2O)_4]$

7. 乙二胺四乙酸；乙二胺四乙酸的二钠盐 $Na_2H_2Y \cdot 2H_2O$

8. $\lg c_{sp}(M)K_{MY}^{\ominus\prime} \geq 6$；$\lg K_{MY}^{\ominus\prime} \geq 8(c_{sp}(M) \approx 10^{-2})$

9. 条件稳定常数 $K_{MY}^{\ominus\prime}$；金属离子总浓度 $c(M)$

10. 越大

11. 共存离子与指示剂形成了稳定的有色配合物；加入适量的掩蔽剂；有些指示剂或金属离子与指示剂生成的有色配合物难溶于水；加入一些有机溶剂提高其溶解度

12. 100；2

三、简答题

1. (1) $[PtCl_2(NH_3)_4]SO_4$；(2) $[NiCl_2(en)_2]$；(3) $[Au(CN)_4]^-$；(4) $K_2[PtCl_6]$；(5) $Na_3[Ag(S_2O_3)_2]$；(6) $[Al(OH)_2(H_2O)_4]^+$。

2. (1)四碘合汞(Ⅱ)酸钾，$Hg^{2+}$，$I^-$，I，4；

(2)氢氧化四氨合铜(Ⅱ)，$Cu^{2+}$，$NH_3$，N，4；

(3)六异硫氰根合铂(Ⅳ)离子，$Pt^{4+}$，$NCS^-$，N，6；

(4)二氯·三氨·一水合钴(Ⅲ)离子，$Co^{3+}$，$Cl^-$、$NH_3$、$H_2O$，Cl、N、O，6。

3. (1)外轨 $Co^{3+}$，$3d^6$，$sp^3d^2$，4个单电子，正八面体；

(2)内轨 $Co^{3+}$，$3d^6$，$d^2sp^3$，无单电子，正八面体；

(3)内轨 $Ni^{2+}$，$3d^8$，$dsp^2$ 杂化，无单电子，平面四边形；

(4)外轨 $Co^{2+}$，$3d^7$，$sp^3$ 杂化，3个单电子，正四面体。

4. 不能，Zn 与 $NH_3$ 的配位反应存在分级配位现象，它们的各级稳定常数相差不大，使得配位数不同的配合物同时存在。因而 Zn-$NH_3$ 之间没有固定的化学计量关系并且稳定性差。所以，不能用于滴定分析。

5. 影响因素有：金属离子的起始浓度和配合物的条件稳定常数，而影响条件稳定常数的因素有溶液的酸度及辅助配位剂。

6. 因为以下原因：①$H_2Y+M = MY+2H^+$，滴定反应中，释放出 $H^+$，使溶液的酸度增大，不利滴定反应的进行。②指示剂需在一定酸度的介质中使用。

四、计算题

1. $9.1\times10^{-9}$ mol·L$^{-1}$；$7.69\times10^{-23}$ mol·L$^{-1}$

2. $2.11\times10^{-6}$ mol·L$^{-1}$

3. 13.44 g

4. (1) 1.078 V　(2) 0.358 V　(3) 0.045 V

5. (1) $10^{-7.76}$ mol·L$^{-1}$　(2) pH = 3.7

6. 0.032 1

7. 3.56 mg·g

8. 每升水样中含 Ca 的质量为 57. 1 mg；每升水样中含 Mg 的质量为 27. 1 mg

## 第 12 章

### 一、选择题

1. AD 2. D 3. A 4. C

### 二、填空题

1. 46%；0. 33

2. 37. 1%

3. 0. 2~0. 8；0. 434

### 三、判断题

1. × 2. × 3. × 4. × 5. √

### 四、计算题

1. 0. 15%

2. 0. 16 g

3. $1.8\times10^{2}$ L·g·cm$^{-1}$；$1.0\times10^{4}$ L·mol$^{-1}$·cm$^{-1}$

4. 30. 5 g·L$^{-1}$

5. 132. 6 g·mol$^{-1}$

6. $6.6\times10^{-5}$ mol·L$^{-1}$

## 第 13 章

### 一、填空题

1. 电极电位随待测离子活度不同而变化的电极；电极电位与有关离子活度之间的关系应符合能斯特公式；对离子活度变化响应快而且能够重现；使用方便

2. 甘汞；参比；玻璃；指示

3. 标准曲线法；标准加入法；直接比较法；$E$-$V$ 曲线法；$\frac{\Delta E}{\Delta V}$-$V$ 曲线法；$\frac{\Delta^2 E}{\Delta V^2}$-$V$ 曲线法

### 二、选择题

1. D 2. C 3. D 4. A 5. C 6. A

### 三、计算题

1. （1）pH＝1. 96 （2）pH＝5. 74

2. $K_a = 2.34\times10^{-5}$

3. $3.32\times10^{-5}$ mol·L$^{-1}$

4. pH＝4. 50

5. $3.89\times10^{-4}$ mol·L$^{-1}$

6. 0. 586%

## 第 14 章

### 一、选择题

1. D 2. B 3. D 4. C 5. C 6. C 7. B 8. B

### 二、填空题

1. 发生了氧化还原反应，产生了 $I_2$；$2H^+ + 2I^- + 1/2O_2 = I_2 + H_2O$

2. 紫红色；绿色；肉色；橙色；黄色；浅蓝色；绿色

3. 碱；不；酸性；氧化性

4. 15；原子半径一次减小；同族元素的原子半径；共存在化合物很难

5. $CaCl_2$ 和 $Ca(ClO)_2$；$Ca(ClO)_2$；$Cl_2$

## 三、简答题

1. 略。

2. (1) $2Al + 2NaOH + 6H_2O = 2Na[Al(OH)_4] + 3H_2\uparrow$

(2) $Na_2O_2 + H_2SO_4 = H_2O_2 + Na_2SO_4$

(3) $CaH_2 + 2H_2O = Ca(OH)_2 + 2H_2\uparrow$

(4) $K + O_2 = KO_2$

(5) $2MO_2 + 2H_2O = 2MOH + H_2O_2 + O_2\uparrow$

3. 略。

# 参考文献


北京师范大学，华中师范大学，南京师范大学，2002. 无机化学[M]. 4版. 北京：高等教育出版社.

呼世斌，王进义，吴秋华，2019. 无机及分析化学[M]. 4版. 北京：高等教育出版社.

刘金龙，2012. 分析化学[M]. 北京：化学工业出版社.

南京大学，2002. 无机及分析化学[M]. 3版. 北京：高等教育出版社.

南京大学无机及分析化学编写组，2015. 无机及分析化学[M]. 5版. 北京：高等教育出版社.

宋天佑，程鹏，王杏乔，等，2009. 无机化学[M]. 北京：高等教育出版社.

王运，胡先文，2017. 无机及分析化学[M]. 4版. 北京：科学出版社.

武汉大学，2018. 分析化学[M]. 6版. 北京：高等教育出版社.

武汉大学，吉林大学，1983. 无机化学[M]. 北京：高等教育出版社.

杨美红，2018. 普通化学[M]. 北京：中国农业出版社.

翟仁通，1994. 普通化学[M]. 北京：中国农业出版社.

张建刚，2019. 分析化学[M]. 北京：中国林业出版社.

张金桐，2013. 普通化学[M]. 北京：中国农业出版社.

张永安，1998. 无机化学[M]. 北京：北京师范大学出版社.

赵士铎，2000. 普通化学[M]. 北京：中国农业大学出版社.

浙江大学，2008. 无机及分析化学[M]. 2版. 北京：高等教育出版社.

浙江大学普通化学教研组，2001. 普通化学[M]. 4版. 北京：高等教育出版社.

# 附　录

## 附录Ⅰ　中国法定计量单位

### Ⅰ-1　SI 单位制的词头

| 因数 | 词头名称 | 词头符号 | 表示数 | 词头名称 | 词头符号 |
|---|---|---|---|---|---|
| $10^{18}$ | 艾[可萨] | E(exa) | $10^{-1}$ | 分 | d(deci) |
| $10^{15}$ | 拍[它] | P(peta) | $10^{-2}$ | 厘 | c(centi) |
| $10^{12}$ | 太[拉] | T(tera) | $10^{-3}$ | 毫 | m(milli) |
| $10^{9}$ | 吉[咖] | G(giga) | $10^{-6}$ | 微 | μ(micro) |
| $10^{6}$ | 兆 | M(mega) | $10^{-9}$ | 纳[诺] | n(nano) |
| $10^{3}$ | 千 | k(kilo) | $10^{-12}$ | 皮[可] | p(pico) |
| $10^{2}$ | 百 | h(hecto) | $10^{-15}$ | 飞[母托] | f(femto) |
| $10^{1}$ | 十 | da(deca) | $10^{-18}$ | 阿[托] | a(atto) |

### Ⅰ-2　SI 基本单位和物理量

| 基本物理量 | 量的符号 | 单位名称 | 单位符号 |
|---|---|---|---|
| 长度 | $l$ | 米 | m |
| 质量 | $m$ | 千克 | kg |
| 时间 | $t$ | 秒 | s |
| 电流 | $I$ | 安[培] | A |
| 热力学温度 | $T$ | 开[尔文] | K |
| 物质的量 | $n$ | 摩[尔] | mol |
| 发光强度 | $I_v$ | 坎[德拉] | cd |

### Ⅰ-3　SI 导出单位

| 物量 | 量的符号 | 单位名称 | 单位符号 | 单位表示 |
|---|---|---|---|---|
| 频率 | $\nu$ | 赫[兹] | Hz | $s^{-1}$ |
| 力 | $F$ | 牛[顿] | N | $kg \cdot m \cdot s^{-2}$ |
| 压力，压强 | $p$ | 帕[斯卡] | Pa | $N \cdot m^{-2}$ |
| 能，功，热 | $E$，$W$，$Q$ | 焦[耳] | J | $N \cdot m$ |
| 功率 | $P$ | 瓦[特] | W | $J \cdot s^{-1}$ |
| 电荷[量] | $Q$ | 库[仑] | C | $A \cdot s$ |
| 电势 | $E$ | 伏[特] | V | $W \cdot A^{-1}$ |
| 电容 | $C$ | 法[拉] | F | $C \cdot V^{-1}$ |
| 电阻 | $R$ | 欧[姆] | Ω | $V \cdot A^{-1}$ |
| 电导 | $G$ | 西[门子] | S | $\Omega^{-1}$ |
| 温度 | $T$ | 摄氏度 | ℃ | K |

**I-4　与 SI 并用的单位**

| 物理量 | 单位名称 | 单位符号 | 单位表示值 |
| --- | --- | --- | --- |
| 时间 | 年 | a | 1 a = 3. 16×$10^7$ s |
| | 日 | d | 1 d = 8. 64×$10^4$ s |
| | 时 | h | 1 h = 3 600 s |
| | 分 | min | 1 min = 60 s |
| 体积 | 升 | L(1) | 1 L = 1 $dm^3$ = $10^{-3}$ $m^3$ |
| | 毫升 | mL | 1 mL = 1 $cm^3$ |
| 质量 | 吨 | t | 1 t = $10^3$ kg |
| | 原子质量单位 | u | 1 u = 1. 660 540 2×$10^{-27}$ kg |
| 能量 | 电子伏 | eV | 1 eV = 1. 602 177 33×$10^{-19}$ J |
| 压力 | 巴 | bar | 1 bar = $10^2$ kPa |

# 附录Ⅱ　基本常数

| 物理量 | 符号 | 值 |
| --- | --- | --- |
| 阿伏伽德罗常数 | $L$，$N_A$ | 6. 022 136 7(36)×$10^{23}$ $mol^{-1}$ |
| 玻尔(Bohr)半径 | $a_o$ | 5. 291 772 49(24)×$10^{-11}$ m |
| 玻尔兹曼(Boltzmann)常数 | $k$ | 1. 380 658 9(12)×$10^{-23}$ J · $K^{-1}$ |
| 元电荷 | $e$ | 1. 602 177 33(9)×$10^{-19}$ C |
| 电子[静]质量 | $m_e$ | 9. 109 389 7(54)×$10^{-31}$ kg |
| 中子[静]质量 | $m_n$ | 1. 674 928 6(10)×$10^{-27}$ kg |
| 质子[静]质量 | $m_p$ | 1. 672 623 1(10)×$10^{-27}$ kg |
| 法拉第(Faraday)常数 | $F$ | 9. 648 530 9(29)×$10^4$ C · $mol^{-1}$ |
| 摩尔气体常数 | $R$ | 8. 314 510(70) J · $K^{-1}$ · $mol^{-1}$ |
| 理想气体摩尔体积 | $V_m$ | (0. 022 414 10±0. 000 000 191) $m^3$ · $mol^{-1}$ |
| 普朗克(Planck)常量 | $h$ | 6. 626 075 5(40)×$10^{-34}$ J · s |
| 水的沸点 | $T_b(H_2O)$ | 99. 975 ℃ |
| 真空中光速 | $c_0$ | 2. 997 924 58×$10^8$ m · $s^{-1}$ |
| 玻尔(Bohr)磁子 | $\mu_B$ | 9. 274 015 4(31)×$10^{-24}$ J · $T^{-1}$ |
| 零摄氏度 | $T$(0 ℃) | 273. 15 K |

## 附录Ⅲ 常用酸、碱的密度、百分比浓度

| 试剂 | 密度/($g \cdot mL^{-1}$) | 质量分数/% | 摩尔浓度/($mol \cdot L^{-1}$) |
|---|---|---|---|
| 浓 $H_2SO_4$ | 1.84 | 95~96 | 18 |
| 稀 $H_2SO_4$ | — | 9 | 1 |
| 浓 HCl | 1.19 | 38 | 12 |
| 稀 HCl | — | 7 | 2 |
| 浓 $HNO_3$ | 1.4 | 65 | 14 |
| 稀 $HNO_3$ | — | 32 | 6 |
| 稀 $HNO_3$ | — | 12 | 2 |
| 浓 $H_3PO_4$ | 1.7 | 85 | 15 |
| 稀 $H_3PO_4$ | — | 9 | 1 |
| 浓氢氟酸 | 1.13 | 40 | 23 |
| 氢溴酸 | 1.38 | 40 | 7 |
| 氢碘酸 | 1.70 | 57 | 7.5 |
| 冰乙酸 | 1.05 | 99~100 | 17.5 |
| 浓乙酸 | 1.04 | 33 | 5 |
| 稀乙酸 | — | 12 | 2 |
| 浓 NaOH | 1.36 | 33 | 11 |
| 稀 NaOH | — | 3 | 2 |
| 浓氨水 | 0.88 | 35 | 18 |
| 浓氨水 | 0.91 | 25 | 13.5 |
| 稀氨水 | — | 3.5 | 2 |

## 附录Ⅳ 常见物质的热力学数据(298 K，101.3 kPa)

| 物质 | $\Delta_f H_m^\ominus$/($kJ \cdot mol^{-1}$) | $\Delta_f G_m^\ominus$/($kJ \cdot mol^{-1}$) | $S_m^\ominus$/($J \cdot mol^{-1} \cdot K^{-1}$) |
|---|---|---|---|
| Ag(s) | 0.0 | 0.0 | 42.55 |
| $Ag^+$(aq) | 105.58 | 77.12 | 72.68 |
| $Ag(NH_3)_2^+$(aq) | −111.3 | −17.2 | 245 |
| AgCl(s) | −127.07 | −109.80 | 96.2 |
| AgBr(s) | −100.4 | −96.9 | 107.1 |
| $Ag_2CrO_4$(s) | −731.74 | −641.83 | 218 |

（续）

| 物质 | $\Delta_f H_m^\ominus/(kJ \cdot mol^{-1})$ | $\Delta_f G_m^\ominus/(kJ \cdot mol^{-1})$ | $S_m^\ominus/(J \cdot mol^{-1} \cdot K^{-1})$ |
|---|---|---|---|
| $AgI(s)$ | -61.84 | -66.19 | 115 |
| $Ag_2O(s)$ | -31.1 | -11.2 | 121 |
| $Ag_2S(s, \alpha)$ | -32.59 | -40.67 | 144.0 |
| $AgNO_3(s)$ | -124.4 | -33.47 | 140.9 |
| $Al(s)$ | 0.0 | 0.0 | 28.33 |
| $Al^{3+}(aq)$ | -531 | -485 | -322 |
| $\alpha$-$Al_2O_3(s)$ | -1 676 | -1 582 | 50.92 |
| $AlCl_3(s)$ | -704.2 | -628.9 | 110.7 |
| $B(s, \beta)$ | 0.0 | 0.0 | 5.86 |
| $B_2O_3(s)$ | -1 272.8 | -1 193.7 | 53.97 |
| $BCl_3(l)$ | -427.2 | -387.4 | 206 |
| $BCl_3(g)$ | -404 | -388.7 | 290.0 |
| $B_2H_6(g)$ | 35.6 | 86.6 | 232.0 |
| $Ba(s)$ | 0.0 | 0.0 | 62.8 |
| $Ba^{2+}(aq)$ | -537.64 | -560.74 | 9.6 |
| $BaCl_2(s)$ | -858.6 | -810.4 | 123.7 |
| $BaO(s)$ | -548.10 | -520.41 | 72.09 |
| $Ba(OH)_2(s)$ | -944.7 | — | — |
| $BaCO_3(s)$ | -1 216 | -1 138 | 112 |
| $BaSO_4(s)$ | -1 473 | -1 362 | 132 |
| $Br^-(aq)$ | -121.5 | -104.0 | 82.4 |
| $Br_2(g)$ | 30.91 | 3.14 | 245.35 |
| $Br_2(l)$ | 0.0 | 0.0 | 152.23 |
| $HBr(g)$ | -36.40 | -53.43 | 198.59 |
| $HBr(aq)$ | -121.5 | -104.0 | 82.4 |
| $Ca(s)$ | 0.0 | 0.0 | 41.2 |
| $Ca^{2+}(aq)$ | -542.83 | -553.54 | -53.1 |
| $CaF_2(s)$ | -1 220 | -1 167 | 68.87 |
| $CaCl_2(s)$ | -795.8 | -748.1 | 105 |
| $CaO(s)$ | -635.09 | -604.04 | 39.75 |
| $Ca(OH)_2(s)$ | -986.09 | -898.56 | 83.39 |
| $CaCO_3$(s，方解石) | -1 206.9 | -1 128.8 | 92.9 |
| $CaSO_4$(s，无水石膏) | -1 434.1 | -1 321.9 | 107 |
| C(石墨) | 0.0 | 0.0 | 5.74 |

（续）

| 物质 | $\Delta_f H_m^\ominus/(kJ \cdot mol^{-1})$ | $\Delta_f G_m^\ominus/(kJ \cdot mol^{-1})$ | $S_m^\ominus/(J \cdot mol^{-1} \cdot K^{-1})$ |
|---|---|---|---|
| C(金刚石) | 1.987 | 2.900 | 2.38 |
| CO(g) | −110.52 | −137.15 | 197.56 |
| $CO_2$(g) | −393.51 | −394.36 | 213.6 |
| C(g) | 716.68 | 671.21 | 157.99 |
| HCOOH(l) | −409.2 | −346.0 | 128.95 |
| HCOOH(aq) | −410.0 | −356.1 | 164 |
| $H_2CO_3$(aq，非电离) | −699.65 | −623.16 | 187 |
| $HCO_3^-$(aq) | −691.99 | −586.85 | 91.2 |
| $CO_3^{2-}$(aq) | −667.14 | −527.90 | −56.9 |
| $CO_2$(aq) | −413.8 | −386.0 | 118 |
| $CCl_4$(l) | −135.4 | −65.2 | 216.4 |
| $CH_3COOH$(l) | −484.5 | −390 | 160 |
| $CH_3COOH$(aq，非电离) | −485.76 | −396.6 | 179 |
| $CH_3COO^-$(aq) | −486.01 | −369.4 | 86.6 |
| $CH_3OH$(l) | −238.7 | −166.4 | 127 |
| $C_2H_5OH$(l) | −277.7 | −174.9 | 161 |
| $CH_3CHO$(l) | −192.3 | −128.2 | 160 |
| $CH_4$(g) | −74.81 | −50.75 | 186.15 |
| $C_2H_2$(g) | 226.75 | 209.20 | 200.82 |
| $C_2H_4$(g) | 52.26 | 68.12 | 219.5 |
| $C_4H_6$(g，1,2-丁二烯) | −84.68 | −32.89 | 229.5 |
| $C_3H_8$(g) | −103.85 | −23.49 | 269.9 |
| $C_4H_6$(g) | 165.5 | 201.7 | 293.0 |
| $C_4H_8$(g，1-丁烯) | 1.17 | 72.04 | 307.4 |
| $n$-$C_4H_{10}$(g) | −124.73 | −15.71 | 310.0 |
| $C_6H_6$(g) | 82.93 | 129.66 | 269.2 |
| $C_6H_6$(l) | 49.03 | 124.50 | 172.80 |
| $Cl_2$(g) | 0.0 | 0.0 | 222.96 |
| $Cl^-$(aq) | −167.16 | −131.26 | 56.5 |
| HCl(g) | −92.31 | −95.30 | 186.80 |
| $ClO_3^-$(aq) | −99.2 | −3.3 | 162 |
| Co(s)(α，六方) | 0.0 | 0.0 | 30.04 |
| $Co(OH)_2$(s，桃红) | −539.7 | −454.4 | 79 |
| Cr(s) | 0.0 | 0.0 | 23.8 |

（续）

| 物质 | $\Delta_f H_m^\ominus$/(kJ·mol$^{-1}$) | $\Delta_f G_m^\ominus$/(kJ·mol$^{-1}$) | $S_m^\ominus$/(J·mol$^{-1}$·K$^{-1}$) |
|---|---|---|---|
| $Cr_2O_3$(s) | -1 140 | -1 058 | 81.2 |
| $Cr_2O_7^{2-}$(aq) | -1 490 | -1 301 | 262 |
| $CrO_4^{2-}$(aq) | -881.2 | -727.9 | 50.2 |
| Cu(s) | 0.0 | 0.0 | 33.15 |
| $Cu^+$(aq) | 71.67 | 50.00 | 41 |
| $Cu^{2+}$(aq) | 64.77 | 65.52 | -99.6 |
| $CuSO_4$(s) | -771.36 | -661.9 | 109 |
| $CuSO_4 \cdot 5H_2O$(s) | -2 279.7 | -1 880.06 | 300 |
| $Cu(NH_3)_4{}^{2+}$(aq) | -348.5 | -111.3 | 274 |
| $Cu_2O$(s) | -169 | -146 | 93.14 |
| CuO(s) | -157 | -130 | 42.63 |
| $Cu_2S$(s, α) | -79.5 | -86.2 | 121 |
| CuS(s) | -53.1 | -53.6 | 66.5 |
| $F_2$(g) | 0.0 | 0.0 | 202.7 |
| $F^-$(aq) | -332.6 | -278.8 | -14 |
| F(g) | 78.99 | 61.92 | 158.64 |
| Fe(s) | 0.0 | 0.0 | 27.3 |
| $Fe^{2+}$(aq) | -89.1 | -78.87 | -138 |
| $Fe^{3+}$(aq) | -48.5 | -4.6 | -316 |
| $Fe_2O_3$(s，赤铁矿) | -824.2 | -742.2 | 87.40 |
| $Fe_3O_4$(s，磁铁矿) | -1 120.9 | -1 015.46 | 146.44 |
| $H_2$(g) | 0.0 | 0.0 | 130.57 |
| $H^+$(aq) | 0.0 | 0.0 | 0.0 |
| Hg(g) | 61.32 | 31.85 | 174.8 |
| HgO(s，红) | -90.83 | -58.56 | 70.29 |
| HgS(s，红) | -58.2 | -50.6 | 82.4 |
| $HgCl_2$(s) | -224 | -179 | 146 |
| $Hg_2Cl_2$(s) | -265.2 | -210.78 | 192 |
| $I_2$(s) | 0.0 | 0.0 | 116.14 |
| $I_2$(g) | 62.438 | 19.36 | 260.6 |
| $I^-$(aq) | -55.19 | -51.59 | 111 |
| HI(g) | 25.9 | 1.30 | 206.48 |
| K(s) | 0.0 | 0.0 | 64.18 |

（续）

| 物质 | $\Delta_f H_m^\ominus/(kJ \cdot mol^{-1})$ | $\Delta_f G_m^\ominus/(kJ \cdot mol^{-1})$ | $S_m^\ominus/(J \cdot mol^{-1} \cdot K^{-1})$ |
|---|---|---|---|
| $K^+$(aq) | -252.4 | -283.3 | 103 |
| KCl(s) | -436.75 | -409.2 | 82.59 |
| KOH(s) | -424.76 | -379.1 | 78.87 |
| KI(s) | -327.90 | -324.89 | 106.32 |
| $KClO_3$(s) | -397.7 | -296.3 | 143 |
| $KMnO_4$(s) | -837.2 | -737.6 | 171.7 |
| Mg(s) | 0.0 | 0.0 | 32.68 |
| $Mg^{2+}$(aq) | -466.85 | -454.8 | -138.0 |
| $MgCl_2$(s) | -641.32 | -591.83 | 89.62 |
| $MgCl_2 \cdot 6H_2O$(s) | -2 499.0 | -2 215.0 | 366 |
| MgO(s，方镁石) | -601.70 | -569.44 | 26.9 |
| $Mg(OH)_2$(s) | -924.54 | -833.58 | 63.18 |
| $MgCO_3$(s，菱镁石) | -1 096 | -1 012 | 65.7 |
| $MgSO_4$(s) | -1 285 | -1 171 | 91.6 |
| Mn(s，α) | 0.0 | 0.0 | 32.0 |
| $Mn^{2+}$(aq) | -220.7 | -228.0 | -73.6 |
| $MnO_2$(s) | -520.03 | -465.18 | 53.05 |
| $MnO_4^-$(aq) | -518.4 | -425.1 | 189.9 |
| $MnCl_2$(s) | -481.29 | -440.53 | 118.2 |
| Na(s) | 0.0 | 0.0 | 51.21 |
| $Na^+$(aq) | -240.2 | -261.89 | 59.0 |
| NaCl(s) | -411.15 | -384.15 | 72.13 |
| $Na_2O$(s) | -414.2 | -375.5 | 75.06 |
| NaOH(s) | -425.61 | -379.53 | 64.45 |
| $Na_2CO_3$(s) | -1 130.7 | -1 044.5 | 135.0 |
| NaI(s) | -287.8 | -286.1 | 98.53 |
| $Na_2O_2$(s) | -510.87 | -447.69 | 94.98 |
| $HNO_3$(l) | -174.1 | -80.79 | 155.6 |
| $NO_3^-$(aq) | -207.4 | -111.3 | 146 |
| $NH_3$(g) | -46.11 | -16.5 | 192.3 |
| $NH_3 \cdot H_2O$(aq，非电离) | -366.12 | -263.8 | 181 |
| $NH_4^+$(aq) | -132.5 | -79.37 | 113 |
| $NH_4Cl$(s) | -314.4 | -203.0 | 94.56 |
| $NH_4NO_3$(s) | -365.6 | -184.0 | 151.1 |

（续）

| 物质 | $\Delta_f H_m^\ominus/(kJ \cdot mol^{-1})$ | $\Delta_f G_m^\ominus/(kJ \cdot mol^{-1})$ | $S_m^\ominus/(J \cdot mol^{-1} \cdot K^{-1})$ |
|---|---|---|---|
| $(NH_4)_2SO_4(s)$ | -901.90 | — | 187.5 |
| $N_2(g)$ | 0.0 | 0.0 | 191.5 |
| NO(g) | 90.25 | 86.57 | 210.65 |
| NOBr(g) | 82.17 | 82.42 | 273.5 |
| $NO_2(g)$ | 33.2 | 51.30 | 240.0 |
| $N_2O(g)$ | 82.05 | 104.2 | 219.7 |
| $N_2O_4(g)$ | 9.16 | 97.82 | 304.2 |
| $N_2H_4(g)$ | 95.40 | 159.3 | 238.4 |
| $N_2H_4(l)$ | 50.63 | 149.2 | 121.2 |
| NiO(s) | -240 | -212 | 38.0 |
| $O_2(g)$ | 0 | 0 | 205.03 |
| $O_3(g)$ | 143 | 163 | 238.8 |
| $OH^-(aq)$ | -229.99 | -157.29 | -10.8 |
| $H_2O(g)$ | -241.82 | -228.59 | 188.72 |
| $H_2O(l)$ | -285.84 | -237.19 | 69.94 |
| $H_2O_2(l)$ | -187.8 | -120.4 | — |
| $H_2O_2(aq)$ | -191.2 | -134.1 | 144 |
| P(s，白磷) | 0.0 | 0.0 | 41.09 |
| P(红磷)(s，三斜) | -17.6 | -12.1 | 22.8 |
| $PCl_3(g)$ | -287 | -268.0 | 311.7 |
| $PCl_5(s)$ | -443.5 | — | — |
| Pb(s) | 0.0 | 0.0 | 64.81 |
| $Pb^{2+}(aq)$ | -1.7 | -24.4 | 10 |
| PbO(s，黄) | -215.33 | -187.90 | 68.70 |
| $PbO_2(s)$ | -277.40 | -217.36 | 68.62 |
| $Pb_3O_4(s)$ | -718.39 | -601.24 | 211.29 |
| $H_2S(g)$ | -20.6 | -33.6 | 205.7 |
| $H_2S(aq)$ | -40 | -27.9 | 121 |
| $HS^-(aq)$ | -17.7 | 12.0 | 63 |
| $S^{2-}(aq)$ | 33.2 | 85.9 | -14.6 |
| $H_2SO_4(l)$ | -813.99 | -690.10 | 156.90 |
| $HSO_4^-(aq)$ | -887.34 | -756.00 | 132 |
| $SO_4^{2-}(aq)$ | -909.27 | -744.63 | 20 |
| $SO_2(g)$ | -296.83 | -300.19 | 248.1 |

（续）

| 物质 | $\Delta_f H_m^\ominus$/(kJ·mol$^{-1}$) | $\Delta_f G_m^\ominus$/(kJ·mol$^{-1}$) | $S_m^\ominus$/(J·mol$^{-1}$·K$^{-1}$) |
|---|---|---|---|
| $SO_3$(g) | -395.7 | -371.1 | 256.6 |
| Si(s) | 0.0 | 0.0 | 18.8 |
| $SiO_2$(s，石英) | -910.94 | -856.67 | 41.84 |
| $SiF_4$(g) | -1 614.9 | -1 572.7 | 282.4 |
| $SiCl_4$(l) | -687.0 | -619.90 | 240 |
| $SiCl_4$(g) | -657.01 | -617.01 | 330.6 |
| Sn(s，灰锡) | -2.1 | 0.13 | 44.14 |
| Sn(s，白锡) | 0.0 | 0.0 | 51.55 |
| SnO(s) | -286 | -257 | 56.5 |
| $SnO_2$(s) | -580.7 | -519.7 | 52.3 |
| $SnCl_2$(s) | -325 | — | — |
| $SnCl_4$(s) | -511.3 | -440.2 | 259 |
| Zn(s) | 0.0 | 0.0 | 41.6 |
| $Zn^{2+}$(aq) | -153.9 | -147.0 | -112 |
| ZnO(s) | -348.3 | -318.3 | 43.64 |
| $ZnCl_2$(aq) | -488.19 | -409.5 | 0.8 |
| ZnS(s，闪锌矿) | -206.0 | -201.3 | 57.7 |

注：摘自 Robert C. West，*CRC Handbook of Chemistry and Physics*，69 ed，1988—1989。已换算成 SI 单位。物质的状态符号为：g 表示气态，l 表示液态，s 表示固态，aq 表示水溶液，不同晶型直接注明。

# 附录Ⅴ 弱酸、弱碱的电离常数

| 弱酸 | 温度/℃ | $K_{a_1}^\ominus$ | $pK_{a_1}^\ominus$ | $K_{a_2}^\ominus$ | $pK_{a_2}^\ominus$ | $K_{a_3}^\ominus$ | $pK_{a_3}^\ominus$ |
|---|---|---|---|---|---|---|---|
| $H_3AsO_4$ | 18 | $5.62\times10^{-3}$ | 2.25 | $1.70\times10^{-7}$ | 6.77 | $3.95\times10^{-12}$ | 11.40 |
| $HIO_3$ | 25 | $1.69\times10^{-1}$ | 0.77 | — | — | — | — |
| $H_3BO_3$ | 20 | $7.3\times10^{-10}$ | 9.14 | — | — | — | — |
| $H_2CO_3$ | 25 | $4.30\times10^{-7}$ | 6.37 | $5.61\times10^{-11}$ | 10.25 | — | — |
| $H_2CrO_4$ | 25 | $1.8\times10^{-1}$ | 0.74 | $3.20\times10^{-7}$ | 6.49 | — | — |
| HCN | 25 | $4.93\times10^{-10}$ | 9.31 | — | — | — | — |
| HF | 25 | $3.53\times10^{-4}$ | 3.45 | — | — | — | — |
| $H_2S$ | 18 | $1.3\times10^{-7}$ | 6.89 | $7.1\times10^{-15}$ | 14.15 | — | — |
| HIO | 25 | $2.3\times10^{-11}$ | 10.64 | — | — | — | — |
| HClO | 18 | $2.95\times10^{-5}$ | 4.53 | — | — | — | — |
| HBrO | 25 | $2.06\times10^{-9}$ | 8.69 | — | — | — | — |

（续）

| 弱酸 | 温度/℃ | $K_{a_1}^{\ominus}$ | $pK_{a_1}^{\ominus}$ | $K_{a_2}^{\ominus}$ | $pK_{a_2}^{\ominus}$ | $K_{a_3}^{\ominus}$ | $pK_{a_3}^{\ominus}$ |
|---|---|---|---|---|---|---|---|
| $HNO_2$ | 12.5 | $4.6\times10^{-4}$ | 3.34 | — | — | — | — |
| $H_3PO_4$ | 25 | $7.52\times10^{-3}$ | 2.12 | $6.23\times10^{-8}$ | 7.21 | $2.2\times10^{-13}$ | 12.66 |
| $NH_4^+$ | 25 | $5.64\times10^{-10}$ | 9.25 | — | — | — | — |
| $H_2SO_4$ | 25 | — | — | $1.2\times10^{-2}$ | 1.92 | — | — |
| $H_2SO_3$ | 18 | $1.54\times10^{-2}$ | 1.81 | $1.02\times10^{-7}$ | 6.99 | — | — |
| HCOOH | 25 | $1.77\times10^{-4}$ | 3.75 | — | — | — | — |
| $CH_3COOH$ | 25 | $1.76\times10^{-5}$ | 4.75 | — | — | — | — |
| $H_2C_2O_4$ | 25 | $5.9\times10^{-2}$ | 1.23 | $6.40\times10^{-5}$ | 4.19 | — | — |
| $H_2O_2$ | 25 | $2.4\times10^{-12}$ | 11.62 | — | — | — | — |
| $H_3C_6H_5O_7$(柠檬酸) | 20 | $7.1\times10^{-4}$ | 3.15 | $1.68\times10^{-5}$ | 4.77 | $4.1\times10^{-7}$ | 6.39 |
| 弱碱 | 温度/℃ | $K_{b_1}^{\ominus}$ | $pK_{b_1}^{\ominus}$ | $K_{b_2}^{\ominus}$ | $pK_{b_2}^{\ominus}$ | | |
| $NH_3\cdot H_2O$ | 25 | $1.77\times10^{-5}$ | 4.75 | — | — | | |
| AgOH | 25 | $1\times10^{-2}$ | 2 | — | — | | |
| $Al(OH)_3$ | 25 | $5\times10^{-9}$ | 8.30 | $2\times10^{-10}$ | 9.70 | | |
| $Be(OH)_2$ | 25 | $1.78\times10^{-6}$ | 5.75 | $2.5\times10^{-9}$ | 8.60 | | |
| $Ca(OH)_2$ | 25 | — | — | $6\times10^{-2}$ | 1.22 | | |
| $Zn(OH)_2$ | 25 | $8\times10^{-7}$ | 6.10 | — | — | | |

注：摘自 Robert C. West，*CRC Handbook of Chemistry and Physics*，69 ed，1988—1989。

## 附录Ⅵ　难溶化合物的溶度积($K_{sp}^{\ominus}$)(18~25 ℃)

| 化合物 | $K_{sp}^{\ominus}$ | 化合物 | $K_{sp}^{\ominus}$ |
|---|---|---|---|
| AgCl | $1.77\times10^{-10}$ | $Fe(OH)_3$ | $2.64\times10^{-39}$ |
| AgBr | $5.35\times10^{-13}$ | $Fe(OH)_2$ | $4.87\times10^{-17}$ |
| AgI | $8.51\times10^{-17}$ | FeS | $1.59\times10^{-19}$ |
| $Ag_2CO_3$ | $8.45\times10^{-12}$ | $Hg_2Cl_2$ | $1.45\times10^{-18}$ |
| $Ag_2CrO_4$ | $1.12\times10^{-12}$ | HgS(黑) | $6.44\times10^{-53}$ |
| $Ag_2SO_4$ | $1.20\times10^{-5}$ | $MgCO_3$ | $6.82\times10^{-6}$ |
| $Ag_2S(\alpha)$ | $6.69\times10^{-50}$ | $Mg(OH)_2$ | $5.61\times10^{-12}$ |
| $Ag_2S(\beta)$ | $1.09\times10^{-49}$ | $Mn(OH)_2$ | $2.06\times10^{-13}$ |
| $Al(OH)_3$ | $2\times10^{-33}$ | MnS | $4.65\times10^{-14}$ |
| $BaCO_3$ | $2.58\times10^{-9}$ | $Ni(OH)_2$ | $5.47\times10^{-16}$ |
| $BaSO_4$ | $1.07\times10^{-10}$ | NiS | $1.07\times10^{-21}$ |
| $BaCrO_4$ | $1.17\times10^{-10}$ | $PbCl_2$ | $1.17\times10^{-5}$ |
| $CaCO_3$ | $4.96\times10^{-9}$ | $PbCO_3$ | $1.46\times10^{-13}$ |

（续）

| 化合物 | $K_{sp}^{\ominus}$ | 化合物 | $K_{sp}^{\ominus}$ |
|---|---|---|---|
| $CaC_2O_4 \cdot H_2O$ | $2.34\times10^{-9}$ | $PbCrO_4$ | $1.77\times10^{-14}$ |
| $CaF_2$ | $1.46\times10^{-10}$ | $PbF_2$ | $7.12\times10^{-7}$ |
| $Ca_3(PO_4)_2$ | $2.07\times10^{-33}$ | $PbSO_4$ | $1.82\times10^{-8}$ |
| $CaSO_4$ | $7.10\times10^{-5}$ | PbS | $9.04\times10^{-29}$ |
| $Cd(OH)_2$ | $5.27\times10^{-15}$ | $PbI_2$ | $8.49\times10^{-9}$ |
| CdS | $1.40\times10^{-29}$ | $Pb(OH)_2$ | $1.42\times10^{-20}$ |
| $Co(OH)_2$（桃红） | $1.09\times10^{-15}$ | $SrCO_3$ | $5.60\times10^{-10}$ |
| $Co(OH)_2$（蓝） | $5.92\times10^{-15}$ | $SrSO_4$ | $3.44\times10^{-7}$ |
| CoS(α) | $4.0\times10^{-21}$ | $ZnCO_3$ | $1.19\times10^{-10}$ |
| CoS(β) | $2.0\times10^{-25}$ | $Zn(OH)_2$(γ) | $6.68\times10^{-17}$ |
| $Cr(OH)_3$ | $7.0\times10^{-31}$ | $Zn(OH)_2$(β) | $7.71\times10^{-17}$ |
| CuI | $1.27\times10^{-12}$ | $Zn(OH)_2$(ε) | $4.12\times10^{-17}$ |
| CuS | $1.27\times10^{-36}$ | ZnS | $2.93\times10^{-25}$ |

注：摘自 Robert C. West，*CRC Handbook of Chemistry and Physics*，69 ed，1988—1989。

# 附录Ⅶ 水的蒸气压

| 温度/℃ | 压力/kPa | 温度/℃ | 压力/kPa | 温度/℃ | 压力/kPa |
|---|---|---|---|---|---|
| 0 | 0.610 | 17 | 1.937 | 34 | 5.320 |
| 1 | 0.657 | 18 | 2.064 | 35 | 5.490 |
| 2 | 0.706 | 19 | 2.197 | 40 | 7.376 |
| 3 | 0.758 | 20 | 2.338 | 45 | 9.582 |
| 4 | 0.813 | 21 | 2.487 | 50 | 12.33 |
| 5 | 0.872 | 22 | 2.694 | 55 | 15.74 |
| 6 | 0.935 | 23 | 2.809 | 60 | 19.92 |
| 7 | 1.001 | 24 | 2.984 | 65 | 25.00 |
| 8 | 1.072 | 25 | 3.167 | 70 | 31.15 |
| 9 | 1.148 | 26 | 3.361 | 75 | 38.54 |
| 10 | 1.228 | 27 | 3.565 | 80 | 47.33 |
| 11 | 1.312 | 28 | 3.780 | 85 | 57.80 |
| 12 | 1.402 | 29 | 4.006 | 90 | 70.10 |
| 13 | 1.497 | 30 | 4.243 | 95 | 84.52 |
| 14 | 1.598 | 31 | 4.493 | 100 | 101.3 |
| 15 | 1.705 | 32 | 4.755 | 105 | 120.8 |
| 16 | 1.818 | 33 | 5.030 | | |

## 附录Ⅷ　标准电极电势 $\varphi^{\ominus}$(298 K)

### 1. 在酸性溶液内($\varphi_A^{\ominus}$)

| 元素 | 电极反应 | $\varphi^{\ominus}$/V |
|---|---|---|
| Ag | $Ag^+ + e^- = Ag$ | +0.799 6 |
| | $AgBr + e^- = Ag + Br^-$ | +0.071 33 |
| | $AgCl + e^- = Ag + Cl^-$ | +0.222 3 |
| | $Ag_2CrO_4 + 2e^- = 2Ag + CrO_4^{2-}$ | +0.447 0 |
| | $AgI + e^- = Ag + I^-$ | −0.152 2 |
| Al | $Al^{3+} + 3e^- = Al$ | −1.662 |
| As | $HAsO_2 + 3H^+ + 3e^- = As + 2H_2O$ | +0.248 |
| | $H_3AsO_4 + 2H^+ + 2e^- = HAsO_2 + 2H_2O$ | +0.560 |
| Au | $Au^+ + e^- = Au$ | +1.692 |
| | $Au^{3+} + 2e^- = Au^+$ | +1.401 |
| | $Au^{3+} + 3e^- = Au$ | +1.498 |
| Bi | $BiOCl + 2H^+ + 3e^- = Bi + H_2O + Cl^-$ | +0.158 3 |
| | $BiO^+ + 2H^+ + 3e^- = Bi + H_2O$ | +0.320 |
| Br | $Br_2 + 2e^- = 2Br^-$ | +1.066 |
| | $BrO_3^- + 6H^+ + 5e^- = 1/2Br_2 + 3H_2O$ | +1.482 |
| Ca | $Ca^{2+} + 2e^- = Ca$ | −2.868 |
| Cd | $Cd^{2+} + 2e^- = Cd$ | −0.403 |
| Cl | $ClO_4^- + 2H^+ + 2e^- = ClO_3^- + H_2O$ | +1.189 |
| | $Cl_2 + 2e^- = 2Cl^-$ | +1.358 27 |
| | $ClO_3^- + 6H^+ + 6e^- = Cl^- + 3H_2O$ | +1.451 |
| | $ClO_3^- + 6H^+ + 5e^- = 1/2Cl_2 + 3H_2O$ | +1.47 |
| | $HClO + H^+ + e^- = 1/2Cl_2 + H_2O$ | +1.611 |
| | $ClO_3^- + 3H^+ + 2e^- = HClO_2 + H_2O$ | +1.214 |
| | $ClO_2 + H^+ + e^- = HClO_2$ | +1.277 |
| | $HClO_2 + 2H^+ + 2e^- = HClO + H_2O$ | +1.645 |
| Co | $Co^{3+} + e^- = Co^{2+}$ | +1.83 |
| Cr | $Cr_2O_7^{2-} + 14H^+ + 6e^- = 2Cr^{3+} + 7H_2O$ | +1.232 |
| Cu | $Cu^{2+} + e^- = Cu^+$ | +0.158 |
| | $Cu^{2+} + 2e^- = Cu$ | +0.341 9 |

（续）

| 元素 | 电极反应 | $\varphi^{\ominus}$/V |
|---|---|---|
| | $Cu^{+} + e^{-} = Cu$ | + 0.522 |
| Fe | $Fe^{3+} + 3e^{-} = Fe$ | -0.036 |
| | $Fe^{2+} + 2e^{-} = Fe$ | -0.447 |
| | $Fe(CN)_6^{3-} + e^{-} = Fe(CN)_6^{4-}$ | + 0.358 |
| | $Fe^{3+} + e^{-} = Fe^{2+}$ | + 0.771 |
| H | $2H^{+} + e^{-} = H_2$ | 0.000 00 |
| Hg | $Hg_2Cl_2 + 2e^{-} = 2Hg + 2Cl^{-}$ | + 0.281 |
| | $Hg_2^{2+} + 2e^{-} = 2Hg$ | + 0.797 3 |
| | $Hg^{2+} + 2e^{-} = Hg$ | + 0.851 |
| | $2Hg^{2+} + 2e^{-} = Hg_2^{2+}$ | + 0.920 |
| I | $I_2 + 2e^{-} = 2I^{-}$ | + 0.535 5 |
| | $I_3^{-} + 2e^{-} = 3I^{-}$ | + 0.536 |
| | $IO_3^{-} + 6H^{+} + 5e^{-} = 1/2I_2 + 3H_2O$ | + 1.195 |
| | $HIO + H^{+} + e^{-} = 1/2I_2 + H_2O$ | + 1.439 |
| K | $K^{+} + e^{-} = K$ | -2.931 |
| Mg | $Mg^{2+} + 2e^{-} = Mg$ | -2.372 |
| Mn | $Mn^{2+} + 2e^{-} = Mn$ | -1.185 |
| | $MnO_4^{-} + e^{-} = MnO_4^{2-}$ | + 0.558 |
| | $MnO_2 + 4H^{+} + 2e^{-} = Mn^{2+} + 2H_2O$ | + 1.224 |
| | $MnO_4^{-} + 8H^{+} + 5e^{-} = Mn^{2+} + 4H_2O$ | + 1.507 |
| | $MnO_4^{-} + 4H^{+} + 3e^{-} = MnO_2 + 2H_2O$ | + 1.679 |
| Na | $Na^{+} + e^{-} = Na$ | -2.71 |
| N | $NO_3^{-} + 4H^{+} + 3e^{-} = NO + 2H_2O$ | + 0.957 |
| | $2NO_3^{-} + 4H^{+} + 2e^{-} = N_2O_4 + 2H_2O$ | + 0.803 |
| | $HNO_2 + H^{+} + e^{-} = NO + H_2O$ | + 0.983 |
| | $N_2O_4 + 4H^{+} + 4e^{-} = 2NO + 2H_2O$ | + 1.035 |
| | $NO_3^{-} + 3H^{+} + 2e^{-} = HNO_2 + H_2O$ | + 0.934 |
| | $N_2O_4 + 2H^{+} + 2e^{-} = 2HNO_2$ | + 1.065 |
| O | $O_2 + 2H^{+} + 2e^{-} = H_2O_2$ | + 0.695 |
| | $H_2O_2 + 2H^{+} + 2e^{-} = 2H_2O$ | + 1.776 |
| | $O_2 + 4H^{+} + 4e^{-} = 2H_2O$ | + 1.229 |

（续）

| 元素 | 电极反应 | $\varphi^{\ominus}$/V |
|---|---|---|
| P | $H_3PO_4 + 2H^+ + 2e^- \rightleftharpoons H_3PO_3 + H_2O$ | -0.276 |
| Pb | $PbI_2 + 2e^- \rightleftharpoons Pb + 2I^-$ | -0.365 |
| | $PbSO_4 + 2e^- \rightleftharpoons Pb + SO_4^{2-}$ | -0.358 8 |
| | $PbCl_2 + 2e^- \rightleftharpoons Pb + 2Cl^-$ | -0.267 5 |
| | $Pb^{2+} + 2e^- \rightleftharpoons Pb$ | -0.126 2 |
| | $PbO_2 + 4H^+ + 2e^- \rightleftharpoons Pb^{2+} + 2H_2O$ | +1.455 |
| | $PbO_2 + SO_4^{2-} + 4H^+ + 2e^- \rightleftharpoons PbSO_4 + 2H_2O$ | +1.691 3 |
| S | $H_2SO_3 + 4H^+ + 4e^- \rightleftharpoons S + 3H_2O$ | +0.449 |
| | $S + 2H^+ + 2e^- \rightleftharpoons H_2S$ | +0.142 |
| | $SO_4^{2-} + 4H^+ + 2e^- \rightleftharpoons H_2SO_3 + H_2O$ | +0.172 |
| | $S_4O_6^{2-} + 2e^- \rightleftharpoons 2S_2O_3^{2-}$ | +0.08 |
| | $S_2O_8^{2-} + 2e^- \rightleftharpoons 2SO_4^{2-}$ | +2.010 |
| Sb | $Sb_2O_3 + 6H^+ + 6e^- \rightleftharpoons 2Sb + 3H_2O$ | +0.152 |
| | $Sb_2O_5 + 6H^+ + 4e^- \rightleftharpoons 2SbO^+ + 3H_2O$ | +0.581 |
| Sn | $Sn^{4+} + 2e^- \rightleftharpoons Sn^{2+}$ | +0.151 |
| | $Sn^{2+} + 2e^- \rightleftharpoons Sn$ | -0.136 4 |
| V | $V(OH)_4^+ + 4H^+ + 5e^- \rightleftharpoons V + 4H_2O$ | -0.254 |
| | $VO^{2+} + 2H^+ + e^- \rightleftharpoons V^{3+} + H_2O$ | +0.337 |
| | $V(OH)_4^+ + 2H^+ + e^- \rightleftharpoons VO^{2+} + 3H_2O$ | +1.00 |
| Zn | $Zn^{2+} + 2e^- \rightleftharpoons Zn$ | -0.761 8 |

## 2. 在碱性溶液内（$\varphi_B^{\ominus}$）

| 元素 | 电极反应 | $\varphi^{\ominus}$/V |
|---|---|---|
| Ag | $Ag_2O + H_2O + 2e^- \rightleftharpoons 2Ag + 2OH^-$ | +0.342 |
| | $Ag_2S + 2e^- \rightleftharpoons 2Ag + S^{2-}$ | -0.691 |
| Al | $H_2AlO_3^- + H_2O + 3e^- \rightleftharpoons Al + 4OH^-$ | -2.33 |
| As | $AsO_4^{3-} + 2H_2O + 2e^- \rightleftharpoons AsO_2^- + 4OH^-$ | -0.71 |
| | $AsO_2^- + 2H_2O + 3e^- \rightleftharpoons As + 4OH^-$ | -0.68 |
| Br | $BrO_3^- + 3H_2O + 6e^- \rightleftharpoons Br^- + 6OH^-$ | +0.61 |
| | $BrO^- + H_2O + 2e^- \rightleftharpoons Br^- + 2OH^-$ | +0.761 |
| Cl | $ClO_3^- + H_2O + 2e^- \rightleftharpoons ClO_2^- + 2OH^-$ | +0.33 |
| | $ClO_4^- + H_2O + 2e^- \rightleftharpoons ClO_3^- + 2OH^-$ | +0.36 |

（续）

| 元素 | 电极反应 | $\varphi^{\ominus}$/V |
| --- | --- | --- |
| | $ClO_2^- + H_2O + 2e^- = ClO^- + 2OH^-$ | + 0.66 |
| | $ClO^- + H_2O + 2e^- = Cl^- + 2OH^-$ | + 0.81 |
| Co | $Co(OH)_2 + 2e^- = Co + 2OH^-$ | -0.73 |
| | $Co(NH_3)_6^{3+} + e^- = Co(NH_3)_6^{2+}$ | + 0.108 |
| | $Co(OH)_3 + e^- = Co(OH)_2 + OH^-$ | + 0.17 |
| Cr | $Cr(OH)_3 + 3e^- = Cr + 3OH^-$ | -1.48 |
| | $CrO_2^- + 2H_2O + 3e^- = Cr + 4OH^-$ | -1.2 |
| | $CrO_4^{2-} + 4H_2O + 3e^- = Cr(OH)_3 + 5OH^-$ | -0.13 |
| Cu | $Cu_2O + H_2O + 2e^- = 2Cu + 2OH^-$ | -0.360 |
| Fe | $Fe(OH)_3 + e^- = Fe(OH)_2 + OH^-$ | -0.56 |
| H | $2H_2O + 2e^- = H_2 + 2OH^-$ | -0.827 7 |
| Hg | $HgO + H_2O + 2e^- = Hg + 2OH^-$ | + 0.097 7 |
| I | $IO_3^- + 3H_2O + 6e^- = I^- + 6OH^-$ | + 0.26 |
| | $IO^- + H_2O + 2e^- = I^- + 2OH^-$ | + 0.485 |
| Mg | $Mg(OH)_2 + 2e^- = Mg + 2OH^-$ | -2.703 0 |
| Mn | $Mn(OH)_2 + 2e^- = Mn + 2OH^-$ | -1.56 |
| | $MnO_4^- + 2H_2O + 3e^- = MnO_2 + 4OH^-$ | + 0.595 |
| | $MnO_4^{2-} + 2H_2O + 2e^- = MnO_2 + 4OH^-$ | + 0.60 |
| N | $NO_3^- + H_2O + 2e^- = NO_2^- + 2OH^-$ | + 0.01 |
| O | $O_2 + 2H_2O + 4e^- = 4OH^-$ | + 0.401 |
| S | $S + 2e^- = S^{2-}$ | -0.476 27 |
| | $SO_4^{2-} + H_2O + 2e^- = SO_3^{2-} + 2OH^-$ | -0.93 |
| | $2SO_3^{2-} + 3H_2O + 4e^- = S_2O_3^{2-} + 6OH^-$ | -0.571 |
| | $S_4O_6^{2-} + 2e^- = 2S_2O_3^{2-}$ | + 0.08 |
| Sb | $SbO_2^- + 2H_2O + 3e^- = Sb + 4OH^-$ | -0.66 |
| Sn | $Sn(OH)_6^{2-} + 2e^- = HSnO_2^- + H_2O + 3OH^-$ | -0.93 |
| | $HSnO_2^- + H_2O + 2e^- = Sn + 3OH^-$ | -0.909 |

注：摘自 Robert C. West，*CRC Handbook of Chemistry and Physics*，69 ed，1988—1989。

# 附录Ⅸ 部分氧化还原电对的条件电极电势(25 ℃)

| 半反应 | $\varphi^{\ominus'}$ | 介质 |
|---|---|---|
| $Ag^{2+}+e^- \rightleftharpoons Ag^+$ | 1.93 | 4 mol·L$^{-1}$ $HNO_3$ |
| | 2.00 | 4 mol·L$^{-1}$ $HClO_4$ |
| $Ag^++e^- \rightleftharpoons Ag$ | 0.792 | 1 mol·L$^{-1}$ $HClO_4$ |
| | 0.228 | 1 mol·L$^{-1}$ HCl |
| | 0.59 | 1 mol·L$^{-1}$ NaOH |
| $Bi^{3+}+3e^- \rightleftharpoons Bi$ | -0.05 | 5 mol·L$^{-1}$ HCl |
| | 0.0 | 1 mol·L$^{-1}$ HCl |
| $Ce^{4+}+e^- \rightleftharpoons Ce^{3+}$ | 1.70 | 1 mol·L$^{-1}$ $HClO_4$ |
| | 1.82 | 6 mol·L$^{-1}$ $HClO_4$ |
| | 1.61 | 1 mol·L$^{-1}$ $HNO_3$ |
| | 1.44 | 1 mol·L$^{-1}$ $H_2SO_4$ |
| | 1.28 | 1 mol·L$^{-1}$ HCl |
| $Co^{3+}+e^- \rightleftharpoons Co^{2+}$ | 1.84 | 3 mol·L$^{-1}$ $HNO_3$ |
| | 1.95 | 4 mol·L$^{-1}$ $HClO_4$ |
| | 1.80 | 1 mol·L$^{-1}$ $H_2SO_4$ |
| $Cr^{3+}+e^- \rightleftharpoons Cr^{2+}$ | -0.40 | 5 mol·L$^{-1}$ HCl |
| $CrO_4^{2-}+2H_2O+3e^- \rightleftharpoons CrO_2^-+4OH^-$ | -0.12 | 1 mol·L$^{-1}$ NaOH |
| $Cr_2O_7^{2-}+14H^++6e^- \rightleftharpoons 2Cr^{3+}+7H_2O$ | 1.02 | 1 mol·L$^{-1}$ $HClO_4$ |
| | 1.275 | 1 mol·L$^{-1}$ $HNO_3$ |
| | 1.34 | 8 mol·L$^{-1}$ $H_2SO_4$ |
| | 1.10 | 2 mol·L$^{-1}$ $H_2SO_4$ |
| | 1.08 | 1 mol·L$^{-1}$ $H_2SO_4$ |
| | 0.92 | 0.1 mol·L$^{-1}$ $H_2SO_4$ |
| | 0.93 | 0.1 mol·L$^{-1}$ HCl |
| | 1.00 | 1 mol·L$^{-1}$ HCl |
| | 1.15 | 4 mol·L$^{-1}$ HCl |
| $Cu^{2+}+e^- \rightleftharpoons Cu^+$ | -0.09 | pH=14 |
| $Cu(EDTA)^{2-}+2e^- \rightleftharpoons Cu+EDTA^{4-}$ | 0.13 | 0.1 mol·L$^{-1}$ EDTA pH=4~5 |
| $Fe^{3+}+e^- \rightleftharpoons Fe^{2+}$ | 0.74 | 1 mol·L$^{-1}$ $HClO_4$ |
| | 0.70 | 1 mol·L$^{-1}$ HCl |
| | 0.64 | 5 mol·L$^{-1}$ HCl |
| | 0.53 | 10 mol·L$^{-1}$ HCl |
| | 0.68 | 1 mol·L$^{-1}$ $H_2SO_4$ |
| | 0.46 | 2 mol·L$^{-1}$ $H_3PO_4$ |
| | 0.51 | 1 mol·L$^{-1}$ HCl+0.25 mol·L$^{-1}$ $H_3PO_4$ |

（续）

| 半反应 | $\varphi^{\ominus'}$ | 介质 |
|---|---|---|
| $Fe(CN)_6^{3-}+e^- = Fe(CN)_6^{4-}$ | 0.72 | 1 mol · $L^{-1}$ $HClO_4$ |
| | 0.56 | 0.1 mol · $L^{-1}$ HCl |
| | 0.70 | 1 mol · $L^{-1}$ HCl |
| | 0.72 | 1 mol · $L^{-1}$ $H_2SO_4$ |
| | 0.46 | 0.01 mol · $L^{-1}$ NaOH |
| | 0.52 | 5 mol · $L^{-1}$ NaOH |
| $Fe(EDTA)^- + e^- = Fe(EDTA)^{2-}$ | 0.12 | 0.1 mol · $L^{-1}$ EDTA pH=4~6 |
| $H_3AsO_4+2H^++2e^- = H_3AsO_3+H_2O$ | 0.557 | 1 mol · $L^{-1}$ $HClO_4$ |
| | 0.557 | 1 mol · $L^{-1}$ HCl |
| $Hg_2Cl_2+2e^- = 2Hg+2Cl^-$ | 0.333 7 | 0.1 mol · $L^{-1}$ KCl |
| | 0.280 7 | 1 mol · $L^{-1}$ KCl |
| | 0.241 5 | 饱和 KCl |
| $I_2$(水)$+2e^- = 2I^-$ | 0.627 6 | 0.5 mol · $L^{-1}$ $H_2SO_4$ |
| $I_3^-+2e^- = 3I^-$ | 0.545 | 0.5 mol · $L^{-1}$ $H_2SO_4$ |
| $MnO_4^-+8H^++5e^- = Mn^{2+}+4H_2O$ | 1.45 | 1 mol · $L^{-1}$ $HClO_4$ |
| | 1.27 | 8 mol · $L^{-1}$ $H_3PO_3$ |
| Mn(Ⅶ)$+4e^-$ = Mn(Ⅲ) | 1.42 | 0.7 mol · $L^{-1}$ $H_2SO_4$ |
| $Mn^{3+}+e^- = Mn^{2+}$ | 1.488 | 7.5 mol · $L^{-1}$ $H_2SO_4$ |
| $Mn(H_2P_2O_7)_3^{3-}+2H^++e^- = Mn(H_2P_2O_7)_2^{2-}+H_4P_2O_7$ | 1.15 | 0.4 mol · $L^{-1}$ $Na_2H_2P_2O_7$ |
| $MnO_4^{2-}+2H_2O+2e^- = MnO_2+4OH^-$ | 0.5 | 8 mol · $L^{-1}$ KOH |
| | 0.75 | 3.5 mol · $L^{-1}$ HCl |
| Sb(Ⅴ)$+2e^-$ = Sb(Ⅲ) | 0.82 | 6 mol · $L^{-1}$ HCl |
| | −0.43 | 3 mol · $L^{-1}$ KOH |
| | −0.59 | 10 mol · $L^{-1}$ KOH |
| $SnCl_6^{2-}+2e^- = SnCl_4^{2-}+2Cl^-$ | 0.14 | 1 mol · $L^{-1}$ HCl |
| | 0.40 | 4.5 mol · $L^{-1}$ $H_2SO_4$ |
| Ti(Ⅳ)$+e^-$ = Ti(Ⅲ) | −0.04 | 1 mol · $L^{-1}$ HCl |
| | 0.09 | 3 mol · $L^{-1}$ HCl |
| | 0.125 | 4 mol · $L^{-1}$ HCl |
| | 0.169 | 6 mol · $L^{-1}$ HCl |
| | 0.221 | 8 mol · $L^{-1}$ HCl |
| | −0.01 | 0.2 mol · $L^{-1}$ $H_2SO_4$ |

# 附录X 常见配合物的稳定常数(25 ℃)

| 配离子 | $K_f^\ominus$ | 配离子 | $K_f^\ominus$ |
|---|---|---|---|
| $[Ag(CN)_2]^-$ | $1.3\times10^{21}$ | $[Cu(en)]^{2+}$ | $4.1\times10^{19}$ |
| $[Ag(NH_3)_2]^+$ | $1.1\times10^{7}$ | $[Fe(CN)_6]^{4-}$ | $1.0\times10^{35}$ |
| $[Ag(SCN)_2]^-$ | $3.7\times10^{7}$ | $[Fe(CN)_6]^{3-}$ | $1.0\times10^{42}$ |
| $[Ag(S_2O_3)_2]^{3-}$ | $2.9\times10^{13}$ | $[Fe(C_2O_4)_3]^{3-}$ | $2\times10^{20}$ |
| $[Al(C_2O_4)_3]^{3-}$ | $2.0\times10^{16}$ | $[Fe(SCN)]^{2+}$ | $2.2\times10^{3}$ |
| $[AlF_6]^{3-}$ | $6.9\times10^{19}$ | $[FeF_3]$ | $1.13\times10^{12}$ |
| $[Cd(CN)_4]^{2-}$ | $6.0\times10^{18}$ | $[HgCl_4]^{2-}$ | $1.2\times10^{15}$ |
| $[CdCl_4]^{2-}$ | $6.3\times10^{2}$ | $[Hg(CN)_4]^{2-}$ | $2.5\times10^{41}$ |
| $[CdI_4]^{2-}$ | $7.2\times10^{29}$ | $[HgI_4]^{2-}$ | $6.8\times10^{29}$ |
| $[Cd(NH_3)_4]^{2+}$ | $1.3\times10^{7}$ | $[Hg(NH_3)_4]^{2+}$ | $1.9\times10^{19}$ |
| $[Cd(SCN)_4]^{2-}$ | $4.0\times10^{3}$ | $[Ni(CN)_4]^{2-}$ | $2.0\times10^{31}$ |
| $[Co(NH_3)_6]^{2+}$ | $1.3\times10^{5}$ | $[Ni(NH_3)_4]^{2+}$ | $9.1\times10^{7}$ |
| $[Co(NH_3)_6]^{3+}$ | $2\times10^{35}$ | $[Pb(CH_3COO)_4]^{2-}$ | $3\times10^{8}$ |
| $[Co(NCS)_4]^{2-}$ | $1.0\times10^{3}$ | $[Pb(OH)_3]^-$ | $8.0\times10^{13}$ |
| $[Cu(CN)_2]^-$ | $1.0\times10^{24}$ | $[Pb(CN)_4]^{2-}$ | $1.0\times10^{11}$ |
| $[Cu(CN)_4]^{2-}$ | $2.0\times10^{30}$ | $[Zn(CN)_4]^{2-}$ | $5\times10^{16}$ |
| $[Cu(NH_3)_2]^+$ | $7.2\times10^{10}$ | $[Zn(C_2O_4)_2]^{2-}$ | $4.0\times10^{7}$ |
| $[Cu(NH_3)_4]^{2+}$ | $2.1\times10^{13}$ | $[Zn(OH)_4]^{2-}$ | $4.6\times10^{17}$ |
| $[CuY]^{2-}$ | $6.3\times10^{18}$ | $[Zn(NH_3)_4]^{2+}$ | $2.9\times10^{9}$ |

注：摘自 *Lange' s Handbook of Chemistry*，13 ed，1985。